中国科学院中国动物志编辑委员会主编

中国动物志

昆虫纲　第七十六卷
鳞　翅　目
刺蛾科

武春生　方承莱　著

国家自然科学基金重大项目
中国科学院知识创新工程重大项目
(国家自然科学基金委员会　中国科学院　科技部　资助)

科 学 出 版 社
北 京

内 容 简 介

刺蛾科隶属于鳞翅目 Lepidoptera 斑蛾总科 Zygaenoidea。由于刺蛾幼虫的身体大都生有枝刺和毒毛，俗称"痒辣子""火辣子"或"刺毛虫"。本志对中国刺蛾科的属和种进行了全面订正与系统总结，共记述中国刺蛾科 72 属 264 种。总论部分总结并介绍了刺蛾科的研究简史、分类地位、形态特征、经济意义、生物学特性、地理分布，以及标本保藏单位等。各论部分备有从总科到种各级阶元的检索表，每种都有完备的引证、形态描述和分布，并尽量包括其别名、生物学特性与寄主植物，以及部分物种的幼虫形态描述。为了方便鉴定，附有各属的脉序、雌雄外生殖器解剖图等形态特征插图 317 幅。本志最后附有成虫和幼虫的彩色照片 12 面 266 幅。

本志可以为昆虫学、生态学、动物进化与系统学、生物地理学等研究提供基本资料，可供昆虫学科研与教学、生物多样性保护与农林生产部门等相关工作人员、高等院校相关专业师生参考。

图书在版编目(CIP)数据

中国动物志. 昆虫纲. 第七十六卷. 鳞翅目. 刺蛾科/武春生，方承莱著. —北京：科学出版社，2023.3
ISBN 978-7-03-074634-4

Ⅰ. ①中… Ⅱ. ①武… ②方… Ⅲ. ①动物志-中国 ②昆虫纲-动物志-中国 ③鳞翅目-动物志-中国 ④刺蛾科-动物志-中国 Ⅳ. ①Q958.52

中国国家版本馆 CIP 数据核字 (2023) 第 013215 号

责任编辑：刘新新　赵小林/责任校对：郑金红

责任印制：吴兆东/封面设计：刘新新

科 学 出 版 社 出版

北京东黄城根北街 16 号
邮政编码：100717
http://www.sciencep.com

北京虎彩文化传播有限公司 印刷
科学出版社发行　各地新华书店经销

*

2023 年 3 月第 一 版　开本：787×1092　1/16
2023 年 3 月第一次印刷　印张：34 1/2　插页：6
字数：818 000

定价：498.00 元

(如有印装质量问题，我社负责调换)

FAUNA SINICA

INSECTA Vol. 76
Lepidoptera
Limacodidae

By

Wu Chunsheng and Fang Chenglai

A Major Project of the National Natural Science Foundation of China
A Major Project of the Knowledge Innovation Program
of the Chinese Academy of Sciences
(Supported by the National Natural Science Foundation of China,
the Chinese Academy of Sciences, and the Ministry of Science and Technology of China)

Science Press
Beijing, China

前　言

刺蛾科 Limacodidae 隶属于鳞翅目 Lepidoptera 斑蛾总科 Zygaenoidea。由于这类昆虫的幼虫身体大都生有枝刺和毒毛，俗称"痒辣子""火辣子"或"刺毛虫"，故称为刺蛾。刺蛾科幼虫主要是通过其身上着生的毒刺毛对人体进行侵袭。毒刺毛触刺人体皮肤后，皮肤立即发生红肿，痛辣异常，引起皮炎，严重时可导致心脏荨麻疹和哮喘。刺蛾科幼虫不仅对人类健康造成威胁，而且危害经济作物、行道树、果树和林木等。刺蛾幼虫，特别是 5 龄以后的幼虫，暴食叶片，当虫口密度大时，可将叶片吃光，严重影响植物的生长，甚至造成植物枯死，是重要的农林害虫。据初步统计，有 51 科 190 种树木（包括竹类）不同程度地受到 20 多种常见刺蛾的危害。

全世界已经记载的刺蛾有 1670 余种，分布广泛，热带地区最为丰富。由于热带地区经济相对落后，故关于刺蛾的研究专著并不多见。除《世界大鳞翅类》中有较专门的刺蛾科记述外，只有日本、尼泊尔、印度、越南和加里曼丹岛有较系统的刺蛾科研究论著（印度和东南亚的刺蛾论著都是由欧洲学者完成的）。虽然陆近仁先生在 1946 年就已系统整理了中国刺蛾科的名录，计 141 种和亚种，但对我国刺蛾科昆虫区系的系统研究则始于 20 世纪 60 年代。蔡荣权先生是中国刺蛾科系统分类研究的开拓者，他于 1963-1986 年的 20 余年中对我国刺蛾科进行了潜心研究，收集并整理了大量文献和标本。1982 年他在《中国蛾类图鉴 I》中报道了刺蛾科 27 属 59 种。1983-1986 年发表了我国绿刺蛾属 *Latoia* Guerin-Meneville（= *Parasa* Moore）和斜纹刺蛾属 *Oxyplax* Hampson 等属的研究论文及新种记述。这些论著为我国刺蛾科的研究奠定了坚实的基础，但由于他 1986 年移居国外，未能继续开展这方面的工作。方承莱从 1992 年开始研究我国的刺蛾科昆虫，先后报道了西南武陵山地区、浙江天目山、福建龙栖山、海南岛、长江三峡库区等地的刺蛾。武春生于 2004-2020 年报道了广西、甘肃、陕西、河南、西藏、重庆等地的刺蛾种类。这些研究使我国已知刺蛾种类增加了 1 倍多，占世界已知种类的 20%左右。

在国家自然科学基金重大项目（30499340）的资助下，我们对中国刺蛾科的属、种进行了全面订正和系统总结，纠正了一些错误鉴定，澄清了一些分类疑点，提升和合并了一些种类。本志共记述中国刺蛾科 72 属 264 种，其中包括作者已经发表的 39 新种、31 新记录种及 9 新记录属。本志总论部分总结并介绍了刺蛾科的研究简史、分类地位、形态特征、经济意义、生物学特性、地理分布，以及标本保藏单位等。各论部分备有斑蛾总科分科检索表、刺蛾科分属检索表及各属的分种检索表，每种都有完备的引证、形态描述和分布，并尽量包括其别名、生物学特性与寄主植物，以及部分物种的幼虫形态描述。为了方便鉴定，本志还附有各属的脉序、雌雄外生殖器解剖图等形态特征插图 317 幅，以及成虫和幼虫的彩色照片 12 面 266 幅。由于刺蛾幼虫形态的特殊性和对人类健康及农作物的危害性，我们还专门对刺蛾幼虫进行了研究，并得到国家自然科学基金面上项目（30770270）的资助。在此基础上，完成了本志的编研工作。因此，本志还包括了66 种刺蛾幼虫的形态描述和 26 种幼虫的彩色照片。

本志所用标本材料大多来自中国科学院动物研究所昆虫标本馆，部分标本系从外单位借用。郑州大学生物工程系的申效诚教授提供了河南省的 43 种刺蛾标本，湖北省农业科学院植物保护研究所的茅晓渊先生惠借了一些湖北省的刺蛾标本。东北林业大学韩辉林博士赠送刺蛾标本 22 种 28 号，主要采自云南普洱市。北京农学院的杜艳丽博士在加拿大做博士后研究期间代为复制了部分文献；台湾师范大学的徐堉峰博士提供了部分文献；中国科学院动物研究所的韩红香博士在英国自然历史博物馆代为查询部分文献；史密森尼博物院美国国家自然历史博物馆（National Museum of Natural History, Smithsonian Institution）的爱泼斯坦（Epstein）博士赠送了他的有关刺蛾科论著的所有抽印本；俄罗斯乌里扬诺夫斯克国立师范大学动物系（Dept. of Zoology, Ulyanovsk State Pedagogical University）的索洛维耶夫（Solovyev）赠送了他的有关刺蛾科论著的抽印本及部分文献，并提供了部分种类的成虫和外生殖器照片，这些种类基本都是模式标本保存在国外而我们又没有采到标本的中国种类，包括台线刺蛾 *Cania heppneri*、威客刺蛾 *Ceratonema wilemani*、昏瑰刺蛾 *Flavinarosa obscura*、玛刺蛾 *Magos xanthopus* 和甜绿刺蛾 *Parasa dulcis* 等。中国林业科学研究院亚热带林业研究所的徐天森研究员、福建省林业科学研究院森林保护研究所的何学友研究员及辽宁省朝阳市林业局的王维升先生提供了几种刺蛾幼虫的照片；成虫彩色照片除 Solovyev 提供的以外，全部由武春生拍摄；幼虫照片大多由武春生拍摄，部分由陈付强和蔡荣权拍摄，少数由朱朝东研究员、丁亮先生及其他部门的研究人员提供；图版的加工与排列由陈付强博士协助完成；赵俊兰女士为所有插图覆墨；已故刘友樵教授在工作中给予了热情指导和帮助；中国动物志办公室陶冶主任对文稿格式进行了仔细审查和修改，在此均表示衷心感谢！

本志涉及面广，而作者知识有限，书中难免有一些不足之处，敬请读者批评指正。

武春生

2020 年 5 月于北京

目　　录

总　论

一、刺蛾科的研究简史

（一）世界刺蛾科研究简史

本科科名的拉丁学名曾有过一段紊乱时期，其中主要有：Cochlidiae Hübner, 1822，Limacodidae Duponchel, 1844-1846，Cochliopodae Saalmüller, 1884，Cochlidionidae Grote, 1899，Cochlidiidae Staudinger *et* Rebel, 1901，Heterogeneidae Hampson, 1920，Eucleidae Brues *et* Melander, 1932 等。目前公认的科名是 Limacodidae，由 Duponchel（1844-1846）提订，来自拉丁词 *Limax*（蛞蝓），源于本科的幼虫身体似蛞蝓（英文名 slug caterpillar moths）。由于本科幼虫身体大都生有枝刺和毒毛，触及皮肤立即发生红肿，痛辣异常，俗称"痒辣子""火辣子"或"刺毛虫"，故称为刺蛾。

古北界的刺蛾种类较少，欧洲只有 3 种，日本 26 种，朝鲜半岛约 20 种，因此研究比较深入。Tshistjakov（1995）对俄罗斯远东地区的 13 属 15 种刺蛾进行了总结与订正，Solovyev（2008b）描述了俄罗斯刺蛾科 12 属 17 种。北美有 50 余种，研究也很深入。

东洋界和澳洲界的研究相对较薄弱。Hering（1931）在《世界大鳞翅类》第 10 卷中系统总结了东洋界和澳洲界的刺蛾科昆虫种类。Hampson（1893-1896）记述了印度、斯里兰卡和缅甸北部的刺蛾科种类。Yoshimoto（1993b，1994，1998）报道了尼泊尔的刺蛾科种类。Holloway（1986）记述了加里曼丹岛的刺蛾科 43 属 95 种，该文对刺蛾科做了一般概述，简要描述了成虫和幼虫的形态、寄主植物及地理分布，所有种类都有雄性外生殖器解剖照片和成虫彩色照片。Holloway（1990）又报道了苏门答腊的刺蛾科 43 属 83 种，大部分种类只有名录，新记录种有简短的形态描述，新种有详细的描述，有部分种类的外生殖器图和成虫彩色照片。Holloway 等（1987）在《刺蛾幼虫：东南亚棕榈上具有经济重要性的刺蛾的生物学、分类学及其防治》一书中记述了 23 属 104 种刺蛾，并描述了 30 多种刺蛾的幼虫形态，配有彩色照片。Solovyev 和 Witt（2009）系统整理了越南的刺蛾科昆虫，共计 74 属 153 种，其中有 18 新属 57 新种。至于泰国等其他东南亚国家则只有零星报道，没有人进行过系统研究。

Edwards（1996）对澳大利亚的刺蛾科分类研究进行了总结，列出了已知 26 属 69 种刺蛾的名录，提出了一些修订意见。

非洲和南美洲的刺蛾科分类研究也有不少零星报道。近几十年来美国学者对南美洲的鳞翅目进行了系统采集与专门报道，出版了一些名录和图谱，发表了一些新种，其中也包括刺蛾科的种类。Becker 和 Epstein（1995）列出了新热带界的刺蛾科昆虫名录，共计 38 属 304 种。

（二）中国刺蛾科研究简史

由于刺蛾科昆虫是经济作物的重要害虫,黄刺蛾和桑褐刺蛾又是很常见的刺蛾种类,在我国的古籍中常能见到关于它们形态和习性的描述(周尧,1988)。例如,唐代陈藏器(公元739年)在《本草拾遗》中描述道:"蚝蟖、毛虫,好在果树上,大小如蚕,背有五色澜毛,刺有毒,欲老者口中吐白汁,凝集如雀卵,以瓮为茧,其中化蛹,羽化而出作蛾,放子如蚕子于叶间"。清代段玉裁(1807年)在《说文解字注》中记述道:"载,按今刺毛虫是也,食木叶,体有棱角,有毛而彩色,能螫人,叔重说不误也。其老而成蛹,则外有壳如雀卵,《本草经》谓之雀瓮,或出成蛾,放子如蚕子"。这些古籍将一些刺蛾的生活史解释得非常清楚。在古籍中,刺蛾分别被称为"瓮""雀瓮""蚝蟖""蚝蟖房""杨瘌子""棘刚子""天浆子""躁舍""红姑娘""毛娘""刺刚""载""林载"等。

van Eecke(1925)发表了《世界鳞翅目目录》(第32卷:刺蛾科),其中中国有分布的种类仅有42种(其中22种分布在台湾)。Matsumura(1927,1931a,1931b)和Kawada(1930)发表了台湾的24个新种,West(1932)增加了台湾1新种。Hering(1931,1933a)利用梅尔(Mell)的标本收藏(主要采自广东),发表了我国刺蛾32新种10新亚种及2新型。这些种类经陆近仁先生1946年整理(综合了胡经甫《中国昆虫名录》的种类),发表了中国刺蛾科的名录,共计141种和亚种(其中有30余种后来被证明是同物异名)。我国学者对刺蛾科昆虫区系的系统研究始于20世纪60年代。中国科学院动物研究所的蔡荣权先生是中国刺蛾科系统分类研究的开拓者,他于1963-1986年的20余年中对我国刺蛾科进行了专门研究,收集并整理了大量文献和标本。1982年他在《中国蛾类图鉴I》中报道了刺蛾27属59种。1983-1986年发表了我国绿刺蛾属 *Latoia* Guerin-Meneville(= *Parasa* Moore)和斜纹刺蛾属 *Oxyplax* Hampson等属的研究论文及新种记述。这些论著为我国刺蛾科的研究奠定了坚实的基础。中国农业大学(原北京农业大学、华北农业大学)杨集昆和李法圣(1977)在《华北灯下蛾类图志》(上)中记载了刺蛾科10属13种,1992年又发表了奕刺蛾属1新种。中国科学院动物研究所方承莱研究员从1992年开始研究我国的刺蛾科昆虫,先后报道了西南武陵山地区、浙江天目山、福建龙栖山、海南岛、长江三峡库区等地的刺蛾科种类。华南农业大学的王敏教授与日本的岸田泰则于2011年主编的《广东南岭国家级自然保护区蛾类》中报道了刺蛾科18属28种。中国科学院动物研究所武春生研究员于2004-2020年报道了广西、甘肃、陕西、河南、西藏、重庆等地的刺蛾种类。这些研究使我国的已知刺蛾种类增加了1倍多。通过系统修订,武春生与方承莱合作发表研究论文10余篇,共整理出中国刺蛾科72属264种,约占世界已知种类的1/5。

二、刺蛾科的分类地位

刺蛾科在鳞翅目中的分类地位仍有争议,早期被放在谷蛾总科 Tineoidea 或蓑蛾总科 Psychoidea 中,目前流行的有2个分类系统:Brock(1971)根据其胸部的结构特征将刺蛾科归入木蠹蛾总科 Cossoidea，Fletcher 和 Nye（1982）在 *The Generic Names of Moths of the World* 一书中也采用这一分类系统。Holloway（1986）和 Heppner（1998）在各自的研究中也都认为刺蛾科属于木蠹蛾总科，后者还分别绘出了木蠹蛾总科和斑蛾总科所包含的科级阶元的分支图。另外，Common（1975）根据刺蛾幼期的形态将刺蛾科归入斑蛾总科 Zygaenoidea，Minet（1986，1991，1994）在鳞翅目双孔类系统发育研究中也认为刺蛾科应归入斑蛾总科，Scoble（1992）在其鳞翅目分类专著中则采用 Minet（1991）的结论。Epstein（1996a）根据幼期和成虫期的特征分析，认为刺蛾科应该被归入斑蛾总科。因此，刺蛾科分类地位的确定还需要进一步研究。

斑蛾总科所包含的各科并没有明显的自有衍征（autapomorphy）。它是一个由众多具有共同祖征（plesiomorphy）的科组成的"废纸篓（waste-paper-basket）"型的分类单元（Epstein *et al.*，1999）。Minet（1986）认为幼虫内缩的头部与蛹第 2 腹节的气门被翅覆盖是本总科的自有衍征，但后一特征目前只能证明存在于寄蛾科 Epipyropidae、绒蛾科 Megalopygidae、刺蛾科 Limacodidae、丑蛾科 Heterogynidae 和斑蛾科 Zygaenidae。

斑蛾总科所包含的科也各不相同。20 世纪一些学者对斑蛾总科的分类比较见表 1。van Nieukerken 等（2011）将斑蛾总科分为 12 个科：寄蛾科 Epipyropidae、蚁蛾科 Cyclotornidae、丑蛾科 Heterogynidae、腊蛾科 Lacturidae、珐蛾科 Phaudidae、亮蛾科 Dalceridae、刺蛾科 Limacodidae、绒蛾科 Megalopygidae、艾蛾科 Aididae、梭蛾科 Somabrachyidae、革蛾科 Himantopteridae 及斑蛾科 Zygaenidae。本志采用大多数学者认可的系统，将刺蛾科归入斑蛾总科中，并根据 Scoble（1992）的观点，将本总科分为 8 个科。

表 1　20 世纪一些学者对斑蛾总科的分类示例表

Table 1　Examples of Zygaenoidea classification in the 20th century

作者及年代	总科	包含的科
Tillyard（1924）	Psychoidea	Psychidae
		Zygaenidae
		Limacodidae
Handlirsch（1925）	Tineoidea	Tineidae
		Tortricidae
		Psychidae
		Cossidae
		Sesiidae
		Limacodidae
		Epipyropidae
		Chrysopolomidae
		Mimallonidae
	Zygaenina	Megalopygidae
		Zygaenidae
		Heterogynidae

续表

作者及年代	总科	包含的科
Imms（1934）	Psychoidea	Psychidae
		Teragridae
		Megalopygidae
		Cochlididae (= Limacodidae)
		Zygaenidae
		Castniidae
Richards 和 Davies（1957）	Psychoidea	Psychidae
		Heterogynidae
		Chrysopolomidae
		Metarbelidae (= Teragridae)
		Megalopygidae
		Cochlididae (= Limacodidae)
		Zygaenidae
		Himantopteridae
		Retardidae
Brock（1971）	Cossoidea	Cossidae
		Retardidae
		Metarbelidae
		Dalceridae
		Megalopygidae
		Limacodidae
		Chrysopolomidae
	Zygaenoidea	Zygaenidae
Common（1975）	Zygaenoidea	Heterogynidae
		Zygaenidae
		Chrysopolomidae
		Megalopygidae
		Cyclotornidae
		Epipyropidae
		Limacodidae
Minet（1986，1991，1994）	Zygaenoidea	Heterogynidae
		Zygaenidae
		Epipyropidae
		Cyclotornidae
		Anomoeotidae
		Himantopteridae
		Megalopygidae
		Chrysopolomidae
		Dalceridae
		Limacodidae

作者及年代	总科	包含的科
Scoble（1992）	Zygaenoidea	Zygaenidae
		Heterogynidae
		Megalopygidae
		Limacodidae
		Dalceridae
		Epipyropidae
		Cyclotornidae
		Chrysopolomidae
Heppner（1998）	Cossoidea	
	Cossiformes	Cossidae
		Dudgeoneidae
		Metarbeidae
	Limacodiformes	Cyclotornidae
		Epipyropidae
		Dalceridae
		Limacodidae
		Chrysopolomidae
		Heterogynidae
		Zygaenidae
		Himantopteridae
		Lacturidae
		Somabrachryidae
		Megalopygidae

　　本总科为小到大型蛾子，口器常退化，下颚须退化或消失。翅脉为原始异脉型，前后翅 Cu_2 脉存在，中室内几乎总有 M 脉干，后翅 $Sc+R_1$ 在中室外远离 Rs 脉。幼虫通常短粗，头部明显内缩。有次生毛丛，或有粗鬛毛，位于明显的毛瘤上。趾钩排为中带（寄蛾科除外）。

斑蛾总科分科检索表

1. 后翅 $Sc+R_1$ 脉与 Rs 脉愈合至中室中部以远 ··· 2
   后翅 $Sc+R_1$ 脉与 Rs 脉从基部分开，或在中室基半部有短距离愈合 ··············· 4
2. 无翅缰和毛隆；分布于非洲 ·· **金蛾科 Chrysopolomidae**
   有翅缰和毛隆 ··· 3
3. 前翅 R_5 脉独立 ·· **斑蛾科 Zygaenidae**
   前翅 R_5 脉与 R_4 脉共柄；分布于美洲和非洲 ················ **绒蛾科 Megalopygidae**
4. 前翅无副室 ··· 5
   前翅有副室 ··· 6

5.　前翅 R_3 脉与 R_4+R_5 脉共柄或合并；雌雄均有翅 ………………………… **刺蛾科 Limacodidae**

　　前翅 R_3 脉独立；雄有翅，雌无翅 ……………………………………… **丑蛾科 Heterogynidae**

6.　触角柄节有栉毛；翅窄；幼虫初期寄生同翅目昆虫 ……………… **蚁蛾科 Cyclotornidae**

　　触角无栉毛；翅宽 …………………………………………………………………………… 7

7.　前翅 R 脉各分支无共柄；幼虫寄生于同翅目昆虫 ……………… **寄蛾科 Epipyropidae**

　　前翅 R 脉有的分支共柄；分布于新热带界 …………………………… **亮蛾科 Dalceridae**

三、刺蛾科的形态特征

（一）成　　虫

　　成虫中等大小，少数小型。身体相对粗壮，身体和前翅密生绒毛和厚鳞，这些鳞片并不成行排列。大多黄褐色或暗灰色，间有绿色或红色，少数白色具斑纹。成虫的休止状态很富特征性，它用足支撑着腹部，翅膀下垂紧贴身体，使身体与附着物几乎呈直角。成虫如果停止在 1 个枝条上，这种休止状态就很像 1 片枯叶或 1 截枯枝。雌性通常比雄性大，在一些幼虫为胶质型的种类中，成虫的性二型现象非常明显，如白痣婍刺蛾 *Chalcocelis dydima* Solovyev *et* Witt 和休彻刺蛾 *Cheromettia alaceria* Solovyev *et* Witt。

　　单眼和毛隆缺如。喙退化或消失，但在某些原始种类中也很发达。下颚须微小，1-3 节，或者消失。下唇须短而前伸，通常 3 节，有时阔大有毛簇，有时延长。触角约为前翅长度的一半，在大多数种类的雄蛾中都呈双栉齿状，少数为单栉齿状，但眉刺蛾属 *Narosa* Walker 属群和小刺蛾属 *Trichogyia* Hampson 属群例外，其雄性也为线状。触角的双栉齿分支通常只达触角长度的 1/2-2/3，但达刺蛾属 *Darna* Walker 属群的双栉齿状分支都直达触角的末端。雌性简单，通常线状或细锯齿状，但也有的为双栉齿状。

　　胸部密被鳞片和细毛。足多毛，无前胫突，具有不同数量的距，通常为 0-2-4 与 0-2-2，很少无距。一些种类在雄蛾的前足胫节有 1 个白斑。

　　翅通常短，宽而圆，前翅三角形。雄蛾翅缰 1 根，雌蛾 3 根或更多。翅脉完全或接近完全，M 脉干在前后翅都将中室二等分。在绿刺蛾属 *Parasa* Moore、长须刺蛾属 *Hyphorma* Walker、素刺蛾属 *Susica* Walker 和麻刺蛾属 *Mambarona* Hering 中，M 脉干二分叉，在其他属中则不明显。前翅无副室，R_5 常与 R_4 脉共柄，M_2 近 M_3 脉而远离 M_1 脉，有臀脉（A）2 条。后翅 $Sc+R_1$ 与 Rs 脉基部分离或沿中室基半部短距离合并，有臀脉（A）3 条（图 1）。

　　雄性外生殖器（male genitalia）（图 2）：爪形突（uncus）和颚形突（gnathos）通常强烈骨化，两者大小相等。爪形突逐渐向末端变尖，或者在端部或亚端部腹面有 1 枚骨化程度更高的小刺突。颚形突钩状，末端通常尖。抱器瓣（valva）通常简单，长形，有的属在抱器腹基部有长杆状突起。阳茎（aedeagus）管状，通常在 1/3 处弯曲，角状器稀少，但在眉刺蛾属 *Narosa* 和线刺蛾属 *Cania* 属群中最常见。

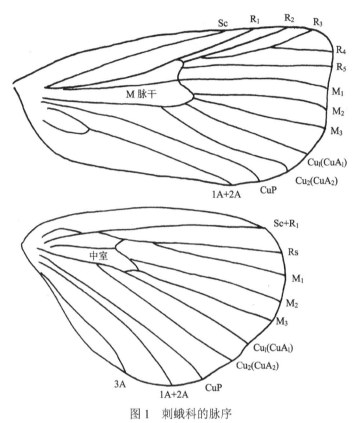

图 1　刺蛾科的脉序

Fig. 1　Venation of Limacodidae

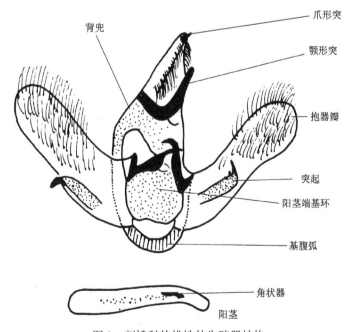

图 2　刺蛾科的雄性外生殖器结构

Fig. 2　Male genitalia of Limacodidae

雌性外生殖器（female genitalia）（图 3）：产卵瓣上有粗糙的刚毛，通常稍加宽而形成 1 个盘状垫，这或许是其所产之卵为扁盘状的一个原因。第 8 腹节生有 2 个坛状的侧突。囊导管（*ductus bursae*）相对短时，导精管（*ductus seminalis*）通常从囊导管的中点分出，当囊导管长时，导精管则由囊导管的亚基部分出。囊导管通常呈螺旋状，在这种情况下，囊导管通常相当长，极端的例子出现在绒刺蛾属 *Phocoderma* 中，其囊导管的直线长度约是腹部长度的 3 倍。螺旋是由沿囊导管长度形成不同程度的骨化带而引起的。交配囊（corpus bursae）通常有囊突（signum），特别是在囊导管呈螺旋状的那些属中。囊突的特征是分属的一个重要性状，可以分为 3 类：①囊突由许多放射状排列的小齿组成，但有时缩小成圆形或完全消失；②有 2 枚囊突；③囊突 1 枚，新月形。

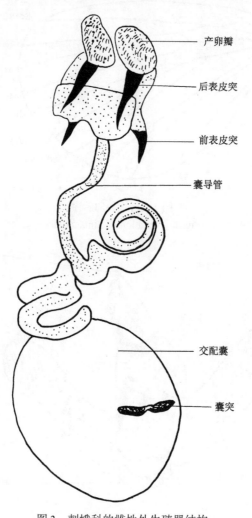

产卵瓣

后表皮突

前表皮突

囊导管

交配囊

囊突

图 3　刺蛾科的雌性外生殖器结构

Fig. 3　Female genitalia of Limacodidae

（二）卵

刺蛾的卵为扁鳞片状，类似某些卷蛾的卵。典型的卵略呈卵圆形，其长轴的直径为 1-2.5mm。卵的颜色有乳白色、黄白色、黄色、浅黄绿色、黄绿色或灰色到灰褐色，表面光滑或有龟状刻纹，不透明或半透明，有时有光泽。

（三）幼　　虫

刺蛾科因幼虫而著名，因为它们形态奇异，常有鲜艳的颜色和显著而多样的装饰（图版 IX：241-图版 XII：266）。幼虫颜色随龄期变异较大。老熟幼虫的底色通常为绿色、黄绿色或淡黄色，嵌以黄褐色、红褐色、蓝色、紫色等纵条纹或大斑块。幼虫最明显的特征是：①腹足缺乏；②腹部有起黏着作用的吸盘状带，这种带有时会在寄主植物的叶片上形成 1 条黏性的蛞蝓状的痕迹。如果把幼虫放在玻璃上并从玻璃下面观看，其运动具有蠕动的性质。因此，刺蛾幼虫有了其英文俗名 slug caterpillars。

幼虫头小而缩在胸部之下，只有在取食时才伸出。头部有单眼 6 个，第 1-4 个相互之间几乎等距离，第 5 个比第 4 个稍移位，第 6 个最孤立；仅有 1 根单眼毛（S1）。下唇前缘覆盖大量的鬃毛，比其他近缘科都密集。吐丝器形态多变，通常末端最宽，但有时也会向端部变尖（1 龄以后），或窄而呈管状（初龄），内面有时有纵脊纹。胸足微小。其体形通常呈蛞蝓状，但在雌性外生殖器有 2 枚囊突的几个属中，其幼虫更长一些。体短粗，分节不明显，腹足由吸盘取代，体具生螯刺的毛疣或枝刺。趾钩在 1 龄时缺如，1 龄以后只有 *Pantoctaenia* 属的 A2-A7 及 A10 节上存在趾钩。腹面的表皮半透明，具柔韧性；A1-A8 节有卵形的吸盘，通常随龄期的增加而更明显；在吸盘侧缘与气门下方的突脊之间有柔韧区。

毛序（chaetotaxy）（图 4）：初龄时 D 和 SD 毛群在 T2、T3 及 A1-A9 节上呈毛瘤（tubercle）或疣突（setal wart）状；L 毛在 T1 节成 1 对，靠近气门；L 毛在 T2 和 T3 节为单根。1 龄以后的幼虫背面具有枝刺（scolus）、毛瘤或毛片（verruca），或者幼虫背面相对光滑，没有毛瘤，只有简单的刚毛；腹部的 L 毛位于气门下方。臀足具小刺，裂片状；侧叶有 5 或 6 根原生刚毛，中叶有 2 根原生刚毛。臀板具有 D1、D2、SD1 和 SD2，无臀栉。

身体分区：从背中央到腹中央依次划分出背线（dorsal line）、亚背线（subdorsal line）、气门上线（supraspiracular line）、气门线（spiracular line）、气门下线（subspiracular line）、亚腹线（subventral line）和腹线（ventral line）。刺蛾科幼虫的描述常用到前 3 条。

幼虫类型：可以区分为 2 个主要类型：枝刺型（nettle caterpillars）和胶质型（gelatine caterpillars），前者身体上具有成列的瘤突，其上生有螯刺（图版 IX：241，242；图版 X：245-250；图版 XI：251-258；图版 XII：259-264，266）；后者的身体表面可能完全光滑，或具有各种装饰（图版 X：243，244；图版 XII：265）。在枝刺型的幼虫中，当头部处于收缩位置时，胸部第 2、3 节上的螯刺通常向前伸，起到进一步保护自身的作用。一些刺蛾幼虫的身体背腹扁平（如扁刺蛾属 *Thosea*），而其他种类则身体中部加粗，呈驼峰状。另外，还有一个鲜为人知的类型，其身体上的瘤突延长，上面生有很多细密的刚毛，称为猴毛型（monkey slug）。

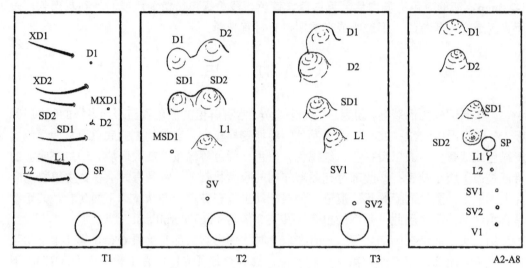

图 4　刺蛾科的毛序和枝刺模式图（仿 Epstein，1996a）

Fig. 4　Maps of body setae in Limacodidae (after Epstein, 1996a)

T1-T3. 前、中、后胸节（pro-, meso- and metathorax）；A2-A8. 腹部 2-8 节（abdominal segments 2-8）；XD. 前背毛（X-dorsal seta）；D. 背毛（dorsal seta）；SD. 亚背毛（subdorsal seta）；L. 侧毛（lateral seta）；SV. 亚腹毛（subventral seta）；V. 腹毛（ventral seta）；SP. 气门（spiracle）；MSD. 亚背本体感觉器毛（subdorsal proprioceptor seta）；MXD. 本体感觉器毛（proprioceptor seta）

胶质型的幼虫也许是由枝刺型的幼虫演化来的（Epsein，1996a）。枝刺的数量和位置是幼虫分类的重要特征，被广泛用在幼虫的鉴别中。枝刺的排列是成行成对的，通常每一行在各体节都有 1 枝。刺蛾幼虫体躯的分节不明显，但大多数很容易从枝刺的位置来判断。原始的刺蛾幼虫在每侧都有成列的枝刺：位于气门之上的 1 列为侧刺列（lateral scoli）；第 2 列位于侧刺列之上，称为亚背刺列（subdorsal scoli）。头部和第 1 胸节的枝刺总是缺乏，第 1 腹节的侧枝刺退化，有时仅保留小刺丛，气门背缘被遮盖。

枝刺型幼虫的大部分变异可用枝刺的发达与退化来解释。在有些类群中，亚背刺列的前、后两枝（刺列的第 1 枝和最后 1 枝）扩大，形成角状结构（如褐刺蛾 *Setora nitens*）；在另一些类群中，背侧枝刺却非常退化（如扁刺蛾属 *Thosea*）。达刺蛾属 *Darna* 在第 2 与第 8 腹节的侧枝刺上有小鳞片状的晶体结构；在绿刺蛾属 *Parasa* 中，第 8 与第 9 腹节的侧枝刺之上有独特的黑色或褐色大斑，由密集的小刺组成。

低龄幼虫与老熟幼虫常常看起来明显不同。低龄幼虫的枝刺相对较大，看起来有更多的刺。身体颜色也可能随龄期不同而变化，一些种类在化蛹之前会变为另一种颜色。在同种的不同个体间，颜色与颜色斑也会有变异，这使得幼虫的鉴定工作更加困难。被病毒或其他病原感染的幼虫常常会褪色或出现"污斑"。

Murphy 等（2009）研究认为，那些具有密集枝刺的刺蛾幼虫比那些不具或只有稀少枝刺的刺蛾幼虫更能抵御捕食性天敌的袭击，具有明显的生存价值。

刺蛾幼虫在系统发育研究中的作用：刺蛾科昆虫因其幼虫而著名，所以对其幼虫的研究也受到了人们的重视，并将其形态特征应用到系统发育研究中。例如，Epstein（1996a，1997a）利用幼虫特征对分布在美洲的斑蛾科 Zygaenidae、绒蛾科 Megalopygidae、艾蛾科 Aididae、亮蛾科 Dalceridae 和刺蛾科 Limacodidae 的科级亲缘关系进行了研究（图5）。其腹部的腹足在斑蛾科中很发达，在绒蛾科中逐渐变短，直至在亮蛾科和刺蛾科中退化为吸盘。

刺蛾类（the limacodid group）包括5个科（刺蛾科、亮蛾科、绒蛾科、艾蛾科和梭蛾科 Somabrachyidae，最后2个科常被作为绒蛾科的亚科处理），是一个单系群，其幼虫的特征是：暴露取食，头内缩，腹部2-7节有腹足或可伸缩的蛞蝓状的腹面。

该类群幼虫腹面与物体接触的面积比斑蛾类幼虫腹面接触物体的面积更大，理由是：①A2-A7有腹足；②腹足较短；③没有腹足的A8和A9节腹部变窄；④胸足缩小；⑤侧面和腹面缺乏众多次生的长刚毛。

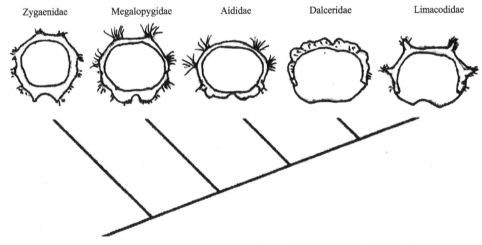

图5　刺蛾类各科之间幼虫身体腹面的演化关系，着生腹足的体节的横截面视图（仿 Epstein，1997b）
Fig. 5　Evolution of the ventral surface in the limacodid group families viewed in cross section of proleg segment (after Epstein, 1997b)

（四）蛹

老熟幼虫在1个丝质的茧内化蛹，此茧被幼虫产生的胶漆状褐色液体所粘连，逐渐形成纤维板质的坚固硬壳。茧通常呈球状，以其一面附着在其他物体上，如寄主植物上、土壤中或枯叶内。在许多种类中，茧外表面交织着杂乱的丝线，偶尔会形成1个薄膜状的外套。在绿刺蛾属 *Parasa* 中，茧外围有大量的螯刺，可以有效地阻止捕食性天敌。大多数茧是淡褐色的，但也有一些是白色的，或表面有斑纹。

　　刺蛾科昆虫具有钙质茧壳，与其他鳞翅目的丝质茧不同，其坚硬程度远非丝茧可比。那么，它们是怎样羽化的呢？朱弘复和王林瑶（1982）对黄刺蛾 *Monema flavescens* Walker 的破茧器进行了研究。黄刺蛾幼虫老熟后，在寄主枝条上吐丝并分泌一种黏液，做成雀卵形的茧，试用两指强烈挤压，也不破损。当羽化时，顶部形成 1 个裂盖（图 6a），成虫自裂口爬出（图 6b）。蛹在复眼之间具有 1 匙形突起，该突起的边缘排列着 18-20 个小齿（图 6c）。由于蛹腹节的蠕动，身体在茧内可以旋转，同时其破茧器便在茧壁上摩擦，如此循环，就逐渐在茧壁上刻划成 1 圆环。在蛹旋转刻划的过程中，如果侧耳细听，可以听到它摩擦刻划发出的微弱声音。

　　成虫羽化前，蛹的腹节伸张，头胸也随之升高，触及茧顶，于是刻划出的圆盖便受压而脱离，形成 1 个洞口，同时蛹的胸部背面裂开，先是触角及足伸展，向外爬动，逐渐将胸部和翅膀伸出茧外，最后腹部也脱茧而出。蛹皮一半留在茧内，前半则在茧外。破茧器上的小齿仍留在蛹皮上，但几乎已完全磨损。

　　蛹短而粗，其翅、足和触角与身体游离。其复眼旁有 1 个异常刻饰的骨片。下唇须长，经常为头部长度的一半，其侧面有平行的下颚须。臀棘有或无。蛹的历期为 1-7 周，与物种体型的大小相关联。

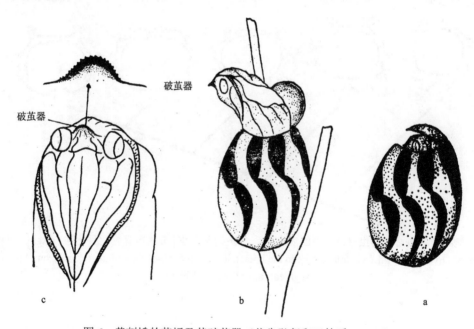

图 6　黄刺蛾的茧蛹及其破茧器（仿朱弘复和王林瑶，1982）

Fig. 6　Cocoon and cocoon-cutter of *Monema flavescens* Walker (after Chu and Wang, 1982)

a. 茧及蛹刻划出的茧盖（cocoon and its top which is sawn by pupa using the cocoon-cutter）；b. 茧壳与蛹皮（shell of cocoon and exuvium of pupa）；c. 蛹头部及放大的破茧器（head of pupa and enlarged cocoon-cutter）

四、刺蛾科的经济意义

（一）刺蛾幼虫与人类疾病

1. 刺蛾幼虫毒刺毛毒力的实验观察

李朝品等（1999）探讨了刺蛾幼虫毒刺毛的致病性，现将其研究结果摘录如下。

1) 新鲜毒刺毛刺入皮肤后的临床表现

用新鲜毒刺毛刺入皮肤时酷似针刺感，皮肤上无明显的针刺痕。约 1min 后皮损处出现水肿，毛囊口扩张；约 3min 后出现渗出，但受试者对毒刺毛的反应不一，轻者皮表湿润，重者皮表可见小水珠；约 15min 时水肿逐渐消失，刺痕处形成小突起，直径约0.5cm，突起的顶端为刺孔，突起周围出现红晕，直径可达 2cm；20min 时刺痕处可出现风团或水肿性斑疹，色呈淡红或鲜红色；约至 30min 时刺痕处出现奇痒。受试者经 1-2周水肿性斑疹消失，刺痕处出现圆锥形小丘疹，因刺痕处奇痒，衣服触及或用手搔痒时痒感加剧，刺痕处再次出现风团，圆锥形的丘疹周围可见弥散的红色圆形细小突起。若不适当治疗，可反复持续 1-2 个月。自愿受试者共 10 人，虽对毒刺毛的反应性不同，但每位受试者均出现刺痛、奇痒、渗出物、红晕、风团、丘疹等临床表现，只是皮损程度和持续时间等有所不同，多数"病程"长达 1 个月以上。

2) 自然干燥毒刺毛刺入皮肤后的临床表现

本次实验所用的自然干燥的毒刺毛（保存期 1-18 个月）均具毒性，只是毒刺毛刺入皮肤后反应缓慢，一般在 1-2h 皮肤出现刺痒，继而奇痒及灼痛，搔痒时出现风团；至3-6h 后刺痕处形成小突起，大小 0.3-0.5cm，随后突起周围出现红晕，直径 2-3cm。刺痕处奇痒，夜间加剧，用手搔痒后丘疹和红晕直径增大，反复搔抓仍不能止痒，若不治疗可反复持续 1-2 个月。不同保存期（1-18 个月）的毒刺毛及不同受试者所出现的临床表现基本相同，各受试者不论反应轻重均出现刺痛、奇痒、渗出物、风团、丘疹、红晕等症状。

3) 毒刺毛洗脱液接种皮肤后的临床表现

用毒刺毛洗脱液（I 液和 II 液）直接接种到志愿者的上肢皮肤，5-15min 后各受试者均可出现风团及红晕，风团直径 0.5-1cm，红晕直径则可达 1-1.5cm。皮损处的奇痒及丘疹等表现与上述基本相同，只是病程均不超过 3 周。若把上述洗脱液（I 液和 II 液）加热至沸腾（约 100℃）并保持 5min，冷却后重复接种，上肢皮肤则不出现上述皮炎（疹）的临床表现。

2. 刺蛾幼虫引起的人类疾病

1) 刺蛾幼虫皮炎

刺蛾科幼虫（俗称痒辣子、火辣子或刺毛虫）是引起人类皮炎的病因之一。有关刺蛾幼虫引起的皮炎，李朝品（2000a）等对此做过较为详细的报道，认为刺蛾幼虫毒刺毛中空，呈管状，内含毒性化学物质；并将该毒性物质制成洗脱液，电泳后用考马斯亮蓝G250（Commassie brilliant blue G250）染色并鉴定其成分，从而证实其致病物质为蛋白类毒素。李朝品等（2000a）研究发现该皮炎的发生包括 2 个过程，首先为毒刺毛触刺导致局部皮肤的机械性损伤，接着出现局部皮肤组织中毒，有的伴有全身反应；其次是毒性蛋白引起的变态反应，患者表现出发疹、红晕、水肿等变态反应性疾病的症状。

刺蛾幼虫对人体的侵袭，主要是靠其身上着生的毒刺毛。毒刺毛触刺人体皮肤后，可引起刺蛾幼虫皮炎。此类皮炎主要发生在皮肤暴露部位，包括上肢、肩、下肢、手足背、颈部、胸部、背部和面部等。通过上述实验结果可见，毒刺毛脱离虫体自然干燥 18 个月后仍具毒性，说明该毒素成分可耐干燥。将脱离虫体的毒刺毛洗脱液用考马斯亮蓝 G250 染色法检测其成分，证实有蛋白质存在。将该毒刺毛洗脱液加热至沸腾（约 100℃），冷却后再接种人体，则不出现刺蛾幼虫皮炎的临床症状，从而进一步证实该毒刺毛洗脱液的致病物质成分为蛋白质类毒素。淮南地区有几年刺蛾盛发，刺蛾幼虫皮炎的发生率明显增加，部分患者发生皮炎的原因是直接接触其幼虫；亦有部分患者从没接触过刺蛾幼虫，但也发生了类似刺蛾幼虫触刺引起的皮炎。流行病学调查证实是刺蛾幼虫蜕皮的产物（皮蜕与刺毛）及死亡幼虫的裂解物随风吹起，飘落在皮肤上所引起。实验研究表明，毒刺毛自然干燥后保存 18 个月仍有毒性，此与刺蛾幼虫的蜕皮产物等能引起人体皮炎的论点相一致。除刺蛾外，危害人类健康的蛾类尚有枯叶蛾科的松毛虫、毒蛾科的桑毛虫等，但不同蛾类幼虫所引起的疾病有所不同。刺蛾幼虫（刺毛虫）和桑毛虫引起的疾病多表现为人体皮炎（皮疹）；而松毛虫危害严重，多引起松毛虫病，临床表现不一。刺毛虫皮炎自毒刺毛触刺皮肤起约 1min，皮肤即可出现风团，继而形成斑疹、斑丘疹或丘疱疹，患处可见渗出，亦可出现淋巴结肿胀及全身症状，其病程亦较长，短则 2-3 周，长则 4-6 周。桑毛虫皮炎起病缓慢，自毒毛刺触皮肤起，10min 至 12h 出现剧痒，继而出现水肿性斑疹、斑丘疹或风团，少数亦可出现丘疱疹，个别可累及眼睑，甚至结膜或角膜等，皮疹病程 1-2 周。松毛虫可引起严重的松毛虫病，临床上常表现为松毛虫皮炎、骨关节型、肿块型、眼型和混合型等。松毛虫皮炎多表现为多形性斑丘疹，病程约 1 周，而其他类型的松毛虫病病程则较长，或可达数月之久。至于毒刺毛刺入皮肤的数量和刺入皮肤后滞留的时间与临床症状之间的关系，据实验观察，一般皮肤触刺面刺入的毒刺毛越多，皮损面积越大；触刺后毒刺毛在皮肤内滞留的时间越长症状越重，病程越长；毒刺毛在空气中飘扬时，能否累及眼睑、结膜、角膜，甚至被吸入呼吸道产生更为严重的危害，还需进一步讨论。综上所述，刺蛾幼虫毒刺毛无论是新鲜的还是干燥的均具毒性，且毒力较持久，至少可保持 18 个月或许更长。毒刺毛触刺人体皮肤首先导致局部皮肤的机械性损伤，然后缓慢将毒素释入局部皮肤组织，继而出现局部甚至全身毒性反应；皮肤受累后表现为发疹、红晕、水肿等变态反应，此类临床表现是毒性反应和变态反应相互作用。有关毒刺毛的毒素的致病物质，根据上述实验结果认为其成分为蛋白质类，至于该毒素洗脱液中还存在其他成分与否，尚需进一步探讨。

2) 心脏荨麻疹

变态反应性疾病的临床表现多种多样，如哮喘、紫癜、鼻炎和荨麻疹等，其原因可能是人体对不同变应原的反应性不同，或/和引起变态反应性疾病的变应原具多样性，即不同变应原引起的变态反应性疾病在临床表现上不同，或/和同一变应原可同时作用于不同的靶器官，如药物、羽毛、花粉和节肢动物等可同时引起多器官的过敏。在节肢动物引起的变态反应疾病中，粉螨是极强的变应原，其不仅可寄生人体引起人体内螨病，而且可致多种变态反应性疾病。昆虫是节肢动物中又一庞大类群，有少数种类也可引起人体的变态反应疾病，如隐翅虫、毒蛾及刺蛾等。淮南地区 1993-1998 年刺蛾盛发，虫口密度甚高，许多树的树叶都被吃光，刺蛾严重危害了郊区种植的经济林木、果林和市区的观赏林。刺蛾成虫及其幼虫对当地居民也造成了危害，在当地引起了刺蛾幼虫皮炎和刺蛾致变态反应性疾病的流行。

有关刺蛾可引起心脏荨麻疹的研究，蔡茹和李朝品曾有过报道。蔡茹（2001）根据12 例患者临床表现（对刺蛾幼虫抗原敏感性、发疹时出现的心电图改变等），将此 12 例患者确诊为刺蛾过敏性急性荨麻疹所引起的心脏病变。其病变特征为心电图改变多发生在荨麻疹发疹时。文献记载的心脏荨麻疹的心电图改变有：ST 段改变、窦性心律不齐伴心动过缓、II-型窦房阻滞、短阵性室性心动过速、室性融合波、心室夺获、房室结干扰现象、室性并行心律，严重者心电图可酷似急性心肌梗死的局部假性梗死等。蔡茹报道的刺蛾过敏性心脏荨麻疹的心电图改变为 ST-T 改变（ST 部分导联压低 0.05mV，T 波低平）频发室性早搏和频发房性早搏。李朝品（2001）根据刺蛾成虫/幼虫抗原敏感性、发疹时出现的心电图改变等，将 89 例患者确诊为刺蛾变应性急性荨麻疹所引起的心脏病变。其病变特征为心电图改变多发生在荨麻疹发疹期。将此心脏荨麻疹发生的特点与以往文献报道的心脏荨麻疹相比较，其心电图的改变相类似。患者除皮肤有荨麻疹及瘙痒这一共同特征外，不同病例临床表现可不同，如有的伴呼吸系统症状，有的伴消化系统症状，有的可伴有心脏病变，如心悸、心动过速等。

心脏荨麻疹的治疗，主要是避免接触变应原和早期应用肾上腺皮质激素，适量应用抗组胺药物及钙制剂，尤以采用地塞米松静脉滴注效果为佳，一般均在数小时内缓解，但对呼吸系统的症状应对症处理。本病治疗适当，1 周内即可恢复健康，预后良好。

3) 刺蛾幼虫毛致异物伤 1 例

据郑慧娟等（2001）报道，一名 7 岁男孩在就医的前 2 天玩耍时不慎将刺蛾幼虫毛溅入左眼，伤后即感左眼疼痛、畏光、流泪、视物不清。伤后立即到当地医院就诊，行结膜囊冲洗并以可的松眼液滴眼，仍未减轻，遂来郑慧娟大夫所在医院就诊。检查：视力右眼 1.0，左眼数指/20cm，眼压 Tn（双），左眼睑红肿，结膜充血，角膜中央上皮缺损，大小约 4mm×5mm，余处角膜上皮水肿，内眦部球结膜、上睑结膜可见大量黑色虫毛存在，长 1.5-3mm，瞳孔缩小，光反射存在。诊断：左眼刺蛾幼虫致异物伤。治疗：用生理盐水加维生素 C 行结膜囊持续冲洗 5min，局部滴用光安眼液和素高捷疗眼膏，全身用抗生素和大量维生素 C（维生素 C 可抑制胶原酶，促进角膜胶原合成）。并于第 2天上午全麻下行虫毛剔除术，术中显微镜下探查见上、下睑板，球结膜及结膜下组织，巩膜组织及角膜内大量黑色虫毛存在，长 3-5mm，剔除球结膜、睑结膜表层异物后，于7-10 点钟处切开球结膜，烧灼止血，因筋膜组织有大量虫毛残留，故剪除。巩膜深层内有大量异物残留，并见渐向深层侵入，尖刀片切开组织后剔除，其中 2 处因深入近葡萄膜未能全部剔除（位于角膜缘侵后约 4mm）。角膜 8 点钟处见一异物处已进入前房，无法剔除。巩膜 10-0 进口尼龙线间断缝合。球结膜 5-0 丝线间断缝合，术毕用红霉素眼膏涂眼并用眼垫包眼。术后第 1 天，症状好转，3 天后角膜上皮修复，7 天后充血和水肿减轻，刺激症状消失，查视力左眼为 1.0。

刺蛾幼虫毒毛内含有碱性物质，经对幼虫浆液汁测试，pH 约为 9.0，此物质对结膜、角膜上皮有明显的损害，重者可引起视功能或眼球丧失。

4) 哮喘

有关变应性哮喘的变应原，多数学者认为屋尘、尘螨、蒿类花粉等与变应性哮喘的关系密切。而近几年昆虫引起的变态反应性疾病日益受到国内外学者的重视，如蜂蜇、蜚蠊、刺蛾等引起的变态反应性疾病均已有报道。有关蛾类变应原的研究，据以往文献记述，目前已发现的变应原多数可悬浮于空气中，造成变应原的扩散，引起该地及异地特应性体质的人接触变应原后产生变应性疾病。李朝品等（1999）亦认为，刺蛾的分泌物、代谢产物、刺毛及鳞屑、死蛾碎屑及裂解物等均可悬浮在空气中，成为引起变应性哮喘的致敏原。有人用刺蛾抗原对 60 例变态反应性哮喘患者和流行病学调查受检的 440 人做皮试，结果显示，变应性哮喘患者组的阳性率为 58.3%，显著高于对照组的 8.2%，差别有高度显著性。但用 20 种抗原做皮试寻找变应原时，发现变应性哮喘患者组和流行病学调查组刺蛾抗原的皮试阳性率均很高（屋尘的阳性率最高，其次是尘螨，再次是刺蛾），且刺蛾抗原皮试阳性率与刺蛾的季节消长基本一致，说明刺蛾抗原为变应性哮喘又一重要的致敏原。屋尘抗原阳性率最高的原因很多，其中一个重要的原因可能是屋尘抗原是屋宇生态系统中所有生物（如人、鼠、螨、蚤、甲虫等）排泄物、代谢物、分泌物、皮屑、尸体裂解物的混合物，其成分十分复杂，蛾类抗原也有可能包括其中；至于尘螨，以往文献早有记载，尘螨是屋宇生态系统中极强的变应原，可引起多种变态反应性疾病。刺蛾至少是淮南地区一种重要的吸入性昆虫变应原，与变应性哮喘的发病密切相关。因刺蛾的种类较多，淮南地区较常见的有 7 种，其分泌物、排泄物、代谢产物、死亡虫体的裂解物，以及成虫的鳞屑粉、刚毛、幼虫的皮蜕等均可悬浮于空气中，成为致敏原。在盛发季节，大量变应原可随呼吸进入气管、支气管和肺泡内，其异性蛋白释出而被吸收后，诱导 B 细胞介导体液免疫应答，由浆细胞产生特异性 IgE 抗体，并附着在肥大细胞和嗜碱性粒细胞上；当再次接触刺蛾抗原时，与肥大细胞上的 IgE 抗体发生特异性结合，使致敏的肥大细胞脱颗粒并释放组胺、缓激肽、慢反应物质等过敏介质，引起毛细血管扩张、组织水肿、分泌活动增强、支气管平滑肌痉挛、嗜酸性粒细胞浸润等，并产生相应临床症状。患者血清中特异性 IgE 抗体的含量常随季节而变化，在刺蛾迁飞季节，患者体内特异性 IgE 抗体含量明显增加，季节过后则缓慢降低。患者发病时，组织中特异性 IgE 抗体含量也增加。有关变态反应性哮喘的致敏过程，以往学者认为：①变应原被吸入并与呼吸道黏膜接触，产生机械性刺激；②变应原的有效成分被呼吸道分泌物浸出；③变应原穿过黏膜上皮屏障；④巨噬细胞吞噬变应原，并将处理过的变应原递呈给免疫活性细胞——淋巴细胞；⑤亲细胞抗体 IgE 与组织中的肥大细胞结合，组织即处于致敏状态；⑥再次进入组织的变应原与肥大细胞表面的 IgE 抗体结合；1 个变应原分子可与 2 个或 2 个以上的 IgE 抗体发生"桥联"，导致肥大细胞发生脱颗粒反应，释放出介质，其中最重要的是组胺；⑦在组胺和其他介质的作用下，组织发生变态反应性炎症，主要表现为组织水肿、血管扩张、外分泌活动亢进和嗜酸性粒细胞增多；⑧肥大细胞被激活后，通过直接和间接 2 种机理发挥生物效应。直接的机理是通过组胺和其他介质发生的，它主要导致上皮细胞通透性增加和血管扩张；间接机理是通过对副交感神经的刺激和激活中枢神经系统，引起一系列神经递质释放、传导，引起打喷嚏、血管扩张、分泌活动增强等反应。至于刺蛾引起的变态反应性哮喘究竟属于 I 型变态反应性疾病，还是属于其他类型的变态反应性疾病，或是在变应性哮喘发病过程中不同阶段或变应原吸入次数及吸入量的不同而导致多种变态反应类型先后或同时发生，均有待进一步研究。

　　5) 黄刺蛾蜇伤致过敏性休克 1 例

　　尚玉君和尚玉娟于 1998 年报道，山东省滨州市一女青年因黄刺蛾损伤左侧手背部 30min，不省人事 15min 来就诊。半小时前被黄刺蛾蜇伤左肘部，当即感局部刺痒灼痛，烦躁不安，难以忍受，继而头晕、寒战、不能站立，伴心悸、胸闷、呼吸困难、恶心呕吐 1 次，15min 后不省人事。既往健康，无过敏史。查体温 36℃，脉搏 114 次/min，呼吸 27 次/min，血压 8/4kPa（60/30mmHg）。神志不清，颜面苍白，额有冷汗，压眶反射存在。双侧瞳孔等大等圆，对光反射存在。心率 114 次/min，心律无杂音。肺、腹无异常，无病理反射。肘部表面肿胀，呈橘皮样改变，约 2cm×2cm，皮毛孔清晰可见，表面湿润，微充血，与正常皮肤分界清晰。辅助检查：WBC（白细胞计数）$9.7×10^9$/L，N（中性粒细胞）0.57，L（淋巴细胞）0.36，嗜酸 0.07；两便及胸透均（−）；心电图示窦性心动过速。诊断为黄刺蛾蜇伤致过敏性休克。即给吸氧，肾上腺素 0.5mg 静脉注射，2min 后蜇伤局部皮下注射肾上腺素 0.5mg，并给碱水湿敷；氟美松 10mg 静脉注射；葡萄糖酸钙 1g 加入 25%葡萄糖液 20ml 静脉推注。异丙嗪 50mg 肌内注射；氟美松 10mg 加入 5%葡萄糖盐液 500ml 中静脉滴注；维生素 C 2g 加入 10%葡萄糖液 500ml 中静脉滴注。2h 后患者完全清醒，6h 后痊愈出院。

　　黄刺蛾受到刺激时毒腺液即由背毛泌出，黄刺蛾毒可作为抗原，与患者的肥大细胞表面的特异免疫球蛋白 IgE 抗体结合，激发肥大细胞释放出组胺、肝素、5-羟色胺等过敏活性物质，使小血管扩张，毛细血管通透性增加，血压下降而致过敏性休克。肾上腺皮质激素可抑制机体的免疫反应，减轻血管扩张程度，迅速缓解症状。

3. 被刺蛾幼虫蜇伤后的简易救治方法

　　果农在果园或苗圃劳作时，稍不注意就会被刺蛾幼虫蜇伤，钻心的痛痒使人难以忍受。下面介绍两种简便有效的救治办法。

　　(1) 被刺蛾幼虫蜇伤后，立即摘取几片鲜黄瓜叶，反复在被蜇伤处揉搓，3-5min 后即可止痛止痒。

　　(2) 找 1 只刺蛾幼虫，用多层叶片包住，挤出体液，将体液涂于被蜇处，痛痒很快会止住，红肿也随之消失。

（二）刺蛾科幼虫对经济作物的危害

　　刺蛾科幼虫不仅对人类健康造成威胁，而且危害经济作物、行道树、果树和林木等。由于刺蛾幼虫，特别是 5 龄以后，暴食叶片，当虫口密度大时，可将叶片吃光，严重影响植物的生长，甚至造成枯死，是重要的农林害虫。据初步统计，有 51 科 190 种树木（包括竹类）不同程度地受到 20 多种常见刺蛾的危害。

我们整理出了中国有寄主植物记录的刺蛾种类，共计 98 种，现将其名录及其对应的寄主植物种类列成表格（表 2），供读者参考。

表 2 中国 98 种刺蛾的寄主植物

Table 2 Larval food plants of 98 Chinese species in Limacodidae

种类	寄主植物
Altha adala (Moore) 四痣丽刺蛾	番荔枝属、羊蹄甲属
Altha melanopsis Strand 暗斑丽刺蛾	樟树、茶
Aphendala cana (Walker) 灰润刺蛾	决明属等
Aphendala furcillata Wu *et* Fang 叉茎润刺蛾	茶、油桐
Aphendala grandis (Hering) 大润刺蛾	茶
Aphendala sp. 黄润刺蛾	茶
Atosia himalayana Holloway 喜马钩纹刺蛾	蓖麻
Austrapoda seres Solovyev 锯纹岐刺蛾	梅、李、梨、樱桃、板栗、栎、榛、茶、柳等
Belippa horrida Walker 背刺蛾	茶、蓖麻、苹果、梨、桃、葡萄、刺槐、臭椿、麻栎、枫杨、大叶胡枝子
Birthamoides junctura (Walker) 肖帛刺蛾	荔枝、杧果
Caissa longisaccula Wu *et* Fang 长腹凯刺蛾	茶、柞木、榛
Cania bandura acutivalva Holloway 巴线刺蛾尖瓣亚种	油棕、椰子
Cania javana Holloway 爪哇线刺蛾	香蕉
Cania robusta Hering 灰双线刺蛾	香蕉、柑橘、茶、椰子、油棕
Cania siamensis Tams 泰线刺蛾	椰子
Ceratonema christophi (Graeser) 北客刺蛾	枫杨
Ceratonema imitatrix Hering 仿客刺蛾	核桃
Ceratonema retractatum (Walker) 客刺蛾	枫杨、茶
Chalcocelis dydima Solovyev *et* Witt 白痣姹刺蛾	油桐、八宝树、秋枫、柑橘、茶、咖啡、刺桐
Chalcoscelides castaneipars (Moore) 仿姹刺蛾	椰子属、柑橘属、樟属、决明属、槟榔青属、可可属、刺通草属
Chibiraga banghaasi (Hering *et* Hopp) 迷刺蛾	柞木
Darna furva (Wileman) 窃达刺蛾	石梓、重阳木、盆架树、山苍子、楠木、乌桕、大管（白木）、山黄麻、油茶、茶、桂花、核桃、柿、柑橘、壳菜果（米老排）、石楠、醉香含笑（火力楠）、木荷、山桑、樟树、枫香等
Demonarosa rufotessellata (Moore) 艳刺蛾	枫香、三角枫、栎属、茶属、紫荆、李属、油叶柯、荔枝属
Epsteinius luoi Wu 罗氏爱刺蛾（别名：黑缘小刺蛾）	茶
Epsteinius translucidus Lin 透亮爱刺蛾	茶
Griseothosea fasciata (Moore) 茶纷刺蛾（别名：茶奕刺蛾）	茶
Griseothosea jianningana (Yang *et* Jiang) 杉纷刺蛾（别名：杉木建宁奕刺蛾）	杉木

续表

种类	寄主植物
Hampsonella dentata (Hampson) 汉刺蛾	板栗、柞木、核桃
Hindothosea cervina (Moore) 裔刺蛾	合欢
Hyphorma flaviceps (Hampson) 暗长须刺蛾	刺桐、油桐
Hyphorma minax Walker 长须刺蛾	油桐、茶、樱花、麻栎、柿、榄仁树、枫香
Iragoides elongata Hering 别焰刺蛾	青冈
Iragoides uniformis Hering 蜜焰刺蛾	枫香、油桐、茶、油茶
Kitanola uncula (Staudinger) 环铃刺蛾	桤木属（赤杨）
Kitanola eurygnatha Wu *et* Fang 宽颚铃刺蛾	毛竹
Microleon longipalpis Butler 纤刺蛾	黑刺李、沙梨、杏、悬钩子、茶、柿等
Miresa bracteata Butler 叶银纹刺蛾	金鸡纳、咖啡、杧果、山樣子、油丹、榄仁树
Miresa fulgida Wileman 闪银纹刺蛾	橄榄、茶、台湾相思树、樱花
Miresa kwangtungensis Hering 迹银纹刺蛾	苹果、梨、柿、豆类、茶、天竺桂
Monema flavescens Walker 黄刺蛾	枫杨、重阳木、乌桕、毛白杨、三角枫、刺槐、梧桐、楝、油桐、柿、枣、核桃、板栗、茶、桑、柳、榆、苹果、梨、杏、桃、石枇杷、柑橘、山楂、石榴、朴树、栎、椴树、枳椇、枫香、鸡爪械、山皂荚、庐山小檗、杧果等
Nagodopsis shirakiana Matsumura 拉刺蛾	茶
Narosa corusca amamiana Kawazoe *et* Ogata 波眉刺蛾浅色亚种	茶、桐、北美海棠
Narosa edoensis Kawada 白眉刺蛾	核桃、枣、樱桃、梅、栎、茶、紫荆、郁李等
Narosa fulgens (Leech) 光眉刺蛾	枫香
Narosa nigrisigna Wileman 黑眉刺蛾	油桐、大豆、枫香
Narosa ochracea Hering 赭眉刺蛾	桃、茶
Narosoideus flavidorsalis (Staudinger) 梨娜刺蛾	梨、枣
Narosoideus vulpinus (Wileman) 狡娜刺蛾	茶
Naryciodes posticalis Matsumura 槭奈刺蛾	槭树（三角枫和五角枫）
Neothosea suigensis (Matsumura) 新扁刺蛾	柞木
Olona zolotuhini Solovyev, Galsworthy *et* Kendrick 佐氏偶刺蛾	棕榈
Oxyplax ochracea (Moore) 斜纹刺蛾	茶属、刺桐、苹果
Oxyplax pallivitta (Moore) 灰斜纹刺蛾	下田菊属、黑面神属、槟榔属、油棕、榕树属、柑橘、茶、杂草、玉米等
Oxyplax yunnanensis Cai 滇斜纹刺蛾	茶
Parasa bicolor (Walker) 两色绿刺蛾	毛竹、石竹、木竹、斑竹、箐竹、苦竹、撑篙竹、唐竹、茶
Parasa canangae Hering 宽边绿刺蛾	依兰
Parasa consocia Walker 窄缘绿刺蛾	梨、苹果、海棠、杏、桃、李、梅、樱桃、山楂、柑橘、枣、板栗、核桃、白杨、柳、枫、楝、桑、茶、梧桐、白蜡、紫荆、刺槐、乌桕、冬青、喜树、枳椇、悬铃木等

续表

种类	寄主植物
Parasa darma Moore 胆绿刺蛾	油棕、可可
Parasa hilarula (Staudinger) 青绿刺蛾	苹果、梨、杏、桃、李、梅、柑橘、柿、樱桃、枇杷、核桃、板栗等
Parasa kalawensis Orhant 缅媚绿刺蛾	茶
Parasa lepida (Cramer) 丽绿刺蛾	香樟、悬铃木、红叶李、桂花、茶、咖啡、枫杨、乌桕、油桐等
Parasa oryzae (Cai) 稻绿刺蛾	水稻
Parasa ostia Swinhoe 漫绿刺蛾	杨、柳、刺槐、桤木、核桃、枣、板栗、苹果、梨、桃、李、杏、柿、花红、樱桃、柑橘、山苍子、海棠、棠梨
Parasa parapuncta (Cai) 厢点绿刺蛾	竹
Parasa pastoralis Butler 迹斑绿刺蛾	樟树
Parasa pseudorepanda Hering 肖媚绿刺蛾	茶、苹果
Parasa pseudostia (Cai) 肖漫绿刺蛾	木荷、栲树、茶
Parasa punica (Herrich-Schaffer) 榴绿刺蛾	茶
Parasa pygmy Solovyev 云杉绿刺蛾	台湾云杉
Parasa shaanxiensis (Cai) 陕绿刺蛾	核桃
Parasa sinica Moore 中国绿刺蛾	栎、槭树、桦、枣、柿、核桃、苹果、杏、桃、樱桃、梨、黑刺李等
Paroxyplax menghaiensis Cai 副纹刺蛾	茶
Phlossa conjuncta (Walker) 枣奕刺蛾	油桐、苹果、梨、杏、桃、樱桃、枣、柿、核桃、杧果、茶
Phlossa thaumasta (Hering) 奇奕刺蛾	刺槐、核桃、刺梨、油茶
Phocoderma betis Druce 贝绒刺蛾	油桐、茶
Phocoderma velutina (Kollar) 绒刺蛾	厚皮树属、杧果属、乌桕属、榄仁树属、木棉属、石栗属、紫矿、韶子、茶
Phrixolepia luoi Cai 罗氏冠刺蛾	茶
Phrixolepia sericea Butler 冠刺蛾	栎、板栗、黑刺李、茶等
Praesetora albitermina Hering 白边伯刺蛾	杧果、榄仁树属、番樱桃属、茶
Scopelodes contracta Walker 纵带球须刺蛾	柿、樱属、板栗、八宝树、人面果、大叶紫薇、三球悬铃木、枫香等
Scopelodes kwangtungensis Hering 显脉球须刺蛾	油桐、杧果等
Scopelodes testacea Butler 黄褐球须刺蛾	芭蕉属、杧果、扁桃、人面子、洋蒲桃、玫瑰、番樱桃等
Scopelodes unicolor Westwood 单色球须刺蛾	可可属、番樱桃属、蓖麻属、韶子属
Scopelodes ursina Butler 小黑球须刺蛾	柿属
Scopelodes venosa Walker 喜马球须刺蛾	枣、柿、咖啡、玫瑰
Setora baibarana (Matsumura) 窄斑褐刺蛾	茶
Setora fletcheri Holloway 铜斑褐刺蛾	茶

续表

种类	寄主植物
Setora sinensis Moore 桑褐刺蛾	香樟、苦楝、木荷、麻栎、杜仲、七叶树、乌桕、喜树、悬铃木、杨、柿、核桃、桃、垂柳、重阳木、无患子、枫杨、银杏、枣、板栗、柑橘、苹果、樱桃、李、梅、冬青、蜡梅、海棠、紫薇、玉兰、樱花、葡萄、红叶李、月季
Squamosa yunnanensis Wu *et* Fang 云南鳞刺蛾	茶、油桐
Susica sinensis Walker 华素刺蛾	刺槐、油茶、茶、杧果、梨
Thosea magna Hering 玛扁刺蛾	茶
Thosea obliquistriga Hering 斜扁刺蛾	散尾葵属、栀子属
Thosea rara Swinhoe 稀扁刺蛾	落花生、刺桐属、番樱桃属、芭蕉属
Thosea siamica Holloway 泰扁刺蛾	椰子、油棕
Thosea sinensis (Walker) 中国扁刺蛾	油茶、茶、核桃、柿、枣、苹果、梨、乌桕、枫香、枫杨、杨、大叶黄杨、柳、桂花、苦楝、香樟、泡桐、油桐、梧桐、喜树、银杏、桑、栎、板栗等59种林木和果树
Thosea styx Holloway 叉瓣扁刺蛾	茶
Thosea sythoffi Snellen 明脉扁刺蛾	棕榈、甘蔗
Thosea vetusta Walker 两点扁刺蛾	菖蒲、香蕉、油棕、茶

从表 2 我们可以看到，在这 98 种刺蛾中，常见种类大多是多食性的，也是生产上的重要害虫，也正是由于其多食性，给防治工作造成了一定难度。这些多食性的种类主要有：黄刺蛾 *Monema flavescens* Walker、窄缘绿刺蛾 *Parasa consocia* Walker、丽绿刺蛾 *Parasa lepida* (Cramer)、中国扁刺蛾 *Thosea sinensis* (Walker)、桑褐刺蛾 *Setora sinensis* Moore、仿姹刺蛾 *Chalcoscelides castaneipars* (Moore)、纵带球须刺蛾 *Scopelodes contracta* Walker、枣奕刺蛾 *Phlossa conjuncta* (Walker) 及窃达刺蛾 *Darna furva* (Wileman) 等。其余种类则多属于寡食性及单食性，茶树上就有许多单食性种类。有些多食性种类在不同地区喜食的植物种类也有差别。例如，黄刺蛾幼虫在各地喜食的林木和果树种类不一：在江苏太湖地区以危害枫杨、朴树为主；在哈尔滨则以苹果为主；在青岛以苹果、梨、桃为主；在江西中部以桃为主；在安徽西山果区以苹果为主，怀远以石榴为主，合肥第一代黄刺蛾幼虫多危害枫杨、核桃，第二代幼虫多危害梨和栎类叶片。最近的分类学研究证明，黄刺蛾涉及 3 个不同的物种，分别是黄刺蛾 *Monema flavescens* Walker、梅氏黄刺蛾 *Monema meyi* Solovyev *et* Witt 和长颚黄刺蛾 *Monema tanaognatha* Wu *et* Pan，它们的外形几乎没有区别，但外生殖器特征明显不同，它们的食性肯定有分化，有待进一步厘清每个物种的寄主植物。窃达刺蛾在海南和广西凭祥主要取食油棕、椰子和菠萝，在浙江杭州、福建和湖南南部则主要取食柑橘。

从表 3 可以看出，中国刺蛾科昆虫涉及的寄主植物共有 64 科，说明其寄主植物范围比较广泛。在这些科的植物中，以茶科上的刺蛾种类最多，达 49 种；有 10 种及以上刺蛾取食的植物共有 13 个科，它们是：茶科（49 种）、蔷薇科（26 种）、壳斗科（22 种）、大戟科（20种）、胡桃科（20种）、柿科（15种）、金缕梅科（15种）、蝶形花科（12种）、漆树科（11种）、棕榈科（11种）、鼠李科（11种）、云实科（11种）、芸香科（10种）；有5-9种刺蛾取食的植物为10科：茜草科（9种）、槭树科（8种）、樟科（8种）、杨柳科（7种）、梧桐科（7种）、芭蕉科（6种）、无患子科（6种）、悬铃木科（5种）、榆科（5种）、禾本科（5种），两者合计23科，只占寄主科总数的35.9%。取食其余科的刺蛾种类都在4种及以下，这些科依次为：八角枫科（4种）、千屈菜科（4种）、木犀科（4种）、桑科（4种）、桃金娘科（4种）、大风子科（4种）、桦木科（4种）、木兰科（4种）、忍冬科（4种）、安石榴科（3种）、山茱萸科（3种）、含羞草科（3种）、五加科（3种）、马鞭草科（3种）、使君子科（2种）、七叶树科（2种）、银杏科（2种）、杜仲科（2种）、番荔枝科（2种）、珙桐科（2种）、瑞香科（2种）、苦木科（2种）、安息香科（2种）、楝科（2种）、葡萄科（2种）、卫矛科（2种）、杜英科（2种）、海桑科（2种）、杉科（2种）、天南星科（1种）、绣球科（1种）、菊科（1种）、椴树科（1种）、冬青科（1种）、夹竹桃科（1种）、锦葵科（1种）、玄参科（1种）、蜡梅科（1种）、橄榄科（1种）、小檗科（1种）、省沽油科（1种）。

表3 我国一些植物上常见的刺蛾种类

Table 3 The common slug caterpillar moths on some plants in China

植物种类		刺蛾种类
科名	属名/种名	
银杏科（2种）	银杏 *Ginkgo biloba*	桑褐刺蛾、中国扁刺蛾
椴树科（1种）	天台椴 *Tilia tientaiensis*	黄刺蛾
苦木科（2种）	臭椿 *Ailanthus altissima*	桑褐刺蛾、背刺蛾
冬青科（1种）	铁冬青 *Ilex rotunda*	桑褐刺蛾
	冬青 *Ilex purpurea*	桑褐刺蛾
葡萄科（2种）	葡萄 *Vitis vinifera*	桑褐刺蛾、背刺蛾
蜡梅科（1种）	蜡梅 *Chimonanthus praecox*	桑褐刺蛾
鼠李科（11种）	枣 *Ziziphus jujuba*	桑褐刺蛾、黄刺蛾、中国扁刺蛾、白眉刺蛾、喜马球须刺蛾、中国绿刺蛾、枣奕刺蛾
	枳椇 *Hovenia acerba*	桑褐刺蛾、中国扁刺蛾、黄刺蛾、波眉刺蛾、丽绿刺蛾、窄缘绿刺蛾、纵带球须刺蛾
金缕梅科（15种）	枫香 *Liquidambar formosana*	桑褐刺蛾、中国扁刺蛾、黄刺蛾、波眉刺蛾、光眉刺蛾、黑眉刺蛾、丽绿刺蛾、窄缘绿刺蛾、中国绿刺蛾、纵带球须刺蛾、黄褐球须刺蛾、艳刺蛾、长须刺蛾、蜜焰刺蛾、窃达刺蛾

植物种类		刺蛾种类
科名	属名/种名	
槭树科 （8种）	鸡爪槭 Acer palmatum	桑褐刺蛾、黄刺蛾、迹斑绿刺蛾、中国绿刺蛾
	三角枫 Acer buergerianum	波眉刺蛾、丽绿刺蛾、艳刺蛾、槭奈刺蛾
	茶条槭 Acer ginnala	桑褐刺蛾
	樟叶槭 Acer cinnamomifolium	桑褐刺蛾
	青皮槭 Acer cappadocicum	桑褐刺蛾
	五裂槭 Acer oliverianum	中国绿刺蛾
忍冬科 （4种）	水马桑 Weigela japonica var. sinica	桑褐刺蛾、中国扁刺蛾、黄刺蛾、丽绿刺蛾
	浙江七子花 Heptacodium jasminoides	桑褐刺蛾、中国扁刺蛾
	接骨草 Sambucus chinensis	桑褐刺蛾
	苦糖果 Lonicera fragrantissima ssp. standishii	桑褐刺蛾
	荚蒾属 Viburnum spp.	桑褐刺蛾、中国扁刺蛾
	大花六道木 Abelia × grandiflora	桑褐刺蛾、中国扁刺蛾
杨柳科 （7种）	杨属 Populus	桑褐刺蛾、中国扁刺蛾、黄刺蛾、丽绿刺蛾、漫绿刺蛾、中国绿刺蛾
	柳属 Salix	桑褐刺蛾、黄刺蛾、丽绿刺蛾、漫绿刺蛾、中国绿刺蛾、锯纹岐刺蛾
壳斗科 （22种）	栗属 Castanea	桑褐刺蛾、中国扁刺蛾、黄刺蛾、丽绿刺蛾、迹斑绿刺蛾、漫绿刺蛾、中国绿刺蛾、纵带球须刺蛾、冠刺蛾、锯纹岐刺蛾、汉刺蛾
	栎属 Quercus	桑褐刺蛾、中国扁刺蛾、黄刺蛾、波眉刺蛾、窄缘绿刺蛾、中国绿刺蛾、艳刺蛾、背刺蛾、白眉刺蛾、长须刺蛾、冠刺蛾、长腹凯刺蛾、锯纹岐刺蛾、别焰刺蛾、肖漫绿刺蛾、汉刺蛾
	苦槠 Castanopsis sclerophylla	桑褐刺蛾、丽绿刺蛾、窄缘绿刺蛾
柿科 （15种）	柿属 Diospyros	桑褐刺蛾、中国扁刺蛾、黄刺蛾、丽绿刺蛾、漫绿刺蛾、迹银纹刺蛾、中国绿刺蛾、青绿刺蛾、喜马球须刺蛾、纵带球须刺蛾、小黑球须刺蛾、长须刺蛾、纤刺蛾、枣奕刺蛾、窃达刺蛾
千屈菜科 （4种）	紫薇属 Lagerstroemia	桑褐刺蛾、中国扁刺蛾、枣奕刺蛾、纵带球须刺蛾
小檗科 （1种）	庐山小檗 Berberis virgetorum	黄刺蛾
桑科 （4种）	桑 Morus alba	桑褐刺蛾、中国扁刺蛾、窃达刺蛾
	无花果 Ficus carica	桑褐刺蛾、灰斜纹刺蛾
	构树 Broussonetia papyrifera	中国扁刺蛾
海桑科 （2种）	八宝树 Duabanga grandiflora	白痣姹刺蛾、纵带球须刺蛾

续表

植物种类		刺蛾种类
科名	属名/种名	
茶科 (49 种)	木荷 *Schima superba*	桑褐刺蛾、肖漫绿刺蛾
	茶属 *Camellia*	艳刺蛾、背刺蛾、波眉刺蛾、白眉刺蛾、赭眉刺蛾、狡娜刺蛾、灰双线刺蛾、暗斑丽刺蛾、闪银纹刺蛾、迹银纹刺蛾、白痣姹刺蛾、长须刺蛾、纤刺蛾、罗氏冠刺蛾、冠刺蛾、两色绿刺蛾、丽绿刺蛾、肖媚绿刺蛾、榴绿刺蛾、客刺蛾、长腹凯刺蛾、透亮爱刺蛾、罗氏爱刺蛾、云南鳞刺蛾、锯纹岐刺蛾、枣奕刺蛾、奇奕刺蛾、茶纷刺蛾（茶奕刺蛾）、华素刺蛾、中国扁刺蛾、玛扁刺蛾、叉瓣扁刺蛾、两点扁刺蛾、大润刺蛾、黄润刺蛾、叉茎润刺蛾、桑褐刺蛾、铜斑褐刺蛾、窄斑褐刺蛾、白边伯刺蛾、灰斜纹刺蛾、滇斜纹刺蛾、斜纹刺蛾、副纹刺蛾、绒刺蛾、窃达刺蛾、拉刺蛾、肖漫绿刺蛾、缅媚绿刺蛾
榆科 (5 种)	榆属 *Ulmus*	桑褐刺蛾、中国扁刺蛾、黄刺蛾、丽绿刺蛾、窄缘绿刺蛾
	朴树 *Celtis sinensis*	桑褐刺蛾、丽绿刺蛾、窄缘绿刺蛾
	紫弹树 *Celtis biondii*	窄缘绿刺蛾
	糙叶树 *Aphananthe aspera*	桑褐刺蛾、丽绿刺蛾
	刺榆 *Hemiptelea davidii*	桑褐刺蛾
梧桐科 (7 种)	梧桐 *Firmiana simplex*	桑褐刺蛾、中国扁刺蛾、丽绿刺蛾、纵带球须刺蛾
	可可属 *Theobroma*	仿姹刺蛾、单色球须刺蛾、胆绿刺蛾
蝶形花科 (12 种)	紫藤 *Wisteria sinensis*	中国扁刺蛾
	鸡血藤 *Millettia reticulata*	桑褐刺蛾
	黄檀 *Dalbergia hupeana*	桑褐刺蛾
	刺槐 *Robinia pseudoacacia*	桑褐刺蛾、中国扁刺蛾、稀扁刺蛾、背刺蛾、漫绿刺蛾、奇奕刺蛾、华素刺蛾
	大叶胡枝子 *Lespedeza davidii*	背刺蛾
	大豆属 *Glycine*	黑眉刺蛾
	刺桐属 *Erythrina*	白痣姹刺蛾、暗长须刺蛾、斜纹刺蛾
	其他豆类	迹银纹刺蛾、稀扁刺蛾
云实科 (11 种)	紫荆 *Cercis chinensis*	桑褐刺蛾、中国扁刺蛾、丽绿刺蛾、窄缘绿刺蛾、纵带球须刺蛾、艳刺蛾、白眉刺蛾
	山皂荚 *Gleditsia melanacantha*	黄刺蛾
	羊蹄甲属 *Bauhinia*	四痣丽刺蛾
	皂荚 *Gleditsia sinensis*	桑褐刺蛾
	其他	仿姹刺蛾、灰润刺蛾
含羞草科 (3 种)	合欢 *Albizia julibrissin*	桑褐刺蛾、裔刺蛾
	台湾相思树 *Acacia richii*	闪银纹刺蛾
大戟科 (20 种)	重阳木 *Bischofia javanica*	桑褐刺蛾、黄刺蛾、迹斑绿刺蛾、窃达刺蛾
	乌桕 *Sapium sebiferum*	桑褐刺蛾、中国扁刺蛾、窄缘绿刺蛾、丽绿刺蛾、窃达刺蛾、绒刺蛾、黄刺蛾

植物种类		刺蛾种类
科名	属名/种名	
大戟科	野桐 *Mallotus tenuifolius*	桑褐刺蛾
（20种）	粗糠柴 *Mallotus philippinensis*	桑褐刺蛾
	油桐 *Vernicia fordii*	桑褐刺蛾、中国扁刺蛾、窄缘绿刺蛾、丽绿刺蛾、黑眉刺蛾、白痣姹刺蛾、显脉球须刺蛾、长须刺蛾、暗黄刺蛾、短爪鳞刺蛾、枣奕刺蛾、叉茎润刺蛾、贝绒刺蛾
	木油树 *Vernicia montana*	窄缘绿刺蛾
	黑面神属 *Breynia*	灰斜纹刺蛾
	蓖麻属 *Ricinus*	背刺蛾、喜马钩纹刺蛾、单色球须刺蛾
瑞香科	瑞香 *Daphne odora*	中国扁刺蛾、枣奕刺蛾
（2种）	结香 *Edgeworthia chrysantha*	中国扁刺蛾
安石榴科	安石榴 *Punica granatum*	桑褐刺蛾、中国扁刺蛾、窄缘绿刺蛾
（3种）		
七叶树科	七叶树 *Aesculus chinensis*	桑褐刺蛾、丽绿刺蛾
（2种）		
楝科	苦楝 *Melia azedarach*	桑褐刺蛾、中国扁刺蛾
（2种）		
锦葵科	木芙蓉 *Hibiscus mutabilis*	中国扁刺蛾
（1种）		
夹竹桃科	夹竹桃 *Nerium indicum*	中国扁刺蛾
（1种）		
玄参科	泡桐 *Paulownia fortunei*	中国扁刺蛾
（1种）		
芭蕉科	芭蕉 *Musa basjoo*	中国扁刺蛾、稀扁刺蛾、黄褐球须刺蛾
（6种）	香蕉 *Musa nana*	灰双线刺蛾、两点扁刺蛾、爪哇线刺蛾
漆树科	南酸枣 *Choerospondias axillaries*	桑褐刺蛾、中国扁刺蛾、窄缘绿刺蛾
（12种）	木蜡树 *Toxicodendron sylvestre*	桑褐刺蛾、窄缘绿刺蛾
	黄连木 *Pistacia chinensis*	桑褐刺蛾、中国扁刺蛾、窄缘绿刺蛾
	杧果属 *Mangifera*	叶银纹刺蛾、显脉球须刺蛾、肖帛刺蛾、枣奕刺蛾、华素刺蛾、白边伯刺蛾、黄褐球须刺蛾、黄刺蛾
	其他	仿姹刺蛾
山茱萸科	光皮树 *Cornus wilsoniana*	桑褐刺蛾、丽绿刺蛾、迹斑绿刺蛾
（3种）		
芸香科	柚树 *Citrus grandis*	中国扁刺蛾
（10种）	柑橘 *Citrus reticulata*	桑褐刺蛾、中国扁刺蛾、枣奕刺蛾、灰双线刺蛾、白痣姹刺蛾、仿姹刺蛾、漫绿刺蛾、中国绿刺蛾、灰斜纹刺蛾、窃达刺蛾

续表

植物种类		刺蛾种类
科名	属名/种名	
安息香科 （2 种）	小叶白辛树 Pterostyrax corymbosa	桑褐刺蛾、中国扁刺蛾
绣球科 （1 种）	山梅花 Philadelphus coronaries	桑褐刺蛾
木犀科 （4 种）	女贞 Ligustrum lucidum	桑褐刺蛾、中国扁刺蛾
	木犀（桂花）Osmanthus fragrans	桑褐刺蛾、中国扁刺蛾、丽绿刺蛾、窃达刺蛾
	连翘 Forsythia suspense	中国扁刺蛾
五加科 （3 种）	楤木 Aralia chinensis	桑褐刺蛾、枣奕刺蛾
	刺通草属 Trevesia	仿姹刺蛾
茜草科 （9 种）	香果树 Emmenopterys henryi	桑褐刺蛾、中国扁刺蛾、枣奕刺蛾
	水冬瓜（鸡仔木）Adina racemosa	桑褐刺蛾、中国扁刺蛾、枣奕刺蛾
	细叶水团花 Adina rubella	桑褐刺蛾、枣奕刺蛾
	大叶白纸扇 Mussaenda esquirolii	桑褐刺蛾、中国扁刺蛾、枣奕刺蛾
	鸡矢藤 Paederia scandens	桑褐刺蛾
	栀子 Gardenia jasminoides	桑褐刺蛾、中国扁刺蛾、斜扁刺蛾、窄缘绿刺蛾
	咖啡属 Coffea	叶银纹刺蛾、白痣姹刺蛾、喜马球须刺蛾、丽绿刺蛾
樟科 （8 种）	山胡椒 Lindera glauca	桑褐刺蛾
	樟属 Cinnamomum	桑褐刺蛾、中国扁刺蛾、丽绿刺蛾、迹斑绿刺蛾、暗斑丽刺蛾、仿姹刺蛾、窃达刺蛾
	檫木 Sassafras tsumu	丽绿刺蛾
	油丹属 Alseodaphne	叶银纹刺蛾
	山鸡椒 Litsea cubeba	丽绿刺蛾
悬铃木科 （5 种）	悬铃木 Platanus hispanica	桑褐刺蛾、中国扁刺蛾、波眉刺蛾、丽绿刺蛾、纵带球须刺蛾
八角枫科 （4 种）	八角枫 Alangium chinense	桑褐刺蛾、中国扁刺蛾、丽绿刺蛾、窄缘绿刺蛾
杜英科 （2 种）	山杜英 Elaeocarpus sylvestris	桑褐刺蛾、中国扁刺蛾
杜仲科 （2 种）	杜仲 Eucommia ulmoides	桑褐刺蛾、中国扁刺蛾
省沽油科 （1 种）	野鸦椿 Euscaphis japonica	桑褐刺蛾

续表

植物种类		刺蛾种类
科名	属名/种名	
无患子科 (6种)	无患子 *Sapindus mukorossi*	桑褐刺蛾、丽绿刺蛾
	其他种类（荔枝等）	单色球须刺蛾、肖帛刺蛾、艳刺蛾、黄褐球须刺蛾
大风子科 (4种)	柞木 *Xylosma congesta*	桑褐刺蛾、迷刺蛾、长腹凯刺蛾、新扁刺蛾
珙桐科 (2种)	喜树 *Camptotheca acuminata*	桑褐刺蛾、中国扁刺蛾
马鞭草科 (3种)	大青属（臭牡丹属） *Clerodendron*	桑褐刺蛾、窄缘绿刺蛾、枣奕刺蛾
桦木科 (4种)	桦木属 *Betula*	桑褐刺蛾、窄缘绿刺蛾、中国绿刺蛾
	桤木属（赤杨） *Alnus*	环铃刺蛾
卫矛科 (2种)	冬青卫矛 *Euonymus japonicus*	中国扁刺蛾
	白杜 *Euonymus bungeanus*	桑褐刺蛾
胡桃科 (20种)	枫杨 *Pterocarya stenoptera*	桑褐刺蛾、中国扁刺蛾、黄刺蛾、丽绿刺蛾、背刺蛾、客刺蛾、北客刺蛾
	青钱柳 *Cyclocarya paliurus*	桑褐刺蛾、黄刺蛾
	美国山核桃 *Carya illinoensis*	桑褐刺蛾
	野核桃 *Juglans cathayensis*	桑褐刺蛾
	核桃 *Juglans regia*	桑褐刺蛾、纵带球须刺蛾、白眉刺蛾、漫绿刺蛾、青绿刺蛾、中国绿刺蛾、仿客刺蛾、枣奕刺蛾、奇奕刺蛾、窃达刺蛾、陕刺蛾、汉刺蛾、黄刺蛾
	化香树 *Platycarya strobilacea*	桑褐刺蛾、中国扁刺蛾、波眉刺蛾、窄缘绿刺蛾、纵带球须刺蛾
木兰科 (4种)	木兰属 *Magnolia*	桑褐刺蛾、中国扁刺蛾、黄刺蛾、丽绿刺蛾
	白兰 *Michelia alba*	桑褐刺蛾
蔷薇科 (26种)	李属 *Prunus*	桑褐刺蛾、中国扁刺蛾、黄刺蛾、枣奕刺蛾、丽绿刺蛾、窄缘绿刺蛾、迹斑绿刺蛾、中国绿刺蛾、漫绿刺蛾、青绿刺蛾、纵带球须刺蛾、艳刺蛾、白眉刺蛾、背刺蛾、赭眉刺蛾、长须刺蛾、纤刺蛾、冠刺蛾、锯纹岐刺蛾
	梨属 *Pyrus*	背刺蛾、梨娜刺蛾、迹银纹刺蛾、纤刺蛾、漫绿刺蛾、青绿刺蛾、中国绿刺蛾、锯纹岐刺蛾、枣奕刺蛾、奇奕刺蛾、华素刺蛾
	苹果属 *Malus*	桑褐刺蛾、黄刺蛾、背刺蛾、迹银纹刺蛾、漫绿刺蛾、青绿刺蛾、中国绿刺蛾、肖媚绿刺蛾、枣奕刺蛾、斜纹刺蛾
	木瓜 *Chaenomeles sinensis*	桑褐刺蛾
	石楠 *Photinia serrulata*	桑褐刺蛾
	蔷薇属 *Rosa*	桑褐刺蛾、喜马球须刺蛾
	悬钩子属 *Rubus*	纤刺蛾
	枇杷属 *Eriobotrya*	中国绿刺蛾
	山楂属 *Crataegus*	桑褐刺蛾
禾本科 (5种)	刚竹属（毛竹属） *Phyllostachys*	两色绿刺蛾、宽颚铃刺蛾
	唐竹 *Sinobambusa tootsik*	两色绿刺蛾

续表

植物种类		刺蛾种类
科名	属名/种名	
禾本科 （5 种）	凤凰竹 *Bambusa multiplex*	两色绿刺蛾
	玉米 *Zea mays*	灰斜纹刺蛾
	甘蔗属 *Saccharum*	明脉扁刺蛾
	稻 *Oryza sativa*	稻绿刺蛾
棕榈科 （11 种）	椰子 *Cocos nucifera*	灰双线刺蛾、仿姹刺蛾、泰扁刺蛾、巴线刺蛾尖瓣亚种、泰线刺蛾
	棕榈属 *Trachycarpus*	明脉扁刺蛾、佐氏偶刺蛾
	散尾葵属 *Chrysalidocarpus*	斜扁刺蛾
	油棕属 *Elaeis*	灰双线刺蛾、胆绿刺蛾、两点扁刺蛾、灰斜纹刺蛾、泰扁刺蛾、巴线刺蛾尖瓣亚种
番荔枝科 （2 种）	番荔枝属 *Annona*	四痣丽刺蛾
	依兰 *Cananga odorata*	宽边绿刺蛾
使君子科 （2 种）	榄仁树属 *Terminalia*	叶银纹刺蛾、白边伯刺蛾
橄榄科 （1 种）	橄榄属 *Canarium*	闪银纹刺蛾
桃金娘科 （4 种）	番樱桃属 *Eugenia*	单色球须刺蛾、稀扁刺蛾、白边伯刺蛾、黄褐球须刺蛾
天南星科 （1 种）	菖蒲属 *Acorus*	两点扁刺蛾
菊科 （1 种）	下田菊属 *Adenostemma*	灰斜纹刺蛾
杉科 （2 种）	杉木 *Cunninghamia lanceolata*	杉纷刺蛾（建宁杉奕刺蛾）
	台湾云杉 *Picea morrisonicola*	云杉绿刺蛾

注：表中括号中的数据为刺蛾种类

五、刺蛾科的生物学特性

（一）生　活　史

我国不同种刺蛾每年发生的世代数依种类和地理分布不同而有较大的变化。在我国有分布的 264 种刺蛾中，据已观察的 41 种而论，除宽颚铃刺蛾部分个体两年发生 1 代外，其余种类每年至少发生 1 个世代，通常 2-3 代，最多 5 代（表4）。在北方地区一般 1 年发生 1 代，南方较多种类 2 代，分布越靠南代数越多；在同一地理位置，海拔越高代数越少。但也有一些特殊现象：①从地理纬度来看，许多种类在南昌属 2 代区，但实际情况并不完全如此。例如，窄缘绿刺蛾、黄刺蛾、桑褐刺蛾等，在南昌的北部和南部均发生 2 代，而南昌以南地区和南昌以北地区却只发生 1-2 代，1 代为主。章士美和胡梅操（1986）认为，形成这种"反常"现象的原因主要是，南昌 7、8 月高温低湿，导致大部分老熟幼虫在茧内滞育，只少部分个体能化蛹羽化，形成局部第 2 代。②极少数种类，如迹斑绿刺蛾和两色绿刺蛾，受遗传和演化因子的制约，属专性滞育类型，全国各分布区均为 1 代。③部分种类，如扁刺蛾、中国绿刺蛾等，则符合通常发生规律，在辽宁、山东等地一年 1 代，长江流域各地 2-3 代，福建、广东等地为 3 代。④个别南方种类，如窃达刺蛾，在广西凭祥发生 3 代，海南岛为 5 代，这在刺蛾科中并不多见。

表 4　我国 41 种刺蛾的发生世代数及其越冬虫期

Table 4　Generations and overwintering stages of 41 species of Limacodidae in China

种类	代数（地域）	越冬虫期
背刺蛾 *Belippa horrida*	1 代（四川）	老熟幼虫（在茧内）
黑眉刺蛾 *Narosa nigrisigna*	3 代	老熟幼虫
赭眉刺蛾 *Narosa ochracea*	2 代（西双版纳）	老熟幼虫（在茧内）
狡娜刺蛾 *Narosoideus vulpinus*	1 代（西双版纳）	老熟幼虫（在茧内）
梨娜刺蛾 *Narosoideus flavidorsalis*	1 代（辽宁）	老熟幼虫（在茧内）
灰双线刺蛾 *Cania robusta*	1 代（西双版纳）	老熟幼虫（在茧内）
暗斑丽刺蛾 *Altha melanopsis*	2-3 代（西双版纳）	幼虫（在叶片上） 老熟幼虫（在茧内）
闪银纹刺蛾 *Miresa fulgida*	1 代（西双版纳）	幼虫（在叶片上） 老熟幼虫（在茧内）
白痣姹刺蛾 *Chalcocelis dydima*	2-3 代（西双版纳） 4 代（广州）	老熟幼虫（在茧内） 蛹
黄褐球须刺蛾 *Scopelodes testacea*	2 代（广州）	老熟幼虫（在茧内）
纵带球须刺蛾 *Scopelodes contracta*	通常 3 代，极少数 1-2 代（广州）	老熟幼虫（在茧内）
长须刺蛾 *Hyphorma minax*	不详	老熟幼虫（在茧内）
暗长须刺蛾 *Hyphorma flaviceps*	1 代（云南）	老熟幼虫（在茧内）
纤刺蛾 *Microleon longipalpis*	2 代（日本）	蛹
冠刺蛾 *Phrixolepia sericea*	2 代（日本） 1 代（辽宁）	老熟幼虫（在茧内）
黄刺蛾 *Monema flavescens*	1 代（辽宁、陕西） 2 代（北京、安徽、四川）	老熟幼虫（在茧内）
迹斑绿刺蛾 *Parasa pastoralis*	2 代（杭州）	老熟幼虫（在茧内）
漫绿刺蛾 *Parasa ostia*	1 代（四川）	老熟幼虫（在茧内）
两色绿刺蛾 *Parasa bicolor*	1 代（浙江、江苏） 3 代（广东）	老熟幼虫（在茧内）
窄缘绿刺蛾 *Parasa consocia*	1 代（长江以北） 2-3 代（长江以南）	老熟幼虫（在茧内）

种类	代数（地域）	越冬虫期
中国绿刺蛾 *Parasa sinica*	1-2 代（河北）	老熟幼虫（在茧内）
青绿刺蛾 *Parasa hilarula*	1-2 代（河北、辽宁）	老熟幼虫（在茧内）
丽绿刺蛾 *Parasa lepida*	2 代（浙江、江苏）	老熟幼虫（在茧内）
	2-3 代（广东）	
罗氏爱刺蛾 *Epsteinius luoi*	3 代（西双版纳）	老熟幼虫（在茧内）
		幼虫（在叶上）
云南鳞刺蛾 *Squamosa yunnanensis*	1 代（西双版纳）	老熟幼虫（在茧内）
枣奕刺蛾 *Phlossa conjuncta*	1 代（河北）	老熟幼虫（在茧内）
奇奕刺蛾 *Phlossa thaumasta*	2 代（西双版纳）	幼虫（在叶上）
茶纷刺蛾（茶奕刺蛾）*Griseothosea fasciata*	2 代（中国南部）	老熟幼虫（在茧内）
杉纷刺蛾（建宁杉奕刺蛾）*Griseothosea jianningana*	1 代（福建）	老熟幼虫（在茧内）
华素刺蛾 *Susica sinensis*	1 代（西双版纳）	老熟幼虫（在茧内）
中国扁刺蛾 *Thosea sinensis*	2-3 代（长江以南）	老熟幼虫（在茧内）
铜斑褐刺蛾 *Setora fletcheri*	1 代（西双版纳）	老熟幼虫（在茧内）
桑褐刺蛾 *Setora sinensis*	2 代（气候异常时仅发生 1 代）	老熟幼虫（在茧内）
灰斜纹刺蛾 *Oxyplax pallivitta*	2 代（西双版纳）	老熟幼虫（在茧内）
副纹刺蛾 *Paroxyplax menghaiensis*	2-3 代（西双版纳）	幼虫（在叶上）
贝绒刺蛾 *Phocoderma betis*	1 代（贵州）	老熟幼虫（在茧内）
窃达刺蛾 *Darna furva*	3 代（广西、福建）	幼虫（在叶背面）
	5 代（海南）	
汉刺蛾 *Hampsonella dentata*	1 代（河北）	幼虫
拉刺蛾 *Nagodopsis shirakiana*	2 代（西双版纳）	幼虫（在叶上）
槭奈刺蛾 *Naryciodes posticalis*	1 代（辽宁）	5 龄幼虫（在落叶中）
宽颚铃刺蛾 *Kitanola eurygnatha*	0.5-1 代（浙江）	幼虫

　　绝大多数种类，由于发生代数少，并要求较高的温湿度，因此发生期晚而短。一般越冬代 5 月中旬至 6 月中旬才羽化产卵，6 月下旬至 7 月中、下旬结茧越夏及越冬，故老熟幼虫在茧内的时间特别长，如迹斑绿刺蛾、两色绿刺蛾、黄刺蛾等，长达 9 个多月。

　　在全国各地，因地理位置不同，同种发生代数不同，发生期也相差极大。例如，窄缘绿刺蛾，约在北纬 37°以北为 1 代区，北纬 25°-37°为 2 代区，北纬 25°以南为 2-3 代区。其南北越冬茧的羽化期，辽宁南部、内蒙古等地为 6 月中旬至 7 月上旬，北京郊区为 6 月上旬至 7 月上旬，山东无棣为 6 月上旬至下旬，江苏南部为 6 月上、中旬，湖南长沙为 5 月下旬至 6 月上旬，江西南昌为 5 月中旬至 6 月上旬，广东广宁为 4 月下旬至 5 月中旬，海南三亚（崖州区）为 4 月中旬羽化。辽宁南部和三亚，单从越冬代的羽化期来看，相差就达 60 余天。

从表 4 可以看出，我国的刺蛾种类绝大多数以老熟幼虫在茧内越冬，也有少数种类以幼虫在叶上越冬，只有极少种类以蛹越冬，没有发现以卵或成虫越冬的种类。

（二）生 活 习 性

1. 卵期

卵产在寄主植物的叶上，产卵方式可分为两类：第一类为聚生，约有 65% 的种类如此。其中又可分为 2 种形式：①块状，呈鱼鳞状排列，表面覆有胶质物，少数种类的卵块会被雌蛾腹部末端的毛鳞覆盖，如丽绿刺蛾、中国绿刺蛾、窄缘绿刺蛾、迹斑绿刺蛾、两色绿刺蛾、枣奕刺蛾、斜纹刺蛾、显脉球须刺蛾等。有些种类的卵块包含的卵数则很多，例如，纵带球须刺蛾每个卵块有卵 300-1000 粒，通常 500-600 粒。②单粒条状排列，外被薄层胶质物，如稻绿刺蛾。第二类为散生，约有 35% 的种类属此，如中国扁刺蛾、窃达刺蛾、漫绿刺蛾、背刺蛾等。但有些散生的种类，偶尔也会数粒产在一起，如漫绿刺蛾；桑褐刺蛾有时尚可出现 2-3 粒叠产的现象。同种在不同地区，产卵方式也并非不变，如黄刺蛾在南方以散生为主，偶有 2-3 粒产在一起，而在北方以聚生为主，偶有散生。

刺蛾的产卵量一般为 50-250 粒，但丽绿刺蛾、桑褐刺蛾和纵带球须刺蛾产卵量较高，最高量分别为 997 粒、573 粒和 400 余粒。产卵量高的个体，多为 1 代老熟幼虫滞育后发育的雌蛾。刺蛾虽产卵量一般不高，但孵化率较高，均在 90% 以上；幼虫又多在叶背隐蔽处为害，加之多数种类体上具枝刺和毒毛，鸟类等天敌难于发现或不敢捕食。因此，自然种群密度一般较高，特别是第 1 代发生量多，为害大。卵期 3-18 天。卵透明，胚胎发育过程可通过显微镜观察到。被寄生的卵变为黑色。

绝大多数种类产卵于叶背面，但中国扁刺蛾、纵带球须刺蛾、两色绿刺蛾和背刺蛾等少数种类则主要产于叶正面。亦有个别种类，如黄刺蛾，在多数分布区产于叶背面，而在江苏武进则产于叶正面。

2. 幼虫期

所有已知的刺蛾幼虫都是食叶者，但也有报道，在大发生时，当幼虫取食完所有叶片后，也会取食椰子幼嫩的坚果。幼虫多在 6:00-9:00 孵出，迹斑绿刺蛾可拖至 11:00，但以 6:00-8:00 为盛。大多数种类刚孵化的幼虫不取食，2 龄时都会吃掉其卵壳，然后在叶片表面取食其上皮层。随着幼虫的长大，逐渐取食整个叶片，但少数种类始终只取食上皮层。在大发生时，幼虫能食尽整个叶片，仅留下中脉。由卵块孵化的幼虫通常有群集性，至少在低龄幼虫期如此。

幼虫 6-11 龄，其中 80% 左右的幼虫为 8 龄，约 15% 的种类 6-8 龄，多为 7 龄，少数种类 9 龄（如窃达刺蛾）。较多种类的幼虫龄数有一定程度的变化，如黄刺蛾为 6-8 龄，多为 7 龄；桑褐刺蛾 7-8 龄，多为 8 龄；丽绿刺蛾和中国绿刺蛾 8-9 龄，多为 8 龄；纵带球须刺蛾 7-10 龄，多为 7-8 龄；茶纷刺蛾（别名：茶奕刺蛾）5-8 龄。形成这种变化的主要原因是气候因子、寄主植物、营养条件和性别的差异。例如，黄刺蛾在辽宁为 8

龄，在河北、安徽等地多为 7 龄，在江苏太仓为 6 龄。表现为发育期随着纬度的增加、温度的下降而延长，这是龄数增多的一般规律；同时其雌性个体又常比雄性多 1 龄。又如迹斑绿刺蛾，在南昌取食樟叶的全为 8 龄，取食梨叶的多为 7 龄，少数为 8 龄。

幼虫在叶背面取食，卵聚生成块的种类，4 龄前常 7-8 条整齐地密集在叶背面，丽绿刺蛾和茶纷刺蛾呈圆弧状排列，头部向内。卵散生的种类，幼虫较分散。所有的种类，1 龄幼虫除了食卵壳，均不另行取食；2 龄后，先取食蜕皮，然后取食叶片；4 龄前在叶背面取食叶肉，留下表皮呈透明膜状，5 龄后蚕食叶片，仅留主脉，6-7 龄常暴食成灾。虫口密度不大时，幼虫仅食稍老的叶片，老叶和嫩叶一般都不被害。大发生年，可将叶片全部食尽，夏季可导致部分枝条甚至整株枯死。

刺蛾幼虫取食叶片与多数食叶害虫不同，常是先食叶中、下层枝条的叶片，渐及上部。当一枝叶片食尽后，沿着枝干爬至另一枝条为害，当一株叶片食尽后，沿着树干下行，经地面再爬上另一株。这种转株取食的现象，多在 6 龄以后。丽绿刺蛾在转株时尚有一定次序，大虫在前，小虫在后，鱼贯而行，如果捉去领队的 1 头幼虫，其余各虫即循原路返回，不再前行。幼虫转移为害时刻，一般在 10:00 前和 19:00 后，晴天中午一般不甚活动。

幼虫期历时 4-10 周，历期长短与种类的体型大小有关。幼虫一般会吃掉蜕皮。如果条件不适，会提早化蛹，成虫体型也会变小。食物质量也会影响成虫体型的大小。老熟幼虫多在傍晚和清晨离开为害处，寻找结茧场所。

3. 蛹期

老熟幼虫在 1 个丝质的茧内化蛹，此茧被幼虫产生的胶漆状褐色液体所粘连，逐渐形成纤维板质的坚固硬壳。茧通常呈球状，以其一面附着在其他物体上，如寄主植物上、土壤中、枯枝落叶或杂草丛中结茧。在许多种类中，茧外表面交织着杂乱的丝线，偶尔会形成 1 薄膜状的外套。在绿刺蛾属中，茧外围有大量的螯刺，可以有效地阻止捕食性天敌。大多数茧是淡褐色的，但也有一些是白色的，或表面有斑纹。

每个物种的化蛹场所通常是稳定的，小型种通常在寄主植物的叶片上，大型种类则在叶柄、树干或地面上。但也有少数种，随地区和代别不同而有所变化，如丽绿刺蛾，第 1 代多在叶背面分散结茧，越冬代则多在主干和枝干上群集结茧；窃达刺蛾在海南岛多群集于叶背面近基凹陷处或大片的棕衣内，而在广西凭祥则于寄主根部上方及附近枯枝落叶层中结茧。

越冬场所大致可分 5 种情况：①在寄主根际周围表土层中结茧越冬，其种类数约占 38%，如桑褐刺蛾、枣奕刺蛾、两色绿刺蛾、中国扁刺蛾、纵带球须刺蛾等。②在树干基部粗皮、伤疤、裂缝及枝杈上结茧越冬，其种类数约占 27%，如中国绿刺蛾、黄刺蛾等。③主要在枝干、枝杈等处结茧越冬，其种类数约占 17%，如丽绿刺蛾、迹斑绿刺蛾等。④在叶片、枝条、枯草丛中等处结茧越冬，其种类数约占 13%，如灰双线刺蛾、窃达刺蛾、白眉刺蛾等。⑤大部分在表土层中，少部分在枝杈上和枯枝落叶等处结茧越冬，其种类数很少，约占 5%，如窄缘绿刺蛾、茶纷刺蛾。

多数种类分散结茧，亦有部分种类具群集作茧习性，如漫绿刺蛾和黄刺蛾常 3-50 个成片结茧于枝杈处或主干近地表背阴处；窄缘绿刺蛾常数个聚集结茧于土中。

4. 成虫期

成虫多在 17:00-23:00 羽化，尤以 18:00-22:00 最盛；仅见桑褐刺蛾 16:00 开始羽化，黄刺蛾和丽绿刺蛾少数个体可拖至次日 3:00 左右终止羽化。羽化需要 2-4h 来伸展和晾干其翅膀，之后即飞翔求偶，19:00 至次日 1:00 交尾，尤以 19:00-23:00 最盛，仅见丽绿刺蛾和黄刺蛾部分个体至 5:00 尚可交尾；交尾持续时间一般可达 15-23h，少数种类数小时即可脱交。成虫只交尾 1 次，交尾后的次日 19:00 至第二日 3:00 产卵，尤以 19:00-21:00 产卵最盛。

成虫白天静伏在叶背面，有时抓住叶片悬系倒垂，或两翅做支撑状，翘起身体，不受惊扰则长久不动。雄成虫交尾后不久即死亡。它们通常在夜晚飞行，能够用灯光引诱，但许多雄蛾例外。刺蛾成虫不取食，其口器退化，产完其所有卵后即死亡。成虫的怀卵量为 100-1000 粒。成虫寿命 5-10 天，其扩散能力不太强。黄刺蛾 *Monema flavescens* Walker 是一种重要的果树害虫，其扩散能力也只有 48-64km。成虫在有风的夜晚并不飞行。

刺蛾科的成虫具有较强的趋光性。依其扑灯时间和蛾量，大致可分为两类：一为全夜扑灯蛾类，约占本科种类的 37%。此类又可分为两种情况，上半夜多于下半夜，以 21:00-24:00 为盛，如中国扁刺蛾、黄刺蛾等；下半夜多于上半夜，以 1:00-3:00 为盛，如窄缘绿刺蛾等。二为非全夜扑灯蛾类，约占本科种类的 63%。此类中又可分为 4 种情况：①多数种类 19:00 至次日 3:00 扑灯，以 21:00-23:00 为最盛，如迹斑绿刺蛾、枣奕刺蛾、桑褐刺蛾等；②有的仅见 19:00-21:00 扑灯，如两色绿刺蛾；③有的 21:00 至次日 3:00 扑灯，以 21:00-23:00 为盛，如斜纹刺蛾；④有的仅见 3:00-5:00 扑灯，如丽绿刺蛾。形成这些不同情况的主要原因是羽化期晚间的月亮强度、羽化盛期时刻和羽后静息时间不同。

六、地 理 分 布

据 van Nieukerken 等（2011）报道，全世界已经记载的刺蛾有 301 属 1672 种，分布广泛，但热带地区最为丰富。例如，欧洲只有 3 种，日本 26 种，朝鲜约 20 种，俄罗斯有 13 属 17 种，北美 50 余种，澳大利亚 69 种，但仅加里曼丹岛就有 43 属 95 种，苏门答腊有 43 属 83 种，越南已知 74 属 153 种，新热带界有 38 属 304 种。我国地跨古北界与东洋界，种类明显多于其他国家。

（一）中国刺蛾科的种类与分布概况

中国的刺蛾目前已记载 72 属 264 种及 5 亚种，占世界已知种类的 15% 以上，说明中国的刺蛾种类很丰富。中国的刺蛾种类及其分布见表 5。从表 5 还可以看出，中国的刺蛾科不仅种类多，特有种的比例也很高，计 128 种，占总数的 48.5%。

表 5 中国刺蛾科的种类及其地理分布

Table 5 Geographical distribution of Limacodidae in China

种类	国内分布	国外分布	区系成分
休彻刺蛾 *Cheromettia alaceria*	云南	越南、泰国	东洋界
顶彻刺蛾 *Cheromettia apicta*	西藏	印度、尼泊尔	东洋界
背刺蛾 *Belippa horrida*	黑龙江、山东、河南、陕西、浙江、湖北、江西、湖南、福建、台湾、广东、海南、广西、重庆、四川、云南、西藏	日本、尼泊尔	东洋界、古北界
雪背刺蛾 *Belippa thoracica*	西藏	印度、尼泊尔	东洋界
赭背刺蛾 *Belippa ochreata*	西藏	尼泊尔	东洋界
波眉刺蛾 *Narosa corusca*	指名亚种 ssp. *corusca* 台湾、云南、西藏		东洋界
	浅色亚种 ssp. *amamiana* 陕西、江西、湖南、福建	日本	
光眉刺蛾 *Narosa fulgens*	北京、山东、河南、甘肃、安徽、浙江、湖北、江西、湖南、福建、台湾、海南、广西、重庆、四川、云南	朝鲜、日本	东洋界、古北界
黑眉刺蛾 *Narosa nigrisigna*	辽宁、北京、河北、山东、陕西、甘肃、江西、湖南、台湾、香港、广西、四川、云南		东洋界、古北界
云眉刺蛾 *Narosa* sp.	云南		东洋界
白眉刺蛾 *Narosa edoensis*	江苏、浙江、湖北、江西、福建、台湾、广东、海南、广西、四川	日本	东洋界
赭眉刺蛾 *Narosa ochracea*	山东、广东、海南、广西、云南	泰国、马来西亚	东洋界
齐眉刺蛾 *Narosa propolia*	西藏	印度（锡金）	东洋界
黄眉刺蛾 *Narosa pseudopropolia*	海南		东洋界
闪眉刺蛾 *Narosa nitobei*	台湾		东洋界
喜马钩纹刺蛾 *Atosia himalayana*	河南、甘肃、湖北、湖南、海南、广西、四川、云南	印度、尼泊尔、缅甸、越南	东洋界
川瑰刺蛾 *Flavinarosa ptaha*	四川		东洋界
昏瑰刺蛾 *Flavinarosa obscura*	台湾		东洋界
月瑰刺蛾 *Flavinarosa luna*	江西、湖南、福建		东洋界
尖轭瑰刺蛾 *Flavinarosa acantha*	海南		东洋界
优刺蛾 *Althonarosa horisyaensis*	甘肃、湖北、江西、台湾、海南、广西、重庆、云南	尼泊尔、马来西亚、印度尼西亚	东洋界
阳蛞刺蛾 *Limacocera hel*	广东、海南	越南	东洋界
艳刺蛾 *Demonarosa rufotessellata*	北京、山东、河南、安徽、浙江、江西、湖南、福建、台湾、广东、海南、广西、重庆、四川、云南	日本、印度、缅甸	东洋界、古北界
梨娜刺蛾 *Narosoideus flavidorsalis*	黑龙江、吉林、辽宁、北京、河北、山东、河南、陕西、浙江、湖北、江西、湖南、福建、广东、广西、四川、贵州、云南	朝鲜、日本、俄罗斯	古北界、东洋界

种类	国内分布	国外分布	区系成分
黄娜刺蛾 *Narosoideus fuscicostalis*	辽宁、北京、山东、陕西、甘肃、浙江	朝鲜	古北界
狡娜刺蛾 *Narosoideus vulpinus*	山东、河南、陕西、甘肃、浙江、湖北、江西、湖南、福建、台湾、海南、广西、重庆、四川、云南		古北界、东洋界
灰双线刺蛾 *Cania robusta*	湖北、湖南、福建、香港、广西、重庆、四川、云南	缅甸、泰国、马来西亚	东洋界
台线刺蛾 *Cania heppneri*	台湾		东洋界
拟灰线刺蛾 *Cania pseudorobusta*	湖北、福建、云南		东洋界
伪双线刺蛾 *Cania pseudobilinea*	广西		东洋界
西藏线刺蛾 *Cania xizangensis*	西藏		东洋界
爪哇线刺蛾 *Cania javana*	江苏、浙江、福建、广东、海南、广西	印度尼西亚	东洋界
多旋线刺蛾 *Cania polyhelixa*	湖北、江西、广西、云南		东洋界
巴南刺蛾尖瓣亚种 *Cania bandura acutivalva*	云南	印度、缅甸	东洋界
泰线刺蛾 *Cania siamensis*	云南	泰国	东洋界
角齿刺蛾 *Rhamnosa kwangtungensis*	陕西、甘肃、浙江、湖北、江西、湖南、福建、广东、广西、重庆、四川		东洋界
灰齿刺蛾 *Rhamnosa uniformis*	浙江、湖北、江西、福建、台湾、广东、海南、重庆、四川、贵州、云南	印度	东洋界
伪灰齿刺蛾 *Rhamnosa uniformoides*	广西		东洋界
敛纹齿刺蛾 *Rhamnosa convergens*	海南、云南	缅甸	东洋界
锯齿刺蛾 *Rhamnosa dentifera*	北京、山东、河南、陕西、甘肃、浙江、湖北、重庆		古北界、东洋界
台齿刺蛾 *Rhamnosa arizanella*	台湾		东洋界
河南齿刺蛾 *Rhamnosa henanensis*	河南		古北界
四痣丽刺蛾 *Altha adala*	山东、广西、云南	印度、越南、缅甸、泰国、马来西亚、印度尼西亚	东洋界
暗斑丽刺蛾 *Altha melanopsis*	江西、福建、台湾、海南、云南	印度	东洋界
叶银纹刺蛾 *Miresa bracteata*	西藏	印度、尼泊尔、泰国、印度尼西亚	东洋界
缅银纹刺蛾 *Miresa burmensis*	广西、云南	缅甸	东洋界
闪银纹刺蛾 *Miresa fulgida*	浙江、湖北、江西、湖南、福建、台湾、广东、海南、广西、重庆、云南	日本	东洋界
越银纹刺蛾 *Miresa demangei*	云南	越南	东洋界
迹银纹刺蛾 *Miresa kwangtungensis*	河南、浙江、湖北、江西、湖南、福建、广东、海南、广西、重庆、四川、云南		东洋界
线银纹刺蛾 *Miresa urga*	陕西、甘肃、湖北、重庆、四川、贵州、云南、西藏		东洋界

续表

种类	国内分布	国外分布	区系成分
方氏银纹刺蛾 *Miresa fangae*	江西、湖南、福建、广东、海南、广西、贵州		东洋界
叉颚银纹刺蛾 *Miresa dicrognatha*	四川		东洋界
多银纹刺蛾 *Miresa polargenta*	广西、云南	越南	东洋界
紫纹刺蛾 *Birthama rubicunda*	海南	马来西亚、新加坡、印度尼西亚	东洋界
漪刺蛾 *Iraga rugosa*	河南、陕西、甘肃、浙江、湖北、江西、湖南、福建、台湾、广东、海南、重庆、四川、贵州、云南		东洋界
白痣姹刺蛾 *Chalcocelis dydima*	浙江、湖北、江西、湖南、福建、广东、海南、广西、贵州、云南	泰国、越南	东洋界
白翅姹刺蛾 *Chalcocelis albor*	广西	越南	东洋界
仿姹刺蛾 *Chalcoscelides castaneipars*	河南、陕西、湖北、江西、湖南、台湾、广东、广西、重庆、四川、云南、西藏	印度、尼泊尔、缅甸、印度尼西亚	东洋界
艾刺蛾 *Neiraga baibarana*	台湾		东洋界
吉本枯刺蛾 *Mahanta yoshimotoi*	浙江、福建、广东、云南	泰国	东洋界
川田枯刺蛾 *Mahanta kawadai*	台湾		东洋界
佐罗枯刺蛾 *Mahanta zolotuhini*	台湾		东洋界
祖娅枯刺蛾 *Mahanta tanyae*	河南、陕西、甘肃、湖北、湖南、重庆、四川		东洋界、古北界
条斑枯刺蛾 *Mahanta fraterna*	云南	越南、泰国	东洋界
角斑枯刺蛾 *Mahanta svetlanae*	云南	泰国	东洋界
灰褐球须刺蛾 *Scopelodes sericea*	河南、甘肃、浙江、湖北、江西、福建、广东、海南、广西、重庆、四川、贵州、云南	印度、越南	东洋界
显脉球须刺蛾 *Scopelodes kwangtungensis*	甘肃、浙江、湖北、江西、湖南、福建、广东、海南、广西、重庆、四川、贵州、云南、西藏	印度、缅甸、越南、泰国	东洋界
喜马球须刺蛾 *Scopelodes venosa*	西藏	印度、尼泊尔、越南、斯里兰卡	东洋界
双带球须刺蛾 *Scopelodes bicolor*	海南、广西、云南		东洋界
黄褐球须刺蛾 *Scopelodes testacea*	广东、海南、广西、云南、西藏	印度、尼泊尔、越南、泰国、柬埔寨	东洋界
单色球须刺蛾 *Scopelodes unicolor*	云南	印度、缅甸、马来西亚、印度尼西亚	东洋界
纵带球须刺蛾 *Scopelodes contracta*	北京、河南、陕西、甘肃、江苏、上海、浙江、湖北、江西、台湾、广东、海南、广西	日本、印度	东洋界、古北界
小黑球须刺蛾 *Scopelodes ursina*	江西、福建、广东、广西、四川、云南	印度	东洋界

种类	国内分布	国外分布	区系成分
迷刺蛾 *Chibiraga banghaasi*	辽宁、山东、河南、陕西、浙江、湖北、江西、福建、台湾、广东、四川	俄罗斯、韩国	古北界、东洋界
厚帅迷刺蛾 *Chibiraga houshuaii*	四川、云南		东洋界
宇轲迷刺蛾 *Chibiraga yukei*	四川		东洋界
长须刺蛾 *Hyphorma minax*	河南、陕西、甘肃、浙江、湖北、江西、湖南、福建、广东、海南、广西、重庆、四川、云南	尼泊尔、越南、柬埔寨	东洋界
丝长须刺蛾 *Hyphorma sericea*	浙江、江西、湖南、广东、四川、贵州	印度	东洋界
暗长须刺蛾 *Hyphorma flaviceps*	贵州、云南	印度	东洋界
纤刺蛾 *Microleon longipalpis*	山东、安徽、浙江、江西、湖南、台湾	俄罗斯、朝鲜、日本	古北界、东洋界
浙冠刺蛾 *Phrixolepia zhejiangensis*	浙江、重庆		东洋界
罗氏冠刺蛾 *Phrixolepia luoi*	云南	泰国	东洋界
伯冠刺蛾 *Phrixolepia majuscula*	重庆、四川、云南		东洋界
冠刺蛾 *Phrixolepia sericea*	黑龙江、辽宁	俄罗斯、日本	古北界
井上冠刺蛾 *Phrixolepia inouei*	台湾		东洋界
普冠刺蛾 *Phrixolepia pudovkini*	陕西、湖北		东洋界
黑冠刺蛾 *Phrixolepia nigra*	陕西、云南		东洋界
黄刺蛾 *Monema flavescens*	指名亚种 ssp. *flavescens* 黑龙江、吉林、辽宁、内蒙古、北京、河北、山西、山东、河南、陕西、宁夏、青海、江苏、上海、浙江、湖北、江西、福建、湖南、广西 台湾亚种 ssp. *rubriceps* 广东、台湾	俄罗斯、朝鲜、日本	古北界、东洋界
梅氏黄刺蛾 *Monema meyi*	湖北、江西、湖南、福建、广东、海南、广西、四川、贵州、云南	越南	东洋界
长颚黄刺蛾 *Monema tanaognatha*	陕西、甘肃、湖北、广西、重庆、四川、云南		东洋界
粉黄刺蛾 *Monema coralina*	云南、西藏	不丹、尼泊尔	东洋界
四脉刺蛾 *Tetraphleba brevilinea*	西藏	印度（锡金）、尼泊尔	东洋界
银带绿刺蛾 *Parasa argentifascia*	云南	越南	东洋界
断带绿刺蛾 *Parasa mutifascia*	陕西、湖北、四川		东洋界
著点绿刺蛾 *Parasa zhudiana*	云南	越南	东洋界
银点绿刺蛾 *Parasa albipuncta*	福建、云南	印度	东洋界
两点绿刺蛾 *Parasa liangdiana*	江西、湖南、广东、广西		东洋界
厢点绿刺蛾 *Parasa parapuncta*	浙江		东洋界
美点绿刺蛾 *Parasa eupuncta*	云南		东洋界
镇雄绿刺蛾 *Parasa zhenxiongica*	云南		东洋界

种类	国内分布	国外分布	区系成分
斑绿刺蛾 *Parasa bana*	福建、广东、广西、四川	越南	东洋界
宽边绿刺蛾 *Parasa canangae*	湖南、广东、广西、重庆、四川、贵州、云南	印度、马来西亚	东洋界
索洛绿刺蛾 *Parasa solovyevi*	云南		东洋界
窄带绿刺蛾 *Parasa* sp.	云南		东洋界
襟绿刺蛾 *Parasa jina*	福建		东洋界
波带绿刺蛾 *Parasa undulata*	河南、陕西、甘肃、安徽、湖北、福建、广西、重庆、四川、云南		东洋界
胆绿刺蛾 *Parasa darma*	台湾、云南	缅甸、泰国、菲律宾、印度尼西亚	东洋界
雪山绿刺蛾 *Parasa xueshana*	云南		东洋界
西藏绿刺蛾 *Parasa xizangensis*	西藏		东洋界
迹斑绿刺蛾 *Parasa pastoralis*	浙江、江西、湖南、福建、广东、广西、四川、云南	巴基斯坦、印度、不丹、尼泊尔、越南、印度尼西亚	东洋界
漫绿刺蛾 *Parasa ostia*	河南、四川、云南	印度	东洋界
肖漫绿刺蛾 *Parasa pseudostia*	云南		东洋界
陕绿刺蛾 *Parasa shaanxiensis*	陕西	泰国、越南	东洋界
闽绿刺蛾 *Parasa mina*	福建		东洋界
黄腹绿刺蛾 *Parasa flavabdomena*	云南	越南	东洋界
稻绿刺蛾 *Parasa oryzae*	广西、云南		东洋界
妃绿刺蛾 *Parasa feina*	云南		东洋界
妍绿刺蛾 *Parasa yana*	云南	越南、老挝、泰国、马来西亚	东洋界
嘉绿刺蛾 *Parasa jiana*	云南		东洋界
琼绿刺蛾 *Parasa hainana*	海南、广西	越南	东洋界
两色绿刺蛾 *Parasa bicolor*	河南、陕西、上海、浙江、湖北、江西、湖南、福建、台湾、广东、广西、重庆、四川、云南	印度、缅甸、印度尼西亚	东洋界
窄缘绿刺蛾 *Parasa consocia*	黑龙江、辽宁、北京、天津、河北、山东、河南、陕西、上海、江苏、浙江、湖北、江西、福建、广东	俄罗斯、朝鲜、日本	古北界、东洋界
宽缘绿刺蛾 *Parasa tessellata*	河南、陕西、甘肃、江苏、浙江、湖北、江西、湖南、广东、广西、重庆、四川、贵州		古北界、东洋界
中国绿刺蛾 *Parasa sinica*	黑龙江、吉林、北京、天津、河北、河南、陕西、甘肃、上海、浙江、湖北、江西、湖南、福建、台湾、广东、广西、重庆、四川、云南	俄罗斯、日本	古北界、东洋界

续表

种类	国内分布	国外分布	区系成分
青绿刺蛾 *Parasa hilarula*	黑龙江、吉林、辽宁、河北	俄罗斯、朝鲜、日本	古北界
丽绿刺蛾 *Parasa lepida*	河北、河南、陕西、甘肃、江苏、安徽、浙江、湖北、江西、湖南、福建、广东、广西、重庆、四川、贵州、云南、西藏	日本、印度、越南、斯里兰卡、印度尼西亚	东洋界、古北界
卵斑绿刺蛾 *Parasa convexa*	江西、湖南、福建、广东		东洋界
银线绿刺蛾 *Parasa argentilinea*	云南	印度、尼泊尔、缅甸、越南	东洋界
媚绿刺蛾 *Parasa repanda*	江西、福建、广东、广西、云南	印度、越南	东洋界
肖媚绿刺蛾 *Parasa pseudorepanda*	河南、陕西、甘肃、湖北、广东、广西、重庆、四川		东洋界
缅媚绿刺蛾 *Parasa kalawensis*	海南、广西、云南、西藏	缅甸、泰国	东洋界
大绿刺蛾 *Parasa grandis*	广东、海南、云南		东洋界
台绿刺蛾 *Parasa shirakii*	台湾、海南、广西、四川		东洋界
葱绿刺蛾 *Parasa prasina*	湖北、四川、云南		东洋界
甜绿刺蛾 *Parasa dulcis*	广东		东洋界
窗绿刺蛾 *Parasa melli*	广东		东洋界
榴绿刺蛾 *Parasa punica*	云南	印度	东洋界
透翅绿刺蛾 *Parasa hyalodesa*	云南		东洋界
马丁绿刺蛾 *Parasa martini*	台湾		东洋界
王敏绿刺蛾 *Parasa minwangi*	广东		东洋界
云杉绿刺蛾 *Parasa pygmy*	台湾		东洋界
焰绿刺蛾 *Parasa viridiflamma*	台湾		东洋界
泥刺蛾 *Limacolasia dubiosa*	浙江、湖南、福建、广东、广西、贵州、云南		东洋界
客刺蛾 *Ceratonema retractatum*	青海、湖北、江西、湖南、福建、重庆、云南、西藏	印度、尼泊尔	东洋界、古北界
双线客刺蛾 *Ceratonema bilineatum*	陕西、湖北、福建、广东、广西、重庆、四川		东洋界
仿客刺蛾 *Ceratonema imitatrix*	陕西、湖南、福建、四川、云南	韩国、印度	东洋界
威客刺蛾 *Ceratonema wilemani*	台湾		东洋界
基黑客刺蛾 *Ceratonema nigribasale*	云南	缅甸	东洋界
北客刺蛾 *Ceratonema christophi*	黑龙江、北京、山东、河南、陕西、甘肃	俄罗斯、韩国	古北界
玛刺蛾 *Magos xanthopus*	四川		东洋界
中线凯刺蛾 *Caissa gambita*	云南	印度、尼泊尔	东洋界
帕氏凯刺蛾 *Caissa parenti*	云南	缅甸、越南	东洋界
长腹凯刺蛾 *Caissa longisaccula*	辽宁、北京、山东、河南、陕西、安徽、浙江、湖北、江西、湖南、福建、广西、重庆、贵州		古北界、东洋界

续表

种类	国内分布	国外分布	区系成分
蔡氏凯刺蛾 *Caissa caii*	湖北、陕西、四川		东洋界
岔颚凯刺蛾 *Caissa staurognatha*	陕西、四川		东洋界
康定凯刺蛾 *Caissa kangdinga*	四川		东洋界
透亮爱刺蛾 *Epsteinius translucidus*	安徽、浙江、贵州、台湾		东洋界
罗氏爱刺蛾 *Epsteinius luoi*	云南		东洋界
褐小刺蛾 *Trichogyia brunnescens*	四川		东洋界
环纹小刺蛾 *Trichogyia circulifera*	台湾、广东、四川	日本、尼泊尔	东洋界
端点小刺蛾 *Trichogyia* sp.	云南		东洋界
肖帛刺蛾 *Birthamoides junctura*	云南	印度、缅甸、柬埔寨、加里曼丹岛	东洋界
细刺蛾 *Pseudidonauton chihpyh*	江西、台湾、云南		东洋界
姹鳞刺蛾 *Squamosa chalcites*	湖北、重庆、四川、云南、西藏	缅甸、泰国	东洋界
短爪鳞刺蛾 *Squamosa brevisunca*	海南、广西	越南	东洋界
云南鳞刺蛾 *Squamosa yunnanensis*	云南		东洋界
单突鳞刺蛾 *Squamosa monosa*	西藏		东洋界
锯纹岐刺蛾 *Austrapoda seres*	黑龙江、吉林、北京、山东、河南、陕西、浙江、湖北、贵州		古北界
北京岐刺蛾 *Austrapoda beijingensis*	北京		古北界
枣奕刺蛾 *Phlossa conjuncta*	黑龙江、辽宁、北京、河北、山东、河南、陕西、甘肃、江苏、上海、安徽、浙江、湖北、江西、湖南、福建、台湾、广东、海南、广西、重庆、四川、贵州、云南、西藏	朝鲜、日本、印度、尼泊尔、越南、泰国、缅甸、老挝	东洋界、古北界
奇奕刺蛾 *Phlossa thaumasta*	河南、陕西、江苏、湖北、江西、福建、四川、贵州、云南	越南	东洋界
皱焰刺蛾 *Iragoides crispa*	河南、陕西、甘肃、湖北、海南、广西、重庆、四川、云南、西藏	尼泊尔、印度、越南	东洋界
蜜焰刺蛾 *Iragoides uniformis*	河南、安徽、浙江、湖北、江西、湖南、福建、广东、海南、广西、重庆、贵州、云南	越南	东洋界
别焰刺蛾 *Iragoides elongata*	湖北、广西、重庆、四川、云南、西藏	缅甸、越南	东洋界
线焰刺蛾 *Iragoides lineofusca*	河南、陕西、安徽、湖北、江西、福建、海南、四川		东洋界
华素刺蛾 *Susica sinensis*	**指名亚种 ssp.** *sinensis* 甘肃、江苏、上海、安徽、浙江、湖北、江西、湖南、福建、台湾、海南、广西、重庆、四川、贵州、云南 **台湾亚种 ssp.** *formosana* 台湾	越南	东洋界
喜马素刺蛾 *Susica himalayana*	西藏	印度、不丹、尼泊尔	东洋界

续表

种类	国内分布	国外分布	区系成分
织素刺蛾 *Susica hyphorma*	广东、云南		东洋界
中国扁刺蛾 *Thosea sinensis*	辽宁、北京、河北、河南、陕西、甘肃、江苏、上海、浙江、湖北、江西、湖南、福建、台湾、广东、海南、香港、广西、重庆、四川、贵州、云南	韩国、越南	古北界、东洋界
玛扁刺蛾 *Thosea magna*	云南	印度、尼泊尔	东洋界
祺扁刺蛾 *Thosea cheesmanae*	江西、广西	巴布亚新几内亚	东洋界
泰扁刺蛾 *Thosea siamica*	云南	泰国	东洋界
稀扁刺蛾 *Thosea rara*	云南	缅甸	东洋界
叉瓣扁刺蛾 *Thosea styx*	海南、云南	印度	东洋界
斜扁刺蛾 *Thosea obliquistriga*	陕西、甘肃、江西、湖南、福建、广东、海南、香港、广西、重庆、四川	越南	东洋界
明脉扁刺蛾 *Thosea sythoffi*	云南	印度、缅甸、泰国、马来西亚、印度尼西亚	东洋界
两点扁刺蛾 *Thosea vetusta*	西藏	马来西亚、印度尼西亚	东洋界
棕扁刺蛾 *Thosea vetusinua*	云南	马来西亚	东洋界
丰扁刺蛾 *Thosea plethoneura*	西北		古北界
双色扁刺蛾 *Thosea bicolor*	台湾		东洋界
双奇刺蛾 *Matsumurides bisuroides*	江西、广东、海南、贵州、云南		东洋界
叶奇刺蛾 *Matsumurides lola*	陕西、浙江、湖北、四川	马来西亚、印度尼西亚	东洋界
裔刺蛾 *Hindothosea cervina*	云南	印度、孟加拉国、缅甸、斯里兰卡	东洋界
野润刺蛾 *Aphendala aperiens*	广西	印度、斯里兰卡	东洋界
拟灰润刺蛾 *Aphendala pseudocana*	云南		东洋界
闽润刺蛾 *Aphendala mina*	福建		东洋界
锈润刺蛾 *Aphendala rufa*	湖南、福建、台湾、广西		东洋界
大润刺蛾 *Aphendala grandis*	广西、云南	印度	东洋界
黄润刺蛾 *Aphendala* sp.	云南		东洋界
东南润刺蛾 *Aphendala notoseusa*	福建		东洋界
灰润刺蛾 *Aphendala cana*	台湾	印度、尼泊尔、斯里兰卡	东洋界
点润刺蛾 *Aphendala conspersa*	台湾		东洋界
栗润刺蛾 *Aphendala castanea*	江西、台湾、香港、广西、广东		东洋界
单线润刺蛾 *Aphendala monogramma*	湖北、广西、四川、云南		东洋界
叉茎润刺蛾 *Aphendala furcillata*	重庆、四川、云南	越南、泰国	东洋界

续表

种类	国内分布	国外分布	区系成分
纷刺蛾 *Griseothosea cruda*	云南	马来西亚、印度尼西亚	东洋界
杂纷刺蛾 *Griseothosea mixta*	四川、贵州	马来西亚、印度尼西亚	东洋界
茶纷刺蛾（茶奕刺蛾）*Griseothosea fasciata*	河南、陕西、浙江、湖北、江西、湖南、福建、台湾、广东、海南、广西、四川、贵州、云南	印度、尼泊尔	东洋界
杉纷刺蛾（建宁杉奕刺蛾）*Griseothosea jianningana*	江西、福建		东洋界
三纹新扁刺蛾 *Neothosea trigramma*	云南		东洋界
新扁刺蛾 *Neothosea suigensis*	辽宁、北京、山东、河南、陕西、浙江、湖北	韩国	古北界
铜斑褐刺蛾 *Setora fletcheri*	广西、四川、云南	印度、孟加拉国、缅甸、泰国	东洋界
桑褐刺蛾 *Setora sinensis*	**指名亚种 ssp. *sinensis*** 北京、山东、河南、江苏、上海、浙江、江西、湖南、台湾、广东、海南		东洋界、古北界
	红褐亚种 ssp. *hampsoni* 陕西、甘肃、湖北、福建、海南、广西、重庆、四川、云南	印度（锡金）、尼泊尔	
	黑色型（black form） 浙江、重庆		
窄斑褐刺蛾 *Setora baibarana*	河南、陕西、湖北、福建、台湾、重庆、四川、云南	印度、尼泊尔、缅甸	东洋界
伯刺蛾 *Praesetora divergens*	云南	印度北部、尼泊尔、越南	东洋界
广东伯刺蛾 *Praesetora kwangtungensis*	浙江、江西、湖南、福建、广东、海南、广西、贵州、香港	越南	东洋界
白边伯刺蛾 *Praesetora albitermina*	云南	印度北部、尼泊尔、印度尼西亚	东洋界
钩织刺蛾 *Macroplectra hamata*	陕西、湖北、广东、四川		东洋界
巨织刺蛾 *Macroplectra gigantea*	广东、四川		东洋界
分织刺蛾 *Macroplectra divisa*	湖北、云南		东洋界
灰斜纹刺蛾 *Oxyplax pallivitta*	山东、河南、江苏、上海、安徽、浙江、湖北、江西、湖南、福建、台湾、广东、海南、广西、四川	日本、泰国、马来西亚、印度尼西亚	东洋界、古北界
滇斜纹刺蛾 *Oxyplax yunnanensis*	云南		东洋界
斜纹刺蛾 *Oxyplax ochracea*	云南	印度、越南、老挝、泰国	东洋界
暗斜纹刺蛾 *Oxyplax furva*	云南		东洋界

种类	国内分布	国外分布	区系成分
副纹刺蛾 *Paroxyplax menghaiensis*	云南、贵州		东洋界
线副纹刺蛾 *Paroxyplax lineata*	四川、云南		东洋界
斜纹希刺蛾 *Heterogenea obliqua*	湖北	越南	东洋界
环铃刺蛾 *Kitanola uncula*	黑龙江	俄罗斯、朝鲜、日本	古北界
灰白铃刺蛾 *Kitanola albigrisea*	河南、陕西、甘肃		古北界
针铃刺蛾 *Kitanola spina*	陕西、湖北、四川、贵州		东洋界
小针铃刺蛾 *Kitanola spinula*	安徽、浙江、江西、湖南		东洋界
线铃刺蛾 *Kitanola linea*	湖北、广西		东洋界
蔡氏铃刺蛾 *Kitanola caii*	河南、甘肃、安徽		东洋界
短颚铃刺蛾 *Kitanola brachygnatha*	云南		东洋界
宽颚铃刺蛾 *Kitanola eurygnatha*	浙江、湖南、广东		东洋界
栗色匙刺蛾 *Spatulifimbria castaneiceps*	**中国亚种 ssp. *opprimata*** 江西、福建、台湾、广东、广西	指名亚种：印度、斯里兰卡	东洋界
绒刺蛾 *Phocoderma velutina*	广西、云南	印度、尼泊尔、缅甸、泰国、马来西亚、印度尼西亚	东洋界
贝绒刺蛾 *Phocoderma betis*	黑龙江、河南、陕西、甘肃、湖北、湖南、海南、广西、重庆、四川、云南、贵州	越南、泰国	东洋界、古北界
维绒刺蛾 *Phocoderma witti*	西藏	印度、缅甸	东洋界
阿里泳刺蛾 *Natada arizana*	台湾		东洋界
窃达刺蛾 *Darna furva*	浙江、江西、湖南、福建、台湾、广东、海南、广西、贵州、云南	尼泊尔、泰国	东洋界
汉刺蛾 *Hampsonella dentata*	河北、河南、陕西、甘肃、湖北、湖南、广西、重庆、四川	印度	东洋界、古北界
微白汉刺蛾 *Hampsonella albidula*	浙江、江西、云南	越南	东洋界
拉刺蛾 *Nagodopsis shirakiana*	台湾、云南		东洋界
红褐指刺蛾 *Dactylorhynchides limacodiformis*	浙江、台湾、广东		东洋界
槭奈刺蛾 *Naryciodes posticalis*	辽宁	日本	古北界
安琪刺蛾 *Angelus obscura*	四川、云南		东洋界
沙坝白刺蛾 *Pseudaltha sapa*	云南	越南、泰国	东洋界
温刺蛾 *Prapata bisinuosa*	重庆、四川、云南	印度尼西亚	东洋界
黑温刺蛾 *Prapata scotopepla*	西藏	印度、尼泊尔	东洋界
黄缘藏刺蛾 *Shangrilla flavomarginata*	四川		东洋界
铜翅佳刺蛾 *Euphlyctinides aeneola*	云南	泰国	东洋界
拟焰刺蛾 *Pseudiragoides spadix*	四川、云南	越南	东洋界
终拟焰刺蛾 *Pseudiragoides itsova*	浙江、湖南、福建、广西、贵州、云南		东洋界
妃拟焰刺蛾 *Pseudiragoides florianii*	陕西、湖北、四川		东洋界

续表

种类	国内分布	国外分布	区系成分
黑条刺蛾 *Striogyia obatera*	上海、浙江、贵州		东洋界
尖条刺蛾 *Striogyia acuta*	陕西		东洋界
阿刺蛾 (未定属种)	陕西、云南		东洋界
佐氏偶刺蛾 *Olona zolotuhini*	香港	越南	东洋界
二郎伪汉刺蛾 *Pseudohampsonella erlanga*	四川		东洋界
侯氏伪汉刺蛾 *Pseudohampsonella hoenei*	云南		东洋界
银纹伪汉刺蛾 *Pseudohampsonella argenta*	云南		东洋界
八一伪汉刺蛾 *Pseudohampsonella bayizhena*	西藏		东洋界
李氏伪汉刺蛾 *Pseudohampsonella lii*	西藏		东洋界
玛伪凯刺蛾 *Pseudocaissa marvelosa*	西藏	尼泊尔	东洋界

（二）我国各省区的刺蛾贫富指数

　　表6是我国刺蛾科在各省份的已知种数及其贫富指数。贫富指数是以各省份中种数最多者为100，其他省份与之相除所得的百分数即为其相应的贫富指数。从表6可以看出，中国的刺蛾种类以云南最丰富（138种，贫富指数为100%），占全国种类总数的52.3%；四川和广西并列第二（各79种，贫富指数为57.2%），其种类数约占全国种类总数的1/3；湖北（68种，49.3%）和福建（63种，45.7%）分别为第四和第五，江西和广东并列第六（62种，44.9%），台湾（58种，42.0%）、陕西（55种，39.9%）和浙江（54种，39.1%）紧随其后，新疆最贫乏，尚未发现有刺蛾分布。由于调查研究深入程度不同，各省份现有种类的多少不一定能完全反映该省份刺蛾区系的实际贫富程度，但我们仍然可以看出，中国的刺蛾种类主要集中在长江以南地区，其中又以西南地区最丰富。

　　我国刺蛾科共有264种，其中中国特有种127种，占全国48.1%，且主要集中在西南和华南地区。各省份的特有种数量又以云南（21种）最多，台湾（15种）次之，四川（8种）第三，西藏（5种）第四，其余省份的特有种都在4种以下，其中福建4种，广东3种，广西和海南各有2种，浙江、河南、陕西和北京各有1种。台湾的特有种数量不是最高的，但特有种比例最高，占其本省种类总数的25.9%。

表6　中国各省份的刺蛾种类数及其贫富指数

Table 6　Species diversity of Limacodidae in provincial regions of China

省份	种类数		特有种		贫富指数
	数目	占全国比例/%	数目	占本省比例/%	
北京	18	6.8	1	5.6	13.0
天津	2	0.8	—	—	1.5
河北	10	3.7	—	—	7.2

省份	种类数		特有种		贫富指数
	数目	占全国比例/%	数目	占本省比例/%	
山西	2	0.8	—	—	1.5
内蒙古	1	0.4	—	—	0.7
辽宁	13	4.9	—	—	9.4
吉林	6	2.3	—	—	4.3
黑龙江	12	4.5	—	—	8.7
江苏	13	4.9	—	—	9.4
上海	11	4.2	—	—	7.9
浙江	54	20.5	1	1.9	39.1
安徽	14	5.3	—	—	10.1
福建	63	23.9	4	6.3	45.7
江西	62	23.5	—	—	44.9
山东	22	8.3	—	—	15.9
河南	44	16.7	1	2.3	31.9
湖北	68	25.8	—	—	49.3
湖南	51	19.3	—	—	37.0
广东	62	22.5	3	4.8	44.9
广西	79	29.9	2	2.5	57.2
海南	48	18.2	2	4.2	34.8
重庆	46	17.4	—	—	33.3
四川	79	29.9	8	10.1	57.2
贵州	33	12.5	—	—	23.9
云南	138	52.3	21	15.2	100
西藏	30	11.4	5	16.7	21.7
陕西	55	20.8	1	1.8	39.9
甘肃	32	12.1	—	—	23.2
青海	2	0.8	—	—	1.5
宁夏	1	0.4	—	—	0.7
新疆	—	—	—	—	—
台湾	58	22.0	15	25.9	42.0
香港	7	2.7	—	—	5.1
澳门	—	—	—	—	—

注：一代表无数据

（三）区系成分比较

　　我国疆域辽阔，自然地理条件复杂，我国的动物区系属于古北和东洋两界。从表 5、表 6 可以看出，我国刺蛾科 264 种的地理分布，只属于东洋界的成分最高，计 228 种，占 86.4%，只属于古北界的成分仅有 12 种，占 4.5%，而同属于古北和东洋两界的成分也不多，仅有 24 种，占 9.1%。值得指出的是，我国的已知种类没有一种分布到古北界和东洋界以外的地理区，也就是说，我国已知的刺蛾种类中没有跨 3 个及以上动物地理区域的种类，更缺乏世界性分布的广布种。

七、标本保藏单位

BMNH　　The Natural History Museum; London, United Kingdom

CAS　　　Collection of Alexey V. Solovyev; Ulyanovsk, Russia

CAU　　　China Agricultural University; Beijing, China（中国北京，中国农业大学）

EIHU　　Hokkaido University; Sapporo, Japan

ESRI　　Taiwan Endemic Species Research Institute; Nantou, Taiwan, China

IZCAS　Institute of Zoology, Chinese Academy of Sciences; Beijing, China（中国北京，中国科学院动物研究所）

JXAUM　Insect Museum, Jiangxi Agricultural University; Nanchang, China（中国南昌，江西农业大学昆虫博物馆）

MNHN　Museum National d'Histoire Naturelle; Paris, France

MWM　　Entomologisches Museum Thomas J. Witt; Munich, Germany

SCAU　　South China Agricultural University; Guangzhou, China（中国广州，华南农业大学）

ZMHB　Zoologisches Museum der Humboldt Universitat zu Berlin; Germany

各　论

刺蛾科 Limacodidae Duponchel, 1844-1846

Limacodidae Duponchel, 1844-1846, Cat. Meth. Lep. d'Eur.: 84; Druce, 1881-1900, Biol. Centr. Amer., I: 209; Walker, 1855, List Specimens Lepid. Insects Colln Br. Mus., 3: 702; Kirby, 1892, A Synonymic Catalogue of Lepidoptera Heterocera, I: 525; Seitz, 1913, Macrolepid. World, 2: 339; Hering, 1931, In: Seitz. Macrolepid. World, 10: 667; 1933a, In: Seitz. Macrolepid. World, Suppl. 2: 201.

Limacodidi Stephens, 1850, Cat. Br. Lep.: 57.

Cochliopodae Saalmuller, 1884, Lep. Madagaskar: 200.

Cochlidiidae Staudinger *et* Rebel, 1901, Cat. Lep. Pal. Faun., 1: 392.

Cochlidionidae Grote, 1899, Canad. Ent.: 71; van Eecke, 1925, In: Strand, Lep. Cat., 5(32): 1.

Heterogeneidae Hampson, 1920, Nov. Zool., 25: 385.

Eucleidae Dyar *et* Morton, 1895, Journal of the New York Entomological Society, 3: 145-157; Cai, 1973, Atalas of Chinese Moths: 44.

成虫体型中等大小，身体和前翅密生绒毛和厚鳞。大多数种类呈黄褐色或暗灰色，间有绿色或红色，少数底色洁白具斑纹。成虫的休止状态很富特征性，它用足支撑着身体，翅膀下垂紧贴腹部，使身体与附着物几乎呈直角。成虫如果停止在 1 个枝条上，这种休止状态就很像一片枯叶或一截枯枝。夜间活动，具趋光性。口器退化，下唇须通常短小，少数属较长。雄蛾触角一般为双栉齿形，至少基部 1/3-1/2 如此，也有些种类为线状；雌蛾触角线状。翅通常短，阔而圆；翅脉完全或接近完全，中室内的 M 脉干有时分叉。前翅无副室，R_5 脉常与 R_4 脉共柄；M_2 脉较接近 M_3 脉；A 脉 2 条，中间无横脉相连，2A 脉基部分叉。后翅 A 脉 3 条，$Sc+R_1$ 脉仅在中室前缘基部有 1 短距离的并接。

幼虫体扁，椭圆形或蛞蝓形，其上生有枝刺和毒毛，或光滑无毛或具瘤。头小可收缩，无胸足，腹足小，化蛹前常吐丝结硬茧。有些种类茧上具花纹，形似雀蛋，古称石雀瓮，羽化时茧的一端圆盖状裂开。大多数种类为害农作物、树木和果树等的叶子。由于这类幼虫身体大都生有枝刺和毒毛，触及皮肤立即发生红肿，痛辣异常，俗称"痒辣子""火辣子"或"刺毛虫"，故称刺蛾。

该科包括 301 属 1672 种（van Nieukerken *et al.*，2011），广泛分布于世界各大动物地理区，但热带地区最丰富。我国已经记载 72 属 264 种。

刺蛾科的系统发育尚未有人进行过研究，也没有亚科与族级阶元的划分。Holloway（1986，1987）根据成虫特征，主要是雌性外生殖器的囊突结构，参考幼虫特征将刺蛾科划分为 4 个属群：①囊突由许多放射状排列的小齿突组成，但有时缩小成圆形或完全消失。该属群在外形上也有一些共同特征：前翅有网状的断带或杂色斑纹，沿 R_1 脉在中室前方形成 1 条深色的亚前缘带；下唇须上举，第 3 节相对长。幼虫胶质型没有枝刺。该属群包括彻刺蛾属 Cheromettia Moore、背刺蛾属 Belippa Walker、眉刺蛾属 Narosa Walker、钩纹刺蛾属 Atosia Snellen、瑰刺蛾属 Flavinarosa Holloway、优刺蛾属 Althonarosa Kawada、艳刺蛾属 Demonarosa Matsumura、丽刺蛾属 Altha Walker、蛞刺蛾属 Limacocera Hering、娜刺蛾属 Narosoideus Matsumura、线刺蛾属 Cania Walker、齿刺蛾属 Rhamnosa Fixsen、姹刺蛾属 Chalcocelis Hampson 和仿姹刺蛾属 Chalcoscelides Hering 等。②有 2 枚囊突。该属群中大多数幼虫在 T3、A1、A8 和 A9 节上的亚背枝刺比其他体节上的亚背枝刺长。本属群有银纹刺蛾属 Miresa Walker、长须刺蛾属 Hyphorma Walker、球须刺蛾属 Scopelodes Westwood、绿刺蛾属 Parasa Moore、素刺蛾属 Susica Walker 和绒刺蛾属 Phocoderma Butler 等。③囊突 1 枚，新月形。其外形上的共同特征还有：前足胫节末端常有 1 枚白色斑，下唇须第 3 节很小而不易看见。绝大多数属在幼虫 A5 节上的亚背枝刺的长度与 T3、A1、A8 和 A9 节上的亚背枝刺等长，其余腹节上的亚背枝刺通常很小或消失。该属群包括扁刺蛾属 Thosea Walker、裔刺蛾属 Hindothosea Holloway、润刺蛾属 Aphendala Walker、环刺蛾属 Birthosea Holloway、纷刺蛾属 Griseothosea Holloway、褐刺蛾属 Setora Walker、伯刺蛾属 Praesetora Hering 和奕刺蛾属 Phlossa Walker 等。④前翅 R_5 脉独立，不与其他分支共柄，Cu 脉强烈弯曲。该属群包括斜纹刺蛾属 Oxyplax Hampson、达刺蛾属 Darna Walker 和小刺蛾属 Trichogyia Hampson 等。

　　由于 Holloway（1986，1987）没有给这 4 个属群具体的名称，还有一些属无法归到这 4 个属群中，也有一些过渡属。因此本志的分类排列并没有按此属群划分。

属检索表

28. 雌蛾触角双栉齿状，雌雄同型 ……………………………………… 鳞刺蛾属 *Squamosa*

　　雌蛾触角线状，雌雄异型 …………………………………………… 娃刺蛾属 *Chalcocelis*

29. 无翅缰 ……………………………………………………………… 泥刺蛾属 *Limacolasia*

　　有翅缰 …………………………………………………………………………………… 30

30. 所有足的胫节和跗节都被有浓密的长鳞毛 …………………………… 温刺蛾属 *Prapata*

　　所有足的胫节和跗节没有如此浓密的长鳞毛 …………………………………………… 31

31. 后足胫节有 1 对距 ……………………………………………………………………… 32

　　后足胫节有 2 对距 ……………………………………………………………………… 36

32. 前翅 R_1 脉弯曲，十分靠近 Sc 脉 ………………………………… 银纹刺蛾属 *Miresa*

　　前翅 R_1 脉直，不特别靠近 Sc 脉 ……………………………………………………… 33

33. 前翅 M_2 脉出自中室中点；后翅中室的下角强烈突出 ……………… 玛刺蛾属 *Magos*

　　前翅 M_2 脉出自中室下角附近 ………………………………………………………… 34

34. 前翅 M_2 脉与 M_3 脉在中室下角靠近 ……………………………… 迷刺蛾属 *Chibiraga*

　　前翅 M_2 脉与 M_3 脉在中室下角不特别靠近 ………………………………………… 35

35. 翅面绿色或具绿色斑 …………………………………………………… 绿刺蛾属 *Parasa*

　　翅面无绿色 ……………………………………………………………… 藏刺蛾属 *Shangrilla*

36. 雄蛾触角双栉齿状分支接近 2/3 ………………………………………………………… 37

　　雄蛾触角双栉齿状分支不超过 1/2 ……………………………………………………… 38

37. 前翅 R_5 脉与 R_3+R_4 脉共柄 ……………………………………… 线刺蛾属 *Cania*

　　前翅 R_5 脉不与 R_3+R_4 脉共柄 …………………………………… 紫纹刺蛾属 *Birthama*

38. 后翅 M_1 脉与 Rs 脉共柄或同出一点 …………………………………………………… 39

　　后翅 M_1 脉与 Rs 脉分离 ………………………………………………………………… 42

39. 前翅 R_2 脉与 R_{3-5} 脉分离 …………………………………………………………… 40

　　前翅 R_2 脉与 R_{3-5} 脉共柄或同出一点 ……………………………………………… 41

40. 下唇须中等长；前翅 R_1 脉直 …………………………………… 伯刺蛾属 *Praesetora*

　　下唇须非常短；前翅 R_1 脉稍弯曲 …………………………… 匙刺蛾属 *Spatulifimbria*

41. 前翅 R_2 脉在 R_5 脉之前分出 ……………………………………… 褐刺蛾属 *Setora*

　　前翅 R_2 脉在 R_5 脉之后分出 ………………………………… 帛刺蛾属 *Birthamoides*

42. 前翅 R_2 脉与 R_{3-5} 脉共柄或同出一点 …………………………… 丽刺蛾属 *Altha*

　　前翅 R_2 脉与 R_{3-5} 脉分离 ………………………………………… 艳刺蛾属 *Demonarosa*

43. 雄蛾触角单栉齿状分支到末端 …………………………………………………………… 44

　　雄蛾触角锯齿形或线形 …………………………………………………………………… 49

44. 后足胫节有 1 对距 ………………………………………………… 枯刺蛾属 *Mahanta*

　　后足胫节有 2 对距 ……………………………………………………………………… 45

45. 胸部背面无竖立的毛簇 …………………………………………………………………… 46

　　胸部背面有竖立的毛簇 …………………………………………………………………… 48

46. 雌囊突 1 枚，新月形 ……………………………………………… 奕刺蛾属 *Phlossa*

　　雌囊突 2 枚 ……………………………………………………………………………… 47

66. 前翅无斜线 ·· 纤刺蛾属 *Microleon*
    前翅有 1 条斜线 ·· 条刺蛾属 *Striogyia*
67. 前翅 M$_3$ 脉与 M$_2$ 脉共柄，后翅 M$_3$ 脉与 Cu$_1$ 脉同出一点 ········· 指刺蛾属 *Dactylorhynchides*
    前翅 M$_3$ 脉与 M$_2$ 脉分离，后翅 M$_3$ 脉与 Cu$_1$ 脉共柄 ······················ 68
68. 抱器瓣有抱器腹突起 ·· 偶刺蛾属 *Olona*
    抱器瓣无抱器腹突起 ··· 69
69. 爪形突钝；囊突 1 枚 ······································ 小刺蛾属 *Trichogyia*
    爪形突尖锐；囊突 2 枚 ···································· 爱刺蛾属 *Epsteinius*
70. 后翅 M$_1$ 脉与 Rs 脉分离 ·································· 客刺蛾属 *Ceratonema*
    后翅 M$_1$ 脉与 Rs 脉同出一点 ···································· 71
71. 前翅中部有 1 条暗色横带；有颚形突 ······················· 凯刺蛾属 *Caissa*
    前翅有多枚白色碎斑；无颚形突 ···················· 伪凯刺蛾属 *Pseudocaissa*

1. 彻刺蛾属 *Cheromettia* Moore, [1883]

Cheromettia Moore, [1883] 1882-1883, Lepid. Ceylon, 2: 133. **Type species**: *Belippa ferruginea* Moore, 1877.

Nemeta Walker, 1855, List Specimens Lepid. Insects Colln Br. Mus., 4: 968. **Type species**: *Nemeta bifacies* Walker, 1855.

Euryda Herrich-Schaffer, [1854] 1850-1858, Samml. Aussereurop. Schmett., 1(1): wrapper, pl. 37, fig. 182. **Type species**: *Euryda variolaris* Herrich-Schaffer, [1854].

Spirocera Herrich-Schaffer, 1855, Syst. Bearbeitung Schmett. Eur., 6: 87. **Type species**: *Sphinx coras* Stoll, 1780.

　　具有性二型现象，雄蛾呈红褐色或黑色；具有三角形后翅的黑色雄蛾则表现出更大程度的性二型现象。所有种类的雄蛾的前翅都比雌蛾的前翅狭窄。雄蛾触角双栉齿状分支仅达基部 1/4，雌蛾触角线形。后足胫节有 2 对距。两性在前翅顶角及后翅的顶角和臀角均有黑斑，但在黑色的雄蛾中不会太明显。前翅 M$_2$ 脉与 M$_3$ 脉出自中室下角；R$_{3-5}$ 脉共柄，R$_2$ 脉出自中室上角；R$_1$ 脉弯曲。后翅 M$_1$ 脉与 Rs 脉共柄（图 7）。

　　雄性外生殖器的阳茎端基环侧面各有 1 块弯向背面的长方形骨片，该骨片的末端具齿；背兜侧缘具鬃毛，向腹面呈叶状突出。

　　雌性外生殖器的交配囊上有一些分散的小刺；囊导管呈轻度螺旋状扭曲。第 8 腹节稍长，表皮突小。第 8 腹节与产卵瓣之间的膜阔而具微鬃。

　　幼虫亚卵形，暗蓝绿色，有数列纵排的小黄斑，无突起。

　　寄主植物：本属幼虫为多食性，已记录的寄主植物有芭蕉科（芭蕉属）、棕榈科（油棕属）、大戟科（石栗属、蓖麻属）、桃金娘科（番樱桃属）、梧桐科（可可属）、茜草科（龙船花属、咖啡属、玉叶金花属）、漆树科（杧果属）、无患子科（韶子属）、豆科（刺桐属、紫矿属、菜豆属）、胡桃科（胡桃属）、楝科（香椿属）。

本属已记载 5 种，主要分布在印度及其周边地区，我国已知 2 种。

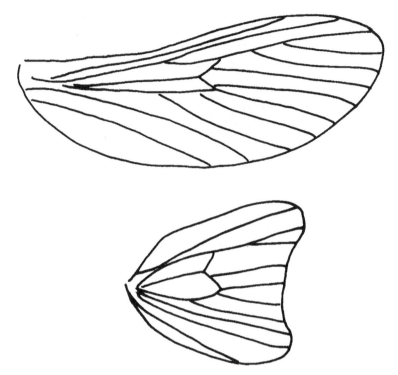

图 7　彻刺蛾属 *Cheromettia* Moore 的脉序

种 检 索 表

雄蛾前翅外缘大部分黑色，雌蛾顶角的黑斑大而明显 ……………………… **休彻刺蛾 *Ch. alaceria***

雄蛾前翅外缘大部分黄褐色，雌蛾顶角的黑斑小 ……………………………… **顶彻刺蛾 *Ch. apicta***

(1) 休彻刺蛾 *Cheromettia alaceria* Solovyev *et* Witt, 2009（图 8；图版 I：1-2）

Cheromettia alaceria Solovyev *et* Witt, 2009, Entomofauna, Suppl. 16: 48. Type locality: Thailand (Changwat Chiang Mai), Vietnam (Nghe An), China (Yunnan).

翅展♂ 30mm 左右。头部和触角淡红褐色。胸部有黑色鳞毛簇。腹部棕色，节间有黑色横带。前翅底色棕色，中端部密布黑色鳞片；内线黑色，粗；外缘大部分黑色；顶角黑斑大。后翅黑色，三角形，外缘稍内凹，翅中部较透明。雌蛾体较大，全体红褐色，前翅基部散布较多的暗色鳞片，翅顶有黑色大斑。

雄性外生殖器：背兜侧缘密布长毛，向腹面呈叶状突出；爪形突喙状；颚形突大钩状，末端尖；抱器瓣狭长；阳茎端基环侧面各有 1 块弯向背面的长方形骨片，该骨片的末端具 2-3 枚大齿。阳茎细，短于抱器瓣的长度，无阳茎针。

雌性外生殖器：后表皮突长，末端稍膨大；第 8 腹节稍长，表皮突小。第 8 腹节与产卵瓣之间的膜阔而具微鬃。交配囊上有一些分散的小刺；囊导管呈轻度螺旋状扭曲。

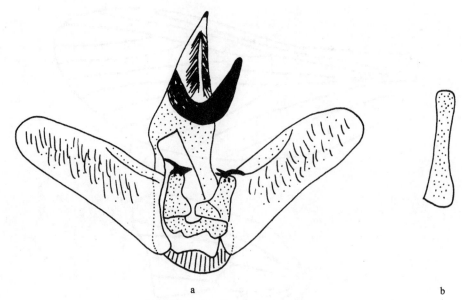

图 8 休彻刺蛾 *Cheromettia alaceria* Solovyev *et* Witt
a. 雄性外生殖器；b. 阳茎

观察标本：云南双江，888m，2♂，1980.V.27-31，张旺采；高黎贡山百花岭，1500m，3♂，2007.IX.15，张培毅采（存中国林业科学院昆虫标本馆）。

分布：云南；越南，泰国。

(2) 顶彻刺蛾 *Cheromettia apicta* (Moore, 1879)（图 9；图版 I：3）

Belippa apicta Moore, 1879, Lep. Atkins.: 75. Type locality: North India.
Cheromettia apicta (Moore): Hering, 1931, In: Seitz, Macrolepid. World, 10: 673, fig. 85f.

翅展♂25mm，♀35mm。头部和触角棕色。胸部有暗棕色鳞毛簇。腹部棕色，节间有黑色横带。前翅底色棕色，中端部密布黑色鳞片，但明显少于苏彻刺蛾 *Ch. sumatrensis* (Heylaerts)；内线黑色，粗；外缘大部分黄褐色；顶角黑斑小而围有白边。后翅黑色，三角形，外缘几乎直，翅中部半透明。雌蛾体较大，全体红褐色，前翅基部散布较多的暗色鳞片，翅顶有较小的黑色斑。

雄性外生殖器：背兜侧缘密布长毛，向腹面呈叶状突出；爪形突喙状；颚形突大钩状，末端钝；抱器瓣狭长，几乎等宽，末端宽圆；阳茎端基环侧面各有 1 块弯向背面的长方形骨片，该骨片的末端具 3 枚中等大小的齿突。阳茎细，略等于抱器瓣的长度，无阳茎针。

雌性外生殖器：后表皮突很长，末端明显膨大；第 8 腹节稍长，前表皮突短小。第 8 腹节与产卵瓣之间的膜阔而具微鬃；囊导管细，端部呈轻度螺旋状扭曲；交配囊上有一些分散的小刺，略排成椭圆形。

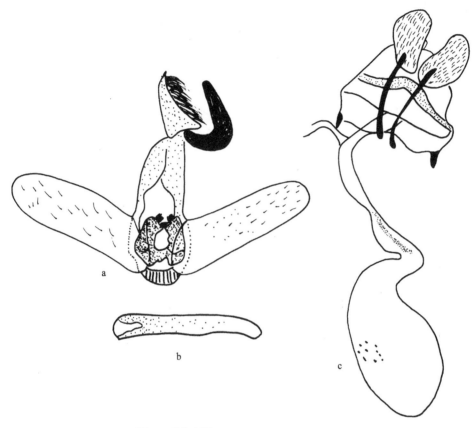

图 9　顶彻刺蛾 *Cheromettia apicta* (Moore)

a. 雄性外生殖器；b. 阳茎；c. 雌性外生殖器

观察标本：西藏墨脱格当，2000m，2♂，1982.X.3，林再采；墨脱背崩，850m，1♀1♂，1983.V.30-VI.15，韩寅恒采；墨脱扎墨公路，2100m，1♂，2006.VIII.24，陈付强采；墨脱县城，1080m，1♀1♂，2006.VIII.22，陈付强采；墨脱马尼翁，895m，1♀2♂，2006.VIII.14，陈付强采。

分布：西藏；印度，尼泊尔。

2. 背刺蛾属 *Belippa* Walker, 1865

Belippa Walker, 1865, List Specimens Lepid. Insects Colln Br. Mus., 32: 508. **Type species**: *Belippa horrida* Walker, 1865.

Contheyloides Matsumura, 1931b, Ins. Matsum., 5: 104. **Type species**: *Contheyloides boninensis* Matsumura, 1931, by original designation.

具有性二型现象，雄蛾呈红褐色或黑色；具有三角形后翅的黑色雄蛾则表现出更大程度的性二型现象。所有种类的雄蛾的前翅都比雌蛾的前翅狭窄。雄蛾触角基部单栉齿状，端部锯齿状；雌蛾触角线形。前翅 M_2 脉与 M_3 脉出自中室下角；R_{3-5} 脉共柄，R_2 脉出自中室上角；R_1 脉弯曲。后翅 M_1 脉与 Rs 脉共柄（图 10）。两性在前翅顶角及后翅的顶角和臀角均有黑斑，当然在黑色的雄蛾中不会太明显。

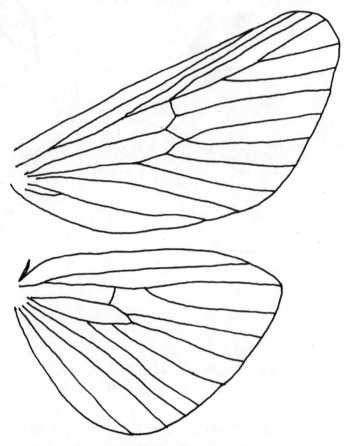

图 10 背刺蛾属 *Belippa* Walker 的脉序

雄性外生殖器的阳茎端基环侧面各有 1 块较宽而弯向腹面的骨片，该骨片的侧缘具齿；背兜侧缘具鬃毛，向腹面呈叶状突出。

雌性外生殖器的交配囊上有一些分散的小刺；囊导管呈轻度地螺旋状扭曲。第 8 腹节稍长，表皮突短。第 8 腹节与产卵瓣之间的膜阔而具微鬃。

本属与彻刺蛾属 *Cheromettia* Moore 很相似，曾被作为后者的异名，但本属雄蛾的触角基部单栉齿状，雄性外生殖器阳茎端基环的突起向腹面弯曲，雌性外生殖器前表皮突缺或很短。

世界已记载 3 种，主要分布在喜马拉雅地区。我国过去已知 2 种，作者又发表了 1 新记录种，故 3 种在我国均有分布。

种检索表

（据外形）

1. 前翅外缘区 M_1-R_5 脉间明白色，形成 1 块明显的大斑·······················**背刺蛾 _B. horrida_**

   前翅外缘区 M_1-R_5 脉间不形成浅色斑···2

2. 前后翅黑褐色 ··**雪背刺蛾 _B. thoracica_**

   前后翅赭黄色 ··**赭背刺蛾 _B. ochreata_**

（据雄性外生殖器）

1. 阳茎略与抱器瓣等长，近基部侧面有 1 枚短叶状突起 ·······················**背刺蛾 _B. horrida_**

   阳茎明显长于抱器瓣，近基部侧面无突起 ···2

2. 阳茎长度接近抱器瓣长度的 2 倍；爪形突末端骨化强 ·····················**雪背刺蛾 _B. thoracica_**

   阳茎长度不超过抱器瓣长度的 1.5 倍；爪形突末端骨化弱 ··················**赭背刺蛾 _B. ochreata_**

(3) 背刺蛾 _Belippa horrida_ Walker, 1865（图 11；图版 I：4，图版 X：243）

Belippa horrida Walker, 1865, List Specimens Lepid. Insects Colln Br. Mus., 32: 509. Type locality: "North China". Lectotype: ♀ (BMNH).

Cheromettia formosaensis Kawada, 1930, J. Imp. Agr. Exp. Stn., 1: 257.

别名：胶刺蛾、蓖麻刺蛾。

成虫：翅展 30-38mm。全体黑色混杂褐色，密生黑褐色的绒毛和厚鳞。前翅内线不清晰，灰白色锯齿形，从 Cu_2 脉基部斜向后缘一段较明显，内线两侧较黑，横脉纹明白色，新月形，外线不清晰，明白色波浪形，从 M_2 脉近基部向内伸，至后缘中央一段隐约可见，外缘区 M_1-R_5 脉间明白色，顶角具黑斑，内掺有明白色；外缘翅脉明白色；端线细，明白色。后翅灰黑色，外缘色渐浅，后缘和端线明白色。

雄性外生殖器：背兜侧缘密布长毛，向腹面呈叶状突出；爪形突末端中部有 1 枚马蹄形的骨化脊；颚形突大钩状，末端较尖；抱器瓣狭长，近基部有些收缩，末端宽圆；阳茎端基环侧面各有 1 块长方形大骨片，该骨片的侧缘有 1 列长齿突。阳茎约与抱器瓣等长，近基部侧面有 1 枚短叶状突起，末端二叉状骨化。无明显的囊形突。

雌性外生殖器：第 8 腹节稍长。后表皮突很长，末端稍膨大；前表皮突短小；第 8 腹节与产卵瓣之间的膜阔而具微鬃；囊导管很长，端部 2/3 呈螺旋状扭曲；交配囊上有一些分散的小刺。

卵：球状，接触物体一面稍扁。直径 0.8-1.2mm，乳白色、黄白色或灰色，表面光滑，有色泽，不透明。

幼虫：体长 15-22mm，体宽 8-14mm，背高 4-8mm。通常体宽是体长的 2/3，背高为体长的 1/3。椭圆形，背面隆起，腹面扁平。头小，淡褐色，缩于前胸下。胸足 3 对，很小，灰绿色。无腹足，每一腹节中部有 1 椭圆形的吸盘。幼虫背面鲜绿色、浓绿色或淡绿色，随取食叶片绿色的深浅而变化；腹面灰绿色。背面的刺毛退化，有 1 条较宽的中纵带，纵带两侧各有波状的缺刻 8-9 个。体背两侧还各有纵线 2 条。背面从前到后有 7 纵列白点，中间 5 列各由 10 个白点组成，外侧的 2 列各由 15-16 个组成。每个白点又包括 3-5 个泡状的白色小突起。气门椭圆形，白色，边缘向外突起。

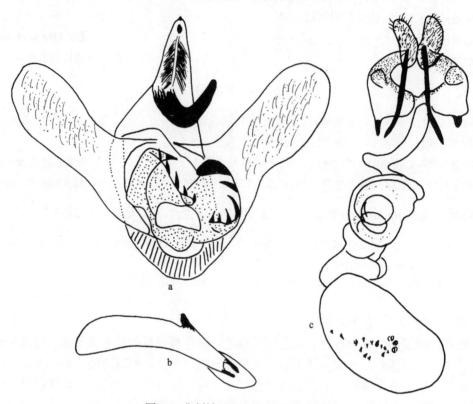

图 11　背刺蛾 *Belippa horrida* Walker
a. 雄性外生殖器；b. 阳茎；c. 雌性外生殖器

茧：椭圆形或扁球形，长径 12.5-15.4mm，横径 9.0-12.5mm。褐色、黑褐色、棕色或棕褐色。表面为丝质物粘上一些碎叶。茧外无毒毛，茧壳较薄而软，内壁光滑。

蛹：长 12-16mm。初化之蛹为乳黄色，快羽化时则变成黑褐色。翅芽和触角从背面两侧弯于腹面。

生物学习性：在四川西昌一年发生 1 代，以老熟幼虫在茧内越冬。翌年 4 月下旬开始化蛹，5 月中、下旬为化蛹高峰期，蛹期 27-48 天。6 月上旬开始出现成虫，以后的 20-30 天为羽化高峰期。成虫有趋光性，傍晚后、半夜前的活动最盛。成虫羽化后 2-3 天开始交配。卵产在叶片的正面，散产，在每叶上产 1 粒或 2-4 粒，卵期 11-18 天。幼虫蜕皮 5 次，7-10 天 1 次。初出壳的幼虫很小，先吃去卵壳，1-2 天后开始取食叶片。1、2 龄幼虫的取食量很小，仅能啃食叶片的上表皮和叶肉，在叶片的表面形成许多米粒大小的伤斑。3 龄时幼虫可将叶片咬穿，形成许多的孔洞。幼虫的迁移性较小，要吃完一片后才咬食第二片，被吃完的叶片只剩下叶柄和几条主脉。4 龄后的幼虫食量大增，昼夜均在取食，蜕皮时略有停止。幼虫期 39-58 天，7 月下旬到 9 月中旬是幼虫危害的严重时期。一头幼虫一生要取食 3-4 片蓖麻叶。8 月下旬，老熟幼虫在树干周围的石缝内、泥土里、枯枝落叶或杂草丛中结茧。

天敌：幼虫期受到背刺蛾绒茧蜂 *Apanteles belippa* 的寄生，寄生率为 30% 左右。

寄主植物：茶、蓖麻、苹果、梨、桃、葡萄、刺槐、臭椿、麻栎、枫杨、大叶胡枝子。

观察标本：四川攀枝花平地，12♂2♀，1981.VI.1-17，张宝林采；四川，3♂，1974.VIII.23-24；西昌，4♂2♀，1983.VIII。重庆市城口县坪坝镇大梁村，1065m，1♂，32.009°N，108.524°E，2017.VIII.3，陈斌等采。陕西宁陕火地塘，1620m，6♂，1979.VII.21-29，韩寅恒采；庙台子，1♂，1981.V.7，张宝林采；太白黄柏塬，1350m，2♂，1980.VII.11-14，张宝林采，2♀，1979.VIII.14，韩寅恒采。湖北神农架大九湖，1800m，1♂，1981.VIII.5，韩寅恒采。浙江舟山，1♀，1931.VI.12。福建武夷山，2♂，1983.VI.1，王林瑶采。海南尖峰岭，900m，1♀，1980.IV.12，蔡荣权采，1♀，1983.IV.7，顾茂彬采。山东东庄林场，1♀，1981.VI.7。黑龙江岱岭，1♂，1940.VI.21。江西庐山植物园，2♂，1974.VI.12，张宝林采，1♂，1975.VI.19，方育卿采。广西金秀圣堂山，900m，1♀，1999.V.17，韩红香采；防城扶隆，500m，7♂，1999.V.25，袁德成、张彦周、刘大军采。云南勐海，3♂，1982.VI.13-16，罗亨文采；宜良，1♂，1982.VI.20；维西白济汛，1780m，1♂1♀，1981.VII.11，廖素柏采；沧源，1300m，1980.V.24，高平采；马龙马鸣，2100m，1♂，1979.VI.7；武定，1750m，1♂，1980.VI.18；景东，1170m，1♂，1956.V.21，扎古良也夫采；金平，1♀，1979.V.26；绿春大水沟，1450m，1♂，1979.VII.12；丽江，1680m，1♂，1979.V.12；河口，200m，1956.V.15；思茅普洱，2♂，2009.VII.15-19，韩辉林等采。河南辉县八里沟，700m，2♂，2002.VII.12-15。西藏墨脱解放大桥，680m，1♂，2006.VIII.15，陈付强采。

分布：黑龙江、山东、河南、陕西、浙江、湖北、江西、湖南、福建、台湾、广东、海南、广西、重庆、四川、云南、西藏；日本，尼泊尔。

(4) 雪背刺蛾 *Belippa thoracica* (Moore, 1879)（图 12；图版 I：5）

Contheyla thoracica Moore, 1879, Lep. Atkins.: 74, pl. 3, fig. 7. Type locality: North India.

Belippa thoracica (Moore): Hampson, 1892, The Fauna of British India, I: 400.

Nemeta thoracica (Moore): van Eecke, 1925, In: Strand, Lep. Cat., 5(32): 16.

翅展 30mm 左右。头和胸部背面灰白色，颈板和翅基片具黑边。下唇须和胸部腹面黑褐色；腹部暗褐色。前翅黑褐色，基部白色，中部散有雾状银白色和紫色鳞片，可模糊分出 1 条带状内线和 1 条波状分叉的外线，两者均从前缘中央后伸，前者内斜，后者经横脉弯伸至 Cu_1 脉中央分叉，分别达到 Cu_2 脉末端和靠近臀角的后缘；横脉纹为 1 银白色短线；有几个模糊浅黄白色斑点，中室 1/3 处有 1 个，Cu_2 脉下方和从前缘 2/3 到翅顶各有 3 个，前者略呈带形，在外缘 Cu_1-M_2 脉末端有 3 个白色小点；缘毛黄褐色。后翅暗褐色，缘毛同前翅。

雄性外生殖器：背兜侧缘密布长毛，向腹面呈叶状突出；爪形突末端骨化程度强，中部有 1 枚短小的齿突；颚形突大钩状，末端尖；抱器瓣狭长，末端宽圆；阳茎端基环侧面各有 1 块长方形大骨片，该骨片的侧缘有 1 列短齿突。阳茎长度很长，接近抱器瓣长度的 2 倍，侧面无叶状突起。囊形突中等。

观察标本：西藏吉隆吉隆区，2800m，1♂，1975.VII.30，王子清采；波密易贡，2300m，1♂，1983.VIII.23，韩寅恒采。

分布：西藏；印度，尼泊尔。

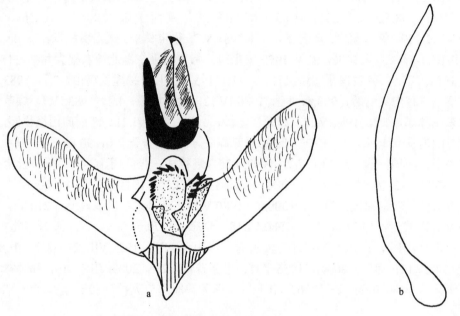

图 12　雪背刺蛾 *Belippa thoracica* (Moore)
a. 雄性外生殖器；b. 阳茎

(5) 赭背刺蛾 *Belippa ochreata* Yoshimoto, 1994（图 13；图版 I：6）

Belippa ochreata Yoshimoto, 1994, Tinea, 14 (Suppl. 1): 85. Type Locality: Nepal; Wu, 2011, Acta Zootaxonomica Sinica, 36(2): 254.

翅展 28-29mm。头和胸部背面灰白色，颈板和翅基片具黑边。下唇须和胸部腹面黑褐色；腹部暗褐色。前翅赭黄色，基部白色；横脉纹为 1 银白色点，位于中室上角；内线不明显；外线模糊，白色；前缘亚端有 1 三角形长斑，黑色具白边；后缘近中部有 1 枚白色斑；顶角有 1 枚黑色小斑；缘毛黄褐色。后翅暗赭色，缘毛同前翅。

雄性外生殖器：背兜侧缘密布长毛，向腹面呈叶状突出；爪形突末端骨化程度弱，末端中部有 1 枚短小的齿突；颚形突大钩状，末端尖；抱器瓣狭长，末端宽圆；阳茎端基环侧面各有 1 块长方形大骨片，该骨片的侧缘有 1 列短齿突。阳茎长度超过抱器瓣，但不足抱器瓣长度的 1.5 倍，侧面无叶状突起，末端有小齿突。囊形突小。

观察标本：西藏亚东下司马，2♂，1983.VIII.5，旺加采，1♂，1983.VII.21，旺加、

次仁采。

　　分布：西藏；尼泊尔。

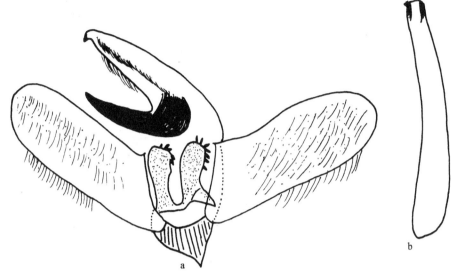

图 13　赭背刺蛾 *Belippa ochreata* Yoshimoto
a. 雄性外生殖器；b. 阳茎

3. 眉刺蛾属 *Narosa* Walker, 1855

Narosa Walker, 1855, List Specimens Lepid. Insects Colln Br. Mus., 5: 1103, 1151. **Type species**: *Narosa conspersa* Walker, 1855.

Penicillonarosa Strand, 1917, Arch. Naturgesch., 82(A)3: 141. **Type species**: *Narosa penicillata* Strand, 1917.

　　两性触角均为线状。下唇须弯曲，上举到头顶。后足胫节有 2 对距。前翅前缘区颜色深，有浅色或暗色的橘黄色横带。前翅 R_1 脉基部强烈弯曲，端部 2/3 与 Sc 脉靠近；R_5 脉与 R_3+R_4 脉共柄；M_2 脉与 M_3 脉有短共柄。后翅 M_1 脉与 Rs 脉同出一点或共柄，个别分离；Sc+R_1 脉出自中室基部（图 14）。

　　雄性外生殖器的抱器腹上通常生有一些短的突起，颚形突细长。雌性外生殖器的囊导管端部螺旋状，交配囊上有一些排列成扁豆状的齿突。

　　本属已知约 40 种，主要分布在东洋界。我国已记载 9 种，含 1 个未定种。

种 检 索 表

1. 后翅 M_1 脉与 Rs 脉分离 ··· **闪眉刺蛾 *N. nitobei***

　　后翅 M_1 脉与 Rs 脉同出一点或共柄 ··· 2

2. 翅黄色 ··· 3

翅白色到黄褐色 ………………………………………………………… 8

3. 前翅顶角有 1 块白斑 ………………………………………………… 4

   前翅顶角没有白斑 ………………………………………………… 5

4. 前翅基部有明显的条纹 ………………………… 黄眉刺蛾 *N. pseudopropolia*

   前翅基部没有斑纹 ……………………………… 齐眉刺蛾 *N. propolia*

5. 翅展 13-17mm，前翅中室外没有暗色大斑 ………………… 赭眉刺蛾 *N. ochracea*

   翅展 18-22mm，前翅中室外有 1 块暗色大斑 ……………………………… 6

6. 阳茎端基环末端有 2 对刺突 ………………………… 光眉刺蛾 *N. fulgens*

   阳茎端基环末端只有 1 对刺突 ……………………………………… 7

7. 雄性外生殖器的抱器腹突起较长 …………… 波眉刺蛾指名亚种 *N. corusca corusca*

   雄性外生殖器的抱器腹突起较短 ……… 波眉刺蛾浅色亚种 *N. corusca amamiana*

8. 前翅赭黄色；后翅灰黄色 ……………………… 白眉刺蛾 *N. edoensis*

   前翅白色 ……………………………………………………………… 9

9. 阳茎比抱器瓣短，阳茎端基环端部二分叉 …………… 云眉刺蛾 *N. sp.*

   阳茎比抱器瓣长，阳茎端基环端部不分叉 ………… 黑眉刺蛾 *N. nigrisigna*

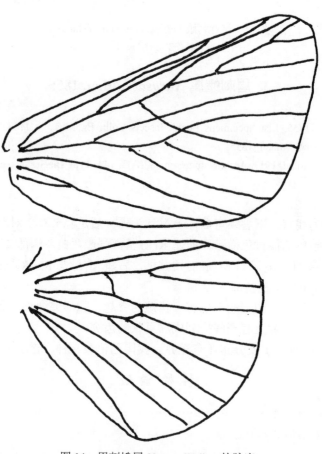

图 14 眉刺蛾属 *Narosa* Walker 的脉序

(6) 波眉刺蛾 *Narosa corusca* Wileman, 1911（图15；图版I：7，8）

Narosa corusca Wileman, 1911, Entomologist, 44: 205.

翅展 22-24mm。身体浅黄色，背面掺有红褐色。前翅浅黄色，布满红褐色斑点：内半部有 3-4 个，不清晰，向外斜伸，仅在后缘较可见；中央 1 个较大、较清晰，呈不规则弯曲；沿中央大斑外缘有 1 条浅黄白色的外线，外线内侧具小黑点；端线由 1 列小黑点组成。后翅浅黄色，端线暗褐色隐约可见。

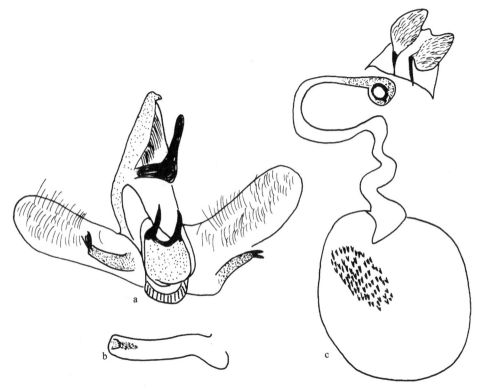

图 15　波眉刺蛾 *Narosa corusca* Wileman
a. 雄性外生殖器；b. 阳茎；c. 雌性外生殖器

雄性外生殖器：背兜侧缘密布长毛，向腹面呈叶状突出；爪形突末端中部有 1 枚小齿突；颚形突大钩状，末端较钝；抱器瓣狭长，末端宽圆；抱器腹基部有 1 指状突，末端有长刺突；阳茎端基环宽大，末端有 1 对长角突。阳茎细，约与抱器瓣等长。无明显的囊形突。

雌性外生殖器：第 8 腹节稍长。后表皮突细长，末端尖；前表皮突不明显；交配孔周围呈环状骨化；囊导管细长，端部呈螺旋状扭曲；交配囊上有一些密集的小刺突，略排成椭圆形。

幼虫：老熟幼虫体长 10mm 左右。体黄绿色，龟形，光滑无枝刺。体背面极度隆起，身体周缘半透明。身体每节背中央有 2 个淡黄色的不规则形小斑。亚背线由黄色斑点组成，不连续，其上有 6 个蓝色圆点，分别位于 T3、A1、A2、A4、A6 和 A8 节。体侧有淡黄色斜纹。气门上线向外突出形成盾形边缘。

分布：陕西、江西、湖南、福建、台湾、云南；日本。

本种分为 2 个亚种，我国均有分布。

(a) 波眉刺蛾指名亚种 *Narosa corusca corusca* Wileman, 1911（图版 I：8）

Narosa corusca Wileman, 1911, Entomologist, 44: 205.
Narosa baibarana Matsumura, 1927, J. Coll. Agr. Hokkaido Imp. Univ., 19: 88.
Narosa ishidae Matsumura, 1927, J. Coll. Agr. Hokkaido Imp. Univ., 19: 87.
Narosa shinshana Matsumura, 1927, J. Coll. Agr. Hokkaido Imp. Univ., 19: 89.
Narosa takamukui Matsumura, 1927, J. Coll. Agr. Hokkaido Imp. Univ., 19: 88.

斑纹颜色较深，体型较小。雄性外生殖器的抱器腹突起较长。

观察标本：云南禄丰，1♂，1982.VI.24。西藏墨脱通麦，2070m，1♂，2006.VII.30，陈付强采。

分布：台湾、云南、西藏。

(b) 波眉刺蛾浅色亚种 *Narosa corusca amamiana* Kawazoe *et* Ogata, 1962（图版 I：7）

Narosa amamiana Kawazoe *et* Ogata, 1962, Tyo To Ga, 8: 16.
Narosa corusca amamiana Kawazoe *et* Ogata: Inoue, 1976, Bull. Fac. Domestic Sci., Otsuma Woman's Univ., 12: 157.

体型较大，前翅花纹颜色较浅。雄性外生殖器的抱器腹突起较短。

寄主植物：茶、桐、北美海棠。

观察标本：江西庐山，1♀15♂，1974.VI.12-17，张宝林采，3♂，1975.VI.19-26，方育卿、刘友樵采；南昌，1♂，1978.VI.2。湖南衡山，2♂，1974.V.30-VI，1♂，1979.IX.4，张宝林采。陕西宁陕火地塘，5♂，1979.VII.30-VIII.7，韩寅恒采。福建永泰富泉乡德洋村，1♀，2017.VII。

分布：陕西、江西、湖南、福建；日本。

(7) 光眉刺蛾 *Narosa fulgens* (Leech, [1889])（图 16；图版 I：9）

Heterogenea fulgens Leech, [1889] 1888, Proc. Zool. Soc. Lond.: 609.
Narosa fulgens (Leech): Inoue, 1976, Bull. Fac. Domestic Sci., Otsuma Woman's Univ., 12: 157.
Narosa kanshireana Matsumura, 1927, J. Coll. Agr. Hokkaido Imp. Univ., 19: 87.
Narosa pseudochracea Hering, 1933a, In: Seitz, Macrolepid. World, Suppl. 2: 203, fig. 15h.
Narosa tamsi Lemée, 1950, Contribution a l'etude des Lepidopteres du Haut-Tonkin (Nord-Vietnam) et de Saigon avec le concours pours diverses families d'Heteroceres de W. H. T. Tams: 43.

翅展约 22mm。身体浅黄色，背面掺有红褐色。前翅浅黄色，布满淡红褐色斑点：

内半部有 3-4 个，不清晰，向外斜伸，仅在后缘较可见；中央 1 个较大、较清晰，呈不规则弯曲；沿中央大斑外缘有 1 条浅黄白色的外线，外线内侧具小黑点；端线由 1 列小黑点组成。后翅浅黄色，端线暗褐色隐约可见。一些个体翅面的红褐色斑纹淡化，仅隐约可见。

　　雄性外生殖器：背兜侧缘密布长毛，向腹面呈叶状突出；爪形突末端中部有 1 枚小齿突；颚形突大钩状，末端较钝；抱器瓣狭长，末端宽圆；抱器腹基部有 1 指状突，末端有长刺突；阳茎端基环宽大，末端有一长一短 2 对刺突。阳茎细，约与抱器瓣等长。无明显的囊形突。

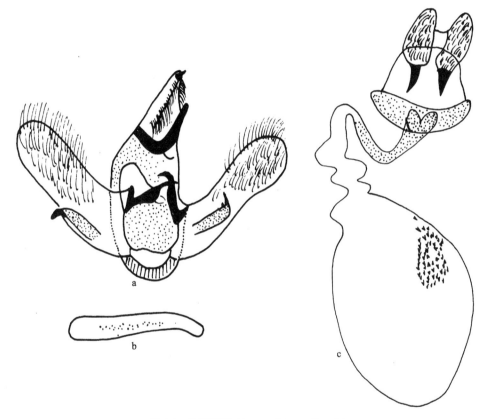

图 16　光眉刺蛾 *Narosa fulgens* (Leech)

a. 雄性外生殖器；b. 阳茎；c. 雌性外生殖器

　　雌性外生殖器：第 8 腹节稍长。后表皮突细长，末端尖；前表皮突不明显；囊导管细长，基部有些骨化，端部呈螺旋状扭曲；交配囊上有一些密集的小刺突，略排成椭圆形。

　　寄主植物：枫香。

　　观察标本：北京三堡，1♂，1976.VII.23，赵建铭采。江西大余，1♂，1984.VIII.14，王子清采；婺源，1♂，1980.V.17；九连山，2♂，1975.VII.30，宋士美采；宜丰，1♂，1957.VII.10。山东烟台，3♂，1981.VI-VII；织女洞，1♂，1980.VII.10。甘肃文县范坝，

800m，1♂，1998.VI.26，张学忠采；康县清河林场，1450m，1♂，1998.VII.15，张学忠采。安徽黄山，1♂，1977.VII.20，黄桔采。湖北神农架，900-950m，1♂，1980.VII.4-21，虞佩玉采；兴山龙门河，1200m，1♂，1993.VI.18，姚建采。福建南平上洋，1♂，1963.VII.7；福州，1♂，1982.VI.12，江凡采；南靖天奎，1♀，1973.VII.23，陈一心采；武夷山，740m，1♂，1960.VI.26，张毅然采，1♂，1982.VI.30，江凡采；挂墩，1♂，1979.VIII.11，宋士美采。浙江杭州，1♂，1978.VI.21，严衡元采，2♂，1976.VI.20，1♂，1972.VII.19；临安，1♂，1977.VI。广西钦州，1♂，1980.IV.15，蔡荣权采；龙胜，9♂，1980.VI.10-11，王林瑶采；龙胜红滩，900m，1♂，1963.VI.14，王春光采；凭祥，230m，2♂，1976.VI.11-12，张宝林采，1♀，1980.IV.24，蔡荣权采；龙州三联，350m，1♂，2000.VI.14，李文柱采；桂林雁山，200m，1♂，1963.V.13，王春光采；那坡德孚，1350m，1♂，1998.VIII.16，贺同利采；金秀花王山庄，600m，3♀，1999.V.20，张学忠采；金秀罗香，200m，1999.V.15，韩红香采；苗儿山九牛场，1150m，1♂，1985.VII.7，方承莱采。重庆缙云山，800m，1♂，1994.VI.13，李文柱采；丰都世坪，610m，2♂，1994.VI.2，李文柱采；万州王二包，1200m，1♂，1993.VII.10，姚建采；彭水太原，750m，1♂，1989.VII.9，杨龙龙采；城口县巴山镇龙王村，789m，1♂，32.067°N，108.486°E，2017.VII.10，陈斌等采；城口县庙坝镇，1218m，1♂，31.922°N，108.549°E，2017.VII.30，陈斌等采。四川峨眉山，800-1000m，2♀25♂，1957.VI.15-30，朱复兴、黄克仁等采；攀枝花（渡口）烂木桥，2100m，1♂，1980.VIII.21，韩寅恒采。云南勐海，1200m，2♂，1958.VII.18-20，王书永、蒲富基采；西双版纳大勐龙，650m，1♀，1958.V.4，张毅然采；小勐养，850m，1♂，1957.IV.28，蒲富基采；河口，100m，1♂，1956.VI.9，黄克仁采。海南尖峰岭天池，760m，1♀12♂，1980.III.18-IV.13，蔡荣权采；保亭，1♂，1973.V.24，蔡荣权采。河南内乡宝天曼，1♀，1998.VII.12；辉县八里沟，2♀1♂，2000.VII.12-15。

分布：北京、山东、河南、甘肃、安徽、浙江、湖北、江西、湖南、福建、台湾、海南、广西、重庆、四川、云南；朝鲜，日本。

说明：本种外形与波眉刺蛾 *N. corusca* Wileman 很相似，几乎无法区分。雄性外生殖器也很相似，但本种阳茎端基环末端有 2 对刺突。因此，如果不解剖外生殖器，将无法正确区分这 2 种。

(8) 黑眉刺蛾 *Narosa nigrisigna* Wileman, 1911（图 17；图版 I：10，图版 XII：265）

Narosa nigrisigna Wileman, 1911, Entomologist, 44: 204.

Narosa penicillata Strand, 1916, Arch. F. Naturg., 81(3): 141.

Heterogenea formosana Matsumura, 1927, J. Coll. Agr. Hokkaido Imp. Univ., 19: 90.

别名：黑纹眉刺蛾、龟形小刺蛾、龟小刺蛾、苻眉刺蛾。

成虫：体长♀ 7-9mm，♂ 6-8mm。翅展♀ 18-22mm，♂ 15-18mm。体淡黄色。触角丝状，黄色。前翅白色，密布赭黄色鳞片；内线白色，弯曲；外线白色，其前半部的内侧有 1 近 "S" 形黑褐色斜纹，中室端有 1 枚黑点；外缘脉端有 1 列黑褐色小点；缘毛较长，淡黄色。后翅灰白色。足上有淡黄色长毛。

雄性外生殖器：背兜狭长，侧缘密布长毛；爪形突末端中部有 1 枚小齿突；颚形突

大钩状，末端尖；抱器瓣狭长，末端宽圆；阳茎端基环中等骨化，末端无突起。阳茎细，比抱器瓣长，端部有 1 列钉状突。无明显的囊形突。

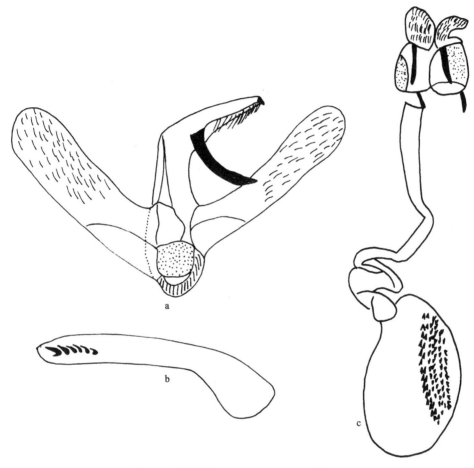

图 17　黑眉刺蛾 *Narosa nigrisigna* Wileman

a. 雄性外生殖器；b. 阳茎；c. 雌性外生殖器

雌性外生殖器：第 8 腹节稍长。后表皮突细长，末端尖；前表皮突短小；囊导管细长，端部呈螺旋状扭曲；交配囊上有一些密集的小刺突，略排成长椭圆形。

卵：扁椭圆形，鲜黄色，长径 0.7-0.8mm，短径 0.5-0.6mm。

幼虫：体似龟形，光滑无刺。初龄幼虫黄绿色，随后颜色加深，呈草绿色；老龄幼虫体长 8.0-10.5mm，宽 4.5-5.5mm。前胸背板灰褐色；背线、侧线上有 7 个褐色小点，背线上的小斑点比侧线上的明显；亚背线淡黄色，中间宽，并向两端渐次收缩；其上有 5-6 个橙红色斑点，中间 2-3 个大而明显。幼虫结茧前呈淡黄色，在茧中化蛹前的老熟幼虫为黄色。

蛹：卵圆形，长 0.4-0.7mm，宽 0.35-0.6mm，初期黄色，后变褐色。茧宽椭圆形，长 0.45-0.75mm，宽 0.4-0.7mm，灰白色或浅褐色，表面光滑，有褐色斑纹；多数茧的两端有 1 个圆形灰白斑，直径 0.15-0.2mm，白斑中还有 1 个褐色圆斑。

生物学习性：黑眉刺蛾一年发生 3 代，以老熟幼虫越冬。虫态不甚整齐，有世代重叠现象。10 月中、下旬，越冬前老熟幼虫在油桐树枝的下侧方或枝梢斜下方结茧。大发生时，因虫口密度高，茧相叠成堆。除越冬代老熟幼虫在枝干上结茧外，第 1、2 代基本上在油桐叶上结茧。越冬代茧期长达 6 个月，蛹期约 10 天，其余两代茧期各约 10 天，蛹期各 2-3 天。

该虫多为晚上羽化，在林间，茧的羽化孔均朝下方。成虫白天静伏在油桐叶背面，夜间活跃，具趋光性。成虫寿命 3-5 天。卵散产在叶片背面，开始呈小水珠状，干后形成半透明的薄膜保护卵块。每个卵块有卵 8 粒左右。卵期 7 天左右。幼龄幼虫开始剥食叶肉，只留半透明的表皮，后蚕食叶片，残留叶脉；到老龄时，食整个叶片和叶脉。

寄主植物：主要危害油桐，也兼食油桐林间套种的大豆，还取食枫香。在油桐林中，一般林缘危害严重，林内较轻，危害三年桐严重，千年桐较轻；三年桐品种中，又以危害 2-4 年生油桐林严重，5 年以上就逐步减轻。

观察标本：北京，17♀25♂，1957.VI.17-VII.28，虞佩玉采；圆明园，1♀，1972.VI，张宝林采；植物园，1♀，1979.VIII.30；中关村，2♀1♂，1956.VII.2-14；通县，1♀，1972.VI.20，张宝林采。河北昌黎，1♂，1972.VI.17。辽宁绥中，1♀，1958.VII.4。山东泰山，1♀，1981.VII.16；牙山，1♀，1964.VI.25。甘肃舟曲沙滩林场，2400m，2♂，1999.VII.9-15，王洪建采；康县清河林场，1400m，1♂，1999.VI.8。陕西太白黄柏塬，1350m，1♀1♂，1980.VII.13，张宝林采。四川青城山，2♂，1990.VII.31-VIII.9；峨眉山，1♂，1979.V.6，王子清采；成都，1♀，1980.VII.24。江西九连山，2♂，1975.VII.30，宋士美采；弋阳，1♂，1975.VIII.14，宋士美采；大余，2♂，1976.VIII.3-15，刘友樵采；庐山，1100m，1♂，1975.VII，刘友樵采。湖南衡山，2♂，1974.VI.1，张宝林采。云南西双版纳大勐龙，650m，1♂，1962.V.22，宋士美采。广西桂林，1♂，1976.VII.17，方承莱采；龙胜，300m，1♀，1963.V.26，王春光采。

分布：辽宁、北京、河北、山东、陕西、甘肃、江西、湖南、台湾、香港、广西、四川、云南。

(9) 云眉刺蛾 *Narosa* sp. （图 18；图版 I：11）

翅展♂ 15mm，体白色。触角丝状，黄色。前翅白色，密布赭黄色鳞片，端部尤其浓密；斑纹不明显；缘毛较长，淡黄色。后翅灰白色。

雄性外生殖器：背兜狭长，侧缘密布长毛；爪形突末端中部有 1 枚小齿突；颚形突大钩状，末端尖；抱器瓣狭长，几乎等宽，末端宽圆；阳茎端基环中等骨化，端部分裂成 2 叶。阳茎粗，比抱器瓣短，端部有 3 枚大刺突。无明显的囊形突。

观察标本：云南河口，100m，1♂，1956.VI.5，黄克仁采（外生殖器玻片号 L05031）。

分布：云南。

说明：本种尽管雄性外生殖器特征表明其为 1 新种，但因标本磨损，故暂不予命名。

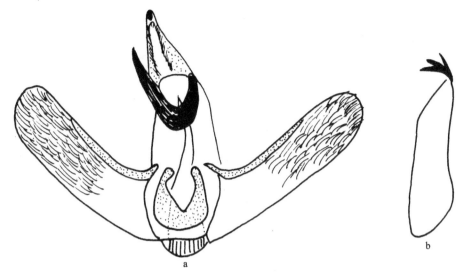

图 18　云眉刺蛾 *Narosa* sp.

a. 雄性外生殖器；b. 阳茎

(10)　白眉刺蛾 *Narosa edoensis* Kawada, 1930（图 19；图版 I：12）

Narosa edoensis Kawada, 1930, J. Imp. Agr. Exp. Stn.,1: 252.

别名：樱桃白刺蛾。

翅展 16-21mm。全体灰白色，胸腹背面掺有灰黄褐色。前翅赭黄白色，有几块模糊的浅灰褐色斑，似由 3 条不清晰的白色横线分隔而成；亚基线难见，内线在中央呈角形外曲；外线呈不规则弯曲，其中在 M_2 脉呈乳头状的外突较明显，此段内侧衬有 1 条波状黑纹，从前缘下方斜向外伸至 M_2 脉外方，是中室外较大的灰黄褐斑的边缀；横脉纹为 1 黑点；端线由 1 列脉间小黑点组成，但在 Cu_1 脉以后消失，脉间末端和基部缘毛褐灰色。后翅灰黄色。

雄性外生殖器：背兜狭长，侧缘密布长毛；爪形突末端中部有 1 枚小齿突；颚形突大钩状，末端尖；抱器瓣狭长，末端宽圆；阳茎端基环中等骨化，末端无突起。阳茎细，比抱器瓣长，端部有 1 列钉状突。无明显的囊形突。

雌性外生殖器：第 8 腹节稍长。后表皮突细长，末端尖；前表皮突短小；囊导管细长，端部呈螺旋状扭曲；交配囊上有一些密集的小刺突，略排成长椭圆形。

幼虫：体扁，绿色，背中线 2 条，黄色，气门线黄色，每节背中央和两侧均具小黄点。

寄主植物：核桃、枣、樱桃、梅、栎、茶、紫荆、郁李等。

观察标本：湖北神农架，950m，1♂，1980.VII.3，虞佩玉采。浙江金华，18♀10♂，1983.III，陈忠泽采，5♀6♂，1985.IV.19-24，陈忠泽采；杭州，4♀3♂，1973.VII.28-VIII.2，张宝林采。上海，1♂，1933.VI.21，A. Savio 采。江西南昌，1♀，1975.VII.23；莲塘，1♀，1975.VIII.28；九连山，1♂，1975.VII.30，宋士美采。福建莱州，2♂，1982.V.14-20，1♀，

1982.VII.13，林玉兰采；莆田，1♂，1978.VI.29。四川会理，1♂，1984.VIII。广东广州，1♀2♂，1981.VIII.21-IX.10。广西金秀天堂山，900m，1♂，1999.V.17，刘大军采；龙胜，1♂，1980.VI.10，王林瑶采。海南五指山，937m，4♂1♀，2008.IV.1-3，武春生采（外生殖器玻片号 W10121）。

分布：江苏、浙江、湖北、江西、福建、台湾、广东、海南、广西、四川；日本。

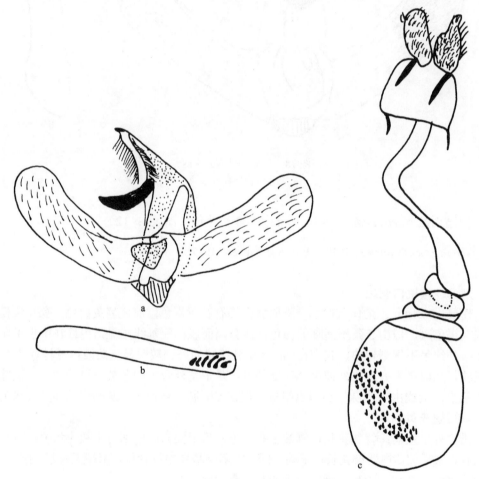

图 19　白眉刺蛾 *Narosa edoensis* Kawada
a. 雄性外生殖器；b. 阳茎；c. 雌性外生殖器

(11) 赭眉刺蛾 *Narosa ochracea* Hering, 1931（图 20；图版 I：13）

Narosa ochracea Hering, 1931, In: Seitz, Macrolepid. World, 10: 675, fig. 86b.

翅展 13-17mm。体长 6.0-6.5mm。体黄白色，复眼黑褐色。前翅黄白色，上有 5 条不规则的白纹；中室外有 1 稍大的黑点；外缘有 1 列小黑点。后翅黄白色。

雄性外生殖器：背兜狭长，侧缘密布长毛；爪形突末端中部有 1 枚小齿突；颚形突

大钩状，末端尖；抱器瓣狭长，末端宽圆；阳茎端基环中等骨化，末端无突起。阳茎细，比抱器瓣长，端部有 1 列钉状突。无明显的囊形突。

幼虫：老熟幼虫体长 6mm 左右，卵圆形，叶绿色，光滑无刺，龟背状。前胸节红褐色，体背两侧有 2 条鲜黄色纹，纹上各有 4 个半环状的红色纹；体侧外缘向外延伸成环边，淡绿色。

茧：鼓形，褐色，上有不规则的白环纹，两端各有 1 褐色圆纹。大小约为 5mm×3.5mm，横结于枝上。

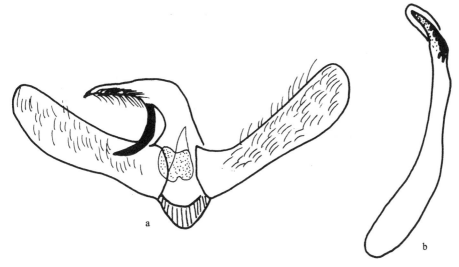

图 20　赭眉刺蛾 *Narosa ochracea* Hering
a. 雄性外生殖器；b. 阳茎

生物学习性：在云南西双版纳一年发生 2 代，以老熟幼虫在茧内越冬。危害期为 5-7 月与 9-10 月。

寄主植物：桃、茶。

观察标本：云南勐海，1200m，2♂，1980.VI.16，罗亨文采，3♂，1982.IV.21-26，罗亨文采；大勐龙，650m，4♂，1962.V.22，宋士美采；勐阿，1050m，1♂，1958.VIII.16，王书永采；景东，1170m，2♂，1956.V.21-VI.1，扎古良也夫采；金平河头寨，1700m，1♂，1956.V.12，黄克仁采；金平猛喇，400m，1♂，1956.V.3，黄克仁等采；沧源，790m，1♂，1980.V.20，尚进文采；河口，80-100m，2♂，1956.VI.7-9，黄克仁等采。广西龙州弄岗，330m，1♂，2000.VI.15，朱朝东采；龙州大青山，360m，3♂，1963.IV.22，王春光采。海南万宁，60m，1♂，1963.VII.30，张宝林采；毛瑞，1♂，1984.VIII.24，林尤洞采；尖峰岭，1♂，1980.IV.20，方承莱采。山东崂山，800m，1♂，1930。

分布：山东、广东、海南、广西、云南；泰国、马来西亚。

说明：黑眉刺蛾 *N. nigrisigna* Wileman、白眉刺蛾 *N. edoensis* Kawada 和赭眉刺蛾 *N. ochracea* Hering 虽然在外形上有一定差异，但它们的外生殖器没有明显差异，仅在抱器瓣长度和宽度上有变异，可又没有稳定的种间差异，因此，它们有可能是同一种。因我们没有看到它们的模式标本，而这些种在发表时又都没有解剖外生殖器，所以我们无法确定其真实的分类地位，只有等将来有机会查看模式标本后再修订。Solovyev 和 Witt（2009）已经将赭眉刺蛾 *N. ochracea* Hering 作为黑眉刺蛾 *N. nigrisigna* Wileman 的同物异名处理，但因外形上的差异，我们还是按独立种处理。

(12) 齐眉刺蛾 *Narosa propolia* Hampson, 1900 （图 21；图版 I：14）

Narosa propolia Hampson, 1900, Journ. Bomb. Nat. Hist. Soc., 13: 232.
Narosa concinna (nec Swinhoe): Cai, 1982, Insects of Xizang, 2: 32.

翅展♀ 28mm 左右。头胸部白色，胸背具黄褐色斑点；腹部浅黄色，背面中央具黄褐色斑点；前翅浅黄白色，前缘淡白色，有许多黄褐色斜纹和点组成断续的斜带，但仅在外半部和后半部较可见，外线模糊锯齿形，灰白色外曲，亚端线为 1 列脉间月牙形小黑点，每点内衬白边。后翅浅黄色稍带褐色，前缘色浅。

雌性外生殖器：第 8 腹节较长。后表皮突细长，末端尖；前表皮突短小；第 8 腹板有 2 对骨化的纵脊带；囊导管短粗，部分骨化；交配囊大，无囊突。

观察标本：西藏墨脱马尼翁，1000m，1♀，1979.IX.11，黄复生采。

分布：西藏；印度（锡金）。

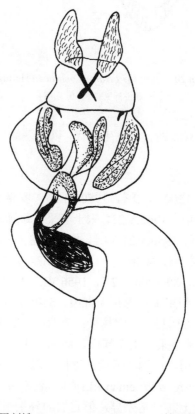

图 21　齐眉刺蛾 *Narosa propolia* Hampson 的雌性外生殖器

(13) 黄眉刺蛾 *Narosa pseudopropolia* **Wu** *et* **Fang, 2009**（图 22；图版 I：15）

Narosa pseudopropolia Wu *et* Fang, 2009c, Acta Entomol. Sinica, 52(5): 564. Type locality: Hainan,
China (IZCAS).

　　翅展 23mm 左右。头胸部白色，胸背具黄褐色斑点；腹部浅黄色，背面中央具黄褐
色斑点。前翅浅黄白色，前缘较白色，有许多黄褐色斜纹和点组成的断续的斜带；外线
模糊锯齿形，灰白色外曲；亚端线为 1 列脉间月牙形小黑点，每点内衬白边。后翅浅黄
色稍带褐色，前缘色浅。

　　雄性外生殖器：背兜狭长，侧缘密布长毛；爪形突末端中部有 1 枚小齿突；颚形突
大钩状，末端较钝；抱器瓣狭长，末端宽圆；抱器腹宽，内缘有 1 列由基部向端部逐渐
增大的齿突，末端有 1 枚内曲的大刺突；阳茎端基环强骨化，末端有 1 对细长的突起。
阳茎较细，比抱器瓣短，内有许多刻点。无明显的囊形突。

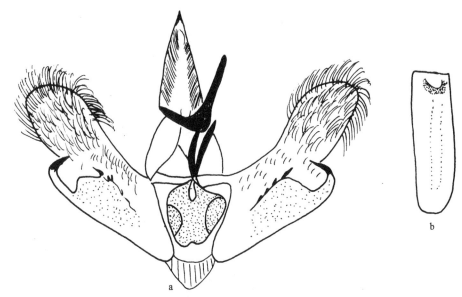

图 22　黄眉刺蛾 *Narosa pseudopropolia* Wu *et* Fang
a. 雄性外生殖器；b. 阳茎

　　观察标本：海南尖峰岭天池，760m，4♂，1980.III.22，蔡荣权采（正模和副模）；
吊罗山，945m，2♂，2008.III.30，武春生采（外生殖器玻片号 W10126）。

　　分布：海南。

　　说明：本种外形和雄性外生殖器均与齐眉刺蛾 *N. propolia* Hampson（西藏及印度的
锡金）和拟齐眉刺蛾 *N. propolioides* Holloway（马来西亚）相似，但本种抱器腹很宽，
背缘有 1 列小齿突，末端的大刺突呈弯钩状可与后 2 种相区别。

(14) 闪眉刺蛾 *Narosa nitobei* Shiraki, 1913

Narosa nitobei Shiraki, 1913, Taiw. Noji-Shik. Tokub.-Hok., 8: 391.

雌蛾赭黄色。前翅近基部后缘有 1 较大的黑斑；近中部在中室下有 1 枚白点；中室端褐色；外线波状，淡白色有暗边；外缘线黑褐色。后翅赭黄色，外缘线暗褐色。后翅 M_1 脉与 Rs 脉分离。

观察标本：本种的模式标本产地在中国台湾，仅有雌性。作者未见标本，描述译自 Hering（1931）的记述。

分布：台湾。

4. 钩纹刺蛾属 *Atosia* Snellen, 1900

Atosia Snellen, 1900, Tijdschr. Ent., 43: 92. **Type species**: *Parasa doenia* Moore, [1860], by monotypy.

雄蛾触角线状，翅脉与眉刺蛾属 *Narosa* 相同，故一直被作为后者的同物异名。Holloway（1986）恢复其属级地位，主要是其成虫有独特的花纹（前翅有白色钩状纹，顶角暗褐色）。雄性外生殖器的抱器瓣没有刺突，阳茎端部有 1 大刺突或有刻点区。雌性外生殖器基部骨化，交配囊小，无囊突。

本属已知 5 种，主要分布在印度尼西亚和马来西亚，我国已记载 1 种。

(15) 喜马钩纹刺蛾 *Atosia himalayana* Holloway, 1986（图 23；图版 I: 16）

Atosia himalayana Holloway, 1986, Malay. Nat. J., 40(1-2): 76. Type locality: Khasis, India (BMNH).
Narosa doenia (nec Moore): Cai, 1981, Iconographia Heterocerorum Sinicorum, 1: 101, fig. 662.

别名：银眉刺蛾。

翅展 18-22mm。下唇须上举，末端尖。身体褐色。前翅颜色有变异，从灰赭色到灰褐色，中央有 1 条大的暗褐色钩形带，从 Cu_2 脉近末端向上弯至亚前缘脉，然后稍外曲伸达后缘中央之前，带两侧具苍褐色边，带中央内缘具银白色新月形纹，带的外侧有 1 条与它平行的灰褐色松散带，翅顶有 1 黑点。后翅灰褐色。

雄性外生殖器：背兜长；爪形突腹面有 1 枚齿突；颚形突钩状，末端尖；抱器瓣狭长，亚端稍膨大，末端宽圆阳茎端基环两侧弧形突出，末端膜质，上密布小刺点；阳茎细长，末端粗刺状突出。

雌性外生殖器：前表皮突较长，约为后表皮突长度的 2/3；囊导管基部宽，骨化，随后 1 段有 2 条骨化的纵带，其余部分细长，膜质；交配囊小，无囊突。

幼虫：鲜苹果绿色，有黄色的亚背线；身体被有短鬃毛。老熟幼虫在卷叶中化蛹。

茧：几乎呈球形，暗褐色，表面覆盖 1 层浅褐色的膜（附着点除外）。

寄主植物：蓖麻 *Ricinus communis*。

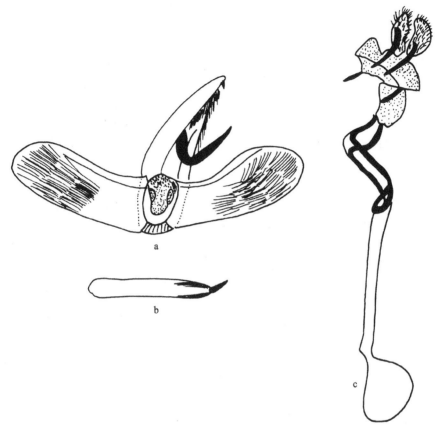

图 23　喜马钩纹刺蛾 *Atosia himalayana* Holloway

a. 雄性外生殖器；b. 阳茎；c. 雌性外生殖器

　　观察标本：云南西双版纳小勐养，850m，1♂，1957.VI.17，臧令超采；景洪，650m，1♀1♂，1958.VI.27，郑乐怡、张学忠采；勐仑，650m，1♂，1964.V.21；勐海，1200m，3♂，1958.VII.18-20，1♂，1982.VII.17；大勐龙，650m，3♂，1962.V.22，宋士美采；橄榄坝，540m，1♂，1957.IV.17，洪广基采；金平河头寨，1700m，13♂，1956.V.10-14，黄克仁等采；沧源，1100-1300m，4♂，1980.V.4-17，李鸿兴、宋士美采；景东，1170m，3♂，1956.V.6-VI.1，扎古良也夫采；屏边大围山，1500m，1♂，1956.VI.19，黄克仁采；金平猛喇，400m，1♂，1956.V.1，黄克仁采；思茅普洱，1♂，2009.VII.15-19，韩辉林等采；江城，1♂，2008.IX.15-17，韩辉林等采。海南尖峰岭，1♀，1973.VI.8，蔡荣权采。四川成都，1♀，1974.VII.11，韩寅恒采；攀枝花烂木桥，2150m，1♂，1980.VIII.22，张宝林采；都江堰青城山，1♂，1990.VIII.9，葛小松采。广西龙州大青山，360m，1♂，1963.IV.22，王春光采；那坡弄化，950m，1♂，1998.IV.13，武春生采。甘肃康县清河林场，1400m，1♂，1998.VII.14，杨星科采。湖北神农架大九湖，1800m，1♂，1981.VIII.5，韩寅恒采；神农架红花，860m，1♂，1981.VIII.21，韩寅恒采；神农架宋洛，920m，1♂，1981.VIII.31，韩寅恒采。河南内乡葛条爬，600m，1♂，2003.VIII.15；罗山灵山，300m，1♂，2000.V.21。

　　分布：河南、甘肃、湖北、湖南、海南、广西、四川、云南；印度，尼泊尔，缅甸，越南。

说明：本种与银钩纹刺蛾 *A. doenia* 相似，但前翅钩纹中的白带较大，阳茎背面无叶突，末端只有 1 枚刺突或 2 枚尖刺突，无其他结构。

5. 瑰刺蛾属 *Flavinarosa* Holloway, 1986

Flavinarosa Holloway, 1986, Malayan Nature Journal, 40(1-2): 72. **Type species**: *Narosa holoxanthia* Hampson, 1900.

脉序与眉刺蛾属 *Narosa* 非常相似，雄蛾触角也是类似的线形。前翅赤褐色或褐黄色，具有模糊而不规则弯曲的细中线，其颜色稍暗于翅色。

雄性外生殖器的抱器瓣端部扩大，抱器背稍呈镰刀状；爪形突端部二分叉，腹面有 1 个骨化的亚端突；阳茎端膜内有一系列小的阳茎刺突。第 8 背板稍延伸。

雌性外生殖器的囊导管骨化，不规则螺旋状扭曲；交配囊上有 1 个倒三角形的粗糙区，其上的齿突沿 1 条脊向两侧排列，将三角形等分为二。

本属包括 9 种，分布在东洋界，我国已知 4 种。

种 检 索 表

（据雄性外生殖器）

1. 阳茎端基环的侧部末端尖；阳茎端膜基部有 1 簇大的角状器及一些分散的刺突 ·················· ·· 尖轭瑰刺蛾 **F. acantha**
   阳茎端基环的侧部末端不窄 ···2
2. 阳茎端基环的侧部明显，宽三角形，宽大于高 ····························· 昏瑰刺蛾 **F. obscura**
   阳茎端基环的侧部不明显，宽小于高 ···3
3. 阳茎端基环的侧部有端刺突；阳茎端膜内有 2 簇大的角状器 ····················· 月瑰刺蛾 **F. luna**
   阳茎端基环的侧部没有端刺突 ·· 川瑰刺蛾 **F. ptaha**

(16) 川瑰刺蛾 *Flavinarosa ptaha* Solovyev, 2010（图 24；图版 I：17）

Flavinarosa ptaha Solovyev, 2010a, Nota Lepid., 33(1): 123. Type locality: Sichuan, China (MWM).

翅展 24mm 左右。触角赭黄色。头部赭褐色。前翅浅橙黄色，端半部有较多的暗赭黄色鳞片，无明显的斑点。后翅浅橙黄色。

雄性外生殖器：第 8 背板稍延伸。爪形突端部二分叉，腹面有 1 个骨化的尖齿突；颚形突长，钩状；抱器瓣端部扩大，抱器背稍呈镰刀状；阳茎端基环中等骨化，端部中央深裂；阳茎细长，"S" 形曲，阳茎端膜内有一系列小的刺突。

观察标本：四川都江堰，700-1000m，1♂，1979.VI.4，尚进文采（外生殖器玻片号 L05050）。

分布：四川。

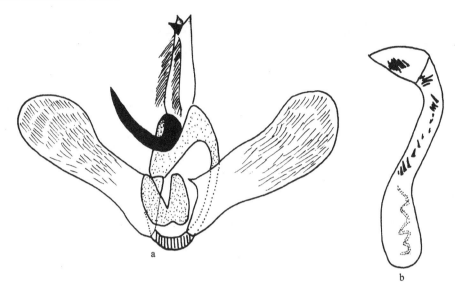

图 24　川瑰刺蛾 *Flavinarosa ptaha* Solovyev
a. 雄性外生殖器；b. 阳茎

(17) 昏瑰刺蛾 *Flavinarosa obscura* (Wileman, 1915)（图 25）

Narosa obscura Wileman, 1915, Entomol., 48: 18. Type locality: Taiwan, China.

Flavinarosa obscura (Wileman): Holloway, 1986, Malayan Nature Journal, 40(1-2): 72.

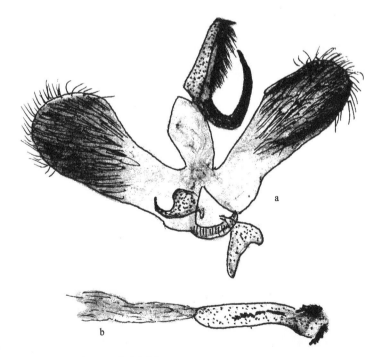

图 25　昏瑰刺蛾 *Flavinarosa obscura* (Wileman)
a. 雄性外生殖器；b. 阳茎

翅展 22mm。身体褐色，混有灰色。前翅浅黄褐色，散布暗褐色雾点；中域有 2 枚浅黑色的斑纹，1 枚在中室内，另 1 枚在中室下方，后者斜置。后翅白黄褐色，有较暗的色泽。

雄性外生殖器：第 8 背板稍延伸，两侧密被长毛。爪形突端部腹面有 1 个骨化的尖齿突；颚形突长，钩状；抱器瓣端部扩大，抱器背稍呈镰刀状；阳茎端基环中等骨化，分为左右 2 叶，各侧叶呈宽三角形，宽大于高；阳茎细长，阳茎端膜内有一系列小的刺突，末端有 2 丛刺突。

观察标本：作者未见标本。Solovyev 提供了雄性外生殖器照片。

分布：台湾。

(18) 月瑰刺蛾 *Flavinarosa luna* Solovyev, 2010（图 26）

Flavinarosa luna Solovyev, 2010a, Nota Lepid., 33(1): 120. Type locality: Fujian, Jiangxi, Hunan, China (ZFMK).

翅展♂ 17-18mm。触角线状，约为前翅前缘长度的 2/3。头部赭褐色。前翅浅橙黄色，端半部有较多的暗赭黄色鳞片，无明显的斑点。后翅浅橙黄色。

雄性外生殖器：爪形突细长，亚端有 1 较长的尖刺突，末端有 1 对弱骨化的小角突；颚形突细长，从中部开始向上弯曲，呈大钩状；抱器瓣长，抱器腹短小，抱器端宽圆，抱器背弧形内凹；囊形突明显；阳茎端基环扁平，由深的中裂（约为阳茎端基环长度的 3/5）分成 2 叶，各叶两侧几乎平行，每叶末端内缘有 1 大刺突，其长度约为阳茎端基环其余部分的 1/5；阳茎稍呈 "S" 形弯曲，向端部变细，末端指状；阳茎基部有 2 簇毛状的角状器，中部有 1 列逐渐递减的刺突，端部有 2 枚大的角状器。

观察标本：作者未见标本，描述译自 Solovyev（2010a）的原记。

分布：江西、湖南、福建。

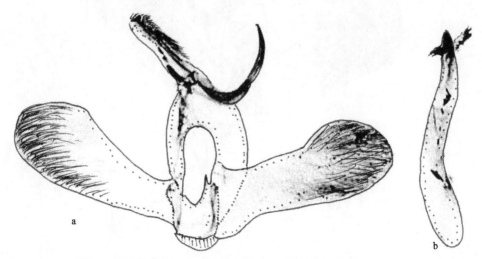

图 26 月瑰刺蛾 *Flavinarosa luna* Solovyev（仿 Solovyev，2010a）

a. 雄性外生殖器；b. 阳茎

说明：本种很容易通过阳茎端基环的形状与其他种相区别。本种与 *F. holoxanthia* 相似，但阳茎端基环的侧叶两侧平行，内缘端刺突较大。

(19) 尖轭瑰刺蛾 *Flavinarosa acantha* Solovyev, 2010（图 27）

Flavinarosa acantha Solovyev, 2010a, Nota Lepid., 33(1): 121. Type locality: Hainan, China (MWM).

翅展♂约 18mm。头部赭褐色。前翅浅橙黄色，端半部有较多的暗赭黄色鳞片，无明显的斑点。后翅浅橙黄色。

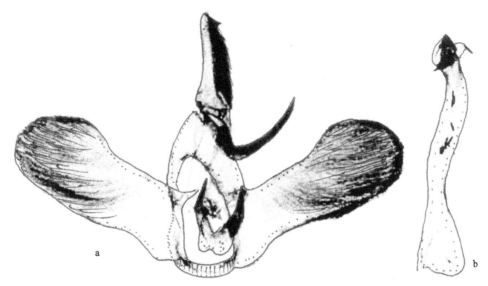

图 27　尖轭瑰刺蛾 *Flavinarosa acantha* Solovyev（仿 Solovyev，2010a）
a. 雄性外生殖器；b. 阳茎

雄性外生殖器：爪形突细长，亚端有 1 较长的尖刺突，末端有 1 对小角突；颚形突细长，从中部开始向上弯曲，呈大钩状；抱器瓣长，抱器腹短小，抱器端宽圆，抱器背弧形内凹；囊形突圆；阳茎端基环扁平，由深的中裂（约为阳茎端基环长度的 2/3）分成 2 叶，每叶逐渐向端部变窄，末端尖；阳茎稍呈 "S" 形弯曲，向端部变细，末端指状；阳茎基部有 1 簇粗大的角状器和单个的刺突，中部有大小不同的刺突列。

观察标本：作者未见标本，描述译自 Solovyev（2010a）的原记。

分布：海南。

6. 优刺蛾属 *Althonarosa* Kawada, 1930

Althonarosa Kawada, 1930, J. Imp. Agr. Exp. Stn., 1: 233, 251. **Type species**: *Althonarosa horisyaensis* Kawada, 1930.

　　身体相当粗壮。下唇须向上曲，达额中部。雄蛾触角锯齿状，雌蛾触角线形。胸部和腹部基部背面有竖毛簇。胫节和跗节有缘毛。中足胫节有 1 对距，后足胫节有 2 对距。前翅 M_2 脉与 M_3 脉出自中室下角；R_{3-5} 脉共柄，R_2 脉出自中室上角；R_1 脉弯曲。后翅 M_1 脉与 Rs 脉共柄（图 28）。

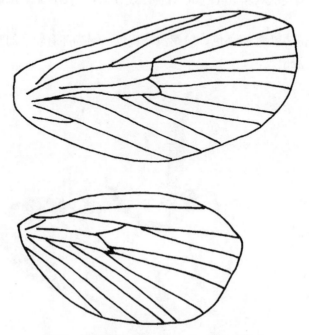

图 28　优刺蛾属 *Althonarosa* Kawada 的脉序

　　雄性外生殖器没有明显的鉴别特征，但抱器瓣亚基部近背缘有 1 块多毛的叶状突起。雌性外生殖器的产卵瓣相对窄；囊导管基部骨化；交配囊小，圆形；囊突片状，圆形，上有小刺突。

　　本属已记载 3 种，分布在尼泊尔、中国南部及印度尼西亚和马来西亚。我国已知 1 种。

(20) 优刺蛾 *Althonarosa horisyaensis* Kawada, 1930（图 29；图版 I：18）

Althonarosa horisyaensis Kawada, 1930, J. Imp. Agr. Exp. Stn., 1: 251, pl. 26, fig. 12.
Narosa nigricristata Hering, 1931, In: Seitz, Macrolepid. World, 10: 676, fig. 86b.

　　翅展♂24mm，♀31mm。触角赭褐色。下唇须基部两节的上面有一些黑色鳞片。头顶乳白色。胸部和腹部有绿褐色鳞片，腹部末端有黑色鳞片。前翅白色，基部绿褐色，亚中褶有 1 黑点；内线淡褐色，不太明显；外线弯曲，混有褐色；外缘 R_5 脉上方有 1 黑点。后翅白色，外缘 R_5 脉上方及 Cu 脉间各有 1 黑点。

　　雄性外生殖器：背兜狭长，侧缘密布长毛；爪形突末端中部有 1 枚小齿突；颚形突大钩状，末端尖；抱器瓣狭长，近基部中央有 1 枚膜质具毛的垫状突起，抱器瓣末端宽圆；阳茎端基环中等骨化，较大，略呈梯形，末端无突起。阳茎细，比抱器瓣稍长，末端有 2 根长刺突。囊形突短。

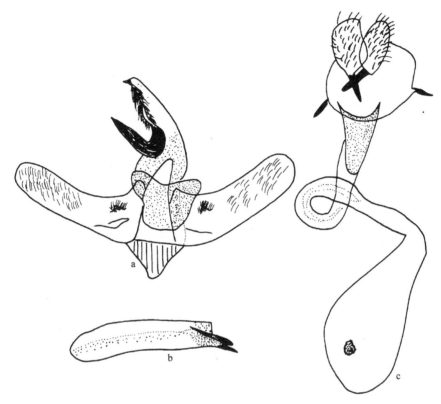

图 29　优刺蛾 *Althonarosa horisyaensis* Kawada

a. 雄性外生殖器；b. 阳茎；c. 雌性外生殖器

雌性外生殖器：第 8 腹节稍长。后表皮突相对短粗，末端尖；前表皮突较长，约为后表皮突长度的 4/5；囊导管基部宽，呈漏斗状骨化，端部呈螺旋状扭曲，内有小刻点；交配囊较大，囊突小，略呈圆形，上具小齿突。

观察标本：甘肃文县碧口，720m，1♀，1999.VII.29，姚建采。湖北神农架，950m，1♀，1980.VII.18，虞佩玉采。江西大余内良，1♂，1985.VIII.23。广西龙胜，300m，1♂，1963.V.22，王春光采。海南尖峰岭，1♂，1982.VIII.31，梁承丰采。重庆丰都世坪，610m，1♀，1994.VI.3，李文柱采；万州王二包，1200m，1♂，1993.VII.9，李鸿兴采。云南西双版纳勐海，3♂，1982.VI.28，罗亨文采；瑞丽畹町，2♀1♂，1979.VI.3-6。

分布：甘肃、湖北、江西、台湾、海南、广西、重庆、云南；尼泊尔，马来西亚，印度尼西亚。

7. 蛞刺蛾属 *Limacocera* Hering, 1931

Limacocera Hering, 1931, In: Seitz, Macrolepid. World, 10: 674. **Type species**: *Narosa pachycera* Hampson, 1897.

本属与其他近缘属的区别特征在于触角较长：雌蛾与前翅等长，雄蛾比前翅还长，且明显扩大。后足胫节有 2 对距。下唇须上举，几乎达头顶。前翅 R_5 脉与 R_{3+4} 脉共柄，R_2 脉独立，R_1 脉的基部强烈弯向 Sc 脉。后翅 Rs 脉和 M_1 脉在端部分离，$Sc+R_1$ 脉在中室中点之前由 1 横脉与中室上缘相连。

本属包括 2 种，分布在印度和中国，我国已知 1 种。

(21) 阳蛞刺蛾 *Limacocera hel* Hering, 1931（图 30；图版 I：19）

Limacocera hel Hering, 1931, In: Seitz, Macrolepid. World, 10: 675, fig. 86a. Type locality: Liuping, Guangdong, China (State Museum Berlin).

翅展 13mm。身体白色，腹部末端淡褐色。前翅基半部白色有光泽，端半部褐色，两者之间的分界线稍呈波状；在褐色的端半部有 1 条淡白色的外线，外线在中室下向内弯曲；外线内侧有 2 个暗色小点，外线外侧的颜色较内侧淡；缘毛灰色，臀角处暗褐色。后翅浅灰色。

图 30 阳蛞刺蛾 *Limacocera hel* Hering

a. 雄性外生殖器；b. 第 8 腹板

雄性外生殖器：第 8 腹板端缘中央有 1 枚长角突，其末端分叉；爪形突牛角状，其下方有 1 枚小腹突；抱器瓣骨化程度弱，短而宽，端部角状突出；阳茎端基环端部具一长一短 2 刺突；阳茎细长，末端一侧边缘锯齿状。

观察标本：海南天池，1♂，1980.III.21，方承莱采（外生殖器玻片号 L06303）。

分布：广东、海南；越南。

8. 艳刺蛾属 *Demonarosa* Matsumura, 1931

Demonarosa Matsumura, 1931b, Ins. Matsum., 5: 105. **Type species**: *Demonarosa rosea* Matsumura, 1931.

Arbelarosa Hering, 1931, In: Seitz, Macrolepid. World, 10: 677. **Type species**: *Narosa rufotessellata* Moore, 1879.

Natarosa Hering, 1931, In: Seitz, Macrolepid. World, 10: 715. **Type species**: *Altha subrosea* Wileman, 1915.

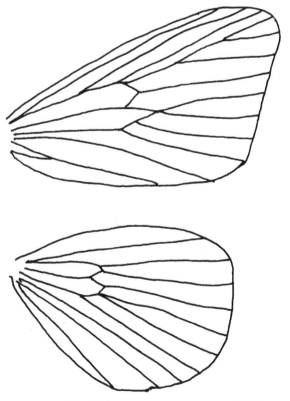

图 31　艳刺蛾属 *Demonarosa* Matsumura 的脉序

翅有浓密的红色色彩，前翅中室端斑明显，各横线细。雄蛾触角基部栉齿状，但栉齿长度逐渐缩短到中点，端半部线状；雌蛾触角线状。后足胫节有 2 对距。下唇须短，稍上举，不达头顶。前翅 R_5 脉与 R_{3+4} 脉共柄，R_2 脉独立，R_1 脉的基部稍弯向 Sc 脉。后翅 Rs 脉和 M_1 脉在端部分离，$Sc+R_1$ 脉在中室中点之前由 1 横脉与中室上缘相连（图 31）。

雄性外生殖器的颚形突端部多呈勺状。雌性外生殖器的囊导管端部较宽，螺旋状；交配囊有非圆形的囊突。

本属已记载 4 种，分布在东洋界，我国已知 1 种。

(22) 艳刺蛾 *Demonarosa rufotessellata* (Moore, 1879)（图 32；图版 I: 20，图版 XII: 266）

Narosa rufotessellata Moore, 1879, Lep. Atkins.: 73, pl. 3, fig. 24.

Demonarosa rufotessellata (Moore): Matsumura, 1931b, Ins. Matsum., 5: 105.

Arbelarosa ruftessellata (Moore): Hering, 1931, In: Seitz, Macrolepid. World, 10: 677, fig. 86c.

Altha rufotessellata subrosea Wileman, 1915, Entomol., 48: 19.

Demonarosa rosea Matsumura, 1931b, Ins. Matsum., 5: 105.

Cheromettia melli Hering, 1931, In: Seitz, Macrolepid. World, 10: 673, fig. 85f.

翅展 22-27mm。头和胸背浅黄色，胸背具黄褐色横纹；腹部橘红色，具浅黄色横线；前翅褐红色，被一些浅黄色横线分割成许多带形或小斑，尤以后缘和前缘外半部较显；横脉纹为 1 红褐色圆点；亚端线不清晰，褐赭色，外衬浅黄色边，从前缘 3/4 向翅顶呈拱形弯伸至 Cu_2 脉末端；端线由 1 列脉间红褐色点组成。后翅橘红色到红褐色。

雄性外生殖器：背兜狭长，侧缘密布长毛；爪形突末端中部有 1 枚小齿突；颚形突大钩状，末端尖；抱器瓣狭长，末端宽圆；阳茎端基环骨化程度弱，末端膜质，上有微刻点。阳茎细，比抱器瓣长，弯曲，端部有 2 枚齿状突。无明显的囊形突。

雌性外生殖器：第 8 腹节较短。后表皮突相对粗短，末端尖；前表皮突较细长，只比后表皮突稍短；囊导管细长，基半部有骨化区域，端半部呈螺旋状扭曲；交配囊上密布小刻点，有 4 枚大小不等的圆形囊突，上有小齿突。

幼虫：体长 5-7mm，宽 4-5mm。幼虫背面观呈菱形至短梭形，头部较钝，尾部较尖。身体中部与体垂直方向凸起，使得背面略呈屋脊状。全体黄绿色，背面分布有较为规整的与体长方向垂直的浅黄色而又不连续的横斑；边缘有 1 圈红褐色的线带。

寄主植物：油叶柯、三角枫、栎属、茶属、紫荆、李属、荔枝属和枫香树属。

观察标本：浙江杭州，4♀12♂，1972.VII.20-VIII.15，张宝林、王子清采；临安，1♂，1977.VI；天目山，1♂，1936.V，2♂，1973.VII.21-25，张宝林采。广东鼎湖山，1♀2♂，1978.VI.19，2♀，1973.VI.11，张宝林采。海南坡塘，1♂，1954.V.4，黄克仁采；尖峰岭，1♂，1973.V.26，蔡荣权采，2♂，1983.IV.14，顾茂彬采；尖峰岭天池，700m，1♀，1980.IV.13，张宝林采；尖峰岭，1♀，1982.VI.20，刘元福采；通什，1♂，1973.VI.2，蔡荣权采；云栖，1♀，1980.VIII.27。广西龙胜，4♀1♂，1980.VI.11-16，王林瑶、宋士美采；金秀圣堂山，900m，2♀，1999.V.17，李文柱采；防城扶隆，240m，1♂，1998.IV.19，乔格侠采；南宁，1♂，1973.VII.10。云南西双版纳勐海，1200m，1♀1♂，1981.V.17，罗亨文采；沧源，750m，1♂，1980.V.27，宋士美采；景东无量山，1450m，1♂，1982.V.20，

马如兴采；保山，1590m，1♀，1979.V.5；普洱，1♂，2009.VII.15-19，韩辉林等采。四川攀枝花平地，5♂，1981.VI.11，张宝林采；都江堰青城山，1♂，1979.V.20，尚进文采；峨眉山，1♂，1979.V.20。重庆长寿县下楠木院，1♂，1983.VI.19，陈达文采；城口县厚坪乡红光村，1079m，1♂，31.713°N，108.869°E，2017.VII.22，陈斌等采。江西大余，550m，1♂，1975.VIII.16，王子清采；大余内良，550m，1♂，1985.VIII.23，王子清采；庐山，1♀，1979.VII.25，1♂，1975.VI.19，方育卿采。湖南衡山，1♂，1974.V.29。山东淄博鲁山林场，1♀，无采集日期；潍坊沂山，1♂，1981.VI.8。安徽九华山雾龙寺，1♂，1979.VII.23，王思政采。福建将乐龙栖山，500m，1♀，1991.VIII.12，宋士美采；沙县，1♂，1980.IX.28。河南罗山县灵山，300m，1♂，2000.V.21，申效诚等采；内乡葛条爬，600m，1♂，2003.VIII.15。

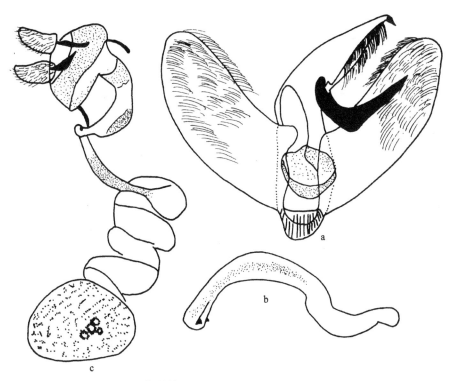

图 32　艳刺蛾 *Demonarosa rufotessellata* (Moore)

a. 雄性外生殖器；b. 阳茎；c. 雌性外生殖器

分布：北京、山东、河南、安徽、浙江、江西、湖南、福建、台湾、广东、海南、广西、重庆、四川、云南；日本，印度，缅甸。

9. 娜刺蛾属 *Narosoideus* Matsumura, 1911

Narosoideus Matsumura, 1911, Tokyo. Suppl., 3: 75. **Type species**: *Narosoideus formosanus* Matsumura, 1911.

雄蛾触角栉齿状分支到末端。下唇须前伸，不超过额毛簇。后足胫节只有 1 对端距。前翅 R_5 脉与 R_{3+4} 脉共柄，R_2 脉与该柄远离，R_1 脉的基部很靠近 Sc 脉。后翅 Rs 脉和 M_1 脉共柄或同出一点，$Sc+R_1$ 脉在中室中点之前由 1 横脉与中室上缘相连（图 33）。

本属已知 3 种，分布在东亚，我国均有记录。

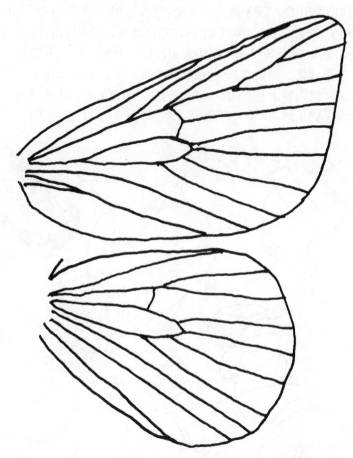

图 33 娜刺蛾属 *Narosoideus* Matsumura 的脉序

种 检 索 表

1. 翅展 35-45mm；前翅大部分呈褐红色，外线内侧有银灰色宽带 ················ 狡娜刺蛾 *N. vulpinus*

   翅展在 35mm 以下；前翅底色赭黄色 ·· 2

2. 前翅大部分或全部赭黄色，外线内侧无银灰色 ···················· 黄娜刺蛾 *N. fuscicostalis*

   前翅有较多的褐色、红褐色或黑褐色鳞片 ···················· 梨娜刺蛾 *N. flavidorsalis*

(23) 梨娜刺蛾 *Narosoideus flavidorsalis* (Staudinger, 1887)（图 34；图版 I：21- 22，图版 X：245）

Heterogenea flavidorsalis Staudinger, 1887, Mem. Lep., 3: 195, pl. 11, fig. 7.

Miresa flavidorsalis (Staudinger): Kirby, 1892, A Synonymic Catalogue of Lepidoptera Heterocera, I: 549.

Narosoideus flavidorsalis (Staudinger): Hering, 1931, In: Seitz, Macrolepid. World, 10: 678.

Miresa inornata Butler, 1885, Cistula Ent., 3: 120.

Narosoideus micans Bryk, 1948, Ark. Zool., 41(A): 218.

别名：梨刺蛾。

翅展 30-35mm。外形与迹银纹刺蛾近似，但触角双栉齿状分支到末端（后者分支仅到基部 1/3）；全体褐黄色。前翅外线以内的前半部褐色较浓，有时有浓密的黑褐色鳞片，后半部黄色较显，其中 A 脉暗褐色，外缘较明亮；外线清晰暗褐色，无银色端线。后翅褐黄色，有时有较浓的黑褐色鳞片。

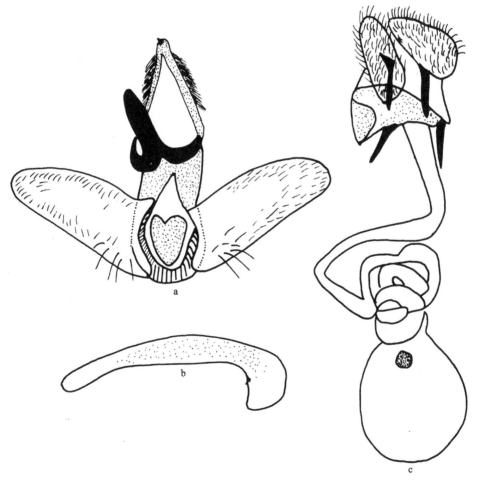

图 34　梨娜刺蛾 *Narosoideus flavidorsalis* (Staudinger)

a. 雄性外生殖器；b. 阳茎；c. 雌性外生殖器

雄性外生殖器：背兜狭长，侧缘密布长毛；爪形突末端中部有 1 枚小齿突；颚形突

大钩状，末端钝；抱器瓣狭长，末端较圆；阳茎端基环中等骨化，末端无突起。阳茎细，比抱器瓣长，端部有 1 枚小齿突。无明显的囊形突。

雌性外生殖器：第 8 腹节稍长。后表皮突细长，末端尖；前表皮突只比后表皮突稍短；囊导管细长，端部呈螺旋状扭曲；交配囊圆形，囊突较小，圆形，上有微齿突。

卵：扁圆形，长径 0.5-0.6mm，淡黄绿色。

幼虫：老熟幼虫体长 18-25mm，宽 6-8mm。头部黑褐色。亚背线黑色，其两侧具白色波状线。身体深绿色，有 4 列枝刺，其中背侧 2 列的前后两端的 2 对刺最长，其上的刺毛橘红色；其余的枝刺短小，与侧缘的 2 列枝刺等长，约为长枝刺的 1/4，均为绿色到粉红色。在后胸及第 6 腹节的 2 对长枝刺间各有 1 粉红色的宽横带。

茧：椭圆形，黑褐色，表面附着丝毛。

生物学习性：在辽宁一年发生 1 代，以老熟幼虫在寄主根部的土壤缝隙等处结茧越冬。翌年 6 月上旬越冬幼虫化蛹，6 月下旬至 7 月中旬成虫羽化、交配和产卵。7 月下旬幼虫孵化，先取食卵壳，常 3-5 头群集在叶背面取食叶肉，7-8 月幼虫分散后大量取食，致使叶片仅剩下叶柄。9 月幼虫老熟，陆续下树寻找适宜地结茧越冬。成虫白天潜伏，傍晚活动，具有趋光性。

寄主植物：梨、枣。

观察标本：云南东川，1900m，1♂，1980.VII.3，陈天福采；东川法者林场，2500m，1♂，1980.VII.1，阮清云采；丽江，2460m，1♂，1979.V；宁蒗，2100m，1♂，1979.VI.14；西双版纳大勐龙，650m，8♂，1958.VII.12-VIII.9，郑乐怡、张毅然采；小勐养，850m，2♂，1957.VIII.14-23，王书永采；西双版纳勐阿，1050m，2♂，1958.VIII.14-16，王书永、蒲富基采；大量海林上和果园，2050m，1♂，1980.IV.27；维西县城，2320m，2♂，1979.VI.22；维西白济汛，1780m，1♂，1981.VII.11，廖素柏采；昌宁新厂河边，1300m，1♂，1979.VI.18；大丰和平，1♀，1978.VI.30；永胜六德，2250m，5♂，1984.VII.7-10，刘大军采；丽江玉龙山，2800m，1♂，1984.VII.17，刘大军采。四川青城山，700m，1♀13♂，1979.V.25-VI.21，高平、尚进文采；攀枝花平地，10♂，1981.VI.17-22，张宝林采；峨眉山，700m，2♂，1979.VI.18-20，高平采；泸定新兴，1900m，2♂，1983.VI.14，陈元清、张学忠采；会理力马河矿区，2♂，1974.VII.20。广东广州，4♂，1931.VII；南岭，3♂1♀，2008.VII.18，陈付强采。山东沂源，1♂，1981.VI.23。北京三堡，6♂，1964.VII.21-24，廖素柏采，2♂，1972.VII.24，张宝林采；百花山，5♂，1973.VII.9-18，张宝林采；北安河，1♀，1973.VI.8，刘友樵采；八达岭，700m，1♂，1962.VI.29，王春光采；卧佛寺，1♀2♂，1962.VII.1-VIII.1。广西苗儿山，1150-1900m，4♂，1985.VII.7-11，方承莱、王子清采；金秀莲花山，900m，1♂，1999.V.20，李文柱采。湖南东安，2♂，1954.V.4-18。陕西留坝县城，1020m，1♂，1998.VII.18，姚建采；庙台子，1♂，1981.V.7，张宝林采；佛坪，950m，2♂，1998.VII.23-24，袁德成、姚建采；凤县，1♂，1974.VII.4。湖北神农架，950m，22♂，1980.VII.3-17，虞佩玉采；兴山龙门河，1200m，2♂，1993.VI.16-20，姚建采。江西牯岭，12♂，1935.VII.18-28，O. Piel 采，2♂，1936.VII；庐山，15♂，1974.VI.12-18，张宝林采，3♂，1975.VI.25-30，方育卿采；庐山植物园，1150m，1♂，1975.VI.30，刘友樵采。贵州雷公山，1650m，1♂，1988.VII.2，袁德成采。浙江天目山，2♂，1936.V，3♂，1972.VII.28-30，王子清采；杭

州，1♀，1972.VII.19。黑龙江小岭，1♂，1937.VII.6；五常，1♂，1970.VII，张毅然采；五常胜利林场，1♂，1970.VII.10；岱岭，1♂，1957.VII.9。吉林长白山，1♀2♂，1982.VII.2-31，张宝林采，4♂，1974.VII.5-VIII.2，杨立铭采。河南嵩县白云山，1300m，1♂，2001.VI.6，申效诚采；内乡宝天曼，1♂，1998.VII.12，申效诚等采。辽宁新金，1♂1♀，1982.VII。河北迁西，1♂，1982.VII.16。

分布：黑龙江、吉林、辽宁、北京、河北、山东、河南、陕西、浙江、湖北、江西、湖南、福建、广东、广西、四川、贵州、云南；俄罗斯（西伯利亚东南），朝鲜，日本。

(24) 黄娜刺蛾 *Narosoideus fuscicostalis* (Fixsen, 1887)（图 35；图版 I：23）

Heterogenea (*Miresa*) *flavidorsalis* var. *fuscicostalis* Fixsen, 1887, Mem. Lep., 3: 337, pl. 15, fig. 10.
Narosoideus fuscicostalis (Fixsen): Hering, 1933a, In: Seitz, Macrolepid. World, Suppl. 2: 206, fig. 15i.

翅展 25-32mm。外形与梨娜刺蛾近似，但全体赭黄色，身体稍带褐色。前翅外线较明显，暗黄褐色；外线以内的前缘褐色，向内伸展到中室上缘；后缘无黄斑。后翅通常带褐色。有的个体前翅中室以前及外线以外的区域密布褐色鳞片。

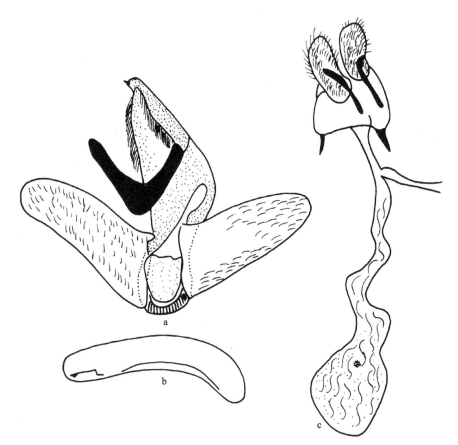

图 35　黄娜刺蛾 *Narosoideus fuscicostalis* (Fixsen)
a. 雄性外生殖器；b. 阳茎；c. 雌性外生殖器

雄性外生殖器：背兜狭长，侧缘密布长毛；爪形突末端中部有 1 枚小齿突；颚形突大钩状，末端钝；抱器瓣狭长，末端宽圆；阳茎端基环中等骨化，末端无突起。阳茎较粗，比抱器瓣长，端部有 1 枚齿状突。无明显的囊形突。

雌性外生殖器：第 8 腹节较长。后表皮突细长，末端钝；前表皮突短小，不足后表皮突长度的 1/2；囊导管细长，端部稍呈螺旋状扭曲；交配囊上有许多褶皱，囊突不明显。

观察标本：北京，7♀6♂，1957.IV.9-VII.26，虞佩玉采；三堡，4♂，1964.VIII.21，廖素柏采；八达岭，700m，1♂，1963.VII.25，李铁生采。山东，1♀，1981.VI.20。浙江杭州，1♀，1972.VII.19。辽宁沈阳，2♂，1982.VI.13-27；义县，1♀，1956.IX.8。甘肃康县阳坝林场，1000-1020m，2♂，1999.VII.10-11，贺同利、朱朝东采；文县铁楼，1450m，1♂，1999.VII.24，朱朝东采。陕西佛坪老县城，900m，♂，2008.VII.5，刘万刚采（外生殖器玻片号 WU0083）。

分布：辽宁、北京、山东、陕西、甘肃、浙江；朝鲜。

(25) 狡娜刺蛾 *Narosoideus vulpinus* (Wileman, 1911)（图 36；图版 I：24，图版 IX：241）

Vipsania vulpina Wileman, 1911, Entom., 44: 206.
Narosoideus vulpinus (Wileman): Hering, 1931, In: Seitz, Macrolepid. World, 10: 677, fig. 86d.
Narosoideus formosanus Matsumura, 1911, Tokyo. Suppl., 3: 75.
Narosoideus vulpinus ab. *formosicola* Matsumura, 1927, J. Coll. Agr. Hokkaido Imp. Univ., 19: 84.
Narosoideus apicipennis Matsumura, 1931b, Ins. Matsum., 5: 101.

翅展 35-45mm。身体背面黄色，额和身体腹面红褐色；前翅褐红色，外线以内的前半部较暗，红褐色；从 Cu_2 脉基部到后缘中央有 1 暗褐色微波浪形中线；外线暗褐色，从前缘到 M_3 脉一段稍外曲，以后较内曲；外线内侧衬有宽的银灰色边；在端线位置上同样蒙有 1 宽的银灰色带。后翅黄带褐色。

雄性外生殖器：背兜狭长，侧缘密布长毛；爪形突末端中部有 1 枚小齿突；颚形突大钩状，末端尖；抱器瓣狭长，末端宽圆；阳茎端基环中等骨化，末端无突起。阳茎粗，比抱器瓣长，端部有 1 枚较大的刺突。无明显的囊形突。

雌性外生殖器：第 8 腹节稍长。后表皮突粗长，末端钝；前表皮突较短，略超过后表皮突长度的 1/2；囊导管细长，端部呈螺旋状扭曲；交配囊大，囊突不规则形，较大，上有小齿突。

幼虫：老熟幼虫体长 27-32mm，长椭圆形，深绿色，有 4 列枝刺，其中背侧 2 列的前后两端的 2 对刺最长，其余的短小，与侧缘的 2 列枝刺等长，约为长枝刺的 1/4，均为绿色。背线玉兰色，宽带形，具白色和蓝黑色的边线，在 1-5 腹节的节间处内凹，故略呈脊椎形。在后胸及第 6 腹节的 2 对长枝刺间各有 1 橙红色的宽横带。亚背线褐红色，两侧衬白绿色边。

茧：卵圆形，灰褐色，上附黑棕色的丝，大小约 16mm×14mm。在土中结茧。

生物学性：在云南西双版纳一年发生 1 代，以老熟幼虫在茧内越冬。危害期在

7-10 月。

寄主植物：茶。

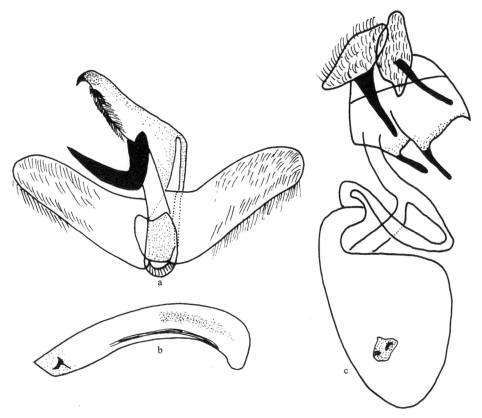

图 36　狡娜刺蛾 *Narosoideus vulpinus* (Wileman)

a. 雄性外生殖器；b. 阳茎；c. 雌性外生殖器

观察标本：海南通什，340m，1♂，1960.VI.23，张学忠采，1♀，1973.VI.2，蔡荣权采；尖峰岭天池，760m，2♀21♂，1980.IV.11-20，蔡荣权、张宝林采；尖峰岭，1♀，1982.VIII.11，陈芝卿采；保亭，80m，4♂，1973.V.23-24，蔡荣权、陈一心采。湖北利川星斗山，800m，1♂，1989.VII.23，李维采；宣恩分水岭，1200m，1♂，1989.VII.25，杨龙龙采；兴山龙门河，1170-1350m，11♂，1993.VI.16-VII.17，姚建、宋士美、黄润质采；秭归九岭头，100m，1♂，1993.VII.26，宋士美采；神农架松柏镇，950m，3♂，1980.VII.3-18，宋士美、虞佩玉采。重庆丰都世坪，610m，1♂，1994.VI.2，李文柱采；长寿楠木园，450m，1♀1♂，1994.VI.9，李文柱采；万州王二包，1200m，4♂，1993.VII.9-10；南山，1♂，1966.V.21；武隆车盘洞，1000m，1♂，1989.VII.2，李维采。四川攀枝花平地，1♂，1981.VI.16，张宝林采。江西庐山植物园，1♂，1975.VI.21，刘友樵采。浙江天目山，1♂，1972.VII.31，王子清采。陕西佛坪，890m，1♂，1999.VI.20，姚建采。山东崂山，2♂，1973.VI.22，马文珍采；烟台昆仑山，1♂，1980.VI.广西金秀圣堂山，300-900m，9♂，1999.V.17-18，李文柱、张学忠、买国庆采；金秀罗香，200-400m，16♂，1999.V.15，

李文柱等采；金秀银杉站，1100m，1♂，1999.V.10，李文柱采；金秀花王山庄，600-900m，
4♂，1999.V.20，张学忠等采；金秀林海山庄，1100m，1♂，2000.VII.2，李文柱采；那
坡德孚，1350m，9♂，2000.VI.19-21，姚建、李文柱采；苗儿山九牛场，1150m，1♂，
1985.VII.9，方承莱采。福建武夷山三港，740m，9♂，1960.VI.24-VII.16，张毅然采，12♂，
1983.V.27-VI.5，王林瑶、买国庆、张宝林采；挂墩，1♂，1981.VI.17，齐石成采；建阳
黄坑大竹岚，900-1170m，1♂，1960.V.28，张毅然采；南靖天奎，1♀，1973.VII.23，陈
一心采。云南勐海，1200m，4♂，1979.IX，1♀3♂，1982.VI.19-20，罗亨文采；西双版
纳勐阿，1050m，4♂，1958.VIII.14-17，王书永、蒲富基采；西双版纳勐仑，1♂，1964.V.28，
张宝林采；元阳县南沙镇，1100m，1♂，1979.V.26，罗克忠等采；景东，1170m，14♂，
1956.VI.1-25，扎古良也夫采；景东董家坟，1250m，4♂，1956.V.28-VI.20，扎古良也夫
采；河口南溪，300m，1♂，1956.VI.9，邦菲洛夫采。甘肃康县阳坝林场，1000m，1♀11♂，
1999.VII.10-11，朱朝东、贺同利采；康县豆坝，1050m，1♀5♂，1999.VII.6，王洪建采。
河南内乡宝天曼，1♂，1998.VII.12；商城黄柏山，200m，1♂，1999.VII.14，申效诚等采。

　　分布：山东、河南、陕西、甘肃、浙江、湖北、江西、湖南、福建、台湾、海南、
广西、重庆、四川、云南。

10. 线刺蛾属 *Cania* Walker, 1855

Cania Walker, 1855, List Specimens Lepid. Insects Colln Br. Mus., 5: 1159, 1177. **Type species**: *Cania sericea* Walker, 1855 (= *bilinea* Walker, 1855).

　　本属翅脉和下唇须与眉刺蛾属 *Narosa* Walker 相同，但雄蛾触角基部2/3宽双栉齿状。
前翅 R_1 脉基部强烈弯曲，端部 2/3 与 Sc 脉靠近；R_5 脉与 R_3+R_4 脉共柄。后翅 M_1 脉与
Rs 脉同出一点或共柄；$Sc+R_1$ 脉出自中室基部（图 37）。雌蛾前翅通常有 2 条几乎平行
的斜横线。雄蛾分为两类：一类与雌蛾相似，另一类则与雌蛾有不同程度的差异。

　　雌性外生殖器的产卵瓣比其他属有更浓密的鬃毛，该属的一个主要特征是在交配孔
后缘有 1 块横置的骨片；多数种类没有囊突，也有些种类具 1 枚弱骨化的囊突。雄性外
生殖器的爪形突通常阔，至少二分叉；阳茎内有角状器。Holloway（1986）根据雄性外
生殖器特征将本属分为 4 个种组。我国的种类属于 *bilinea* group 和 *bandura* group，前者
雌雄同型，抱器瓣分为上下 2 叶，雌性多有囊突。该种组的种类在外形上没有明显区别，
雄性外生殖器可分为两类：一类的抱器瓣下叶短，颚形突末端二分叉；另一类的抱器瓣
下叶长，颚形突末端不分叉。雄性外生殖器在各类中的种间差异则很小；但雌性外生殖
器各不相同，是很好的鉴别特征。后一种组雌雄异型，抱器背基突骨化，上有明显的
突起。

　　本属已知近 20 种，分布在东洋界，我国过去仅报道 2 种，经我们厘订，共有 9 种。

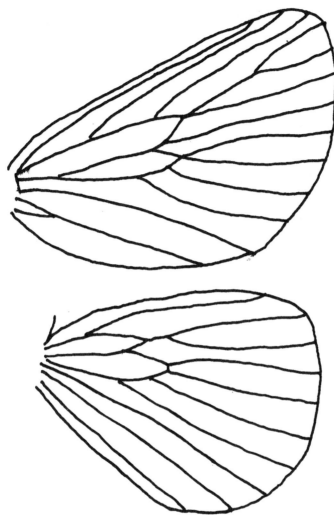

图 37　线刺蛾属 *Cania* Walker 的脉序

种 检 索 表

囊导管粗；抱器瓣下叶长，颚形突末端不分叉 ···························· **拟灰线刺蛾 *C. pseudorobusta***

6. 囊导管粗大，生殖孔后缘的骨片及囊突小 ··························· **西藏线刺蛾 *C. xizangensis***

    囊导管细长，生殖孔后缘的骨片及囊突大 ··························· **伪双线刺蛾 *C. pseudobilinea***

7. 抱器瓣下叶短，颚形突末端二分叉；囊导管卷曲 2.5 圈 ············· **多旋线刺蛾 *C. polyhelixa***

    抱器瓣下叶长，颚形突末端不分叉 ·· 8

8. 囊导管螺旋状卷曲 3 圈以上；分布于台湾 ··························· **台线刺蛾 *C. heppneri***

    囊导管螺旋状卷曲 1.5 圈；分布于大陆 ····························· **灰双线刺蛾 *C. robusta***

(26) 灰双线刺蛾 *Cania robusta* Hering, 1931（图 38；图版 I：25）

Cania bilinea robusta Hering, 1931, In: Seitz, Macrolepid. World, 10: 679.

Cania bilinea pallida Hering, 1931, In: Seitz, Macrolepid. World, 10: 679.

Cania robusta Hering: Holloway, Cock *et* Desmier, 1987, In: Cock *et al.*, Slug and Nettle Caterpillars: 23.

Cania bilineata (nec Walker): Cai, 1981, Iconographia Heterocerorum Sinicorum, 1: 99, fig. 649.

Rhamnosa hatita Druce, 1896, Ann. Mag. Nat. Hist., (6)18: 236.

Cania hatita (Druce): Hering, 1933a, In: Seitz, Macrolepid. World, Suppl. 2: 205.

别名：两线刺蛾、双线刺蛾。

翅展 26-36mm。头和颈板赭黄色，胸背褐灰色，翅基片灰白色；腹褐黄色。前翅灰褐黄色，有 2 条外衬浅黄白边的暗褐色横线，在前缘近翅顶发出（雌蛾较分开），以后互相平行，稍外曲，分别伸达后缘的 1/3 和 2/3；有些个体前翅散布有较多的暗色鳞片。后翅淡褐黄色。

雄性外生殖器：爪形突宽，骨化程度中等，末端中部有长鬃毛，两侧有 1 对细长的指状突，上具微毛；颚形突强骨化，长杆状，末端平直而向两侧稍突出；抱器瓣分为上下 2 叶，上叶弱骨化，长杆状，具微毛，下叶强骨化，较细长，基部腹缘突出，末端较尖；基腹弧宽大，骨化程度较弱；阳茎细长，端部有 1 列双排小齿突，中部有 1 枚大刺突。

雌性外生殖器：囊导管骨化，端部螺旋状卷曲 1.5 圈；囊突弱骨化，片状，上有微齿突。

幼虫：老熟幼虫体长 21mm 左右。扁椭圆形，背中微拱，深绿色。体背有 4 列深绿色的枝刺，边缘 2 列较长，向四周平伸；背侧 2 列很短，呈刺瘤状，刺毛也少。背线紫褐色。背上有 4 个较大的不规则的紫褐斑，有的个体不明显。亚背线上有 1 列红点纹。

茧：卵圆形，棕色，外被 1 层白膜，但未布满茧壳，故外观为白色缀棕色点斑。大小约为 16mm×14mm，在叶片间结茧，黏叠二叶。

生物学习性：在云南西双版纳一年发生 2 代，以老熟幼虫在茧内越冬，也有些以幼虫在叶片上越冬。幼虫全年可见，数量在 10 月到翌年 3 月最多。

寄主植物：香蕉、柑橘、茶、椰子、油棕。

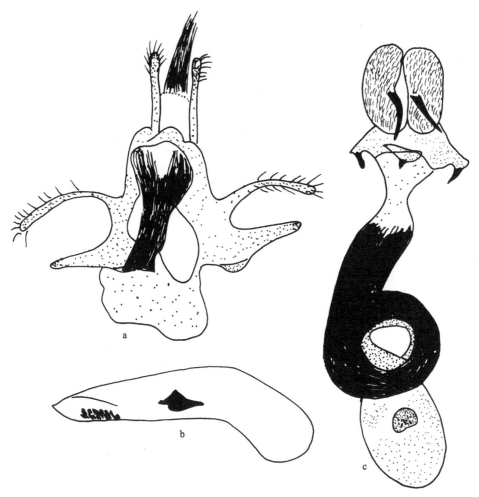

图 38　灰双线刺蛾 *Cania robusta* Hering
a. 雄性外生殖器；b. 阳茎；c. 雌性外生殖器

观察标本：广西苗儿山九牛场，1100m，3♂，1985.VII.7-15，王子清、方承莱采。湖南张家界，2♀，1988.X.8。湖北利川星斗山，860m，1♂，1989.VI.6，李维采。云南丽江永灵，2150m，1♂，1979.IV.30；勐海，1200m，2♀2♂，1978.VII.22，罗亨文采，2♂，1958.VII.18，王书永采；普洱，1♂，2009.VII.15-19，韩辉林等采。四川渡口，4♂，1980.VIII.18-22，张宝林采；渡口平地，2♂，1981.VI.11-20，张宝林采；渡口烂木桥，2♀2♂，1980.VIII.22，韩寅恒采；西昌泸山，1♀12♂，1980.VII.30-VIII.9，张宝林、韩寅恒采；峨眉山，800m，3♀19♂，1957.VI.20-VII.31，IX.16-20，朱复兴、黄克仁、卢佑才采；乐山，500m，1♀，1955.VI.19，克雷让诺夫斯基采；南充，1♂，1973.VII.6。重庆长寿楠木园，450m，1♂，1994.VI.9，李文柱采；万州王二包，1200m，4♂，1994.IX.27-29，宋士美采。福建林下，1♀，1981.VI.18（外生殖器玻片号 WU0205）。

分布：湖北、湖南、福建、香港、广西、重庆、四川、云南；缅甸，泰国，马来西亚。

(27) 台线刺蛾 *Cania heppneri* Inoue, 1992

Cania heppneri Inoue, 1992, In: Heppner *et* Inoue, Lepid. Taiwan Volume 1 Part 2: Checklist: 204.

翅展约 38mm。头和颈板赭黄色，胸背褐灰色，翅基片灰白色；腹褐黄色。前翅灰褐黄色，有 2 条外衬浅黄白边的暗褐色横线，在前缘近翅顶发出（雌蛾较分开），以后互相平行，稍外曲，分别伸达后缘的 1/3 和 2/3。后翅淡褐黄色。

雄性外生殖器：与灰双线刺蛾 *C. robusta* Hering 相似。

雌性外生殖器：与灰双线刺蛾相似，但囊导管螺旋状卷曲明显多于后者，在 3 圈以上。

观察标本：作者未见标本，描述译自 Inoue（1992）的原记。

分布：台湾。

(28) 拟灰线刺蛾 *Cania pseudorobusta* Wu *et* Fang, 2009（图 39；图版 I：26）

Cania pseudorobusta Wu *et* Fang, 2009e, Oriental Insects, 43: 262. Type locality: Fujian, Yunnan, Hubei, China (IZCAS).

翅展 29-38mm。头和颈板赭黄色，胸背褐灰色，翅基片灰白色；腹褐黄色。前翅灰褐黄色，有 2 条外衬浅黄白边的暗褐色横线，在前缘近翅顶发出（雌蛾较分开），以后互相平行，稍外曲，分别伸达后缘的 1/3 和 2/3；有些个体前翅散布有较多的暗色鳞片。后翅淡褐黄色。

雄性外生殖器：爪形突宽，骨化程度中等，末端中部有长鬃毛，两侧有 1 对细长的指状突，上具微毛；颚形突强骨化，长杆状，末端平直而向两侧稍突出；抱器瓣分为上下 2 叶，上叶弱骨化，长杆状，具微毛，下叶强骨化，较细长，几乎直，末端较尖；基腹弧宽大，骨化程度较弱；阳茎细长，端部无 1 列小齿突（至多有 1-2 枚），中部有 1 枚大刺突。

雌性外生殖器：生殖孔后缘的骨片小；囊导管粗长，不骨化，由基部向端部逐渐膨大；交配囊小，囊突片大，有很小的刺突。

观察标本：福建武夷山，2♀4♂，1982.IX.16-22，张宝林采，3♀1♂，1982.VI.15，张宝林采；武夷山三港，1♂，1983.VI.3，宋士美采；桐木，1♂，1979.VII.26，宋士美采；南靖天奎，5♂，1973.VII.23，陈一心采，1♂，1980.XI.6，蔡荣权采。云南金平河头寨，1700m，4♂，1956.V.9-13，黄克仁采。湖北潜江，1♀，无日期。

分布：湖北、福建、云南。

说明：本种与灰双线刺蛾相似，但雄性外生殖器的阳茎端部无成列的小刺突，至多有 2 枚；雌性外生殖器的囊导管不骨化，也不呈螺旋状。

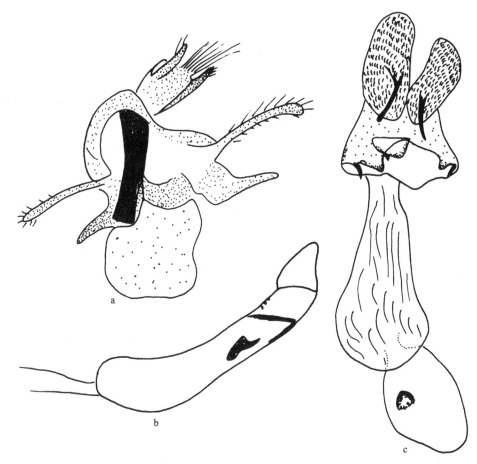

图 39　拟灰线刺蛾 *Cania pseudorobusta* Wu *et* Fang

a. 雄性外生殖器；b. 阳茎；c. 雌性外生殖器

(29) 伪双线刺蛾 *Cania pseudobilinea* **Wu *et* Fang, 2009**（图 40；图版 I：27）

Cania pseudobilinea Wu *et* Fang, 2009e, Oriental Insects, 43: 263. Type locality: Guangxi, China (IZCAS).

翅展 30-32mm。头和颈板赭黄色，胸背褐灰色，翅基片灰白色；腹褐黄色。前翅灰褐黄色，有 2 条外衬浅黄白边的暗褐色横线，在前缘近翅顶发出（雌蛾较分开），以后互相平行，稍外曲，分别伸达后缘的 1/3 和 2/3；有些个体前翅散布有较多的暗色鳞片。后翅淡褐黄色。

雄性外生殖器：爪形突宽，骨化程度中等，末端中部有长鬃毛，两侧有 1 对细长的指状突，上具微毛；颚形突强骨化，长杆状，末端平直而向两侧稍突出；抱器瓣分为上下 2 叶，上叶弱骨化，长杆状，具微毛，下叶强骨化，较细长，几乎直，末端较尖；基腹弧宽大，骨化程度较弱；阳茎细长，端部有 1 列小齿突，中部有 1 枚大刺突。

雌性外生殖器：生殖孔后缘的骨片大；囊导管细长，中部稍膨大而骨化；囊突片大。

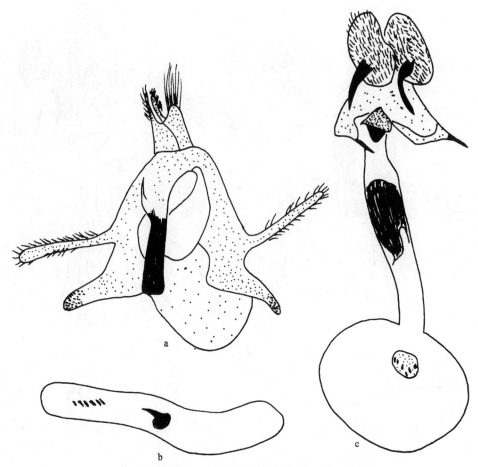

图 40 伪双线刺蛾 *Cania pseudobilinea* Wu *et* Fang

a. 雄性外生殖器；b. 阳茎；c. 雌性外生殖器

观察标本：广西金秀金忠公路，1100m，1♂，1999.V.11，韩红香采；金秀圣堂山，900m，1♀1♂，1999.V.17-18，李文柱、刘大军采；黄沙河，1♀，1955.IX.29。

分布：广西。

说明：本种与拟灰线刺蛾 *C. pseudorobusta* Wu *et* Fang 相似，但雄性外生殖器的阳茎端部有 1 列明显的齿突，雌性外生殖器的囊导管细长而直，中部稍骨化；生殖孔后缘的骨片大。Solovyev（2014a）认为本种是 *C. robusta* 的异名，但它们的外生殖器特征明显不同，我们仍作独立种处理。

(30) 西藏线刺蛾 *Cania xizangensis* Wu *et* Fang, 2009（图 41；图版 I：28）

Cania xizangensis Wu *et* Fang, 2009e, Oriental Insects, 43: 263. Type locality: Xizang, China (IZCAS).

翅展 23-38mm。头和颈板赭黄色，胸背褐灰色，翅基片灰白色；腹褐黄色。前翅灰褐黄色，有 2 条外衬浅黄白边的暗褐色横线，在前缘近翅顶发出（雌蛾较分开），以后互相平行，稍外曲，分别伸达后缘的 1/3 和 2/3。后翅淡褐黄色。

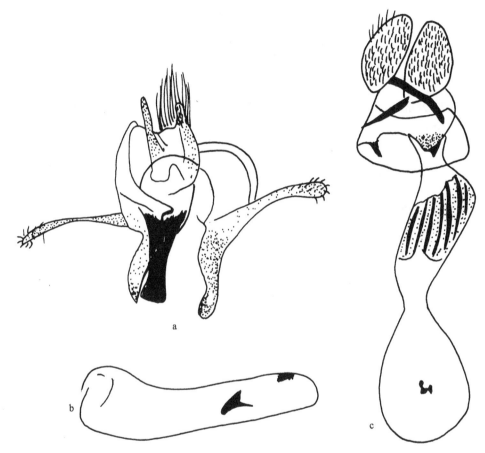

图 41　西藏线刺蛾 *Cania xizangensis* Wu *et* Fang
a. 雄性外生殖器；b. 阳茎；c. 雌性外生殖器

雄性外生殖器：爪形突宽，骨化程度中等，末端中部有长鬃毛，两侧有 1 对细长的指状突，上具微毛；颚形突强骨化，长杆状，末端平直而向两侧稍突出；抱器瓣分为上下 2 叶，上叶弱骨化，长杆状，具微毛，下叶强骨化，较细长，基部腹缘突出，末端较尖；基腹弧宽大，骨化程度较弱；阳茎细长，端部有 1 列单排小齿突，中部有 1 枚大刺突。

雌性外生殖器：生殖孔后缘的骨片小；囊导管粗长，中部明显膨大而骨化；囊突片小。

观察标本：西藏墨脱背崩，850m，2♀，1983.VI.15，韩寅恒采；波密易贡，2300m，1♂，1983.VIII.24，韩寅恒采；墨脱扎墨公路，2110m，1♂，2006.VIII.24，陈付强采；墨脱汗密，2120m，1♀，2006.VIII.10，陈付强采。

分布：西藏。

说明：本种与伪双线刺蛾 *C. pseudobilinea* Wu *et* Fang 相似，但雌性外生殖器的生殖孔突起及囊突均小于后者，囊导管中部明显膨大，且骨化程度强。

(31) 爪哇线刺蛾 *Cania javana* Holloway, 1987（图 42；图版 II：29）

Cania javana Holloway, 1987, In: Cock *et al.*, Slug and Nettle Caterpillars: 25; Wu *et* Fang, 2009e, Oriental Insects, 43: 264.

翅展 22-28mm。身体浅褐色。前翅浅黄褐色，前缘最暗，2 条褐色细横线几乎在翅中央。后翅浅黄色。

雄性外生殖器：爪形突宽，骨化程度中等，末端中部有长鬃毛，两侧有 1 对较细长的指状突，上具微毛；颚形突强骨化，长杆状，末端二分叉；抱器瓣分为上下 2 叶，上叶弱骨化，长杆状，具微毛，下叶强骨化，较细短，亚端有 1 小突起；基腹弧宽大，骨化程度较弱；阳茎细长，端部有 1 列小齿突，中部有 1 枚大刺突。

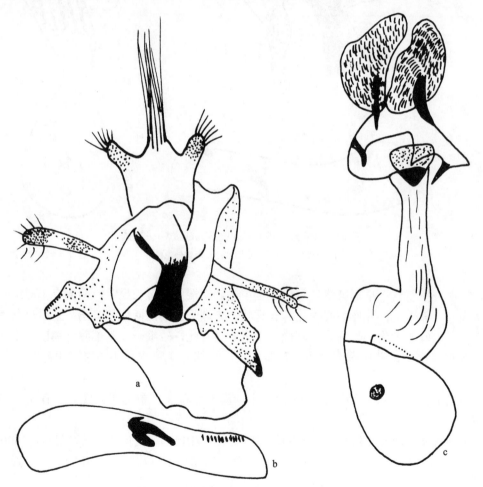

图 42 爪哇线刺蛾 *Cania javana* Holloway

a. 雄性外生殖器；b. 阳茎；c. 雌性外生殖器

雌性外生殖器：生殖孔后缘的骨片小；囊导管细长，不骨化，中部明显呈球状膨大；囊突片小。

幼虫：绿色，有1条黄色或黄色与黑色组成的背带，其侧面有黑色与红色，黑色周围有红色、褐色及黄色的小点。

寄主植物：香蕉。

观察标本：海南海口，1♀2♂，1973.VI.13，蔡荣权采；保亭，60m，1♂，1960.VII.25，张学忠采，3♂，1973.V.23-25，蔡荣权采；通什，3♂，1973.V.28-VI.1，蔡荣权采；尖峰岭，2♀10♂，1978.IV.14-24，张宝林采，1♀，1973.V.28，梁静莲采；尖峰岭天池，760m，3♂，1980.III.18-IV.20，张宝林、蔡荣权采；万宁，60m，4♂，1963.VI.12-VIII.22，张宝林采。广东广州，1♂，1958.IX；韶关小坑镇，300m，1♂，2012.VII（外生殖器玻片号WU0077）。广西桂林良丰，1♂，1952.IV.30；桂林雁山，1♂，1952.VIII.9，1♂，1963.V.12，王春光采，1♂，1976.VII.16。浙江杭州，1♂，1976.V.27，陈瑞瑾采。江苏泰州，4♂，1935.VII.30-VIII.20；南通三余，1♀，1955.VIII.2。福建建瓯，1♂，1980.X.7（外生殖器玻片号WU0204）。

分布：江苏、浙江、福建、广东、海南、广西；印度尼西亚。

(32) 多旋线刺蛾 *Cania polyhelixa* Wu et Fang, 2009（图43；图版Ⅱ：30）

Cania polyhelixa Wu et Fang, 2009e, Oriental Insects, 43: 264. Type locality: Jiangxi, Hubei, Guangxi, Yunnan, China (IZCAS).

翅展23-30mm。头和颈板赭黄色，胸背褐灰色，翅基片灰白色；腹褐黄色。前翅灰褐黄色，有2条外衬浅黄白边的暗褐色横线，在前缘近翅顶发出（雌蛾较分开），以后互相平行，稍外曲，分别伸达后缘的1/3和2/3；有些个体前翅散布有较多的暗色鳞片。后翅淡褐黄色。

雄性外生殖器：爪形突宽，骨化程度中等，末端中部有长鬃毛，两侧有1对较细长的指状突，上具微毛；颚形突强骨化，长杆状，末端二分叉；抱器瓣分为上下2叶，上叶弱骨化，长杆状，具微毛，下叶强骨化，较细短，亚端有1小突起，该小突起明显长于爪哇线刺蛾；基腹弧宽大，骨化程度较弱；阳茎细长，端部有1列小齿突，中部有1枚大刺突。

雌性外生殖器：囊导管骨化，端部螺旋状卷曲2.5圈；囊突弱骨化，片状，上有微齿突。

观察标本：江西九连山，2♀7♂，1975.VII.24-27，宋士美采；上犹县陡水，2♂，1975.VII.7-27，宋士美采；大余，1♂，1975.VII.18，张宝林采，1♀1♂，1977.VI.16-17，刘友樵采；庐山，1♀，1977.IX。广西防城扶隆，500-550m，2♂，1999.V.24-26，李文柱、张彦周采；南宁，2♂，1973.VII.9，梁静莲采，1♂，1980.IX.24，王辑建采；龙胜，2♂，1980.VI.10，王林瑶采；罗城天阿公社，1♂，1980.VIII.7，贾明杰采；博白林场，60m，1♂，1983.X.18，王辑建采；凭祥，230m，1♂，1976.VII.16，张宝林采；大新下雷，650m，1♂，1998.III.31，李文柱采；那坡北斗，550m，1♂，1998.IV.2，李文柱采。云南西双版

纳勐仑，650m，1♂，1964.IV.15，张宝林采；小勐养，810m，1♂，1957.III.31，蒲富基
采；河口，80-100m，3♂，1956.VI.5-8，黄克仁采；河口小南溪，200m，3♂，1956.VI.7-11，
黄克仁等采。湖北秭归茅坪，110m，5♂，1994.IX.3，宋士美采；秭归九岭头，110m，2♂，
1994.IX.5，宋士美采；巴东山峡林场，176m，1♀1♂，1993.VI.26，姚建、李文柱采。

图 43　多旋线刺蛾 *Cania polyhelixa* Wu *et* Fang
a. 雄性外生殖器；b. 阳茎；c. 雌性外生殖器

　　分布：湖北、江西、广西、云南。
　　说明：本种与爪哇线刺蛾 *C. javana* Holloway 相似，但雄性外生殖器抱器瓣下叶亚
端的突起明显长于后者，雌性外生殖器的囊导管骨化，螺旋状。Solovyev（2014a）认为
本种是 *C. bilinea* 的异名，但它们的外生殖器特征明显不同，我们仍作独立种处理。

(33) 巴线刺蛾尖瓣亚种 ***Cania bandura acutivalva*** **Holloway, 1986**（图 44；图版 II：32）

Cania bandura acutivalva Holloway, 1986, Malayan Nature Journal, 40(1-2): 82; Wu *et* Fang, 2009e, Oriental Insects, 43: 265.

　　翅展♂ 33-40mm。头部背面暗棕色；胸部和腹部背面浅黄褐色。前翅棕黑色，基部 1/5 白色，前缘和外缘有乳白色边。后翅浅黄褐色，散布有褐色鳞片。雌蛾较大，前翅褐黄色，有 2 条明显的横线。

　　雄性外生殖器：爪形突典型；颚形突缺；抱器背基突"山"字形，中间的臂很长而较宽，近中部有 2 行小刺突，末端尖；阳茎端基环两侧有 1 对很长的角状突起；抱器瓣狭长，末端尖；基腹弧宽；阳茎细长，骨化，末端尖。

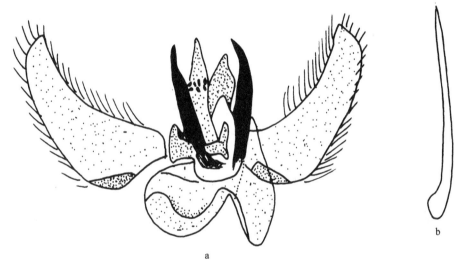

图 44　巴线刺蛾尖瓣亚种 *Cania bandura acutivalva* Holloway

a. 雄性外生殖器；b. 阳茎

　　寄主植物：油棕、椰子。

　　观察标本：云南西双版纳补蚌，700m，6♂，1993.IX.14-15，徐环李、杨龙龙、成新跃采。

　　分布：云南；印度，缅甸。

　　说明：指名亚种的抱器瓣短宽，末端圆，分布于泰国、马来西亚、印度尼西亚。

(34) 泰线刺蛾 ***Cania siamensis*** **Tams, 1924**（图 45；图版 II：31）

Cania siamensis Tams, 1924, J. Nat. Hist. Soc. Siam, 6: 280; Wu *et* Fang, 2009e, Oriental Insects, 43: 265.

　　翅展♂ 33-36mm。头部背面暗棕色；胸部和腹部背面浅黄褐色。前翅浅棕色，边缘较暗，中部紫灰色，有 1 条不太明显的波状中线。翅面的紫色会随标本的陈旧而退去。后翅浅黄褐色。雌蛾较大，前翅金黄色或褐黄色，中部有 1 条暗色的窄横带。

雄性外生殖器：爪形突典型，末端骨化而尖；颚形突基部分离，端部合并，末端尖；抱器背基突盾形，末端中央呈长刺状突出；抱器瓣短宽，末端宽圆；基腹弧窄；囊形突粗长；阳茎较粗长，端部有 1 枚双叉的大刺突。

卵：单产在棕榈小叶的背面，2.0mm×2.2mm。

幼虫：老熟幼虫体长 27-33mm，宽 14-18mm。扁平，T2 的亚背枝刺及所有的侧枝刺中等发达，绿色，上有绿色长刺；其余的亚背枝刺缩小为绿色小瘤，上有绿色短刺。在 T2 与 T3 及 A1 和 A2 之间有 1 条绿黄色的窄背线，在 A4 和 A5 之间则扩展为 1 明显的白斑。身体上还有数列纵向排列的疏松的黄点。在 T3 侧枝刺的上方有 1 枚蓝绿色斑，在 A4-A6 侧枝刺上方各有 1 枚黄色斑。在 A7 和 A8 侧枝刺前端缘的鳞片状构造为黄色。

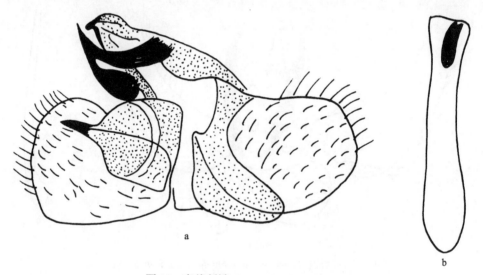

图 45 泰线刺蛾 *Cania siamensis* Tams
a. 雄性外生殖器；b. 阳茎

寄主植物：椰子。

观察标本：云南西双版纳补蚌，700m，1♂，1993.IX.14，杨龙龙采；勐腊，620m，1♂，1981.IX.14。

分布：云南；泰国。

11. 齿刺蛾属 *Rhamnosa* Fixsen, 1887

Rhamnosa Fixsen, 1887, In: Romanoff, Mem. Lepid., 3: 339. **Type species**: *Rhamnosa angulata* Fixsen, 1887.

Caniodes Matsumura, 1927, J. Coll. Agri. Hokkaido Imp. Univ., 19: 91. **Type species**: *Caniodes takamukui* Matsumura, 1927.

Rhamnopsis Matsumura, 1931b, Ins. Matsum., 5: 101. **Type species**: *Rhamnopsis arizanella* Matsumura, 1931.

雄蛾触角栉齿状到末端。前翅后缘中央有 1 齿形突。后翅的缘毛在臀角处加长，淡黑色。前翅 R_1 脉基部强烈弯曲，端部 2/3 与 Sc 脉靠近；R_5 脉与 R_3+R_4 脉共柄。后翅 M_1 脉与 Rs 脉共柄；$Sc+R_1$ 脉出自中室基部（图 46）。

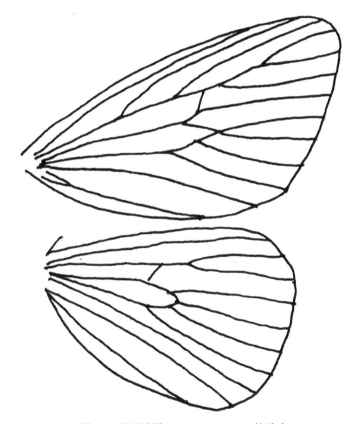

图 46　齿刺蛾属 *Rhamnosa* Fixsen 的脉序

雄性外生殖器常有抱器背基突，阳茎端基环端部侧缘常有 1 对长突起，阳茎端部常有 1 组小刺突。雌性外生殖器的第 8 腹板较骨化，上密布微刺突；囊导管很长，端部螺旋状，交配囊大部分区域有密集程度不同的微刺小斑块。

本属已知 8 种，分布在东亚，我国已记载 7 种。

种 检 索 表

1. 体翅浅红褐色 ··· **角齿刺蛾 *Rh. kwangtungensis***
   体翅灰褐黄色到灰黄色 ··· 2
2. 前翅只有 1 条外线 ··· 3
   前翅有 2 条明显的横线 ·· 5

3. 前翅的外线为实线 ·· **台齿刺蛾 *Rh. arizanella***
　　前翅的外线由暗褐色点组成 ·· 4
4. 抱器背基突末端具长刺，阳茎端基环两侧的突起狭长而光滑 ·········· **灰齿刺蛾 *Rh. uniformis***
　　抱器背基突末端无长刺，阳茎端基环两侧的突起宽大而具小刺突 ··· **伪灰齿刺蛾 *Rh. uniformoides***
5. 前翅的 2 条横线几乎平行 ··· **锯齿刺蛾 *Rh. dentifera***
　　前翅的 2 条横线由后缘向前缘相互靠近 ·· 6
6. 体型较大；前翅的 2 条横线在前缘分离 ····················· **敛纹齿刺蛾 *Rh. convergens***
　　体型较小；前翅的 2 条横线在前缘接触 ····················· **河南齿刺蛾 *Rh. henanensis***

(35) 角齿刺蛾 *Rhamnosa kwangtungensis* Hering, 1931（图 47；图版 II：33）

Rhamnosa angulata kwangtungensis Hering, 1931, In: Seitz, Macrolepid. World, 10: 679, fig. 86f.
Rhamnosa kwangtungensis Hering: Solovyev *et* Witt, 2009, Entomofauna, Suppl. 16: 83.

翅展 26-36mm。头和胸背浅红褐色；腹部褐黄色。前翅浅红褐色，有 2 条暗色平行的斜线，分别从前缘近翅顶和 3/4 处向后斜伸至后缘 1/3 和齿形毛簇外缘。后翅褐黄色，臀角暗褐色。

雄性外生殖器：爪形突典型，尖；颚形突大钩状，末端尖；抱器瓣狭长，末端圆；囊形突短宽；阳茎细长，末端有许多小刺突。

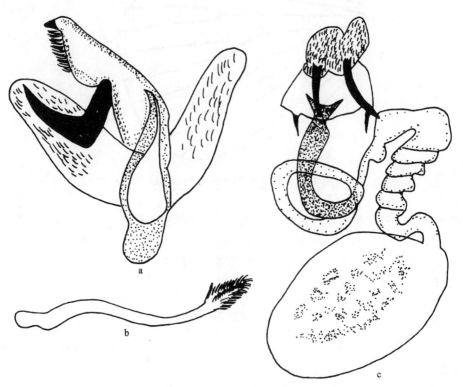

图 47　角齿刺蛾 *Rhamnosa kwangtungensis* Hering
a. 雄性外生殖器；b. 阳茎；c. 雌性外生殖器

雌性外生殖器：后表皮突粗长，前表皮突细，约为后表皮突长度的 1/3；导管端片漏斗形，囊导管很长，基部 1/4 骨化，端部螺旋状；交配囊大，大部分区域有密集程度不同的微刺小斑块。

观察标本：四川峨眉山，800-1000m，2♀16♂，1957.VI.16-IX.18，朱复兴、黄克仁采，1♂，1974.VI.13，王子清采。重庆南山，2♂，1966.V.10-VI.2，刘友樵采；长寿楠木园，450m，1♂，1994.VI.9，李文柱采；万州王二包，1200m，1♂，1993.VII.10，黄润质采；武隆车盘洞，1000m，2♂，1989.VII.2，李维采；丰都世坪，610m，7♂，1994.VI.2-3，李文柱采；彭水太原，750m，1♂，1989.VII.9，杨龙龙采。广西金秀圣堂山，900m，3♀9♂，1999.V.15-19，李文柱、刘大军、韩红香、张学忠采；金秀花王山庄，600m，1♀，1999.V.20，张学忠采；金秀林海山庄，1100m，1♀，2000.VII.2，李文柱采。广东广州，1♂，1931.VII。江西大余，550m，1♂，1985.VIII.14，王子清采，3♂，1975.VII.17-18，宋士美采，2♀，1977.VI.16，刘友樵采；九连山，3♂，1975.VI.9-VII.27，宋士美采；庐山黄龙，1♀，1979.VIII.14；庐山植物园，1♂，1974.VI.30，刘友樵采；牯岭，1♂，1975.VII.4，张宝林采；井冈山，1♂，1975.VII.6。湖北神农架，950-1640m，1♀9♂，1980.VII.3-24，虞佩玉采；利川星斗山，800m，5♂，1989.VII.23，李维采；兴山龙门河，1350m，1♂，1993.VII.16，宋士美采；巴东铁厂，1500m，1♂，1989.V.29，李维采。湖南桑植天平山，1300m，2♂，1988.VIII.11，陈一心采；永顺杉木河林场，600m，2♂，1988.VIII.3，李维、陈一心采。陕西佛坪，890m，1♂，1999.VI.26，姚建采。浙江天目山，1♀，1936.VI，1♂，1973.VII.21，张宝林采。甘肃康县阳坝林场，1000m，4♂，1999.VII.10-11，朱朝东采；文县铁楼，1450m，2♂，1999.VII.24，朱朝东采；康县豆坝，1050m，1♂，1999.VII.6，王洪建采；文县碧口，720m，1♀1♂，1999.VII.28-29，姚建采。福建武夷山三港，1♀5♂，1979.VIII.12-17，宋士美采，1♀2♂，1960.VII.12-16，张毅然采；桐木，5♂，1979.VII.26，宋士美、蔡荣权采；建阳黄坑，1♂，1973.VI.30，陈一心采；南靖天奎，2♂，1973.VII.27，陈一心采。

分布：陕西、甘肃、浙江、湖北、江西、湖南、福建、广东、广西、重庆、四川。

(36) 灰齿刺蛾 *Rhamnosa uniformis* (Swinhoe, 1895)（图48；图版 II：34）

Narosa uniformis Swinhoe, 1895, Trans. Ent. Soc. Lond.: 7 (BMNH).

Rhamnosa uniformis (Swinhoe): Hering, 1931, In: Seitz, Macrolepid. World, 10: 679.

Caniodes takamukui Matsumura, 1927, J. Coll. Agr. Hokkaido Imp. Univ., 19: 91.

Rhamnosa uniformis rufina Hering, 1931, In: Seitz, Macrolepid. World, 10: 679.

翅展 30-31mm。全体灰褐黄色，胸背竖立毛簇的末端红褐色。前翅稍具丝质光泽，只有 1 条由暗褐色点组成的外线，从前缘近翅顶伸至后缘齿形毛簇的外缘；有些个体翅脉带土红色调，中室端有 2 个不明显的黑点。后翅黄色稍浓，臀角暗褐色。

雄性外生殖器：爪形突典型，尖；颚形突大钩状，末端尖；抱器瓣狭长，末端圆；抱器背基突叶状，末端有数枚大刺；阳茎端基环大，末端中部有 1 小齿突，两侧有 1 对狭长的突起；囊形突不明显；阳茎细长，末端有许多小刺突。

雌性外生殖器：后表皮突粗长，前表皮突细，约为后表皮突长度的 1/4；囊导管很长，膜质，中部有许多微刺突，端部螺旋状；交配囊大，大部分区域有密集程度不同的微刺小斑块。

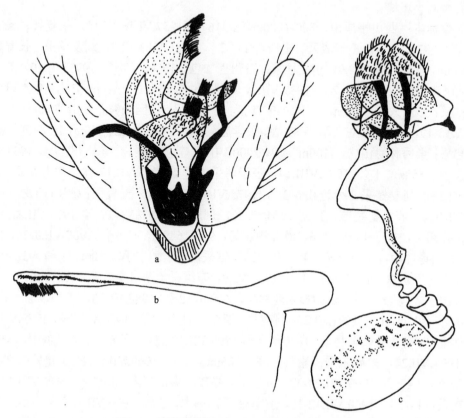

图 48 灰齿刺蛾 *Rhamnosa uniformis* (Swinhoe)

a. 雄性外生殖器；b. 阳茎；c. 雌性外生殖器

观察标本：重庆，1♂，1974.VI.20，韩寅恒采；重庆缙云山，2♂，1979.IV.20，王子清采；丰都世坪，610m，8♂，1994.VI.2-3，李文柱采，1♂，1994.X.6，宋士美采；万州王二包，1200m，1♂，1993.VII.10，姚建采。四川西昌泸山，1700m，5♂，1980.VIII.4-IX.1，张宝林采；攀枝花平地，3♂，1981.VI.12-16；峨眉山，1♂，1977.VIII，王子清采。江西大余，1♂，1985.VIII.16，王子清采，2♂，1975.VII.17，宋士美采，1♂，1977.VI.18；九连山，1♂，1975.VII.25，宋士美采；庐山，1♂，1975；兴国均旗山，1♂，1976.VII.23。福建将乐龙栖山，650m，2♂，1991.VIII.16-17，宋士美采；星村三港，740m，1♂1♀，1960.VI.3-12，张毅然采（外生殖器玻片号 W10029，W10030）；武夷山三港，1♀，1983.VI.1，王林瑶采。贵州江口梵净山，500m，1♂，1988.VII.11，李维采。湖北神农架红坪林场，1660m，1♂，1981.VII.2，韩寅恒采；兴山，1300m，1♂，1980.VII.29，虞佩玉采。云南丽江白水，2980m，1♂，1979.VII.14；丽江玉龙山，2950m，3♂，1962.VI.28-VII.4，宋士美采；高黎贡山白花岭，1♂，2006.VIII.5，高兴荣采；河口，80m，1♂，1956.VI.7，黄克仁采；勐海，2♀2♂，1982.VI.29-VII.7，罗亨文采；勐仑，650m，1♀，1964.V.21，

张宝林采。海南尖峰岭，1♂，1982.VI.20，顾茂彬采，1♂，1983.IV.8，顾茂彬采，1♂，
1978.IV.14，张宝林采，1♂，1980.III.22，蔡荣权采；尖峰岭天池，760m，3♂，1980.IV.20，
张宝林采。浙江天目山，1♀，1998.VII.28，金洁平采。广东鼎湖山，1♂，1973.VI.12，
张宝林采（外生殖器玻片号 W10031）；韶关小坑镇，300m，4♂，2012.VII（外生殖器玻
片号 WU0076）。

　　分布：浙江、湖北、江西、福建、台湾、广东、海南、重庆、四川、贵州、云南；
印度。

(37) 伪灰齿刺蛾 *Rhamnosa uniformoides* Wu *et* Fang, 2009（图 49；图版 II：35）

Rhamnosa uniformoides Wu *et* Fang, 2009f, Oriental Insects, 43: 255. Type locality: Guangxi, China
　　(IZCAS).

Rhamnosa bifurcivalva Wu *et* Fang, 2009f, Oriental Insects, 43: 255 (♀).

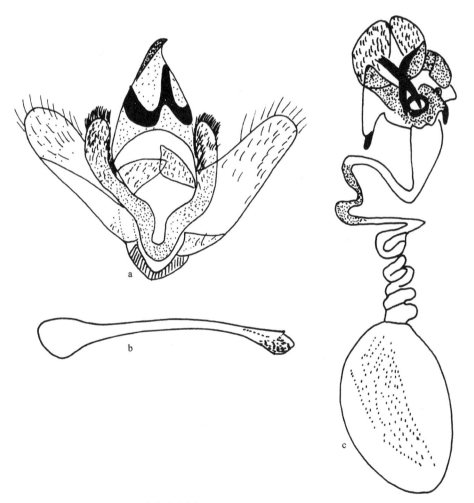

图 49　伪灰齿刺蛾 *Rhamnosa uniformoides* Wu *et* Fang

a. 雄性外生殖器；b. 阳茎；c. 雌性外生殖器

翅展 26-30mm。全体灰褐黄色，胸背竖立毛簇末端红褐色。前翅稍具丝质光泽，只有 1 条由暗褐色点组成的外线，从前缘近翅顶伸至后缘齿形毛簇的外缘；有些个体翅脉带土红色调，中室端有 2 个不明显的黑点。后翅黄色稍浓，臀角暗褐色。

雄性外生殖器：爪形突典型，尖；颚形突大钩状，末端尖；抱器瓣狭长，末端圆；抱器背基突叶状，具毛；阳茎端基环侧面有 1 对粗长的突起，端部具密集的小刺突；囊形突不明显；阳茎细长，末端有许多小刺突。

雌性外生殖器：后表皮突粗长，前表皮突细，约为后表皮突长度的 1/4；生殖孔周围有环状的骨片；囊导管很长，膜质，基部膨大，中部有微刺突，端部螺旋状；交配囊大，大部分区域有密集程度不同的微刺小斑块。

观察标本：广西金秀花王山庄，600m，1♂，1999.V.20，张学忠采；金秀莲花山，900m，2♂，1999.V.20，李文柱采；金秀圣堂山，900m，2♂，1999.V.17，李文柱、刘大军采；金秀银杉站，1100m，1♂，1999.V.10，李文柱采；金秀金忠公路，1100m，1♂，1999.V.11，韩红香采；金秀罗香，200m，1♂，1999.V.15，韩红香采；上思红旗林场，300m，1♂，1999.V.29，李文柱采（外生殖器玻片号 W10032）；广西龙胜，1♀，1980.VI.10-13，宋士美采。

分布：广西。

(38) 敛纹齿刺蛾 *Rhamnosa convergens* Hering, 1931（图 50；图版 II：36）

Rhamnosa convergens Hering, 1931, In: Seitz, Macrolepid. World, 10: 679, fig. 86e.

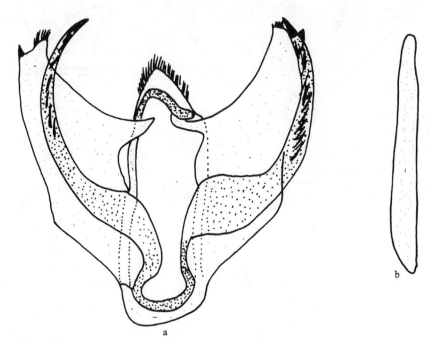

图 50 敛纹齿刺蛾 *Rhamnosa convergens* Hering

a. 雄性外生殖器；b. 阳茎

翅展 35mm 左右。全体灰褐黄色，胸背竖立毛簇末端暗红褐色。前翅灰褐色，具丝质光泽，中部有 2 条暗褐色横线，分别从前缘近翅顶和 4/5 处向后斜伸至后缘 1/3 和齿形毛簇外缘，此二线由后缘向前缘相互靠近。后翅黄色稍浓，臀角暗褐色。

雄性外生殖器：爪形突不明显；颚形突带状；抱器瓣基部宽，逐渐向端部扁窄，末端背、腹缘突出；阳茎端基环侧缘有 1 对十分狭长的突起，其端半部有 1 列细长的刺突；囊形突很短；阳茎细，相对短，无明显的刺突。

观察标本：海南尖峰岭，1♂，1982.X.7，陈佩珍采。云南云龙曹涧，2300m，1♂，1982.IX.4，钱宝华采。

分布：海南、云南；缅甸。

(39)　锯齿刺蛾 *Rhamnosa dentifera* Hering *et* Hopp, 1927（图 51；图版 II：37）

Rhamnosa dentifera Hering *et* Hopp, 1927, Macrolepidopt Dresden, 1: 82.

翅展 25-32mm。全体灰褐黄色，胸背竖立毛簇末端暗红褐色。前翅灰褐色，具丝质光泽，中部有 2 条平行的暗褐色横线，分别从前缘近翅顶和 3/4 处向后斜伸至后缘 1/3 和齿形毛簇外缘。后翅黄色稍浓，臀角暗褐色。

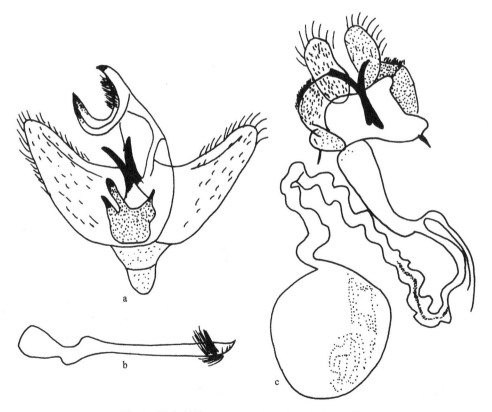

图 51　锯齿刺蛾 *Rhamnosa dentifera* Hering *et* Hopp

a. 雄性外生殖器；b. 阳茎；c. 雌性外生殖器

雄性外生殖器：爪形突典型，末端尖；颚形突大钩状，末端尖；抱器瓣长，基部宽，逐渐向端部变窄，末端宽圆；抱器背基突长刺状；阳茎端基环盾状，末端中部有1枚长刺突，两侧有1对较短的刺突；囊形突短宽；阳茎细长，近基部弯曲，端部有1簇长刺突。

雌性外生殖器：后表皮突粗长，前表皮突细小，约为后表皮突长度的1/5；囊导管很长，膜质，基部膨大，中部有微刺突，端部螺旋状；交配囊大，大部分区域有密集程度不同的微刺小斑块。

观察标本：陕西宁陕火地塘，1580-1620m，1♂，1998.VII.26，袁德成采，2♀5♂，1979.VII.2-31，韩寅恒采；留坝庙台子，1350m，3♀2♂，1998.VII.21，姚建、张学忠采；留坝县城，1020m，9♂，1998.VII.18，姚建、张学忠、袁德成采；佛坪，950m，3♂，1998.VII.23，姚建采，2♂，1999.VI.26-27，章有为、姚建采；太白黄柏塬，1350m，18♂，1980.VII.14-19，张宝林采。河南内乡宝天曼，2♂，1998.VII.12，申效诚采；嵩县白云山，1400m，2♂，2003.VII.22-27，吕亚楠采。甘肃康县清河林场，1450m，9♂，1998.VII.8-15，姚建、朱朝东、张学忠、王洪建采；康县县城，1200m，1♂，1998.VII.11，姚建采；康县白云山，1250m，2♂，1998.VII.12，王书永、姚建采；文县碧口，720m，1♂，1999.VII.29，姚建采；宕昌，1800m，1♀1♂，1998.VII.7，姚建、刘大军采。湖北神农架，1640m，1♀，1980.VII.24，虞佩玉采。浙江杭州，1♀1♂，1978.VII.18-IX.2，严衡元采。山东烟台牟平，2♂，1981.VI。重庆城口县岚天乡岚溪村，1368m，1♂，31.917°N，108.920°E，2017.VII.25，陈斌等采。

分布：北京、山东、河南、陕西、甘肃、浙江、湖北、重庆。

(40) 台齿刺蛾 *Rhamnosa arizanella* (Matsumura, 1931)

Rhamnopsis arizanella Matsumura, 1931b, Ins. Matsum., 5: 101, 102.
Rhamnosa arizanella (Matsumura): Hering, 1931, In: Seitz, Macrolepid. World, 10: 679.

翅展 24mm。全体灰褐黄色，胸背竖立毛簇末端红褐色。前翅稍具丝质光泽，只有1条明显的外线，从前缘近翅顶伸至后缘齿形毛簇的外缘；中室端脉上有2个暗色斑点；前缘基部有1枚暗色斑点。后翅黄色稍浓，臀角暗褐色。

观察标本：作者未见标本，描述译自 Hering（1931）的记述。

分布：台湾。

说明：本种曾为 *Rhamnopsis* Matsumura 的模式种，但 Hering（1931）将 *Rhamnopsis* Matsumura 作为 *Rhamnosa* 的同物异名。Inoue（1992）又恢复了 *Rhamnopsis* 的属级地位，但没有说明理由。因我们没有标本，而此种前翅后缘有齿突，所以仍按 Hering（1931）的处理，将其放在 *Rhamnosa* 中。

(41) 河南齿刺蛾 *Rhamnosa henanensis* Wu, 2008（图 52；图版 II：38）

Rhamnosa henanensis Wu, 2008, The Fauna and Taxonomy of Insects in Henan, Vol. 6: 7. Type locality: Henan, China (IZCAS).

翅展 28-30mm。全体灰黄色。前翅灰黄色，具丝质光泽；顶角处的前缘和外缘暗褐色；从前缘近翅顶处向后斜伸出 2 条暗褐色横线，分别伸至后缘基部 1/3 处和齿形毛簇的外缘；中室上缘的翅脉暗褐色。后翅淡灰黄色。

雄性外生殖器：爪形突典型，末端尖；颚形突端部大钩状，末端突然变窄；抱器瓣狭长，基部较宽，中部稍窄，末端宽圆；抱器背基部无刺突；阳茎端基环盾状，端半部有密集的微刺突，基半部侧面强骨化，骨化区的末端各有 1 枚较短的锯片状突起；囊形突短宽；阳茎细长，近基部稍弯曲，无刺突。

雌性外生殖器：后表皮突粗长，前表皮突细，约为后表皮突长度的 1/2；后阴片为 2 块卵形骨片，上密布微刺突；中阴片新月形，后阴片环形，均密布微刺毛；囊导管很长，膜质，基半部细，端半部较粗，螺旋状；交配囊大；囊突大，长舌状，上有密集的微刺突。

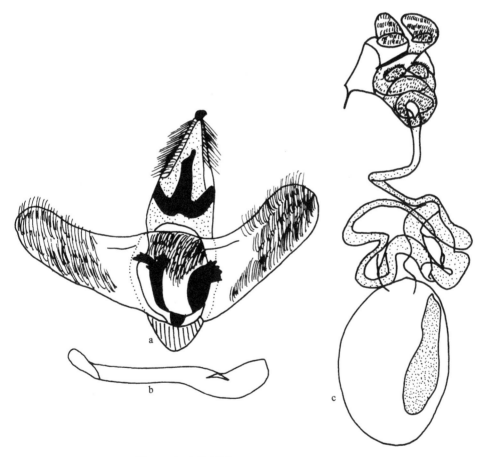

图 52　河南齿刺蛾 *Rhamnosa henanensis* Wu

a. 雄性外生殖器；b. 阳茎；c. 雌性外生殖器

观察标本：河南内乡宝天曼，1♀1♂，1998.VII.12-15（正模和副模）。

分布：河南。

12. 丽刺蛾属 *Altha* Walker, 1862

Altha Walker, 1862, J. Proc. Linn. Soc. (Zool.), 6: 173. **Type species**: *Altha nivea* Walker, 1862.
Belgoraea Walker, 1865, List Specimens Lepid. Insects Colln Br. Mus., 32: 496. **Type species**: *Belgoraea subnotata* Walker, 1865.

下唇须短。雄蛾触角基部 2/3 栉齿状,雌蛾线形。后足胫节有 2 对很小的距,很难看见。前翅 R_5 脉与 R_3+R_4 脉共柄,R_2 脉与此柄同出一点或共柄。后翅 M_1 脉与 Rs 脉端部分离;$Sc+R_1$ 脉出自中室基部(图 53)。前翅底色白色,有橙红色或褐色的阴影或横带;两翅外缘从顶角到 1/3 处有明显的暗色点。该属的另一鉴别特征是雌性外生殖器的主产卵瓣内有次产卵瓣,主产卵瓣上的鬃毛末端细微分支。

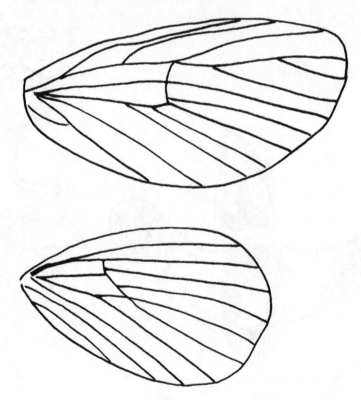

图 53 丽刺蛾属 *Altha* Walker 的脉序

本属已记载 10 余种,分布在南亚及东南亚,我国已知 2 种。

种 检 索 表

前翅具有蓝褐色斑 ·· 暗斑丽刺蛾 *A. melanopsis*
前翅具有红褐色斑 ·· 四痣丽刺蛾 *A. adala*

(42) 四痣丽刺蛾 *Altha adala* (Moore, 1859)（图 54；图版 II：39）

Narosa adala Moore, 1859, In: Horsfield *et* Moore, Cat. Lep. Mus. E. I. C., 2: 418.
Altha adala (Moore): Hampson, 1892, The Fauna of British India, I: 397.

　　翅展 25mm 左右。身体浅黄白色带褐色。前翅浅黄白色，有许多红褐色横带和不规则斑纹，大都清晰可分，尤以中室外半部 2 块、中室中央下方和横脉外侧各 1 块较显著；中室下角外方有 1 枚小黑点；翅顶下方的外缘也有 2-3 个很小的黑点；中室外有 3 条与翅顶略呈拱形的松散斜带。后翅浅黄白色具丝质光泽，顶角下方外缘有 2-3 个小黑点。

　　雄性外生殖器：背兜较短；爪形突末端中部有 1 枚小齿突；颚形突短，舌状；抱器瓣狭长，由基部逐渐向端部变窄，末端稍圆；阳茎端基环中等骨化，末端无突起。阳茎细，比抱器瓣稍长，无角状器。无明显的囊形突。

　　雌性外生殖器：第 8 腹节稍长。后表皮突短，骨化程度弱，末端尖；前表皮突粗短；囊导管细长，中部有骨化脊，端部有些扭曲；交配囊大，囊突小，由小齿突组成，略排成椭圆形。

　　幼虫：体扁，背拱而光滑，背线和气门上线均由 1 列不清晰的蓝绿色点组成，亚背线由 1 列白点组成。

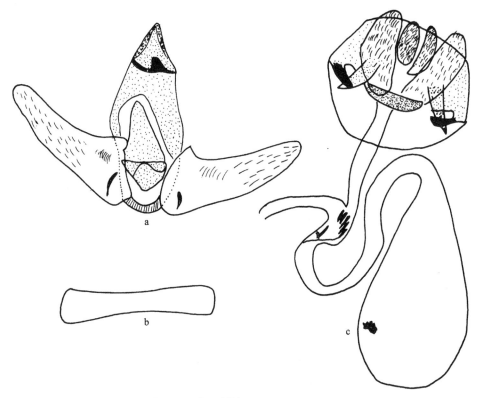

图 54 四痣丽刺蛾 *Altha adala* (Moore)
a. 雄性外生殖器；b. 阳茎；c. 雌性外生殖器

寄主植物：番荔枝属、羊蹄甲属。

观察标本：云南畹町林场，820m，1♀1♂，1979.VI.3-6。广西钦州，1♂，1980.IV.15，蔡荣权采。山东崂山，800m，1♂，无日期。

分布：山东、广西、云南；印度，缅甸，越南，泰国，马来西亚，印度尼西亚。

(43) 暗斑丽刺蛾 *Altha melanopsis* Strand, 1915（图 55；图版 II：40）

Altha melanopsis Strand, 1915, Suppl. Ent., 4: 8.
Altha lacteola melanopsis Strand: Hering, 1931, Macrolepid. World, 10: 680.

别名：乳丽刺蛾暗斑亚种。

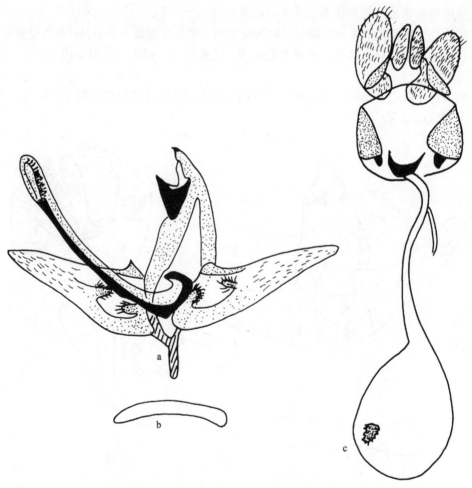

图 55 暗斑丽刺蛾 *Altha melanopsis* Strand
a. 雄性外生殖器；b. 阳茎；c. 雌性外生殖器

翅展 30-40mm。雄蛾触角赭黄色，雌蛾白色。身体白色。前翅淡黄白色，有蓝褐色的不规则斑纹，尤以中室外半部2块、中室中央下方和横脉外侧各1块较显著；中室下角外方有1枚小黑点；翅顶下方的外缘也有1枚小黑点；中室外有2条较明显的波状横线。后翅白色，顶角下方外缘有2-3个小黑点，至少1个很明显。

雄性外生殖器：背兜较短；爪形突末端中部有1枚小齿突；颚形突短粗，大钩状，末端尖；抱器瓣狭长，由基部向端部逐渐收缩，末端宽尖；抱器腹基部和端部各有1枚膜质生毛的短指状突；阳茎端基环部分强骨化，末端有1根很长的杆状突起，该突起一侧强骨化，另一侧膜质，端部1/5膜质，内有1生齿的中等骨化的骨片。阳茎细，比抱器瓣短，无角状器。囊形突较狭长。

雌性外生殖器：第8腹节稍长。后表皮突短粗，弱骨化，末端尖；前表皮突短小；囊导管细长，端部不呈螺旋状扭曲；交配囊较小，囊突较大，椭圆形，上有齿突。

幼虫：老熟幼虫体长17mm左右，长椭圆形，鲜绿白色，背拱，光滑无刺，外表有厚的透明层和鸡皮状颗粒点；体表可见11条线状纹。

茧：卵圆形，白色，大小约13mm×10mm。在叶片间结茧，常由白膜黏叠二叶。

生物学习性：在云南西双版纳一年发生2-3代，以老熟幼虫在茧内越冬，也有的以幼虫在叶片上越冬，发生不规律，严重危害期在3-4月及10-11月。

寄主植物：樟树、茶。

观察标本：海南尖峰岭天池，760m，8♂，1980.III.26-IV.17，蔡荣权、张宝林采；尖峰岭，1♂，1982.VII.25，陈芝卿采；大丰，1♂，1978.V.13，张宝林采。福建将乐龙栖山，2♂，1991.V.20-21，李文柱、史永善采；武夷山三港，1♀，1979.IX.29。云南勐海，1200m，1♀3♂，1978.IV.10-14，罗亨文采，1♀，1982.V.30，蔡荣权采；思茅，1♀，1979.IX.30；云龙曹涧，2300m，1♂，1982.IX.4；剑川石钟寺，2800m，1♀，1980.VII.19。江西上付，1♀，1973.IX.27。

分布：江西、福建、台湾、海南、云南；印度。

说明：Solovyev 和 Witt（2009）认为本属的5种，即 *A. nivea* Walker、*A. pura* (Snellen)、*A. melanopsis* Strand、*A. kerangatis* Holloway 及 *A. purina* Holloway，在外形和外生殖器上没有明显的区别特征，全部都应该是同一种，归在 *A. nivea* Walker 的名下。

13. 银纹刺蛾属 *Miresa* Walker, 1855

Miresa Walker, 1855, List Specimens Lepid. Insects Colln Br. Mus., 5: 1103, 1123. **Type species**: *Nyssia albipuncta* Herrich-Schaffer, [1854] 1850-1858.

Nyssia Herrich-Schaffer, [1854] 1850-1858, Samml. Aussereurop. Schmett., 1(1): wrapper, pl. 37, figs. 178, 179. Preocc. (Duponchel, 1829 [Geometridae]). **Type species**: *Nyssia albipuncta* Herrich-Schaffer, [1854] 1850-1858.

Neomiresa Butler, 1878, Trans. Ent. Soc. Lond., 1878: 74. **Type species**: *Nyssia argentata* Walker, 1855.

Miresopsis Matsumura, 1927, J. Coll. Agr. Hokkaido Imp. Univ., 19: 86, 87. **Type species**: *Miresa bracteata* Butler, 1880.

　　雄蛾触角基部 2/3 长双栉齿状。下唇须有些向上举，第 3 节不明显。本属的种类身体通常为暗黄色，前翅红褐色具有淡黄色的斑纹及 1 条银白色的外线（其内侧中部常有 1 个三角形白斑），后翅浅黄色。前翅的中室被分为 2 个几乎相等的部分，前翅 R_1 脉弯曲，十分靠近 Sc 脉。后翅中室被分为上小下大 2 个室（图 56）。雄性外生殖器为典型的刺蛾科结构，无明显的特化。雌性外生殖器的囊导管螺旋状，有 2 个囊突。

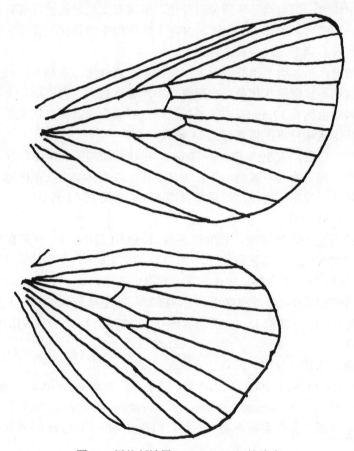

图 56　银纹刺蛾属 *Miresa* Walker 的脉序

　　本属已知 30 多种，分布在亚洲、非洲、中美洲和南美洲，但主要分布在东南亚地区。我国已记载 9 种。

种 检 索 表

1. 前翅外线内侧有 1 枚三角形的银斑 ··· 2
   前翅外线内侧无三角形的银斑 ··· 5
2. 前翅中室内还有 1 块三角形银斑 ··· 3
   前翅中室内无三角形银斑 ··· 4
3. 前翅外线内侧的三角形银斑小，约为前翅宽的 1/5，基部二分裂 ············ **闪银纹刺蛾 *M. fulgida***

前翅外线内侧的三角形银斑大，约为前翅宽的1/3，基部不分裂 ········· **越银纹刺蛾 *M. demangei***

4.　前翅外线明显而波状曲，端线完整 ················· **叶银纹刺蛾 *M. bracteata***

　　前翅外线多不完整，几乎呈弧形，端线不完整 ·········· **缅银纹刺蛾 *M. burmensis***

5.　前翅的银色横线不清晰，只部分可见 ·············· **迹银纹刺蛾 *M. kwangtungensis***

　　前翅的银色横线清晰 ·· 6

6.　前翅的外线在前缘靠近顶角，几乎直 ···············**线银纹刺蛾 *M. urga***

　　前翅的外线在前缘远离顶角，弯曲 ·························· 7

7.　前翅外线很清晰，其内侧的翅脉上有银纹 ·············· **多银纹刺蛾 *M. polargenta***

　　前翅外线多不完整，其内侧的翅脉上无银纹 ···················· 8

8.　翅颜色深；颚形突末端尖 ··················· **方氏银纹刺蛾 *M. fangae***

　　翅颜色浅；颚形突末端宽，二分叉 ·············· **叉颚银纹刺蛾 *M. dicrognatha***

(44) 叶银纹刺蛾 *Miresa bracteata* Butler, 1880（图 57；图版 II：41）

Miresa bracteata Butler, 1880a, Ann. Mag. Nat. Hist., (5)6: 64. Type locality: [Darjeeling, India]. Lectotype: ♂ (NHM).

　　翅展 28-36mm。体黄色，背面掺有赭褐色。前翅暗红褐色，外线以内的后缘区赭黄褐色；M_2-Cu_1 脉基部有 1 枚三角形的银斑，大波状的银色外线与银斑相连；端线由 1 列脉间银点组成，其内侧常有 1 条松散模糊的银色带。后翅浅赭黄色。

　　雄性外生殖器：爪形突短，单齿状；颚形突发达，强骨化，大钩状；抱器瓣狭长，由基部向端部逐渐变窄，末端圆；阳茎端基环骨化程度弱，盾状；阳茎狭长，中部稍弯，末端无突起。

　　雌性外生殖器：前表皮突是后表皮突长度的 2/3；囊导管十分狭长；交配囊卵圆形，囊突由小齿突组成。

　　幼虫：暗绿色，具黑白色侧线，身体前后各有 2 个基部橙色而又具黑刺的紫色枝刺。

　　茧：卵形，灰色具黑点，石灰质。在物体表面结茧，但更多结在缝隙中。

　　寄主植物：金鸡纳属、咖啡、杧果属、山楂子属、油丹属、榄仁树属。

　　观察标本：西藏樟木，2200-2400m，2♀2♂，1975.VI.25-VII.3，王子清、黄复生采（外生殖器玻片号 L05220 ♂，L05221 ♀）；樟木口岸，1♀1♂，1984.VII.20，胡胜昌采；吉隆县吉隆，2800m，1♂，1975.VII.25，王子清采；墨脱汗密，2120m，1♂，2006.VIII.10，陈付强采，3♀1♂，2013.VII.23，潘朝晖采；墨脱解放大桥，680m，1♂，2006.VIII.15，陈付强采。

　　分布：西藏；印度，尼泊尔，泰国，印度尼西亚。

　　说明：在我国西藏的标本中，雌性外生殖器的囊突不明显，而印度尼西亚的标本则有明显的囊突。

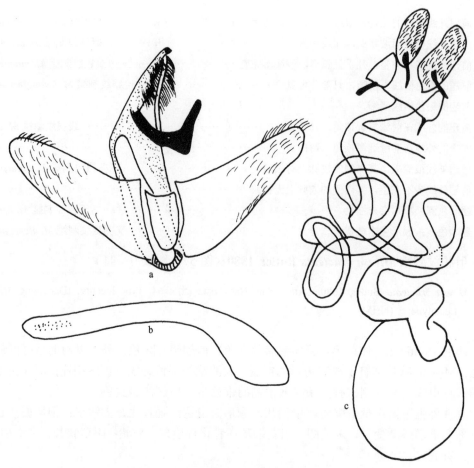

图 57　叶银纹刺蛾 *Miresa bracteata* Butler

a. 雄性外生殖器；b. 阳茎；c. 雌性外生殖器

(45) 缅银纹刺蛾 *Miresa burmensis* Hering, 1931（图 58；图版 II：42）

Miresa burmensis Hering, 1931, In: Seitz, Macrolepid. World, 10: 682, fig. 90b; Wu *et* Solovyev, 2011, J. Ins. Sci., 11(34): 6. Type locality: "Nieder-Burma" [lower Myanmar]. Holotype: ♂ (NHM).

翅展 28-36mm。体黄色，背面掺有赭褐色。前翅暗红褐色，外线以内的后缘区赭黄褐色；M_2-Cu_1 脉基部有 1 枚三角形的银斑；模糊的银色外线几乎呈弧形，与银斑相连；端线由 1 列隐约可见的脉间银点组成。后翅浅赭黄色。

雄性外生殖器：背兜狭长；爪形突短，单齿状；颚形突发达，强骨化，大钩状；抱器瓣狭长，几乎等宽，末端宽圆；阳茎端基环骨化程度弱，盾状；阳茎相对短，中部曲，末端无突起。

雌性外生殖器：前表皮突是后表皮突长度的 2/3；囊导管明显短于其他种；交配囊卵圆形，很大；囊突倒心形，上有许多小齿突。

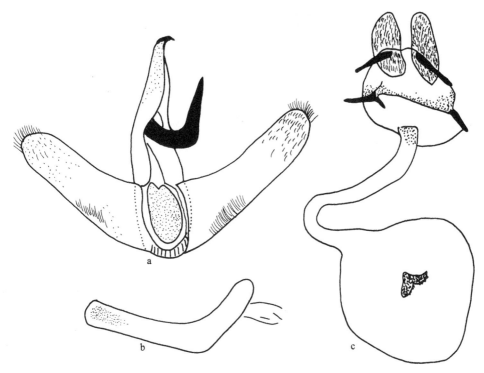

图 58　缅银纹刺蛾 *Miresa burmensis* Hering

a. 雄性外生殖器；b. 阳茎；c. 雌性外生殖器

观察标本：云南西双版纳小勐养，850m，2♀5♂，1958.VIII.24-IX.5，孟绪武、王书永、郑乐怡采（外生殖器玻片号 L05222 ♂，L05223 ♀）；西双版纳大勐龙，650m，5♂，1962.V.21-24，宋士美采；小勐仑，3♂，1980.V.4-6，王林瑶、高平采；西双版纳补蚌，700m，4♂，1993.IX.14，成新跃采；景洪，650m，1♂，1980.V.10；畹町林场，820m，2♂，1979.VI.3-5，周保忠、王芝俊采；景东董家坟，1250m，1♀，1956.VI.16，扎古良也夫采。广西博白林场，60m，1♂，1983.X.4（外生殖器玻片号 L05228）；金秀圣堂山，900m，1♂，1999.V.18 （外生殖器玻片号 L05224）。

分布：广西、云南；缅甸。

(46) 闪银纹刺蛾 *Miresa fulgida* Wileman, 1910（图 59；图版 II：43，图版 X：246）

Miresa fulgida Wileman, 1910, Entomol., 43: 192. Type locality: "Kanshirei (1000ft[①])" [Taiwan].
　　Lectotype: ♂ (NHM).
Miresa bracteata orientis Strand, 1915, Suppl. Ent., 4: 6.
Miresa bracteata kagoshimensis Strand, 1915, Suppl. Ent., 4: 7.

翅展 25-34mm。体黄色，背中央掺有赭褐色。前翅暗红褐色，后缘内半部赭黄褐色，

___
① 1ft=30.48cm

中室内半部和 A-M$_3$ 脉间的内半部各有 1 块三角形银斑，后者约为前翅宽的 1/5，并与银色外线相连，该斑基部二分叉；亚端线为 1 模糊银带。后翅浅黄色。

雄性外生殖器：爪形突稍长，单齿状；颚形突发达，强骨化，大钩状；抱器瓣狭长，由基部向端部缓慢变窄，末端圆；阳茎端基环骨化程度弱，盾状；阳茎狭长，中部稍弯，末端有 1 弱骨化的指状突。

雌性外生殖器：前表皮突是后表皮突长度的 2/3；第 8 腹板两侧有 1 对膜质的乳状突起；囊导管十分狭长；交配囊卵圆形，囊突略呈梅花状，上有许多小齿，其中 2 枚较大。

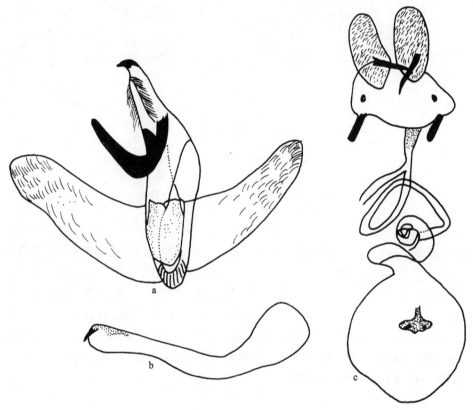

图 59 闪银纹刺蛾 *Miresa fulgida* Wileman
a. 雄性外生殖器；b. 阳茎；c. 雌性外生殖器

寄主植物：橄榄、茶、台湾相思树、樱花。

幼虫：老熟幼虫体长 27-31mm，长椭圆形。身体腹面在中后胸较宽，似一鞋底形。身体背面绿色，有枝刺 4 列，背侧的 2 列只在前后端各具 1 长枝刺，其余各节缺，枝刺的端部黑色，上有 9-11 根基部呈白色颗粒状、末端呈黑色的刺毛，形如白花；体侧的 2 对短小，刺瘤状。体背有衬墨绿色边的白色状线纹 5 条，围绕 4 根长枝刺前后排成环圈，只气门下线 1 条在前端呈现。体侧边缘淡红白色，外延具凹纹。

茧：卵圆形，灰白色，大小约 16mm×12mm，坚硬，结在茶枝杈间。

生物学习性：在云南西双版纳一年发生 1 代，以老熟幼虫在茧内越冬，危害期在 6-11 月。

观察标本：云南景东，1170m，1♀2♂，1956.VI.1，扎古良也夫采；勐海，1200m，4♂，1958.VII.18-20，王书永采，3♀2♂，1978.VII.11-17，罗亨文采；屏边大围山，1500m，6♂，1956.VI.17-21，黄克仁等采；河口，80-100m，2♂，1956.VI.5-6，黄克仁等采；永平金河大队，1100m，1♂，1980.VI.15；陇川林场，1000m，1♂，1978.VI.21。福建武夷山，740m，1♂，1960.VI.14，左永采，5♂，1982.VI.5，宋士美、张宝林采，2♂，1982.IX.15-18，张宝林采，1♀13♂，1983.V.11-VI.14，张宝林、宋士美、买国庆采；将乐龙栖山，900m，1♂，1991.VIII.12，宋士美采。江西大余，550m，1♂，1977.VI.14，刘友樵采，1♂，1985.VIII.10，王子清采；九连山，1♂，1975.VII.25，宋士美采。浙江杭州植物园，1♀1♂，1976.VI.9，陈瑞瑾采。湖南桑植天平山，1300m，1♂，1988.VIII.11，陈一心采。重庆彭水太原，750m，1♂，1989.VII.9，杨龙龙采。湖北利川星斗山，800m，3♂，1989.VII.22-23，李维采。海南尖峰岭天池，700-900m，8♂，1980.III.18-IV.13，张宝林、蔡荣权采；尖峰岭，1♀，1982.VIII.11，陈芝卿采，2♂，1973.VI.7-8，蔡荣权采。广西那坡德孚，1350m，2♀18♂，2000.VI.15-19，李文柱、姚建等采（外生殖器玻片号 L05217）；金秀圣堂山，900m，1♀4♂，1999.V.17-19，张学忠、李文柱等采（外生殖器玻片号 L05218）；金秀花王山庄，600m，2♂，1999.V.20，张学忠采；金秀罗香，400m，2♀4♂，1999.V.15，刘大军等采；防城扶隆，200m，1♂，1999.V.26，张学忠采；凭祥，1♂，1976.VI.17，张宝林采。广东广州石牌，3♂，1958.VIII.20-IX.9，王林瑶采；广州，5♂，1978.IV.16-20，白九维采，1♀2♂，1982.VI，谢振伦采。

分布：浙江、湖北、江西、湖南、福建、台湾、广东、海南、广西、重庆、云南；日本。

(47) 越银纹刺蛾 *Miresa demangei* de Joannis, 1930（图版 II：44）

Miresa demangei de Joannis, 1930, Ann. Soc. Ent. Fr., 98: 574. Type locality: "Cha pa" [northern Vietnam, Lao Cai]. Holotype: ♂ (MNHN).

翅展 25-34mm。体黄色，背中央掺有赭褐色。前翅暗红褐色，后缘内半部赭黄褐色，中室内半部和 A-M$_3$ 脉间的内半部各有 1 块大的三角形银斑，后者约为前翅宽的 1/3，并与银色外线相连，基部不分叉；亚端线为 1 模糊银带。后翅浅黄色。

雄性外生殖器：爪形突稍长，单齿状；颚形突发达，强骨化，大钩状；抱器瓣狭长，由基部向端部缓慢变窄，末端圆；阳茎端基环骨化程度弱，盾状；阳茎狭长，中部稍弯，末端有 1 弱骨化的指状突。

雌性外生殖器：前表皮突是后表皮突长度的 2/3；第 8 腹板两侧有 1 对膜质的乳状突起；囊导管十分狭长；交配囊卵圆形，囊突略呈梅花状，上有许多小齿，其中 2 枚较大。

观察标本：云南金平河头寨，1700m，1♀4♂，1956.V.11-15，黄克仁等采（外生殖器玻片号 L05215 ♂，L05211 ♀）；普洱，1♂，2009.VII.15-19，韩辉林等采；云龙，2000m，

1♂，1980.VII.15。

分布：云南；越南。

说明：本种曾作为闪银纹刺蛾 *M. fulgida* Wileman 的同物异名或 1 个亚种对待。Solovyev 和 Witt（2009）将本种作为独立种处理。2 种的雄性外生殖器没有明显区别，仅前翅的银斑较大而不分叉。因此，本种作为后者的亚种似乎更合适。

(48) 迹银纹刺蛾 *Miresa kwangtungensis* Hering, 1931（图 60；图版 II：45）

Miresa argentifera kwangtungensis Hering, 1931, In: Seitz, Macrolepid. World, 10: 683. Type locality: "Kwang-tung, Tsha-yün-schan" [China, Guangdong]. Lectotype: ♂ (ZMHB).

Miresa kwangtungensis Hering: Wu et Solovyev, 2011, J. Ins. Sci., 11(34): 9.

Miresa inornata (nec Walker): Cai, 1981, Iconographia Heterocerorum Sinicorum, 1: 103, fig. 675.

别名：大豆刺蛾。

翅展 26-33mm。头和胸背黄绿色，翅基片和后胸具红褐色边；腹背红褐色。前翅暗红褐色，外部 1/3 较明亮，灰褐色，中室以下的后缘区赭黄褐色；外线模糊，只有脉上暗褐色点可见；端线银色，不清晰，但在 Cu_2 与 M_1 脉间的银线很明显。后翅红褐色。

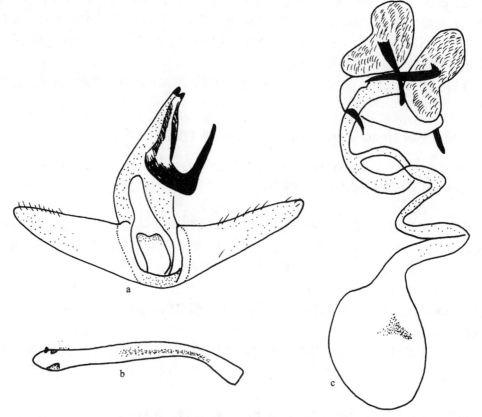

图 60　迹银纹刺蛾 *Miresa kwangtungensis* Hering

a. 雄性外生殖器；b. 阳茎；c. 雌性外生殖器

雄性外生殖器：爪形突短，双齿状；颚形突发达，强骨化，大钩状；抱器瓣狭长，由基部向端部逐渐变窄，末端较圆；阳茎端基环骨化程度弱，盾状；阳茎狭长，近中部稍弯，末端有 3 枚膜质的叶状突起。

雌性外生殖器：前表皮突是后表皮突长度的 2/3；囊导管十分狭长；交配囊卵圆形，囊突由小齿突组成，近三角形。

寄主植物：苹果、梨、柿、豆类、茶、天竺桂。

观察标本：广西金秀天堂山，600m，2♂，1999.V.11-17，李文柱、刘大军采，1♂，2000.VI.29，姚建采；金秀罗香，200-400m，3♀3♂，1999.V.15-16，韩红香、黄复生等采（外生殖器玻片号 L05210 ♂，L05211 ♀）；金秀金忠公路，1100m，4♂，1999.V.10-12，李文柱、韩红香采；金秀银杉站，1100m，3♂，1999.V.10，刘大军、李文柱采；上思红旗林场，300m，1♂，1999.V.27，袁德成采；那坡德孚，1440m，1♂，1998.IV.3，李文柱采；那坡北斗，550m，1♀，2000.VI.22，朱朝东采；防城扶隆，200m，6♂，1999.V.24-26，李文柱等采；龙胜，1♀，1980.VI.10，王林瑶采；桂林雁山，200m，1♀2♂，1963.V.12-14，王春光采，6♂，1953.IX.10-12，2♂，1976.VI.16，1♂，1979.VII.17；桂林植物所，2♂，1980.VI.7-8；钦州农科所，1♂，1979.IX.12；龙州弄岗，330m，1♂，2000.VI.15，李文柱采；南宁，2♀，1973.VI.7；阳朔白沙，160m，1♂，1963.VII.22，王春光采；龙胜，1♀1♂，1980.VI.11-13，王林瑶、宋士美采。福建南靖天奎，6♂，1973.VII.24-27，陈一心采；将乐龙栖山，900m，1♂，1991.VIII.8，宋士美采；尤溪，1♂，1976.V.7，黄邦侃采；武夷山三港，1♀，1979.VIII.12，宋士美采。湖北利川星斗山，800m，1♂，1989.VII.23，李维采。云南西双版纳补蚌，700m，6♂，1993.IX.14-15，杨龙龙采。四川峨眉山，1♀2♂，1957.VI.13-19，朱复兴、黄克仁采，2♂，1977.VII，王子清采（外生殖器玻片号 L05212），5♂，1979.V.6-22，王林瑶、白九维采；南充，1♀，1973.VII.6；会理力马河矿区，1♂，1974.VII.22，韩寅恒采。重庆万州王二包，1200m，1♂，1993.VIII.12，宋士美采。湖南东安，1♂，1969.VI.10；桑植天平山，1300m，1♂，1988.VIII.11，李维采。广东鼎湖山，1♂，1978.VI.20；鼎湖山，1♀，1973.VI.11，张宝林采。海南尖峰岭，1♂，1982.VII.8，刘元福采；保亭，4♂，1973.V.24，蔡荣权采。江西九连山，2♂，1975.VI.11-VII.28，宋士美采，1♂，1977.V.21；大余内良，2♂，1985.VIII.14-23，王子清采；大余，550m，3♂，1977.VI.17，刘友樵采；井冈山，1♂，1975.VII.2，张宝林采。河南商城黄柏山大庙，700m，1♂，1999.VII.12，申效诚等采；西峡黄石庵，1♂，1998.VII.18。浙江天目山，3♂，1998.VII.23-27，吴鸿等采。

分布：河南、浙江、湖北、江西、湖南、福建、广东、海南、广西、重庆、四川、云南。

(49) 线银纹刺蛾 *Miresa urga* Hering, 1933（图 61；图版 II：46）

Miresa urga Hering, 1933a, In: Seitz, Macrolepid. World, Suppl. 2: 206, fig. 15d. Type locality: "Siao-Lou" [China, Sichuan]. Lectotype: ♂ (ZMHB).

翅展 31-39mm。头和胸背柠檬黄色，中央有 1 条赭黄色纵纹。后胸末端具赭黄色毛；

腹背赭黄色。前翅暗红褐色，外部 1/3 灰褐色，外线以内的后缘区赭黄褐色；中室后缘脉上较暗；外线不清晰银色，从翅顶斜伸至 1A 脉稍外曲，以后稍内曲斜伸至后缘近中央；端线银色，模糊，Cu_1-M_3 脉一段较可见。后翅红褐色。

雄性外生殖器：爪形突很短，末端稍呈单齿状；颚形突发达，强骨化，端部明显宽于其他种；抱器瓣狭长，由基部向端部逐渐变窄，末端圆；阳茎端基环骨化程度弱，盾状；阳茎狭长，几乎直，末端侧面有 1 叶状突起。

雌性外生殖器：前表皮突是后表皮突长度的 2/3；囊导管十分狭长；交配囊卵圆形，囊突由 2 块小骨片组成，骨片上密布微齿突，但下缘 1 列较大。

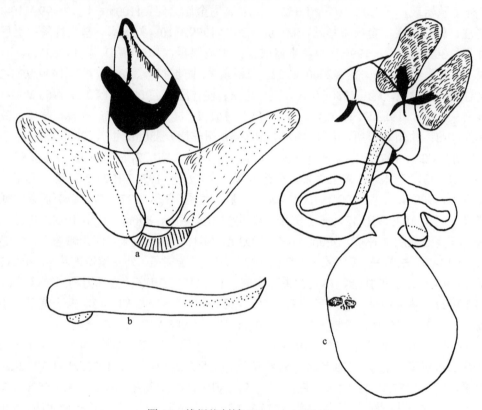

图 61　线银纹刺蛾 *Miresa urga* Hering
a. 雄性外生殖器；b. 阳茎；c. 雌性外生殖器

观察标本：湖北兴山龙门河，1200m，2♂，1993.VI.18-21，黄润质采；神农架板仓，3♂，1985.VI.13（存湖北农业科学院植保土肥研究所）。甘肃康县阳坝林场，1000m，4♂，1999.VII.10-11，朱朝东、贺同利采；康县清河林场，1400m，5♂，1999.VII.7-8，王洪建、朱朝东、姚建采；成县飞龙峡，1020m，1♂，1999.VII.4，姚建采。陕西佛坪偏岩子，1750m，1♂，1999.VI.28；佛坪，890m，1♀1♂，1999.VI.26，姚建采（外生殖器玻片号 L05213 ♂，L05214 ♀）；宁陕火地塘，1580m，1♀3♂，1999.VI.25-VII.1，袁德成采。四川攀枝花平地，1♂，1981.VI.13；四川，2♂，1974.VII.21-24；泸定新兴，1920m，2♂，1983.VI.14，柴怀成采；泸定磨西，1600m，1♂，1983.VI.19，陈元清采；会理，1♂，1974.VII.24，

韩寅恒采；峨眉山，800-1000m，5♂，1957.VI.7-VII.6，朱复兴、王宗元、黄克仁采，1♂，1974.VI.12，王子清采。重庆武隆东山角，1400m，1♂，1989.VII.5，买国庆采；重庆城口县岚天乡三河村，1322m，1♂，31.941°N，108.931°E，2017.VII.3，陈斌等采；重庆城口县高燕镇来凤村，992m，1♀，31.930°N，108.607°E，2017.VI.19，陈斌等采。云南金平河头寨，1700m，3♂，1956.V.10-14，黄克仁采；维西永春，2370m，1♀，1979.VI.23；腾冲洞山坡，1750m，1♂，1979.V.25；永胜六德，2400m，1♂，1980.VII.8，刘大军采；勐海，1200m，1♂，1958.VII.18；宁蒗，2450m，1♀，1979.VII.15；普洱，1♂1♀，2009.VII.15-19，韩辉林等采。贵州江口梵净山，600-1800m，1♂，2002.VI.2，武春生采。西藏汗密，1♀1♂，2013.VII.23，潘朝晖采。

分布：陕西、甘肃、湖北、重庆、四川、贵州、云南、西藏。

(50) 方氏银纹刺蛾 *Miresa fangae* Wu *et* Solovyev, 2011（图 62；图版 II：47）

Miresa fangae Wu *et* Solovyev, 2011, J. Ins. Sci., 11(34): 11. Type locality: Southern China (IZCAS).

翅展 26-33mm。头和胸背黄绿色，翅基片和后胸具红褐色边；腹背红褐色。前翅暗红褐色，中室以下的后缘区赭黄褐色；外线较模糊，大波状，靠近后缘一段最明显；端线由 1 列明显的银点组成。后翅红褐色。

雄性外生殖器：爪形突短；颚形突发达，强骨化，大钩状；抱器瓣狭长，几乎等宽，末端宽圆；阳茎端基环骨化程度弱，盾状；阳茎狭长，中部稍弯，末端有 3 枚三角形的突起。

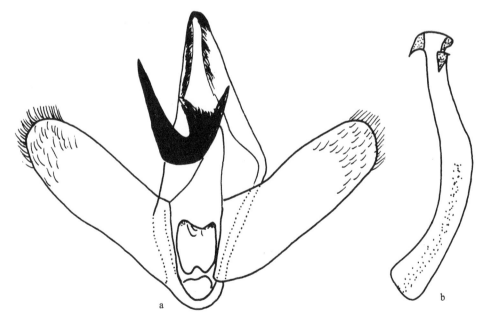

图 62　方氏银纹刺蛾 *Miresa fangae* Wu *et* Solovyev

a. 雄性外生殖器；b. 阳茎

观察标本：海南通什，1♂，1973.VI.2，蔡荣权采（外生殖器玻片号 L05206，正模）。广西那坡北斗，550m，2♂，2000.VI.22，李文柱、朱朝东采；那坡德孚，1350m，2♂，2000.VI.18，姚建采；金秀，1♂，1981.VIII.22，侯邦乾采；六万林场，1♂，1981.X.20，赖来安采。江西大余，2♂，1975.VII.15，宋士美采。湖南桑植天平山，1300m，1♂，1988.VIII.11，陈一心采（外生殖器玻片号 L05209）；湖南莽山，1♀，1981.VII；安化，1♂，1981.VIII。贵州江口梵净山，500m，1♂，1988.VII.11，李维采（副模）。广东南岭，1♂，2008.VII.21，陈付强采；车八岭，2♂，2008.VII.21，陈付强采。福建南滩，1♂，1981.VIII.18。

分布：江西、湖南、福建、广东、海南、广西、贵州。

(51) 叉颚银纹刺蛾 *Miresa dicrognatha* Wu, 2011（图63；图版 II：48）

Miresa dicrognatha Wu, 2011, Acta Zootaxonomica Sinica, 36(2): 249. Type locality: Mt. Emei, Sichuan, China (IZCAS).

翅展 28-33mm。头和胸背黄绿色，翅基片和后胸具红褐色边；腹背黄绿色到红褐色。前翅红褐色，中室以下的后缘区赭黄褐色；外线较模糊，大波状，不太明显；端线由 1 列模糊的银点组成。后翅黄褐色或基部黄褐色，其余部分红褐色。

雄性外生殖器：爪形突短；颚形突发达，强骨化，宽大，末端二分叉；抱器瓣狭长，几乎等宽，末端宽圆；阳茎端基环骨化程度较弱，盾状；阳茎狭长，稍弯，比抱器瓣长，有 1 枚小角状突（有时不明显）。

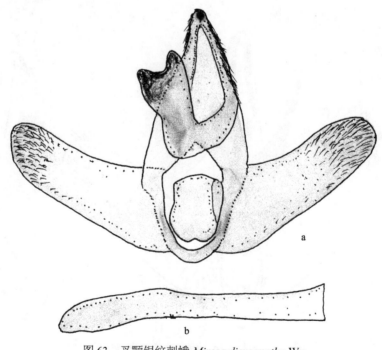

图63　叉颚银纹刺蛾 *Miresa dicrognatha* Wu
a. 雄性外生殖器；b. 阳茎

观察标本：四川，1974.VII.24（外生殖器玻片号 L05225，正模）；峨眉山，550-1000m，4♂，1957.IV.24-29，黄克仁等采，2♂，1957.VI.13-23，朱复兴采（外生殖器玻片号 L05226，副模）。

分布：四川。

说明：本种外形类似方氏银纹刺蛾 *M. fangae* Wu et Solovyev，但颜色较浅。本种宽大分叉的颚形突可与本属所有其他种相区别。

(52) 多银纹刺蛾 *Miresa polargenta* Wu *et* Solovyev, 2011（图 64；图版 II：49）

Miresa polargenta Wu *et* Solovyev, 2011, J. Ins. Sci., 11(34): 12. Type locality: Guangxi, Yunnan, China (IZCAS).

翅展 26-33mm。头和胸背黄绿色，翅基片和后胸具红褐色边；腹背红褐色。前翅暗红褐色，中室以下的后缘区赤褐色；外线明显，大波状；外线内侧的翅脉上有明显的银纹；端线由 1 列明显的银点组成。后翅红褐色。

雄性外生殖器：爪形突短宽，马蹄形（明显宽于银纹刺蛾属的其他种类）；颚形突发达，强骨化，大钩状；抱器瓣狭长，由基部向端部逐渐变窄，末端圆；阳茎端基环骨化程度弱，盾状；阳茎狭长，几乎直，末端有 3 枚三角形的突起。

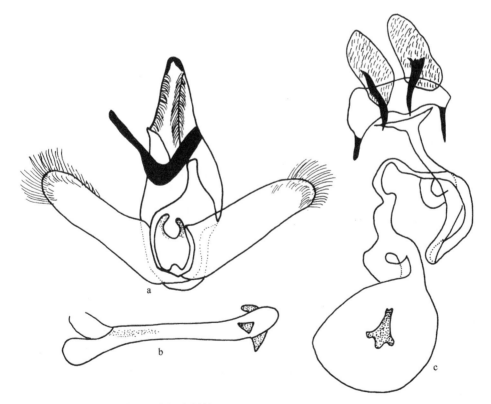

图 64　多银纹刺蛾 *Miresa polargenta* Wu *et* Solovyev
a. 雄性外生殖器；b. 阳茎；c. 雌性外生殖器

雌性外生殖器：前表皮突是后表皮突长度的 2/3；囊导管十分狭长；交配囊卵圆形，囊突飞机形，上有许多小齿突。

观察标本：广西金秀林海山庄，1100m，1♂，2000.VII.2，李文柱采（外生殖器玻片号 L05205，正模）；苗儿山九牛场，1150m，1♂，1985.VII.6，方承莱采。云南西双版纳勐海，1200m，1♀1♂，1982.VIII.5-10，罗亨文采（外生殖器玻片号 L05207 ♂，L05208 ♀）；西双版纳勐仑，1♂，1964.VI.3，张宝林采（副模）；云南漾濞跃进村，1500m，1♂，1980.VII.29。

分布：广西、云南；越南。

14. 紫纹刺蛾属 *Birthama* Walker, 1862

Birthama Walker, 1862, J. Proc. Linn. Soc. (Zool.), 6: 175. **Type species**: *Birthama obliqua* Walker, 1862, by monotypy.

Nirma van Eecke, 1929, Zool. Meded. Leiden, 12: 117. **Type species**: *Nirma psychidalis* van Eecke, 1929, by original designation.

雄蛾触角基部 2/3 双栉齿状。下唇须中等长，很少超过额毛簇。后足胫节有 2 对距。前翅 R_5 脉不与 R_3+R_4 脉共柄，R_2 脉与 R_3+R_4 脉共柄，R_1 脉非常靠近 Sc 脉。后翅 M_1 脉与 Rs 脉端部共柄或同出一点；$Sc+R_1$ 脉与中室前缘有较长一段并接（图 65）。

通常有性二型现象，雌蛾要大许多，前翅的斜纹更明显。雄性外生殖器有典型的刺蛾科结构，没有特化的属征。雌性外生殖器的囊导管不骨化，也不呈螺旋状，导精管从相对基部的位置分出。

本属已知 2 种，分布在东洋界，我国已记载 1 种。

(53) 紫纹刺蛾 *Birthama rubicunda* (Walker, 1862)（图 66；图版 II：50-51）

Nyssia rubicunda Walker, 1862, J. Proc. Linn. Soc. (Zool.), 6: 144.

Birthama obliqua Walker, 1862, J. Proc. Linn. Soc. (Zool.), 6: 175.

Miresa acallis Swinhoe, 1906, Ann. Mag. Nat. Hist., (7)17: 548.

Nirma psychidalis van Eecke, 1929, Zool. Meded. Leiden, 12: 117.

Birthama rubicunda (Walker): Hering, 1931, In: Seitz, Macrolepid. World, 10: 688; Holloway, 1986, Malayan Nature Journal, 40(1-2): 122.

别名：紫银纹刺蛾。

翅展♂ 28mm 左右，♀ 36mm 左右。雄蛾头部橙红色，胸部和腹部淡赤红色。前翅暗赤红色，从翅顶到后缘基部 1/3 处有 1 条模糊的斜线，该线将翅面分割为两部分，线内的部分密布灰褐色鳞片；边缘颜色较暗。后翅浅赤红色。雌蛾偏赭红褐色，前翅的斜纹粗而明显。

雄性外生殖器：爪形突短，单齿状；颚形突发达，强骨化，大钩状，端部宽；抱器瓣狭长，由基部向端部逐渐变窄，末端圆；阳茎端基环骨化程度弱，盾状，很长；阳茎

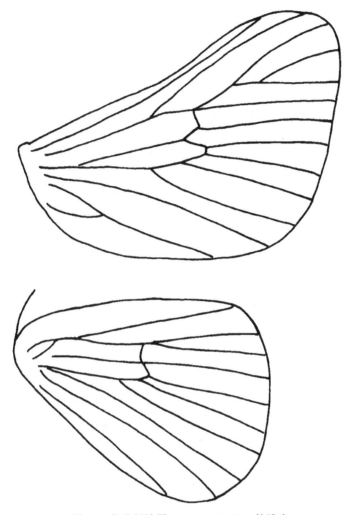

图 65　紫纹刺蛾属 *Birthama* Walker 的脉序

狭长，直，末端有 2 枚齿状突起。

雌性外生殖器：产卵斑肾形；后表皮突细长，骨化程度较弱；前表皮突较粗，比后表皮突稍长，骨化程度较弱；导管端片长漏斗形，有少量弱骨化区；囊导管细长；交配囊较大，椭圆形；无囊突。

观察标本：海南尖峰岭，1♂1♀，1982.X.5，王春玲采，1♂，1983.X.12，刘元福采；尖峰岭天池，760m，1♂，1980.III.18，蔡荣权采；万宁，60m，4♂，1963.VIII.19-26，张宝林采。

分布：海南；马来西亚，新加坡，印度尼西亚。

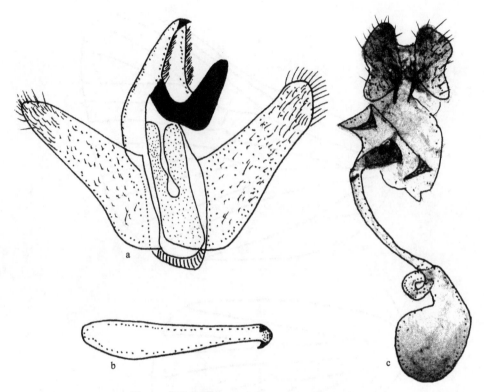

图 66 紫纹刺蛾 *Birthama rubicunda* (Walker)

a. 雄性外生殖器；b. 阳茎；c. 雌性外生殖器

15. 漪刺蛾属 *Iraga* Matsumura, 1927

Iraga Matsumura, 1927, J. Coll. Agri. Hokkaido Imp. Univ., 19: 89. **Type species**: *Tetraphleps rugosa* Wileman, 1911.

雄蛾触角锯齿状具毛簇。下唇须前伸，稍伸过额毛簇，稍有点向末端膨大。前翅 R_5 脉与 R_3+R_4 脉共柄，R_2 脉与此柄同出一点或共柄。后翅 M_1 脉与 Rs 脉共短柄；Sc+R_1 脉在中室近基部由 1 横脉与中室相连（图 67）。前翅密布起伏的鳞片，使翅脉看起来很粗糙。

本属仅包含模式种，分布在我国。

(54) 漪刺蛾 *Iraga rugosa* (Wileman, 1911)（图 68；图版 II：52）

Tetraphleps rugosa Wileman, 1911, Entomol., 44: 205.

Iraga rugosa (Wileman): Matsumura, 1927, J. Coll. Agri. Hokkaido Imp. Univ., 19: 89.

翅展 30mm 左右。身体和前翅暗紫褐色，身体背中央红黄色似成一带。前翅具皱纹，在 Cu_2 脉基部、1A 脉中央和臀角分别有 1 红褐色斑点，其中以后者的最大。后翅灰黑色。

雄性外生殖器：背兜较短，侧缘密布较长的毛；爪形突末端中部有 1 枚小齿突；颚

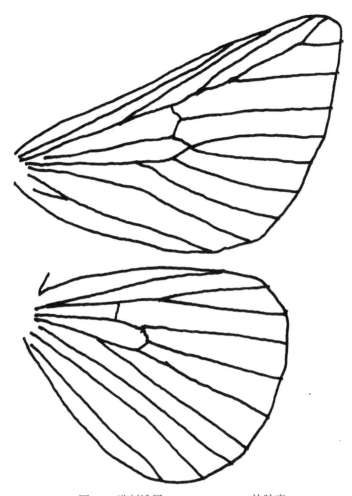

图 67　漪刺蛾属 *Iraga* Matsumura 的脉序

形突长，大钩状，末端尖；抱器瓣狭长，几乎等宽，末端宽圆；阳茎端基环中等骨化，末端无突起。阳茎细，弯曲，比抱器瓣长。无明显的囊形突。

　　雌性外生殖器：第 8 腹节稍短。后表皮突粗长，末端尖；前表皮突较短，约为后表皮突长度的 1/2；囊导管细长，端部呈螺旋状扭曲；交配囊大，囊突较大，横条状，中部内凹，上有齿突。

　　观察标本：四川峨眉山，800-1000m，1♀13♂，1957.VI.18-30，朱复兴、黄克仁、卢佑才采；峨眉山，600-1750m，2♂，1979.VI.12-18，高平采；都江堰青城山，700-1000m，1♂，1979.V.19，高平采，1♂，1979.VI.4，尚进文采；康定，1♂，2004.VI.1，魏忠民采。重庆彭水太原，750m，1♀，1989.VII.9，买国庆采；重庆城口县双河乡余坪村，1320m，1♂，31.898°N，108.355°E，2017.VII.7，陈斌等采。江西大余，3♂，1975.VII.17-18，宋士美采；庐山，1♂，1975.VII.3，徐建华采。贵州江口梵净山，500m，1♂，1988.VII.11，李维采。湖南桑植天平山，1300m，2♂，1988.VIII.11，陈一心采。湖北兴山龙门河，1300m，1♂，1993.VII.15，宋士美采；利川星斗山，800m，1♂，1989.VII.23，李维采；神农架，

950m，1♂，1980.VII.18，虞佩玉采；秭归九岭头，100m，1♂，1993.VI.13，姚建采。福建崇安三港，740m，1♂，1960.VII.16，张毅然采。广东广州，1♂，1931.VII。浙江天目山，1♂，1936.V。海南尖峰岭天池，760-900m，17♂，1980.III.19-IV.18，张宝林、蔡荣权采；尖峰岭，1♀1♂，1983.IV.7-25，顾茂彬采；保亭，1♂，1973.V.24。陕西佛坪，890m，1♂，1999.VI.26，姚建采；佛坪，950m，1♂，1998.VII.24，袁德成采。甘肃文县碧口，700m，1♂，1998.VI，陈军采；康县清河林场，1400m，1♀，1999.VII.8，朱朝东采；康县阳坝，1000m，1♂，1999.VII.10，朱朝东采。云南景东，1170m，1♂，1956.V.6，扎古良也夫采。河南内乡宝天曼，2♂，1998.VII.12，申效诚等采。

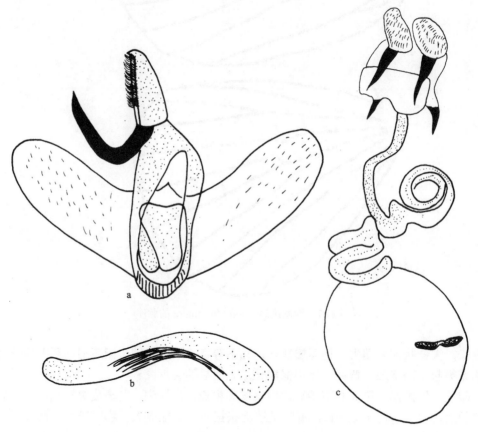

图 68　漪刺蛾 *Iraga rugosa* (Wileman)

a. 雄性外生殖器；b. 阳茎；c. 雌性外生殖器

分布：河南、陕西、甘肃、浙江、湖北、江西、湖南、福建、台湾、广东、海南、重庆、四川、贵州、云南。

16. 姹刺蛾属 *Chalcocelis* Hampson, [1893]

Chalcocelis Hampson, [1893] 1892, Fauna Br. India, 1: 372, 392. **Type species**: *Miresa fumifera*

Swinhoe, 1890.

Chalcoscelis Turner, 1926, Proc. Linn. Soc. N.S.W., 51: 418, 427. An unjustified emendation of *Chalcocelis* Hampson.

雄蛾触角双栉齿状仅达基部 1/3-1/2。雌蛾触角线状。下唇须中等长，上举。后足胫节有 2 对距。前翅 R_5 脉与 R_3+R_4 脉共柄，R_2 脉与此柄同出一点。后翅 M_1 脉与 Rs 脉共短柄。后翅 $Sc+R_1$ 脉在近基部与中室前缘相并接（图 69）。雌雄异型。

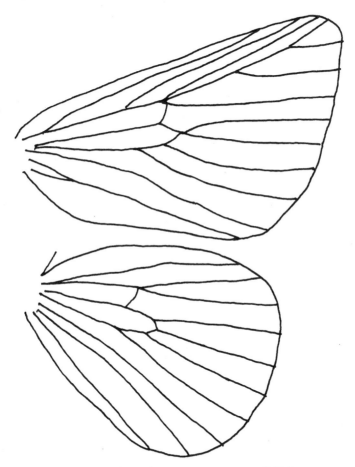

图 69　姹刺蛾属 *Chalcocelis* Hampson 的脉序

雄性外生殖器的爪形突钝梯形；颚形突为 1 对膜质的球状叶，具毛；抱器瓣长，向末端逐渐变窄，末端尖，亚端通常有 1 背角突；阳茎端基环背缘深裂；囊形突中等。雌性外生殖器的囊导管相对短，不呈螺旋状；囊体上无囊突。

本属已知 4 种，分布在东洋界。我国已记载 2 种。

种 检 索 表

抱器瓣端部的鸟头状部分狭长 ·············· **白痣姹刺蛾 *Ch. dydima***

抱器瓣端部的鸟头状部分宽大 ······················· **白翅娃刺蛾 *Ch. albor***

(55) 白痣娃刺蛾 *Chalcocelis dydima* Solovyev *et* Witt, 2009（图 70；图版 II：53-54）

Chalcocelis dydima Solovyev *et* Witt, 2009, Entomofauna, Suppl. 16: 94. Type locality: Hainan, China.

Chalacocelis albiguttata (nec Snellen): Cai, 1981, Iconographia Heterocerorum Sinicorum, 1: 99, fig.
    646.

成虫：体长♂9-11mm，♀10-13mm。翅展♂23-29mm，♀30-34mm。雌雄异型。雄蛾灰褐色，触角灰黄色，基半部羽毛状，端半部丝状。下唇须黄褐色，弯曲向上。前翅中室中央下方有 1 个黑褐色近梯形斑，内窄外宽，上方有 1 个白点，斑内半部棕黄色，中室端横脉上有 1 个小黑点。雌蛾黄白色，触角丝状。前翅中室下方有 1 个不规则的红褐色斑纹，其内线有 1 条白线环绕，线中部有 1 个白点，斑纹上方有 1 个小褐斑。

雄性外生殖器：背兜狭长，侧缘密布细毛；爪形突末端较钝；颚形突膜质，呈 1 对宽叶形；抱器瓣狭长，背缘中部有 1 簇长鬃刺，抱器瓣端部细，末端呈鸟头状；阳茎端基环骨化程度弱，末端无突起。阳茎细，比抱器瓣短许多，无角状器。无明显的囊形突。

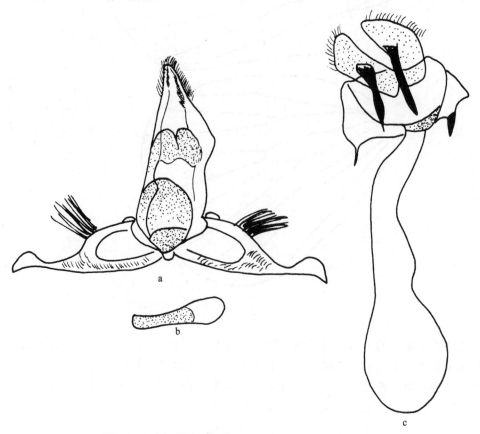

图 70　白痣娃刺蛾 *Chalcocelis dydima* Solovyev *et* Witt

a. 雄性外生殖器；b. 阳茎；c. 雌性外生殖器

雌性外生殖器：第 8 腹节宽。后表皮突粗长，末端尖；前表皮突短小；囊导管较粗长，端部不呈螺旋状扭曲；交配囊小，无囊突。

卵：椭圆形，片状，长 1.5-2.0mm。蜡黄色半透明。

幼虫：1-3 龄幼虫黄白色或蜡黄色，前后两端黄褐色，体背中央有 1 对黄褐色的斑。4-5 龄幼虫淡蓝色，无斑纹。末龄幼虫长椭圆形，体长 15-20mm，宽 8-10mm，前宽后窄，体上覆有 1 层微透明的胶蜡物。

蛹茧：茧白色，椭圆形，长 8-11mm，宽 7-9mm。蛹短粗，栗褐色；触角长于前足，后足和翅端伸达腹部第 7 节，翅顶角处和后足端部分离外斜。

生物学习性：在广州一年发生 4 代，以蛹越冬。翌年 3 月底 4 月初出现危害。成虫羽化时间以 19:00-20:00 最多。成虫有趋光性；寿命 3-6 天。大部分蛾第 2 晚交尾，第 3 晚产卵。第 3 代成虫每个雌蛾产卵量为 12-274 粒，平均 108 粒。卵单产于叶面或叶背，以叶背为多。第 1 代卵期 4-8 天，受寒潮影响较大；第 2、3 代卵期 4 天，第 4 代 5 天。1-3 龄幼虫多在叶面或叶背啃食表皮及叶肉，4-5 龄幼虫则可取食整个叶片；幼虫蜕皮前 1-2 天固定不动，蜕皮后少数幼虫有食蜕现象。幼虫蜕皮 4 次，化蛹前从肛门排出一部分水液，然后才结茧。幼虫期 30-65 天，第 1 代历期 53-57 天；第 2 代 33-35 天；第 3 代 28-30 天；第 4 代 60-65 天。幼虫常在两片重叠的叶间结茧。少数在枝条上结茧。第 1-3 代蛹期 15-27 天；越冬代蛹期 90-150 天，平均 143 天。

该虫在林缘、疏林和幼树发生数量多，危害严重。树冠茂密，或郁闭度大的林分受害较轻。在华南地区雨季（3-8 月）发生较轻，旱季危害严重。该虫是我国南方阔叶树上一种常见的刺蛾。该种常和丽绿刺蛾、中国扁刺蛾、窄缘绿刺蛾、纵带球须刺蛾混同发生。大发生时将树叶吃光，严重影响树木生长。

在云南西双版纳一年发生 2-3 代，多以老熟幼虫在茧内越冬，发生期也不规则，危害期以 3-11 月为重。

寄主植物：油桐、八宝树、秋枫、柑橘、茶、咖啡、刺桐。

天敌：幼虫期主要有螳螂捕食，蛹期主要有 1 种刺蛾隆缘姬蜂寄生。

观察标本：江西大余，1♀11♂，1975.VII.16-18，宋士美采（外生殖器玻片号 L05233，L05234），1♂，1976.VIII.3，1♂，1985.VIII.14，王子清采；九连山，10♂，1975.VI.22-VII.27，宋士美采；江西，4♂，1975.VII.，宋士美采。海南万宁，60m，16♂，1963.V.19-VIII.20，张宝林采；通什，1♀3♂，1973.V.27-28，蔡荣权采；尖峰岭，1♀3♂，1973.V.24-VI.9，蔡荣权采（外生殖器玻片号 L05237，L05238），2♂，1983.X.12- XI.11，陈佩珍采。广东广州，3♂，1978.IV.16，白九维采；广州植物园，1♀4♂，1978.IV.12；广州石牌，1♀，1983.XI.29，蔡荣权采。福建莆田，2♂，1978.VI.29-VII.7，黄邦侃等采；南靖天奎，2♂，1973.VII.26-27，陈一心采。云南芒市，900m，1♂，1955.V.17，克雷让诺夫斯基采；西双版纳小勐仑，2♂，1980.V.6，王林瑶采；勐海，1200m，1♂，1980.IV.13，罗亨文采。广西龙州大青山，360m，3♂，1963.IV.22，王春光采；桂林雁山，200m，3♂，1963.V.10-13，桂林，150m，1♂，1976.VII.17，张宝林采；桂林尧山，2♂，1979.VII.19（外生殖器玻片号 L05235）；南宁，3♂，1973.VII.4-5，侯陶谦采，4♂，1980.IV.21，蔡荣权采，1♂，1982.IV.15，李少玲采（外生殖器玻片号 W10024）；红卫，1♂，1982.VIII.14；钦州，1♂，

1980.VIII.24；上林，1♀，1980。湖北宣恩长潭，650m，1♀3♂，1989.V.25，李维、陈一心采（外生殖器玻片号 L05240）。浙江杭州，1♂，1976.VI.9，陈瑞瑾采。贵州江口梵净山，600m，1♂，2002.VI.2，武春生采。

分布：浙江、湖北、江西、湖南、福建、广东、海南、广西、贵州、云南；越南，泰国。

(56) 白翅姹刺蛾 *Chalcocelis albor* Solovyev *et* Witt, 2009（图 71）

Chalcocelis albor Solovyev *et* Witt, 2009, Entomofauna, Suppl. 16: 93. Type locality: N-Vietnam; Wu, 2011, Acta Zootaxonomica Sinica, 36(2): 254.

体长♂ 9-11mm，♀ 10-13mm。翅展♂ 23-29mm，♀ 30-34mm。雌雄异型。雄蛾灰褐色，触角灰黄色，基半部羽毛状，端半部丝状。下唇须黄褐色，弯曲向上。前翅中室中央下方有 1 个黑褐色近梯形斑，内窄外宽，上方有 1 个白点，斑内半部棕黄色，中室端横脉上有 1 个小黑点。雌蛾黄白色，触角丝状。前翅中室下方有 1 个不规则的红褐色斑纹，其内线有 1 条白线环绕，线中部有 1 个白点，斑纹上方有 1 个小褐斑。

雄性外生殖器：背兜狭长，侧缘密布细毛；爪形突末端较钝；颚形突膜质，呈 1 对宽叶形；抱器瓣狭长，背缘中部有 1 簇长鬃刺，抱器瓣亚端部细，末端呈三角形；阳茎端基环骨化程度弱，末端无突起。阳茎细，比抱器瓣短许多，无角状器。无明显的囊形突。

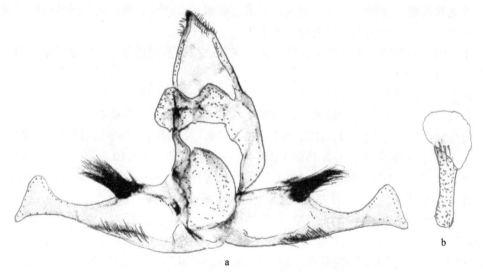

图 71　白翅姹刺蛾 *Chalcocelis albor* Solovyev *et* Witt

a. 雄性外生殖器；b. 阳茎

观察标本：广西金秀花王山庄，600m，2♂，1999.V.20，张学忠采；金秀天堂山，900m，3♂，1999.V.17-18，张国庆、刘大军采；金秀圣堂山，900m，3♂，1999.V.17-19，李文柱、韩红香采（外生殖器玻片号 W10051，W10052）。

分布：广西；越南。

17. 仿姹刺蛾属 *Chalcoscelides* Hering, 1931

Chalcoscelides Hering, 1931, In: Seitz, Macrolepid. World, 10: 669, 686. **Type species**: *Miresa castaneipars* Moore, 1866.

雄蛾触角双栉齿状达末端。下唇须上举。翅面上的翅脉向边缘逐渐变为暗褐色。该属在外形上的特征是翅基部有 1 块紫红褐色的大斑。后翅 Sc+R$_1$ 脉在近基部由 1 横脉与中室前缘相连接（图 72）。

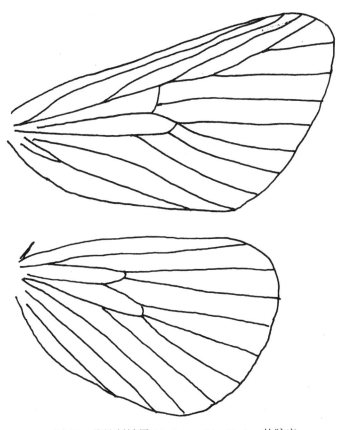

图 72　仿姹刺蛾属 *Chalcoscelides* Hering 的脉序

雄性外生殖器的爪形突短，末端钝，具鬃毛；颚形突很阔，扁；抱器瓣简单，末端向背缘呈钩状突出，抱器背基部有 1 组刺列；囊形突中等。雌性外生殖器的产卵瓣背缘有 1 块骨片，骨片后缘有刻点；囊导管不明显呈螺旋状；囊体上无囊突。

本属仅包括模式种，分布在东洋界，我国也有记录。

(57) 仿姹刺蛾 *Chalcoscelides castaneipars* (Moore, 1865)（图 73；图版 II：55）

Miresa castaneipars Moore, 1865, Proc. Zool. Soc. Lond., 1865: 819.

Chalcoscelides castaneipars (Moore): Hering, 1931, In: Seitz, Macrolepid. World, 10: 687, fig. 90d.

翅展 29-36mm。身体黄白色，翅基片带黄褐色，臀毛簇暗褐色。前翅黄白色，从横脉到内线的位置上有 1 块枣红色大斑，呈斜倒心形，斑尖几乎达前缘，斑内侧 1/3 蒙有 1 层浅蓝灰色，斑的外上方和 3A 脉上布有黑色雾点，斑的外下方到臀角稍带褐色；外线褐色，模糊影状双道，呈不规则弯曲，于前缘开始处有 1 黑点；端线和外缘上的翅脉黑色。后翅黄白色，后缘黄色较浓。

雄性外生殖器：爪形突短，末端钝，具鬃毛；颚形突很阔，扁，骨化程度弱；抱器瓣简单，末端向背缘呈钩状突出，抱器背基部有 1 组粗刺列；囊形突中等；阳茎细长，明显长过抱器瓣，末端有 4 枚大齿。

雌性外生殖器：产卵瓣背缘有 1 块骨片，骨片后缘有刻点；后表皮突很狭长，前表皮突短小；囊导管长，基部有些骨化，端部不明显呈螺旋状；囊体上无囊突。

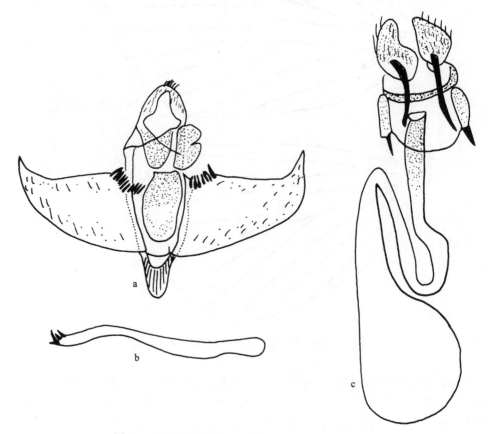

图 73 仿姹刺蛾 *Chalcoscelides castaneipars* (Moore)

a. 雄性外生殖器；b. 阳茎；c. 雌性外生殖器

幼虫：身体光滑，卵形；体白色，有 1 条褐色带；幼龄幼虫有 1 条暗色的横带。

蛹：褐色，有白色的丝包裹其外。

寄主植物：椰子属、柑橘属、樟属、决明属、槟榔青属、可可属、刺通草属。

观察标本：四川峨眉山，800-1000m，1♀14♂，1957.VI.13-VII.17，朱复兴、黄克仁采，1♂，1979.VI.20，高平采；红原，3400-3700m，3♂，1983.VII.26，王书永采。重庆城口县咸宜乡明月村，848m，2♂，31.675°N，108.701°E，2017.VII.31，陈斌等采；城口县蓼子乡梨坪村，1121m，1♂，31.787°N，108.639°E，2017.VII.14，陈斌等采；城口县明中乡金池村，864m，1♂，31.752°N，108.782°E，2017.VII.19，陈斌等采；重庆城口县沿河乡柏树村，1042m，1♂，32.072°N，108.369°E，2017.VII.11，陈斌等采。云南屏边大围山，1500m，1♂，1956.VI.20，黄克仁采；景东，1170m，3♂，1956.VI.11-13，扎古良也夫采；金平河头寨，1500m，2♂，1956.V.9-11，黄克仁采；腾冲，1740m，1♂，1979.VI.10；昌宁老街，1♂，1979.VI.13；勐海，1200m，1♀，1980.IV.13，1♂，1980.VII.15，罗亨文采，2♂，1958.VII.18-21，王书永采。广西金秀圣堂山，900m，3♂，1999.V.18-19，李文柱、韩红香采；金秀林海山庄，1100m，1♂，2000.VII.2，姚建采；龙胜，3♂，1980.VI.10-11，王林瑶采；防城扶隆，500m，13♂，1999.V.23-26，张彦周、袁德成、李文柱采。陕西佛坪，890m，1♂，1999.VI.26，姚建采。湖北神农架，900m，3♂，1980.VII.4-18，虞佩玉采；利川星斗山，800m，4♂，1989.VII.23，李维采。西藏墨脱背崩，850m，2♂1♀，1983.VI.15-25，韩寅恒采；墨脱汗密，2120m，2♂，2006.VIII.10，陈付强采；墨脱解放大桥，680m，2♂1♀，2006.VIII.15，陈付强采。河南龙峪湾，1000m，2♂，1997.III.17。广东南岭，10♂，2008.VII.18，陈付强采。

分布：河南、陕西、湖北、江西、湖南、台湾、广东、广西、重庆、四川、云南、西藏；印度，尼泊尔，缅甸，印度尼西亚。

18. 艾刺蛾属 *Neiraga* Matsumura, 1931

Neiraga Matsumura, 1931b, Ins. Matsum., 5: 102. **Type species**: *Neiraga baibarana* Matsumura, 1931.

雄蛾触角双栉齿状达末端。前翅前缘几乎直，从翅顶到 M_1 脉几乎与前缘垂直。前翅 R_5 脉与 R_3+R_4 脉有时分离，R_2 脉与 R_3+R_4 脉共柄，R_1 脉基部非常靠近 Sc 脉。后翅 M_1 脉与 Rs 脉共短柄，Sc+R_1 脉在近基部与中室前缘相并接。

本属只包含模式种，分布在台湾。

(58) 艾刺蛾 *Neiraga baibarana* Matsumura, 1931（图 74）

Neiraga baibarana Matsumura, 1931b, Ins. Matsum., 5: 102, pl. 2, fig. 1.

翅展 18mm。身体暗灰色，胸部的毛簇及腹部颜色较暗。身体腹面和足淡黄色。前翅暗褐色，中室下有阔的赭褐色区域，亚缘有 1 条赭褐色纹，混有一些暗褐色鳞片；外缘的翅脉间颜色较浅。后翅浅黑色。

雄性外生殖器：爪形突短，末端尖，腹面中央有 1 枚小齿突；颚形突细长，末端尖；抱器瓣基部很宽，然后逐渐向端部变窄，末端圆；阳茎端基环长桶状，末端密布鬃毛；阳茎细，比抱器瓣稍长，端部有 1 枚齿突。

观察标本：作者未见标本。Solovyev 提供了雄性外生殖器照片。外形描述译自 Matsumura（1931b）的原记。

分布：台湾。

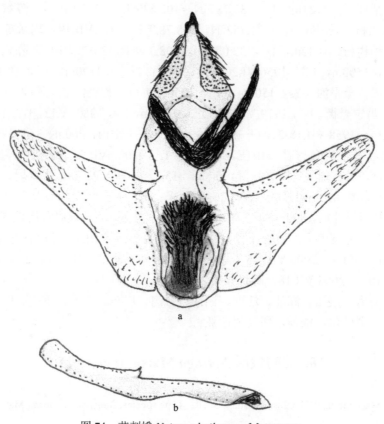

图 74　艾刺蛾 *Neiraga baibarana* Matsumura

a. 雄性外生殖器；b. 阳茎

19. 枯刺蛾属 *Mahanta* Moore, 1879

Mahanta Moore, 1879, Lep. Atkins.: 78. **Type species**: *Mahanta quadrilinea* Moore, 1879.

触角几乎呈线状，基部 1/5 呈弱双栉齿形，然后呈锯齿状向端部过渡成线状。下唇须上曲达复眼的顶端，第 3 节相对于第 2 节显得非常小。后足胫节有 1 对微小的端距。前翅长，翅顶突出，外缘内凹；R_{2-5} 脉共柄，M_1 脉与 R 脉共柄、同出一点或分离。后翅亚方形，中室上部短，M_1 脉与 Rs 脉共柄长，$Sc+R_1$ 脉与 Rs 脉几乎并接到中室末端（图 75）。

　　本属的已知种在外形上几乎没有区别，但雄性外生殖器差异明显，因此，必须解剖才能正确鉴定。通过作者观察，翅基片上的白斑形态可作为分种依据。

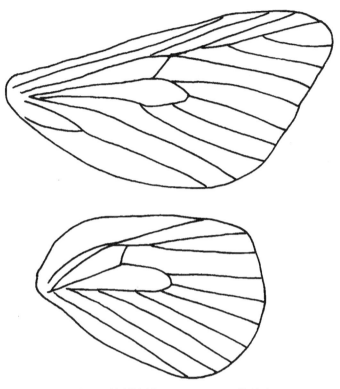

图75　枯刺蛾属 *Mahanta* Moore 的脉序

　　雄性外生殖器的爪形突和颚形突末端稍膨大，抱器瓣腹缘有亚端突起，阳茎端基环中部生有1-2个刺突，阳茎末端或亚端有明显的刺突。雌性外生殖器的囊导管呈螺旋状，囊突2枚，第8腹板在交配孔后有2个二分叉的突起，其中靠后方的1个较大而结构更复杂。

　　世界已记载8种，分布在东南亚地区。我国的枯刺蛾长期被认为是模式种 *Mahanta quadrilinea* Moore, 1879，但 Yoshimoto（1995）通过解剖比较，认为台湾的种群是1个新种，定名为川田枯刺蛾 *M. kawadai* Yoshimoto。Solovyev（2005）对该属进行了整理，共8种，其中6种在我国有分布。

种 检 索 表

1. 翅基片上有1条白色横纹 ·· 2
   翅基片上有1块浅色大斑 ·· 4
2. 翅基片上的白纹较粗；阳茎端基环四边形，中部有2枚很小的突起 ········ **条斑枯刺蛾** ***M. fraterna***
   翅基片上的白纹较细；阳茎端基环其他形状 ·· 3
3. 阳茎端基环侧面有2枚粗长的突起 ··· **川田枯刺蛾** ***M. kawadai***

阳茎端基环近中部有 2 枚大小不一的指状突起 ························· 袒娅枯刺蛾 *M. tanyae*

4. 阳茎端基环有很狭长的 "S" 形突起 ······························· 吉本枯刺蛾 ***M. yoshimotoi***

   阳茎端基环有粗长而直的突起 ·· 5

5. 阳茎端基环的突起端部加宽 ··· 佐罗枯刺蛾 ***M. zolotuhini***

   阳茎端基环的突起端部不加宽，末端有 1 枚大刺突 ···················· 角斑枯刺蛾 **M. svetlanae**

(59) 吉本枯刺蛾 *Mahanta yoshimotoi* Wang *et* Huang, 2003（图 76；图版 II：56）

Mahanta yoshimotoi Wang *et* Huang, 2003, Trans. Lepid. Soc. Japan, 54(4): 237. Type locality: Guangdong, China (SCAU).

翅展♂ 45-50mm。头和胸背灰白色，背面中央有 1 褐色线，颈板褐黄色。翅基片棕色，前部有 1 枚灰黄色的三角形大斑；腹部褐黄色。前翅褐黄色，外缘顶角下内凹较浅，前翅后缘蒙有 1 层灰色，中央有 2 条互相平行的暗褐色斜线，1 条从前缘中央向内斜伸至后缘 1/3，另 1 条从前缘近翅顶向内斜伸至后缘 2/3，每线外侧有较宽而明显的灰白色线；外缘蒙有 1 层灰色。后翅灰黄色。

雄性外生殖器：爪形突较短粗，中部收缩明显；抱器瓣较宽，末端圆而呈微锯齿状，抱器腹突杆状，末端有 2 枚大齿突；阳茎端基环宽，末端的刺突很长，略呈 "S" 形；囊形突较宽；阳茎较粗而直，在中部一侧向外膨大，另一侧有 1 枚大刺突。

观察标本：浙江台州华顶，1♂，1987.IV。福建沙县，1♂，1981.III 下旬，陈棕英采（外生殖器玻片号 L06338）。

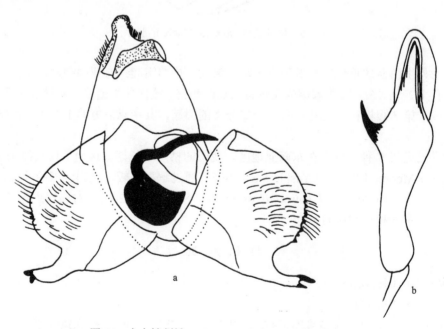

图 76 吉本枯刺蛾 *Mahanta yoshimotoi* Wang *et* Huang
a. 雄性外生殖器；b. 阳茎

分布：浙江、福建、广东、云南；泰国。

说明：模式标本采自广东南岭，保存在华南农业大学昆虫生态实验室。

(60) 川田枯刺蛾 *Mahanta kawadai* Yoshimoto, 1995（图 77）

Mahanta kawadai Yoshimoto, 1995, Tinea, 14(2): 121. Type locality: Taiwan, China.

翅展 45-50mm。头和胸背灰黄褐色，背面中央有 1 褐色线，颈板褐黄色，翅基片红褐色，中央有 1 白色横线；腹部褐黄色。前翅褐黄色，外缘顶角下内凹较浅。前翅后缘蒙有 1 层灰色，中央有 2 条互相平行的暗褐色斜线，1 条从前缘中央向内斜伸至后缘 1/3，另 1 条从前缘近翅顶向内斜伸至后缘 2/3，每线外侧和外缘蒙有 1 层灰色。后翅赭黄色。

雄性外生殖器：爪形突较细长，中部收缩；抱器瓣较宽，抱器腹突扁勺状；阳茎端基环窄很多，其腹部稍圆而有 1 个浅裂口，两侧近中部的突起较粗壮；囊形突较窄长；阳茎较细长，在中部之前强烈弯曲，内有 1 块长条状骨片，末端的刺突短小。

观察标本：作者未见标本。描述译自 Yoshimoto（1995）的原记。

分布：台湾。

说明：模式标本（3♂）采自台湾南投，存日本东京吉本浩（Yoshimoto）处。

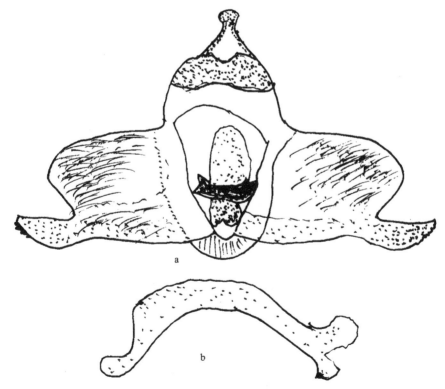

图 77　川田枯刺蛾 *Mahanta kawadai* Yoshimoto（仿 Yoshimoto，1995）

a. 雄性外生殖器；b. 阳茎

(61) 佐罗枯刺蛾 *Mahanta zolotuhini* Solovyev, 2005（图 78）

Mahanta zolotuhini Solovyev, 2005, Tinea, 18(4): 264. Type locality: Taiwan, China (MWM).

翅展 45-50mm。雄蛾触角的分支在所有已知种中最长。头和胸背灰黄褐色，背面中央有 1 褐色线，颈板褐黄色，翅基片红褐色，中央有 1 枚圆形的白色大斑，占据翅基片面积的 50%左右；腹部褐黄色。前翅褐黄色，外缘顶角下内凹较深，前翅后缘蒙有 1 层灰色，中央有 2 条互相平行的暗褐色斜线，1 条从前缘中央向内斜伸至后缘 1/3，另 1 条从前缘近翅顶向内斜伸至后缘 2/3，每线外侧和外缘蒙有 1 层灰色。后翅赭黄色。

雄性外生殖器：爪形突较短粗，末端中部明显收缩；颚形突阔；抱器瓣短宽，末端宽圆；抱器腹突牛角状，边缘具齿，不伸出抱器瓣末端；阳茎端基环宽，其腹缘较直，末端有 1 枚大突起，该突起基部呈 90°弯曲，端部明显加粗；囊形突较宽；阳茎较粗，直，亚端一侧膨大，另一侧有 1 枚细长的大的刺突。

观察标本：作者未见标本。描述译自 Solovyev（2005）的原记。

分布：台湾。

说明：模式标本保存在德国慕尼黑 Thomas J. Witt 昆虫博物馆（MWM）。

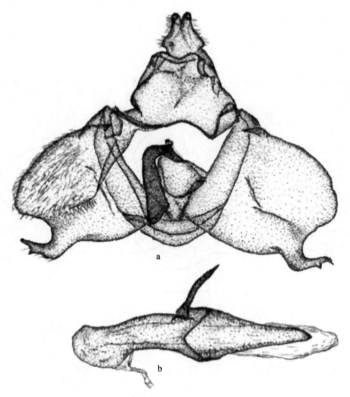

图 78　佐罗枯刺蛾 *Mahanta zolotuhini* Solovyev（仿 Solovyev，2005）

a. 雄性外生殖器；b. 阳茎

(62) 袒娅枯刺蛾 *Mahanta tanyae* **Solovyev, 2005**（图 79；图版 III：57）

Mahanta tanyae Solovyev, 2005, Tinea, 18(4): 267. Type locality: Shaanxi, China (MWM).

Mahanta quadrilinea (nec Moore): Cai, 1981, Iconographia Heterocerorum Sinicorum, 1: 103, fig. 680;
　　Liu *et* Shen, 1992, Iconography of Forest Insects in Hunan China: 747, fig. 2365; Fang, 1997, Insects
　　of the Three Gorge Reservoir Area of Yangtze River: 1094; Wu, 2005, Insect Fauna of Middle-West
　　Qinling Range and South Mountains of Gansu Province: 564, fig. 10.

　　翅展 40-45mm。头和胸背灰黄褐色，背面中央有 1 褐色线，颈板褐黄色；翅基片红褐色，中央有 1 条白色细横线；腹部褐黄色。前翅褐黄色，外缘顶角下内凹较浅。前翅后缘蒙有 1 层灰色，中央有 2 条互相平行的暗褐色斜线，1 条从前缘中央向内斜伸至后缘 1/3，另 1 条从前缘近翅顶向内斜伸至后缘 2/3，每线外侧和外缘蒙有 1 层灰色。后翅赭黄色。

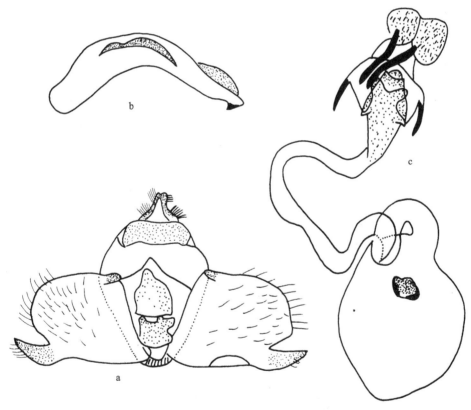

图 79　袒娅枯刺蛾 *Mahanta tanyae* Solovyev
a. 雄性外生殖器；b. 阳茎；c. 雌性外生殖器

　　雄性外生殖器：爪形突较细长，末端中部收缩；颚形突双叶状，短，三角形；抱器瓣较宽，抱器腹突扁勺状；阳茎端基环窄很多，其腹部稍圆而有 1 个浅裂口，近中部有 2 枚大小不一的短指状的突起；囊形突较窄；阳茎较细长，在中部之前强烈弯曲，内有 1

块长条状骨片，末端的刺突短小。

雌性外生殖器：第 8 腹板长，后阴片圆形，中阴片盾形，后端 "U" 形内凹，前阴片长三角形，其末端二分叉；囊导管呈螺旋状，囊突 2 枚，由小齿突相连。

观察标本：陕西铜川焦平，2♀1♂，1965.IX.8；太白黄柏塬，1350m，1♂，1980.VII.11，张宝林采。甘肃康县白云山，1250-1750m，2♂，1998.VII.12，王书永、姚建采。四川泸定磨西，1600m，1♂，1983.VI.19，陈元清采；峨眉山，800-1000m，1♂，1957.VI.21，黄克仁采，1♂，1979.V.25，王林瑶采；青城山，700-1000m，1♂，1979.V.19，尚进文采；雅安碧峰峡，1100m，1♂，2004.VI.17，魏忠民采。重庆城口县巴山镇龙王村，789m，1♂，32.067°N，108.486°E，2017.VII.10，陈斌等采；重庆城口县双河乡天星村，1450m，1♂，31.937°N，108.301°E，2017.VIII.2，陈斌等采。湖北兴山龙门河，1200m，1♂，1993.VI.16，姚建采。河南西峡黄石庵，1♂，1998.VII.18；嵩县白云山，1400m，1♂，2003.VII.14。

分布：河南、陕西、甘肃、湖北、湖南、重庆、四川。

说明：模式标本采自陕西太白山，保存在德国慕尼黑 Thomas J. Witt 昆虫博物馆（MWM）。

(63) 条斑枯刺蛾 *Mahanta fraterna* Solovyev, 2005（图 80）

Mahanta fraterna Solovyev, 2005, Tinea, 18(4): 267. Type locality: Thailand, China, Vietnam (MWM).

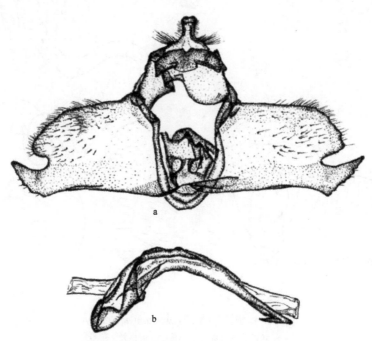

图 80 条斑枯刺蛾 *Mahanta fraterna* Solovyev
a. 雄性外生殖器；b. 阳茎

翅展 45-50mm。头和胸背灰黄褐色，背面中央有 1 褐色线，颈板褐黄色，翅基片红褐色，中央有 1 条桨状的白色条斑；腹部褐黄色。前翅褐黄色，外缘顶角下内凹较深，前翅后缘蒙有 1 层灰色，中央有 2 条互相平行的暗褐色斜线，1 条从前缘中央向内斜伸至后缘 1/3，另 1 条从前缘近翅顶向内斜伸至后缘 2/3，每线外侧和外缘蒙有 1 层灰色。后翅赭黄色。

雄性外生殖器：爪形突较细长，两侧有毛；颚形突宽大，有 2 个明显的侧叶；抱器瓣短宽，末端宽圆；抱器腹突牛角状，边缘具齿，伸出抱器瓣末端；阳茎端基环四边形，有 2 枚很小的突起；囊形突较宽；阳茎较粗，在中部之前强烈弯曲，内有 1 块长条状骨片，末端的刺突短小。

观察标本：云南景东，1170m，1♂，1956.VI.27，扎古良也夫采；维西县城，2320m，1♂，1979.VI.15，白如荣采。

分布：云南；越南，泰国。

说明：正模标本采自泰国，副模标本采自云南、泰国和越南，保存在德国慕尼黑 Thomas J. Witt 昆虫博物馆（MWM）。

(64) 角斑枯刺蛾 *Mahanta svetlanae* Solovyev, 2005（图 81；图版 III：58）

Mahanta svetlanae Solovyev, 2005, Tinea, 18(4): 266. Type locality: Thailand, China (MWM).

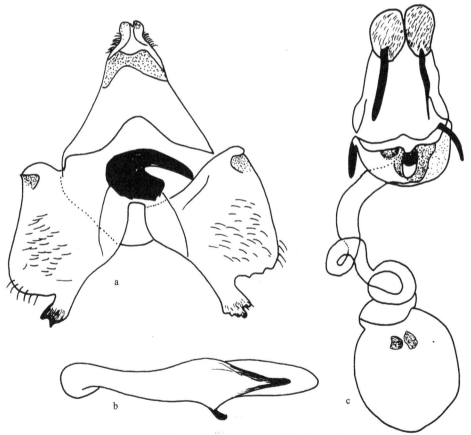

图 81　角斑枯刺蛾 *Mahanta svetlanae* Solovyev

a. 雄性外生殖器；b. 阳茎；c. 雌性外生殖器

翅展 45-52mm。头和胸背灰黄褐色，背面中央有 1 褐色线，颈板褐黄色，翅基片红褐色，中央有 1 三角形的白色大斑；腹部褐黄色。前翅褐黄色，外缘顶角下内凹较深，前翅后缘蒙有 1 层灰色，中央有 2 条互相平行的暗褐色斜线，1 条从前缘中央向内斜伸至后缘 1/3，另 1 条从前缘近翅顶向内斜伸至后缘 2/3，每线外侧和外缘蒙有 1 层灰色。后翅赭黄色，中基部有淡红色调。

雄性外生殖器：爪形突较短粗，末端中部明显收缩；颚形突宽；抱器瓣短宽，末端宽圆；抱器腹突牛角状，边缘具齿，稍伸出抱器瓣末端；阳茎端基环宽，明显向左侧弯曲，其腹缘较直，末端有 1 枚大刺突，基部呈 90°弯曲；囊形突较宽；阳茎较粗，直，亚端一侧膨大，另一侧有 1 枚较大的刺突。

雌性外生殖器：第 8 腹板短，后阴片半圆形，中阴片隆起，前阴片长方形，其末端二分叉；囊导管呈螺旋状，囊突 2 枚。

观察标本：云南元江，550m，1♂，1980.V.3；勐海，2♀4♂，1983.V，罗亨文采；怒江汉龙，1590m，1♂，1979.V.2；浪沧新河中白，1800m，1♂，1980.V.14。

分布：云南；泰国。

说明：正模标本采自泰国，副模标本采自云南，保存在德国慕尼黑 Thomas J. Witt 昆虫博物馆（MWM）。

20. 球须刺蛾属 *Scopelodes* Westwood, 1841

Scopelodes Westwood, 1841, The naturalist's library conducted by Sir William Jardine, 33: 222. **Type species**: *Scopelodes unicolor* Westwood, 1841.

Asbolia Herrich-Schaffer, 1855, Systematische Bearbeitung der Schmetterlinge von Europa, 6: 87. **Type species**: *Phalaena promula* Cramer, 1775.

Scolelodes: Kirby, 1892, A Synonymic Catalogue of Lepidoptera Heterocera, I: 949. Misspelling of *Scopelodes* Westword.

Bethura Walker, 1862, J. Proc. Linn. Soc. (Zool.), 6: 173. **Type species**: *Bethura minax* Walker, 1862.

该属的种类大型，强壮。雄蛾触角基部 1/2 双栉齿状。下唇须第 3 节极长，上有鳞毛刷。足端部也有刷状构造。后足胫节有 2 对很短的距，很难发现。腹部和后翅（至少后缘）呈黄色，腹部背面有黑色横带。前翅除翅脉较明显外，没有什么变化。前翅 R$_1$ 脉直，R$_5$ 脉与 R$_3$+R$_4$ 脉共柄，R$_2$ 脉与该柄同出一点。后翅 M$_1$ 脉与 Rs 脉共柄；Sc+R$_1$ 脉在近基部由 1 横脉与中室前缘相连（图 82）。

雄性外生殖器在大多数种类中具有刺蛾科的典型结构，种间差异不明显，至多阳茎的角状器有一定差异，但有 1 个种组的颚形突多少呈双叉状，阳茎端基环后缘具刺，或阔双叉状，每个分叉呈 90°向外伸出，其末端具齿（我国的种类仅黄褐球须刺蛾 *S. testacea* Butler 属于该种组）。雌性外生殖器的交配囊有 2 枚囊突，囊突发达；囊导管相对短，不呈螺旋状。第 8 腹板的背后缘阔，具刻点，叠盖在产卵瓣上。

大多数种类的幼虫高大于宽，具有完整的瘤刺列，其中侧面的枝刺向两侧伸展，背侧的枝刺垂直向上或部分向上伸展。

本属已知 20 余种，分布在东洋界、古北界及澳大利亚，我国已记载 8 种。

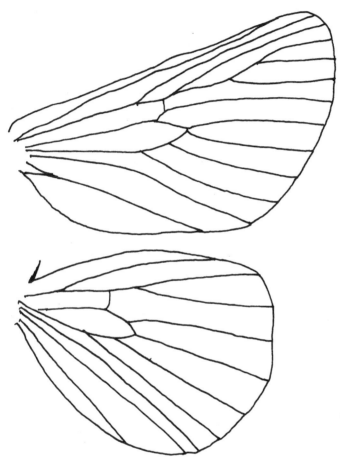

图 82　球须刺蛾属 *Scopelodes* Westwood 的脉序

种 检 索 表

1. 后翅端半部颜色暗而翅脉十分明显 ··2
   后翅翅脉不显或稍显 ··3
2. 下唇须端部的毛簇全白色或浅棕色 ························· 显脉球须刺蛾 *S. kwangtungensis*
   下唇须端部的毛簇基部白色，端部黑色 ························· 喜马球须刺蛾 *S. venosa*
3. 前翅中室内有 1 条灰黄色或黑褐色的纵带 ··4
   前翅中室无明显的纵带或仅有 1 条模糊的纵带 ··6
4. 前翅中室内有 1 条灰黄色的纵带 ························· 灰褐球须刺蛾 *S. sericea*
   前翅中室内有 1 条黑褐色的纵带 ··5
5. 腹部背面各节的黑纹常相连 ························· 纵带球须刺蛾 *S. contracta*
   腹部背面各节的黑纹小而独立 ························· 小黑球须刺蛾 *S. ursina*

6. 下唇须端部的毛簇暗橙红色 ··· **单色球须刺蛾 *S. unicolor***
   下唇须端部的毛簇端部黑色 ·· 7
7. 前翅中室内有 1 条模糊的暗色纵带；腹部侧面有 1 列黑斑 ··············· **双带球须刺蛾 *S. bicolor***
   前翅中室内无暗色纵带；腹部侧面无 1 列黑斑 ·························· **黄褐球须刺蛾 *S. testacea***

(65) 灰褐球须刺蛾 *Scopelodes sericea* Butler, 1880（图 83；图版 III：59）

Scopelodes sericea Butler, 1880a, Ann. Mag. Nat. Hist., (5)6: 63. Type locality: [China]. Type: ♀ (BMNH).

Scopelodes tantula melli Hering, 1931, In: Seitz, Macrolepid. World, 10: 689, fig. 87g.

翅展 44-54mm。下唇须长，向上伸过头顶，黄褐色，端部毛簇黄褐色，末端黑褐色；头和胸背暗黄褐色；腹背橙黄色，背中央从第 3 节开始每节有 1 黑褐色横带，末节黑褐色。前翅黄褐色，外缘较暗，中域满布银灰色鳞片而显得较亮；中室内有 1 条明显的灰黄色纵纹，该纹上方较暗；缘毛黄褐色。后翅基部 1/3 和后缘黄色，其余浅黑褐色，外半部翅脉淡黄色，较明显；缘毛同前翅。

雄性外生殖器：爪形突腹缘有 1 枚齿突；颚形突骨化强，大钩状；抱器瓣基部宽，逐渐向端部变窄，末端宽圆；阳茎端基环骨化程度较弱，末端膜质，密布微刺突；阳茎比抱器瓣稍长，没有明显的角状器。

雌性外生殖器：后表皮突长，前表皮突约为后表皮突的 1/2；囊导管细长，直；交配囊相对大；囊突大，略呈圆形，上具齿突。

观察标本：广西金秀花王山庄，600m，1♀9♂，1999.V.20，张学忠、袁德成采；金秀林海山庄，1100m，1♂，2000.VII.2，姚建采；金秀罗香，400m，5♀28♂，1999.V.15-16，肖晖、韩红香、张学忠等采；金秀莲花山，900m，4♂，1999.V.20，李文柱采；龙胜，15♂，1980.VI.5-16，王林瑶、宋士美、蔡荣权采；龙胜天平山，740m，1♂，1963.VI.16，王春光采；龙胜红毛冲，900m，1♂，1963.VI.10，王春光采；苗儿山，1900m，1♂，1985.VII.19，王子清采；阳朔，1♂，1980.VI.19，蔡荣权采；上思红旗林场，250m，1♂，1999.V.28，袁德成采；防城扶隆，350m，1♂，1999.V.23，袁德成采。福建武夷山三港，1♀，1982.IX.12，张宝林采，4♂，1983.V.25-VI.3，张宝林、王林瑶等采；沙县，1♂，1980.VI.1，齐石成采；将乐龙栖山，1♂，1991.VIII.19，宋士美采。湖北兴山龙门河，670m，2♂，1993.VI.22，李文柱采；神农架松柏，950m，2♂，1980.VII.3-18，虞佩玉采；秭归九岭头，100-150m，2♂，1993.VI.13-VII.25，李文柱、宋士美采。江西大余，550m，1♂，1985.VIII.14，王子清采；九连山，1♂，1975.VII.4，宋士美采。贵州雷山雷公山，900m，1♂，1988.VI.28。四川九寨沟，3000m，1♂，1983.IX.4，王书永采。重庆城口县高燕镇来凤村，992m，1♀，31.930°N，108.607°E，2017.VI.29，陈斌等采。云南孟连县，1♂，1978.IV；勐海，2♂，1982.V.2-5，罗亨文采。甘肃成县飞龙峡，1020m，1♂，1999.VII.4，姚建采。浙江杭州，1♂，1976.VII.1，陈瑞瑾采。广东鼎湖山，1♂，1979.VII.13-21，杜少珉等采。海南尖峰岭天池，760-900m，15♂，1980.III.18-IV.18，蔡荣权、张宝林采；通什，1♂，1973.VI.2，蔡荣权采；吊罗山，3♂，1973.VI.16-18，蔡荣权采。河南黄柏山大庙，700m，2♂，

1999.VII.12，申效诚等采。

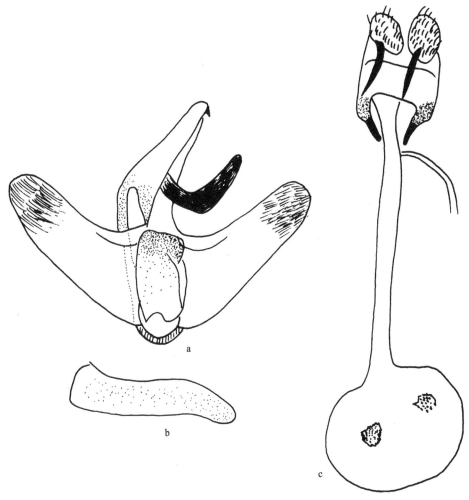

图 83　灰褐球须刺蛾 *Scopelodes sericea* Butler

a. 雄性外生殖器；b. 阳茎；c. 雌性外生殖器

分布：河南、甘肃、浙江、湖北、江西、福建、广东、海南、广西、重庆、四川、贵州、云南；印度，越南。

(66) 显脉球须刺蛾 *Scopelodes kwangtungensis* Hering, 1931（图 84；图版 III：60，图版 X：248）

Scopelodes venosa kwangtungensis Hering, 1931, In: Seitz, Macrolepid. World, 10: 689, fig. 87e. Type locality: China: "Kwang-tung, Liu-ping". Lectotype: ♂ (ZMHB).

Scopelodes venosa kwangtungensis f. *brunnea* Hering, 1931, In: Seitz, Macrolepid. World, 10: 689. Type locality: [Guangdong]. Type: ♀ (ZMHB).

Scopelodes kwangtungensis Hering: Wu *et* Fang, 2009d, Acta Entomol. Sinica, 52(6): 687.

别名：广东油桐黑刺蛾。

翅展 46-50mm。下唇须长，向上伸过头顶，端部毛簇整个白色或浅棕色；头和胸背黑褐色；腹背橙黄色，背中央从第 3 节开始每节有 1 黑褐色横带，末节黑褐色。前翅暗褐色到黑褐色（雌蛾色较淡），满布银灰色鳞片；中室内的颜色较暗，形成 1 条模糊的纵带；缘毛基部褐色似成 1 带，端部淡黄色。后翅基部 1/3 和后缘黄色，其余黑褐色，外半部翅脉淡黄色，因底色暗而翅脉浅亮，所以整个翅脉很明显；缘毛同前翅。

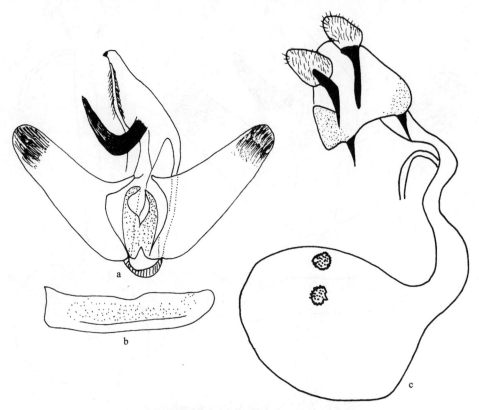

图 84　显脉球须刺蛾 Scopelodes kwangtungensis Hering
a. 雄性外生殖器；b. 阳茎；c. 雌性外生殖器

雄性外生殖器：爪形突腹缘有 1 枚齿突；颚形突骨化强，大钩状；抱器瓣基部宽，逐渐向端部变窄，末端宽圆；阳茎端基环骨化程度较弱，端部中央深裂；阳茎比抱器瓣稍长，没有明显的角状器。

雌性外生殖器：后表皮突长，前表皮突不足后表皮突的 1/2；囊导管细长，稍弯曲；交配囊大；囊突大，圆形，上具齿突。

寄主植物：油桐、杧果等。

观察标本：四川峨眉山，800-1000m，1♀163♂，1957.VI.20-VII.18，黄克仁、朱复兴、卢佑才采，1♂，1974.VI.16，王子清采，1♂，1976.VIII；都江堰青城山，1♂，1980.VI.10，白九维采；荥经县泗坪，1100m，4♂，1984.VI.24，陈一心、刘大军采。重庆万州王二

包，1200m，1♂，1993.VII.10，姚建采；城口县明通镇乐山村，785m，1♂，31.788°N，108.586°E，2017.VII.16，陈斌等采；城口县高楠镇岭南村，1061m，1♀，32.137°N，108.570°E，2017.VIII.4，陈斌等采；城口县岚天乡岚溪村，1368m，1♀，31.917°N，108.920°E，2017.VII.25，陈斌等采；城口县周溪乡三元村，604m，1♂，31.798°N，108.488°E，2017.VII.13，陈斌等采。福建武夷山三港，740m，6♂，1960.V.17-30，张毅然采，2♂，1982.IX.12-16，张宝林采，13♂，1979.VII.26-VIII.10，宋士美采；挂墩，1♂，1979.VIII.12；桐木，1♂，1979.VII.26，蔡荣权采；将乐龙栖山，1♂，1991.VIII.13，宋士美采。江西大余，3♂，1985.VIII.15-16，王子清采；九连山，12♂，1975.VI.7-VII.27，宋士美采。湖北神农架红花，860m，1♂，1981.VIII.18，韩寅恒采；神农架九冲，700m，8♂，1998.VII.17-19，叶婵娟等采；神农架酒壶坪，1920m，1♂，1998.VII.26，周红章采；神农架东溪，600m，1♂，1998.VIII.2，叶婵娟采；鹤峰分水岭林场，1240m，2♂，1989.VII.29，李维采；利川星斗山，800m，4♂，1989.VII.21-23。云南潞西，1470m，1♂，1979.VII.25，黄生华采；西双版纳勐阿，1050m，1♂，1958.VIII.15，王书永采；勐海，1200m，3♂，1958.VII.18-19，蒲富基、黄克仁采；屏边大围山，1500m，1♂，1956.VI.19，黄克仁采。甘肃文县邱家坝，2350m，1♂，1999.VII.21，朱朝东采；文县碧口，720m，1♂，1999.VII.29，姚建采；文县范坝，800m，1♂，1998.VI.20，张学忠采。浙江天目山，2♀13♂，1972.VII.20-31，王子清、张宝林采。贵州雷公山，1650m，1♀，1988.VII.2，袁德成采；梵净山，500m，1♂，1988.VII.11，李维采。湖南桑植天平山，1300m，1♂，1988.VIII.11，陈一心采；凤凰，1♂，1988.IX.16，宋士美采；永顺杉木河林场，600m，4♂，1988.VIII.3-4，陈一心、李维采；古丈高望界，850m，3♂，1988.VII.29，陈一心采。海南保亭，1♂，1974.VIII.5；万宁，60m，4♂，1963.VII.29-30；通什毛瑞，4♂，1973.VI.1-2，VIII.15；尖峰岭天池，760-900m，3♂，1973.V.29-VI.9，13♂，1980.IV.10-18，蔡荣权、张宝林采；五指山，1♂，1980.IV.5，蔡荣权采。广东连平，1♂，1973.V.12，张宝林采。广西那坡德孚，1350m，2♀9♂，2000.VI.18-19，朱朝东、姚建、陈军采；那坡北斗，550m，2♂，2000.VI.22，朱朝东采；苗儿山九牛塘，1100-1150m，6♂，1985.VII.7-14，王子清采；龙胜，775m，5♂，1980.VI.10-13，宋士美等采，1♂，1983.VIII.7，蒙田采；临桂宛田，1♂，1984.VI.19，赵延坤采；上思红旗林场，300m，16♂，1999.V.27-29，张彦周、李文柱采；金秀圣堂山，300-900m，3♂，1999.V.17-18，肖晖、张学忠采，4♂，2000.VI.28-29，李文柱、陈军采；金秀林海山庄，1100m，5♂，2000.VII.2，姚建、李文柱采；金秀花王山庄，600m，2♂，1999.V.20，张学忠、袁德成采；金秀罗香，400m，3♂，1999.V.15，肖晖、刘大军、袁德成采；防城板八乡，550m，1♂，2000.VI.4，朱朝东采；防城扶隆，500m，10♂，1999.V.23-25，张彦周、袁德成、刘大军、李文柱采；资源，700m，1♂，1973.VII.18。西藏墨脱汗密，2♂，2013.VII.19-21，潘朝晖采。

分布：甘肃、浙江、湖北、江西、湖南、福建、广东、海南、广西、重庆、四川、贵州、云南、西藏；印度，缅甸，越南，泰国。

说明：本种过去作为喜马球须刺蛾 S. venosa Walker 的亚种，但从该属的种级特征来看，下唇须颜色是主要的鉴别特征，故提升为种。

(67) 喜马球须刺蛾 *Scopelodes venosa* Walker, 1855（图 85；图版 III：61）

Scopelodes venosa Walker, 1855, List Specimens Lepid. Insects Colln Br. Mus., 5: 1105. Type locality: Silhet. Holotype: ♂ (BMNH).

翅展 46-50mm。下唇须长，向上伸过头顶，端部的毛簇基部白色，末端黑色；头和胸背黑褐色；腹背橙黄色，背中央从第 3 节开始每节有 1 黑褐色横带，末节黑褐色。前翅暗褐色到到黑褐色（雌蛾色较淡），满布银灰色鳞片；中室内的颜色较暗，形成 1 条模糊的纵带；缘毛基部褐色似成 1 带，端部淡黄色。后翅基部 1/3 和后缘黄色，其余黑褐色，外半部翅脉淡黄色，因底色暗而翅脉浅亮，所以整个翅脉很明显；缘毛同前翅。

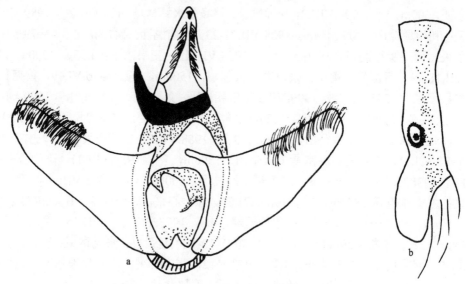

图 85 喜马球须刺蛾 *Scopelodes venosa* Walker
a. 雄性外生殖器；b. 阳茎

雄性外生殖器：爪形突腹缘有 1 枚齿突；颚形突骨化强，大钩状；抱器瓣基部宽，逐渐向端部变窄，末端宽圆；阳茎端基环骨化程度较弱，端部两侧突出；阳茎比抱器瓣稍长，没有明显的角状器，但中部有由密集的小点组成的 1 环形暗色区。

幼虫：腹面黄色，背面绿色，有 2 列浓密的枝刺，第 8 节背面有 1 红、白、蓝色横纹，臀节具黑点。

寄主植物：枣、柿、咖啡、玫瑰。

观察标本：西藏墨脱背崩，850m，1♂，1983.VI.24，韩寅恒采。

分布：西藏；印度，尼泊尔，越南，斯里兰卡。

(68) 双带球须刺蛾 *Scopelodes bicolor* Wu *et* Fang, 2009（图 86；图版 III：62-63）

Scopelodes bicolor Wu *et* Fang, 2009d, Acta Entomol. Sinica, 52(6): 687. Type locality: Guangxi, Hainan, Yunnan, China (IZCAS).

翅展 46-78mm。下唇须长，向上伸过头顶，端部毛簇基半部白色，端半部黑色；头和胸背黑褐色；腹背橙黄色，背中央从第 3 节开始每节有 1 黑褐色横带，侧面从第 4 节开始每节有 1 黑斑，末节黑褐色。雄蛾前翅黄褐色到暗褐色，密布银灰色鳞片；中室内的颜色较暗，形成 1 条模糊的纵带。后翅基部 1/3 和后缘黄色，其余黄褐色到暗褐色，外半部翅脉淡黄色，较明显；缘毛同前翅。雌蛾较大，前翅底色赤褐色，中室内及外缘区暗褐色。后翅淡褐黄色，外缘区暗褐色。

雄性外生殖器：爪形突腹缘有 1 枚齿突；颚形突骨化强，大钩状；抱器瓣基部宽，逐渐向端部变窄，末端宽圆；阳茎端基环骨化程度较弱，端部膜质，密布微刺；阳茎比抱器瓣长，没有明显的角状器。

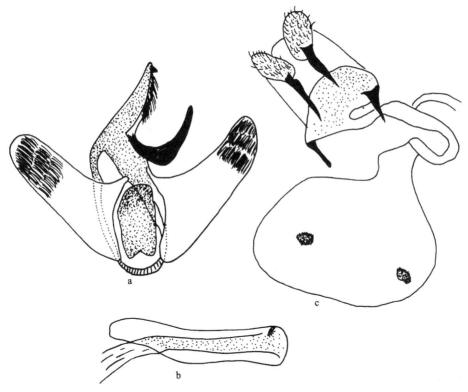

图 86　双带球须刺蛾 *Scopelodes bicolor* Wu *et* Fang
a. 雄性外生殖器；b. 阳茎；c. 雌性外生殖器

雌性外生殖器：后表皮突长，前表皮突略超过后表皮突的 1/2；囊导管细长，稍弯曲；交配囊大；囊突较大，椭圆形，上具齿突。

观察标本：广西金秀罗香，200m，4♂，1999.VI.15，韩红香、李文柱采；那坡德孚，1300m，1♀，2000.VI.18，陈军采，1♂，1998.VIII.14，贺同利采；防城扶隆，100m，1♂，1998.VIII.23，贺同利采，1♂，1999.V.25，刘大军采。海南保亭毛瑞，1♀1♂，1973.V.23，蔡荣权采。云南沧源法宝电站，625m，2♀，1980.VI.8；屏边大围山，1500m，2♂，1956.VI.18，黄克仁采。

分布：海南、广西、云南。

说明：本种与喜马球须刺蛾 *S. venosa* Walker 相似，但颜色较浅，后翅翅脉不十分显现，特别是雌蛾，其前翅多赤褐色，后翅几乎全部淡褐黄色，仅外缘颜色较暗。另外，本种腹部侧面还有 1 列黑斑，而后者则没有。本种外形与黄褐球须刺蛾 *S. testacea* Butler 也有些相似，但后者前翅颜色较均匀，中室内不显暗色纵带，雄性外生殖器则完全不同。

(69) 黄褐球须刺蛾 *Scopelodes testacea* Butler, 1886（图 87；图版 III：64）

Scopelodes testacea Butler, 1886, Illust. typical specimens Lepid.-Heterocera colln Br. Mus., 6: 3, pl. 101, fig. 5. Type locality: "Silhet". Holotype: ♂ (BMNH).

翅展 44-65mm。下唇须长，向上伸过头顶，暗黄褐色，端部毛簇灰白色，末端黑褐色；头和胸背暗黄褐色；腹背橙黄色，背中央从第 3 节开始每节有 1 黑褐色横带，末节黑褐色。前翅黄褐色到暗黄褐色，满布银灰色鳞片；缘毛黄褐色。后翅基部 1/3 和后缘黄色，其余浅灰褐色；雌蛾后翅全部暗黄色；缘毛同前翅。

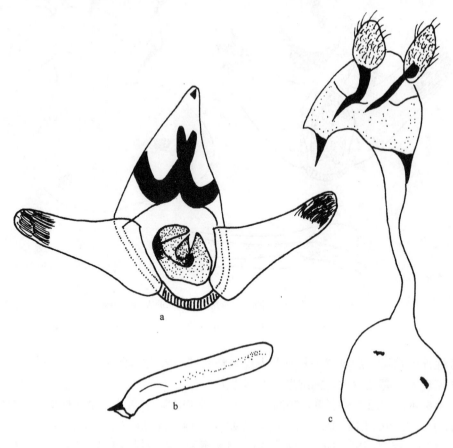

图 87　黄褐球须刺蛾 *Scopelodes testacea* Butler
a. 雄性外生殖器；b. 阳茎；c. 雌性外生殖器

　　雄性外生殖器：爪形突腹缘有 1 枚齿突；颚形突骨化强，端部二分叉；抱器瓣基部宽，逐渐向端部变窄，末端圆；阳茎端基环骨化程度较弱，端部中央深裂，并有 1 层膜，膜上密布微齿突；阳茎比抱器瓣稍长，末端尖刺状。

　　雌性外生殖器：后表皮突长，前表皮突不足后表皮突的 1/2；囊导管细长，稍弯曲；交配囊相对小；囊突小，由几枚齿突组成。

　　卵：黄色具光泽，椭圆形，长 2.30-3.36mm，宽 1.40-2.02mm。

　　幼虫：老熟幼虫长椭圆形，长 40-46mm，宽 20-22mm（包括枝刺），高约 15mm。体黄绿色至翠绿色，腹面浅黄色。头浅黄褐色，头宽 5.03-5.95mm。上颚褐色，颚端黑褐色，唇基区及单眼附近浅褐色；前胸浅褐色，体枝刺丛发达，密，前胸背面和侧面各有 1 对，中、后胸背面各 1 对，中后胸之间侧刺丛 1 对，第 1-7 腹节背面和侧面刺丛各 1 对，其中第 7 腹节的 1 对侧刺丛短小，其背面为 1 绒状大黑斑，刺丛端黄褐色，第 8 腹节背面刺丛 1 对，刺丛基部有 1 绒状黑斑。所有刺毛的端部黑褐色，中、后胸及第 1-7 腹节背中线两侧各有 1 个靛蓝色斑点，蓝色斑后面有 1 浅黄色扁圆形框，该框与背线构成近"中"字形斑。第 1-6 腹节侧面各有 1 个近长椭圆形稍向后倾斜的靛蓝色斑。

　　茧：污黄至黑褐色，短椭圆形，长 20-23mm，宽 16-18mm。

　　蛹：浅黄色，翅色较深，复眼黑褐色，长约 20.2mm，宽约 11.6mm。

　　生物学习性：在广州地区一年发生 2 代，以老熟幼虫结茧越冬。越冬代成虫 5 月上中旬出现，第 1 代卵 5 月中旬出现，卵期约 6 天。第 1 代幼虫发生期在 5 月下旬至 6 月底，取食期约 40 天，前蛹期约 46 天，幼虫历期约 86 天。6 月下旬开始结茧，8 月中旬陆续化蛹，蛹期约 28 天。第 1 代成虫 8 月中旬开始出现，8 月下旬至 9 月上旬为羽化高峰。第 2 代卵在 8 月中旬出现，8 月中旬至 11 月下旬均见第 2 代幼虫危害。幼虫取食期约 60 天，在茧内的前蛹期约 150 天，该代幼虫历期约 210 天，蛹期约 17 天。幼虫共 8-9 龄，极少数 10 龄。以老熟幼虫在土表及寄主基部附近松土或枯枝落叶处结茧，偶见在未脱落的香蕉枯叶内结茧的现象。成虫有趋光性，晚上进行羽化，羽化当天交尾产卵。卵产在叶片背面或正面，呈鱼鳞状排列，蜡黄色，具光泽。幼虫孵化后，通常吃掉大部分卵壳。7 龄前，幼虫群集于叶背取食活动，8 龄后则分散取食，2-4 龄嗜食叶片下表皮和叶肉，留下半透明的上表皮，5 龄后从叶缘向内咬食叶片。芭蕉科植物叶片被害后仅留主脉，其他寄主可吃掉全叶。每年 6-8 月，第 1 代幼虫中后期，往往因罹患核型多角体病毒病而造成大量个体死亡。

　　寄主植物：芭蕉属、杧果、扁桃、人面子、洋蒲桃、玫瑰番樱桃、蝴蝶果、肥牛树、鹤望兰、八宝树、无忧花、密鳞紫金牛等。

　　观察标本：广西上思红旗林场，300m，1♂，1999.V.27，张彦周采；龙胜，2♀，1980.VI.16，王林瑶采；容县，2♀12♂，1982.VII.10-20，王祥庆采；防城扶隆，200m，2♂，1999.V.25，李文柱采。云南勐海，1200m，3♀，1980.V.18，罗亨文采，1♂，1958.VII.18，王书永采；西双版纳勐混，750m，1♀，1958.VI.4，张毅然采；勐腊，1♀，1974.IX.15；西双版纳补蚌，700m，15♂，1993.IX.12-15，杨龙龙、徐环李采；盈江，840m，1♀，1977.V.24；景东，1170m，1♀2♂，1956.VI.13-25，扎古良也夫采；景东董家坟，1250m，1♂，1956.VI.12，扎古良也夫采；新平，800m，4♂，1980.VII.24-VIII.3；福贡县城，1194m，1♀，1979.VI.4；

普洱，1♂，2009.VII.15-19，韩辉林等采。海南万宁，60m，1♀，1963.VII.2，张宝林采；尖峰岭，1♀，1981.VII.29，2♀，1983.VIII.4，王春玲采。广东广州华南植物园，1♀2♂，1990.VIII.17-IX.24。西藏墨脱县城，1080m，1♂，2006.VIII.24，陈付强采。

分布：广东、海南、广西、云南、西藏；印度，尼泊尔，越南，泰国，柬埔寨。

(70) 单色球须刺蛾 *Scopelodes unicolor* Westwood, 1841（图 88；图版 III：65）

Scopelodes unicolor Westwood, 1841, The naturalist's library conducted by Sir William Jardine, 31: 222, pl. 28, fig. 2.

Scopelodes palpalis Walker, 1855, List Specimens Lepid. Insects Colln Br. Mus., 5: 1105.

Dalcera palpigera Herrich-Schaffer, 1856, Systematische Bearbeitung der Schmetterlinge von Europa., 1: fig. 509.

Bethura minax Walker, 1862, J. Proc. Linn. Soc. (Zool.), 6: 207.

Nyssia micacea Walker, 1865, List Specimens Lepid. Insects Colln Br. Mus., 32: 481.

Scopelodes lutea Hering, 1931, In: Seitz, Macrolepid. World, 10: 690.

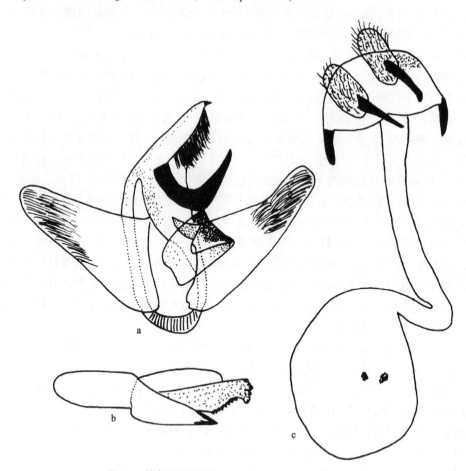

图 88 单色球须刺蛾 *Scopelodes unicolor* Westwood

a. 雄性外生殖器；b. 阳茎；c. 雌性外生殖器

翅展44-60mm。下唇须长，向上伸过头顶，暗橙红色，端部毛簇暗橙红色，但其基部灰白色；头和胸背暗橙红色；腹背橙红色，背中央从第3节开始每节有1黑褐色横带，末节黑褐色。前翅暗橙红色，基部和外缘较暗；缘毛黄白色。后翅橙黄色；缘毛同前翅。

雄性外生殖器：爪形突腹缘有1枚齿突；颚形突骨化强，大钩状；抱器瓣基部宽，逐渐向端部变窄，末端宽圆；阳茎端基环骨化程度较弱，端部中央深裂，末端膜质，密布微刺突；阳茎比抱器瓣稍长，端部有鸟状的骨化区，其边缘锯齿状。

雌性外生殖器：后表皮突长，前表皮突稍长过后表皮突的1/2；囊导管细长，端部稍弯曲；交配囊大；囊突小，由几枚小齿突组成。

幼虫：身体鲜绿色，很浓；各节的背缘和侧缘有黑带。刺瘤完整，大小均匀，指向后上方。

茧：几乎呈球形，刚结的茧白色，随后有暗褐色斑。

寄主植物：可可属、番樱桃属、蓖麻属、韶子属。

观察标本：云南景洪林场，530m，1♀，1980.VI.28；景洪，1♀，1980.VI.8；勐腊，650m，1♀，1980.VI.9；勐仑，580m，1♂，1993.IX.12，杨龙龙采。

分布：云南；印度，缅甸，马来西亚，印度尼西亚。

(71) 纵带球须刺蛾 *Scopelodes contracta* Walker, 1855（图89；图版 III：66）

Scopelodes contracta Walker, 1855, List Specimens Lepid. Insects Colln Br. Mus., 5: 1105.

Bornethosea jiuwanshanensis Zou, He *et* Zhou, 2010, Journal of Hunan Agricultural University (Natural Sciences), 36(2): 186. Syn. n.

别名：小星刺蛾、黑刺蛾。

成虫：体长♀17-20mm，翅展43-45mm；体长♂13-15mm，翅展30-33mm。触角雄蛾栉齿状，雌蛾丝状。下唇须端部毛簇褐色，末端黑色。头和胸背面暗灰。腹部橙黄，末端黑褐，背面每节有1黑褐色横纹，这些横纹在雄蛾中几乎总是连成1条宽的纵带。雄蛾前翅暗褐色到黑褐色，雌蛾褐色。翅的后缘、外缘有银灰色缘毛。雄蛾前翅中央有1条黑色纵纹，从中室中部伸至亚顶端（多不达翅顶），雌蛾此纹则不甚明显。后翅除外缘有银灰色缘毛外，其余为灰黑色；雄蛾后翅灰色。

雄性外生殖器：爪形突腹缘有1枚齿突；颚形突骨化强，大钩状；抱器瓣基部宽，逐渐向端部变窄，末端宽圆；阳茎端基环骨化程度较弱，端部膜质；阳茎比抱器瓣稍长，没有明显的角状器。

雌性外生殖器：后表皮突长，前表皮突长过后表皮突的1/2；囊导管细长，导精管从囊导管的近中部分出；交配囊小；囊突大，略呈半圆形，上具齿突。

卵：椭圆，黄色，长1.1mm，宽0.9mm，鱼鳞状排列成块。

幼虫：幼虫的特征和大小随寄主和世代的不同而略有差异，发生于八宝树上的第1代幼虫特征如下。1龄幼虫：头宽0.2-0.3mm，体长1-2mm，体色淡黄。亚背线上有11对刺突，其中以第1和第11对最大，第2、3对及第9、10对次之，其余更小。体侧气门下线上有9对刺突，其中以第2和第8对最大。各刺突上生有刺毛。2龄幼虫：头宽

0.5-0.6mm，体长 2-5mm。其他特征同 1 龄，仅各刺突及其上的刺增大。3 龄幼虫：头宽 0.7-0.8mm，体长 4-7mm。体背中央及体侧出现青色带，前胸上有 1 个黑斑。其余特征同 2 龄。4 龄幼虫：头宽 1.0-1.3mm，体长 6-10mm。其他特征与 3 龄相似，但第 9 对刺突变为黑色（初期不很明显，后期则明显呈黑色）。5 龄幼虫：头宽 1.6-1.8mm，体长 10-13mm。其他特征与 4 龄相似，但第 9 对刺突的黑色更明显。6 龄幼虫：头宽 2.2-2.3mm，体长 13-20mm。前胸上有 2 个黑斑。体上出现许多黑斑，使体色变暗。体上各刺突上的刺更黑。体背出现 9 对淡褐斑，分别在第 1-10 对刺突之间，体背中央还有 6 个绿点，在第 2-8 对刺突之间。7 龄幼虫：头宽 3-4mm，体长 15-28mm。体上黑斑及各刺突上刺更黑。在亚背线上的第 10 和第 11 对刺突之间又出现 1 对黑斑。第 1-3 对及第 9-11 对刺突的长度、尖度与其余刺突相比，不如 1-6 龄幼虫那样明显大于其余刺突。8 龄幼虫：头宽 4.0-4.5mm，体长 20-30mm，各刺突上的刺更粗更长。

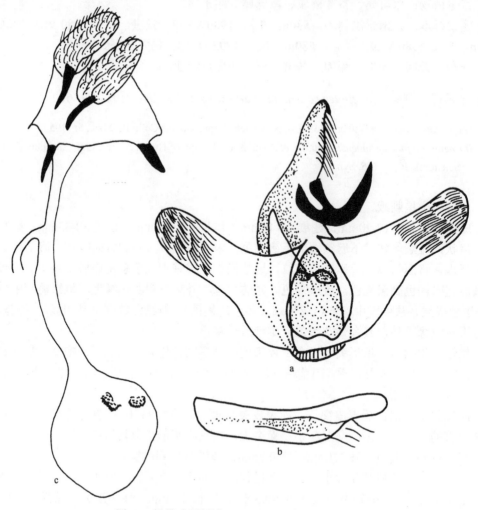

图 89　纵带球须刺蛾 *Scopelodes contracta* Walker

a. 雄性外生殖器；b. 阳茎；c. 雌性外生殖器

蛹：长椭圆形，黄褐色，长 8-13mm，宽 6-9mm。茧卵圆形，灰黄色至深褐色，长 10-15mm，宽 8-12mm。

生物学习性：在广州一年发生 1-3 代，其中绝大部分一年 3 代，极少数为 1-2 代，因为第 1、2 代各有极少部分老熟幼虫结茧后滞育，当年不再化蛹羽化。各代各虫期出现期如下。第 1 代：卵 3 月下旬至 4 月下旬；幼虫 4 月上旬至 6 月上旬；蛹 5 月中旬至 6 月下旬；成虫 6 月上旬至 7 月上旬。第 2 代：卵 6 月上旬至 7 月上旬；幼虫 6 月中旬至 7 月下旬；蛹 7 月中旬至 8 月中旬；成虫 8 月上旬至下旬。第 3 代：卵 8 月上旬至下旬；幼虫 8 月中旬至翌年 2 月，9 月上旬至 10 月上旬，幼虫陆续结茧以老熟幼虫在土中茧内越冬。各代各虫态历期为：第 1 代，卵 6.5-7.5 天；幼虫 37-48 天；蛹 23-29 天；成虫 4.5-9 天；生活周期 70-83 天。第 2 代，卵 5.0-5.5 天；幼虫 32-39 天；蛹 22-27 天；成虫 4.0-8.5 天；生活周期 62-69 天。第 3 代，卵 5 天；幼虫期 120 余天；成虫期 6-10 天；生活周期 134-182 天。1-7 龄幼虫历期一般为 3-7 天，8 龄幼虫为 4-9 天。卵多产于树冠下部嫩叶的叶背，每个卵块有卵 300-1000 粒，一般 500-600 粒。孵化率一般在 90% 以上。初孵幼虫群集卵块附近，约停息 1.5 天后开始取食。1-3 龄幼虫仅取食叶背表皮和叶肉，留下叶脉及叶面表皮，使叶形成白色斑块或全叶枯白；4 龄幼虫取食全叶，仅留下叶柄及主脉。幼虫一般 7-8 龄，少数 9-10 龄。虫龄多少与寄主、代别和环境条件有关，寄主、气候和条件适宜时，幼虫多数仅 7 龄，反之则龄数增加。除末龄幼虫外，其余各龄幼虫均有群集性。每次蜕皮前均停食 1-1.5 天，蜕皮后停食数小时才开始取食。以柿叶作饲料观察，在整个幼虫期可取食 601cm^2 柿叶。1-6 龄食量不大，仅占幼虫期取食量的 13.54%，7、8 龄幼虫则分别占 23.37% 和 63.09%。幼虫老熟后将所在叶的近叶柄处咬断，随叶掉落地面，然后爬至石块下或入土 0.5-4.0cm 深处结茧。其深度随土质的松紧而定。幼虫日夜均可落地入土结茧。成虫于黄昏前后羽化，羽化后数十分钟即可飞翔。当夜或次晚即可交尾，交尾后即可产卵。白天则静伏于叶背不动。

天敌：主要有核型多角体病毒，常成为流行病，是控制此虫种群数量最主要的因素。感病幼虫多于蜕皮前停食时显现病症，患病幼虫呈黄褐、灰褐或黑褐色，死后虫尸以足黏附于叶背或倒挂。虫尸内组织液化，闻之无臭味。此外，小茧蜂也较重要，局部地区寄生率常达 20%-30%，个别甚至达 90% 以上。螳螂、猎蝽、草蛉也起一定抑制作用。

寄主植物：柿、樱属、板栗、八宝树、人面果、大叶紫薇、三球悬铃木、枫香等。危害严重时，树叶几乎被吃光。

观察标本：北京，2♀2♂，1930，12♀10♂，1957.VII.6-24，虞佩玉采；三堡，1♀，1972.VII.25，张宝林采；卧佛寺，2♀1♂，1956.V.11。江苏南京，1♀1♂，1955。上海，1♀，1943.VI，Marist Brothers 采。浙江杭州，2♀，1972.VII.20-26，王子清采，1♀，1973.VII.27，张宝林采。湖北鹤峰，650m，1♀，1987.V.30，李维采；砂岭，1♂，1980.V.20（存湖北农业科学院植保土肥研究所）。江西大余，550m，1♀，1985.VIII.16，王子清采。海南尖峰岭，1♀，1978.IV.15，张宝林采，1♀，1973.VI.7，蔡荣权采；万宁，60m，2♀，1963.VII.22-24，张宝林采。广东广州石牌，3♀，1958.VIII.11-16，张宝林采；广州中山大学校园，2♀1♂，1980.VIII，叶育昌采；广州，2♀2♂，1981.VI.24，伍建芬采；广州岑村，4♂，1958.IV.30，王林瑶采。广西板益，6♀2♂，1983.VII.11，杨民胜采；苗儿山，800m，1♀，1985.VII.2，

王子清采；龙胜，1♀，1980.VI.11，王林瑶采；贝江，1♀1♂，1982.VII.25，陈纪文采。陕西佛坪，950m，1♂，1998.VII.23，姚建采；留坝庙台子，1350m，1♀，1998.VII.19，姚建采。甘肃文县范坝，800m，1♂，1998.VI.26，姚建采。河南黄柏山大庙，700m，1♀，1999.VII.12，申效诚等采；桐柏水帘洞，300m，1♂，2000.V.24，申效成等采。

分布：北京、河南、陕西、甘肃、江苏、上海、浙江、湖北、江西、台湾、广东、海南、广西；日本，印度。

(72) 小黑球须刺蛾 *Scopelodes ursina* Butler, 1886（图 90；图版 III：67，图版 X：249）

Scopelodes ursina Butler, 1886, Illust. typical specimens Lepid.-Heterocera colln Br. Mus., 6: 3, pl. 101, figs. 7, 8.

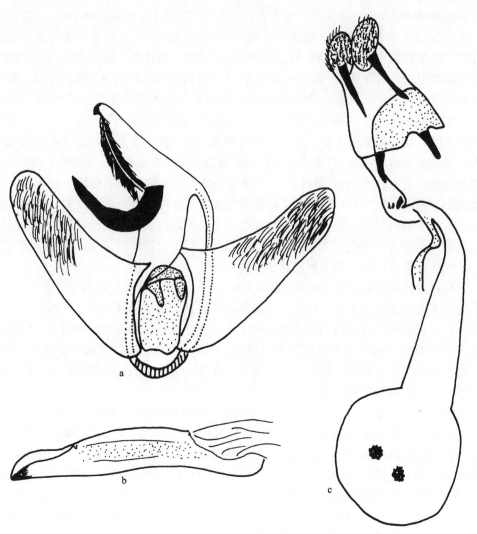

图 90　小黑球须刺蛾 *Scopelodes ursina* Butler

a. 雄性外生殖器；b. 阳茎；c. 雌性外生殖器

　　成虫：体长♀ 14-20mm，♂ 14-15.5mm。翅展♀ 34-45mm，♂ 30-34mm。头部深褐色。触角雄蛾栉齿状，雌蛾丝状。下唇须端部毛簇褐色，末端黑色。胸背面黄褐色。腹部黄褐色，末端黑褐色，背面每节有 1 短的黑褐色横纹，这些横纹绝不会相连。雄蛾前翅暗褐色到黑褐色，雌蛾褐色。翅的后缘、外缘有银灰色缘毛。雄蛾前翅中央有 1 条黑色纵纹，从中室中部伸至近翅顶，雌蛾此纹则不甚明显。后翅除外缘有银灰色缘毛外，其余为黄褐色；雄蛾后翅灰色，后缘黄色。

　　雄性外生殖器：爪形突腹缘有 1 枚齿突；颚形突骨化强，大钩状；抱器瓣基部宽，逐渐向端部变窄，末端宽圆；阳茎端基环骨化程度较弱，端部中央深裂，末端膜质，密布微刺突；阳茎比抱器瓣长，没有明显的角状器。

　　雌性外生殖器：后表皮突长，前表皮突约为后表皮突的 1/2；囊导管细长，端部 2/3 逐渐加粗；交配囊较大；囊突较大，圆形，上具齿突。

　　寄主植物：柿属。

　　观察标本：云南潞西勐嘎，1420m，1♀1♂，1981.VI.9，杜肇怡采；富民火云，1680m，1♂，1980.VIII.6，张文兴采；永胜六德，2250m，1♀，1984.VII.10，刘大军采；昌宁，1650m，1♂，1979.VI.29；武定县城，1750m，1♀，1980.VI.27，李胜元采；景东董家坟，1250m，1♂，1956.VI.12，扎古良也夫采。四川会理，1♂，1974.VII.29，韩寅恒采。广西那坡德孚，1350m，1♂，2000.VI.21，朱朝东采。福建三明，1♀，1981.IX.1。江西萍乡，1♀，1980.VIII.30。

　　分布：江西、福建、广东、广西、四川、云南；印度。

　　说明：本种与纵带球须刺蛾 S. contracta Walker 很相似，但雌蛾后翅黄褐色，雄蛾前翅的黑纵纹长（几乎到翅顶），后翅后缘黄色，翅脉有点黄色；雄蛾腹部背面的黑纹短而互不相连。雌性外生殖器的囊突轮廓明显。Solovyev 和 Witt（2009）将本种作为喜马球须刺蛾 S. venosa Walker 的同物异名，因外形上的差异，我们仍做独立种处理。

21. 迷刺蛾属 *Chibiraga* Matsumura, 1931

Chibiraga Matsumura, 1931b, Ins. Matsum., 5: 103. **Type species**: *Chibiraga nantonis* Matsumura, 1931.

Miresina Hering, 1933a, In: Seitz, Macrolepid. World, Suppl. 2: 206. **Type species**: *Miresa banghaasi* Hering *et* Hopp, 1927.

　　后足胫节有 1 对端距。下唇须短，前伸。雄蛾触角双栉齿状到 2/3 处，然后短分支到末端。前翅 R_1 脉直，R_5 脉与 R_3+R_4 脉共柄，R_2 脉与该柄同出一点或有短共柄；M_3 脉与 M_2 脉基部靠近。后翅 M_1 脉与 Rs 脉共柄；$Sc+R_1$ 脉在中室中点之前由 1 斜横脉与中室前缘相连（图91）。

　　雄性外生殖器的爪形突十分宽大，向两侧呈叶状突出；颚形突带状；抱器瓣短宽，端部分叉；阳茎细长。雌性外生殖器的前表皮突很短；囊导管短粗，不呈螺旋状，仅末端稍弯曲；无囊突。

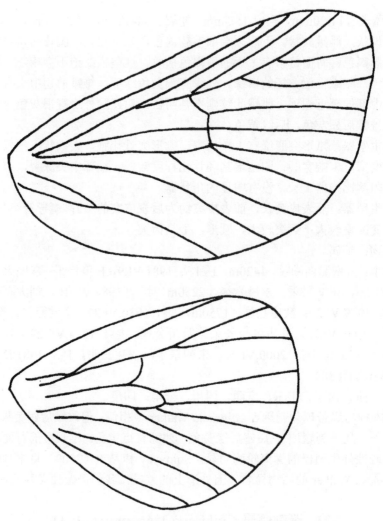

图 91　迷刺蛾属 *Chibiraga* Matsumura 的脉序

本属长期只包括模式种，分布在我国、韩国及俄罗斯远东地区，最近研究证明我国的标本属于 3 个不同的物种，外形几乎没有区别，但雄性外生殖器区别明显。

种 检 索 表

1. 爪形突宽而两侧呈指状突出，抱器瓣背叶的基部有 1 枚指状突起 ·············· 迷刺蛾 *C. banghaasi*
   爪形突呈蘑菇状，抱器瓣背叶的基部无指状突起 ··2
2. 抱器瓣的腹叶近末端无缺口 ····································· 厚帅迷刺蛾 *C. houshuaii*
   抱器瓣的腹叶近末端有 1 个缺口 ································· 宇轲迷刺蛾 *C. yukei*

(73) 迷刺蛾 *Chibiraga banghaasi* (Hering *et* Hopp, 1927)（图 92；图版 III：68）

Miresa banghaasi Hering *et* Hopp, 1927, Macrolepidopt Dresden., 1: 83, pl. 9, fig. 14. Type locality:

Russia, Primorye (ZMHB).

Chibiraga banghaasi (Hering *et* Hopp): Inoue, 1992, In: Heppner and Inoue, Lepid. Taiwan Volume 1 Part 2: Checklist: 102.

Miresa muramatsui Kawada, 1930, J. Imp. Agric. Exp. Stn., 1: 246, fig. 6.

Chibiraga nantonis Matsumura, 1931b, Ins. Matsum., 5: 103, pl. 2, fig. 2.

Miresina banghaasi (Hering *et* Hopp): Hering, 1933a, In: Seitz, Macrolepid. World, Suppl. 2: 206; Cai, 1981, Iconographia Heterocerorum Sinicorum, 1: 103.

翅展 19mm 左右。身体灰黄色到红褐色，腹背末端二节较暗，胸背末端和腹背基部具竖立毛簇。后足胫节具长毛簇。前翅灰黄白色到暗红褐色，内线不清晰灰白色波浪形，内衬黑褐色边，其中以中室下缘到后缘一段较可见，尤以近后缘上呈 1 黑褐色圆点最显著；横脉纹为 1 黑点；外线黑褐色，Cu_2 脉前一段约与外缘平行，Cu_2 脉以后在 1A 脉上突然外曲成角形，最后伸达臀角；外线以外的外缘区苍黄褐色，但外缘边和臀角较暗。后翅灰白色到暗灰色，外缘稍带苍黄色。

雄性外生殖器：爪形突宽大，端部两侧呈指状突出，末端尖；亚爪形突为 1 对齿突；颚形突由 1 对狭长的骨片组成，其上各有 2 个小指状的突起；抱器瓣几乎呈方形，分为背腹 2 叶，其中背叶较小而其基部有 1 枚指状突起；阳茎端基环大，中部有 1 空洞；阳茎细，比抱器瓣长，末端尖削。

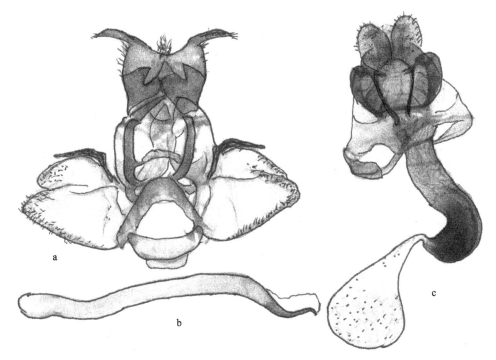

图 92　迷刺蛾 *Chibiraga banghaasi* (Hering *et* Hopp)

a. 雄性外生殖器；b. 阳茎；c. 雌性外生殖器

雌性外生殖器：产卵瓣大；后表皮突粗长，基部有较大的椭圆形骨片；前表皮突短小；第8背板两侧呈月牙形隆起，上密生微刺；囊导管短宽，端部弯曲，内有纵骨化区；交配囊小，无囊突，也无附囊。

幼虫：老熟幼虫体长 15mm 左右。身体扁平被枝刺，椭圆形，黄绿色；背线蓝色，两侧浅黄绿色；腹部第 1 和第 8 节背面红色或紫红色；每节两侧各有 1 个 "S" 形的黄白色或黄绿色皱褶。身体背面有 1 半圆形骨化区；亚背线处光滑无刺；气门上线从中胸到第 9 腹节各有 1 对长枝刺伸向两侧。气门 9 对，圆形。

寄主植物：柞木。

观察标本：江西上付，1♂，1973.IX.27；庐山，3♂，1974.VI.22，张宝林采。浙江杭州，1♂，1975.VIII.25，严衡元采。四川峨眉山，800-1000m，1♂，1957.VI.19，黄克仁采。辽宁丹东，1♀，1964.VII.26。陕西宁陕，1♂，1979.VII.30，韩寅恒采。山东东庄林场，1♂，1981.VI.22。河南辉县八里沟，700m，1♂，2002.VII.12-15；内乡葛条爬，600m，1♂，2003.VIII.15。湖北神农架松柏，3♂，1980.VII.18；神农架红花，2♂，1980.VII.26；神农架酒壶，1♀，1980.VII.24；兴山，1♂，1980.VII.29（湖北标本全部保存在湖北农业科学院植保土肥研究所）。广东车八岭，4♂，2008.VII.23，陈付强采。福建光泽止马，1♂，1981.VII.27，王丘连采。

分布：辽宁、山东、河南、陕西、浙江、湖北、江西、福建、台湾、广东、四川；俄罗斯（远东地区），韩国。

(74) 厚帅迷刺蛾 *Chibiraga houshuaii* Ji *et* Wang, 2018（图 93）

Chibiraga houshuaii Ji *et* Wang, 2018, In: Ji, Huang, Ma *et* Wang, Zootaxa, 4429(1): 168. Type locality: Yunnan, Lufeng (SCAU).

本种外形与迷刺蛾外形相似，几乎没有区别。

雄性外生殖器：爪形突宽大，蘑菇状，上密生鬃毛；颚形突带状，末端尖，上密生短毛；抱器瓣几乎呈方形，分为背腹 2 叶，大小几乎相等；阳茎端基环大，中部有 1 空洞；阳茎细，比抱器瓣长，末端尖削。

雌性外生殖器：产卵瓣大；后表皮突粗长，基部有较大的椭圆形骨片；前表皮突短小；第8背板两侧呈月牙形隆起，上密生微刺；囊导管短宽，端部弯曲，内有纵骨化区；交配囊小，无囊突，末端有管状的附囊。

观察标本：四川西昌，1♂，1974.VIII.3，韩寅恒采。云南盐津，554m，1♀，1980.VI.16。

分布：四川、云南。

说明：本种与迷刺蛾 *C. banghaasi* (Hering *et* Hopp) 的雄性外生殖器明显不同：爪形突呈蘑菇状，抱器瓣的背片和腹片几乎大小相等，背片基部没有指状突起，阳茎的末端不弯曲。雌性外生殖器的交配囊相对短小，有附囊。

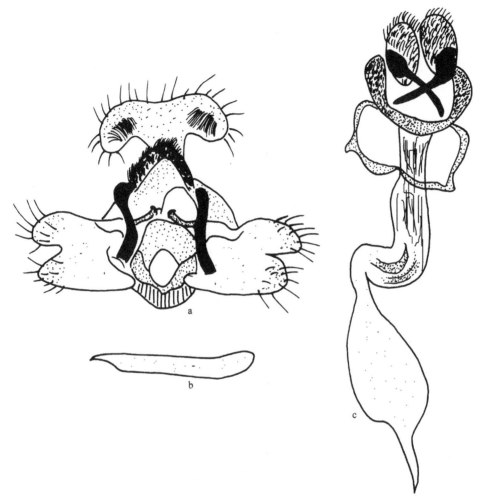

图 93　厚帅迷刺蛾 *Chibiraga houshuaii* Ji *et* Wang

a. 雄性外生殖器；b. 阳茎；c. 雌性外生殖器

(75) 宇轲迷刺蛾 *Chibiraga yukei* Ji *et* Wang, 2018（图 94）

Chibiraga yukei Ji *et* Wang, 2018, In: Ji, Huang, Ma *et* Wang, Zootaxa, 4429(1): 170. Type locality: Sichuan, Ya'an (SCAU).

外形与其他 2 种没有明显的区别，但后翅 Rs 脉与 M_1 脉不共柄，两翅的颜色更暗。

雄性外生殖器与厚帅迷刺蛾相似，两者的爪形突都呈蘑菇状，抱器瓣二分叉，但本种的爪形突基部较细，颚形突的顶端较大而圆；抱器瓣基部的骨片末端细长，抱器瓣的腹片靠末端有 1 个缺口，阳茎稍弯，末端逐渐变尖。

观察标本：作者未见标本，描述译自 Ji 等（2018）的原记。

分布：四川。

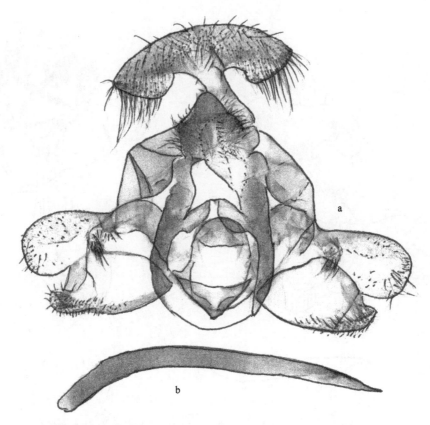

图 94 宇轲迷刺蛾 *Chibiraga yukei* Ji *et* Wang（仿 Ji *et al.*，2018）

a. 雄性外生殖器；b. 阳茎

22. 长须刺蛾属 *Hyphorma* Walker, 1865

Hyphorma Walker, 1865, List Specimens Lepid. Insects Colln Br. Mus., 32: 493. **Type species**: *Hyphorma minax* Walker, 1865.

下唇须很长，超过眼直径的 4 倍，但末端没有毛簇，侧面紧贴头部，第 3 节比第 2 节长。雄蛾触角基部 1/2 双栉齿状。后足胫节有 1-2 对距，但在雄蛾中很少可见。前足胫节有 1 银斑。前翅 R_1 脉直，R_5 脉与 R_3+R_4 脉共柄，R_2 脉与该柄分离；中室内的 M 脉干二分叉。后翅 M_1 脉与 Rs 脉共柄；$Sc+R_1$ 脉在中点之前与中室前缘并接或由 1 横脉与之相连（图 95）。

雄性外生殖器具有典型的刺蛾科结构，雌性外生殖器的囊导管呈螺旋状，交配囊上有 1 个弱骨化的双囊突。

本属已知 7 种，分布在东洋界，我国已记载 3 种。

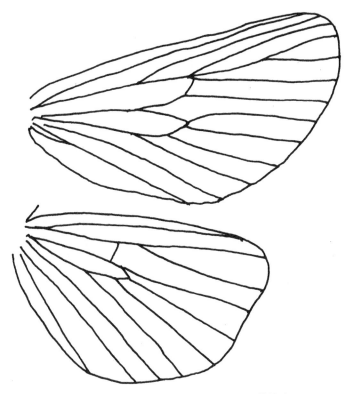

图 95　长须刺蛾属 *Hyphorma* Walker 的脉序

种 检 索 表

(76) 长须刺蛾 *Hyphorma minax* **Walker, 1865**（图 96；图版 III：69，图版 X：250）

Hyphorma minax Walker, 1865, List Specimens Lepid. Insects Colln Br. Mus., 32: 493. Type locality: "North China". Holotype: ♂ (BMNH).

　　翅展 28-45mm。下唇须长，向上伸过头顶，暗红褐色。头、胸背和腹背基毛簇红褐色，但后二者红色较浓。前翅茶褐色具丝质光泽，2 条暗褐色斜线在前缘靠近翅顶几乎同一点伸出，内面 1 条几乎呈直线向内斜伸至中室下角（其外侧衬银灰色边），外面 1条稍内曲而伸达臀角；端线离外缘较远，且在近前缘处向内凹。后翅颜色较前翅淡。
　　雄性外生殖器：爪形突细长，尖齿状；颚形突细长，大钩状；抱器瓣狭长，基部稍宽，末端圆；阳茎端基环盾状；阳茎细长，略长过抱器瓣，基部膨大，无角状器。
　　雌性外生殖器：前表皮突比后表皮突稍短；囊导管十分狭长，螺旋状；交配囊相对小，密布皱褶；囊突不明显。

幼虫：老熟幼虫体长 30-41mm，宽 6-7mm。头浅黄褐色，体背黄色，体侧黄绿色略透明。体枝刺丛发达，前胸、中胸背面和侧面各有 1 对枝刺；后胸背面 1 对，侧面为 1 对浅灰色小毛瘤；第 1-5 腹节侧面枝刺各 1 对，第 6-8 腹节背面和侧面各 1 对；中、后胸及第 6-7 腹节背面的枝刺较长，黄色，枝刺端部为黑色圆球形；其余枝刺较短、颜色较浅，略透明；腹侧枝刺端部为黑色米粒状。中、后胸背面分布靛蓝色的斑纹；背线黄白色，具玉绿色的宽边，亚背线黄色，下方衬绿色与黄色的窄边。

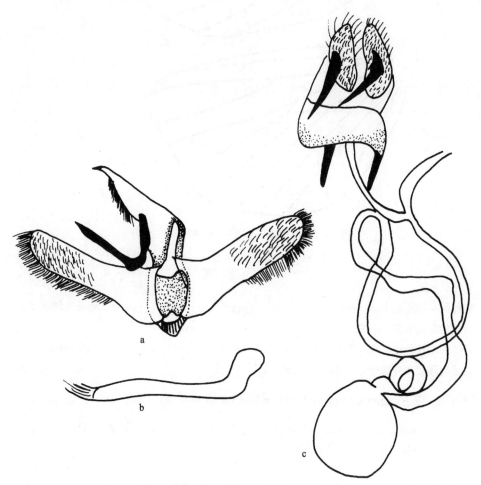

图 96　长须刺蛾 *Hyphorma minax* Walker
a. 雄性外生殖器；b. 阳茎；c. 雌性外生殖器

茧：短柱形，两端稍平，灰褐色。大小约 9mm×6mm。茶树根茎上及土中结茧。

生物学习性：一年发生代数不详，以老熟幼虫在茧内越冬，8-11 月发生数量最多。

寄主植物：油桐、茶、樱花、麻栎、柿、榄仁树、枫香。

观察标本：云南景东，1170m，1♀20♂，1956.V.12-VII.4，扎古良也夫采；景东董家坟，1250m，1♀13♂，1956.VI.16-20，扎古良也夫采；云龙茶山，1450m，1♂，1980.VI.12；武定，1800m，1♀，1982.VI.24；沧源班洪，1100m，1♀，1980.VI.11，尹怀先采；潞西勐嘎，1420m，1♀1♂，1981.VI.9，杜肇怡采；潞西，1400m，1♂，1983.V.29，杜肇怡采；元阳南沙，1100m，1♀，1979.V.27，罗克忠采；龙口十公里，1200m，1♂，1979.VI.19；西双版纳勐仑，650m，1♀，1964.IV.28，张宝林采，勐仑，580m，1♂，1993.IX.13，成新跃采；西双版纳补蚌，700m，4♂，1993.IX.14-15，成新跃、杨龙龙采。浙江杭州茶叶所，1♂，1976；杭州植物园，2♀6♂，1976.V.23-VI.12，陈瑞瑾采；杭州，1♂，1978VI.18，1♂，1975.VII.16，严衡元采；临安，2♀1♂，1977.VI.；天目山，2♀，1936.V。江西长古岭，1♀，1975.VII.3，张宝林采；大余，1♂，1977.VI.28（外生殖器玻片号 W10061）。福建武夷山，1♀，1982.VII.5，齐石成采；武夷山三港，1♀，1979.VIII.17，宋士美采。甘肃舟曲沙滩林场，2350m，1♂，1998.VII.5，袁德成采；文县山王庙，1500m，1♂，1999.VII.28，姚建采。陕西佛坪县城，900m，1♂，2008.VII.5，崔俊芝采（外生殖器玻片号 W10062）。四川峨眉山，1♂，1976.VIII；西昌泸山，1♀，1980.VIII.4，1♂，1974.VIII.5，韩寅恒采。重庆长寿楠木园，450m，1♀，1994.VI.9，李文柱采；重庆缙云山，800m，1♂，1994.VI.14，李文柱采；武隆，1000m，1♀，1989.VII.2，买国庆采；丰都世坪，610m，1♀，1994.VI.2，李文柱采。湖北神农架，950m，1♀，1980.VII.18，虞佩玉采；秭归九岭头，110m，1♂，1994.IX.5，宋士美采。湖南东安，1♀，1954.V.27；衡山，1♀，1979.VIII.25，张宝林采。广东广州龙洞，2♂，1984.VI。海南尖峰岭，1♀，1982.V.27，刘元福采；尖峰岭天池，760m，1♀，1980.IV.10，张宝林采。广西大青山，1♀，1980.VI.19；上思红旗林场，300m，1♀，1999.V.28，刘大军采；龙胜，4♀，1980.VI.11-16，宋士美、王林瑶采；防城扶隆，550m，1♀，1999.V.26，袁德成采；金秀圣堂山，900m，1♀，1999.V.17，李文柱采；融水，5♀，1982.VI.3，陈纪文采。河南商城黄柏山，200m，1♂，1999.VII.14，申效诚等采；连康山，220m，1♂，1999.VII.15，申效诚等采。

分布：河南、陕西、甘肃、浙江、湖北、江西、湖南、福建、广东、海南、广西、重庆、四川、云南；尼泊尔，越南，柬埔寨。

(77) 丝长须刺蛾 *Hyphorma sericea* Leech, 1899（图97；图版 III：70）

Hyphorma sericea Leech, 1899, Trans. Ent. Soc. Lond.: 100.

翅展♂ 31-35mm。下唇须长，向上伸过头顶，暗红褐色。头、胸背和腹背基毛簇红褐色，但后二者红色较浓。前翅茶褐色具丝质光泽，2 条暗褐色斜线在前缘靠近翅顶几乎同一点伸出，内面 1 条几乎呈直线向内斜伸至翅后缘基部 1/3 处，其外侧衬银灰色边；外面 1 条沿外缘伸达臀角；端线靠近外缘，不内曲。后翅颜色较前翅淡。

雄性外生殖器：爪形突细长，腹面的尖齿粗大；颚形突较粗壮，大钩状；抱器瓣狭长，基部稍宽，中部有 1 叶状隆起，几乎横贯抱器瓣而伸出腹缘，上密生微刺突；阳茎端基环盾状，侧面有 1 生齿的指状突；阳茎细长，略长过抱器瓣，基部稍膨大，末端明显膨大，无角状器。

观察标本：江西庐山，1♂，1974.VI.13，张宝林采。湖南衡山，2♂，1974.VI，张宝林采。浙江天目山，2♂，1985.VI.12。贵州江口梵净山，600-1000m，1♂，2002.VI.2，武春生采。

分布：浙江、江西、湖南、广东、四川、贵州；印度。

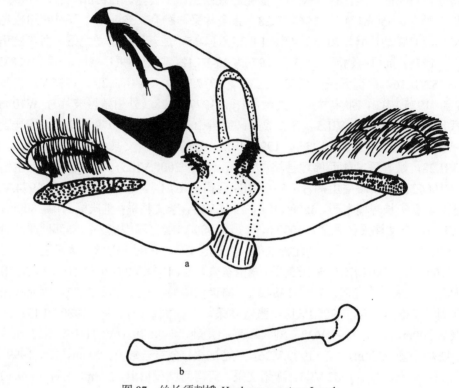

图 97　丝长须刺蛾 *Hyphorma sericea* Leech
a. 雄性外生殖器；b. 阳茎

(78) 暗长须刺蛾 *Hyphorma flaviceps* (Hampson, 1910)（图 98；图版 III：81）

Thosea flaviceps Hampson, 1910, Journ. Bomb. Nat. Hist. Soc., 20: 206.
Monema tenebricosa Hering, 1931, In: Seitz, Macrolepid. World, 10: 691, fig. 87i.
Hyphorma flaviceps (Hampson): Solovyev *et* Witt, 2009, Entomofauna, Suppl. 16: 134.

别名：暗黄刺蛾。

翅展 25mm。外形类似长须刺蛾，前足胫节有 1 个银斑。下唇须超过复眼直径的 3 倍。身体褐色，头部及胸部前缘区橙黄色。前翅斜线以内、中室及 Cu_2 脉以下红褐色，其余部分淡黑色，几乎看不到灰蓝色的痕迹，外缘线较模糊。后翅暗褐色，后缘及前缘红褐色。

雄性外生殖器：爪形突粗短，腹面中央有 1 枚短刺突；颚形突基部带状，端部合并成长指状；抱器瓣狭长，由基部向端部轻微地逐渐收缩，末端圆；阳茎端基环骨化程度弱，略呈圆形，上有微刺突；囊形突不明显；阳茎细，明显长于抱器瓣，基部囊状膨大，端部足状膨大，内有微刺突。

雌性外生殖器：前表皮突较长，超过后表皮突长度的一半；囊导管基部宽大，其余部分细长，螺旋状；交配囊略呈卵形，囊突不明显。

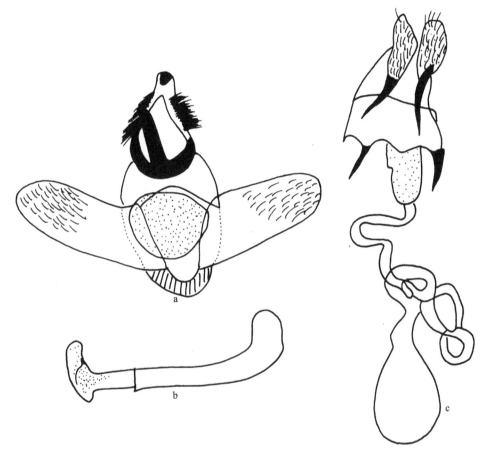

图 98　暗长须刺蛾 *Hyphorma flaviceps* (Hampson)
a. 雄性外生殖器；b. 阳茎；c. 雌性外生殖器

卵：椭圆形，扁平，黄色。

幼虫：老熟幼虫体长 18-20mm。头部暗褐色，身体黄绿色，雄腹部背面紫褐色，中间窄，两头宽，形似哑铃，上布红、黄相间的细纹。胸部和尾部具长枝刺 6 对。气门粉红色。体两侧每节有褐色短刺毛丛 3 对。

蛹：长 8-15mm。初化之蛹土黄色，腹节稍显灰白色，然后逐渐变为黄褐色至褐色。茧为土灰色，上布红褐色细纹，椭圆形，坚实。

生物学习性：在云南芒市一年发生 1 代，以老熟幼虫在树干根基部附近的土层内结茧越冬。翌年 4 月中旬老熟幼虫开始化蛹，5 月下旬成虫开始羽化、产卵，6 月上旬至 9 月中旬为幼虫危害期，8 月中旬老熟幼虫开始陆续结茧越冬。成虫 16:00-24:00 羽化，19:00-20:00 为盛期，寿命 1-4 天。卵期 10-15 天，孵化率 75% 左右。蛹期 48 天。该虫

1972 年在云南潞西（现为芒市）1000 多亩（1 亩≈666.7m^2）油桐样板林内大发生。

寄主植物：刺桐、油桐。

观察标本：云南景东，1170m，2♂，1956.VI.27-VII.2，扎古良也夫采；潞西，1400m，2♀2♂，1981.V.26，1983.VI.1-14，杜肇怡采；昌宁，1♂，1979.VI.25；保山，2♂，1979.VII.13；勐海，1200m，1♂，1958.VII.19，王书永采；普洱，1♀2♂，2009.VII.15-19，韩辉林等采。贵州湄潭，1♀，1980.VI.30，夏怀恩采。

分布：贵州、云南；印度。

23. 纤刺蛾属 *Microleon* Butler, 1885

Microleon Butler, 1885, Cistula Ent., 3: 121. **Type species**: *Microleon longipalpis* Butler, 1885.

下唇须长，上举。触角两性均为丝状。身体细长，前翅较阔。前翅 R$_1$ 脉直，R$_2$ 脉与 R$_3$+R$_4$ 脉的柄同出一点或共柄，R$_5$ 脉与该柄分离。后翅 M$_1$ 脉与 Rs 脉共柄；Sc+R$_1$ 脉在中点之前与中室前缘并接（图 99）。

本属已知 1 种，分布在东亚，我国也有记载。

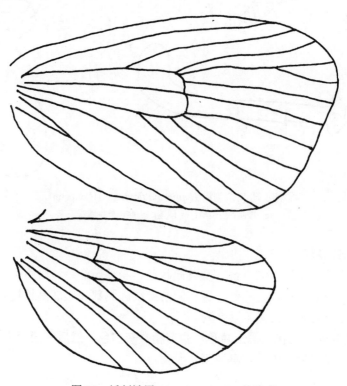

图 99 纤刺蛾属 *Microleon* Butler 的脉序

(79) 纤刺蛾 *Microleon longipalpis* Butler, 1885（图 100；图版 III：71）

Microleon longipalpis Butler, 1885, Cistula Ent., 3: 121, fig. 1c.

别名：小刺蛾。

翅展♂ 14-16mm，♀ 20-23mm。下唇须末端尖。头胸背面黄棕色，腹部背面灰褐色。前翅基部、翅顶及后缘中部黄褐色，其余部分紫褐色。后翅灰褐色，缘毛颜色较淡。

雄性外生殖器：爪形突较长，骨化程度弱，两侧密布长毛；颚形突末端扩展呈"T"形；抱器瓣狭长，几乎等宽，抱器背细长；抱器腹二叉状，基部 1 支短指状，端部 1 支长锯片状；阳茎端基环盾状，端部两侧指状突出；囊形突短宽，三角形；阳茎细，约为抱器瓣长度的 2/3，端部有 1 组微刺突。

雌性外生殖器：后表皮突长，前表皮突短；囊导管细长，螺旋状；交配囊大，椭圆形；囊突 1 枚，长方形，密布小齿突。

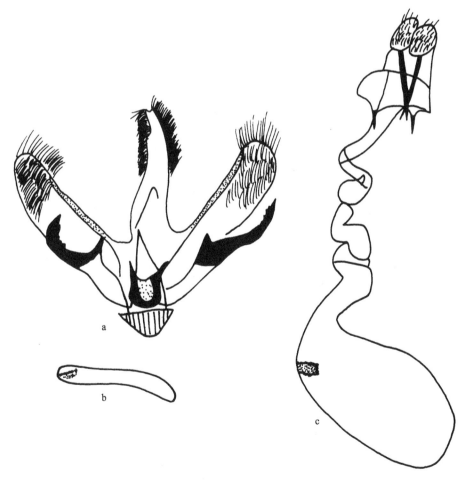

图 100　纤刺蛾 *Microleon longipalpis* Butler
a. 雄性外生殖器；b. 阳茎；c. 雌性外生殖器

　　幼虫：老熟幼虫体长 10mm 左右，体蛞蝓形略扁，体表面着生刺毛和颗粒状突起。身体前端具褐色的边缘，亚背线由每节 1 个黄褐色斑组成，背面及侧面具黄色斑纹。气门上线和亚背线处自中胸至腹部第 9 节具肉质的瘤状突起，每个突起上着生刺毛 2 根，刺毛黄褐色或深褐色。

　　生物学习性：在日本一年发生 2 代，幼虫 6-10 月发生。以蛹越冬。

　　寄主植物：黑刺李、沙梨、杏、悬钩子、茶、柿等多种植物的叶片。

　　观察标本：山东烟台，2♂，1981.VII.8。浙江杭州，1♂，1980.VII。安徽黄山云谷寺，1♂，1977.VII.20，王思政、黄桔采。江西庐山植物园，1100m，1♀，1976.VII；庐山牯岭，1♀，1979.VI.29；上犹，1♂，1978.V.1。

　　分布：山东、安徽、浙江、江西、湖南、台湾；俄罗斯，朝鲜，日本。

24. 冠刺蛾属 *Phrixolepia* Butler, 1877

Phrixolepia Butler, 1877, Ann. Mag. Nat. Hist., (4)20: 476. **Type species**: *Phrixolepia sericea* Butler, 1877.

　　雄蛾触角细锯齿状。前翅 R_1 脉直，R_5 脉与 R_3+R_4 脉共柄，R_2 脉与该柄分离；中室内的 M 脉干不分叉。后翅 M_1 脉与 Rs 脉共柄短；$Sc+R_1$ 脉在基部与中室前缘并接（图 101）。

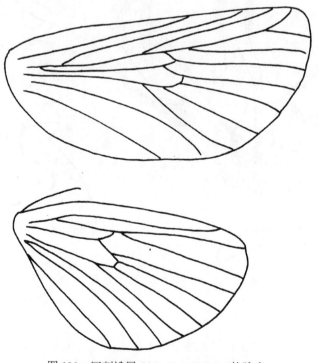

图 101　冠刺蛾属 *Phrixolepia* Butler 的脉序

雄性外生殖器的爪形突长三角形；颚形突末端具稀疏的长柔毛或浓密的毛簇；抱器瓣相对狭长，抱器腹基部有 2 个套叠的角形突起，其基部内侧有 1 近新月形的骨片；阳茎中等粗，稍弯曲；阳茎端基环中等骨化。雌性外生殖器的囊导管长，呈螺旋状；交配囊有 1 枚生齿的囊突。

本属已知 10 种，分布在中国、越南、尼泊尔、日本及俄罗斯远东地区，我国已记载 7 种。

<h2 style="text-align:center">种 检 索 表</h2>

(80) 浙冠刺蛾 *Phrixolepia zhejiangensis* Cai, 1986（图 102；图版 III：72）

Phrixolepia zhejiangensis Cai, 1986, Sinozoologia, 4: 183. Type locality: Zhejiang, China (IZCAS).

翅展♂ 22.5mm。下唇须褐黄色。头和胸背暗褐色，后胸毛簇末端暗红褐色；腹背黄褐色。前翅除前缘外的内半部和整个后缘区暗紫褐色，其中中室以下的后缘区较暗，其余部分灰紫褐色，具丝质光泽；前缘褐黄色；中线纤细，灰白色，肘形曲，M_1 脉至后缘一段较直，外侧不衬灰色边；缘毛基部和末端灰白色，中间暗褐色。后翅褐带紫色；臀角有 1 松散的暗紫褐色斑；缘毛与前翅的相似。

雄性外生殖器：爪形突长大，基部宽，端部细长，末端尖钩形，腹面两侧密生长毛；颚形突分为 2 叶，弯曲而呈狭长带形，末端彼此连接而有长柔毛；抱器瓣长大；抱器背弯曲；抱器背基突片状、耳形并向中央延长；抱器端圆大，其上密被长柔毛；抱器腹基部 1/3 处有 2 个套叠在一起的长角形突起，几乎伸到抱器瓣末端，其中腹面 1 个粗壮，末端钝，背面两侧卷曲延伸，把背面 1 个末端尖削而呈细长带形的突起套叠在内；在这2 个长突起的基部内侧有 1 个基部较宽的指形片；阳茎中等粗，约与抱器背同长，稍弯曲；阳茎端基环大，梨形。

观察标本：浙江临安洪岭，1♂，1980.VIII.24，陈其瑚采（正模）。重庆城口县沿河乡柏树村，1042m，1♂，32.072°N，108.369°E，2017.VII.11，陈斌等采（外生殖器玻片号 WU0709）；城口县高楠镇岭南村，1061m，1♂，32.137°N，108.570°E，2017.VIII.4，陈斌等采（外生殖器玻片号 WU0656）；城口县坪坝镇大梁村，1065m，1♂，32.009°N，108.524°E，2017.VIII.3，陈斌等采（外生殖器玻片号 WU0707）。

分布：浙江、重庆。

说明：本种外形与冠刺蛾 *Ph. sericea* Butler 相似，但后者前翅呈紫铜色，中线后半段较弯曲，其外侧衬有灰色；雄性外生殖器的爪形突相对短粗，颚形突角形末端具浓密团形毛簇；抱器腹的 2 个角形突起明显短宽，以及阳茎端基环呈苹果形等不同而容易区别。

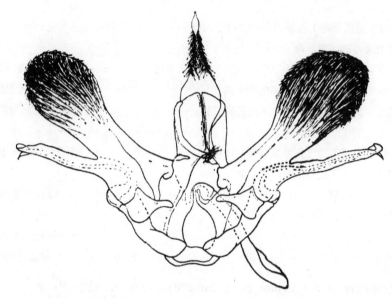

图 102 浙冠刺蛾 *Phrixolepia zhejiangensis* Cai 的雄性外生殖器

(81) 罗氏冠刺蛾 *Phrixolepia luoi* Cai, 1986（图 103；图版 III：73）

Phrixolepia luoi Cai, 1986, Sinozoologia, 4: 185, figs. 6-7. Type locality: Yunnan, China (IZCAS).

翅展♂21-25mm；♀26mm。下唇须红褐色。头和胸背深咖啡色；腹背灰褐色，末端灰黄色。前翅黑褐色，无明显丝质光泽，除前缘外的内半部略泛红褐色；前缘 2/3 到翅顶有 1 镰刀形的灰白色大斑，肘形中线与冠刺蛾的近似，但较纤细和不清晰，后半段也较直；缘毛基部灰黄色，其余暗红褐色。后翅灰褐色，臀角有 1 松散的黑褐色斑，缘毛与前翅的相似。

雄性外生殖器：爪形突长三角形；颚形突末端仅具稀疏的长柔毛；抱器瓣相对狭长，近长方形；抱器背直，抱器背基突特别延长并弯向背中央而彼此连接；抱器腹基部的 2 个套叠角形突起相对长大，约为抱器瓣长的 2/3，其基部内侧有 1 近新月形的骨片；阳茎中等粗，稍弯曲；阳茎端基环呈细长柄的梨形。

寄主植物：茶。

图 103　罗氏冠刺蛾 *Phrixolepia luoi* Cai 的雄性外生殖器

观察标本：云南勐海，1200m，6♂1♀，1981.VI.9，1982.V.8；罗亨文采并饲养（正模和副模）。

分布：云南；泰国。

说明：本种外形与冠刺蛾近似，但后者前翅底色较浅，呈紫铜色，翅顶无灰白色斑；雄性外生殖器的爪形突相对短小，颚形突末端具浓密团形毛簇，抱器瓣相对宽，抱器背基突短小，抱器腹基部上的突起明显短小，以及阳茎端基环形状不同而容易区别。

(82) 伯冠刺蛾 *Phrixolepia majuscula* Cai, 1986（图 104；图版 III：74）

Phrixolepia majuscula Cai, 1986, Sinozoologia, 4: 184, figs. 4-5. Type locality: Yunnan, Sichuan, China (IZCAS).

翅展 22.5-28mm。下唇须褐黄色。头和胸背暗褐色，后胸毛簇末端暗红褐色；腹背黄褐色。前翅除前缘外的内半部和整个后缘区暗紫褐色，其中中室以下的后缘区较暗，其余部分灰紫褐色，具丝质光泽；前缘褐黄色；中线纤细，灰白色，肘形曲，M_1 脉至后缘一段较直，外侧不衬灰色边；缘毛基部和末端灰白色，中间暗褐色。后翅褐带紫色；臀角有 1 松散的暗紫褐色斑；缘毛与前翅的相似。

雄性外生殖器：爪形突端半部较细长；腹面两侧密生长毛；颚形突分为 2 叶，呈狭长带形而弯曲，末端彼此连接处有长柔毛；抱器瓣长大，基部中央的突起呈梯形，端部明显变窄；抱器背内曲，近端稍隆起；抱器腹基部 1/3 处的角形套叠突起相对窄，其基部内侧有 1 宽的钝角形片，抱器腹端部 2/3 处有 1 大梳形隆起，其上密生长毛；阳茎端基环稍呈葫芦形。

雌性外生殖器：后表皮突粗长，前表皮突约为后表皮突的 1/3；囊导管细长，端半部较粗而呈螺旋状；交配囊相对小；囊突 1 枚，椭圆形，上密生小齿突。

观察标本：云南东川，1900-2500m，3♂，1980.VI.29-VII.3，段镇、陆清云、陈天福采；邱北，1500m，1♀，1979.II.10，常云英采；祥云，2100m，1♂，1980.VII.23，云南省林业厅森林昆虫普查队祥云组；大理，2000m，1♂，1980.VI.21，云南省林业厅森林昆虫普查队大理组；昆明，2000m，1♂，1980.VII.3，云南省林业厅森林昆虫普查队园林组。四川会理，2010m，2♂，1974.VII.19-20，韩寅恒采；西昌泸山，1700m，1♂，1980.VIII.5，张宝林采（以上标本为正模和副模）。非模式标本：云南马龙，2200m，1♂，1979.VI.16，赵庆生采；丽江，2♂，1980.V.21-23，宋士美、高平采；下关石井山，2000m，1♂，1980.VII.31。四川攀枝花平地，2♂，1981.VI.11-16，张宝林采；四川，1♂，1974.VII.29。重庆城口县沿河乡柏树村，1042m，1♂，32.072°N，108.369°E，2017.VII.11，陈斌等采（外生殖器玻片号 WU0655）。

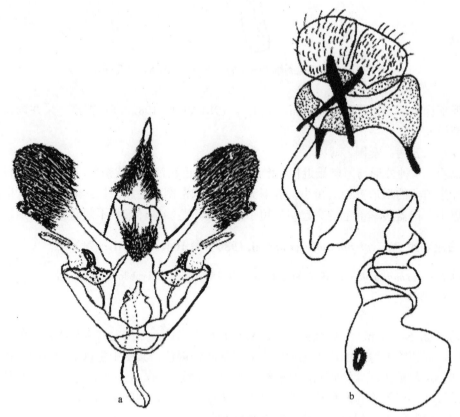

图 104　伯冠刺蛾 *Phrixolepia majuscula* Cai

a. 雄性外生殖器；b. 雌性外生殖器

分布：重庆、四川、云南。

说明：本种外形与冠刺蛾很相似，仅个体较大，但雄性外生殖器明显不同。

(83)　冠刺蛾 *Phrixolepia sericea* Butler, 1877（图 105；图版 III：75）

Phrixolepia sericea Butler, 1877, Ann. Mag. Nat. Hist., (4)20: 276.

Limacodes castaneus Oberthür, 1880, Etud. d'Ent., 5: 41, pl. 1, fig. 11.

翅展♂ 20-22mm。下唇须褐黄色。头和胸背暗褐色，后胸毛簇末端暗红褐色；腹背黄褐色。前翅除前缘外的内半部和整个后缘区暗紫铜色，其中中室以下的后缘区较暗，其余部分灰紫褐色，具丝质光泽；前缘褐黄色；中线纤细，灰白色，肘形曲，外侧衬灰色边；缘毛基部和末端灰白色，中间暗褐色。后翅褐带紫色；臀角有 1 松散暗紫褐色斑；缘毛与前翅的相似。

雄性外生殖器：爪形突相对短粗，基部宽，端部细长，末端尖钩形，腹面两侧密生长毛；颚形突分为 2 叶，狭长带形而弯曲，角形的末端具浓密团形毛簇；抱器瓣长大；抱器背弯曲；抱器背基突片状、耳形并向中央延长；抱器端圆大，其上密被长柔毛；抱器腹基部 1/3 处有 2 个套叠在一起的长角形突起，明显短宽；在这 2 个长突起的基部内侧有 1 个基部较宽的指形片；阳茎中等粗，约与抱器背同长，稍弯曲；阳茎端基环大，苹果形。

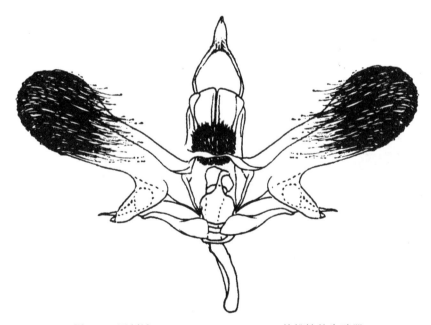

图 105　冠刺蛾 *Phrixolepia sericea* Butler 的雄性外生殖器

卵：卵圆形，黄白色，直径约 1mm。

幼虫：老熟幼虫体长约 18mm，全体透明质，体密布微刺毛，有不规则锥形的肉质突起，以背中线对称排列，背中线两侧各有 3 个大而呈锥形的肉质突起，肉质突起的前端为赤色，其中上部被有黑色的刺毛。肉质突起容易脱落。低龄幼虫浅绿色，肉质锥形突起呈淡绿色，颜色从锥尖到锥体逐渐变浅。老熟幼虫海蓝色。

蛹：黄白色，茧灰褐色，茧体似蛋壳，表面光滑，椭圆球形，长约 10mm，宽约 8mm。

生物学习性：在日本一年发生 2 代，以老熟幼虫在落叶中越冬。越冬蛹于翌年春天化蛹，成虫于 6-7 月和 8-9 月出现。在辽宁一年 1 代，以老熟幼虫入栎木周围浅土中或者在栎木周围土表的落叶中结茧越冬。翌年 5 月中旬至 6 月中旬开始羽化为成虫、交尾、产卵。7 月初幼虫孵化。8 月底幼虫老熟，8 月底 9 月初，老熟幼虫作茧化蛹越冬。

寄主植物：栎、板栗、黑刺李、茶等。

观察标本：黑龙江岱岭，390m，1♂，1962.VI.27，白九维采。另外还观察了 1 对井上宽先生赠送的日本标本（Bushi, Iruma, Saitama Pref. 1979.IX.2, coll. H. Inoue）。

分布：黑龙江、辽宁；俄罗斯，日本。

(84) 井上冠刺蛾 *Phrixolepia inouei* Yoshimoto, 1993（图 106）

Phrixolepia inouei Yoshimoto, 1993a, Tyo To Ga, 44(1): 23. Type locality: Taiwan, China.

翅展♂ 22mm。下唇须褐黄色。头和胸背暗褐色，后胸毛簇末端暗红褐色；腹背黄褐色。前翅除前缘外的内半部和整个后缘区暗紫铜色，其中中室以下的后缘区较暗，其余部分灰紫褐色，具丝质光泽；前缘褐黄色；中线纤细，灰白色，肘形曲，外侧衬灰色边；缘毛基部和末端灰白色，中间暗褐色。后翅褐带紫色；臀角有 1 松散的暗紫褐色斑；缘毛与前翅的相似。

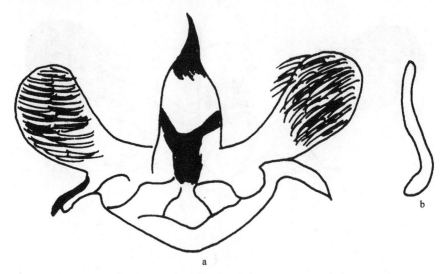

图 106 井上冠刺蛾 *Phrixolepia inouei* Yoshimoto（仿 Yoshimoto，1993a）

a. 雄性外生殖器；b. 阳茎

雄性外生殖器：爪形突狭长，基部宽，端部细长，末端尖钩形，腹面两侧密生长毛；颚形突分为 2 叶，狭长带形而弯曲，角形的末端具浓密团形毛簇；抱器瓣长大；抱器背弯曲；抱器背基突片状、耳形并向中央延长；抱器端圆大，其上密被长柔毛；抱器腹基部 1/3 处有 2 个套叠在一起的长角形突起，明显向下弯曲，明显长于冠刺蛾 Ph. sericea；在这 2 个长突起的基部内侧有 1 个基部较宽的指形片；阳茎中等粗，约与抱器背同长，稍弯曲；阳茎端基环大，梨形。

观察标本：模式标本仅有正模（♂），1983.VIII.24-27，H. Yoshimoto 采，存于日本东京 H. Yoshimoto 处，作者未见标本。描述译自 Yoshimoto（1993a）的原记。

分布：台湾。

(85) 普冠刺蛾 *Phrixolepia pudovkini* Solovyev, 2009（图 107）

Phrixolepia pudovkini Solovyev, 2009b, Entomological Review, 89(6): 739. Type locality: Taibai, Shaanxi, China (MWM).

前翅长 10-11mm，翅展 24mm。头、胸及前翅基部到内线之间铜褐色；前翅端部（以内线为界）锈褐色。后翅及腹部浅灰褐色。

雄性外生殖器：爪形突短，基部加宽，端部 1/3 尖；颚形突端部有浓密团形毛簇；抱器瓣长，向上弯曲，末端向两侧扩展；臀角发达；抱器腹长，非常窄；抱器腹突细长，几乎直抱器瓣基部有中叶突，该突起的基部呈三角形，端部呈长指状，末端尖；阳茎端基环窄圆，有短叶状中尾突，其长度大致等于阳茎端基环的高度；阳茎稍呈"S"形，比抱器瓣短，未见角状器。

观察标本：湖北神农架，1♂，1981.VII.3（外生殖器玻片号 W10080）。

分布：陕西、湖北。

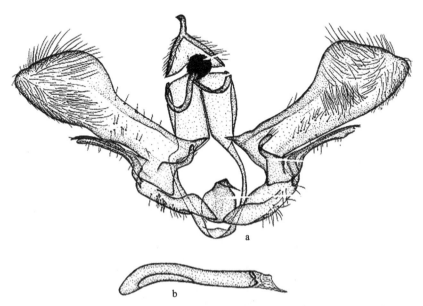

图 107　普冠刺蛾 *Phrixolepia pudovkini* Solovyev（仿 Solovyev，2009b）
a. 雄性外生殖器；b. 阳茎

说明：本种前翅没有镰刀形的浅色顶角斑；爪形突短，类似冠刺蛾 *Ph. sericea* 和辛冠刺蛾 *Ph. sinyaevi*；颚形突端部具浓密团形毛簇；抱器瓣长度大于近缘种，臀角发达；抱器腹突形状复杂，大小适中，该突起的基部呈三角形，端部呈长指状可将本种与其他种相区别。本种的雄性外生殖器类似浙冠刺蛾 *Ph. zhejiangensis*，但本种抱器瓣的臀角更明显，中突更窄，颚形突端部有浓密团形毛簇。抱器腹突较窄而不向下弯曲可与井上冠刺蛾 *Ph. inouei* 相区别。

(86) 黑冠刺蛾 *Phrixolepia nigra* Solovyev, 2009（图 108）

Phrixolepia nigra Solovyev, 2009b, Entomological Review, 89(6): 741. Type locality: Yunnan, China (MWM).

前翅长♂ 11-13mm，♀ 13-15mm；翅展♂ 24-28mm，♀ 28-29mm。头、胸及前翅浅灰褐色。前翅的顶角斑端部边界模糊。

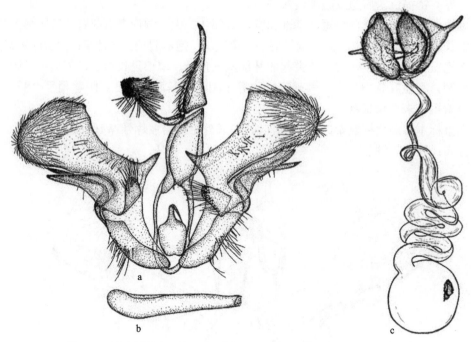

图 108　黑冠刺蛾 *Phrixolepia nigra* Solovyev（仿 Solovyev，2009b）

a. 雄性外生殖器；b. 阳茎；c. 雌性外生殖器

雄性外生殖器：爪形突长，均匀地变窄，末端强度骨化；颚形突端部有浓密团形毛簇，背毛很长；抱器瓣短宽，镰刀状向上弯曲；抱器腹突狭长；抱器瓣基部中央有宽扁的指状突起，该突起的外缘有长毛；阳茎端基环稍向端部变窄，有带状的尾突，该尾突的长度大致等于阳茎端基环的高度。阳茎几乎直，端部稍窄，长度与抱器瓣长度相当。

雌性外生殖器：囊导管长，端部宽而呈多重螺旋状；交配囊球形；囊突单个，边缘锯齿状。

观察标本：陕西宁陕，1♂，1979.VII.23，韩寅恒采（外生殖器玻片号 L06048）。

分布：陕西、云南。

说明：本种前翅有浅色的镰刀形顶角斑，这与罗氏冠刺蛾 *Ph. luoi* 相似，但本种的顶角斑端缘界线不明显。抱器瓣较短、具有扁指状的中突及颚形突端毛簇的背毛很长可与其他种相区别。

25. 黄刺蛾属 *Monema* Walker, 1855

Monema Walker, 1855, List Specimens Lepid. Insects Colln Br. Mus., 5: 1102, 1112. **Type species**: *Monema flavescens* Walker, 1855.

Cnidocampa Dyar, 1905, Proc. U.S. Natn. Mus., 28: 952. Proposed unnecessarily as an objective replacement name for *Monema* Walker, 1855, which is not preoccupied by *Monema* Greville, 1827, a genus of plants.

雄蛾触角线状。下唇须极长，但端节比第 2 节短（与长须刺蛾相区别）。后足胫节有 2 对距，中距几乎看不见。前翅 R_5 脉与 R_3+R_4 脉共柄，R_2 脉与该柄同出一点或共柄；R_1 脉靠近 Sc 脉，但并不那么弯。后翅 M_1 脉与 Rs 脉共柄；$Sc+R_1$ 脉在 2/3 处与中室前缘并接（图 109）。

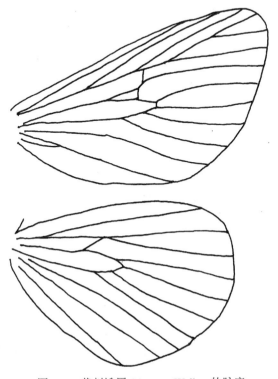

图 109　黄刺蛾属 *Monema* Walker 的脉序

雄性外生殖器的抱器腹骨化而末端突出；雌性外生殖器的囊导管螺旋状，囊突 2 枚。

世界已记载 4 种，分布在东亚、喜马拉雅山脉及越南北部，我国已记载 4 种，包括作者已发表的 1 新种和 2 新记录种。

种 检 索 表

(87) 黄刺蛾 *Monema flavescens* Walker, 1855（图 110；图版 III：76-77，图版 XI：251）

Monema flavescens Walker, 1855, List Specimens Lepid. Insects Colln Br. Mus., 5: 1112, fig. 1c; Pan, Zhu *et* Wu, 2013, ZooKeys, 306: 25.

Miresa flavescens (Walker): Seitz, 1913, Macrolepid. World, 2: 344, fig. 50c.

Cnidocampa flavescens (Walker): Cai, 1981, Iconographia Heterocerorum Sinicorum, 1: 99.

Cnidocampa johanibergmani Bryk, 1948, Ark. Zool., 41(A): 219.

Monema melli Hering, 1931, In: Seitz, Macrolepid. World, 10: 691, fig. 87i.

Monema flavescens var. *nigrans* de Joannis, 1901, Bull. Soc. Ent. Fr.: 251.

Monema nigrans de Joannis: Solovyev *et* Witt, 2009, Entomofauna, Suppl. 16: 108.

成虫：体长♀ 15-17mm，♂ 13-15mm。翅展♀ 35-39mm，♂ 30-32mm。下唇须末端黑色。颜面黄色。头和胸背黄色；腹背黄褐色；前翅内半部黄色，外半部黄褐色，有 2 条暗褐色斜线，在翅顶前汇合于一点，呈倒 "V" 字形，内面 1 条伸到中室下角，形成两部分颜色的分界线，外面 1 条稍外曲，伸达臀角前方，但不达于后缘，横脉纹为 1 暗褐色点，中室中央下方 Cu_2 脉上有时也有 1 模糊或明显的暗点；后翅黄色或赭褐色。

雄性外生殖器：背兜窄，爪形突短粗，末端圆或尖；颚形突带状，端部合并成短指状；抱器瓣短宽，末端圆；抱器腹宽大，末端呈粗齿状突出；阳茎端基环端部两侧各有 1-3 根大小不等的长刺突，有时两侧的刺突不对称，一侧 1 大 1 小，另一侧 2 大；囊形突短宽，梯形；阳茎细，超过抱器瓣的长度，端部有 1 组小刺突。

雌性外生殖器：后表皮突粗长，前表皮突短小；阴片 3 片，条状，上具微刺突；囊导管很长，基部 1/4 较粗而直，骨化，端部 3/4 膜质，呈螺旋状，与交配囊相接一段较粗；交配囊较大，圆形；囊突 1 对，各呈三角形，上密生小齿突。

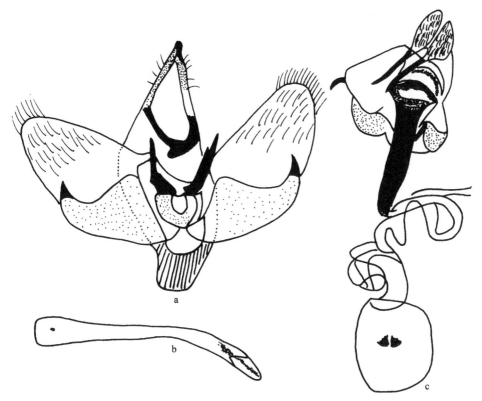

图 110　黄刺蛾 *Monema flavescens* Walker
a. 雄性外生殖器；b. 阳茎；c. 雌性外生殖器

卵：扁椭圆形，一端略尖，长 1.4-1.5mm，宽 0.9mm，淡黄色，卵膜上有龟状刻纹。

幼虫：老熟幼虫体长 19-25mm，体粗大。头部黄褐色，隐藏于前胸下。胸部黄绿色，体自第 2 节起，各节背线两侧有 1 对枝刺，以第 3、4、10 节的为大，枝刺上长有黑色刺毛；体背有紫褐色大斑纹，前后宽大，中部狭细成哑铃形，末节背面有 4 个褐色小斑；体两侧各有 9 个枝刺，体侧中部有 2 条蓝色纵纹；气门上线淡青色，气门下线淡黄色。

蛹：椭圆形，粗大。体长 13-15mm。淡黄褐色，头、胸部背面黄色，腹部各节背面有褐色背板。茧椭圆形，质坚硬，黑褐色，有灰白色不规则纵条纹，极似雀卵。

生物学习性：辽宁、陕西一年发生 1 代，北京、安徽、四川一年发生 2 代。合肥地区黄刺蛾幼虫于 10 月在树干和枝杈处结茧过冬。翌年 5 月中旬开始化蛹，下旬始见成虫。5 月下旬至 6 月为第一代卵期，6-7 月为幼虫期，6 月下旬至 8 月中旬为蛹期，7 月下旬至 8 月为成虫期；第二代幼虫 8 月上旬发生，10 月结茧越冬。

成虫羽化多在傍晚，以 17:00-22:00 为盛。成虫夜间活动，趋光性不强。雌蛾产卵多在叶背，卵散产或数粒在一起。每雌产卵 49-67 粒，成虫寿命 4-7 天。幼虫多在白天孵化。幼虫共 7 龄。第一代各龄幼虫发生所需日数分别是：1-2 天，2-3 天，2-3 天，2-3 天，4-5 天，5-7 天，6-8 天；共 22-33 天。初孵幼虫先食卵壳，然后取食叶下表皮和叶肉，剥离下上表皮，形成圆形透明小斑，隔 1 日后小斑连接成块。4 龄时取食叶片形成孔洞；

5、6龄幼虫能将全叶吃光仅留叶脉。幼虫老熟后在树枝上吐丝作茧。茧开始时透明，可见幼虫活动情况，后凝成硬茧。茧初为灰白色，不久变褐色，并露出白色纵纹。结茧的位置：在高大树木上多在树枝分叉处，苗木上则结于树干上。一年2代中第一代幼虫结的茧小而薄，第二代的茧大而厚。第一代幼虫也可在叶柄和叶片主脉上结茧。

寄主植物：枫杨、重阳木、乌桕、毛白杨、三角枫、刺槐、梧桐、楝、油桐、柿、枣、核桃、板栗、茶、桑、柳、榆、苹果、梨、杏、桃、石枇杷、柑橘、山楂、杧果、天台椴、枳椇、枫香、鸡爪槭等，尤喜取食枫杨、核桃、苹果、石榴，将叶片吃成很多孔缺刻，影响树势和翌年果树结果，是林木、果树重要害虫。幼虫食性在各地喜食的林木、果树种类不一：江苏太湖地区以危害枫杨、朴树为主；在哈尔滨则以苹果为主；在青岛以苹果、梨、桃为主；江西中部以桃为主；在安徽西山果区以苹果为主，怀远以石榴为主，合肥第一代黄刺蛾幼虫多危害枫杨、核桃；第二代幼虫多危害梨和栎类叶片。

天敌：上海青蜂、刺蛾广肩小蜂、一种姬蜂 Cryptus sp.、螳螂、核型多角体病毒。

观察标本：黑龙江岱岭，390m，25♂，1962.VI.30-VII.16，白九维采，5♂，1957.VII.4-9（外生殖器玻片号 WU0180）；伊春，2♂，1956.VII.9，1♀，1956.IX.6；五常胜利林场，3♂，1970.VII.10；哈尔滨，2♀，1936.VII.17-VIII.17，1♂，1940.VIII.8；虎林852农场，1♂，1962.VII.10，陈泰鲁采。辽宁清源，1♀8♂，1954.VII.29-30（外生殖器玻片号 WU0179）；新金，2♂，1954。吉林漫江，4♀10♂，1955.VI.19-VII.27；长白山，800m，2♀3♂，1982.VII.2-13，张宝林采（外生殖器玻片号 WU0178）。内蒙古，1♂，1987.VII.15；乌兰浩特，1♂，1957.VI.5（外生殖器玻片号 WU0181）。湖南永顺杉木河林场，600m，1♂，1988.VIII.3，陈一心采（外生殖器玻片号 WU0117）；东安，1♂，1954.V.20（外生殖器玻片号 WU0118）；古丈高望界，850m，1♂，1988.VII.29，陈一心采（外生殖器玻片号 WU0120）；Hengshan，1♂，1979.VIII.22（外生殖器玻片号 WU0119）。福建武夷山三港，1♀，1979.VIII.3，宋士美采（外生殖器玻片号 WU0121）；武夷山桐木，1♂，1979.VII.26，宋士美采（外生殖器玻片号 WU0121a）；厦门，1♂，1973.VI.25，张宝林采（外生殖器玻片号 WU0123）。湖北神农架，950-1640m，8♂，1980.VII.18-24，虞佩玉采（外生殖器玻片号 WU0124）；荆州，6♂，1980.VII（外生殖器玻片号 WU0125）；兴山龙门河，1350m，9♂，1993.VI.16-VII.17，宋士美、姚建等采（外生殖器玻片号 WU0126）；秭归九岭头，100m，3♂，1993.VI.12-13，姚建等采（外生殖器玻片号 WU0127）；宣恩分水岭，1200-1240m，1♂，1989.VII.29，杨龙龙、李维采（外生殖器玻片号 WU0128）。广西龙胜，4♂，1980.VI.10-15，王林瑶采，1♀，1963.V.26，王春光采（外生殖器玻片号 WU0133，WU0134）；桂林林科所，1♂，1981.VII.5，梁新强采（外生殖器玻片号 WU0145）；钦州，2♂，1980.IV.15，蔡荣权采（外生殖器玻片号 WU0143）；金秀银杉站，1100m，1♂，1999.V.10，李文柱采（外生殖器玻片号 WU0141）。浙江杭州，2♂，1973.VIII.1，张宝林采；杭州植物园，1♀3♂，1976.VI.4-21，陈瑞瑾采；温州，1♂，1953，廖定喜采；舟山，1♂，1936.VI.18，O. Piel采；天目山，1♀3♂，1936.V-VI，4♂，1972.VII.29，王子清采，5♂，1973.VII.21，张宝林采（外生殖器玻片号 WU0146）。陕西周至厚畛子，1350m，3♂，1999.VI.24，姚建采（外生殖器玻片号 WU0174，WU0175）；周至楼观台，640m，6♂1♀，2008.VI.23-24，白明等采（外生殖器玻片号 WU0051）；周至钓鱼台，1480m，1♂1♀，

2008.VI.29，李文柱采（外生殖器玻片号 WU0170）。江西庐山，2♂，1974.VI.17-19，张宝林采（外生殖器玻片号 WU0146）；牯岭，1♀1♂，1935.VII（外生殖器玻片号 WU01149）；江西，1♀2♂，1957.V.27-28，虞佩玉采（外生殖器玻片号 WU0150）。上海，16♀4♂，1932.VIII.11-26，O. Piel 采（外生殖器玻片号 L06056，L06057），4♂，1933.VI.14-VII.20，A. Savio 采；上海植物园，1♀，1974.VI。江苏扬州，1♂，1926.V.15，1♂，1974.VI.20（外生殖器玻片号 WU0182）；南京，3♀，1957.VI.1-10，虞佩玉采（外生殖器玻片号 WU0183）。广东广州，5♂，1931.VII；广州石牌，1♂，1958.IX.17，王林瑶采。北京，6♀15♂，1957.V.3-31，虞佩玉采（外生殖器玻片号 WU0184）；西山，1♂，1955.VIII；卧佛寺，2♂，1957.II.22-28；清河，1♂，1957.III.13；西郊公园，6♂，1952.VIII.11-20，张毅然等采；潭柘寺，1♂，1951.VIII.15；八达岭，1♂，1957.VI.24；百花山，5♂，1973.VII.4-16，刘友樵、张宝林采（外生殖器玻片号 WU0185）；三堡，5♂，1964.VII.25，张宝林采，1♀，1972.VII.21，张宝林采；昌平流村镇王家园，1♀8♂，2009.VI.15-VII.22。河北昌黎，1♂6♀，1972.VI.15-VII.8，2♀，1973.VI.21（外生殖器玻片号 WU0186）。河南嵩县白云山，1400m，2♂，2003.VII.18-20，邱㼆等采；辉县八里沟，700m，1♀，2002.VII.12-15；内乡宝天曼，1♂，1998.VII.12，申效诚等采。

　　黑色型：上海大通路，1♂，1980.VII.28（外生殖器玻片号 L06052）；上海植物园，1♀，1974.VI，田立新采（外生殖器玻片号 L06053）；上海，2♂，1935.VII。吉林漫江，1♀2♂，1955.VII.9-31（外生殖器玻片号 L06059，L06060）。

　　分布：黑龙江、吉林、辽宁、内蒙古、北京、河北、山西、山东、河南、陕西、宁夏、青海、江苏、上海、浙江、湖北、江西、福建、湖南、台湾、广东、广西；俄罗斯（西伯利亚），朝鲜，日本。

　　说明：*M. melli* Hering 根据 1 头雄蛾建立，但无论外形还是雄性外生殖器都与黄刺蛾相同，该种正模标本的雄性外生殖器阳茎端基环端部两侧的长刺突只有 1 根，但阳茎端基环端部两侧的长刺突数目在黄刺蛾中变化较大，1-3 根都有。因此，*M. melli* Hering 被确定为黄刺蛾的同物异名。Solovyev 和 Witt（2009）将黑色型提升为独立种。因外生殖器特征相同，且在同一种群中同时出现，所以不能作为独立种，只能是型。

　　过去记录在黄刺蛾名下的种类目前已经分为 3 种：黄刺蛾、梅氏黄刺蛾和长颚黄刺蛾，它们在外形上几乎没有区别，而且两两同域发生。因此，每一种的寄主植物也需要逐步厘清。

(a) 黄刺蛾指名亚种 *Monema flavescens flavescens* Walker, 1855

Monema flavescens flavescens Walker: Pan, Zhu *et* Wu, 2013, ZooKeys, 306: 27.

颜面黄色。雄性外生殖器的阳茎较短。

分布：除广东南岭外的中国大陆；俄罗斯（西伯利亚），日本，朝鲜。

(b) 黄刺蛾台湾亚种 *Monema flavescens rubriceps* (Matsumura, 1931)

Cnidocampa rubriceps Matsumura, 1931b, Ins. Matsum., 5: 105. Type locality: Taiwan, China.

Monema rubriceps (Matsumura): Hering, 1931, In: Seitz, Macrolepid. World, 10: 691.

Monema flavescens rubriceps (Matsumura): Pan, Zhu *et* Wu, 2013, ZooKeys, 306: 29.

翅展 30-32mm。与黄刺蛾指名亚种 *M. flavescens flavescens* Walker 非常相似，但颜面为粉红色；前翅有 1 条橙黄色的缘带，R_3+R_4 脉共柄的长度超过分支的长度。雄性外生殖器的阳茎较长。

观察标本：广东南岭，1♂，2008.VII.21，陈付强采（外生殖器玻片号 WU0053a）。

分布：台湾、广东。

说明：因雄性外生殖器与黄刺蛾指名亚种相同，故降为亚种。

(88) 梅氏黄刺蛾 *Monema meyi* Solovyev *et* Witt, 2009（图 111；图版 III：78）

Monema meyi Solovyev *et* Witt, 2009, Entomofauna, Suppl. 16: 108-109. Type locality: Vietnam (ZMHB); Pan, Zhu *et* Wu, 2013, ZooKeys, 306: 32.

翅展♂ 31-35mm，♀ 36-40mm。颜面粉红色。头和胸背黄色；腹背黄褐色。前翅内半部黄色，外半部赤褐色，有 2 条暗褐色斜线，在翅顶前汇合于一点，呈倒 "V" 字形，内面 1 条伸到中室下角，形成两部分颜色的分界线，外面 1 条稍外曲，伸达臀角前方，但不达于后缘；后翅黄色或浅红褐色。

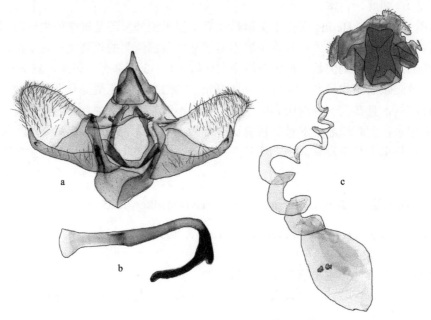

图 111　梅氏黄刺蛾 *Monema meyi* Solovyev *et* Witt

a. 雄性外生殖器；b. 阳茎；c. 雌性外生殖器

雄性外生殖器：背兜窄；爪形突短粗，末端稍尖；颚形突带状，端部合并成短指状；抱器瓣短宽，末端圆；抱器腹宽大，末端呈双粗齿状突出；阳茎端基环由2个侧叶组成：各为"S"形，端部侧面有1列刺；囊形突短宽；阳茎细长，呈"S"形，末端有1个刺突。

雌性外生殖器：后表皮突粗长，前表皮突短小；阴片3片，上具微刺突，靠生殖孔的一片十分宽大；囊导管很长，基部1/3较细而直，端部2/3较宽，呈螺旋状；交配囊较大，圆形；囊突1对，各呈三角形，上密生小齿突。

观察标本：湖南桑植芭溪乡，370m，1♀，2009.VIII.13，陈付强采（外生殖器玻片号WU0052）。广东车八岭，2♀8♂（外生殖器玻片号WU0053，WU0054，WU0054a）。四川峨眉山，800-1000m，1♀8♂，1957.VI.21-VII.25，黄克仁、朱复兴、卢佑才采（外生殖器玻片号WU0111）；四川，1♂，1974.VII.21-24（外生殖器玻片号WU0137）。贵州江口梵净山，500m，1♀2♂，1988.VII.11，李维采（外生殖器玻片号WU0115，WU0116）。福建武夷山，1♂，1982.VI.14，张宝林采（外生殖器玻片号WU0177）；将乐龙栖山，1♂，1991.VIII.18，宋士美采（外生殖器玻片号WU0121）。湖北宣恩分水岭，1200-1240m，1♂，1989.VII.25，杨龙龙、李维采（外生殖器玻片号WU0129）；利川星斗山，800m，3♂，1989.VII.21-31，李维采（外生殖器玻片号WU0138）；鹤峰分水岭，1240m，1♂，1989.VII.29，李维采（外生殖器玻片号WU0131）。广西金秀圣堂山，900m，1♂，1999.V.17，李文柱等采（外生殖器玻片号WU0140）；金秀罗香，200-400m，5♂，1999.V.15-16，韩红香等采（外生殖器玻片号WU0142）；上思红旗林场，250m，1♂，1999.V.28，袁德成采。江西大余，1♀，1985.VIII.16，王子清采；大余内良，1♂，1985.VIII.23（外生殖器玻片号WU0150）；宜丰院内，1♂，1959.VI.2（外生殖器玻片号WU0151）。海南五指山，1♀，1984.IV.25，顾茂彬采（外生殖器玻片号WU0147）。云南勐海，1200m，1♂，1958.VII.18，王书永采（外生殖器玻片号WU0153）；宾川，2♂，1959.VIII（外生殖器玻片号WU0154）；维西县城，2320m，1♂，1979.VII.6（外生殖器玻片号WU0155）。

分布：湖北、江西、湖南、福建、广东、海南、广西、四川、贵州、云南；越南。

说明：本种依据2头雄蛾建立。本种体型相对较大，雄蛾腹部腹面亚端能看到露出的阳茎，这是本种区别于黄刺蛾和长颚黄刺蛾的1个实用的特征。

(89) 长颚黄刺蛾 *Monema tanaognatha* Wu et Pan, 2013（图112；图版III：80）

Monema tanaognatha Wu et Pan, 2013, In: Pan, Zhu et Wu, ZooKeys, 306: 30. Type locality: Yunnan, China (IZCAS).

翅展28-33mm。下唇须末端黑色。颜面黄色，有时也呈粉红色。头和胸背黄色。前翅内半部黄色，外半部黄褐色，有2条暗褐色斜线，在翅顶前汇合于一点，呈倒"V"字形，内面1条伸到中室下角，形成两部分颜色的分界线，外面1条稍外曲，伸达臀角前方，但不达于后缘，横脉纹为1暗褐色点，中室中央下方Cu_2脉上有时也有1模糊或明显的暗点；后翅黄色或赭褐色。

雄性外生殖器：背兜窄；爪形突短粗，末端尖；颚形突带状，端部合并成很长的指状；抱器瓣短宽，末端圆；抱器腹宽大，末端呈长齿状突出；阳茎端基环端部两侧细长，末端各有 1 束长刺突；囊形突较宽大，梯形；阳茎细，超过抱器瓣的长度，端部有 1 根粗长的刺突。

雌性外生殖器：后表皮突粗长，前表皮突短小；阴片 3 片，条状，上具微刺突；囊导管很长，基部 1/2 较细而直，端部 1/2 较粗，呈螺旋状；交配囊较大，圆形；囊突 1 对，各呈三角形，上密生小齿突。

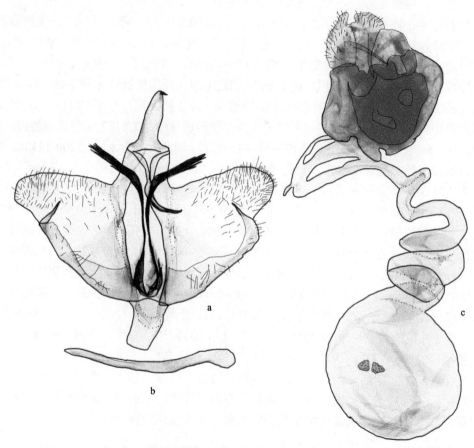

图 112　长颚黄刺蛾 *Monema tanaognatha* Wu et Pan

a. 雄性外生殖器；b. 阳茎；c. 雌性外生殖器

观察标本：云南昆明黑龙潭，1♀2♂（正模和副模，外生殖器玻片号 WU0156，WU0157）；宣威，1890m，1♂，1979.VI.25（外生殖器玻片号 WU0152）。陕西佛坪，900-950m，5♂，1998.VII.23-24，袁德成、姚建、章有为采（外生殖器玻片号 WU0172）；留坝庙台子，1350m，1♂，1998.VII.21，姚建采；太白黄柏塬，1350m，4♂，1980.VII.14，张宝林采（外生殖器玻片号 WU0173）；宁陕火地塘，1580-1650m，4♂，1998.VII.27，姚建采（外生殖器玻片号 WU0171，WU0176）。甘肃文县铁楼，1450m，7♂，1999.VII.24，姚建、王洪建、朱朝东采（外生殖器玻片号 WU0164）；康县清河林场，1400-2250m，3♂，1998.VII.15，姚建采，9♂，1999.VII.7-9，姚建等采（外生殖器玻片号 WU0162，WU0163）；

康县白云山，1250-1750m，3♂，1998.VII.12，姚建采（外生殖器玻片号 WU0165）；宕昌，1800m，4♂，1998.VII.7，姚建采（外生殖器玻片号 WU0166）；舟曲沙滩林场，2400m，4♂，1999.VII.15，王洪建采（外生殖器玻片号 WU0167，WU0168）。四川峨眉山，800-1000m，7♂，1957.VI.21-VII.25，黄克仁、朱复兴、卢佑才采（外生殖器玻片号 WU0110，WU0135）；都江堰青城山，700-1000m，2♂，1979.VI.3-4，高平、尚进文采（外生殖器玻片号 WU0112，WU0113）。湖北利川星斗山，800m，2♂，1989.VII.21-23，李维采（外生殖器玻片号 WU0130）。广西苗儿山九牛场，1150m，2♂，1985.VII.7，方承莱采（外生殖器玻片号 WU0132)（以上标本均为副模）。重庆城口县咸宜乡明月村，918m，1♂，31.671°N，108.705°E，2017.VI.23，陈斌等采。

分布：陕西、甘肃、湖北、广西、重庆、四川、云南。

(90) 粉黄刺蛾 *Monema coralina* Dudgeon, 1895（图 113；图版 III：79）

Monema coralina Dudgeon, 1895, Trans. Ent. Soc. Lond., 1895: 290; Pan, Zhu *et* Wu, 2013, ZooKeys, 306: 34.

翅展 30-35mm。下唇须长，约是复眼直径的 3 倍，上面黄褐色，下面暗黄褐色。触角黄褐色。颜面、头部、胸部及腹部基部淡黄色，腹部端半部背面棕色。前翅基部和前缘淡黄色，其余部分粉红色，横线不清晰（尼泊尔和西藏的标本则有从翅顶分出的 2 条横线，很清晰），后缘基部 1/3 处有 1 枚黄褐色圆斑。后翅基部淡黄色，其余部分粉红色。

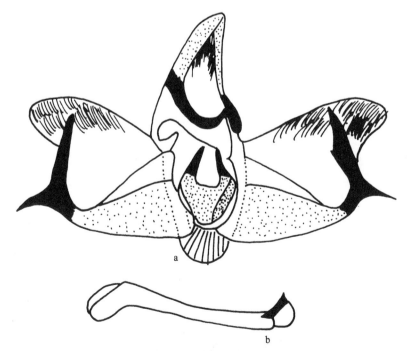

图 113　粉黄刺蛾 *Monema coralina* Dudgeon

a. 雄性外生殖器；b. 阳茎

雄性外生殖器：爪形突不明显；颚形突带状，中部稍突出；抱器瓣短宽，末端较窄；抱器腹宽大，端部呈双刺状突出，其中向外突出的 1 枚较短，向背面突出的 1 枚很长；阳茎端基环端部两侧呈指状突出；囊形突短；阳茎细，比抱器瓣略长，基部明显膨大，端部稍膨大，有 1 较大的刺突。

观察标本：云南西双版纳补蚌，700m，4♂，1993.IX.14-15，杨龙龙采（外生殖器玻片号 L06051）。西藏墨脱县城，1080m，1♀，2006.VII.22，陈付强采。

分布：云南、西藏；不丹，尼泊尔。

26. 脉刺蛾属 *Tetraphleba* Strand, 1920

Tetraphleba Strand, 1920a, Int. Ent. Z., 14: 174. **Type species**: *Miresa brevilinea* Walker, 1865.

Tetraphleps Hampson, [1893] 1892, Fauna Br. India, 1: 372. Preocc. (Hemiptera). **Type species**: *Miresa brevilinea* Walker, 1865.

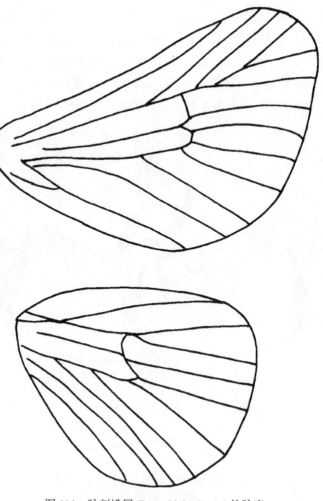

图 114 脉刺蛾属 *Tetraphleba* Strand 的脉序

雄蛾触角长双栉齿状。下唇须直，斜向上举，中节因鳞片下垂而显得很粗。后足胫节只有 1 对端距。前翅 R_5 脉与 R_3+R_4 脉共柄，R_2 脉与该柄同出一点或共柄，R_1 脉直。后翅中室后角突出，M_1 脉与 Rs 脉共柄；$Sc+R_1$ 脉在基部与中室前缘并接（图 114）。

本属目前仅包括模式种，分布在喜马拉雅地区，我国也有记录。

(91) 四脉刺蛾 *Tetraphleba brevilinea* (Walker, 1865)（图 115；图版 III：82）

Miresa brevilinea Walker, 1865, List Specimens Lepid. Insects Colln Br. Mus., 32: 475.

Tetraphleba brevilinea (Walker): Strand, 1920b, Arch. Naturg., 84A(12): 174.

Tetraphleps brevilinea (Walker): Hampson, 1892, The Fauna of British India, 1: 383.

翅展 30-40mm。头胸部和腹部基毛簇暗褐色；腹部浅黄褐色；前翅暗红褐带紫色，基部和前缘较暗，从后缘 1/4 到横脉有 1 模糊的暗色曲线，似为基部和前缘较暗部分的分界线；后翅浅黄褐色，外缘色稍浓。

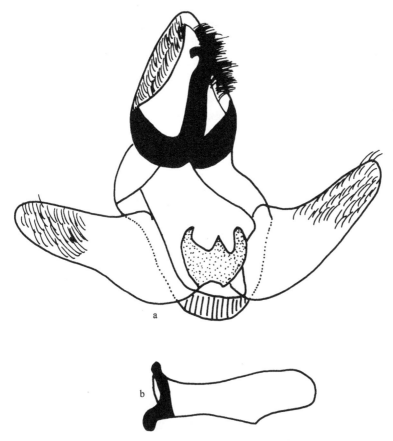

图 115　四脉刺蛾 *Tetraphleba brevilinea* (Walker)

a. 雄性外生殖器；b. 阳茎

雄性外生殖器：背兜侧缘具细长毛；爪形突不明显；颚形突基部带状，端部合并成长指状, 末端较细而呈钩状; 抱器瓣基部较宽, 端部较窄, 末端较尖; 阳茎端基环盾状, 端部呈 "W" 形; 囊形突不明显; 阳茎较粗, 约与抱器瓣等长, 末端骨化, 向两侧突出。

观察标本: 西藏亚东阿桑村, 2800m, 2♂, 1975.VI.1-3, 王子清采; 樟木, 2200m, 1♂, 1975.VI.21, 王子清采。

分布: 西藏; 印度 (锡金), 尼泊尔。

27. 绿刺蛾属 *Parasa* Moore, [1860]

Parasa Moore, [1860] 1858-1859, In: Horsfield *et* Moore, Cat. Lepid. Insects Mus. Nat. Hist. East-India House, 2: 413 (an objective replacement name for *Neaera* Herrich-Schaffer, [1854]). **Type species**: *Neaera chloris* Herrich-Schaffer, [1854], by Fletcher *et* Nye, 1982 [*Noctua* (*Phalaena*) *lepida* Cramer, 1779 is Moore's incorrect type species designation].

Neaera Herrich-Schaffer, [1854] 1850-1858, Samml. Aussereurop. Schmett., 1(1): wrapper, pl. 37, figs. 176, 177. Preocc. (Robineau-Desvoidy, 1830 [Diptera]).

Neaerasa Staudinger, 1892, In: Romanoff, Mem. Lepid., 6: 298, Unnecessary repl. Name.

Letois Felder, 1874, In: Felder *et* Rogenhofer, Reise ost. Fregatte novara (Zool.), 2: pl. 82, fig. 15. **Type species**: *Letois similes* Felder, 1874, by monotypy.

Callochlora Packard, 1864, Proc. Ent. Soc. Philad., 3: 339. **Type species**: *Callochlora vernata* Packard, 1864, by monotypy.

Latoia: Cai, 1983, Acta Entomol. Sinica, 26(4): 437 (nec Guerin-Meneville, 1844).

下唇须短, 第 3 节很小, 向前伸过额。触角雄蛾基半部双栉齿形, 雌蛾线形。胸部被毛光滑。足短, 被密毛, 跗节具毛; 后足胫节只有 1 对距。腹部短粗, 具粗绒毛。前翅形状从近卵形到钝三角形; 中室横脉分叉, 把中室分成 2 部分, 前部大于后部; R_3-R_5 脉共柄, R_2 脉与 R_{3-5} 脉共柄、分离或同出一点, R_1 脉直或弯曲。后翅中室后部较前部大, M_1 脉与 R_5 脉共柄或同出一点, R_4 脉近基部与中室前缘接合 (图 116)。

本属各种的前翅底色大都为绿色, 少数为暗褐色具绿斑。幼虫盾形, 有时因前后侧的瘤伸长而呈长方形。毒毛柔软, 有时只着生在长的瘤上; 但有时却遍布体背面和两侧的疣上。幼龄幼虫毒毛稀疏分散, 成熟时较稠密和集中。

Hering (1955) 将本属作为 *Latoia* Guerin-Meneville, 1844 的同物异名处理, Inoue (1970) 和蔡荣权 (1983) 都采用了这一做法, 并认为 *Latoia* 具有优先权。由于 *Latoia* 的模式种产地是马达加斯加, 而 *Parasa* 的模式产地是北美洲, 因此, Holloway (1986) 不同意这种意见。他通过对比这 2 个属各自模式种的雌雄外生殖器特征 (尤其是雌性外生殖器特征, *Latoia* 缺囊突, *Parasa* 有 2 枚), 认为两者应该分开。之后各作者均同意 Holloway 的观点。Solovyev (2014b) 将本属细划为 12 属, 其中 11 个是他建立的新属, 考虑到本属外形及外生殖器上的一致性, 本文仍将其作为 1 个属处理。

本属世界已知约 160 种, 广泛分布。我国已记载 50 种, 包括 1 个未定种。

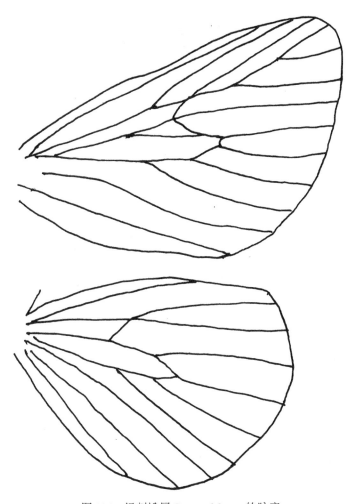

图 116　绿刺蛾属 *Parasa* Moore 的脉序

种 检 索 表

雄性外生殖器的阳茎端基环背突短，呈二叶形 ·················· **黄腹绿刺蛾 *P. flavabdomena***

45. 雄性外生殖器的抱器端的长角形突内侧具齿形突 ·· 46
    雄性外生殖器的抱器端的长角形突内侧无突起 ·· 48

46. 抱器端长角形突内侧有 2 个齿形突 ······························· **琼绿刺蛾 *P. hainana***
    抱器端长角形突内侧只有 1 个齿形突 ··· 47

47. 阳茎端基环背突长，约为抱器瓣的 4/5 ························ **嘉绿刺蛾 *P. jiana***
    阳茎端基环背突短，只有抱器瓣长的 1/2 ······················ **两色绿刺蛾 *P. bicolor***

48. 阳茎端基环背突长，超过抱器瓣长的一半，基部分开 ·············· **稻绿刺蛾 *P. oryzae***
    阳茎端基环背突短，不超过抱器瓣的一半，基部 1/2-3/4 合并 ······························ 49

49. 阳茎端基环背突基部 1/2 合并 ··································· **妍绿刺蛾 *P. yana***
    阳茎端基环背突基部 3/4 合并 ··································· **妃绿刺蛾 *P. feina***

(92) 银带绿刺蛾 *Parasa argentifascia* (Cai, 1983)（图 117；图版 III：83）

Latoia argentifascia Cai, 1983, Acta Entomol. Sinica, 26(4): 439. Type locality: Yunnan, China (IZCAS).

Parasa argentifascia (Cai): Solovyev *et* Witt, 2009, Entomofauna, Suppl. 16: 130.

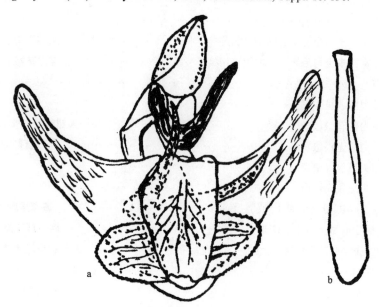

图 117　银带绿刺蛾 *Parasa argentifascia* (Cai)

a. 雄性外生殖器；b. 阳茎

　　体长 8mm，翅展 25mm。下唇须暗红褐色，头顶、颈板和胸背黄绿色。腹部浅红褐色。前翅黄绿色；前缘和基斑暗红褐色，后者小，外边直，稍向后斜，从前缘伸达后缘并与后缘稀疏的暗红褐色缘毛相接；外缘有 1 条不清晰的银色松散宽带，带内散布红褐色雾点，尤以 M_2、M_1、R_5 脉上的较浓，该带从 R_5 脉中央向后斜伸至亚中褶，并多少与后缘中央的短银纹相接，边缘不整齐，其中在 M_2 脉上呈角形内曲，后缘银纹边缘饰稀疏暗红褐色鳞；端线不清晰，银色并散有暗红褐色雾点；缘毛暗红褐色与灰白色混杂。后翅浅红褐色，内半部较明亮。

雄性外生殖器：爪形突大，三角形，末端小喙形；颚形突弯曲，端部扁平舌形；抱器瓣长三角形；阳茎直，中等大小，约与抱器瓣同长；阳茎端基环背腹突起大，背突 2 个，约为抱器瓣长的 3/4，基部宽大，端部长弯角形，腹突 3 片，基部相连，中央的较大，近长方形，末端中央具浅弧形缺刻，两侧的较小，近半椭圆形边缘具小齿。

观察标本：云南龙陵，1600m，1♂，1955.V.19，杨星池采（正模）；勐海，1♂，1982.VI.7，罗亨文采。

分布：云南；越南。

(93) 断带绿刺蛾 *Parasa mutifascia* (Cai, 1983)（图 118；图版 III：84）

Latoia mutifascia Cai, 1983, Acta Entomol. Sinica, 26(4): 439. Type locality: Hubei, Sichuan, China (IZCAS).

Parasa mutifascia (Cai): Wu, 2005, Insect Fauna of Middle-West Qinling Range and South Mountains of Gansu Province: 559.

体长 8mm，翅展 24-25mm。下唇须浅红褐色；头顶、颈板和胸背黄绿色。腹部浅红褐色。前翅黄绿色，斑纹与银带绿刺蛾 *P. argentifascia* (Cai)相似，但暗红褐色基斑外边稍内曲，外缘松散斜带内的暗褐色雾点较浓，整个呈银灰色，顶角下方在 R_4-R_5 脉端部与银灰色端线相接，而且仅伸达 Cu_2 脉中央，明显不与后缘中央的银纹相接，后缘银纹两侧衬暗红褐色边清晰，内边细，外边宽且松散；缘毛灰褐色。后翅灰红褐色。

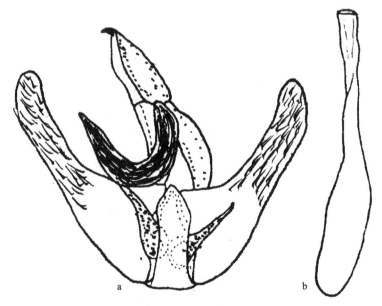

图 118　断带绿刺蛾 *Parasa mutifascia* (Cai)
a. 雄性外生殖器；b. 阳茎

雄性外生殖器：爪形突大，三角形，末端小喙形；颚形突端部两侧狭扁，角形；抱器瓣端部 3/4 狭长，抱器端腹面外拱；阳茎稍长于抱器瓣，基半部粗，端半部细；阳茎端基环背突较短，不及抱器瓣长的一半，基部圆形，腹突 1 片，长尖舌形。

观察标本：湖北神农架，1640m，1♂，1980.II.24，虞佩玉采（正模）。四川都江堰青城山，1000m，1♂，1979.VI.3，尚进文采（副模）。陕西留坝庙台子，1350m，1♂，1998.VII.2，姚建采。

分布：陕西、湖北、四川。

(94) 著点绿刺蛾 *Parasa zhudiana* (Cai, 1983)（图 119；图版 IV：85）

Latoia zhudiana Cai, 1983, Acta Entomol. Sinica, 26(4): 440. Type locality: Yunnan, China (IZCAS).
Parasa zhudiana (Cai): Solovyev *et* Witt, 2009, Entomofauna, Suppl. 16: 124.

体长 14mm，翅展 29mm。下唇须暗红褐色；头顶和胸背绿色。腹部黄褐色，背部中央暗褐色，基毛簇和臀毛簇近黑褐色。前翅黄绿色，前缘赭色；基斑小，暗红褐色，从前缘向后斜伸至后缘并与外缘的同色带连接一起，该带分别在外缘 Cu_1-R_5 脉和后缘中央向内和向前增大，前者呈 1 大钝三角形斑，斑内缘波浪形，外侧衬有波浪形银纹；后者呈 1 大等边三角形斑，斑内缘有 1 条波浪形银纹；缘毛暗红褐色，脉端黄褐色。后翅浅黄带褐色，臀角缘毛暗褐色。

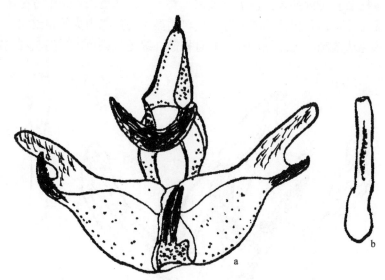

图 119 著点绿刺蛾 *Parasa zhudiana* (Cai)
a. 雄性外生殖器；b. 阳茎

雄性外生殖器：爪形突宽大，三角形，末端小，喙形；颚形突弯曲，基部宽，端部角形；背兜后端部较宽；抱器瓣长大，基部宽，端部中央深内切，似呈 2 叶，背叶较膜质，端部钝圆，腹叶较骨化，端部呈长爪形；阳茎细直，短，约为抱器瓣长的 3/4，内有 1 纵列阳茎刺；阳茎端基环发达，背突 2 枝，长角形，约为抱器瓣长的 1/3；囊形突不发达。

观察标本：云南金平，1700m，1♂，1956.V.14，黄克仁采（正模）。

分布：云南；越南。

说明：本种外形与银点绿刺蛾 *P. albipuncta* Hampson 近似，但后者个体较小（翅展21-23mm），前翅外缘带和内缘带中央拱起的褐色斑较小，前者无银纹，后者仅为 1 银点；雄性外生殖器的阳茎弯曲，阳茎端基环背突短（约为抱器瓣长的 1/4），单一，长方片形，端部 1/3 分叉等，两者明显区别。

(95) 银点绿刺蛾 *Parasa albipuncta* Hampson, 1892（图 120；图版 IV：86）

Parasa albipuncta Hampson, 1892, The Fauna of British India I: 390.

Latoia albipuncta (Hampson): Cai, 1983, Acta Entomol. Sinica, 26(4): 438.

翅展 21-23mm。头和胸背绿色；腹背浅黄带褐色，从基部到末端褐色渐浓；前翅绿色，外缘和后缘灰褐色，彼此连成带形伸至基部，其中在外缘 Cu_1-M_2 脉间和后缘中央分别向内特别拱出呈三角形斑，并于后者内侧有 1 小银白点。后翅绿黄色，臀角稍带赭褐色。

雄性外生殖器：爪形突宽大，三角形，末端小，喙形；颚形突弯曲，基部宽，端部角形；背兜后端部较宽；抱器瓣长大，基部宽，端部中央深内切，似呈二叶，背叶较膜质，端部钝圆，腹叶较骨化，端部呈长爪形；阳茎弯曲；阳茎端基环背突短（约为抱器瓣长的 1/4），单一，长方片形，端部 1/3 分叉。

观察标本：云南金平河头寨，1700m，1♂，1956.V.12，黄克仁采；金平猛喇，370m，1♂，1956.V.4，黄克仁采；西双版纳大勐龙，650m，1♂，1962.V.22，宋士美采。

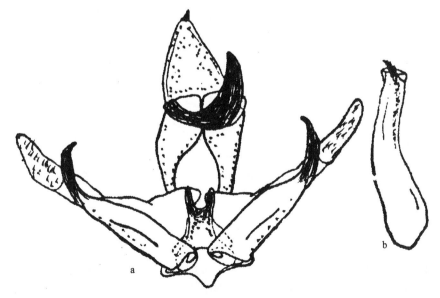

图 120　银点绿刺蛾 *Parasa albipuncta* Hampson

a. 雄性外生殖器；b. 阳茎

分布：福建、云南；印度。

(96) 两点绿刺蛾 *Parasa liangdiana* (Cai, 1983)（图 121；图版 IV：87）

Latoia liangdiana Cai, 1983, Acta Entomol. Sinica, 26(4): 440. Type locality: Jiangxi, China (IZCAS).
Parasa liangdiana (Cai): Solovyev *et* Witt, 2009, Entomofauna, Suppl. 16: 36.

体长 10mm，翅展♂ 21mm，♀ 27mm。下唇须暗红褐色，头顶和胸背绿色。腹部赭褐色，背面中央较暗，尤以基部和末端较明显。前翅绿色，前缘赭褐色；基斑小，暗红褐色，从前缘向后斜伸并与后缘和外缘的同色线相连，该线在外缘仅在 M_3 脉端上向内增大，呈长齿形点，中央只镶有 1 长圆形银点；后缘中央暗红褐色三角形斑内半部有 1 斜伸银纹；缘毛灰红褐色。后翅赭褐色。

雄性外生殖器：爪形突宽三角形；颚形突长大，弯曲，末端变宽，两侧呈大齿形；抱器瓣宽长，端部稍窄，抱器背短，约为抱器腹长的一半，抱器端钝圆，阳茎中等大小，直，棒形，约与抱器腹同长；阳茎端基环背突大，两枝弯曲象牙形，腹突较小，长片形，端部稍窄，中央具横褶纹；囊形突尖。

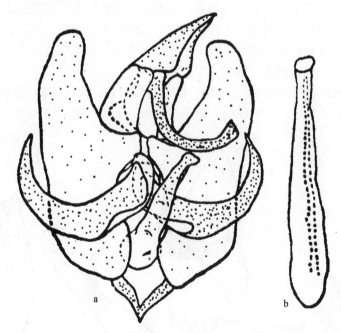

图 121 两点绿刺蛾 *Parasa liangdiana* (Cai)
a. 雄性外生殖器；b. 阳茎

观察标本：江西大余，3♂，1976.VI.18，1977.VI.16-17，刘友樵采（正模和副模）；陡水，3♀，1975.VII.4，宋士美采（副模）。湖南衡山，1♂，1979.IX.1，张宝林采。广西金秀圣堂山，300m，2♂，2000.VI.29，姚建采；金秀罗香，450m，2♂，2000.VI.30，姚建采。广东韶关，2♂，2012.VII。

分布：江西、湖南、广东、广西。

(97) 厢点绿刺蛾 *Parasa parapuncta* (Cai, 1983)（图 122；图版 IV：88，89）

Latoia parapuncta Cai, 1983, Acta Entomol. Sinica, 26(4): 441. Type locality: Zhejiang, China
　　(IZCAS).

Parasa parapuncta (Cai): Solovyev *et* Witt, 2009, Entomofauna, Suppl. 16: 36.

　　体长 10-11mm。翅展♂ 24mm，♀ 28mm。下唇须和头暗红褐色，头顶和胸背黄绿色。
腹部浅红褐色。前翅黄绿色，前缘红褐色；基斑稍宽，暗红褐色，外边稍呈波浪形，从
前缘向后斜伸并与后缘和外缘的同色线相连；外缘线细，仅在 M$_3$ 脉端上向内增大，呈 1
枚三角形小点，其上无银点；后缘三角形斑内半部有 1 斜伸的银纹；缘毛灰红褐色。后
翅浅红褐色。

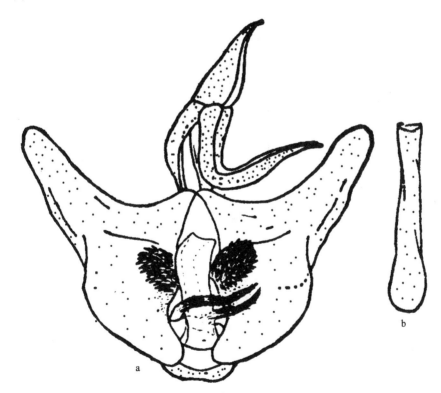

图 122　厢点绿刺蛾 *Parasa parapuncta* (Cai)
a. 雄性外生殖器；b. 阳茎

　　雄性外生殖器：爪形突长三角形，两侧内折，末端爪形；颚形突相对大，弯曲，端
半部长，扁尖舌形；抱器瓣长三角形，基部肥大，中央有 1 大的球状抱器腹突，其上满
布短刺，抱器瓣端部狭窄，末端钝圆；阳茎简单细直，中等长，约为抱器瓣长的 3/4；
阳茎端基环背突 2 枝，长弯角形，其上满布绒毛，腹突长片形，中央较狭，端部两侧增
大，端缘稍内曲。

寄主植物：竹子。

观察标本：浙江临安洪岭，1♂，1980.VI.14，陈其瑚采（正模）；浙江杭州，1♀，1975.VIII.26，严衡元采（副模）。

分布：浙江。

(98) 美点绿刺蛾 *Parasa eupuncta* (Cai, 1983)（图 123；图版 IV：90）

Latoia eupuncta Cai, 1983, Acta Entomol. Sinica, 26(4): 441. Type locality: Yunnan, China (IZCAS).

Parasa eupuncta (Cai): Wu *et* Fang, 2009g, Acta Zootaxonomica Sinica, 34(4): 917.

体长 12-13mm，翅展 23-25mm。本种外形很像厢点绿刺蛾 *P. parapuncta* (Cai)，但前翅湖绿色，顶角较尖，前缘赭色；外缘 M_3 脉上的暗褐色小点长椭圆形；后缘中央银纹内侧衬赭色边；缘毛灰褐色，末端暗红褐色。后翅浅黄白色，臀角缘毛暗褐色。

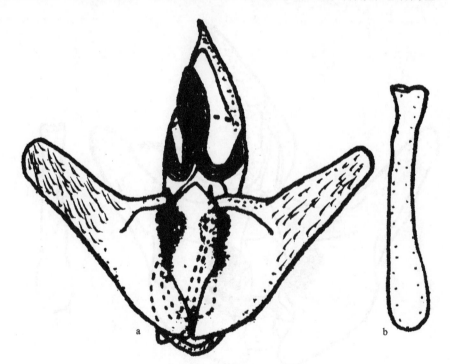

图 123 美点绿刺蛾 *Parasa eupuncta* (Cai)
a. 雄性外生殖器；b. 阳茎

雄性外生殖器：爪形突长三角形，两侧内折，末端爪形；颚形突相对大，弯曲，端半部长，扁尖舌形；抱器瓣长三角形，抱器腹突位于中央之前，而不是中央，阳茎长，约与抱器腹同长，阳茎端基环背突 2 枝，剑形，其上无毛，腹突舌形，中央不狭窄。

观察标本：云南云龙志奔山，2230-2430m，1♂，1981.VI.24，王书永采，2♂，1981.VI.20，廖素柏采（正模和副模）；泸水，2500m，1♂，1981.VI.19，王书永采（副模）。

分布：云南。

(99) 镇雄绿刺蛾 *Parasa zhenxiongica* Wu *et* Fang, 2009（图 124；图版 IV：91）

Parasa zhenxiongica Wu *et* Fang, 2009g, Acta Zootaxonomica Sinica, 34(4): 917. Type locality: Yunnan, China (IZCAS).

体长 12-13mm，翅展 23-25mm。胸部暗绿色，腹部赭色。前翅湖绿色，顶角较尖，前缘赭色；外缘 M_3 脉上的暗褐色小点长椭圆形，有时不明显；后缘中央银纹内侧衬赭色边；缘毛灰褐色，末端暗红褐色。后翅白色，臀角缘毛暗褐色。

雄性外生殖器：爪形突长三角形，两侧内折，末端爪形；颚形突相对大，弯曲，端半部长，扁尖舌形；抱器瓣长三角形，抱器腹突位于中央之前，而不是中央，阳茎长，约与抱器腹同长，阳茎端基环背突 2 枝，剑形，其上无毛，腹突舌形，中央不狭窄。

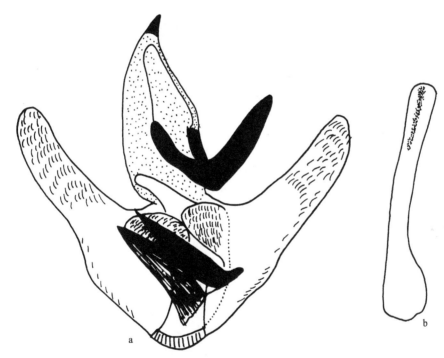

图 124　镇雄绿刺蛾 *Parasa zhenxiongica* Wu *et* Fang
a. 雄性外生殖器；b. 阳茎

观察标本：云南镇雄马厂，1820m，2♂，1982.VII.24，罗正全采（正模和副模）。

分布：云南。

说明：本种在外形上与美点绿刺蛾 *P. eupuncta* (Cai) 很相似，但雄性外生殖器明显不同，本种的抱器瓣狭长，中部较窄，阳茎端基环的侧背突粗壮；而后者的抱器瓣较短，中部不收缩，阳茎端基环的侧背突细长。

(100) 斑绿刺蛾 *Parasa bana* (Cai, 1983)（图 125；图版 IV：92-94）

Latoia bana Cai, 1983, Acta Entomol. Sinica, 26(4): 441. Type locality: Fujian, China (IZCAS).

Parasa bana (Cai): Solovyev *et* Witt, 2009, Entomofauna, Suppl. 16: 131.

体长 12mm，翅展 22-25mm。全体偏暗红褐色。翅基片和与其相连的颈板绿色。前翅较狭长，三角形，顶角锐；内半部有 1 条绿色宽带，在后缘约占内半部的 3/4，斜向外伸到前缘中央逐渐缩小，但均不达基部、后缘和前缘，宽带周围衬淡红褐色边，其中内边在中室下缘呈齿形外曲，外边前半段呈波形曲。但在副模标本上，中室中央之前的绿色部分逐渐被淡暗红褐色的鳞片所代替，因而仅呈 1 钝三角形绿斑。

雄性外生殖器：爪形突三角形，端部腹面 1/4 愈合，末端粗喙形；颚形突相对大，弯曲，端半部扁平舌形；抱器瓣长三角形，抱器背腹缘较直，端钝圆；阳茎较抱器瓣长，中等粗，基部 3/4 直，端部窄，弯曲镰刀形；阳茎端基环发达，呈中央收缩的花瓶形，腹面后半段中央有 1 个大的深缺切，缺切两边端部密生短刺，无背腹突起。

图 125 斑绿刺蛾 *Parasa bana* (Cai) 的雄性外生殖器

观察标本：福建武夷山三港，740m，1♂，1960.VII.14，张毅然采（正模）。四川峨眉山，800-1000m，1♂，1957.VI.19，黄克仁采（副模）。广西金秀林海山庄，1100m，1♂，2000.VII.2，李文柱采。广东南岭，2♂，2008.VII.19-20，陈付强采（外生殖器玻片号 WU0090）。

分布：福建、广东、广西、四川；越南。

说明：本种外形与宽边绿刺蛾 *P. canangae* Hering 相似，但后者雄蛾前翅顶角较圆，绿色横带中央较向外突出，外缘掺有银灰色等易区别。

(101) 宽边绿刺蛾 *Parasa canangae* Hering, 1931（图 126；图版 IV：95）

Parasa canangae Hering, 1931, In: Seitz, Macrolepid. World, 10: 695, fig. 86k.

Latoia canangae (Hering): Cai, 1983, Acta Entomol. Sinica, 26(4): 439.

翅展 27-35mm。身体红褐色，颈板（中央除外）和翅基片绿色；前翅绿色，前缘灰褐色，基斑红褐色，伸占中室的一半，呈刀形，达于前缘近中央，向后分出 1 小纹到达后缘；外缘带灰红褐色，很宽，约占全翅的 1/3，向后渐窄伸达后缘中央，带内线呈不规则波浪形暗线，其外侧蒙有 1 层银灰色，但以后半段较显。后翅红褐色，雄蛾暗褐色。

雄性外生殖器：爪形突短宽，末端小喙形突不明显；颚形突弯曲，端部扁平舌形；抱器瓣长三角形，末端较圆；阳茎粗长，明显长于抱器瓣，端部钩状骨化，上有小刻点，基部粗而稍弯曲；阳茎端基环背部中等骨化，端部具 1 组粗刺突。

雌性外生殖器：囊导管基部粗，有 1 弱骨化区，中部细长，端部较粗；交配囊较大，卵形；囊突小，叶片状，上有小齿突。

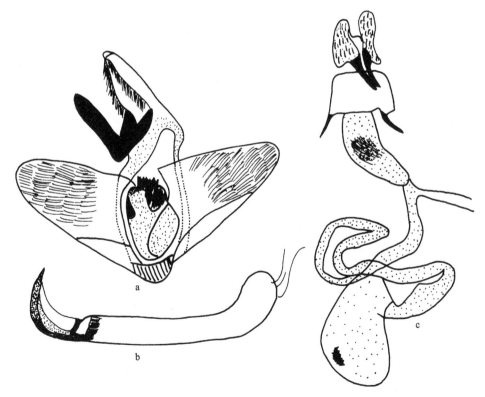

图 126　宽边绿刺蛾 *Parasa canangae* Hering

a. 雄性外生殖器；b. 阳茎；c. 雌性外生殖器

寄主植物：依兰。

观察标本：广西那坡德孚，1350m，3♀，2000.VI.18-21，陈军、李文柱采；苗儿山九牛场，1100m，1♀，1985.VII.13，方承莱采。四川峨眉山，800-1000m，1♀，1957.VI.13，朱复兴采；攀枝花平地，1♀，1981.VI.17，张宝林采。重庆城口县左岚乡齐心村，1063m，1♀，32.180°N，108.485°E，2017.VII.9，陈斌等采。贵州湄潭，1♀，1982.VI.15，夏怀恩采。云南昌宁林业局果园，1650m，1♂，1979.VI.28。湖南炎陵桃源洞，2♀，2008.VII.5-7，陈付强等采；四都，1♀，2008.VII.11，陈付强采。广东南岭，7♀，2008.VII.15-20，陈付强采。

分布：湖南、广东、广西、重庆、四川、贵州、云南；印度，马来西亚。

(102) 索洛绿刺蛾 *Parasa solovyevi* Wu, 2011（图 127；图版 IV：96）

Parasa solovyevi Wu, 2011, Acta Zootaxonomica Sinica, 36(2): 250. Type locality: Yunnan, China (IZCAS).

Parasa gentiles (nec Snellen): Wu *et* Fang, 2009g, Acta Zootaxonomica Sinica, 34(4): 919 (misidentification).

翅展 20mm 左右。胸部和翅基片淡绿色；腹部赭褐色，末端颜色较暗。前翅淡绿色，基带较宽，从前缘伸达后缘；外缘带宽，其内缘波状。后翅淡绿黄色，缘毛及臀角褐色。

雄性外生殖器：爪形突狭长，末端喙状；颚形突弯曲，端半部扁平舌形；抱器瓣较狭长，基部宽，逐渐收缩至端部，末端较尖；阳茎粗长，直，略长于抱器瓣；阳茎端基环膜质，端半部密布微刺突。

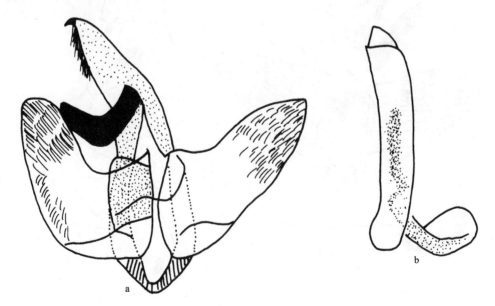

图 127 索洛绿刺蛾 *Parasa solovyevi* Wu

a. 雄性外生殖器；b. 阳茎

观察标本：云南勐海，1200m，1♂，1981.VII.14，罗亨文采（正模，外生殖器玻片号 L-sp. 8-1 ♂）。

分布：云南。

说明：本种与 *P. gentilis* (Snellen) 相似，但前翅基斑的前缘明显向翅端延伸至近中部，而后者前翅基斑的前缘不向翅端方向延伸。

(103) 窄带绿刺蛾 *Parasa* sp.（图 128；图版 IV：97）

翅展♀ 30-32mm。身体红褐色，颈板、胸部和翅基片绿色。前翅红褐色，中央有 1 条绿色横带，该带外缘呈锯齿状，内缘中部凹陷，故该带的中部最窄，此绿带约占翅面积的 1/5。后翅红褐色。

雌性外生殖器：后表皮突粗长，前表皮突短，约为前者长度的 1/3；囊导管基部宽，梯形，弱骨化，其后膨大如球，端部较粗短；交配囊较大，长卵形；囊突不明显。

观察标本：云南勐海，2♀，1982.VII.6，罗亨文采。

分布：云南。

说明：本种与斯里兰卡产的 *P. laeta* Westwood 相似，但体型较大，后翅颜色也比后者深。因只有雌性标本，故暂不给予命名。

图 128　窄带绿刺蛾 *Parasa* sp. 的雌性外生殖器

(104) 襟绿刺蛾 *Parasa jina* (Cai, 1983)（图 129；图版 IV：98）

Latoia jina Cai, 1983, Acta Entomol. Sinica, 26(4): 442. Type locality: Fujian, China (IZCAS).

Parasa jina (Cai): Solovyev *et* Witt, 2009, Entomofauna, Suppl. 16: 36.

体长 10mm，翅展 21mm。下唇须和头红褐色，头顶和胸背绿色。腹部暗红褐色。前翅暗红褐色，基部有 1 条绿色的松散宽带，从中室前缘斜向后伸至后缘近中央。后翅近黑红褐色，缘毛灰白色与暗红褐色相混。

雄性外生殖器：爪形突长三角形，末端喙形；颚形突弯曲，端半部三角形，末端尖细；抱器瓣狭长三角形，抱器端钝圆，抱器里突大，其上无毛；阳茎中等大小，约为抱器瓣长的 3/4，直，基部粗，端缘具深缺刻，有 2 列长的阳茎刺；阳茎端基环背突 2 枝，细长剑形，约与阳茎同长。

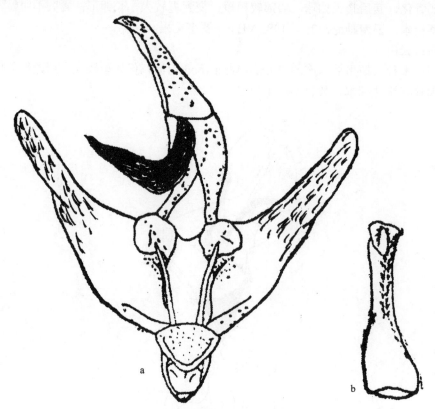

图 129 襟绿刺蛾 *Parasa jina* (Cai)

a. 雄性外生殖器；b. 阳茎

观察标本：福建武夷山桐木，1♂，1979.VII.26，宋士美采（正模）。

分布：福建。

(105) 波带绿刺蛾 *Parasa undulata* (Cai, 1983)（图 130；图版 IV：99）

Latoia undulata Cai, 1983, Acta Entomol. Sinica, 26(4): 443. Type locality: Sichuan, Hubei, Shaanxi, Anhui, China (IZCAS).

Parasa undulata (Cai): Wu, 2008, The Fauna and Taxonomy of Insects in Henan, Vol. 6: 119.

体长 10-11mm，翅展 23-29mm。身体除翅基片和与之相连的颈板为绿色外，其余均为红褐色。前翅底色红褐色；前缘浅黄褐色似呈 1 宽带，其基部约 1/3 有暗红褐色的放射纹；中央有 1 条两头尖削的弧形绿色宽纵带，从基部弯向顶角之前，绿带前后缘饰银边，前银边较宽，不整齐，从基部伸至中室末端，后银边整齐，从基部伸至顶角下方，银边外侧又衬有暗红褐色边，其中前边较宽，后边暗红褐色渐向外扩散；缘毛红褐色。后翅暗红褐色。

雄性外生殖器：爪形突三角形，末端短粗喙形；颚形突弯曲，端部较狭；抱器瓣钝三角形；阳茎粗大，约为抱器背长的 2 倍，基部较宽，弯曲，端部稍曲，末端呈喇叭形开口；阳茎端基环发达，基缘和端缘腹面均具缺刻，但后者较深大，无背腹突起。

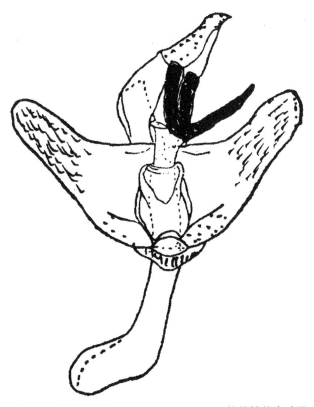

图 130　波带绿刺蛾 *Parasa undulata* (Cai) 的雄性外生殖器

观察标本：四川攀枝花，4♂，1980.VIII.22，张宝林采（正模和副模）；攀枝花平地，3♂，1981.VI.11-17；西昌泸山，1700m，4♂，1980.VII.30-VIII.3，韩寅恒采（副模）。湖

北神农架，900-1640m，3♂，1980.VII.20-24，虞佩玉采（副模）；利川星斗山，800m，1♂，1989.VII.23，李维采。陕西宁陕，1♀3♂，1979.VII.23-VIII.2，韩寅恒采（副模）；宁陕火地塘，1580m，1♂，1998.VII.26。安徽黄山，1♂，1977.VII.20，王思政采（副模）。甘肃康县白云山，1250-1750m，1♂，1998.VII.12，姚建采。云南丽江永灵源，2150m，1♂，1979.IV.30；宾川鸡足山八角庵，2400m，1♂，1980.VII.4；双柏县城，1870m，1♂，1980.V.20；石屏牛达，1650m，1♂，1979.VI.27；勐海，2♂，1979.XII.6，万彤采。河南嵩县白云山，1400m，1♂，2003.VII.20，邱祁采。福建星村三港，740m，1♂，1960.VII.12，张毅然采。重庆城口县咸宜乡明月村，848m，1♂，31.675°N，108.701°E，2017.VII.31，陈斌等采。

分布：河南、陕西、甘肃、安徽、湖北、福建、广西、重庆、四川、云南。

说明：本种外形与胆绿刺蛾 *P. darma* Moore 近似，但后者头胸部和前翅黑褐色，只有翅基片和与之相连的颈板绿色；腹部除背中褐色外其余浅黄色；前翅绿带短粗，月牙形，绿带前缘银边不特别宽；后翅浅黄绿色，外缘暗红褐色；雄性外生殖器的颚形突较宽，抱器瓣长而宽，不呈三角形，阳茎端缘有 2 枚齿形突等易区别。

(106) 胆绿刺蛾 *Parasa darma* Moore, 1859（图 131；图版 IV：100）

Parasa darma Moore, 1859, Cat. Lep. Mus. E. I. C., 2: 414.

Latoia darma (Moore): Snellen, 1900, Tijdschr. Ent., 43: 80.

图 131 胆绿刺蛾 *Parasa darma* Moore 的雄性外生殖器

体长 10-12mm，翅展 23-25mm。身体除翅基片和与之相连的颈板为绿色外，其余均为黑褐色；腹部两侧淡土黄色。前翅底色黑褐色；前缘浅褐色似呈 1 宽带；中央有 1 条两头尖削的波浪形绿色宽纵带（月牙形），从基部弯向顶角之前，绿带前后缘饰银边，前银边稍宽，不整齐，从基部伸至中室末端，后银边整齐，从基部伸至顶角下方；缘毛黑褐色。后翅浅黄绿色，端部 1/4 褐色。

雄性外生殖器：爪形突三角形，末端短粗喙形；颚形突弯曲，端部较宽；抱器瓣长而阔，不呈三角形；阳茎粗大，约为抱器背长的 2 倍，基部较窄，弯曲，端部直，末端有 2 枚齿突；阳茎端基环发达，基缘和端缘腹面均具缺刻，但后者较深大，无背腹突起。

幼虫：在 T3-A7 节有 1 条连接亚背枝刺的白色背侧线；在 A2-A8 节侧枝刺的上方有 1 条黄色的侧线；T3-A8 节的侧枝刺蓝色。

寄主植物：油棕、可可。

观察标本：云南沧源，790m，1♂，1980.V.19，尚进文采；勐海，1♂，1982.VIII.16，罗亨文采。

分布：台湾、云南；缅甸，泰国，菲律宾，印度尼西亚。

(107) 雪山绿刺蛾 *Parasa xueshana* (Cai, 1983)（图 132；图版 IV：101）

Latoia xueshana Cai, 1983, Acta Entomol. Sinica, 26(4): 443. Type locality: Yunnan, China (IZCAS).
Parasa xueshana (Cai): Wu *et* Fang, 2009g, Acta Zootaxonomica Sinica, 34(4): 918.

体长 14mm，翅展 30mm。头暗红褐色。胸背黄绿色。腹部暗褐色。前翅黄绿色，顶角锐，后缘中央之前呈齿形突出；前缘和基斑暗红褐色，后者大，约占翅内半部的一半，均达前后缘，其外缘略拱，在 1A 脉和中室下缘脉上呈小齿形曲；端线银白色，内衬暗红褐色边，但银白色只在顶角的 1 点和臀角上的 3 点较清晰，其中尤以 Cu$_2$ 脉与亚中褶之间的三角形点最大，缘毛灰褐色。后翅暗褐色。

图 132　雪山绿刺蛾 *Parasa xueshana* (Cai) 的雄性外生殖器

　　雄性外生殖器：爪形突长三角形，末端小喙形；颚形突弯曲，端部角形，两侧内折；抱器瓣稍狭长，端部钝圆；阳茎短直，只有抱器背长的一半，亚端部有 1 枚尖角形突起；阳茎端基环长大，基部 1/4 合并，其余分叉呈扭曲角形。

　　观察标本：云南德钦白芒雪山，3700m，1♂，1981.VIII.27，王书永采（正模）。

　　分布：云南。

(108) 西藏绿刺蛾 *Parasa xizangensis* Wu *et* Fang, 2009（图 133；图版 IV：102）

Parasa xizangensis Wu *et* Fang, 2009g, Acta Zootaxonomica Sinica, 34(4): 917. Type locality: Xizang, China (IZCAS).

　　翅展♂ 38mm。头暗褐色。胸背和翅基片绿色。腹部灰黄色。前翅黄绿色，后缘中央之前呈齿形突出；前缘和基斑暗褐色，后者大，约占翅内半部的一半，均达前后缘，其外缘略拱，在 1A 脉和中室下缘脉上呈小齿形曲；端线银白色，内衬暗红褐色边，但银白色被暗色的翅脉所分割；缘毛灰褐色。后翅黄绿色，臀角及缘毛褐色。

　　雄性外生殖器：爪形突长三角形，末端小喙形；颚形突弯曲，端部角形，两侧内折；抱器瓣狭长，端部钝圆；阳茎短直，只有抱器背长的一半，亚端部有 1 枚尖角形突起；阳茎端基环长大，基部 1/4 合并，其余分叉，呈长角形，超过抱器瓣背缘。

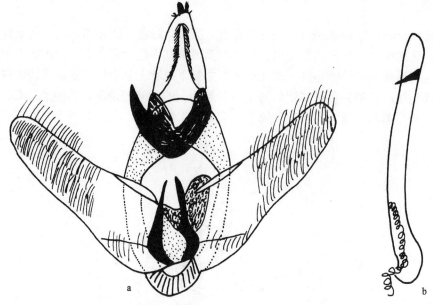

图 133　西藏绿刺蛾 *Parasa xizangensis* Wu *et* Fang
a. 雄性外生殖器；b. 阳茎

　　观察标本：西藏林芝，3000m，1♂，1977.VIII，西藏自治区农科所采（正模）；西藏波密麦通，2070m，2♂，2006.VIII.30，陈付强采；墨脱 80km 处，2100m，1♂，2006.VIII.24，陈付强采。

分布：西藏。

说明：本种与雪山绿刺蛾 *P. xueshana* (Cai) 相似，但体型较大，前翅的端线完整，后翅黄绿色而非暗褐色，雄性外生殖器的抱器瓣较狭长，阳茎端基环的分叉长过抱器瓣背缘，而后者的分叉不达抱器瓣背缘。

(109) 迹斑绿刺蛾 *Parasa pastoralis* Butler, 1885（图 134；图版 IV：103）

Parasa pastoralis Butler, 1885b, Ann. Mag. Nat. Hist., (5)6: 63 (BMNH).
Latoia pastoralis (Butler): Snellen, 1900, Tijdschr. Ent., 43: 79.

成虫：体长♀ 16-18mm，♂ 15-19mm。翅展♀ 38-42mm，♂ 28-37mm。头翠绿色，复眼黑色。触角褐色，雌虫触角丝状，雄虫触角近基部 10 多节为单栉齿状。胸背翠绿色，前端有 1 小撮褐色毛。前翅翠绿色；前翅的基斑浅黄色，紧贴其外侧有 1 油迹状的红褐色斑伸达翅中央；外缘线浅褐色，呈波状宽带；缘毛褐色。后翅浅褐色，缘毛褐色。足浅褐色。腹部浅褐色。

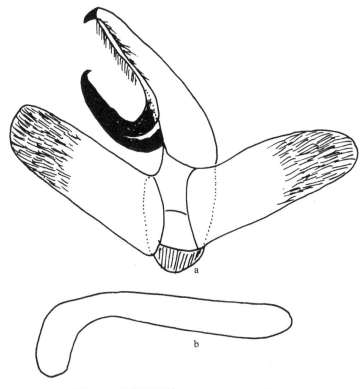

图 134　迹斑绿刺蛾 *Parasa pastoralis* Butler
a. 雄性外生殖器；b. 阳茎

雄性外生殖器：爪形突鸟喙状；颚形突钩状，末端尖细；抱器瓣略呈长方形，末端钝圆；阳茎基部细直，端部粗而略弯。

雌性外生殖器：产卵瓣鞋底形；交配孔周围骨化程度强；囊导管细长；囊体较大，囊突"八"字形。

卵：扁椭圆形，长径为1.5-1.7mm，短径为1-1.1mm，黄绿色。

幼虫：老熟幼虫体长24-25.6mm，宽9.5-10.5mm。头红褐色，身体翠绿色，背线紫色，其两侧具黑色边。腹部两侧有近方形线框6对；自中胸至第9腹节背侧均有短枝刺，其上着生放射状绿色刺毛；腹部第1节背侧枝刺较发达，其上着生黑色粗刺及红色刺毛。胸部枝刺端为绿色；后胸至第8腹节腹侧各有枝刺1对，其上着生绿色刺毛。腹部枝刺端为橘红色。腹部第8、9节腹侧枝刺基部有红色毛丛。体侧有棕色波状线条。

蛹：卵圆形，长14.5-18.5mm，宽9-11mm，褐色。茧椭圆形，长18.5-20.5mm，宽12.5-15mm，深褐色，上附黑色毒毛。

寄主植物：樟树。

生物学习性：在杭州一年发生2代，以老熟幼虫结茧越冬。4月中、下旬化蛹。5月下旬至6月羽化产卵。1周后幼虫孵化。幼虫期约30天。幼虫至7月中、下旬老熟并结茧化蛹。8月上旬开始第1代成虫羽化产卵，中旬达盛期。8月下旬以后至9月为第1代幼虫危害盛期，9月后结茧越冬。卵多数散产于叶片上，初孵幼虫不取食；2龄后啮食脱下的蜕及叶肉；4龄后咬穿表皮；6龄后自边缘蚕食叶片。多于树皮缝内或树干基部结茧。成虫有趋光性。

观察标本：广西金秀花王山庄，600m，4♂3♀，1999.V.20；金秀圣堂山，900m，3♂，1999.V.17-18；金秀罗香，400-450m，3♀，1999.V.15；七坡林场，3♀，1981.VII.14，1984.VIII；钦州，6♂，1980.IV.15；龙胜，1♂，1980.VI.13。江西大余，1♀，1977.VI.17；九连山，1♂，1975.VI.9。福建黄坑，1♂，1979.VIII.15；将乐龙栖山，1♂，1981.VIII.16。四川峨眉山清音阁，800-1000m，7♀48♂，1957.VI.20-30；峨眉山，1♂，1974.VI.13。浙江杭州，3♂，1976.VI.9。云南大勐仑，1♂，1980.VI.5；勐海，1200-1600m，1♂，1958.VII.18；西双版纳勐阿，1050-1080m，1♂，1958.VIII.14；西双版纳小勐养，850m，1♀，1958.IX.6；华坪，1020m，1♂，1979.VII.7；河口小南溪，200m，2♂，1956.VI.7。湖南东安，1♂，1954.VI。广东南岭1♂，2008.VII.21，陈付强采。

分布：浙江、江西、湖南、福建、广东、广西、四川、云南；巴基斯坦，印度，不丹，尼泊尔，越南，印度尼西亚。

说明：Solovyev和Witt（2009）发表越南新种*Parasa stekolnikovi*，与本种的区别在于前翅基部的油迹状红褐色斑大，并将我国云南的标本作为副模。我们检查了我国所有的标本，发现此斑的大小不稳定，呈连续性，所以没有采用。

(110) 漫绿刺蛾 *Parasa ostia* Swinhoe, 1902（图135；图版 IV：104，图版 XI：253）

Parasa ostia Swinhoe, 1902, Ann. Mag. Nat. Hist., (7)10: 48.

Latoia ostia (Swinhoe): Cai, 1983, Acta Entomol. Sinica, 26(4): 438.

成虫：体长♀14-20mm，♂12-18mm。翅展♀38-56mm，♂32-48mm。触角♀丝状，♂基部稍齿状，末端稍细成丝状。全体绿色。体翅上的鳞毛较厚。头顶和胸背绿色，胸背中央有 1 淡黄色或暗红褐色纵纹,腹部背面黄绿色。前翅绿色,暗红褐色基斑较小,伸达后缘,外缘毛末端暗红褐色;反面的绿色较浅;后翅为黄绿色或乳黄色,后翅臀角缘毛暗红褐色。

雄性外生殖器:爪形突长三角形,末端粗短喙形;颚形突相对大,弯曲,端部宽圆;抱器瓣长大,端部稍狭,抱器背端部内弯,抱器端钝圆;阳茎长大,端部逐渐尖削,末端呈喙形,阳茎端基环长,膜质,密生微刺突;囊形突发达。

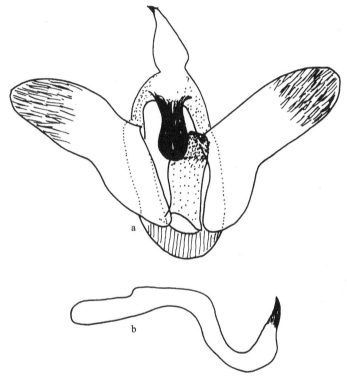

图 135　漫绿刺蛾 *Parasa ostia* Swinhoe
a. 雄性外生殖器;b. 阳茎

卵:椭圆形,长径 1.5-2mm,淡黄色或淡黄绿色,表面光滑,微有光泽。

幼虫:老熟幼虫体长 23-32mm,头小,黄褐色,缩于前足下。体近长方形,体色黄绿或深绿色,背线蓝绿色。在胸腹部亚背线和气门上线部位,各有 10 对瘤状枝刺,腹部第 1-7 节的亚背线与气门上线之间有 7 对瘤状枝刺,其上均布满长度相等的刺。刺丛较短,并有毒毛存在,但腹部第 8、第 9 节气门上线的枝刺有球状绒毛丛。腹面淡绿色;胸足较小,淡绿色。

茧:椭圆形,长径 14-22mm,横径 9-16mm。灰褐色,质地坚硬,表面附着很多褐色或暗色的毒毛。

蛹:长 14-19mm。初期为乳黄色,快羽化时前翅变成暗绿色,触角、足、腹部黄褐色。

寄主植物：杨、柳、刺槐、桤木、核桃、核枣、板栗、苹果、梨、桃、李、杏、柿、花红、樱桃、柑橘、山苍子、海棠、棠梨。严重危害时只剩主脉和叶柄，甚至全枝或全株的叶片被吃光。

生物学习性：在四川盐源一年发生 1 代，以老熟幼虫在茧内越冬。4 月下旬开始化蛹，5 月上旬到 6 月上旬为化蛹高峰期，最迟可延到 7 月上旬。蛹期 25-53 天。6 月上旬成虫开始羽化，6 月中旬至 7 月中旬为成虫大量羽化期。如果当年气温低、雨水到来迟，成虫羽化出茧时间相应推迟 2-3 周。成虫有趋光性，上半夜活动最盛。羽化后 3-5 天开始交尾产卵。随着成虫的出现，产卵可从 7 月上旬持续到 8 月下旬。卵多数产在叶背主脉附近，也有产于叶面的。一般散产，也有成块的。一片叶上产卵几粒到十几粒。卵期 10-16 天。

幼虫于 7 月中旬开始孵出，最晚可延至 10 月下旬。幼虫期一般为 40-65 天。幼虫一生蜕皮 5 次。初孵幼虫静栖在卵壳上，1-2 天后蜕皮。2 龄时幼虫开始活动和取食，先食皮蜕，然后吃卵壳，以后取食叶肉，食量较小，被害叶片呈半透明或纱网状。2 龄前群栖，3 龄后逐渐分散活动和取食。取食时从叶缘向叶肉咬食。幼虫的迁移性较小，一般是吃完一叶后再咬食邻近的另一叶，吃完全枝上叶后则行转移。幼虫昼夜均取食，仅蜕皮时略有停止。4 龄后的食量大增，食性也杂。8-9 月是幼虫危害的严重时期，9 月中、下旬开始作茧，10 月底绝大部分幼虫都已作茧越冬。幼虫老熟后，取食活动减少。为了寻找作茧场所，爬行的活动增多，一般是从小枝到大枝再沿主干向下爬行。常在枝丫和主干下部背阴处或者在有杂草遮阴但不潮湿又近地表的树干上作茧，很少在小枝及叶腋间作茧。有群集作茧习性，少则 3-5 个，多则 20-30 个茧连成一片，有的则是一个接连一个地排列着。作茧时先将树皮啃咬平滑或啃咬出类似于茧大小的小凹窝，然后开始吐丝作茧。从啃咬树皮到吐丝结出网茧，要 4-6h。茧壳外因附有幼虫体毛而呈绿色，有些茧外刺毛逐渐变成灰褐色或黑褐色。茧壳内壁黄白色或灰白色，均由幼虫吐出的白色胶质液体黏结而成。茧盖与茧体交界之处有 1 圈沟状痕迹，便于成虫羽化外出。茧中幼虫和蛹的头部朝向茧盖一方。

观察标本：云南金平河头寨，1700m，2♀21♂，1956.V.9-13；昆明温泉，2♂，1980.VI.20；昆明小菜园，1♀，1980.VI.18；勐海，1200m，1♂3♀，1981.VI.27，1983.VII.18；勐腊，620-650m，1♀，1958.XI.14；泸水姚家坪，2500m，3♂，1981.VI.2；腾冲洞山关坡，1740m，1♂，1979.V.28。四川攀枝花平地，5♀，1981.VI.15-20；青城山，1♀，1979.VI.3；盐源，2500m，1♂，1979.VI.25。河南嵩县白云山，1300m，1♂，2001.V.26，申效诚采。

分布：河南、四川、云南；印度。

(111) 肖漫绿刺蛾 *Parasa pseudostia* (Cai, 1983)（图 136；图版 IV：105）

Latoia pseudostia Cai, 1983, Acta Entomol. Sinica, 26(4): 443. Type locality: Yunnan, China (IZCAS).
Parasa pseudostia (Cai): Solovyev *et* Witt, 2009, Entomofauna, Suppl. 16: 118.

体长 20-21mm，翅展♂ 45-50mm，♀ 63mm。下唇须暗红褐色。头顶和胸背绿色；胸背中央具暗红褐色纵纹。腹部浅黄带绿色。前翅绿色，前缘和基斑暗红褐色，后者较大，均达前后缘，其外缘锯齿形；缘毛红褐色。后翅浅绿色，基部带浅黄色，臀角缘毛红褐色。

雄性外生殖器：爪形突长三角形，末端粗短喙形；颚形突相对大，弯曲，端部舌形；抱器瓣长大，端部稍狭，抱器背端部内弯，抱器端钝圆；阳茎长大，弯钩形，末端呈漏斗形，亚端部有 1 枚齿形突；阳茎端基环发达，呈 1 背面开口的卷锥桶形，阳茎瑞环发达，长圆筒形，腹侧变厚并满布小点；囊形突发达。

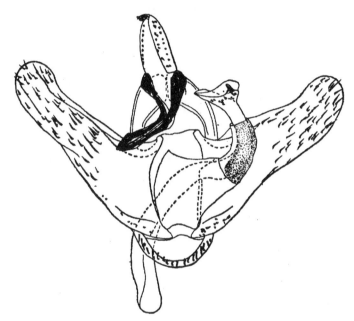

图 136　肖漫绿刺蛾 *Parasa pseudostia* (Cai) 的雄性外生殖器

寄主植物：木荷、栲树、茶。

观察标本：云南勐海，1200m，3♂1♀，1980.VI.9，罗亨文采（正模和副模）；勐海，20♂，1982.V-VI，罗亨文采；云南龙陵，1600m，1♂，1955.V.14，杨星池采（副模）；凤庆，1♀1♂，1977.VI；龙口云山，1♂，1979.VI.6；玉溪峨山，1600m，1♂，1978.V.31；永平县苗圃，1661m，1980.V.30。

分布：云南。

说明：本种外形与漫绿刺蛾 *P. ostia* Swinhoe 相像，但后者的前翅基斑小，其外缘拱形且较平滑；雄性外生殖器的颚形突端部大，圆匙形，抱器背直，阳茎端部较尖细，末端短喙形，无亚端齿形突，阳茎端基环腹侧密被短刺，两者可区别。Solovyev 和 Witt（2009）认为本种是漫绿刺蛾的同物异名，基于上述特征，我们仍作为独立种处理。

(112) 陕绿刺蛾 *Parasa shaanxiensis* (Cai, 1983)（图 137；图版 IV：106）

Latoia shaanxiensis Cai, 1983, Acta Entomol. Sinica, 26(4): 445. Type locality: Shaanxi, China (IZCAS).

Parasa shaanxiensis (Cai): Solovyev *et* Witt, 2009, Entomofauna, Suppl. 16: 119.

体长 12-17mm，翅展♂ 33-42mm，♀ 48-57mm。下唇须暗红褐色。头顶和胸背绿色；胸背中央具暗红褐色纵纹。腹部浅黄带绿色。前翅绿色，前缘和基斑暗红褐色，后者较大，均达前后缘，其外缘从前缘到 1A 脉稍直，以后呈角形内曲；缘毛白色，末端暗红褐色。后翅浅绿色，基部带浅黄色，臀角缘毛红褐色。

雄性外生殖器：爪形突长三角形，末端粗短喙形；颚形突相对大，弯曲，端部舌形；抱器瓣长大，端部稍狭，抱器背端部内弯，抱器端钝圆；阳茎长大，端部逐渐尖削，但末端不呈喙形，阳茎端基环长，膜质，无密生短刺；囊形突发达。

图 137 陕绿刺蛾 *Parasa shaanxiensis* (Cai) 的雄性外生殖器

寄主植物：核桃。

观察标本：陕西凤县，1♂，1964.VI.11，2♂2♀，1978.V.14-VI.6，西北农学院采（正模和副模）；镇巴，1♀，1979.VIII（副模）；马场，2♂，2006.IV.17（外生殖器玻片号 WU0079）。

分布：陕西；越南，泰国。

说明：本种外形与漫绿刺蛾 *P. ostia* Swinhoe 很相像，区别为：前翅的暗红褐色基斑的外缘从前缘到 A 脉稍直，以后呈角形内曲；缘毛白色，末端暗红褐色；阳茎端部逐渐尖削，但末端不呈喙形，阳茎端基环长，膜质，无密生短刺。

(113) 闽绿刺蛾 *Parasa mina* (Cai, 1983)（图 138；图版 IV：107）

Latoia mina Cai, 1983, Acta Entomol. Sinica, 26(4): 445. Type locality: Fujian, China (IZCAS).
Parasa mina (Cai): Solovyev *et* Witt, 2009, Entomofauna, Suppl. 16: 36.

体长 13mm，翅展 30-31mm。下唇须和头暗红褐色；头顶和胸背绿色，无暗红褐色纵纹。腹部黄色，末端暗灰褐色。前翅绿色；基斑很小，仅在后缘基部呈 1 枚暗红褐色点；端线由 1 列难见的暗红褐色脉端小点组成，其中 M3 脉上的点较圆、大且清晰；后缘 1A 脉端上有 1 枚近三角形的暗红褐色点。后翅浅黄色，线毛基部暗褐色，末端灰白色。

雄性外生殖器：爪形突宽大，三角形，末端尖小，爪形；颚形突弯曲，端部较狭，两侧扁平，角形；背兜端部宽大；抱器瓣大，基部宽，端部 2/3 狭窄，末端分叶，背叶较膜质，钝圆，腹叶呈长弯角形突，内侧无齿形突，基部中央有 1 枚大的心形抱器腹突，其上满布很小的刺，抱器背基部有 1 枚大的靴形抱器里突，其腹侧满布较大的短刺；阳茎稍弯，钝粗，约与抱器背同长，端部渐细，具阳茎刺；阳茎端基环背突长大，约为阳茎长的 1/2，片形，端部 1/4 分叉，呈二指形。

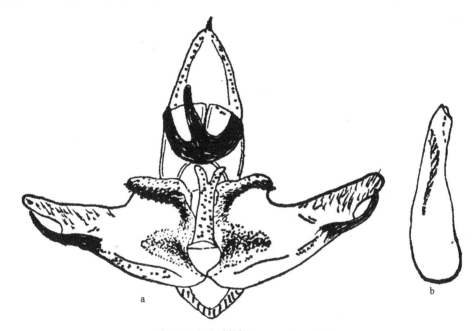

图 138　闽绿刺蛾 *Parasa mina* (Cai)

a. 雄性外生殖器；b. 阳茎

观察标本：福建武夷山崇安，740m，2♂，1979.VII.26-27，宋士美采（正模和副模）。

分布：福建。

说明：本种与两色绿刺蛾 *P. bicolor* (Walker) 近似，但后者前翅由暗红褐色点组成的横线位于亚端部，而不是在脉端，斑点也较大，腹部和后翅棕黄色；雄性外生殖器的抱器腹端部角形突内侧具齿形突，阳茎端基环背突 2 叶等不同，易区别。

(114) 黄腹绿刺蛾 *Parasa flavabdomena* (Cai, 1983)（图 139；图版 IV：108-109）

Latoia flavabdomena Cai, 1983, Acta Entomol. Sinica, 26(4): 445. Type locality: Yunnan, China (IZCAS).

Parasa flavabdomena (Cai): Solovyev *et* Witt, 2009, Entomofauna, Suppl. 16: 126.

翅展♂34mm，♀37mm。下唇须和头暗红褐色；头顶和胸背绿色，无暗红褐色纵纹。腹部黄色，末端暗灰褐色。前翅绿色；基斑很小，仅在后缘基部呈 1 枚暗红褐色点；端线由 1 列难见的暗红褐色脉端小点组成，其中 M_3 脉上的点较圆、大且清晰（位于脉端之前）；后缘 1A 脉端上有 1 枚近三角形的暗红褐色点。后翅浅黄色，线毛基部暗褐色，末端灰白色。

雄性外生殖器：爪形突末端较大，齿形；颚形突相对短粗，端部角形；抱器腹突狭长三角形，向外伸至抱器腹的 3/5，其上密被短毛，抱器里突丘形，被细小的刺，抱器腹端部的角形突背缘密生短毛，内侧无齿形突；阳茎中等粗，但稍长于抱器瓣；阳茎端基环背突短，仅为阳茎长度的 1/4，2 叶，披针形。

观察标本：云南金平，370m，1♂，1956.IV.14，黄克仁采（正模）；云南勐仑，570m，1♀，1964.VI.5，张宝林采（副模）。

分布：云南；越南。

说明：本种外形、颜色和斑纹与闽绿刺蛾 *P. mina* (Cai) 很相似，区别为：前翅较宽，顶角较尖，前缘赭褐色，M_3 脉上较大的暗红褐色点位于脉端之前而不是脉端。

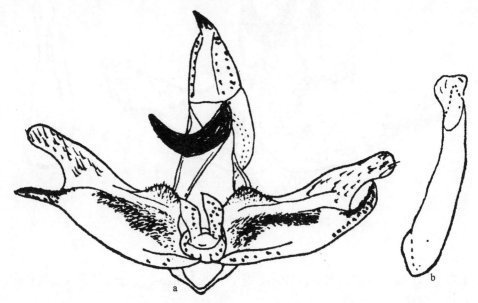

图 139　黄腹绿刺蛾 *Parasa flavabdomena* (Cai)

a. 雄性外生殖器；b. 阳茎

(115) 稻绿刺蛾 *Parasa oryzae* (Cai, 1983)（图 140；图版 IV：110）

Latoia oryzae Cai, 1983, Acta Entomol. Sinica, 26(4): 445. Type locality: Guangxi, Yunnan, China (IZCAS).

Parasa oryzae (Cai): Holloway, 1990, Heterocera Sumatrana, 6: 44.

体长 13-14mm，翅展♂ 29-35mm，♀ 35-39mm。本种外形和斑纹与两色绿刺蛾 *P. bicolor* (Walker) 很相像，区别为：头、前翅前缘和缘毛末端及后翅暗赭褐色，前翅 M_3 脉上的暗红褐色点相对较大。

雄性外生殖器：爪形突长三角形，末端粗短喙形；颚形突端部长钩状，末端尖；抱器腹突和抱器里突均较小，其上的被刺也较细小，抱器腹端部的角形突内侧无齿形突；阳茎稍长于抱器背；阳茎端基环背突两枝，细长带形，约为抱器背长的 3/4，端部弯曲。

寄主植物：水稻。

观察标本：广西容县，3♀2♂，1980.Ⅵ，王祥庆采（正模和副模）；融水县，1♀1♂，1984.Ⅵ。云南勐腊，1250m，1♂，1958.Ⅴ.28，张毅然采；勐腊，620-650m，1♂，1958.Ⅶ.28，1♂，1959.Ⅴ.28，李锁富采，1♀，1959.Ⅵ.28，张发财采；勐仑，1♀，1964.Ⅵ.5，张宝林采；芒市，1200m，2♂，1980.Ⅴ.4-6，高平采；沧源，750-1100m，2♂，1980.Ⅴ.19-20，尚进文、高平采（副模）。

分布：广西、云南。

说明：本种被 Holloway（1990）作为两色绿刺蛾 P. bicolor (Walker) 的同物异名处理，但我们仔细核对了 2 种的雌雄外生殖器特征，认为本种是独立种。

图 140　稻绿刺蛾 Parasa oryzae (Cai)

a. 雄性外生殖器；b. 阳茎

(116) 妃绿刺蛾 Parasa feina (Cai, 1983)（图 141；图版 IV：111）

Latoia feina Cai, 1983, Acta Entomol. Sinica, 26(4): 447. Type locality: Yunnan, China (IZCAS).

Parasa feina (Cai): Solovyev et Witt, 2009, Entomofauna, Suppl. 16: 130.

体长 12-13mm，翅展 29-32mm。本种外形和斑纹与稻绿刺蛾 P. oryzae (Cai) 十分相似，但雄性外生殖器区别明显。

雄性外生殖器：爪形突长三角形，末端粗短喙形；颚形突端部长钩状，末端尖；抱器腹突和抱器里突上的刺较粗长，抱器背端部较宽，阳茎端基环背突较短，仅为抱器背长的 1/3，基部 3/4 合并成长片形，端部呈二指形分叉，而不是后者的 2 条狭长带形。

观察标本：云南芒市，900m，3♂，1955.Ⅴ.15，吴乐采（正模和副模）；龙陵，1000m，

1♂，1955.V.19，杨星池采（副模）；潞西，1♂，1955.V.17，杨星池采（副模）；勐海，5♂，1981.V.9-15，罗亨文采；龙口龙新，1400m，1♂，1979.VI.15；沧源，615m，1♂，1980.VI.10；弥渡苗圃，700m，1♂，1980.VII1.6；漾濞，1500m，1♂，1981.VIII.6；盈江铜铁头，1660m，1♂，1979.VII.21。

分布：云南。

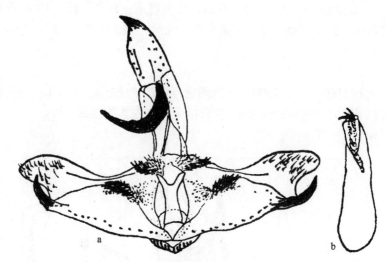

图 141　妃绿刺蛾 *Parasa feina* (Cai)

a. 雄性外生殖器；b. 阳茎

(117) 妍绿刺蛾 *Parasa yana* (Cai, 1983)（图 142；图版 IV：112）

Latoia yana Cai, 1983, Acta Entomol. Sinica, 26(4): 447. Type locality: Yunnan, China (IZCAS).

Parasa yana (Cai): Solovyev *et* Witt, 2009, Entomofauna, Suppl. 16: 127.

体长 12mm，翅展 32mm。前翅绿色，前缘的边缘、外缘、缘毛黄褐色，在亚外缘线、外横线上有 2 列棕褐色小斑点，外横线上 2 点较大，亚外缘线上可见 4-6 小斑点。后翅棕黄色。前、中足胫、跗节外侧褐色，余为黄色。本种外形、颜色和斑纹与两色绿刺蛾 *P. bicolor* (Walker) 十分相像，但雄性外生殖器区别明显。

雄性外生殖器：爪形突长三角形，末端粗短喙形；颚形突端部长钩状，末端尖；抱器腹突和抱器里突上的刺较粗壮，抱器腹端部的角形突内侧无齿形突；阳茎端基环背突约为抱器背长的一半，基部约 1/2 合并，合并部背面较窄，腹面向两侧呈片形扩伸，端部呈 2 大弯角形分叉。

观察标本：云南景东，1170m，1♂，1956.V.25，扎古良也夫采（正模）；景东无量山小河底，2000m，1980.VI.21。

分布：云南；越南，老挝，泰国，马来西亚。

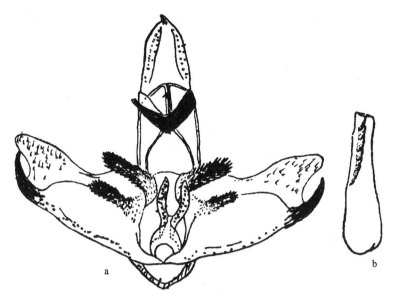

图 142　妍绿刺蛾 *Parasa yana* (Cai)

a. 雄性外生殖器；b. 阳茎

(118) 嘉绿刺蛾 *Parasa jiana* (Cai, 1983)（图 143；图版 V：113）

Latoia jiana Cai, 1983, Acta Entomol. Sinica, 26(4): 447. Type locality: Yunnan, China (IZCAS).

Parasa jiana (Cai): Solovyev *et* Witt, 2009, Entomofauna, Suppl. 16: 36.

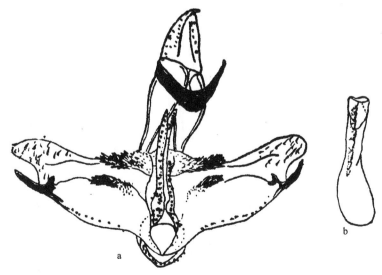

图 143　嘉绿刺蛾 *Parasa jiana* (Cai)

a. 雄性外生殖器；b. 阳茎

体长 12mm，翅展 27mm。前翅绿色，前缘的边缘、外缘、缘毛黄褐色，在亚外缘线、外横线上有 2 列棕褐色小斑点，外横线上 2 点较大，亚外缘线上可见 4-6 小斑点。后翅棕黄色。前、中足胫、跗节外侧褐色，余为黄色。

雄性外生殖器：爪形突长三角形，末端粗短喙形；颚形突端部长钩状，末端尖；抱器瓣长，抱器腹末端长刺状，亚端背缘有 1 枚小齿；抱器腹突和抱器里突上的刺较细；阳茎端基环背突明显长大，约为抱器背长的 4/5，直，基部 1/5 合并，并向腹面扩伸，端部 4/5 分叶，两叶紧贴，每叶呈长刀形；阳茎端部有 1 列小刺突。

观察标本：云南勐混，750m，1♂，1958.VII.7，孟绪武采（正模）；西双版纳补蚌，700m，1♂，1993.IX.14，成新跃采。

分布：云南。

说明：本种外形、颜色、斑纹和雄性外生殖器与两色绿刺蛾 *P. bicolor* (Walker) 十分相像，但本种阳茎端基环背突明显长大，约为抱器背长的 4/5，直，基部 1/5 合并，并向腹面扩伸，端部 4/5 分叶，两叶紧贴，每叶呈长刀形，可与两色绿刺蛾相区别。

(119) 琼绿刺蛾 *Parasa hainana* (Cai, 1983)（图 144；图版 V：114）

Latoia hainana Cai, 1983, Acta Entomol. Sinica, 26(4): 447. Type locality: Hainan, China (IZCAS).
Parasa hainana (Cai): Solovyev *et* Witt, 2009, Entomofauna, Suppl. 16: 126.

体长 14mm，翅展 31mm。前翅绿色，前缘的边缘、外缘、缘毛黄褐色，在亚外缘线、外横线上有 2 列棕褐色小斑点，外横线上 2 点较大，亚外缘线上可见 4-6 小斑点。后翅棕黄色。前、中足胫、跗节外侧褐色，余为黄色。本种外形、颜色和斑纹与两色绿刺蛾 *P. bicolor* (Walker) 很相像，但前翅前缘黄色较浓且较宽，斑纹较明显可认。

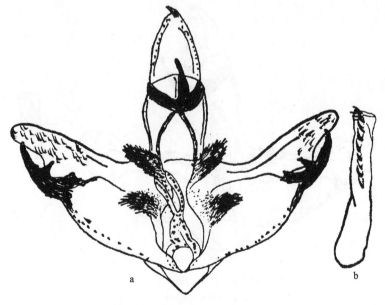

图 144 琼绿刺蛾 *Parasa hainana* (Cai)

a. 雄性外生殖器；b. 阳茎

雄性外生殖器：爪形突长三角形，末端粗短喙形；颚形突端部长钩状，末端尖；抱器腹端部角形突内侧有 2 个齿形突；阳茎端基环背突全长约为抱器背的 1/2，基半部合并，并向腹面扩伸成片形，端半部二叶弯角形。

观察标本：海南保亭，2♂，1973.V.23（正模和副模）。广西融水县，2♀3♂，1983.VII.28。

分布：海南、广西；越南。

(120) 两色绿刺蛾 *Parasa bicolor* (Walker, 1855)（图 145；图版 V：115，图版 XI：254）

Neaera bicolor Walker, 1855, List Specimens Lepid. Insects Colln Br. Mus., 5: 1142.
Latoia bicolor (Walker): Snellen, 1900, Tijdschr. Ent., 43: 82.
Parasa bicolor (Walker): Hering, 1931, In: Seitz, Macrolepid. World, 10: 696, fig. 87a.

成虫：体长♀ 14-19mm，♂ 14-16mm。翅展♀ 37-44mm，♂ 30-34mm。下唇须棕黄色。头顶、前胸背面绿色，腹部棕黄色，末端褐色较浓。触角雌虫丝状，雄虫栉齿状，末端 2/5 为丝状。复眼黑色。前翅绿色，前缘的边缘、外缘、缘毛黄褐色，在亚外缘线、外横线上有 2 列棕褐色小斑点，外横线上 2 点较大，亚外缘线上可见 4-6 个小斑点。后翅棕黄色。前、中足胫、跗节外侧褐色，余为黄色。

雄性外生殖器：爪形突长三角形，末端粗短喙形；颚形突端部长钩状，末端尖；阳茎端基环的背突只有抱器瓣长度的 1/2；抱器端长角形突内侧只有 1 个齿形突。

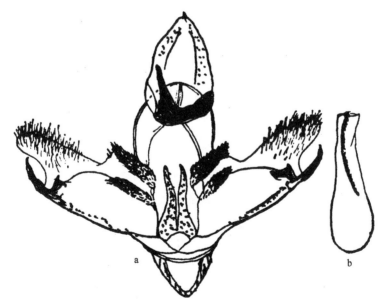

图 145　两色绿刺蛾 *Parasa bicolor* (Walker)
a. 雄性外生殖器；b. 阳茎

卵：椭圆形，长径 1.5mm、短径 1.2mm，扁平。初产时淡黄色，渐变乳白色，较透明。卵块鱼鳞状排列，上有透明薄膜。

幼虫：老熟幼虫体长 26-32mm。黄绿色，背线青灰色，略紫，较宽，体背每节刺瘤处有 1 个半圆形墨绿色斑，镶入背线内，共 8 对。亚背线蓝绿色，在每节刺瘤下方各有黑点 1 个，亚背线上及气门线上方各有刺瘤 1 列。前胸节无刺瘤，与头部同缩于中胸下，中后胸及第 1、7、8 腹节刺瘤上枝刺特别长。第 8、9 腹节各着生黑色绒球状毛丛 1 对，每个毛丛外有棕红色刺瘤 1 个。

蛹：体长 12-16mm，初化时乳白色，后渐变为棕黄色。后足跗节露出前翅芽，腹部气门可见 3 对，体背各节上半段着生很多褐色小刺钩组成的宽带，腹末圆钝。茧椭圆形，长 15-21mm。茧 2 层，外层疏松，灰褐色，上方截形，中间有 1 个圆形小孔。内层胶质，硬脆，褐色，上方有 1 个 6mm 左右的平盖，盖上方内外茧层之间有较大空隙。

寄主植物：毛竹、石竹、木竹、斑竹、篱竹、苦竹、撑篙竹、唐竹、茶。

生物学习性：在江苏、浙江一年 1 代，广东一年 3 代，均以老熟幼虫在土壤下的茧内越冬。一年 1 代的于 5 月上、中旬羽化，6 月上旬成虫初见，在江苏 6 月中旬为产卵盛期；幼虫危害期自 6 月中旬到 8 月下旬，8 月中旬老熟幼虫离竹入土，并结茧越冬；在浙江成虫期长达 3 个月，在竹林中成虫出现有 2 个高峰，即 7 月初和 7 月底，8 月下旬成虫终见。卵经 6-10 天孵化，幼虫经 38-52 天老熟，11 月中旬竹林中幼虫终见。在广东 1-3 代成虫出现期分别为 4 月中旬到 5 月下旬，6 月下旬到 7 月下旬，9 月上旬到 10月上旬；幼虫取食期分别为 4 月下旬到 6 月中旬，7 月上旬到 8 月下旬，9 月上旬到 11月上旬；各虫态历期为卵 5-7 天，幼虫 33-37 天，蛹 23-29 天，成虫寿命 4-9 天。以第 1代危害较重。

成虫从 16:00 开始羽化，23:00 结束，以 18:00-20:00 羽化最多，占 60%。成虫白天静伏，晚上活动，傍晚及黎明前最活跃；有趋光性，以雄蛾扑灯为多，扑灯时间为19:00-23:00，以 21:00-22:00 最多。成虫羽化后当晚或次日晚交尾，时间多在 23:00 和 4:00，成虫均只交尾 1 次，历时 2h 左右。交尾后雄成虫不久死亡。雌蛾次日或隔日产卵。卵以单行或双行呈鱼鳞状排列产于竹叶背面中脉两边，每块有卵 16-36 粒，偶有 5-6 粒的，最多可达百余粒，每雌一生可产卵 8-12 块，共 120-340 粒。成虫寿命 4-8 天，雌成虫产卵后即死亡。

在浙江卵经 8-10 天、广东 5-7 天孵化。初孵幼虫群聚于卵壳旁停息，不久即可取食竹叶下表皮，使竹叶形成白膜而死；2 龄幼虫仍以孵自原卵块的幼虫群聚或分为 2-3 个集团群聚取食，幼虫喜食新竹竹叶。2-3 龄幼虫取食全叶，常 10 余头幼虫并列于叶背，头向叶尖，一同取食和后退，致被害竹叶缺口整齐。2-4 龄幼虫食完一片竹叶后，常 10余条幼虫头尾相接，单行排列于竹枝、竹秆，转移至另叶取食，爬行后留下银色有光的黏液，干后久久不褪。4 龄幼虫分散取食，食叶量增大，1 条幼虫 1 天可取食 1 片竹叶；末龄幼虫 1 天可食 5 片竹叶。幼虫一生食叶量：广东第一代为 350cm²，末龄幼虫食量占78%；江苏为 440cm²，末龄幼虫占 50%。幼虫 8 龄，幼虫历期广东为 33-37 天，江、浙为 40-60 天。4 龄后幼虫对异常天气有适应能力，气温高时常停息于竹秆阴处，特别是遇到风雨或气温下降时更为常见；如遇台风，幼虫大量下地，躲避于地面竹根附近枯枝落叶下，天晴再上竹取食；也有提前入土结茧的，但越冬死亡率较高。老熟幼虫停食约1 天后沿竹秆爬至地面，少数从竹叶上坠落地面，在 2-4cm 深处的土内结茧。

天敌：卵有中华草蛉成虫及幼虫捕食，捕食率达 25%。幼虫有黄猎蝽捕食；还有刺蛾小室姬蜂寄生，寄生率 50%左右。

观察标本：上海，25♂，1933.VI.14-22。浙江天目山，1♂，1936.VI，9♂，1973.VII.20-25；余杭，2♂，1974.VII.24。福建三港，740m，9♂，1960.VII.20，1979.VIII.3，挂墩，4♂，1979.VIII.11；桐木，1♂，1979.VII.26；建阳，1♂，1979.VIII.16；将乐龙栖山，650m，1♂，1991.VIII.18。湖北利川星斗山，800m，6♂，1989.VII.23-29；咸宁温泉，1♂，1984.VI.16（外生殖器玻片号 L06314）。四川峨眉山清音阁，800-1000m，11♂，1957.IX.18。重庆华云山林场，2♀，1973.V。云南金平河头寨，1700m，1♂，1956.V.14；金平猛喇，370m，2♂，1956.IV.16；屏边大围山，1500m，2♂，1956.VI.10。江西陡水，3♂，1975.VII.2。湖南桑植天平山，1300m，2♂，1988.VIII.11；永顺杉木河林场，600m，1♂，1988.VIII.31；衡山，1♂，1974.V.30；炎陵，1♂，2008.VII.8，陈付强采（外生殖器玻片号 WU0091）。广西贝江，2♂，1982.VII.20；龙州三联，350m，1♂，2000.VI.13，陈军采。广东南岭，3♂，2008.VII.19-21，陈付强采（外生殖器玻片号 WU0092，WU0093）。河南商城黄柏山大庙，700m，1♂，1999.VII.12，申效诚等采（外生殖器玻片号 L06309）。陕西佛坪，890m，1♂，1999.VI.21，朱朝东采。

分布：河南、陕西、上海、浙江、湖北、江西、湖南、福建、台湾、广东、广西、重庆、四川、云南；印度，缅甸，印度尼西亚。

(121) 窄缘绿刺蛾 *Parasa consocia* Walker, 1865（图 146；图版 V：116-117，图版 XI：255）

Parasa consocia Walker, 1865, List Specimens Lepid. Insects Colln Br. Mus., 32: 484.

Latoia consocia (Walker): Cai, 1983, Acta Entomol. Sinica, 26(4): 438.

别名：褐边绿刺蛾、黄缘绿刺蛾、青刺蛾、梨青刺蛾、绿刺蛾、大绿刺蛾、褐缘绿刺蛾。

成虫：翅展 20-43mm。头和胸背绿色，胸背中央有 1 红褐色纵线；腹部浅黄色。前翅绿色，基部红褐色斑在中室下缘和 A 脉上呈钝角形曲；外缘有 1 浅黄色带，一些个体的外缘带内还布满红褐色雾点（有些标本雾点稀疏，有些较浓密，在中央似呈一带），带内翅脉及带的内缘红褐色，后者与外缘平行圆滑。但个别个体前翅及胸背绿色部分变为黄色（仍能看到绿色），其他斑纹不变。

雄性外生殖器：爪形突长三角形，末端粗短喙形；颚形突相对大，弯曲，端部舌形；抱器瓣长大，端部稍狭，抱器背端部内弯，抱器端钝圆，阳茎长大，约为抱器瓣长度的 1.5 倍，两端膨大，亚端部有 2 枚齿形突。

雌性外生殖器：前、后表皮突长；囊导管基部较粗，中部细长，端部粗而呈螺旋状；交配囊大，长卵形；囊突较小，1 对相互靠近，叶片状，上有小齿突。

卵：扁椭圆形，长径 1.2-1.3mm，短径 0.8-0.9mm，浅黄绿色。

幼虫：老熟幼虫体长 24-27mm，宽 7-8.5mm。头红褐色，前胸背板黑色，身体翠绿色，背线黄绿色至浅蓝色。中胸及腹部第 8 节各有 1 对蓝黑色斑；后胸至第 7 腹节，每节有 2 对蓝黑色斑；亚背线带红棕色；中胸至第 9 腹节，每节着生棕色枝刺 1 对，刺毛黄棕色，并夹杂几根黑色毛。体侧翠绿色，间有深绿色波状条纹。从后胸至腹部第 9 节侧腹面均具刺突 1 对，上着生黄棕色刺毛。腹部第 8、9 节各着生黑色绒球状的毛丛 1 对。

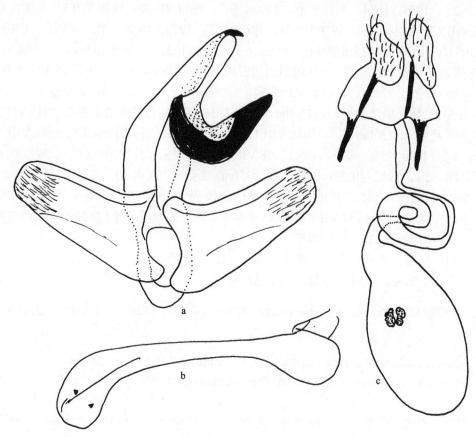

图 146   窄缘绿刺蛾 *Parasa consocia* Walker
a. 雄性外生殖器；b. 阳茎；c. 雌性外生殖器

蛹：卵圆形，长 15-17mm，宽 7-9mm。棕褐色。茧近圆筒形，长 14.5-16.5mm，宽 7.5-9.5mm，棕褐色。

寄主植物：梨、苹果、海棠、杏、桃、李、梅、樱桃、山楂、柑橘、枣、板栗和核桃等果树，以及白杨、柳、枫、楝、桑、茶、梧桐、白蜡、紫荆、刺槐、乌桕、冬青、喜树、枳椇、悬铃木等植物。

生物学习性：在长江以南一年发生 2-3 代，以幼虫结茧越冬。第 2 年 4 月下旬至 5 月上、中旬化蛹。5 月下旬至 6 月成虫羽化产卵，6 月至 7 月下旬为第 1 代幼虫危害活动时期，7 月中旬后第 1 代幼虫陆续老熟并结茧化蛹；8 月初第 1 代成虫开始羽化产卵，8 月中旬至 9 月第 2 代幼虫开始危害活动，9 月中旬以后陆续老熟并结茧越冬。在北京、山东和东北一年发生 1 代。越冬幼虫 6 月化蛹，7、8 月成虫羽化产卵，1 周后孵化为幼虫，老熟幼虫 8 月下旬至 9 月下旬结茧越冬。

卵产于叶背，数十粒成块，呈鱼鳞状排列。卵期 5-7 天。初孵幼虫不取食，以后取食蜕下的皮及叶肉；3、4 龄后渐渐吃穿叶表皮；6 龄后自叶缘向内蚕食。幼虫 3 龄前有群集活动习性，以后分散。幼虫期约 30 天。老熟幼虫于树冠下浅松土层、草丛中结茧化蛹。蛹期 5-46 天。成虫寿命 3-8 天。成虫具趋光性。

观察标本：黑龙江伊春，2♀1♂，1956.VII.17-31；哈尔滨，1♂，1943.VII.1；小岭，1♂，1937.VII.8。辽宁新金，1♀2♂，1954.VI.1；清源，1♂，1954.VII.30。山东青岛，1♂♀，1935.VII.16；崂山，2♂，1973.VI.26。北京三堡，1♀20♂，1964.VII.20-22；八达岭，700m，2♂，1962.VI.29；二里沟，14♂，1953.VII.14-16；百花山，12♂，1973.VII.8。河北昌黎，6♀2♂，1973.VI.19-20；唐海县，1♂，1989.VI.20。天津静海，1♂，1954.VI.16。上海，2♀3♂，1935.VI，5♂，1934.VI.10-11，6♂，1933.VIII.22。江苏南京，2♀2♂，1955（无具体日期）；扬州，1♀，1974.VI.10。江西庐山，4♂，1974.VI.17。浙江杭州，3♀3♂，1972.VIII.15；杭州植物园，1♂，1976.VIII.16；天目山，1♂，1937.VIII；温州，1♂1♀，1953（无具体日期）。广东广州，1♀3♂，1958.VI.21；Lao-Tien，1♂，1931.VII。福建福州魁歧，950-1210m，1♂，1955.III.21；武夷山挂墩，1♂，1960.VIII.1。河南登封少林寺，800m，2♂，2000.VI.9，申效诚等采。湖北武昌，1♂，1953.VI.11。陕西周至楼观台，680m，13♂，2008.VI.23，白明采。

分布：黑龙江、辽宁、北京、天津、河北、山东、河南、陕西、江苏、上海、浙江、湖北、江西、福建、广东；俄罗斯，朝鲜，日本。

(122) 宽缘绿刺蛾 *Parasa tessellata* Moore, 1877（图 147；图版 V：118）

Parasa tessellata Moore, 1877, Ann. Mag. Nat. Hist., (4)20: 93.

翅展 20-43mm。头和胸背绿色，胸背中央有 1 红褐色纵线。腹部和后翅浅黄色。前翅绿色；基部红褐色斑在中室下缘和 A 脉上呈钝角形曲；外缘有 1 浅黄色宽带，带内布满红褐色雾点，在中央似 1 带，带内翅脉和内缘红褐色，后者在前缘下和臀角处呈齿形内曲。后翅淡黄色，缘毛至少在臀角处呈红褐色。

雄性外生殖器：爪形突长三角形，末端腹面有 1 粗齿突；颚形突相对大，弯曲，端部长舌形；抱器瓣长大，端部稍狭，抱器背端部内弯，抱器端钝圆；阳茎长大，约为抱器瓣长度的 1.5 倍，基端膨大，端部有 2 枚小齿形突。

观察标本：湖北利川星斗山，800m，1♀1♂，1989.VII.23，李维采；巴东，1300m，1♂，1989.V.19，李维采；秭归九岭头，100m，4♂1♀，1993.VI.12-13，姚建采；兴山龙门河，1350m，1♀4♂，1993.VI.22-VII.17，宋士美等采；神农架，900-950m，1♀4♂，1980.VII.18-21，虞佩玉采；神农架九冲，700m，5♂，1998.VII.17-18；神农架酒壶坪，1920m，1♀，1998.VII.26；荆州，3♀，无日期。陕西佛坪，950m，8♂，1998.VII.23，1999.VI.29。甘肃文县范坝，800m，1♂，1998.VI.26；文县邱家坝 2350，1♂，1999.VII.21；康县清河林场，1400m，7♂1♀，1998.VII.8-12，1999.VII.8；康县阳坝，1000-1050m，4♂，1999.VII.6-10；康县阳坝林场，1000m，3♂，1999.VII.11；宕昌，1800m，7♂，1998.VII.7。广西防城扶隆，200m，1♂，1999.V.25；那坡北斗，550m，1♀，2000.VI.22；金秀圣堂

山，900m，1♀1♂，1999.V.17-18；金秀罗香，400-450m，10♂3♀，1999.V.15-18；金秀林海山庄，1100m，1♀8♂，2000.VII.2；龙胜，3♀28♂，1980.VI.10-13；南宁，1♀2♂，1984.VIII.16；贝江，2♀，1982.VII；桂林雁山，3♀，1953.IX.14。江西大余，1♂，1977.VI.17；九连山，4♂，1975.VI.9；庐山，3♂，1974.VI.12-17；三湖，1♂，无日期。江苏南京，4♂1♀，1955（无具体日期）。浙江天目山，1♂，1936.VII.14。广东广州，2♂，1958.VI.21；Lao-Tien，1♂，1931.VII。湖南东安，9♂，1954.VI；衡山，1♂，1974.V.30。贵州梵净山，600-1800m，2♂，2002.VI.2，武春生采。四川峨眉山清音阁，800-1000m，6♂，1957.VI.20-30，黄克仁采；峨眉山，1♂1♀，1974.VI.11-13。重庆万州王二包，1200m，1♂，1993.VII.10；巫山梨子坪，1850m，1♂，1993.VII.14；城口县高燕镇星光村，1008m，1♂，31.965°N，108.662°E，2017.VII.29，陈斌等采。河南商城黄柏山，200m，1♂，1999.VI.14，申效诚等采；西峡黄石庵，1♂，1998.VII.18，申效诚等采。

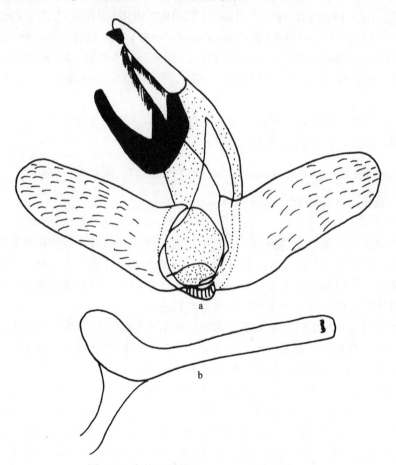

图 147 宽缘绿刺蛾 *Parasa tessellata* Moore

a. 雄性外生殖器；b. 阳茎

分布：河南、陕西、甘肃、江苏、浙江、湖北、江西、湖南、广东、广西、重庆、四川、贵州。

说明：由于外生殖器的相似性，本种长期作为窄缘绿刺蛾 *P. consocia* Walker 的同物异名，Inoue（1992）将其独立出来，恢复其种级地位。该种在外形上与窄缘绿刺蛾 *P. consocia* Walker 明显不同，前翅外缘带宽而其内缘呈波状，这与迹斑绿刺蛾 *P. pastoralis* Butler 相同，但后者的基斑淡黄色且紧贴其外有污迹状斑。从分布上看，本种主要分布在我国中部和西部，而窄缘绿刺蛾主要分布在我国东北、华北地区及日本和朝鲜，两者在我国东南部交汇而同时、同域混合发生，但在我国东北和西部两者没有重叠。因此，尽管两者的外生殖器结构差异不显著，我们仍同意 Inoue（1992）的意见，将两者分开。由于两者长期混同，其幼期形态、寄主植物及生物学习性有待进一步研究。

(123) 中国绿刺蛾 *Parasa sinica* Moore, 1877（图 148；图版 V：119）

Parasa sinica Moore, 1877, Ann. Mag. Nat. Hist., (4)20: 93.

Heterogenea hilarata Staudinger, 1887, Mem. Lep., 3: 198.

Parasa hilarata (Staudinger): Kirby, 1892, A Synonymic Catalogue of Lepidoptera Heterocera, I: 544.

Latoia hilarata (Staudinger): Cai, 1983, Acta Entomol. Sinica, 26(4): 438.

Parasa notonecta Hering, 1931, In: Seitz, Macrolepid. World, 10: 695, fig. 86i.

Latoia notonecta (Hering): Cai, 1983, Acta Entomol. Sinica, 26(4): 438.

别名：棕边青刺蛾、棕边绿刺蛾、双齿绿刺蛾。

成虫：体长 9-11mm；翅展 23-26mm。触角和下唇须为暗褐色。头顶和胸背绿色；腹背苍黄色。前翅绿色；基斑褐色；外缘线较宽，向内突出 2 钝齿：其中 1 个在 Cu_2 脉上，较大；另 1 个在 M_2 脉上；外缘及缘毛黄褐色。后翅淡黄色，外缘稍带褐色，臀角暗褐色。

雄性外生殖器：爪形突长三角形，末端尖细；颚形突相对大，弯曲，端部钩状；抱器瓣长，几乎等宽，末端宽圆；阳茎长大，比抱器瓣稍长，基部 1/3 粗，亚端部有几枚齿形骨化区，上有小刻点。

雌性外生殖器：前、后表皮突长；囊导管基部较粗，中部十分细长，端部粗而呈螺旋状；交配囊较大，卵形；囊突较大，弱骨化，马蹄形，上有小齿突。

卵：扁椭圆形，乳白色。

幼虫：体长 17mm，绿色。前胸背板有 1 对黑斑，背线天蓝色，两侧衬较宽的杏黄色线。各体节上均有 4 个瘤状突起，丛生粗毛，在中、后胸背面及腹部第 6 节背面上的刺毛为黑色，腹部末端并排有 4 丛细密的黑色刺毛。

茧：长 11mm，宽 7mm，淡灰褐色，椭圆形，略扁平。

寄主植物：栎、槭树、桦、枣、柿、核桃、苹果、杏、桃、樱桃、梨、黑刺李等。

生物学习性：在河北一年发生 1-2 代，以老熟幼虫在树干基部或树干伤疤、粗皮裂缝中结茧越冬，有时成排群集。5 月下旬至 6 月中旬可见第 1 代卵。室外群体饲养，卵期 7 天左右，幼虫期 20 天左右，蛹期 7 天左右，成虫期 5 天左右，世代历期约 40 天。7 月中下旬为第 2 代卵高峰期，卵期 7 天左右，幼虫期 29 天左右，老熟幼虫持续半年左右。

雌成虫产卵在寄主植物叶背面。卵浅绿色，成块，在卵块的表面有一层很薄的胶质物。幼虫在 3 龄以前黄绿色，营群聚生活，食量小，而且只啃食寄主植物叶片的叶肉，留下表皮。3 龄以后，虫体变大，随着虫体的增大食量也增加，取食全叶片，只留下较粗的叶脉。第 1 代老熟幼虫喜欢在树干，尤其是 1 级分枝枝干基部结石灰质茧，在茧中化蛹。茧散乱分布，有时 10 多个、几十个在一起。第 2 代幼虫的化蛹场所除树干上外，也见于树周围的碎石、砖块上。成虫多在夜间活动、交配和产卵。

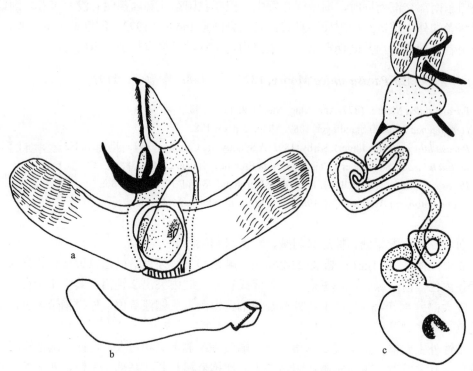

图 148 中国绿刺蛾 *Parasa sinica* Moore

a. 雄性外生殖器；b. 阳茎；c. 雌性外生殖器

天敌：中国绿刺蛾的幼虫常被核型多角体病毒感染，尤其是对第 2 代幼虫虫口有很明显的抑制作用。有人于 1993 年 7 月室外调查了 49 个群体，其中 16 个群体感病，感病率为 32.7%。

观察标本：北京二里沟，3♂2♀，1953.VIII.12-21；中关村，11♂3♀，1957.V.31-VIII.20。天津，3♂，无日期。河北昌黎，3♂，1973.V.31-VI.17。吉林长白山，800m，1♂，1974.VII.6。黑龙江岱岭，2♂，1957.VII.9，1962.VI.21。上海，13♂，1933.VI.14-21，1934.VI-VII。浙江天目山，1♂，1936.V.19；舟山，1♂，1931.VI.24。江西宜丰，1♂，1959.IX.4；陡水，1♂，1975.VII.3；牯岭，1♂，1935.V.21；九连山，1♂，1975.VI.12。福建将乐，800m，1♂，1990.IX.14。湖北神农架，950m，4♂，1980.VII.4-17；兴山龙门河，1200-1350m，6♂，1993.VI.14-23，1994.IX.8；利川星斗山，800m，1♂，1989.VII.23；鹤峰，1240m，1989.VII.29；秭归九岭头，150m，1♂，1993.VI.13。湖南衡山，3♂，1974.V.29-VI.2，1♀，1979.IX.1。广西龙胜，1♂，1980.VI.10。四川峨眉山清音阁，800-1000m，5♂，

1957.IV.29-V.17，1957.IX.22；峨眉山，2♂，1977.VIII.19；忠县，1500m，1♂，1994.VI.1。重庆丰都世坪，610m，1♂，1994.X.5；城口县明中乡四合村，1509m，1♂，31.686°N，108.963°E，2017.VII.18，陈斌等采。云南宜良，1800m，1♂，1979.VII.16；维西攀天阁，2920m，1♂，1981.VII.22。陕西佛坪凉风垭，1700-2150m，1♂，1999.VI.28；佛坪，950m，1♂，1998.VII.24；宁陕，1620m，2♂，1979.VII.2-29。甘肃文县邱家坝，2350m，1♂1♀，1998.VI.28，文县范坝，800m，1♂，1998.VI.26；文县刘家坪，800m，1♂，1998.VI.27；康县清河林场，1400-1650m，7♂，1998.VII.8-15，1999.VII.4-7；成县飞龙峡，1020m，1♂，1999.VII.4；舟曲沙滩林场，2350m，1♂，1998.VII.5。河南嵩县白云山，1400m，1♂，2003.VII.21；内乡葛条爬，600m，1♂，2003.VIII.15。

分布：黑龙江、吉林、北京、天津、河北、河南、陕西、甘肃、上海、浙江、湖北、江西、湖南、福建、台湾、广东、广西、重庆、四川、云南；俄罗斯，日本。

(124) 青绿刺蛾 *Parasa hilarula* (Staudinger, 1887)（图149；图版 V：120，图版 XI：256）

Heterogenea hilarula Staudinger, 1887, Mem. Lep., 3: 197.

Parasa sinica japonibia Bryk, 1948, Ark. Zool., 41(A): 221.

Latoia sinica (Moore): Cai, 1983, Acta Entomol. Sinica, 26(4): 438 (misidentification).

Parasa hilarula (Staudinger): Wu *et* Fang, 2009g, Acta Zootaxonomica Sinica, 34(4): 920.

别名：中华青刺蛾、绿刺蛾、苹绿刺蛾。

成虫：翅展21-28mm。头顶和胸背绿色；腹背灰褐色，末端灰黄色；前翅绿色，基斑和外缘暗灰褐色，前者在中室下缘呈角形外曲，略呈方形，后者与外缘平行内弯，其内缘在2脉上呈齿形曲。后翅灰褐色，臀角稍带灰黄色。

雄性外生殖器：爪形突长三角形，末端尖齿状；颚形突相对大，弯曲，端部钩状，末端二分叉；抱器瓣狭长，几乎等宽，末端宽圆；阳茎端基环中等骨化，盾状；阳茎狭长，约与抱器瓣等长，直，亚端部有2枚齿突。

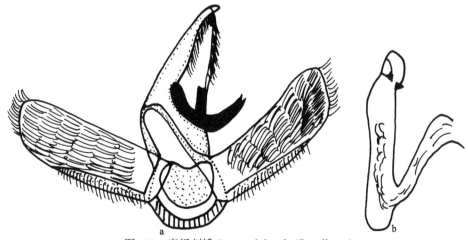

图149　青绿刺蛾 *Parasa hilarula* (Staudinger)

a. 雄性外生殖器；b. 阳茎

卵：扁椭圆形、淡黄色，长径 0.82-1.08mm，短径 0.63-0.83mm。块状，鱼鳞状排列。

幼虫：初孵幼虫体黄色，近长方体。随虫体发育，体线逐渐明显，并由黄绿转变为黄蓝相间。头褐色。前胸背板半圆形，上有 2 个三角形黑斑。中、后胸及腹部各节均着生枝刺。沿侧线和气门线共 4 列，中、后胸及腹部第 8、9 节枝刺较大，且侧线上枝刺端部为黑色，其他枝刺端部为黄褐色。第 10 节上的枝刺仅 1 对并列。背线由双行蓝绿色斑纹组成，侧线浅黄色，气门上线灰绿色，气门线黄色。幼虫腹面黄白色，老熟幼虫变为红褐色。足退化为吸盘，分泌黏液。

蛹：被蛹，长 8.3-10.1mm，蛹的翅部及腹背为绿色，腹部黄褐色。

茧：椭圆形，略扁，长 10.4-11.6mm，宽 6.2-7.0mm。越冬茧灰褐色，夏茧棕褐色。外被一层灰色丝网，质硬，钙质化。

生物学习性：该虫在河北秦皇岛、唐山二市一年发生 2 代，以老熟幼虫结茧越冬。越冬幼虫于翌年 4 月下旬在茧内化蛹，盛期在 5 月上旬。5 月中旬开始有越冬代成虫出现，6 月上旬为羽化高峰，并产下第 1 代卵。卵孵化盛期为 6 月中旬，第 1 代老熟幼虫于 7 月上旬结茧，7 月中旬化蛹，7 月下旬出现第 1 代成虫，随即产下第 2 代卵。8 月中旬孵化为幼虫，幼虫期 36-42 天，9 月中、下旬幼虫结茧越冬。羽化的成虫，只交配 1 次，一般于次日黎明前开始，多在叶背进行，相向成"一"字形。交配后的雌虫第 2 天开始产卵。卵产于叶背，呈鱼鳞状排列，每头雌虫产卵量为 47-140 粒，有的可达 248 粒。产卵期 2-4 天，雌虫产卵后死亡。越冬代成虫产下的卵，经 6-8 天开始孵化。初孵化的幼虫，群集在卵壳上，取食卵壳，食完后第 1 次蜕皮，然后离开卵壳处。2-3 龄幼虫在叶背群集危害，叶片被啃食成筛网状。幼虫 4 龄以后分散取食，食量增大，由叶缘开始取食，使叶片呈缺刻状，严重时仅剩叶脉。幼虫共 7 龄。老熟幼虫停止取食后，沿枝干下移至分枝及树干的粗皮裂缝中，静止一段时间。然后吐丝成窝状，虫体短缩。由虫体分泌物硬化成钙质茧。

寄主植物：苹果、梨、杏、桃、李、梅、柑橘、柿、樱桃、枇杷、核桃、板栗等。

观察标本：黑龙江岱岭，390m，26♂，1962.VII.2-6，1♀，1957.VII.9；黑龙江（无小地点），1♂，1970（无日月）；小岭，1♂，1937.VI.30；亚布洛尼，3♂，1938.VII.10。吉林长白山，1♂1♀，1982.VII.2，1♂，1974.VII.5。辽宁清源，7♂，1954.VII.30。

分布：黑龙江、吉林、辽宁、河北；俄罗斯（西伯利亚东南），朝鲜，日本。

说明：本种与中国绿刺蛾 *P. sinica* Moore 很相似，经常发生误定（《中国蛾类图鉴 I》中图 635 的中国绿刺蛾就是本种的误定），致使分布和寄主植物混淆。过去本种记载在我国南方也有分布，根据标本观察，本种只分布在我国东北和河北。本种与中国绿刺蛾的区别在于前翅外缘带只有 1 个内齿突，后翅灰褐色，雄性外生殖器的颚形突末端二分叉；而后者则前翅外缘带多有 2 个内齿突，后翅淡黄色，雄性外生殖器的颚形突末端尖而不分叉。

(125) 丽绿刺蛾 *Parasa lepida* (Cramer, 1779)（图 150；图版 V：121，图版 XI：257）

Noctua lepida Cramer, 1779, Papilions Exotiques des trois parties du monde L'Asie, L'Afrique *et* L'Amerique, 2: pl. 130, E.

Parasa lepida (Cramer): Moore, 1883, Lepidoptera of Ceylon, 2: 127, pl. 128, figs. a-b.

Latoia lepida (Cramer): Piepers *et* Snellen, 1900, Tijdschrift voor Entomologie, 43: 76, pl. 2, figs. 4-5.

别名：青刺蛾、绿刺蛾。

成虫：体长♀16.5-18mm，♂14-16mm。翅展♀33-43mm，♂27-33mm。头翠绿色，复眼棕黑色。触角褐色，雌虫触角丝状，雄虫触角基部数节为单栉齿状。胸部背面翠绿色，有似箭头形的褐斑。腹部黄褐色。前翅翠绿色，基斑紫褐色，尖刀形，从中室向上约伸占前缘的 1/4，外缘带宽，从前缘向后渐宽，灰红褐色，其内缘弧形外曲。后翅内半部黄色稍带褐色，外半部褐色渐浓。

雄性外生殖器：爪形突长三角形，末端钝圆，腹面的齿突骨化弱；颚形突相对大，弯曲，端部长舌状；抱器瓣长，基部宽，逐渐向端部变窄，末端较尖；阳茎粗长，比抱器瓣长，在基部 1/3 处呈直角状弯曲，亚端部有几枚齿形骨化区。

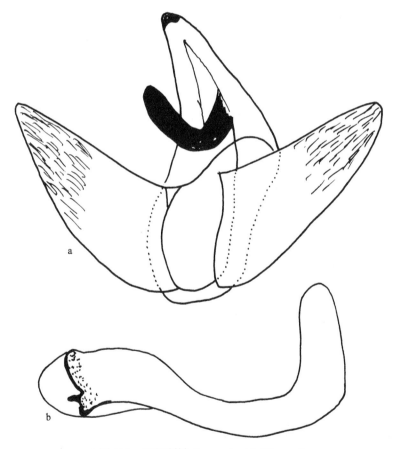

图 150　丽绿刺蛾 *Parasa lepida* (Cramer)

a. 雄性外生殖器；b. 阳茎

卵：扁椭圆形，长径 1.4-1.5mm，短径 0.9-1.0mm，黄绿色。

幼虫：初孵幼虫长 1.1-1.3mm，宽约 0.6mm，黄绿色，半透明。老熟幼虫体长

24-25.5mm，体宽 8.5-9.5mm。头褐红色，前胸背板黑色，身体翠绿色，背线基色黄绿。中胸及腹部第 8 节有 1 对蓝斑，后胸及腹部第 1 和第 7 节有蓝斑 4 个。腹部第 2-6 节在蓝灰基色上有蓝斑 4 个，背侧自中胸至第 9 腹节各着生枝刺 1 对，以后胸及腹部第 1、7、8 节枝刺为长，每个枝刺上着生黑色刺毛 20 余根；腹部第 1 节背侧枝刺上的刺毛中夹有 4-7 根橘红色顶端圆钝的刺毛。第 1 和第 9 节枝刺端部有数根刺毛，基部有黑色瘤点；第 8、9 腹节腹侧枝刺基部各着生 1 对由黑色刺毛组成的绒球状毛丛，体侧有由蓝、灰、白等线条组成的波状条纹，后胸侧面及腹部第 1-9 节侧面均具枝刺，以腹部第 1 节枝刺较长，端部呈浅红褐色，每枝刺上着生灰黑色刺毛近 20 根。

蛹：卵圆形，长 14-16.5mm，宽 8-9.5mm，黄褐色。茧扁椭圆形，长 14.5-18mm，宽 10-12.5mm；黑褐色；其一端往往附着有黑色毒毛。

寄主植物：香樟、悬铃木、红叶李、桂花、茶、咖啡、枫杨、乌桕、油桐等 36 种阔叶树木。

生物学习性：丽绿刺蛾在江苏、浙江一年发生 2 代，广东一年发生 2-3 代，以老熟幼虫在茧内越冬。在浙江 4 月下旬后化蛹，5 月中旬至 6 月中旬成虫羽化和产卵；7 月中旬以后老熟幼虫结茧化蛹，7 月下旬第 1 代成虫羽化产卵；7 月底至 8 月初第 2 代幼虫孵化，8 月下旬至 9 月中旬幼虫陆续老熟，结茧越冬。

卵经常数十粒至百余粒集中产于叶背，呈鱼鳞状排列。初孵幼虫不取食，1 天后蜕皮。2 龄幼虫先取食蜕，后群集叶背取食叶肉，残留上表皮。3 龄以后咬穿表皮。5 龄以后自叶缘蚕食叶片。幼虫 6-8 龄，有明显群集危害的习性，6 龄以后逐渐分散，但蜕皮前仍群集在叶背。老熟幼虫于树枝上或树皮缝、树干基部等处结茧。雌雄性比约为 1：1.3。成虫羽化后当晚即可交尾，次日开始产卵。1 头雌虫的产卵量为 500-900 粒。成虫有强趋光性。

观察标本：陕西宁陕火地塘，1580m，1♂，1999.VI.26；佛坪，6♂，1998.VII.23-24；留坝庙台子，1470m，6♂，1998.VII.21-23，留坝县城，1020m，6♂，1998.VII.18。甘肃文县县城，1000m，1♂，1998.VI.23；文县碧口，720m，5♂，1999.VII.29；康县清河林场，1400m，1♂，1998.VII.8-12。四川泸定新兴，1900m，2♂，1983.VI.14；盐源金河，1270m，1♂，1984.VI.28；会理，1♂，1974.VII.20。重庆丰都世坪，610m，2♂，1994.VI.2；武隆车盘洞，1000m，1♂，1989.VII.2；万县龙驹，400m，1♂，1994.V.26；万县王二包，1200m，1♂，1993.VII.10；忠县，160m，1♂，1994.VI1；巫山高塘村，110m，1♂，1994.IX.23；城口县岚天乡岚溪村，1368m，1♂，31.917°N，108.920°E，2017.VII.25，陈斌等采。云南景东董家坟，1250m，1♂，1956.VI.20；金平河头寨，1700m，1♂，1956.V.9；永胜六德，2250m，2♂，1984.VII.9；丽江玉龙山，2800m，1♂，1984.VII.17；西双版纳勐海，3♂，1959.V.29；兰坪青龙村，2200m，1979.VI.21。广西金秀圣堂山，900m，1♀，1999.V.17；融水县，1♀1♂，1982.VII.30；苗儿山，1150m，3♂，1985.VII.15；武鸣，1200m，2♂，1984.VIII.22。广东广州，1♀，1956.VII.21，1♂，1973.VII.6。浙江杭州植物园，3♀6♂，1976.VI.23-27；温州，1♂，1953（无具体日期）；天目山，1♀，1936.VI。江西九连山，1♀，1977.V.25；庐山，1♀，1934.VI。江苏南京，4♀10♂，1957.V.28；扬州，1♂，1974.VI.4。湖北利川星斗山，800m，3♂，1989.VI.21；神农架，950m，1♂，1980.VII.17；秭归九岭

头，150m，1♂，1993.VI.11。福建将乐龙栖山，650m，1991.VIII.12；云霄，2♀1♂，1999.VII.15。西藏墨脱背崩，850m，1♂，1983.VI.1。贵州梵净山，600-1800m，2♂，2002.VI.2，武春生采。河南西峡黄石庵，1♂，1998.VII.18，申效诚采；济源黄楝树，1600m，1♂，2000.VI.6，申效诚等采。安徽，1♀2♂，无日期。

分布：河北、河南、陕西、甘肃、江苏、安徽、浙江、湖北、江西、湖南、福建、广东、广西、重庆、四川、贵州、云南、西藏；日本，印度，越南，斯里兰卡，印度尼西亚。

说明：Solovyev 和 Witt（2009）发表了新种 *P. emeralda*，其与本种的区别在于前翅外端的褐色带较宽，阳茎末端的突起强度骨化。中国海南、江西和云南的标本被作为副模。我们检视了我国所有标本，发现前翅外端的褐色带宽度变异较大，不稳定，不能作为分类标准，故没有采用。

(126) 卵斑绿刺蛾 *Parasa convexa* Hering, 1931（图 151；图版 V：122）

Parasa convexa Hering, 1931, In: Seitz, Macrolepid. World, 10: 695, fig. 86i.
Latoia convexa (Hering): Cai, 1983, Acta Entomol. Sinica, 26(4): 438.

翅展 24-25mm。头和胸背绿色；腹背淡黄色，基部中央稍带绿色。前翅绿色，基斑与窄缘绿刺蛾相似，外缘带红褐色，很宽，约占全翅的 1/3，带内缘中央内拱，似卵形斑；后翅浅赭褐色，臀角较暗。

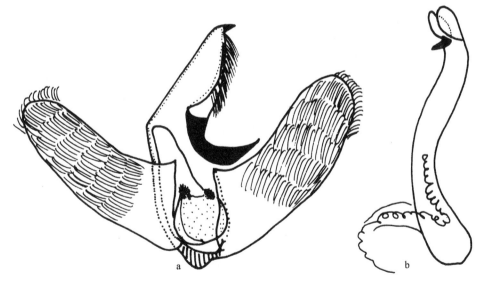

图 151　卵斑绿刺蛾 *Parasa convexa* Hering
a. 雄性外生殖器；b. 阳茎

雄性外生殖器：爪形突尖小；颚形突钩状，末端二分叉；抱器瓣狭长，基部较宽，抱器端圆；阳茎端基环中等骨化，盾形，末端两侧各有 1 组微刺突；阳茎狭长，弯曲，端部心形加宽, 亚端有 1 枚刺突。

观察标本: 福建武夷山三港, 740m, 5♂, 1960.V.17-VII.15, 马成林、张毅然采; 武夷山, 1♂, 1979.VIII.12, 1♂, 1982.IX.18, 宋士美采。

分布: 江西、湖南、福建、广东。

(127) 银线绿刺蛾 *Parasa argentilinea* Hampson, 1892 (图 152; 图版 V: 123)

Parasa argentilinea Hampson, 1892, The Fauna of British India, I: 389.

Latoia argentilinea (Hampson): Snellen, 1900, Tijdschr. Ent., 43: 81.

翅展 22-23mm。身体浅黄带赭色, 颈板和翅基片绿色。前翅绿色, 前缘浅褐色, 外缘带宽, 黄褐色, 内侧具银边, 从前缘近翅顶直伸至后缘, 后缘有 1 向基部渐宽的褐色带, 无基斑; 后翅浅黄带赭色。

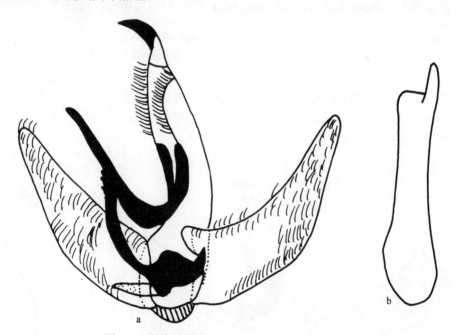

图 152 银线绿刺蛾 *Parasa argentilinea* Hampson
a. 雄性外生殖器; b. 阳茎

雄性外生殖器: 爪形突长三角形 (明显长于其他种), 末端尖细; 颚形突相对大, 弯曲, 端部很长, 钩状; 抱器瓣狭长, 基部 1/3 较宽, 然后逐渐向端部变窄, 末端较尖; 阳茎端基环强骨化, 基部 1/4 筒状, 端部 3/4 长杆状, 端部边缘具细齿; 阳茎粗, 长度与抱器瓣相当, 基部较粗, 端部指状。

观察标本: 云南芒市, 900m, 2♂, 1955.V.17; 永德德党, 1661m, 1♂, 1980.V.26; 沧源, 1100m, 1♂, 1980.V.17。

分布: 云南; 印度, 尼泊尔, 缅甸, 越南。

(128)　媚绿刺蛾 *Parasa repanda* (Walker, 1855)（图 153；图版 V：124）

Neaera repanda Walker, 1855, List Specimens Lepid. Insects Colln Br. Mus., 5: 1141.
Parasa repanda (Walker): van Eecke, 1925, In: Strand, Lep. Cat., 5(32): 33.
Latoia repanda (Walker): Cai, 1983, Acta Entomol. Sinica, 26(4): 438.

翅展 30-35mm。与丽绿刺蛾近似，不同的是：身体褐色部分较暗，近红褐色；前翅紫红色基斑稍宽而尖长，约伸占前缘的 1/3，外缘带稍窄，向后延伸至后缘近基部，其内侧蒙有 1 层银色雾点并具银边；后翅内半部褐黄色，外半部暗红褐色。

雄性外生殖器：爪形突小；颚形突两臂汇合成圆形；抱器瓣宽短，末端稍窄；阳茎细长，接近抱器瓣长度的 2 倍。

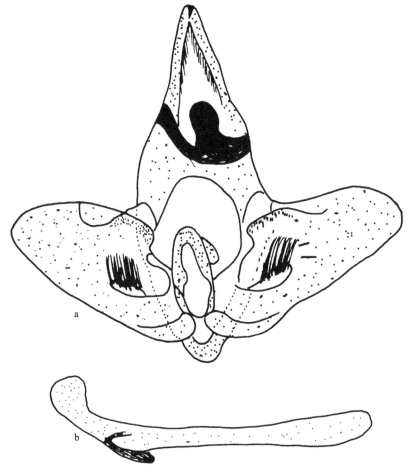

图 153　媚绿刺蛾 *Parasa repanda* (Walker)
a. 雄性外生殖器；b. 阳茎

观察标本：广西防城扶隆，240m，2♂，1998.IV.19，2000.IV.8；上思南屏乡，350m，1♂，2000.VI.9；金秀圣堂山，900m，8♂，1999.V.17-18，金秀罗香，450m，4♂，2000.VI.30；

博白，200m，1♂，1985.X.12；龙胜里骆林场，300m，2♂，1983.IX；龙胜，4♂，1980.VI.10-11；融水县，2♂，1984.VI。广东鼎湖山，1♂，1973.VI.12；车八岭，3♂，2008.VII.22，陈付强采。云南西双版纳大勐仑，1♂，1980.V.6。福建武夷山三港，9♂，1979.VI.1-VIII.16；建阳，1♂，1979.VIII.16。江西大余，4♂，1985.VIII.16；宜丰，2♂，1959.V.5；陡水，2♂，1975.VII.3-4。

分布：江西、福建、广东、广西、云南；印度，越南。

(129) 肖媚绿刺蛾 *Parasa pseudorepanda* Hering, 1933（图 154；图版 V：125）

Parasa pseudorepanda Hering, 1933a, In: Seitz, Macrolepid. World, Suppl. 2: 207, fig. 15k.

Latoia pseudorepanda (Hering): Cai, 1983, Acta Entomol. Sinica, 26(4): 483.

翅展 32-44mm。外形与媚绿刺蛾近似，不同的是：身体较暗，头和胸背暗红褐色纵纹较宽；前翅基斑不呈尖刀形，在 Sc 脉上呈 1 缺刻，在中室上缘较圆钝，外缘带从前缘到后缘大致同宽，带内全都蒙上 1 层银色雾点，中央有 1 条暗横带把外缘带等分为 2 部分，带内缘银边与外缘平行；后翅整个呈暗红褐色。

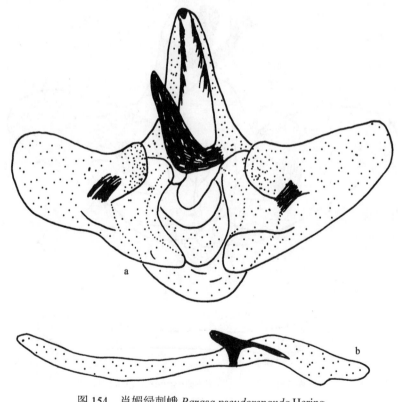

图 154　肖媚绿刺蛾 *Parasa pseudorepanda* Hering

a. 雄性外生殖器；b. 阳茎

雄性外生殖器：爪形突小；颚形突粗钩状；抱器瓣宽大，抱器腹 1/4 处向上略凹，抱器端钝圆，上有许多长毛，抱器瓣基部中央有 1 组长鬃；阳茎狭长，约为抱器瓣长度的 2 倍，中基部有 1 枚角状突。

寄主植物：茶、苹果。

观察标本：陕西留坝庙台子，1470m，2♂，1999.VII.1；佛坪 890，1♂，1999.VI.26；太白黄柏塬，1300m，1♀，1980.VII.12。甘肃文县邱家坝，2350m，1♂，1999.VII.21。广西金秀银杉站，1100m，1♂，1999.V.10；武鸣，1200m，1♂，1984.V.20。湖北神农架，1640m，1♂，1980.VII.20；神农架燕子沟，1700m，1♂，1998.VII.31；鹤峰，1♂，1989.VII.31；利川星斗山，800m，1♂，1989.VII.22。四川峨眉山清音阁，800-1000m，1♀4♂，1957.VI.19；峨眉山报国寺，1♀1♂，1979.V.18；峨眉山，3♂，1974.VI.12-16；青城山，700-1600m，6♂，1979.VI.4-9；荥经泗平，1100m，4♂，1984.VI.24。重庆武隆车盘洞，1000m，1♂，1989.VII.2；城口县左岚乡齐心村，1063m，1♂，32.180°N，108.485°E，2017.VII.9，陈斌等采。河南西峡黄石庵，1♂，1998.VII.18，申效诚采；内乡葛条爬，600m，1♂，2003.VIII.15，申效诚等采。广东南岭，1♂，2008.VII.20，陈付强采。

分布：河南、陕西、甘肃、湖北、广东、广西、重庆、四川。

(130) 缅媚绿刺蛾 *Parasa kalawensis* Orhant, 2000（图 155；图版 V：126）

Parasa kalawensis Orhant, 2000, Lambillionea, 100(3): 472; Wu *et* Fang, 2009g, Acta Zootaxonomica Sinica, 34(4): 919.

翅展 32-44mm。身体较暗，头和胸背暗红褐色纵纹较宽。前翅基斑不规则的长方形；外缘带从前缘到后缘大致同宽，带内全都蒙上一层银色雾点，中央有 1 条暗横带把外缘带分成二等分，带内缘银边与外缘平行。后翅淡黄色，有较宽的暗褐色端带。

雄性外生殖器：爪形突小；颚形突粗钩状；抱器瓣宽大，抱器腹 1/4 处向上略凹，抱器端钝圆，上有许多长毛，抱器瓣基部中央有 1 组长鬃；阳茎细长，末端尖，基部有 1 叶状突起。

寄主植物：茶。

观察标本：广西弄化，750m，1♂，1998.VIII.17；那坡德孚，1350m，2♂，1998.VIII.14。海南尖峰岭天池，760m，6♂，1980.III.22；尖峰岭，1♂，1982.IV.12。云南勐海，4♂，1980.V.17，1♂，1979.XII.6，1♂，1982.V-VI；勐仑，4♂，1964.IV.29-V.8；沧源，1300m，1♂，1980.V.24。西藏墨脱县城，1080m，2♂，2006.VIII.22，陈付强采。

分布：海南、广西、云南、西藏；缅甸，泰国。

说明：本种外形与肖媚绿刺蛾 *P. pseudorepanda* Hering 很近似，仅后翅颜色不同。雄性外生殖器也很相似，很难区分。从缅甸产的模式标本的雄性外生殖器照片来看，其抱器瓣末端似乎较窄，整个抱器瓣呈三角形，我们的标本其抱器瓣末端稍比缅甸的宽一些。Solovyev 和 Witt（2009）将本种作为肖媚绿刺蛾的同物异名。因 2 种的分布几乎没有重叠，外形上也有差异，作为亚种可能较合适。因没有与模式标本比对，暂时作独立种处理。

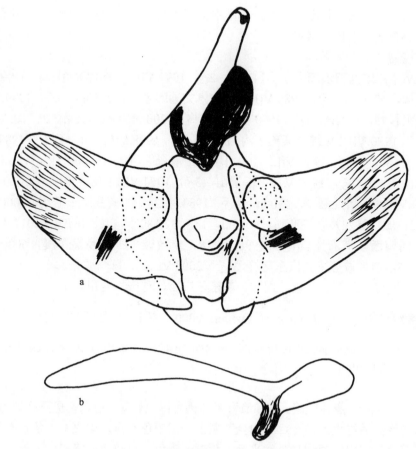

图 155 缅媚绿刺蛾 *Parasa kalawensis* Orhant

a. 雄性外生殖器；b. 阳茎

(131) 大绿刺蛾 *Parasa grandis* Hering, 1931（图 156；图版 V：127-128）

Parasa grandis Hering, 1931, In: Seitz, Macrolepid. World, 10: 696, fig. 87a.

Latoia grandis (Hering): Cai, 1983, Acta Entomol. Sinica, 26(4): 438.

翅展♂54mm，♀62-78mm，明显大于其他种类。下唇须、触角和头部棕黄色。胸背绿色，中部有暗棕黄色的宽纵纹。腹部淡黄绿色，中央有暗棕黄色的宽纵带。前翅绿色，基斑较宽，棕色，其中部嵌 1 枚绿色圆斑，基斑的外缘波状；外缘带从前缘到后缘大致同宽，带内全都蒙上一层银色雾点，中央有 1 暗横带把外缘带分成二等分，带内缘银边与外缘平行。后翅黄绿色，臀角较暗，雄蛾臀角暗带比雌蛾长。

雄性外生殖器：爪形突粗壮；颚形突粗钩状；抱器瓣狭长，基部 1/4 稍宽，端部 1/4 较窄，末端钝圆；阳茎端基环宽大，端部膜质密集微刻点；阳茎细长，"S"形弯曲，基部有 1 小刺突。

雌性外生殖器：产卵瓣十分宽大，上具短毛；后表皮突粗长，前表皮突相对短细；

第 8 腹板半圆形骨化；囊导管基部骨化，中部细长，端部粗而呈螺旋状；交配囊较大，卵形；囊突较小，弱骨化，略呈马蹄形，上有小齿突。

观察标本：海南尖峰岭，1♀，1982.I.20。云南高黎贡山百花岭，1420m，1♂，2007.III.16，张培毅采（存中国林科院昆虫标本馆）。

分布：广东、海南、云南。

说明：模式标本♀采自广东 Tsha-yun-shan，存德国柏林国家博物馆。

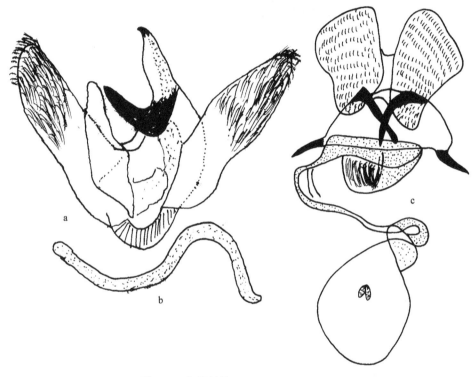

图 156　大绿刺蛾 Parasa grandis Hering
a. 雄性外生殖器；b. 阳茎；c. 雌性外生殖器

(132) 台绿刺蛾 *Parasa shirakii* Kawada, 1930（图 157；图版 V：129）

Parasa shirakii Kawada, 1930, J. Imp. Agr. Exp. Stn., 1: 249. Type locality: Taiwan, China.
Latoia shirakii (Kawada): Cai, 1983, Acta Entomol. Sinica, 26(4): 438.

翅展 30-38mm。触角黄褐色。头顶和胸背绿色；腹背灰黄褐色，末端灰黄色。前翅绿色，基斑和外缘暗灰褐色，前者在中室呈长方形，后者与外缘平行内弯，其内缘在 Cu$_2$ 脉上呈大齿形内曲。后翅灰黄绿色，臀角稍带赭褐色。

雄性外生殖器：爪形突短小；颚形突端部长舌状；抱器瓣基部宽，逐渐向端部变窄，末端圆；阳茎粗，比抱器瓣长，弯曲。

雌性外生殖器：前、后表皮突长；囊导管基部较粗，中部细长，端部较粗；交配囊较大，卵形；囊突狭长，弱骨化，由 2 条锯片组成，上有小齿突。

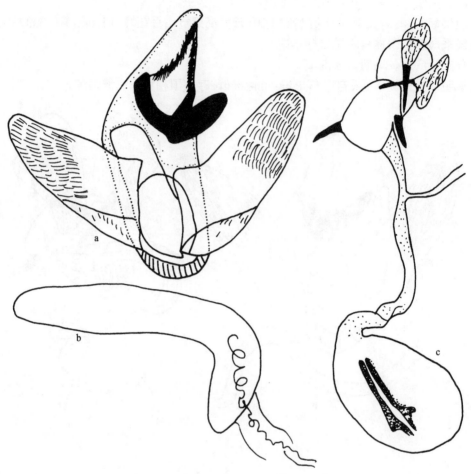

图 157　台绿刺蛾 *Parasa shirakii* Kawada
a. 雄性外生殖器；b. 阳茎；c. 雌性外生殖器

观察标本：广西那坡德孚，1440m，2♂，1998.IV.3-4，李文柱等采。四川峨眉山，800-1000m，1♀5♂，1957.V.1，黄克仁等采，1♂，1957.IX.16，朱复兴采，1♀，1976.VIII，郑发科采。海南五指山，750-900m，1♂，2007.V.11，韩红香、朗嵩云采。

分布：台湾、海南、广西、四川。

(133) 葱绿刺蛾 *Parasa prasina* Alpheraky, 1895（图 158；图版 V：130）

Parasa prasina Alpheraky, 1895, D. Ent. Zts. Iris, 3: 186.
Latoia prasina (Alpheraky): Cai, 1983, Acta Entomol. Sinica, 26(4): 438.

体长 16-20mm，翅展♂ 30-40mm，♀ 45mm。下唇须暗红褐色。触角淡红褐色。头顶和胸背翠绿色；胸背中央具暗红褐色纵纹。腹部浅黄带绿色。前翅绿色；基斑暗红褐色，不伸达前缘；缘毛淡绿色与红褐色交替。后翅浅绿色，基部带浅黄色，臀角缘毛红褐色。

雄性外生殖器：爪形突长三角形，末端粗短喙形；颚形突相对大，弯曲，端部宽圆；抱器瓣长大，端半部明显较狭，抱器背端背缘有 1 枚小刺突，抱器端钝圆；阳茎长大，端部逐渐尖削，末端呈喙形，阳茎端基环长，膜质，密生微刺突；囊形突发达。

观察标本：四川康定，2600m，1♂，1983.VI.26；贡嘎山燕子沟，2350m，1♂，1983.VI.4；峨眉山，2100-3100m，1♀6♂，1955.VI.24；汶川，1950m，1♂，1981.VI.22（外生殖器玻片号 WU0216）。云南泸水片马，2300m，1♂，1981.V.28；泸水姚家坪，2500m，5♂，1981.VI.4；丽江，6♂，1980.V.22；东川落雪九龙，2700m，1980.V.6。湖北神农架，1♂，1984.VI.29（存湖北农业科学院植保土肥研究所）。

分布：湖北、四川、云南。

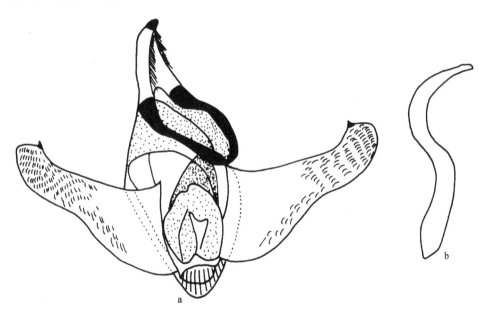

图 158　葱绿刺蛾 *Parasa prasina* Alpheraky
a. 雄性外生殖器；b. 阳茎

(134) 甜绿刺蛾 *Parasa dulcis* Hering, 1931（图 159；图版 V：131）

Parasa dulcis Hering, 1931, In: Seitz, Macrolepid. World, 10: 696, fig. 87b. Type locality: Guangdong, China.

Latoia dulcis (Hering): Cai, 1983, Acta Entomol. Sinica, 26(4): 439.

翅展 14mm 左右。下唇须和头暗红褐色；头顶和胸背淡绿色，无暗红褐色纵纹。腹部淡黄褐色，末端暗灰褐色。前翅淡绿色，前缘有淡黄色窄边；基斑很小，仅在后缘基部呈 1 枚暗红褐色点；端线很细，臀角处稍宽并具红褐色点。后翅浅黄色，线毛基部暗褐色，末端灰白色。

雄性外生殖器：爪形突末端粗短喙形；颚形突相对大，弯钩状；抱器瓣长大，呈三角形，末端有 1 丛刺突；囊形突较宽大；阳茎粗长，直，末端有 1 丛刺突。

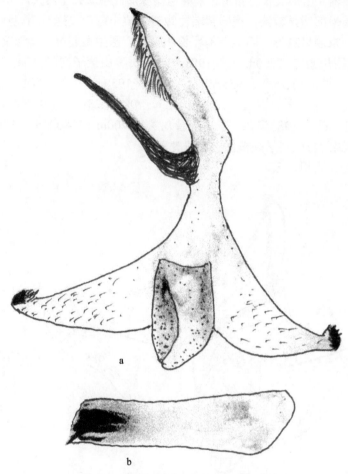

图 159　甜绿刺蛾 *Parasa dulcis* Hering
a. 雄性外生殖器；b. 阳茎

观察标本：作者未见标本。Solovyev 提供了模式标本的成虫和雄性外生殖器照片。
分布：广东。

(135) 窗绿刺蛾 *Parasa melli* Hering, 1931

Parasa melli Hering, 1931, In: Seitz, Macrolepid. World, 10: 697, fig. 87c. Type locality: Guangdong, China.

Latoia melli (Hering): Cai, 1983, Acta Entomol. Sinica, 26(4): 439.

翅展 18mm。下唇须和头暗红褐色；头顶和胸背绿色，无暗红褐色纵纹。腹部浅黑色。前翅红褐色，中央有 1 枚透明斑；在前缘 1/4 处有 1 枚小绿斑；后缘中部有 1 枚三角形的绿斑；从中室末端到顶角下有 1 枚浅黑色的斑。后翅黑色。反面黑褐色，前翅后缘淡黄色。

观察标本：作者未见标本。描述译自 Hering（1931）的原记。

分布：广东。

(136) 榴绿刺蛾 *Parasa punica* (Herrich-Schaffer, 1848)（图 160；图版 V：132）

Neaera punica Herrich-Schaffer, 1848, Aussereur. Schm., I: fig. 177.

Parasa punica (Herrich-Schaffer): Hering, 1931, In: Seitz, Macrolepid. World, 10: 696, fig. 90g; Wu *et* Fang, 2009g, Acta Zootaxonomica Sinica, 34(4): 920.

翅展♀ 34mm。下唇须暗红褐色。触角淡红褐色。头顶和胸背翠绿色；腹部淡红褐色。前翅翠绿色；基斑大，暗红褐色，从后缘基部 1/5 斜伸到前缘基部 1/3，其外缘呈波状；外带淡银白色；翅外缘有 1 列模糊的黑褐色小点；缘毛淡红褐色，嵌有 1 列淡绿色点。后翅浅黄绿色，外缘有暗棕色的边，缘毛淡褐色。

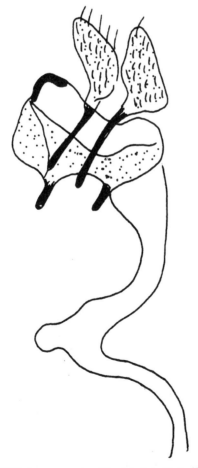

图 160　榴绿刺蛾 *Parasa punica* (Herrich-Schaffer) 的雌性外生殖器

雌性外生殖器：后表皮突长，前表皮突约为其长度的 1/2；囊导管基部很粗，中部细长，端部较粗。

寄主植物：茶。

观察标本：云南西双版纳勐海，1♀，1983.VIII.5。

分布：云南；印度。

说明：我们的标本与模式标本的彩图不是完全一致，主要是模式标本的外带较窄而完整，呈弧形；我们的标本外带宽而中部 1/3 断开。因只有 1 头雌蛾，暂定此名。

(137) 透翅绿刺蛾 *Parasa hyalodesa* (Wu, 2011) comb. nov.（图 161；图版 V：134）

Limacolasia hyalodesa Wu, 2011, Acta Zootaxonomica Sinica, 36(2): 249. Type locality: Yunnan, China (IZCAS).

翅展 28mm 左右。触角土红色。身体暗红褐色，腹部末端有黑褐色的鳞毛。前翅土红色，除边缘外大部分透明；中室端斑条状，亚端线波状；臀区亚基部有 1 枚淡翠绿色的星状斑。后翅土红色，中域透明。

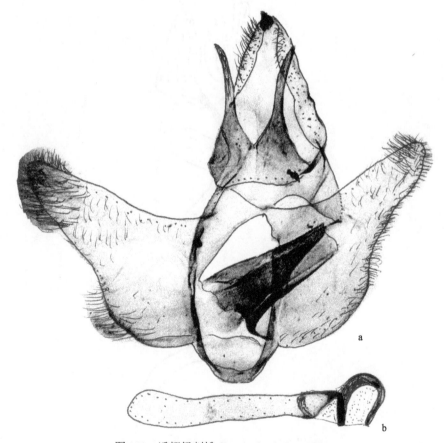

图 161　透翅绿刺蛾 *Parasa hyalodesa* (Wu)

a. 雄性外生殖器；b. 阳茎

雄性外生殖器：爪形突短，腹面中央有 1 枚小齿突；颚形突 1 对，长角状，末端尖；抱器瓣基半部宽，端半部逐渐向端部变窄，末端圆，外缘及端部密布长毛；阳茎端基环长烟囱状；阳茎细长，比抱器瓣稍长，端部 1/4 骨化而呈螺旋状弯曲。

观察标本：云南龙陵龙口，1400m，1♂，1979.VI.6，龙口组采（外生殖器玻片号 W10064，正模）；云南勐海，1100m，2♂，1982.VI.15-VII.15（外生殖器玻片号 W10065，副模）。

分布：云南。

(138) 马丁绿刺蛾 *Parasa martini* Solovyev, 2010（图 162）

Parasa martini Solovyev, 2010c, Zoologicheskii Zhurnal, 89(11): 1358. Type locality: Taiwan, China (BMNH).

翅展 24-25mm。雌蛾触角线状。下唇须边缘有栗色的长鳞毛，第 3 节短。胸部绿色，有栗色的条纹。前翅底色栗色，R_4 脉与 R_5 脉之间有较宽的赭色条纹；中域有绿色纵带，其边缘镶白边，此白边形成宽的条纹。后翅栗色，臀缘及边缘的鳞片赭色。

图 162　马丁绿刺蛾 *Parasa martini* Solovyev（仿 Solovyev，2010c）

a. 雄性外生殖器；b. 阳茎；c. 雌性外生殖器；d. 囊突放大

　　雄性外生殖器：爪形突三角形，末端圆；颚形突小而弯曲，端部较狭；抱器瓣钝三角形；阳茎粗大，约为抱器背长的 2 倍，基部较宽而几乎呈 90°弯曲，末端有骨化脊和很小的刺；阳茎端基环发达，基缘和端缘腹面均具缺刻，但后者较深大，无背腹突起。

　　雌性外生殖器：表皮突长，前、后表皮突等长；囊导管长；交配囊小，约为囊导管长度的 1/3；囊突横置，中部较宽。

　　观察标本：作者未见标本。描述译自 Solovyev（2010c）的原记。

　　分布：台湾。

(139) 王敏绿刺蛾 *Parasa minwangi* Wu *et* Chang, 2013（图 163）

Parasa minwangi Wu *et* Chang, 2013, ZooKeys, 345: 39. Type locality: Shaoguan, Guangdong, China (SCAU).

　　翅展 21-22mm。触角雄蛾为双栉齿状，基部分支较长，逐渐向端部缩短，至 5/6 处消失；雌蛾为线状。下唇须边缘有栗色的长鳞毛，第 3 节短。胸部绿色，有栗色的条纹。前翅底色栗色，R_4 脉与 R_5 脉之间有较窄的赭色条纹；中域有绿色纵带，其边缘镶白边，此白边形成细窄的条纹。后翅栗色，臀缘及边缘的鳞片赭色。

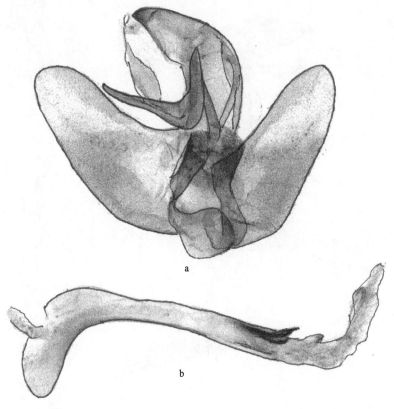

图 163　王敏绿刺蛾 *Parasa minwangi* Wu *et* Chang（仿 Wu and Chang，2013）

a. 雄性外生殖器；b. 阳茎

雄性外生殖器：爪形突三角形，末端呈钩喙状；颚形突大而弯曲，端部较狭；抱器瓣短，末端呈舌状；阳茎长，端部直，基部弯曲，末端有骨化脊；阳茎端基环发达，两侧背缘突出。

观察标本：作者未见标本。描述译自 Wu 和 Chang（2013）的原记。

分布：广东。

说明：本种与马丁绿刺蛾 *P. martini* Solovyev 非常相似，但前翅的白色条纹更纤细，雄性外生殖器的阳茎末端有 1 枚刺突。

(140) 云杉绿刺蛾 *Parasa pygmy* Solovyev, 2010（图 164）

Parasa pygmy Solovyev, 2010c, Zoologicheskii Zhurnal, 89(11): 1358. Type locality: Nantou, Taiwan, China (MWM).

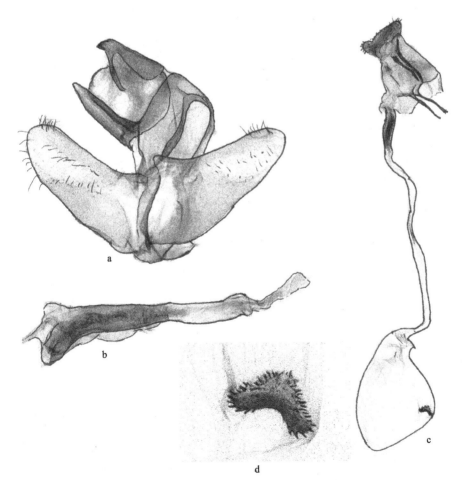

图 164　云杉绿刺蛾 *Parasa pygmy* Solovyev（仿 Solovyev，2010c）

a. 雄性外生殖器；b. 阳茎；c. 雌性外生殖器；d. 囊突放大

　　成虫：翅展 24-25mm。雄蛾触角为双栉齿状，雌蛾为线状。下唇须边缘有栗色的长鳞毛，第 3 节短。胸部绿色，有栗色的条纹。前翅底色栗色，R_4 脉与 R_5 脉之间有赭色条纹；中域有绿色纵带，其边缘镶白边，绿带的外缘在 Cu 脉与 A 脉之间轻度凹入。后翅栗色，臀缘及边缘的鳞片赭色。

　　雄性外生殖器：爪形突粗壮，末端有 3 个齿突；颚形突大而弯曲，端部较狭；抱器瓣短；阳茎长，端部直，基部几乎呈 90° 弯曲，末端有骨化脊。

　　雌性外生殖器：表皮突长，前、后表皮突等长；囊导管长；交配囊小，约为囊导管长度的 1/3；囊突横置，马鞍状。

　　幼虫：老熟幼虫体长约 20mm，纺锤状。胸足很小，非常退化。腹足完全消失。头部和身体绿色；中胸和第 9 腹节背面各有 1 对背枝刺，其余各节光滑；10 个鲜红色围亮蓝色的斑沿背中部纵向排列；2 条乳黄色的亚背线平行分布在鲜红斑两侧；背侧线、侧线和腹侧线粗；亚背线和背侧线之间的区域淡绿色；中胸、后胸和腹部 2-8 节均有小的亚背枝刺，橘黄色，沿侧线排列，并退化为枝刺斑；气门橘黄色。

　　寄主植物：台湾云杉。

　　观察标本：作者未见标本。描述译自 Solovyev（2010c）的原记。

　　分布：台湾。

　　说明：本种能够通过前翅较宽的绿色纵带与断带绿刺蛾 *P. undulata* 相区别。

(141) 焰绿刺蛾 *Parasa viridiflamma* Wu et Chang, 2013（图 165）

Parasa viridiflamma Wu et Chang, 2013, ZooKeys, 345: 33. Type locality: Hualien, Taiwan, China (ESRI).

　　翅展♂ 23-24mm，♀ 26 mm。触角雄蛾为双栉齿状，基部分支较长，逐渐向端部缩短，至 5/6 处消失；雌蛾为线状。下唇须边缘有栗色的长鳞毛，第 3 节短。胸部绿色，有栗色的条纹。前翅底色栗色，R_4 脉与 R_5 脉之间有赭色条纹；中域有绿色纵带，其边缘镶白边，该绿带在 Cu 脉与 A 脉之间强烈内凹。后翅栗色，臀缘及边缘的鳞片赭色。

　　雄性外生殖器：爪形突粗壮，末端呈钩喙状；颚形突大而弯曲，端部较狭；抱器瓣短，末端呈舌状；阳茎长，端部直，基部弯曲，末端有骨化脊；阳茎端基环发达，片状，两侧背缘突出。

　　雌性外生殖器：表皮突长，前、后表皮突等长；囊导管长；交配囊小，约为囊导管长度的 1/3；囊突小，不规则形。

　　观察标本：作者未见标本。描述译自 Wu 和 Chang（2013）的原记。

　　分布：台湾。

　　说明：本种与波带绿刺蛾 *P. undulata* 和云杉绿刺蛾 *P. pygmy* 非常相似，但其前翅的绿色纵带在 Cu 脉与 A 脉之间强烈内凹可与后 2 种相区别。雌性外生殖器的囊突形状不同：焰绿刺蛾 *P. viridiflamma* 短，不规则形；云杉绿刺蛾 *P. pygmy* 纺锤形；马丁绿刺蛾 *P. martini* 直，横向更长（横置）。

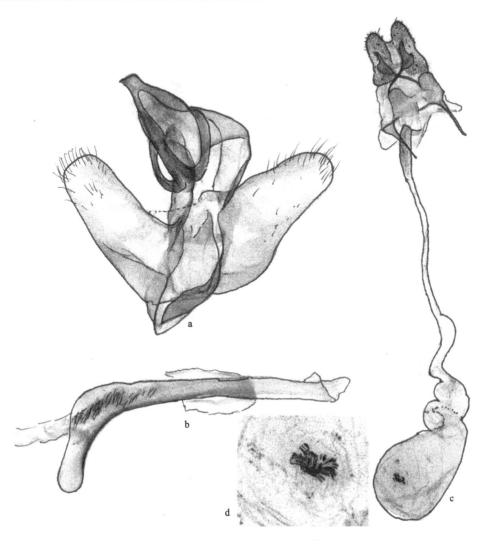

图 165　焰绿刺蛾 *Parasa viridiflamma* Wu *et* Chang（仿 Wu and Chang，2013）

a. 雄性外生殖器；b. 阳茎；c. 雌性外生殖器；d. 囊突放大

28. 泥刺蛾属 *Limacolasia* Hering, 1931

Limacolasia Hering, 1931, In: Seitz, Macrolepid. World, 10: 670, 698. **Type species**: *Limacolasia dubiosa* Hering, 1931.

后翅无翅缰，前缘基部稍突出，但不像在枯叶蛾科 Lasiocampidae 中那样明显，两翅均有 1A 脉。本属与 *Lasiochara* 很相似，但后者有翅缰。雄蛾触角基半部长双栉齿状。下唇须短而多毛。后足胫节有完整的端距。足与腹部被密毛。前翅 R_5 脉与 R_{3+4} 脉共柄（很短），中室的前部移向前缘，因此独立的 R_2 脉和 R_1 脉更靠近 Sc 脉。后翅 Sc+R_1 脉在最基部向前缘弯曲，然后突然与中室前缘并接，中室下角强烈突出；M_1 脉与 Rs 脉共柄

（图 166）。

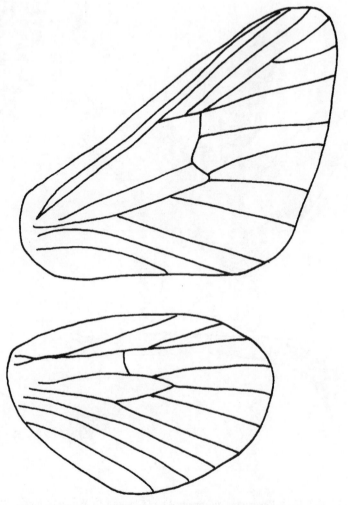

图 166　泥刺蛾属 *Limacolasia* Hering 的脉序

本属已记载 4 种，分布在中国、印度（锡金）、缅甸和越南。我国已知 1 种。

(142) 泥刺蛾 *Limacolasia dubiosa* Hering, 1931（图 167；图版 V：133）

Limacolosia dubiosa Hering, 1931, In: Seitz, Macrolepid. World, 10: 698, fig. 87c.

翅展 20-30mm。头部、胸部和腹部暗红褐色，腹部末端有紫褐色的毛簇。前翅红褐色，翅脉颜色较暗，从翅顶经中室端达臀角有 1 条很模糊的紫褐色带。后翅红褐色。

雄性外生殖器：爪形突齿状；颚形突 1 对，豆芽状；抱器瓣基部较宽，向端部逐渐收缩，末端较尖，抱器背基部内缘有小刺突；阳茎端基环端部两侧呈指状突出，其末端具 1 列小刺突；囊形突相对细长；阳茎很细，比抱器瓣稍短，末端有微刺突。

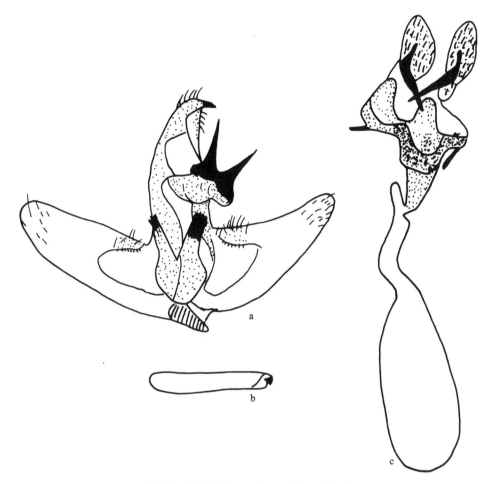

图 167 泥刺蛾 *Limacolasia dubiosa* Hering
a. 雄性外生殖器；b. 阳茎；c. 雌性外生殖器

雌性外生殖器：第 8 背板呈"U"形；第 8 腹板密生微刺突；囊导管相对短，基部有微刺突，较宽，端部较细，不呈螺旋状；交配囊长，无囊突。

观察标本：贵州江口梵净山，600-1800m，1♀4♂，2002.VII.2，武春生采；贵州茶叶所，3♂，1977.VI.20。福建武夷山，5♂，1983.VI.1-2，买国庆、王林瑶采，2♂，1982.VII.8-9，张宝林采。浙江天目山，1♂，1983.VII.25，张宝林采。广西金秀花王山庄，900m，2♂，1999.V.20，张彦周采；防城扶隆，500m，1999.V.24，张彦周采；龙胜，1♂，1980.VI.10，王林瑶采。广东连平，1♂，1973.V.12，张宝林采。云南龙陵，1800m，1♀，1979.VI.8。湖南衡山，2♂，1974.V.30，张宝林采。

分布：浙江、湖南、福建、广东、广西、贵州、云南。

说明：模式标本采自广东 Lung-tao-shan，保存在德国柏林国家博物馆。

29. 客刺蛾属 *Ceratonema* Hampson, [1893]

Ceratonema Hampson, [1893] 1892, Fauna Br. India, 1: 373, 393. **Type species**: *Limacodes retractata* Walker, 1865.

雄蛾触角线状。下唇须上举，几乎达头顶。后足胫节有 2 对距。前翅 R_2-R_4 脉共柄，R_5 脉与此柄同出一点或与之分离。后翅 M_1 脉与 Rs 脉分离，$Sc+R_1$ 脉在基部 1/3 处有 1 横脉与中室前缘相连（图 168）。

雄性外生殖器为刺蛾科的典型结构，阳茎细长，末端有 1 组小刺突。雌性外生殖器变化较大，囊导管有的呈螺旋状，有的则短直，囊突没有或由小齿突组成。

本属主要分布在印度一带，我国已知 6 种。

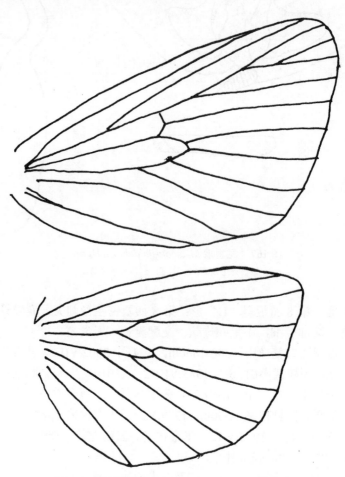

图 168 客刺蛾属 *Ceratonema* Hampson 的脉序

种 检 索 表

(143) 客刺蛾 _Ceratonema retractatum_ (Walker, 1865)（图 169；图版 V：135）

Limacodes retractata Walker, 1865, List Specimens Lepid. Insects Colln Br. Mus., 32: 487.

Apoda retractatum (Walker): Kirby, 1892, A Synonymic Catalogue of Lepidoptera Heterocera, I: 552.

Ceratonema retractatum (Walker): Hampson, 1892, The Fauna of British India, 1: 394; Cai, 1981, Iconographia Heterocerorum Sinicorum, 1: 101, fig. 659.

翅展 20-23mm。身体赭色。前翅赭黄色到黄白色，有 3 条暗褐色横线：中线直斜，从前缘中央稍后一点伸至后缘中央；外线微波浪形，从 M_1 脉伸至后缘（有的标本不清晰）；亚端线从前缘中线稍后一点斜向外伸至 Cu_1 脉。后翅浅黄色，靠近臀角有 1 赭色纵纹。

雄性外生殖器：背兜两侧有细长毛；爪形突末端腹面有 1 枚小刺突；颚形突端部杆状，末端较细；抱器瓣长，基部较窄，端部阔圆，被密毛；阳茎端基环"U"形，内缘有微刺突；囊形突短粗，末端平截；阳茎细长，基部膨大，端部尖削，密生小刺。

雌性外生殖器：囊导管相对短，不呈螺旋状，由基部向端部逐渐加粗，基部骨化；交配囊大，内有许多阳茎内射出的长刺突，无囊突。

幼虫：老熟幼虫体长 9-12mm，近圆形，龟背状，坚实，光滑无刺。体翠绿色，中部有 1 近菱形的紫褐色大斑，具红色线及黄色线围成的宽边。腹部第 1 节拱起较高，前后则逐渐低下，故侧视虫体呈斜三角形。

茧：长椭圆形，灰白色，一端有 1 紫褐色圆点或无，大小约 5mm×4mm，在叶上吐丝裹叶结茧。

生物学习性：一年发生代数不详，以 7-8 月数量最多。

寄主植物：枫杨、茶。

观察标本：云南金平河头寨，1700m，4♂，1956.V.9-16，黄克仁等采；腾冲，1♀2♂，1983.VII.12-14，罗亨文采。湖北神农架，1640m，1♀2♂，1980.VII.20，虞佩玉采；神农架酒壶林场，1640m，1♂，1981.VII.9，韩寅恒采。湖南衡山，1♀，1974.V.29，张宝林

采。西藏错那，2500m，1♂，1974.VIII.8，黄复生采。江西庐山，1♂，1974.VI.17，张宝林采；陡水，1♀，1975.VI.29，宋士美采；梅岭，1♂，1980.VII.16，赵泳祥采。福建来舟，1♂，1980.IX.11，陈顺玉采（外生殖器玻片号 W10071），1♂，1981.VII.11，林玉兰采。重庆城口县明通镇龙泉村，977m，1♂，31.812°N，108.638°E，2017.VII.14，陈斌等采（外生殖器玻片号 WU0657）。

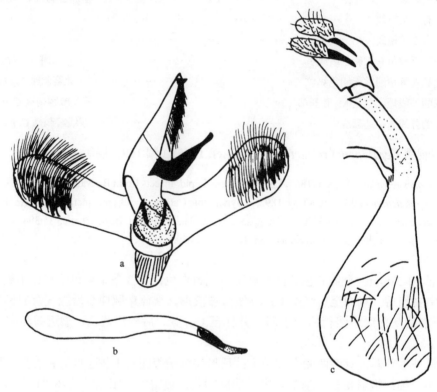

图 169 客刺蛾 *Ceratonema retractatum* (Walker)

a. 雄性外生殖器；b. 阳茎；c. 雌性外生殖器

分布：青海、湖北、江西、湖南、福建、重庆、云南、西藏；印度，尼泊尔。

(144) 双线客刺蛾 *Ceratonema bilineatum* Hering, 1931（图 170；图版 V：136）

Ceratonema bilineatum Hering, 1931, In: Seitz, Macrolepid. World, 10: 698, fig. 87d. Type locality: Guangdong, China.

翅展 15-19mm。头和胸背红褐色；腹背暗褐色，末端苍褐色。前翅赭褐色，多少散布有红褐色鳞片；有 1 暗褐色斜线从前缘 4/5 伸至后缘 1/4；亚端线细弱，在前缘几乎与斜线同一点伸出，与外缘平行，伸至臀角；端线近黑色。后翅赭灰到暗褐色。

雄性外生殖器：背兜两侧有细长毛；爪形突末端腹面有 1 枚小刺突；颚形突端部杆状，末端尖；抱器瓣狭长，几乎等宽，端部阔圆，被密毛；阳茎端基环骨化程度弱，略呈卵形，端部有微刺突；囊形突不明显；阳茎细，明显短于抱器瓣，基部膨大，端部尖削，密生微刺。

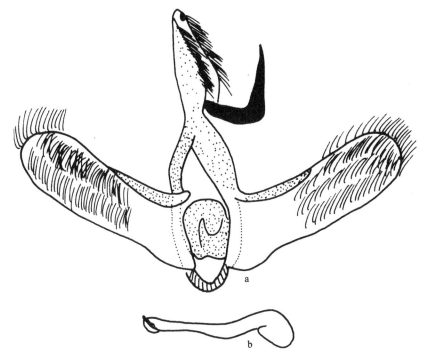

图 170　双线客刺蛾 *Ceratonema bilineatum* Hering
a. 雄性外生殖器；b. 阳茎

　　观察标本：陕西留坝庙台子，1350m，1♂，1998.VII.21，姚建采；宁陕，1♂，1979.VIII.4，韩寅恒采。广西金秀林海山庄，1100m，1♂，2000.VII.2，姚建采。四川峨眉山清音阁，800-1000m，4♂，1957.VII.4-17，朱复兴、黄克仁采。重庆城口县高楠镇岭南村，1061m，1♂，32.137°N，108.570°E，2017.VIII.4，陈斌等采（外生殖器玻片号 WU0660）。福建武夷山三港，1♂，1982.VI.29，齐石成采。湖北神农架松柏，3♂，1984.VI.27（存湖北农业科学院植保土肥研究所）。

　　分布：陕西、湖北、福建、广东、广西、重庆、四川。

　　说明：模式标本采自广东 Sahm-gong、Wan-shan，存德国柏林国家博物馆。

(145) 仿客刺蛾 *Ceratonema imitatrix* Hering, 1931（图 171；图版 V：137）

Ceratonema imitatrix Hering, 1931, In: Seitz, Macrolepid. World, 10: 699, fig. 87d. Type locality: Sichuan, China (BMNH).

　　翅展 22-25mm。下唇须赭褐色。触角黄褐色。头部棕黄色，翅基片及胸毛簇暗赭褐色，腹部赭褐色。前翅赭褐色，基半部黑褐色，基部中央有 1 小白点；外带斜，其内缘为与基部暗色区的分界线，外侧为 1 黑线，两者间形成较浅的横带；亚端线为 1 弧形带，前缘与外线相交，后缘达臀角。后翅褐色，臀角黑褐色。

雄性外生殖器：背兜两侧有细长毛；爪形突末端腹面有 1 枚小刺突；颚形突端部杆状，末端较细尖；抱器瓣长，几乎等宽，端部阔圆，被密毛；阳茎端基环骨化程度弱，略呈圆形，端部有微刺突；囊形突短宽；阳茎细长，明显长于抱器瓣，弯曲，基部膨大，端部密生小刺。

雌性外生殖器：囊导管基部较粗，稍骨化，端部呈螺旋状，内有微刺突；交配囊大，椭圆形，上密布微刺突；囊突由约 10 枚星状齿突组成。

寄主植物：核桃。

观察标本：陕西太白黄柏塬，1350m，3♂，1980.VII.13-15，张宝林采；佛坪，950m，1♂，1998.VII.2，袁德成采。四川峨眉山报国寺，1♂，1979.V.6，王子清采。云南西双版纳勐海，1200m，1♂，1982.VII.14，罗亨文采。湖南衡山，1♂，1974.VI.2，张宝林采。福建来舟，1♀，1981.VIII.29，林玉兰采。

分布：陕西、湖南、福建、四川、云南；韩国，印度。

说明：模式标本（♂）采自四川灌县（现为都江堰），存英国自然历史博物馆。

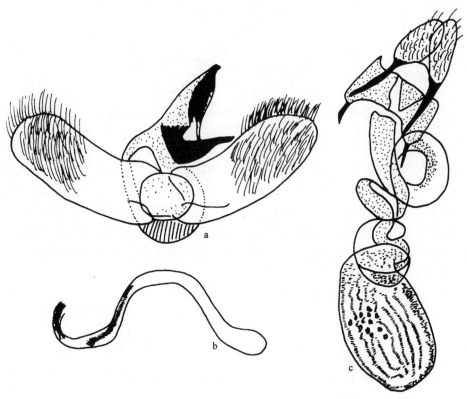

图 171 仿客刺蛾 *Ceratonema imitatrix* Hering

a. 雄性外生殖器；b. 阳茎；c. 雌性外生殖器

(146) 威客刺蛾 *Ceratonema wilemani* West, 1932

Ceratonema wilemani West, 1932, Novit. Zool., 37: 221. Type locality: Taiwan, China.

翅展 14-16mm。雌蛾下唇须土黄色，点缀有棕色。触角简单。额和头顶土黄色。胸部、翅基片土黄色。腹部背面土黄色，混有暗褐色，腹面土黄色。前足土黄色，上面混有棕色。中足混有棕色，胫节下有褐色毛簇。后足土黄色。前翅土黄色，混有棕色；外线棕色，短而向内斜，从前缘伸到 M_2 脉基部；亚外线稍向外曲，棕色；外缘棕色。后翅土黄色，混有少许暗褐色鳞片。前、后翅反面土黄色。

观察标本：作者未见标本。描述译自 Hering（1933a）的记述。

分布：台湾。

(147) 基黑客刺蛾 *Ceratonema nigribasale* Hering, 1931（图 172；图版 V：138）

Ceratonema nigribasale Hering, 1931, In: Seitz, Macrolepid. World, 10: 699. Type locality: Burma (BMNH); Wu, 2011, Acta Zootaxonomica Sinica, 36(2): 252.

翅展♂ 20-22mm。头部与翅基片赭褐色。胸部与腹部灰色。前翅灰褐色，中线黑色，波状；外线褐色，锯齿状；中线以内的基半部赭黑色；外线以端的部分黑褐色；中线与外线之间的部分形成 1 条浅色的横带；缘毛褐色。后翅灰白色。

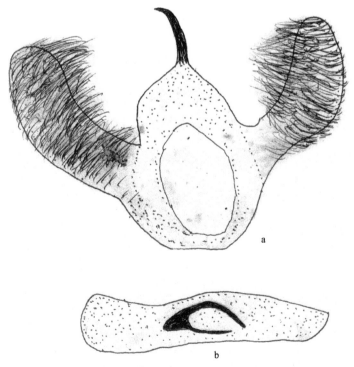

图 172　基黑客刺蛾 *Ceratonema nigribasale* Hering

a. 雄性外生殖器；b. 阳茎

雄性外生殖器：爪形突细长，末端尖；颚形突消失；抱器瓣长形，几乎等宽，末端宽圆，整个抱器瓣表面密布粗长的鬃毛；抱器背基突带状；阳茎粗长，中部有1枚粗大的弯刺突。

观察标本：云南金平河头寨，1700m，9♂，1956.V.9-14，黄克仁等采（外生殖器玻片号W10059，W10060）。

分布：云南；缅甸。

说明：本种的雄性外生殖器与其他种明显不同，因目前还没有合适的属可以接纳本种，故暂时放在本属。

(148) 北客刺蛾 *Ceratonema christophi* (Graeser, 1888)（图173）

Heterogenea christophi Graeser, 1888, Berl. Ent. Z.: 119. Type locality: Vladivostok, Russia (ZMHB).

Ceratonema christophi (Graeser): Okano *et* Park, 1964, Annual Report of the College of Liberal Art, University of Iwate, 22: 2; Solovyev, 2008b, Eversmannia, 15-16: 20.

翅展20-23mm。身体赭色。前翅赭黄色到黄白色，有3条暗褐色横线：中线直斜，从前缘中央稍后一点伸至后缘中央；外线微波浪形，从 M_1 脉伸至后缘（有的标本不清晰）；亚端线从前缘中线稍后一点斜向外伸至 Cu_1 脉。后翅浅黄色，靠近臀角通常没有赭色纵纹。

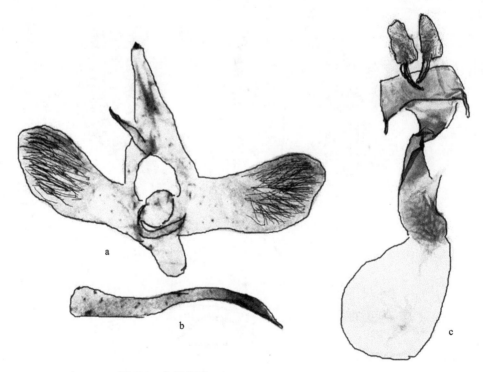

图173 北客刺蛾 *Ceratonema christophi* (Graeser)

a. 雄性外生殖器；b. 阳茎；c. 雌性外生殖器

雄性外生殖器：背兜两侧有细长毛；爪形突末端腹面有 1 枚小刺突；颚形突端部杆状，末端较细；抱器瓣长，基部较窄，端部阔圆，被密毛；阳茎端基环"U"形，内缘有微刺突；囊形突短粗，末端圆；阳茎细长，基部膨大，端部尖削，密生小刺。

雌性外生殖器：导管端片宽漏斗状；囊导管基部骨化，端部较基部膨大；交配囊大，无囊突。

寄主植物：枫杨。

观察标本：甘肃康县，1200m，1♂，1998.VII.11，姚建采。山东烟台昆嵛山，3♂，1981.VII；山东，1♀，1980.VII.7。陕西太白黄柏塬，1350m，1♀6♂，1980.VII.13-14，张宝林采；宁陕，4♀2♂，1979.VII.21-VIII.4，韩寅恒采；宁陕火地塘，1620m，2♀5♂，1979.VII.24-VIII.3。河南嵩县白云山，1400m，2♂，2003.VII.17-30，张朋、薛贵收采。

分布：黑龙江、北京、山东、河南、陕西、甘肃；俄罗斯（远东），韩国。

说明：本种外形和雄性外生殖器与客刺蛾 C. retractatum (Walker) 没有明显的区别，雌性外生殖器有些不同：本种囊导管基部骨化，与交配囊有明显的分界，而后者的囊导管与交配囊没有明显的分界。本种作为亚种似乎比较合适。

30. 玛刺蛾属 *Magos* Fletcher, 1982

Magos Fletcher, 1982, In: Fletcher *et* Nye, The Generic Names of Moths of the World, 4: 96. The objective replacement name of *Bietia* Oberthür.

Bietia Oberthür, 1909, Etud. Lepid. Comp., 3: 408. A junior homonym of *Bietia* Fairmaire, 1898 (Coleoptera). **Type species**: *Bietia xanthopus* Oberthür, 1909.

后足胫节有长的端距，所有的足都被长毛。下唇须短，紧贴身体。触角双栉齿状到中部，然后呈锯齿状。前翅 M_1 脉出自中室横脉的中点，R_5 脉与 R_{3+4} 脉有短的共柄，R_2 脉与此柄同出一点，R_1 脉直。后翅中室的下角强烈突出，M_1 脉与 Rs 脉有长共柄，$Sc+R_1$ 脉有 1 横脉与中室前缘相连。与背刺蛾属 *Belippa* 和彻刺蛾属 *Cheromettia* 的区别在于后足只有 1 对胫节距。

本属只包括模式种，分布在中国。

(149) 玛刺蛾 *Magos xanthopus* (Oberthür, 1909)（图 174；图版 V：139）

Bietia xanthopus Oberthür, 1909, Etud. Lepid. Comp., 3: 408, pl. 21, fig. 89.

Magos xanthopus (Oberthür): Fletcher *et* Nye, 1982, The Generic Names of Moths of the World, 4: 96.

浅黑色，足有淡硫黄色的毛，臀毛簇赭黄色。翅透明，仅前缘及缘毛黑色，内缘黑色只到 1A 脉。

雄性外生殖器：爪形突末端中央稍内凹；颚形突端部杆状，末端较细尖；抱器瓣长，基部较宽，逐渐变窄，端部阔圆；阳茎端基环骨化程度较弱，两侧向后方突出；囊形突短宽；阳茎粗长，明显长于抱器瓣，几乎直，无明显的角状器。

观察标本：作者未见标本。该种目前仅有 1 头正模标本，采自四川打箭炉，存德国柏林国家博物馆。Solovyev 提供了正模标本的成虫照片和雄性外生殖器照片。

分布：四川。

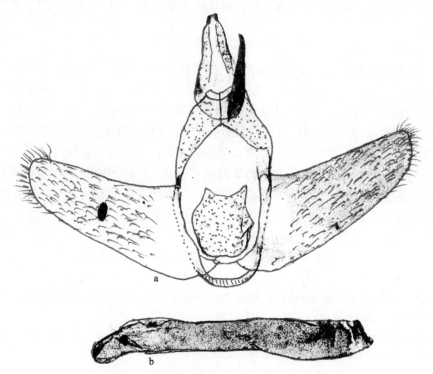

图 174 玛刺蛾 *Magos xanthopus* (Oberthür)

a. 雄性外生殖器；b. 阳茎

31. 凯刺蛾属 *Caissa* Hering, 1931

Caissa Hering, 1931, In: Seitz, Macrolepid. World, 10: 670, 700. **Type species**: *Caissa caissa* Hering, 1931.

与客刺蛾属 *Ceratonema* Hampson 相似，但后翅 M_1 脉与 Rs 脉同出一点或共柄。雄蛾触角简单（线状）。下唇须稍贴头部向上举，但不达头顶。后足胫节有 2 对距。前翅 R_{2-4} 脉共柄，R_5 脉与此柄同出一点或与之分离，有时共柄，R_1 脉直（图 175）。前翅有 1 条明显的暗色中带是本属外形上的一个突出特征。

雄性外生殖器的颚形突变化较大，阳茎端基环端部常突出而密生刺突，抱器腹明显，末端刺状突出，阳茎末端常有小骨片或微刺突。雌性外生殖器的囊导管细长，螺旋状，有囊突。

本属已知 11 种，分布在印度、尼泊尔、中国、越南和缅甸。我国过去仅记载 1 种，作者近年又发表了 1 新记录种及 3 新种，加上 Solovyev 和 Salditis（2013）发表的四川 1

新种，本志共记载 6 种。

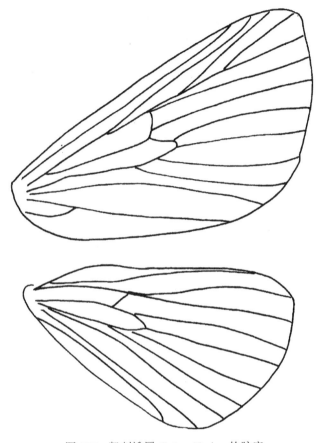

图 175　凯刺蛾属 *Caissa* Hering 的脉序

种 检 索 表

(150) 中线凯刺蛾 *Caissa gambita* Hering, 1931（图 176；图版 V：140）

Caissa gambita Hering, 1931, In: Seitz, Macrolepid. World, 10: 700, fig. 88a.

翅展 28mm 左右。身体和前翅浅黄白色，颈板、翅基片内缘、胸背末端毛簇和腹背褐色。前翅中线双股，黑褐色，从前缘中央向内直斜伸至后缘中央内侧，两道之间蒙有 1 层灰色；中线外侧，从 Cu_2 脉到后缘有 1 条不清晰的波浪形黑褐色线，其中在 1b 和 1c 脉上较显著，似呈 2 个黑点；外线暗褐色微波浪形，从前缘近中线处斜向外曲伸至臀角；中线和外线之间蒙有 1 层云状黄色，端线由 1 列很不清晰的黑点组成，但只有在翅顶下的 1 点较可见。后翅黄白色，近后缘灰色，翅顶和臀角各有 1 枚小黑点。

雄性外生殖器：背兜侧缘有细长毛；爪形突腹面中央有 1 枚尖齿突；颚形突端部合并，呈长指状；抱器瓣较宽，中部稍窄，末端宽圆；抱器腹狭长，末端呈双齿状向两侧突出；阳茎端基环骨化程度较弱，端部密生小刺突；阳茎细长，弯曲，比抱器瓣稍长，端部有 1 长而弯曲的窄骨片，基部膨大，有微刺突。

观察标本：云南金平河头寨，1700m，1♂，1956.V.14，黄克仁采；景东，1170m，1♂，1956.VI.2，扎古良也夫采；思茅，1♂，2008.IX.11，韩辉林等采；西双版纳大勐龙，650m，1♂，1964.VI.1，张宝林采。

分布：云南；印度，尼泊尔。

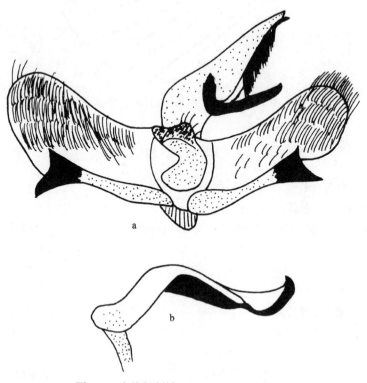

图 176 中线凯刺蛾 *Caissa gambita* Hering

a. 雄性外生殖器；b. 阳茎

(151)　帕氏凯刺蛾 *Caissa parenti* Orhant, 2000（图 177；图版 VI：141）

Caissa parenti Orhant, 2000, Lambillionea, 100(3): 472; Wu *et* Fang, 2008d, Zootaxa, 1830: 64. Type
　　locality: Myanmar (Coll. Orhant).

　　翅展 21-26mm。身体和前翅浅黄白色，颈板、翅基片内缘、胸背末端毛簇和腹背褐
色。前翅中带黑褐色，前宽后窄，从前缘中央向内直斜伸至后缘中央内侧，中室端嵌有
1 明显的黑点；外线暗褐色微波浪形，从前缘近中线处斜向外曲伸至臀角；中线和外线
之间蒙有 1 层云状黄色；端线由 1 列不清晰的黑点组成，但只有在翅顶下的 1 点较可见。
后翅黄白色，近后缘灰色，翅顶和臀角各有 1 枚小黑点。

　　雄性外生殖器：背兜侧缘有细长毛；爪形突腹面中央有 1 枚尖齿突；颚形突中部合
并向下延伸，端部合并，呈长指状，末端尖；抱器瓣基部较窄，逐渐向端部加宽，末端
宽圆；抱器腹较短，末端呈齿状突出；阳茎端基环骨化程度强，基部两侧各有 1 枚小齿
突，端部中央有 2 列微刺突，两侧呈长片状突出，片基部宽，逐渐向端部变尖，内缘密
布小刺突；阳茎短小，约为抱器瓣长度的一半，端部有 1 小骨片。

　　观察标本：云南祥云，2100m，1♂，1980.VII.23；西双版纳勐海，1200m，1♂，1981.VI.18，
罗亨文采，4♂，1982.VI.22，罗亨文采；澜沧，1♂，2008.IX.8-9，韩辉林等采。

　　分布：云南；缅甸，越南。

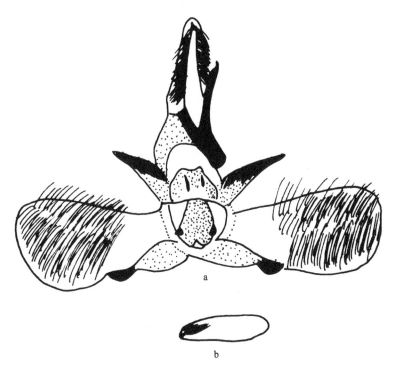

图 177　帕氏凯刺蛾 *Caissa parenti* Orhant

a. 雄性外生殖器；b. 阳茎

(152) 长腹凯刺蛾 *Caissa longisaccula* Wu et Fang, 2008（图 178；图版 VI：142）

Caissa longisaccula Wu et Fang, 2008d, Zootaxa, 1830: 65. Type locality: Fujian, Guangxi, Hunan, Chongqing, Guizhou, Shandong, Liaoning, Beijing, Anhui, Zhejiang, Hubei, China (IZCAS).

　　翅展 21-28mm。身体和前翅浅黄白色，颈板、翅基片内缘、胸背末端毛簇和腹背褐色。前翅中线双股，黑褐色，前宽后窄，从前缘中央向内直斜伸至后缘中央内侧，两道之间蒙有 1 层灰色；中线外侧，从 M$_3$ 脉到后缘有 1 条不清晰的波浪形黑褐色线；外线暗褐色微波浪形，从前缘近中线处斜向外曲伸至臀角；中线和外线之间蒙有 1 层云状黄色，端线由 1 列不清晰的黑点组成，但只有在翅顶下的 1 点较可见。后翅黄白色到灰色，翅顶和臀角各有 1 小黑点。

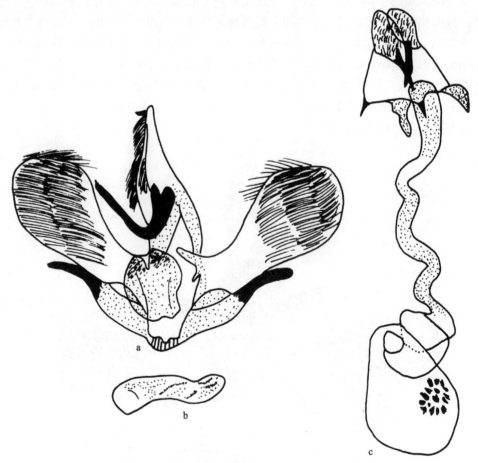

图 178　长腹凯刺蛾 *Caissa longisaccula* Wu et Fang
a. 雄性外生殖器；b. 阳茎；c. 雌性外生殖器

　　雄性外生殖器：背兜侧缘有细长毛；爪形突腹面中央有 1 枚尖齿突；颚形突端部合并，呈长指状，末端尖；抱器瓣较宽，中部较窄，亚端最宽，末端宽圆；抱器腹细长，末端呈刺状向外突出，该突起明显长于其他种；阳茎端基环骨化程度较弱，略呈圆形，端部中央分裂，密生小刺突；阳茎细长，略弯曲，明显比抱器瓣短，基部较宽，内有许多微刺突。

雌性外生殖器：囊导管基部较宽，稍骨化，端部细长，呈螺旋状，内有许多微刺突；交配囊较大，卵形；囊突由10多枚星状齿突组成。

寄主植物：茶、柞木、榛。

观察标本：福建龙栖山，600m，2♂，1991.VIII.13-16，宋士美采（正模和副模）。广西龙胜，300m，2♂，1963.V.26，王春光采。湖南长沙，1♂，1974.V.23，张宝林采。重庆丰都世坪，610m，2♂，1994.VI.2-3，李文柱采；南川金佛山，664m，4♂，2010.VI.11-14，陈付强采。贵州湄潭，3♂，1980.VI.30，夏怀恩采；贵州，1♂，1975.VIII。山东沂源，2♂，1981.VII.12；沂源北大林场，1♂，1981.VII.14。辽宁凤城，2♀1♂，1964.VII，魏成贵采；鞍山千山，1♂，2008.VII.30-VIII.4。北京三堡，4♀7♂，1972.VII.23-25，张宝林、赵建铭采；北京，1♂，1974.III.18；怀柔红螺寺，1♂，1996.VII。安徽宣城周王，2♂，1979.VIII.23，王思政采。浙江杭州，2♂，1975.VIII.26，严衡元采；杭州植物园，1♂，1976.VI.12，陈瑞瑾采，1♂，1980.VIII.13。湖北神农架松柏，1♂，1984.VI.24（以上标本均为副模）。河南桐柏水帘洞，300m，1♂，2000.V.24，申效诚等采；嵩山少林寺，1000m，1♂，2002.VII.16-18，申效诚采。陕西黄陵，1♀，1993.VIII.1。湖北均县枣营西大院，3♂，1983.VIII.27（存湖北农业科学院植保土肥研究所）。江西武宁，1♂，1984.VIII。重庆城口县沿河乡柏树村，1042m，1♂，32.072°N，108.369°E，2017.VII.11，陈斌等采。

分布：辽宁、北京、山东、河南、陕西、安徽、浙江、湖北、江西、湖南、福建、广西、重庆、贵州。

(153) 蔡氏凯刺蛾 *Caissa caii* Wu *et* Fang, 2008（图179；图版 VI：143）

Caissa caii Wu *et* Fang, 2008d, Zootaxa, 1830: 68. Type locality: Shaanxi, Hubei, China (IZCAS).

翅展22mm左右。头部污白色。颈板、翅基片内缘、胸背末端毛簇和腹背黑褐色。前翅浅黄白色，中线很宽，黑褐色，从前缘中央向内直斜伸至后缘中央内侧，靠后缘处嵌有1枚弧形小白纹，中室端有1小白点；外线暗褐色微波浪形，从前缘近中线处斜向外曲伸至臀角；前缘顶角前有1三角形黑斑，其边缘衬白边；端线由1列很不清晰的黑点组成，但只有在翅顶下的一点较可见。后翅灰色，翅顶和臀角各有1枚小黑点。

雄性外生殖器：背兜侧缘有细长毛；爪形突腹面中央有1枚尖齿突；颚形突端部合并，呈长方形片，末端稍向两侧突出；抱器瓣狭长，基部较窄，逐渐向端部加宽，末端宽圆；抱器腹基部不明显，末端呈刺状突出；阳茎端基环骨化程度较弱，长，端部密生1组粗刺突；阳茎细长，稍弯，比抱器瓣稍短，端部有1小骨片，基部有微刺突。

观察标本：陕西宁陕火地塘，1620m，2♂，1979.VII.29，韩寅恒采（正模和副模）。湖北神农架酒壶，1640m，1♂，1980.VII.24（副模）。

分布：陕西、湖北、四川。

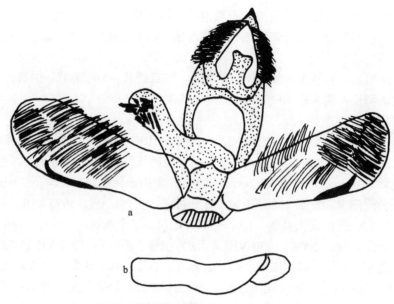

图 179 蔡氏凯刺蛾 *Caissa caii* Wu *et* Fang
a. 雄性外生殖器；b. 阳茎

(154) 岔颚凯刺蛾 *Caissa staurognatha* Wu, 2011（图 180；图版 Ⅵ：144）

Caissa staurognatha Wu, 2011, Acta Zootaxonomica Sinica, 36(2): 249. Type locality: Sichuan, Shaanxi, China (IZCAS).

翅展 20-22mm。下唇须赭褐色到暗褐色。触角赭褐色。头部、胸部和腹部赭褐色。前翅暗赭褐色；基线稍呈弧形，基线以内的整个基部灰黄色；外线"S"形，浅黄褐色。后翅赭褐色。

雄性外生殖器：背兜侧缘有细长毛；爪形突腹面中央有 1 枚尖齿突；颚形突端部合并，末端向两侧突出，整个呈"T"字形；抱器瓣密布长毛，狭长，基部较窄，逐渐向端部加宽，末端宽圆；抱器腹较宽，末端呈牛角状突出；阳茎端基环骨化程度较弱，端部两侧臂状突出；阳茎细长，稍弯，比抱器瓣稍短，端部较宽而有成列的小齿突。

观察标本：四川峨眉山清音阁，800-1000m，1♂，1957.Ⅴ.19，朱复兴采（外生殖器玻片号 W10057，正模）；都江堰青城山，700-1000m，1♂，1979.Ⅵ.4，尚进文采。陕西宁陕火地塘，1620m，2♂，1979.Ⅶ.29-Ⅷ.3，韩寅恒采（外生殖器玻片号 W10058，副模）。

分布：陕西、四川。

说明：本种雄性外生殖器的颚形突呈"T"形可与其他种相区别。

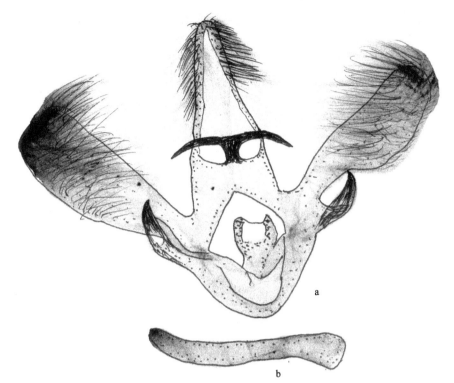

图 180　岔颚凯刺蛾 *Caissa staurognatha* Wu

a. 雄性外生殖器；b. 阳茎

(155) 康定凯刺蛾 *Caissa kangdinga* Solovyev *et* Saldaitis, 2013（图 181）

Caissa kangdinga Solovyev *et* Saldaitis, 2013, Zootaxa, 3693(1): 97. Type locality: Sichuan, China (MWM).

　　前翅长♂ 11-12mm，♀ 1mm。下唇须前伸，第 3 节短，约为第 2 节的 2/5。前翅褐色，斑纹不清晰：具有暗褐色的内线、外线和亚端线，翅端 2/3 靠近臀角处有 1 条白色的波状横线，翅端区靠近前缘有 1 白色条纹。后翅灰褐色，靠近臀角处有 1 暗褐色斑。

　　雄性外生殖器：爪形突三角形，末端腹面有粗齿突；颚形突缺；阳茎端基环扁，末端的侧突不对称，左侧突大而长，其末端有成列的弯刺突，右侧突很小，上有少量小刺突；抱器瓣长形，端部加宽，抱器腹突小；囊形突很短；阳茎小，稍呈"S"形，无角状器。

　　雌性外生殖器：肛乳突卵形，扁；前、后表皮突细长；囊导管很长，不呈螺旋状；交配囊梨形，无囊突。

　　观察标本：作者未见标本。描述译自 Solovyev 和 Saldaitis（2013）的原记。

　　分布：四川。

　　说明：本种与尼凯刺蛾 *C. medialis*、蔡氏凯刺蛾 *C. caii* 及中线凯刺蛾 *C. gambita* 近缘。外形上与后几种的区别在于其暗褐色的前翅具有白色条纹。雄性外生殖器与尼凯刺突蛾和中线凯刺突蛾的区别在于爪形突有末端突而不是亚端突，抱器腹突出自抱器瓣的

2/3 处，而尼凯刺突蛾和中线凯刺突蛾则出自基部 1/3，阳茎端基环末端的突起不对称。本种与蔡氏凯刺蛾是姐妹种，除本种缺颚形突以外，两种的雄性外生殖器特征完全相同。

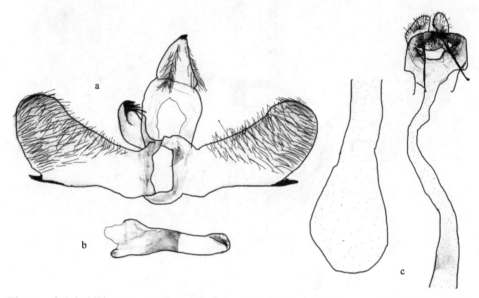

图 181　康定凯刺蛾 *Caissa kangdinga* Solovyev *et* Saldaitis（仿 Solovyev and Saldaitis，2013）

a. 雄性外生殖器；b. 阳茎；c. 雌性外生殖器

32. 爱刺蛾属 *Epsteinius* Lin, Braby *et* Hsu, 2020

Epsteinius Lin, Braby *et* Hsu, 2020, Zootaxa, 4809 (2): 376. **Type species**: *Epsteinius translucidus* Lin, 2020.

本属与纤刺蛾属 *Microleon* 相似，它们的区别如下：①本属成虫体型较小，雄蛾前翅长 5.3-5.5mm，而纤刺蛾属的前翅长为 6.3-7.9mm；②本属的后翅较狭长而外缘圆，纤刺蛾属的后翅较阔而外缘明显呈角状；③本属的下唇须较短，为复眼直径的 2.0-2.5 倍，而纤刺蛾属的下唇须则为复眼直径的 3 倍。雄性外生殖器与纤刺蛾属有许多不同之处，包括爪形突末端尖锐，颚形突末端尖而背缘有 1 个突起。雌性外生殖器有 2 枚囊突，而纤刺蛾属则只有 1 枚囊突。

本属目前已知 2 种，均分布在我国，国外尚未见报道。

种 检 索 表

抱器瓣基部的突起只比阳茎端基环端部的突起稍长 ┈┈┈┈┈┈┈┈┈┈ **透亮爱刺蛾 *E. translucidus***

抱器瓣基部的突起是阳茎端基环端部突起长度的 3 倍 ┈┈┈┈┈┈┈┈┈┈ **罗氏爱刺蛾 *E. luoi***

(156) 透亮爱刺蛾 *Epsteinius translucidus* Lin, 2020（图 182）

Epsteinius translucidus Lin, 2020, In: Lin, Braby *et* Hsu, Zootaxa, 4809(2): 376. Type locality: Taiwan,
　　China (BMNH).

Trichogyia nigrimargo (nec. Hering): Wu, 2010, Forest Pest and Disease, 29(2): 4.

别名：暗边小刺蛾、茶元刺蛾、黑缘小刺蛾。

翅展 14mm。前翅红铜褐色，有 1 条深紫黑色的端线及 1 枚同色的顶斑；缘毛基半部浅铜色，端半部黄色。后翅灰黑色，缘毛浅黄色。

雄性外生殖器：爪形突尖；颚形突端部二分叉，上支短而钝，下支长而尖；阳茎端基环端部向两侧扩大，其末端二分叉；抱器瓣短宽，端部密布粗鬃毛；抱器腹基部有 1 枚长刺突，比阳茎端基环端部的突起稍长；阳茎相对粗，比抱器瓣长，端部较窄，有 1 块小骨片及 2 枚长刺突。

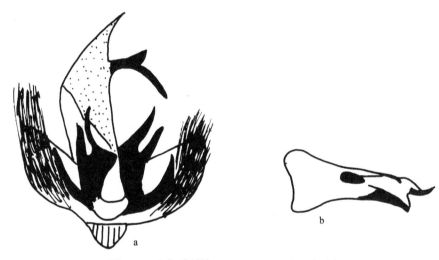

图 182　透亮爱刺蛾 *Epsteinius translucidus* Lin
a. 雄性外生殖器；b. 阳茎

寄主植物：茶。

观察标本：贵州湄潭 1♂，1976.VIII.4，夏怀恩采。浙江安吉南湖林场，10♂，1980.VI（外生殖器玻片号 L06102）。安徽 1♂，1979，赵玉峰采。

分布：安徽、浙江、台湾、贵州。

(157) 罗氏爱刺蛾 *Epsteinius luoi* Wu, 2020（图 183；图版 VI: 145）

Epsteinius luoi Wu, 2020, Zoological Systematics, 45(4): 316. Type locality: Yunnan, China (IZCAS).

Trichogyia nigrimargo (nec. Hering): Cai *et* Luo, 1987, In: Huang, Forest Insects of Yunnan: 893.

别名：黑缘小刺蛾。

成虫：翅展 14mm。前翅红铜褐色，有 1 条深紫黑色的端线及 1 枚同色的顶斑；缘毛基半部浅铜色，端半部黄色。后翅灰黑色，缘毛浅黄色。

雄性外生殖器：爪形突尖；颚形突端部二分叉，上支短而钝，下支长而尖；阳茎端基环端部向两侧扩大，其末端二分叉；抱器瓣短宽，端部密布粗鬃毛；抱器腹基部有 1 枚长刺突，其长度约是阳茎端基环端部突起长度的 3 倍；阳茎相对粗，比抱器瓣长，端部较窄，有 1 块小骨片及 2 枚长刺突。

雌性外生殖器：后表皮突细长，前表皮突不明显；生殖孔周围有 1 倒"V"形骨片，后缘密生长鬃毛；囊导管粗，相对短，不呈螺旋状；交配囊相对小，卵形；囊突 2 枚，长刺状。

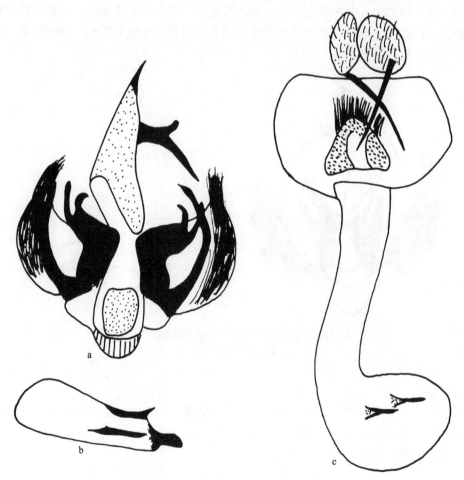

图 183 罗氏爱刺蛾 *Epsteinius luoi* Wu

a. 雄性外生殖器；b. 阳茎；c. 雌性外生殖器

幼虫：老熟幼虫体长 5-7mm。椭圆形，前端稍宽，龟背状，淡绿色；背侧各有 1 列刺堆，上生 2 根刺毛，排成叉状；侧缘各节有刺点 1 个，上生 1 根绿白色刺毛。在背中部有 1 块紫褐色大斑，近菱形，在中部向两侧斜伸，此褐斑前端绿色，两侧及末端红白色。

茧：椭圆形，棕黄色，大小约 5mm×3mm，在枯叶下、土缝中及根茎上结茧。

生物学习性：在云南西双版纳 1 年发生 3 代，以老熟幼虫在茧内越冬，也有的以幼虫在叶上越冬，发生不规则，全年以 10-12 月数量最多。

寄主植物：茶。

观察标本：云南勐海，1200m，2♀2♂，1982.VIII.12，罗亨文采（外生殖器玻片号 L06103 ♂，L06104 ♀，正模和副模）。

分布：云南。

33. 小刺蛾属 *Trichogyia* Hampson, 1894

Trichogyia Hampson, 1894, The Fauna of British India, 2: 103 (Arctiidae); Snellen, 1895, Dt. Ent. Z. Iris, 8: 136 (Limacodidae). **Type species**: *Trichogyia semifascia* Hampson, 1894.

雄蛾触角线状。下唇须短，上举。后足胫节有 2 对距。前翅中室非常窄；1A 脉强烈弯曲；R_{2-4} 脉共柄，R_5 脉与之分离。后翅 M_1 脉与 Rs 脉分离；Cu_1 脉与 M_3 脉共柄；$Sc+R_1$ 脉由 1 条长的横脉与中室中部前缘相连（图 184）。

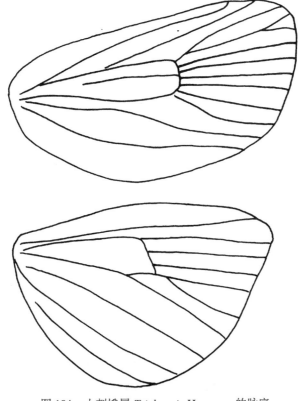

图 184　小刺蛾属 *Trichogyia* Hampson 的脉序

雄性外生殖器的爪形突和颚形突端部钝而被鬃毛。雌性外生殖器的囊导管螺旋状，有囊突 1 枚。

本属已知 6 种，分布在东洋界，我国已记载 2 种，本志另记述 1 未定种。

种 检 索 表

1. 前翅中室端斑不明显 ···褐小刺蛾 *T. brunnescens*
   前翅中室端有明显的斑纹 ···2
2. 前翅中室端有 1 枚明显的黑斑 ·······································端点小刺蛾 *T. sp.*
   前翅中室端外有 1 枚橄榄灰色的大圆斑 ·······················环纹小刺蛾 *T. circulifera*

(158) 褐小刺蛾 *Trichogyia brunnescens* Hering, 1933（图 185；图版 Ⅵ：146）

Trichogyia brunnescens Hering, 1933a, In: Seitz, Macrolepid. World, Suppl. 2: 207, fig. 15l. Type locality: Emei Shan, Sichuan, China (BMNH).

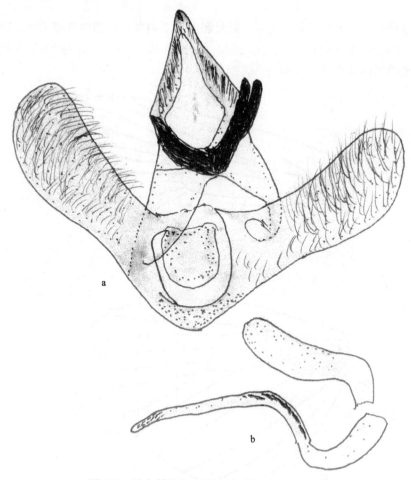

图 185 褐小刺蛾 *Trichogyia brunnescens* Hering
a. 雄性外生殖器；b. 阳茎

翅展 17mm。身体灰褐色。前翅赭褐色到暗褐色；后缘基部 1/3 处有 1 条暗褐色横线；中室端斑新月形，不明显；外线暗褐色，外曲，在 Cu$_2$ 脉中断，然后通向后缘；缘毛有赭色的基线及暗色的小点。后翅颜色较浅，缘毛同前翅，臀角处较暗。

雄性外生殖器：爪形突腹面末端有 1 枚小齿突；颚形突发达，末端二分叉；抱器瓣狭长，基部稍窄，末端宽圆；阳茎端基环盾形；阳茎细，很长，"S"形弯曲，内有 1 列细小的长刺突（6-7 枚），末端有 2 列细小的微刺突。

观察标本：四川峨眉山报国寺，1♂，1979.V.6，王子清采（外生殖器玻片号 W10041）。

分布：四川。

(159) 环纹小刺蛾 *Trichogyia circulifera* Hering, 1933（图 186；图版 VI：147）

Trichogyia circulifera Hering, 1933a, In: Seitz, Macrolepid. World, Suppl. 2: 207, fig. 15i. Type locality: Sichuan, China (BMNH).

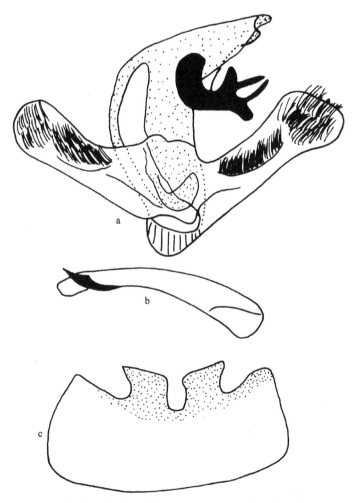

图 186　环纹小刺蛾 *Trichogyia circulifera* Hering
a. 雄性外生殖器；b. 阳茎；c. 第 8 腹板

　　翅展 23mm。身体和前翅浅黄褐色；中室端纹新月形，其下有 1 条双曲的横纹直达后缘基部 1/5 处，并在此形成 1 个暗斑；顶角前有 1 个橄榄灰色的大圆斑，其下有 1 条波状短纹直达后缘；端线有时可见。后翅暗灰色，臀角稍尖出；缘毛黄褐色。反面前翅黄褐色，前缘灰色，后翅浅赭色。

　　雄性外生殖器：第 8 腹板端部骨化，端缘中部有 1 对四边形突起；背兜阔；爪形突短宽；颚形突末端有 2 对突起，中央 1 对细长而尖，两侧 1 对短粗而钝；抱器瓣狭长，中部稍窄，末端宽圆；阳茎细长，略长于抱器瓣，基部较粗，端部有 1 枚较长的粗刺。

　　观察标本：四川都江堰青城山，1000m，1♂，1979.V.25，高平采（外生殖器玻片号 L06105）。

　　分布：台湾、广东、四川；日本，尼泊尔。

　　说明：模式标本于当年 8 月采自四川灌县（现为都江堰），存英国自然历史博物馆。

(160) 端点小刺蛾 *Trichogyia* sp.（图 187；图版 VI：148）

　　翅展 12mm。身体赭色。前翅赭黄色；中室端斑卵圆形，黑色，较大而明显；外线暗褐色，不太明显；外缘黄褐色；缘毛有赭色的基线及暗色的小点。后翅灰黄褐色，缘毛同前翅。

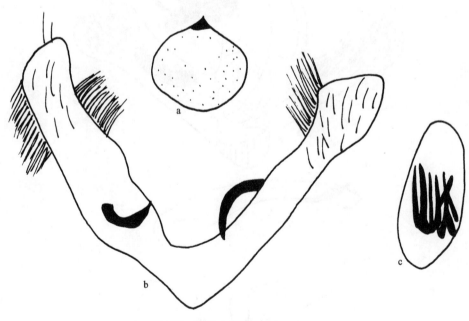

图 187　端点小刺蛾 *Trichogyia* sp.

a. 第 8 腹板；b. 雄性外生殖器；c. 阳茎

　　雄性外生殖器：第 8 腹板膜质，端部中央骨化，尖齿状。抱器瓣狭长，亚端部有些膨大，近基部有 1 枚长角突；阳茎粗短，约为抱器瓣长度的 3/5，内有数枚粗长的刺突。

　　观察标本：云南勐腊，1♂，1982.VIII.12，罗亨文采（外生殖器玻片号 sp. 20-1 ♂）。

分布：云南。

说明：本种应是 1 个新种，但由于标本太少，且雄性外生殖器有些破损，故暂时不予命名。

34. 帛刺蛾属 *Birthamoides* Hering, 1931

Birthamoides Hering, 1931, In: Seitz, Macrolepid. World, 10: 671, 703. **Type species**: *Hyblaea juncture* Walker, 1865.

雄蛾触角双栉齿状，分支超过触角长度的一半。下唇须前伸，第 2 节密布鳞片，第 3 节小而钝。后足胫节有 2 对距。前翅 R_{2-5} 脉共柄，R_2 脉在 R_5 脉之后分出，R_1 脉直。后翅 M_1 脉与 Rs 脉共柄；$Sc+R_1$ 脉在近基部与中室前缘相连，中室下角稍突出（图 188）。

身体红褐色，前翅有 1 条直的中线和 1 条外线，两者在前缘相交，分别到达后缘中部和臀角；中线以内的基半部颜色较端半部暗。

雄性外生殖器具有典型的刺蛾科结构，但阳茎端基环有 1 对不对称的臂状突起。雌性外生殖器的囊导管不呈螺旋状，但有 1 枚新月状的囊突。

本属包括 3 种，分布在东洋界。我国已知 1 种。

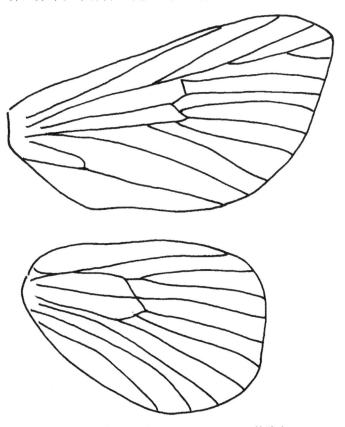

图 188　帛刺蛾属 *Birthamoides* Hering 的脉序

(161) 肖帛刺蛾 *Birthamoides junctura* (Walker, 1865)（图 189；图版 Ⅵ：149）

Hyblaea junctura Walker, 1865, List Specimens Lepid. Insects Colln Br. Mus., 33: 857.

Birthamoides junctura (Walker): Hering, 1931, In: Seitz, Macrolepid. World, 10: 703, fig. 88b; Holloway, 1986, Malayan Nature Journal, 40(1-2): 113.

Birthama junctura (Walker): Hampson, 1892, The Fauna of British India, I: 384.

成虫：翅展 41-51mm。身体暗红褐色，胸部的毛簇末端黑褐色。足上有银白色斑。前翅内线以内部分黑红褐色，中端部有 3 条模糊的暗红褐色横线。后翅红褐色，近后缘颜色较暗。

雄性外生殖器：爪形突末端尖齿状；颚形突大钩状，末端尖；抱器瓣狭长，由基部向端部逐渐变窄，末端较尖；阳茎端基环末端一侧有 1 根十分狭长的突起，另一侧的突起则很短小；阳茎略比抱器瓣长，弧形弯，端部稍膨大。

雌性外生殖器：前表皮突约为后表皮突长度的 1/2；导管端片半圆形；囊导管基部 1/3 较粗直，稍骨化，端部 2/3 细长，螺旋状；交配囊卵形；囊突 1 对相互靠近，小圆片状，上有小刺突。

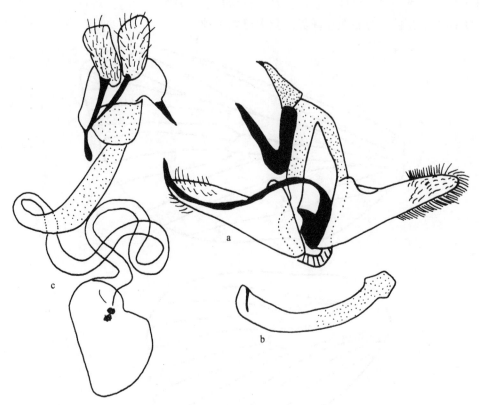

图 189 肖帛刺蛾 *Birthamoides junctura* (Walker)

a. 雄性外生殖器；b. 阳茎；c. 雌性外生殖器

幼虫：半卵形，两侧有些平行，具有圆的边缘；身体光滑，无任何突起，有蓝绿色的光泽；有一系列白色纵线和许多小蓝斑。

老熟幼虫在叶片之间或树皮缝中结茧化蛹。茧坚而粗糙，球形，灰白色，两端各有1块暗褐色的散斑。

寄主：荔枝、杧果。

观察标本：云南景洪，2♀2♂，1979.VIII；西双版纳小勐仑，1♂，1980.V.7；西双版纳州果木林场，1♂，1980.V。

分布：云南；印度，缅甸，柬埔寨，加里曼丹岛。

35. 细刺蛾属 *Pseudidonauton* Hering, 1931

Pseudidonauton Hering, 1931, In: Seitz, Macrolepid. World, 10: 670, 705. **Type species**: *Pseudidonauton admirabile* Hering, 1931.

小型种类，翅浅褐色，前翅基半部暗褐色，其端缘有明显的直的分界线。两性触角线状，雄性稍粗。下唇须上举，第 3 节明显。前翅 R_{2-5} 脉共柄，R_2 脉在 R_5 脉之后分出，R_1 脉直。后翅 M_1 脉与 Rs 脉同出一点；$Sc+R_1$ 脉在近基部与中室前缘相连，M_3 脉与 Cu_1 脉同出一点，中室下角稍突出（图 190）。

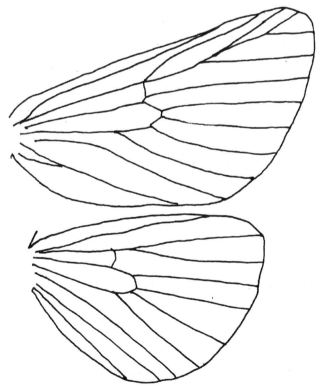

图 190　细刺蛾属 *Pseudidonauton* Hering 的脉序

雄性外生殖器的爪形突和颚形突末端二分叉，抱器瓣末端有刺突。雌性外生殖器的前表皮突小叶状，囊导管相对短。

本属已知 6 种，分布在东洋界，我国已记载 1 种。

(162) 细刺蛾 *Pseudidonauton chihpyh* Solovyev, 2009（图 191；图版 VI：150）

Pseudidonauton chihpyh Solovyev, 2009a, Tijdschrift voor Entomologie, 152: 181. Type locality: Taiwan, China (MWM).

Pseudidonauton admirabile (nec Hering): Cai *et* Luo, 1987, Forest Insects of Yunnan: 892.

翅展 14-16mm。头和胸背暗红褐色；腹部苍褐灰色。前翅褐色，基部 1/3 暗红褐色（基带），外具银边，略外拱；翅顶下外缘有 1 小的暗红褐色新月形斑。后翅苍褐灰色。

雄性外生殖器：爪形突宽大，骨化程度较弱，末端中部 "U" 形内凹；颚形突不明显；抱器瓣基部宽，端部分为 2 叶，上叶膜质，三角形，下叶骨化，长刺状；阳茎端基环末端有 1 对角状突起；阳茎细长，端部边缘有 1 列小齿突。

雌性外生殖器：前表皮突小，指状；后表皮突短，是前表皮突的 4 倍长，很宽，侧面观几乎呈方形；囊导管和交配囊膜质。

图 191 细刺蛾 *Pseudidonauton chihpyh* Solovyev

a. 雄性外生殖器；b. 阳茎

观察标本：云南屏边大围山，1500m，1♂，1956.VI.18，黄克仁采；金平河头寨，1700m，1♂，1956.V.12，黄克仁采（外生殖器玻片号 L06083）。江西大余内良，1♀，1976.VI.16（外生殖器玻片号 W10069）。

分布：江西、台湾、云南。

36. 鳞刺蛾属 *Squamosa* Bethune-Baker, 1908

Squamosa Bethune-Baker, 1908, Novit. Zool., 15: 183. **Type species**: *Squamosa ferruginea* Bethune-Baker, 1908.

雄蛾触角的栉齿中等长，到中部后逐渐变为锯齿状，雌蛾触角也为双栉齿状。下唇须超过额毛簇。前翅 R_{3-5} 脉共柄，R_2 脉与之分离。后翅 $Sc+R_1$ 脉由 1 条横脉与中室前缘相连（图 192）。

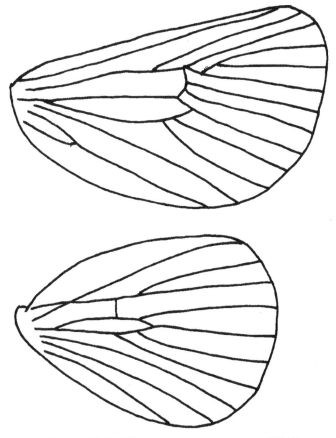

图 192　鳞刺蛾属 *Squamosa* Bethune-Baker 的脉序

雄性外生殖器的爪形突端部二分叉，阳茎端基环有不对称的 1 对突起。雌性外生殖器的囊导管长，略呈螺旋状，囊突 1 枚，小片状密布微齿突。

本属已知 5 种，分布在东洋界，我国已记载 4 种。

种 检 索 表

(163) 姹鳞刺蛾 *Squamosa chalcites* Orhant, 2000（图 193；图版 VI：151）

Squamosa chalcites Orhant, 2000, Lambillionea, 100(3): 471; Wu *et* Fang, 2009b, Acta Zootaxonomica Sinica, 34(2): 237. Type locality: Maymyo, Myanmar; Chiang Mai, Thailand (Coll. Orhant).

翅展 33-36mm。身体黄褐色，胸背和腹背前两节有 1 纵行竖立毛簇，毛簇末端和臀毛簇黑色。前翅黄褐色掺有黑色雾点，尤以前缘下较浓，外缘较明亮；横脉外有 1 枚较模糊的近圆形大斑，斑的内半部蓝黑色，外半部红褐色，中央被 1 亮线所切；臀区有 1-2 枚小黑点；亚端线细黑色，在 R_4 脉上呈 1 内向齿形曲。后翅黑褐色。

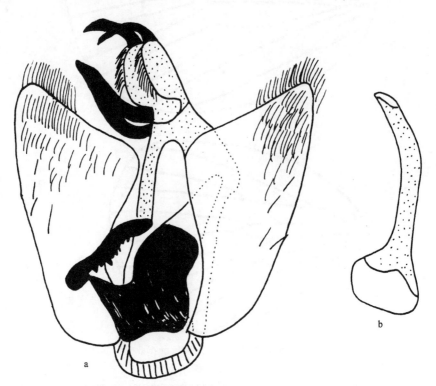

图 193 姹鳞刺蛾 *Squamosa chalcites* Orhant
a. 雄性外生殖器；b. 阳茎

雄性外生殖器：爪形突端部分支 1 对，爪状，细长；颚形突较粗，末端较细而钝；抱器瓣很宽短，略呈梯形；阳茎端基环大，端部有 1 对不对称的突起，一侧宽片状，另一侧细长，锯片状；阳茎细长，基部宽大，末端有 1 枚小刺突。

观察标本：云南漾濞，1500m，1♂，1980.VII.31；维西县城，2320m，1♂，1979.VI.12；勐海，1200m，1♂，1982.VIII.16，罗亨文采；临沧地区林业局，1400m，1♂，1980.V.25，尹耀宣采；昌宁县林业局果园，1680m，1♂，1979.VII.11，昌宁组采。四川峨眉山，1000m，1♂，1976.VIII，郑发科采。重庆武隆车盘洞，1000m，1♂，1989.VII.2，李维采。湖北宣恩分水岭，1200m，1♂，1989.V.25，李维采。西藏墨脱县城，1080m，1♂，2006.VIII.22，陈付强采。

分布：湖北、重庆、四川、云南、西藏；缅甸，泰国。

(164) 短爪鳞刺蛾 *Squamosa brevisunca* Wu *et* Fang, 2009（图 194；图版 VI：152）

Squamosa brevisunca Wu *et* Fang, 2009b, Acta Zootaxonomica Sinica, 34(2): 237. Type locality: Hainan, Guangxi, China (IZCAS).

Squamosa ocellata (nec Moore): Cai, 1981, Iconographia Heterocerorum Sinicorum, 1: 99, fig. 648.

Squamosa svetlanae Solovyev *et* Witt, 2009, Entomofauna, Suppl. 16: 186. Type locality: Mt. Fan-si-pan, Vietnam (MWM). Syn. n.

别名：眼鳞刺蛾。

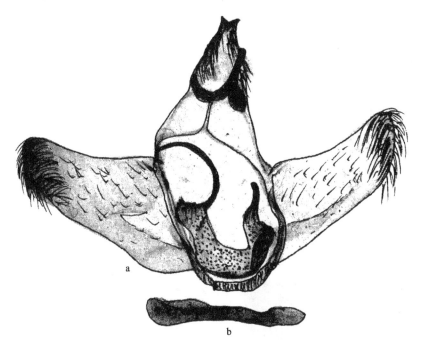

图 194　短爪鳞刺蛾 *Squamosa brevisunca* Wu *et* Fang

a. 雄性外生殖器；b. 阳茎

翅展 36-42mm。身体浅黄褐色，胸背和腹背前两节有 1 纵行竖立毛簇，毛簇末端和臀毛簇黑色。前翅浅黄褐色掺有黑色雾点，尤以前缘下较浓，外缘较明亮，常有乳白色丝绸光泽；横脉外有 1 枚带光泽的近圆形大斑，斑的内半部蓝黑色，外半部红褐色，中央被 1 亮线所切；1A 脉中央有 1 较大的黑点；亚端线细黑色，在 R_4 脉上呈 1 内向的齿形曲。后翅黄褐色到暗褐色。

雄性外生殖器：爪形突端部分支 1 对，短小，齿状；颚形突较粗，末端钝；抱器瓣相对狭长，基部宽，逐渐向端部变窄，末端圆；阳茎端基环大，端部有 1 对不对称的突起，一侧宽片状，末端呈小喙状，另一侧（左侧）细长，尖角状；阳茎细长，直，末端有 1 枚小刺突。

观察标本：海南尖峰岭天池，900m，1♂，1980.IV.12，蔡荣权采（正模）；吊罗山，2♂，1984.V.8，顾茂彬采。广西苗儿山九牛场，1150m，2♂，1985.VII.6-13，方承莱采；金秀金忠公路，1100m，1♂，1999.V.12，黄复生采（副模）。

分布：海南、广西；越南。

(165) 云南鳞刺蛾 *Squamosa yunnanensis* Wu *et* Fang, 2009（图 195；图版 VI：153，图版 IX：242）

Squamosa brevisunca yunnanensis Wu *et* Fang, 2009b, Acta Zootaxonomica Sinica, 34(2): 239. Type locality: Yunnan, China (IZCAS).

Squamosa yunnanensis Wu *et* Fang: Pan *et* Wu, 2015, Zootaxa, 3999: 397.

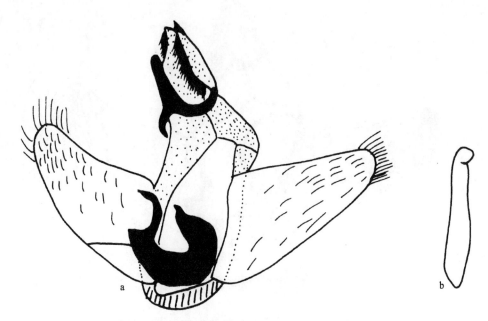

图 195 云南鳞刺蛾 *Squamosa yunnanensis* Wu *et* Fang

a. 雄性外生殖器；b. 阳茎

本种外形上与短爪鳞刺蛾 S. brevisunca Wu et Fang 没有明显区别，但雄性外生殖器阳茎端基环的左侧突起明显短于后者。

幼虫：老熟幼虫体长 25-30mm，长方形，绿黄色；有 4 列枝刺，背侧 2 列以前端 3 对较长，其余较短；体侧 2 列约等长；背中有白绿色线组成的梅花形纹，中部还有 1 横椭圆形的黄白色纹，两侧衬有深蓝色半环状边，似眼珠。

茧：长椭圆形，灰色，外附棕色线状丝，土中结茧。

生物学习性：在云南西双版纳一年 1 代，以老熟幼虫在茧内越冬，危害期 6-10 月。

寄主植物：茶、油桐。

观察标本：云南龙陵，1600m，1♂，1955.V.19-20，杨星池采；龙陵龙口，1400m，1♂，1979.VI.13，龙口组采；潞西，1400m，1♂，1983.VI.7，杜肇怡采；景东董家坟，1250m，1♂，1956.V.22，扎古良也夫采；西双版纳勐海，1200m，3♂，1982.VI.1-3，罗亨文采，1♂，1958.VII.18，王书永采；富宁金坝，1830m，1♂，1979.V.10，韦永雄（以上标本为正模和副模）；普洱，1♂，2009.VII.15-19，韩辉林等采。

分布：云南。

(166) 单突鳞刺蛾 *Squamosa monosa* Wu et Pan, 2015（图 196）

Squamosa monosa Wu et Pan, 2015, In: Pan et Wu, Zootaxa, 3999: 397. Type locality: Xizang, China (IZCAS).

翅展 36-42mm。身体浅黄褐色，胸背和腹背前两节有 1 纵行竖立毛簇，毛簇末端和臀毛簇黑色。前翅浅黄褐色掺有黑色雾点，尤以前缘下较浓，外缘较明亮，常有乳白色丝绸光泽；横脉外有 1 枚带光泽的近圆形大斑，斑的内半部蓝黑色，外半部红褐色，中央被 1 亮线所切；1A 脉中央没有或有 1 模糊的黑点；亚端线细黑色，在 R_4 脉上深内切。后翅黄褐色到暗褐色。

雄性外生殖器：爪形突相对比其他种长，末端分支非常短小，齿状；颚形突较粗，明显比爪形突短，末端钝；抱器瓣相对狭长，基部宽，逐渐向端部变窄，末端圆；阳茎端基环大，端部只有左边 1 枚突起，长牛角状；阳茎细长，直，末端有 1 枚小刺突。

雌性外生殖器：肛乳突足状；后表皮突粗长，前表皮突约为后表皮突长度的一半；第 8 腹板密布微毛；导管端片宽漏斗状；囊导管粗长，略呈螺旋状；交配囊大，略呈圆形；囊突 1 枚，很小，几乎呈圆形，上密布微齿突。

观察标本：西藏墨脱汗密，1♂，2013.VII.21，潘朝晖采（外生殖器玻片号 WU0332，正模）；墨脱汗密，1♂1♀，2013.VII.23（外生殖器玻片号 WU0333，副模）。

分布：西藏。

说明：本种与短爪鳞刺蛾 S. brevisunca Wu et Fang 相似，但本种前翅 R_4 脉上的内曲更深，1A 脉中央没有黑点或有 1 模糊的黑点；本种的爪形突比后者细长，颚形突要短许多，阳茎端基环缺右突起。

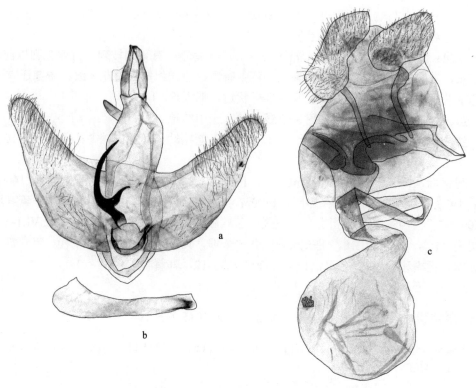

图 196 单突鳞刺蛾 *Squamosa monosa* Wu *et* Pan

a. 雄性外生殖器；b. 阳茎；c. 雌性外生殖器

37. 岐刺蛾属 *Austrapoda* Inoue, 1982

Austrapoda Inoue, 1982, In: Inoue, Sugi, Kuroko, Moriuti *et* Kawabe, Moths of Japan, 1: 300. **Type species**: *Limacodes dentatus* Oberthür, 1879.

雄蛾触角线状。下唇须短，前伸，上面的鳞片较大。后足胫节有 1 对端距。前翅 R_1 脉直，R_{2-4} 脉共柄，R_5 脉独立，2+3A 脉基部分叉。后翅 M_1 脉与 Rs 脉共柄；Sc+R_1 脉在中部与中室前缘相并接（图 197）。

雄性外生殖器的爪形突末端有三角形突起，颚形突中央有细长突起，但抱器腹有角状突起，阳茎端基环骨化，阳茎端部有小刺突。

本属包括 4 种，分布在俄罗斯（远东）、朝鲜、日本和中国，我国已知 2 种。

种 检 索 表

前翅基部中央有 1 枚明显的银白点 ·· 锯纹岐刺蛾 *A. seres*

前翅基部中央无明显的银白点 ·· 北京岐刺蛾 *A. beijingensis*

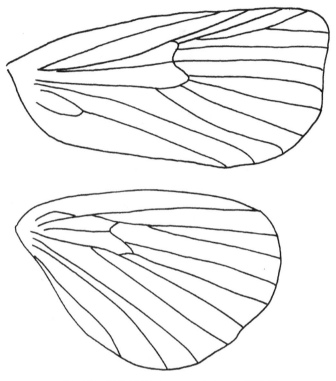

图 197　岐刺蛾属 *Austrapoda* Inoue 的脉序

(167) 锯纹岐刺蛾 *Austrapoda seres* Solovyev, 2009（图 198；图版 VI：154，图版 XI：252）

Austrapoda seres Solovyev, 2009a, Tijdschrift voor Entomologie, 152: 173. Type locality: Mt. Tianmu,
 Zhejiang; Taibaishan, Shaanxi, China (MWM, ZFMK).

Apoda dentatus (nec Oberthür): Cai, 1981, Iconographia Heterocerorum Sinicorum, 1: 101, fig. 661.

别名：紫刺蛾。

翅展 23-25mm。身体褐灰色，胸背和腹部末端颜色较暗。前翅褐色；基部中央有 1
枚明显的银白点；中央有 1 黑色松散斜带，从前缘中央下方伸至后缘 1/3 处；外线白色，
微锯齿形，从前缘 2/3 向外曲伸至臀角；外线与翅顶之间的前缘有 1 向后呈弧形的白线；
中室下角与臀角之间有 1 模糊的白斑，白斑向后呈楔形纹伸至后缘中央；端线细，白色；
缘毛有浅色的基线。后翅褐灰色，臀角有 1 模糊黑点；缘毛同前翅。

雄性外生殖器：背兜侧缘有细长毛；爪形突尖齿状；颚形突端部合并，呈细杆状，
末端钝；抱器瓣狭长，末端宽圆；抱器腹基部宽，端部呈长刺状突出；阳茎端基环基部
和侧缘呈马蹄状骨化，侧臂内缘有小齿；阳茎细，比抱器瓣短，末端有 1 枚小刺突。

幼虫：身体外形呈椭圆形，背腹呈扁圆屋顶形。黄绿色，有数纵列淡黄色的斑点，
背面有 2 条淡黄色的纵隆线。身体外缘略呈波浪形，环绕 1 圈稀少排列的黑色短刺突。

寄主植物：梅、李、梨、樱桃、板栗、栎、榛、茶、柳等。

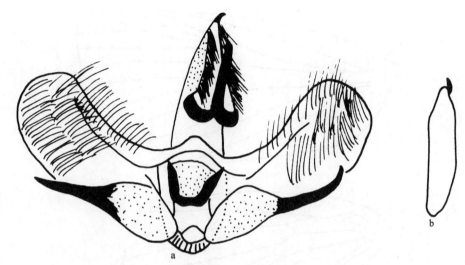

图 198 锯纹岐刺蛾 *Austrapoda seres* Solovyev

a. 雄性外生殖器；b. 阳茎

观察标本：河南内乡葛条爬，600m，1♂，2003.VIII.15。浙江杭州，1♂，1972.VII.18。
湖北秭归茅坪，110m，1♂，1994.IX.3，宋士美采；神农架，1♂，1984.VI.24（存湖北农
业科学院植保土肥研究所）。陕西太白黄柏塬，1350m，3♂，1980.VII.11-14，张宝林采。
北京，1♂，1975.II.27。黑龙江伊春岱岭，1♂，1957.VII.9；哈尔滨，1♂，2009.VIII.2-9。
吉林长白山，800m，1♂，1974.VII.4，杨立铭采，1♂，2008.VII.25-28。贵州，1♂，1975。
山东崂山，800m，1♂，无日期；泰山中天门，2♂，1981.VII.12；烟台昆嵛山，1♂，1981.VIII。

分布：黑龙江、吉林、北京、山东、河南、陕西、浙江、湖北、贵州。

说明：本种外形与本属的其他 2 种很相似，但雄性外生殖器不同。本种阳茎端基环
有强骨化的侧突，阳茎端部的侧突短，刺状。

(168) 北京岐刺蛾 *Austrapoda beijingensis* Wu, 2011（图 199；图版 VI：155）

Austrapoda beijingensis Wu, 2011, Acta Zootaxonomica Sinica, 36(2): 250. Type locality: Beijing,
China (IZCAS).

翅展 16-19mm。下唇须黄褐色，末端尖。头胸背面黄褐色，腹部背面灰黄褐色到暗
褐色。前翅黄褐色，基部颜色较浅；外线弧线弯曲，外线外侧的整个端部黑褐色；外线
内侧靠后缘处有 1 块灰黄色的斑。后翅浅褐色到暗褐色。

雄性外生殖器：爪形突较长，末端尖，背兜两侧密布长毛；颚形突发达，端部呈钩
状，末端尖；抱器瓣狭长，近中部较窄，末端宽圆；抱器腹短，末端呈长角状突出；阳
茎端基环盾状，两侧耳状；阳茎细，约为抱器瓣长度的 2/3，端部有 2 枚小刺突。

雌性外生殖器：后表皮突长，前表皮突约为后表皮突长度的一半；囊导管细长，螺
旋状；交配囊大，椭圆形；囊突 1 枚，长方形，密布小齿突。

观察标本：北京海淀香山，1♂，1956.IX.27，虞佩玉采（外生殖器玻片号 W10037，

正模），2♂，1957.V.14-15，虞佩玉采（外生殖器玻片号 W10036，副模），3♀，1957.IV.2，1957.IX.30，1958.IV.22（外生殖器玻片号 W10035，副模）；门头沟百花山，1♂，1973.VII.9，张宝林采（副模）。

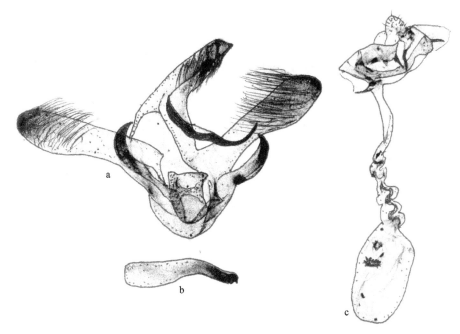

图 199　北京岐刺蛾 *Austrapoda beijingensis* Wu

a. 雄性外生殖器；b. 阳茎；c. 雌性外生殖器

分布：北京。

说明：本种前翅基部无白斑，雄性外生殖器的抱器腹短而有长的突起，这些与本属其他已知的 3 种都明显不同。

38. 奕刺蛾属 *Phlossa* Walker, 1858

Phlossa Walker, 1858, List Specimens Lepid. Insects Colln Br. Mus., 15: 1673 (Noctuidae). **Type species**: *Phlossa fimbriares* Walker, 1858; Swinhoe, 1892, Catalogue of Eastern and Australian Lepidoptera Heterocera in the Collection of the Oxford University Museum, 1: 233 (Limacodidae).

本属所包含的种类多采用 Hering（1931）所建立的属名 *Iragoides*，其模式种为印度的 *I. crispa* (Swinhoe)。井上宽等（Inoue *et al.*, 1982）在《日本产蛾类大图鉴》中将 *Iragoides* Hering 作为 *Phlossa* Walker 的新异名，因为 Hering 建立此属时包含了 *Limacodes conjuncta* Walker，该种是 *Phlossa* Walker 的模式种 *P. fimbriares* Walker (1859) 的同物异名，所以，井上宽建议使用 *Phlossa* Walker 这个复用名称（nom. rev.）。Holloway（1987）也进行了替代，并将 *Setora neutra* Swinhoe 移入本属。

　　然而，通过解剖 Hering（1931）建立 *Iragoides* 时所包含的种类，发现它们的外生殖器结构并不相同，2 个属的模式种各代表一个类型，因此，*Iragoides* Hering 也应该保留。由于一些重要的害虫，如枣奕刺蛾等都在本属，故将中名奕刺蛾属留给 *Phlossa*，而将 *Iragoides* 另命名为焰刺蛾属。

　　本属雄蛾触角单栉齿状。前翅除 R_3 脉与 R_4 脉共柄外，其余各脉分离或同出一点。后翅 Rs 脉与 M_1 脉共短柄（图 200）。雄性外生殖器具有刺蛾科的典型结构。雌性外生殖器的囊导管端部多少有些呈螺旋状，囊突 1 枚，呈新月形。焰刺蛾属 *Iragoides* Hering 的雄性外生殖器在阳茎端基环两侧有小突起，雌性外生殖器有相连的 2 枚囊突。

　　本属分布在东洋界，少数扩展到古北界，共 4 种，我国已知 2 种。

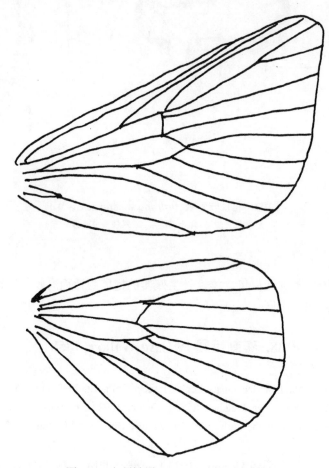

图 200　奕刺蛾属 *Phlossa* Walker 的脉序

种 检 索 表

前翅近外缘处有 2 块彼此连接的近似菱形的大斑纹 ························· 枣奕刺蛾 **Ph. conjuncta**

前翅近外缘无大斑 ··· 奇奕刺蛾 **Ph. thaumasta**

(169)　枣奕刺蛾 *Phlossa conjuncta* (Walker, 1855)（图201；图版 VI：156）

Limacodes conjuncta Walker, 1855, List Specimens Lepid. Insects Colln Br. Mus., 5: 1150 Type locality: North China. Holotype: ♂(BMNH)．

Heterogenea conjuncta (Walker): Fixsen, 1887, Mem. Lep., 3: 338, pl. 15, fig. 9.

Miresa conjuncta (Walker): Kirby, 1892, A Synonymic Catalogue of Lepidoptera Heterocera, I: 549.

Natada conjuncta (Walker): Hampson, 1892, The Fauna of British India, I: 381.

Phlossa conjuncta (Walker): Inoue, 1992, In: Heppner *et* Inoue, Lepid. Taiwan Volume 1 Part 2: Checklist: 102; Wu *et* Fang, 2008b, Acta Entomol. Sinica, 51(7): 754.

Phlossa fimbriares Walker, 1858, List Specimens Lepid. Insects Colln Br. Mus., 15: 1673.

Iragoides conjuncta (Walker): Cai, 1981, Iconographia Heterocerorum Sinicorum, 1: 100.

Miresa cuprea Moore, 1879, Lep. Atkins.: 74, pl. 3. fig. 8.

别名：枣刺蛾。

成虫：翅展♀29-33mm，♂28-31.5mm。触角♀丝状，♂短栉齿状。全体褐色。头小，复眼灰褐色。胸背上部鳞毛稍长，中间微显褐红色，两边为褐色。腹部背面各节有似"人"字形的褐红色鳞毛。前翅基部褐色，其外缘形成直的内线；中部黄褐色；近外缘处有 2 块近似菱形的斑纹彼此连接，靠前缘 1 块为褐色，靠后缘 1 块为红褐色；横脉上有 1 个黑点。后翅为灰褐色。

雄性外生殖器：爪形突较尖，末端腹面中央有 1 枚小刺突；颚形突端部大钩状，末端钝；抱器瓣狭长，几乎等宽，末端圆；阳茎端基环弱骨化；阳茎粗长，端部短指状突出，内有条状骨化区。

雌性外生殖器：前表皮突约为后表皮突的一半长；囊导管基部较宽，端部十分细长，螺旋状；交配囊略呈圆形；囊突狭长，马蹄形。

卵：椭圆形，扁平，长 1.2-2.2mm，宽 1.0-1.6mm。初产时鲜黄色。

幼虫：初孵幼虫体长 0.9-1.3mm，筒状，浅黄色，背部色深。头部及第1、2 节各有 1 对较大的刺突，腹末有 2 对刺突。老熟幼虫体长 21mm。头小，褐色，缩于胸前。身体浅黄绿色，背面有绿色的云纹，在胸背前 3 节上的 3 对、身体中部的 1 对、腹末的 2 对皆为红色长枝刺，体的两侧周边各节上有红色短刺毛丛 1 对。

蛹：椭圆形，长 12-13mm。初化蛹时黄色，渐变为浅褐色，羽化前变为褐色，翅芽为黑褐色。茧椭圆形，比较坚实，土灰褐色，长 11-14.5mm。

生物学习性：在河北省阜平县一年发生 1 代，以老熟幼虫在树干根颈部附近土内 7-9cm 深处结茧越冬。翌年 6 月上旬开始化蛹，蛹期 17-31 天，平均 21.9 天，一般为 20-26 天。6 月下旬开始羽化为成虫，同期可见到卵，卵期约 7 天。7 月上旬幼虫开始危害，危害严重期在 7 月下旬至 8 月中旬，自 8 月下旬开始，幼虫逐渐老熟，下树入土结茧越冬。

成虫有趋光性，寿命 1-4 天。白天静伏叶背，有时抓住枣叶悬系倒垂，或两翅做支撑状，翘起身体，不受惊扰时长久不动。晚间追逐交尾，交尾时间长者达 15 个小时以上。交尾后次日即产卵于叶背，卵成片排列。初孵幼虫爬行缓慢，集聚较短时间即分散枣叶背面危害。初期取食叶肉留下表皮，虫体稍大即取食全叶。

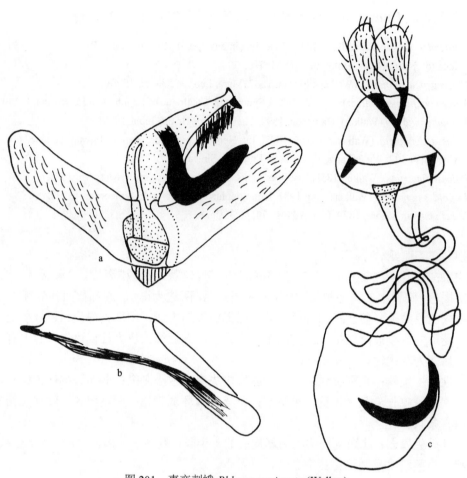

图 201 枣奕刺蛾 *Phlossa conjuncta* (Walker)

a. 雄性外生殖器；b. 阳茎；c. 雌性外生殖器

寄主植物：油桐、苹果、梨、杏、桃、樱桃、枣、柿、核桃、杧果、茶。

观察标本：江西九连山，30♂，1975.VI.8-VII.27，宋士美、张宝林采；陡水，6♂，1975.VI.29-VII.7，宋士美采；宜丰院前，1♀1♂，1959.VIII.22；弋阳，1♂，1959.V.13；大余，4♂，1977.VI.14-17，刘友樵采，1♀8♂，1985.VIII.10-16，王子清采；大余内良，4♂，1985.VIII.23；庐山植物园，2♂，1975.VII.5，刘友樵采；庐山，1♂，1974.VI.12，张宝林采；长牯岭，1♂，1975.VII.3，张宝林采；井冈山，1♂，1975.VII.6，张宝林采。福建武夷山三港，740m，22♂，1960.VI.12-VII.16，张毅然采，2♂，1983.V.18-VI.4，王林瑶采，1♂，1979.VIII.4，宋士美采；武夷山七星桥，840m，1♂，1963.VII.4，章有为采；南靖天奎，2♂，1973.VII.24，陈一心采；建阳坳头，3♂，1979.VIII.16，宋士美采；建阳黄坑，2♂，1979.VIII.15，宋士美采；将乐龙栖山，500m，2♂，1991.VIII.12-16，宋士美采；南平夏道，1♀4♂，1963.V.28，章有为采。安徽滁县，2♂，1972.VIII.3，宋士美采；九华山，1♂，1979.VII.23，王思政采。黑龙江岱岭，2♂，1940.VII.5。辽宁沈阳，1♂，1952.VI.28，徐公天采。山东济南（Tsinanfou long-tong），500-700m，3♂，1930。

北京,7♀4♂,1956.V.3-VI.25,虞佩玉采,2♂,1949.VI.11-VIII.5;西山,5♂,1955.VII.12-VIII;
西郊公园,5♂,1952.VII.9-VIII.10;二里沟,2♂,1953.VI.16-VII.26,张毅然采;八达
岭,3♂,1962.VI.29,王春光采;平谷,1♂,1976.VII.13,蔡荣权采;三堡,2♀2♂,
1972.VII.23-27,张宝林采,3♂,1964.VII.20-23,廖素柏采。河北易县,1♀,1972.VI.14,
张宝林采。广西南宁,1♀2♂,1980.IV.13-21,蔡荣权采,3♂,1984.IV.17,王辑建采;
钦州,5♂,1980.IV.15,蔡荣权采;全州,1♂,1974.VIII.16;金秀林海山庄,1100m,4♂,
2000.VII.2,姚建、李文柱采;金秀罗香,200-400m,5♂,1999.V.15,刘大军、韩红香
采;金秀县,1♀,1973.VII.5;金秀金忠公路,1100m,1♂,1999.V.12,黄复生采;广
西苗儿山,1100m,1♂,1985.VII.7,方承莱采;凭祥,230m,3♂,1976.VI.8-11,张宝
林采,阳朔,1♀1♂,1972.VI,1♂,1963.VII.18,王春光采;贝江,3♂,1982.VII.28,
陈纪文采;桂林宛田,260m,1♂,1963.VI.30,王春光;桂林雁山,200m,1♂,1963.V.13,
王春光采;桂林良丰,1♂,1952.V.19,1♂,1953.VII.28;桂林林科所,1♂,1981.VII.2,
黄进孙采,3♂,1979.VII.19;鹿寨黄觉林场,1♂,1980.VII.26,黄礼令采;那坡德孚,
1350m,1♂,2000.VI.18,陈军采;那坡北斗,550m,2♂,2000.VI.22,朱朝东、李文
柱采;防城扶隆,200m,3♂,1999.V.23-26,张彦周等采;防城板八乡,550m,2♂,2000.VI.4,
朱朝东、李文柱采;上思南屏乡,350m,1♂,2000.VI.9,朱朝东采;龙胜红滩,900m,
1♂,1963.VI.14,王春光采;龙胜,300m,1♂,1963.V.26,王春光采,1♂,1980.VI.10,
王林瑶采。重庆南山,1♀4♂,1966.IV.28-V.10,刘友樵采;重庆,1♂,1974.VI.20,韩
寅恒采;万州龙驹,400m,1♂,1994.V.26,李文柱采;长寿楠木园,450m,2♂,1994.VI.9,
李文柱采;忠县,100m,1♂,1994.V.30,李文柱采;重庆秀山,500m,1♂,1989.V.21,
李维采;城口县周溪乡青坪村,833m,1♂,31.817°N,108.471°E,2017.VIII.1,陈斌等
采;城口县咸宜乡明月村,848m,1♂,31.675°N,108.701°E,2017.VII.31,陈斌等采。
四川西昌,2♂,1974.V.19,VIII.3,韩寅恒采;南充,1♀,1973.VII.6;盐源金河,1250m,
1♂,1984.VII.2,刘大军采;峨眉山,2♂,1976.VIII,郑发科采;峨眉山报国寺,700m,
3♂,1979.V.15-VI.21,高平采;峨眉山,800m,2♂,1957.VI.23-VII.4,朱复兴采;峨
眉山清音阁,800-1000m,3♂,1957.VI.22-VII.18,黄克仁采。贵州江口梵净山,500m,
1♂,1988.VII.11,李维采;贵州茶叶所,1♂,1977.VI.20。广东广州石牌,8♂,
1958.VII.9-VIII.30,张宝林采;鼎湖山,500-580m,1♂,1979.VII.16-19,李明佳采,1♀,
1965.IV.13;连平,5♂,1973.V.13-VI.2,张宝林采。西藏墨脱背崩,850m,1♂,1983.VI.15,
韩寅恒采。海南尖峰岭天池,760m,2♂,1980.III.26-IV.19,蔡荣权采;尖峰岭,10♂,
1973.V.26-VI.12,蔡荣权采,2♀1♂,1978.IV.24-27,张宝林采,1♂,1983.IX.24,刘元
福采,1♂,1982.VII.29,陈芝卿采;坡塘,3♂,1954.V.4-6,黄克仁采;万宁,60m,3♂,
1963.V.10-28,张宝林采。云南西双版纳勐海,1200m,5♂,1980.VI.15,罗亨文采,2♂,
1958.VII.20-21,蒲富基、王书永采;景洪,650m,5♂,1958.VI.21,张毅然、孟绪武采,
1♂,1979.VIII;西双版纳小勐养,1100m,1♂,1957.IX.24,王书永采;勐腊,620m,
1♂,1964.VII.31,张宝林采;景东董家坟,1250m,2♂,1956.VI.12-21,扎古良也夫采;
景东,1170m,11♂,1956.V.21-VII.4,扎古良也夫采;金平猛喇,400m,1♂,1956.IV.22,
黄克仁采;芒市,900m,10♂,1955.V.16-VI.10,克雷让诺夫斯基等采;瑞丽贺贝林场,

800m，1♂，1979.VI.29，王芝俊采；畹町，820m，1♂，1979.VI.3，胡云兴采；潞西，1400m，1♂，1983.VI.19，杜肇怡采；临沧城区，1480m，1♂，1980.VII.15，柳云川采；维西，1780m，2♂，1981.VII.11，廖素柏采；陇川，1200m，1979.VII.1。湖南衡山，1♀2♂，1974.V.29-30，张宝林采；桑植天平山，1300m，4♂，1988.VIII.11，陈一心采。湖北神农架，950m，1♂，1980.VII.16，虞佩玉采；巴东三峡林场，130m，1♂，1993.VI.26，姚建采；秭归九岭头，100-170m，2♂，1993.VI.13，姚建采；秭归茅坪，110m，1♂，1994.IX.3，宋士美采；荆州，1♂，1960；利川星斗山，800m，8♂，1989.VII.22-23，李维采。华东，12♂，1934.VI.7-11，O. Piel 采。浙江天目山，1♂，1936.VI，1♂，1972.VII.31，王子清采；杭州植物园，4♂，1976.VI.4-12，蔡荣权采；杭州，6♂，1973.VIII.1，张宝林采，4♂，1972.VII.19，2♂，1976.VI.9-13，蔡荣权采；舟山，1♂，1932.VI.19，O. Piel 采。上海，3♂，1933.VI.16-VIII.10，A. Savio 采。江苏扬州，1♂，1946.V.15。甘肃康县阳坝林场，1000m，1♂，1999.VII.11，朱朝东采。陕西佛坪，890m，1♂，1999.VI.26，朱朝东采；宁陕火地塘，1580m，1♂，1998.VII.27，姚建采。河南内乡宝天曼，1♂，1998.VII.12；商城黄柏山，1200m，1♂，1999.VII.11，申效诚等采。

分布：黑龙江、辽宁、北京、河北、山东、河南、陕西、甘肃、江苏、上海、安徽、浙江、湖北、江西、湖南、福建、台湾、广东、海南、广西、重庆、四川、贵州、云南、西藏；朝鲜，日本，印度，尼泊尔，越南，泰国，缅甸，老挝。

(170) 奇奕刺蛾 *Phlossa thaumasta* (Hering, 1933)（图 202；图版 VI：157）

Iragoides thaumasta Hering, 1933a, In: Seitz, Macrolepid. World, Suppl. 2: 204, fig. 15i. Type locality: Nanjing, Prov. Jiangsu. Holotype: ♂ (ZMHB).

Phlossa thaumasta (Hering): Wu *et* Fang, 2008b, Acta Entomol. Sinica, 51(7): 755.

翅展 22mm 左右。身体黄褐色，胸背末端和腹背基部具暗褐色竖立毛簇。前翅底色黄褐色，基部较暗，中央有 1 条不清晰而松散的暗色斜带，从前缘 3/4 处向内伸过横脉达于后缘基部 1/3 处，此带常向基部扩展，与基部的暗色连为一体；横脉纹为 1 短黑纹，内衬白边；亚端线清晰锯齿形，与外缘平行，从前缘近翅顶伸至臀角；脉端缘毛苍褐色。后翅灰褐色到褐色。

雄性外生殖器：爪形突较钝，末端腹面中央有 1 枚小刺突；颚形突端部大钩状，末端较尖；抱器瓣狭长，端部稍窄，末端圆；阳茎端基环弱骨化，端部具密集的微刺突；阳茎粗长，稍弯曲，内有较多的针形突。

雌性外生殖器：前表皮突略超过后表皮突的一半长；囊导管基部三角形，亚基部最宽，端部细长，呈松散螺旋状；交配囊略呈卵圆形；囊突狭长，新月形。

幼虫：老熟幼虫体长 18mm 左右，长椭圆形，黄绿色。身体背面有 4 列枝刺，背侧 2 列短小，侧缘 2 列稍长，前端 4 个枝刺红褐色，其余黄绿色。背线淡紫褐色，前后端各有 2 个外凸的大斑，中部有 2 个雪白色的圆形突起。体两侧各有 2 列小紫红点，下面 1 列不太明显，但在左侧雪白圆突下方的 1 个则明显，呈近圆形的紫褐色斑。

茧：卵圆形，棕褐色或褐色，大小约 11mm×8mm，土中结茧。

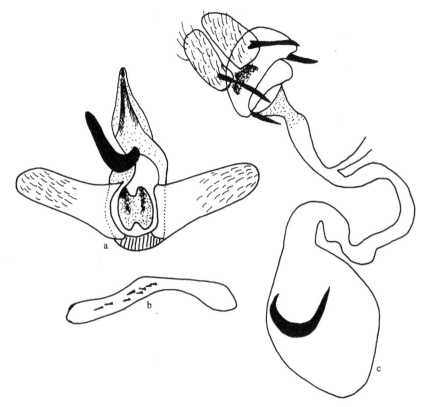

图 202　奇奕刺蛾 *Phlossa thaumasta* (Hering)

a. 雄性外生殖器；b. 阳茎；c. 雌性外生殖器

生物学习性：在云南西双版纳一年发生 2 代，以幼虫在叶上越冬。幼虫全年可见，以 9 月到翌年 4 月最多。

寄主植物：刺槐、核桃、刺梨、油茶。

观察标本：河南信阳鸡公山，2♂，1998.VIII.8。贵州湄潭，3♂，1982.VI.24，夏怀恩采；贵州茶叶所，2♀6♂，1977.VI.20。福建平和九峰，1♀，1976.IV.25，齐石成采；挂墩，1♂，1981.VI.17，罗礼智采（外生殖器玻片号 W10040）。陕西留坝县城，1020m，1♂，1998.VII.18，姚建采；宁陕火地塘，1620m，1♂，1979.VII.27，韩寅恒采。江西牯岭，2♂，1935.VII.19，O. Piel 采；庐山，1100m，1♀，1975.VII.23，方育卿采；大余，3♂，1957.VII.15-18，宋士美采。云南西双版纳勐海，1200m，1♂，1981.VI.5，罗亨文采。四川峨眉山，800m，1♂，1957.VI.19，黄克仁采。湖北神农架红花，3♂，1980.VII.27（存湖北农业科学院植保土肥研究所）。

分布：河南、陕西、江苏、湖北、江西、福建、四川、贵州、云南；越南。

说明：模式标本采自江苏南京，存德国柏林国家博物馆。

39. 焰刺蛾属 *Iragoides* Hering, 1931

Iragoides Hering, 1931, In: Seitz, Macrolepid. World, 10: 709; Wu *et* Fang, 2008b, Acta Entomol. Sinica, 51(7): 756. **Type species**: *Miresa crispa* Swinhoe, 1890.

本属与奕刺蛾属相似，过去被放在同一个属里，但其外生殖器结构明显不同，故恢复其属级地位。本属阳茎端基环在种间稍有变化，端部通常有密集的微刺突，通常有 1 对膜质棒状的侧突，阳茎内可有针状突。雌性外生殖器的囊突不呈新月形，而是相连的 2 枚。

本属已知 6 种，分布在东洋界，我国已记载 4 种。

种 检 索 表

1. 前翅无浅色斜线 ··· 别焰刺蛾 *I. elongata*
   前翅有 1 条浅色斜线，从顶角附近伸到后缘近中部 ···2
2. 前足胫节有银白色大斑 ··· 皱焰刺蛾 *I. crispa*
   前足胫节无银白色大斑 ···3
3. 翅黄褐色，有明显的亚端线 ··· 线焰刺蛾 *I. lineofusca*
   翅红褐色，亚端线不明显 ··· 蜜焰刺蛾 *I. uniformis*

(171) 皱焰刺蛾 *Iragoides crispa* (Swinhoe, 1890)（图 203；图版 VI：159-160）

Miresa crispa Swinhoe, 1890, Proc. Zool. Soc. Lond., 1889: 409, pl. 43, fig. 4. Type locality: "Darjeeling India". Holotype: ♂ (BMNH).

Iragoides crispa (Swinhoe): Hering, 1931, In: Seitz, Macrolepid. World, 10: 709; Cai, 1982, Insects of Xizang, 2: 32.

Phlossa crispa (Swinhoe): Cai, 1992, Insects of the Hengduan Mountains Region, 2: 917.

别名：奕刺蛾。

翅展 26-39mm。前足基节末端、腿节和胫节具银白色斑点，身体红褐色，整个背面中央橘红色似呈宽带。前翅暗红褐色，有时有丰富的黑色鳞片；具不清晰的皱纹，横脉纹为 1 暗点；外线和亚端线模糊难辨，紫灰色，前者呈 1 条斜带，从前缘近翅顶伸至后缘基部 1/3 处（约一半的标本此纹十分清晰，较粗而两侧衬黑边），后者前缘与斜带几乎同一点伸出，沿外缘下行，但只有前半段隐约可见。后翅暗灰褐色。

雄性外生殖器：爪形突较钝，末端腹面中央有 1 枚小刺突；颚形突端部长，末端尖；抱器瓣狭长，端半部呈三角形；阳茎端基环弱骨化，端缘具浓密的鬃毛；阳茎粗长，稍弯曲，末端一侧有 1 枚刺突，该刺突大小有一定的变异。

雌性外生殖器：前表皮突略超过后表皮突的一半长；囊导管基部较宽，稍骨化，端部狭长，呈螺旋状；交配囊呈卵圆形；囊突为 1 对三角形骨片，上面具密集的细齿突。

观察标本：河南嵩县白云山，1300-1400m，1♂，2001.VI.13，申效诚采，1♂，

2003.VII.14，朱䓤采。四川峨眉山九老洞，1800m，2♀1♂，1957.VI.7-VII.6，王林瑶、朱复兴采；峨眉山清音阁，800m，1♀，1957.VII.6，朱复兴采；峨眉山，1700m，1♂，1979.VI.20，高平采；攀枝花平地，14♂，1981.VI.1-20，张宝林采；四川，1♂，1974.VII.29。重庆城口县高楠乡黄河村，1041m，1♂，32.127°N，108.551°E，2017.VII.8，陈斌等采。云南海赛林场，1♂，1982.VII.8；永善，2000m，1♂，1980.VII.5；马龙马鸣，2100m，1979.VI.7，李全章采；泸水姚家坪，2500m，1♂，1981.VI.2，廖素柏采；永胜六德，2300m，1♀，1984.VII.9，陈一心采；丽江玉龙山，2800m，1♂，1984.VII.17，刘大军采；丽江，6♂，1980.V.22-23，高平采；宁蒗，2100m，3♂，1980.VI.14；腾冲西山坝，1800m，1♂，1979.VI.1；洱源赶羊涧林场，2100m，1♂，1980.V.28；祥云半甸，1900m，1♂，1980.VII.21；曲靖，1820m，1♂，1979.VII.9，王元中采；会泽，2100m，1♂，1979.V.22。广西苗儿山，800-1900m，3♂，1985.VII.2-14，王子清、方承莱采。陕西太白黄柏塬，1♂，1980.VII.10，张宝林采；宁陕火地塘，1580m，2♂，1999.VI.25-26，袁德成采；宁陕，1♂，1979.VII.31，韩寅恒采；宁陕火地塘，1050m，1♂，2008.VII.9，崔俊芝采（外生殖器玻片号 WU0057）；周至楼观台，680-710m，1♂，2008.VI.24，葛斯琴采（外生殖器玻片号 W10020）。甘肃康县清河林场，1400m，1♂，1999.VII.9，王洪建采。湖北神农架，1640m，1♂，1980.VII.21，虞佩玉采。西藏樟木，2200m，1♂，1975.VII.30，王子清采。海南五指山，1♂，2008.IV.3，武春生采（外生殖器玻片号 W10152）。

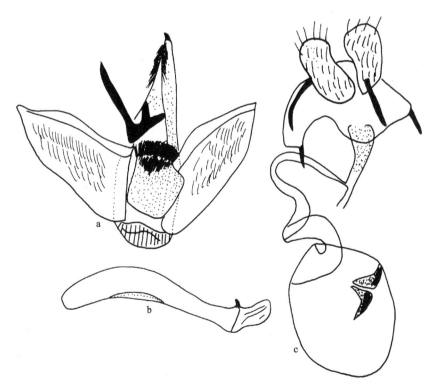

图 203　皱焰刺蛾 *Iragoides crispa* (Swinhoe)

a. 雄性外生殖器；b. 阳茎；c. 雌性外生殖器

分布: 河南、陕西、甘肃、湖北、海南、广西、重庆、四川、云南、西藏; 印度, 尼泊尔, 越南。

(172) 蜜焰刺蛾 *Iragoides uniformis* Hering, 1931 (图 204; 图版 VI: 161, 图版 X: 247)

Iragoides taiwana uniformis Hering, 1931, In: Seitz, Macrolepid. World, 10: 710. Type locality: "Lung-tao-shan, Guangdong, China". Holotype: ♂ (ZMHB).

Vanlangia uniformis (Hering): Solovyev *et* Witt, 2009, Entomofauna, Suppl. 16: 173.

Iragoides melli: Wu *et* Fang, 2010, Insect Fauna of Henan: 66; Wu, 2012, In: Li, Microlepidoptera of Qingling Mountains (Insecta: Lepidoptera): 778 (misidentification).

成虫: 翅展 22-24mm。触角基部有银白色点。身体红褐色, 腹部基部背面常呈杏红色。前翅红褐色, 基部常有丰富的黑褐色鳞片; 有 1 条暗银灰色的斜线从前缘翅顶之前伸达后缘中央; 古铜色的亚缘带后留下较宽的紫褐色外缘区; 臀角区锈红色。后翅褐色。雌蛾前翅的银灰色斜线较不规则, 翅面有较多松散的鳞片。

雄性外生殖器: 爪形突较钝, 末端腹面中央有 1 枚小刺突; 颚形突端部大钩状, 末端尖; 抱器瓣狭长, 端部稍窄, 末端圆; 阳茎端基环弱骨化, 两侧各有 1 枚指状突, 膜质, 具毛; 阳茎粗长, 弓形弯曲, 末端稍膨大。

雌性外生殖器: 前表皮突略超过后表皮突的一半长; 囊导管基部较宽, 亚基部最窄, 端部相对短, 几乎不呈螺旋状; 交配囊略呈卵圆形; 囊突狭长, 新月形, 上缘具细齿且中部凹陷。

幼虫: 老熟幼虫体长 1.7-2.0cm, 宽 0.5-0.6cm。胸部背面和第 8 腹节背面各有 1 对斜向上伸的长枝刺; 体背黄绿色, 具有 1 条连续的淡紫色至黄褐色的斑带, 并延续到长枝刺的基半部; 在每对长枝刺色斑的中间嵌有 1 个菱形的黄绿色斑; 腹部第 3-4 节和第 6 节背面色斑最窄, 因此背面的色斑带看上去多少呈 2 个哑铃状。体侧浅绿色, 各节均有 1 对同体色的短枝刺。

寄主植物: 枫香、油桐、茶、油茶。

观察标本: 河南龙峪湾, 1000m, 2♂, 1999.V.22, 申效诚采。湖南桑植天平山, 1300m, 1♂, 1988.VIII.11, 陈一心采; 衡山, 3♂, 1979.VIII.29-IX.10, 张宝林采, 2♂, 1974.V.30-VI.2, 张宝林采。云南西双版纳大勐龙, 1♂, 1980.V.6, 高平采; 昆明, 1♂, 1980.V.13, 王林瑶采。重庆丰都世坪, 610m, 2♂, 1994.VI.2-3, 李文柱采; 城口县明通镇乐山村, 785m, 1♂, 31.788°N, 108.586°E, 2017.VII.16, 陈斌等采。江西陡水, 5♂, 1975.VI.29-VII.4, 宋士美采; 石城, 2♂, 1979.IX.20-24; 九连山, 6♂, 1975.VII.25-30, 宋士美采; 大港, 100m, 1♂, 1975.VII.19; 庐山植物园, 1♂, 1980.VI.5; 大余, 1♂, 1985.VIII.15, 王子清采; 宜丰院前, 2♂, 1959.V.27。贵州湄潭, 2♂, 1980.VI.30, 夏怀恩采; 贵州茶叶所, 2♂, 1977.VI.20; 江口梵净山, 500m, 1♂, 1988.VII.11, 李维采。安徽九华山, 1♀, 1979.VII.23, 王思政采。福建南靖天奎, 5♂, 1973.VII.23-25, 陈一心采; 武夷山三港, 740m, 2♂, 1960.VI.14-VII.16, 张毅然采, 1♂, 1981.VI.14, 齐石成采; 武夷山, 1♂, 1982.VII.9, 张宝林采。浙江天目山, 1♀1♂, 1936.VI, 2♀11♂, 1973.VII.20-25, 张宝林

采；杭州茶叶所，3♂，1972.VIII.16；杭州植物园，1♂，1975.VIII.18，1♂，1978.V.26，严衡元采；杭州，5♂，1973.VII.16-18，张宝林采，3♂，1976.V.23-VI.28，蔡荣权采，1♂，1972.VII.19，王子清采。海南，1♂，1973.VI.16，蔡荣权采；吊罗山，1♂，1973.VI.18，蔡荣权采；尖峰岭，1♂，1982.III.24，陈芝卿采；营根，200m，1♂，1960.VII.4，张学忠采。广西上思红旗林场，300m，1♂，1999.V.29，李文柱采；金秀金忠公路，1100m，1♂，1999.V.12，黄复生采；龙胜，1♀3♂，1980.VI.10-13，王林瑶、宋士美采；龙胜天平山，740m，1♀，1963.VI.13，王春光采；凭祥，1♀，1976.VI.17，张宝林采；桂林，1♂，1976.VII.16，张宝林采；钦州，1♂，1980.IV.15，蔡荣权采。湖北秭归茅坪，80m，1♂，1994.IV.27，姚建采；利川星斗山，800m，1♂，1989.VII.23，李维采。广东车八岭，1♀9♂，2008.VII.23-25，陈付强采（外生殖器玻片号 WU0069）；南岭，1♂，2008.VII.16，陈付强采（外生殖器玻片号 WU0063）。

图 204　蜜焰刺蛾 *Iragoides uniformis* Hering

a. 雄性外生殖器；b. 阳茎；c. 雌性外生殖器

分布：河南、安徽、浙江、湖北、江西、湖南、福建、广东、海南、广西、重庆、贵州、云南；越南。

说明：模式标本采自广东 Lung-tao-shan，存德国柏林国家博物馆。

(173) 别焰刺蛾 *Iragoides elongata* Hering, 1931（图 205；图版 VI：162）

Iragoides elongata Hering, 1931, In: Seitz, Macrolepid. World, 10: 709, fig. 90f. Type locality: "Hkamkawn, 4000ft (Ober-Burma)". Holotype: ♂ (BMNH).

翅展 32-42mm。触角基部有银白色小点。前足基节末端、腿节和胫节具银白色斑点。身体红褐色，整个背面中央橘红色似呈宽带。前翅暗红褐色；横脉纹为 1 暗点，常不清晰；亚端线十分模糊。后翅暗红褐色，前缘赭黄色。

图 205 别焰刺蛾 *Iragoides elongata* Hering

a. 雄性外生殖器；b. 阳茎；c. 雌性外生殖器

雄性外生殖器：爪形突较尖，末端腹面中央有 1 枚小刺突；颚形突端部大钩状，末端尖；抱器瓣狭长，端部稍窄，末端圆；阳茎端基环弱骨化，两侧各有 1 枚指状突，膜质，具毛；阳茎长，弓形弯曲，基部稍膨大，逐渐向端部变细，末端尖削。

雌性外生殖器：前表皮突略超过后表皮突的一半长；囊导管基部较窄，亚基部最宽，端部细长，呈松散螺旋状；交配囊略呈卵圆形；囊突狭长，中裂为 1 对三角形骨片（基部仍有少许相连），上面具密集的细齿。

寄主植物：青冈。

观察标本：四川峨眉山清音阁，800-1000m，1♀16♂，1957.VI.19-30，朱复兴、黄克仁采，1♂，1958.VI.21，黄克仁采；德昌，1300-1500m，1♂，1958.VII.4，宋士美采；攀枝花（渡口）平地，1♂，1981.VI.14，张宝林采；广元中子南垭村，7♀7♂，1986.VI，陈跃均采。重庆武隆车盘洞，1000m，1♂，1989.VII.2，李维采。云南金平阿德博，1500m，1♂，1979.V.29，王正军采；凤庆三岔河，1400m，1♀，1980.VII.24；昌宁马街张家村，1760m，1♂，1979.VI.12；景东，1170m，2♂，1956.VI.1，扎古良也夫采。西藏墨脱背崩，850m，6♂，1983.V.18-VI.1，韩寅恒采。广西那坡德孚，1350m，5♂，2000.VI.19-21，姚建、朱朝东采（外生殖器玻片号 WU0089）。湖北利川星斗山，800m，3♂，1989.VII.23，李维采。

分布：湖北、广西、重庆、四川、云南、西藏；缅甸，越南。

(174) 线焰刺蛾 *Iragoides lineofusca* Wu *et* Fang, 2008（图 206；图版 VI：163）

> *Iragoides lineofusca* Wu *et* Fang, 2008b, Acta Entomol. Sinica, 51(7): 759. Type locality: Sichuan, China (IZCAS).
>
> *Avatara lineofusca* (Wu *et* Fang): Solovyev *et* Witt, 2009, Entomofauna, Suppl. 16: 157.

翅展 20-30mm。身体褐黄色。前翅黄褐色；有 1 条黑褐色的斜线从前缘翅顶之前伸达后缘基部 1/3 处，该线弧形向基部凹；亚端线黑褐色，明显，几乎直；外缘颜色常暗。后翅黄褐色。

雄性外生殖器：爪形突较钝，末端腹面中央有 1 枚小刺突；颚形突端部大钩状，末端尖；抱器瓣狭长，端部稍窄，末端圆；阳茎端基环弱骨化，两侧各有 1 枚指状突，膜质，具毛；阳茎粗长，弧形弯曲，末端有 1 枚小刺突。

雌性外生殖器：前表皮突略超过后表皮突的一半长；囊导管狭长，端部呈螺旋状；交配囊略呈卵圆形；囊突狭长，宽新月形，上缘具细齿且中部凹陷。

观察标本：安徽黄山云谷寺，1♂，1977.VII.20，黄桔采。陕西宁陕火地塘，1580-1650m，1♂，1999.VI.26，袁德成采（外生殖器玻片号 L06182）；留坝庙台子，1350m，1♀，1998.VII.21，姚建采（外生殖器玻片号 L06183）。湖北兴山龙门河，1260m，2♂，1993.VI.18，姚建、黄润质采；神农架红花，860m，1♂，1981.VIII.18，韩寅恒采；神农架，1650m，1♂，1980.VII.24，虞佩玉采。四川都江堰青城山，700-1000m，21♂，1979.V.25-VI.5，尚进文、高平采；峨眉山，1♀1♂，1978.VIII，王子清采；峨眉山报国寺，2♂，1979.V.17-18，刘友樵、白九维采；峨眉山九老洞，1900m，1♂，1979.VI.18，高平采。海南尖峰岭天池，900m，1♂，1980.IV.13，张宝林采；尖峰岭，1♂，1982.IV.18，陈芝卿采。江西大

余内良，1♂，1976.VIII.4；大余，1♂，1975.VII.15，宋士美采；牯岭，2♂，1935.VII.18-19，O. Piel 采；庐山，1100m，1♂，1975.VII.1-3，方育卿等采，3♂，1974.VI.12-17，张宝林采。福建将乐龙栖山，500m，2♂，1991.VIII.13，宋士美采；沙县，1♂，1974.V.22，黄邦侃采。河南嵩县白云山，1300m，1♂，2001.VI.21，申效诚采；西峡黄石庵，1♂，1998.VII.18。

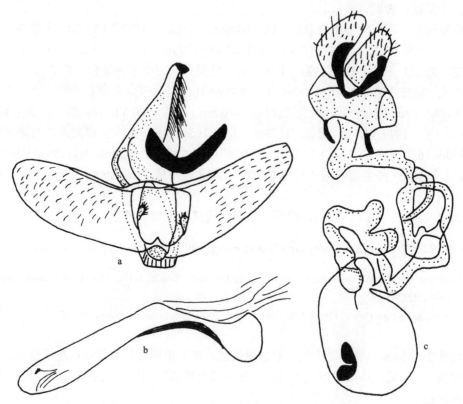

图 206 线焰刺蛾 *Iragoides lineofusca* Wu *et* Fang
a. 雄性外生殖器；b. 阳茎；c. 雌性外生殖器

分布：河南、陕西、安徽、湖北、江西、福建、海南、四川。

说明：本种在外形上明显不同于本属已知各种，雄外生殖器与蜜焰刺蛾 *I. uniformis* Hering 很相似，但本种爪形突末端的齿突较小，阳茎不那么弯曲，末端有 1 枚小刺突；雌性外生殖器则明显不同，本种的囊导管很长，呈螺旋状，囊突比蜜焰刺蛾宽。

40. 素刺蛾属 *Susica* Walker, 1855

Susica Walker, 1855, List Specimens Lepid. Insects Colln Br. Mus., 5: 1103, 1113. **Type species**: *Susica pallida* Walker, 1855, by monotypy.

Tadema Walker, 1856, List Specimens Lepid. Insects Colln Br. Mus., 7: 1758. **Type species**: *Susica sinensis* Walker, 1856, by monotypy.

　　雄蛾触角长双栉齿状分支几乎到端部，然后突然变短。下唇须伸过额毛簇，在雌蛾中有的极长，似长须刺蛾属 *Hyphorma*。后足胫节有 2 对距。前翅 R_2 脉独立，R_{3-5} 脉共柄，中室端脉二分叉，2+3A 脉基部分叉。后翅 M_1 脉与 Rs 脉共柄；$Sc+R_1$ 脉由 1 横脉在中部之前与中室前缘相连；中室下角明显超过前角（图 207）。胸部有长毛簇。

　　雄性外生殖器分为 2 种类型：第 1 类第 8 腹板和第 8 背板特化，颚形突退化；另 1 类则具有典型的刺蛾科结构，第 8 腹板和背板不特化，颚形突发达。雌性外生殖器的囊导管不呈螺旋状，囊突通常不明显。

　　本属已知 10 种，分布在东洋界，我国已记载 3 种及 1 亚种，包括 1 新记录种。

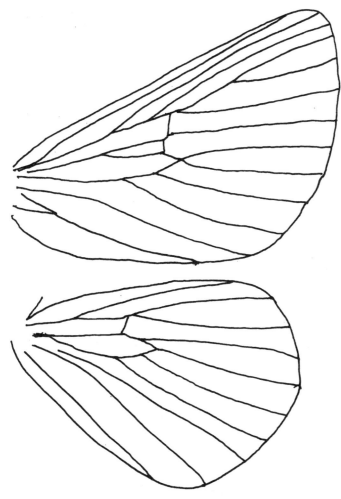

图 207　素刺蛾属 *Susica* Walker 的脉序

种 检 索 表

2.　前翅的亚端线完整，不向内呈齿形曲 ·· 织素刺蛾 *S. hyphorma*

前翅的亚端线在 R_3 脉与 R_4 脉间向内呈齿形曲，M_3 脉以后的部分通常消失 ·························· 3

3.　翅展 29-34mm；爪形突末端尖，相互分离 ····················· 华素刺蛾指名亚种 *S. sinensis sinensis*

翅展 30-40mm；爪形突末端较钝，相互靠近 ·············· 华素刺蛾台湾亚种 *S. sinensis formosana*

(175) 华素刺蛾 *Susica sinensis* Walker, 1856（图 208；图版 VI：164）

Susica sinensis Walker, 1856, List Specimens Lepid. Insects Colln Br. Mus., 7: 1759. Type locality: Shanghai, China. Holotype: ♂ (BMNH).

Susica formosana Wileman, 1911, Entomologist, 44: 151. Type locality: Kanshirei [Taiwan, China]. Holotype: ♂ (BMNH).

Susica fusca Matsumura, 1911, Tokyo. Suppl., 3: 80. Type locality: Taiwan, China. Holotype: ♂ (EIHU).

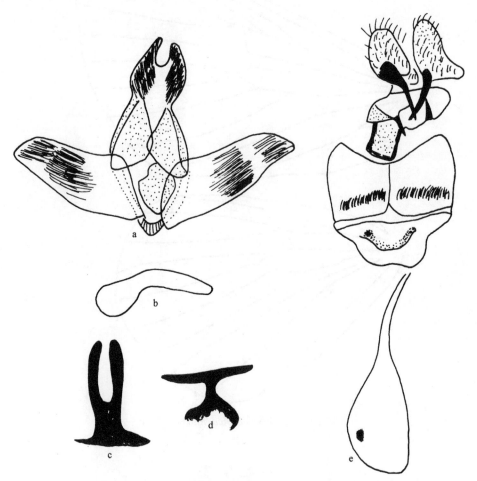

图 208　华素刺蛾 *Susica sinensis* Walker

a. 雄性外生殖器；b. 阳茎；c. 第 8 腹板端部；d. 第 8 背板端部；e. 雌性外生殖器

成虫：翅展 29-40mm。头和胸背黄白带褐色；腹部黄褐色。前翅黄褐色具丝质光泽，有 2 条暗褐色横线：外线从前缘约 3/4 向内斜伸至后缘基部 1/3，在 R_5 脉稍外曲；亚端线从前缘近翅顶向后伸至 M_3 脉时通常消失（有时则连续通至后缘），其中在 R_3 脉与 R_4 脉间向内呈齿形曲；横脉纹松散暗褐色；外线外侧 M_2-M_3 脉间基部有 1 黑点，外线以内的 A 脉上有 1 银白色纵纹。后翅暗褐色。

雄性外生殖器：第 8 背板端部呈"T"形骨化；第 8 腹板端部长二叉状；背兜中部明显加宽；爪形突宽大，具密毛，端部二分叉；颚形突退化；抱器瓣狭长，中部具浓密的长鬃毛，端部较窄，末端稍尖；阳茎端基环长，骨化较弱，阳茎细，略与抱器瓣等长，基部较粗，中部拱，末端较尖。

雌性外生殖器：第 8 腹板前缘有 1 块方形突起；第 7 腹板前缘有宽舌状突起；囊导管细，相对短，不呈螺旋状；交配囊小；囊突小，片状。

幼虫：老熟幼虫体长 25-28mm，长方形，淡绿色。体背面有 4 列枝刺，前、后端 2 对较长，在背侧的枝刺端部黑褐色，其余短枝刺及侧缘 2 列枝刺均呈淡绿色。背线淡黄绿色，内有 3 条紫褐色的细线纹；亚背线玉兰色，下方具紫褐色的线边。

茧：椭圆形，褐色，外附有白色丝纹，大小约 15mm×11mm。在土中结茧。

生活习性：在云南西双版纳一年发生 1 代，以老熟幼虫在茧内越冬，危害期在 7-10 月。

寄主植物：刺槐、油茶、茶、杧果、梨。

观察标本：浙江天目山，4♂，1936.V，2♂，1972.VII.28-31，蔡荣权采，1♂，1973.VII.20，张宝林采。甘肃文县碧口，720m，1♂，1999.VII.29，姚建采。贵州湄潭，1♀1♂，1982.VI.20，夏怀恩采。安徽九华山聚龙寺，1♂，1979.VII.23，王思政采。湖北兴山，1500m，1♂，1980.VII.29，虞佩玉采；兴山龙门河，1350m，1♂，1993.VII.17，宋士美采；利川星斗山，800m，3♂，1989.VII.21，李维采；神农架，900m，1♂，1980.VII.21，虞佩玉采。湖南永顺杉木河林场，600m，1♂，1988.VIII.3，陈一心采。江西井冈山，1♂，1975.VII.5，张宝林采；宜丰院前，1♂，1959.VIII.22；九连山，2♂，1975.VI.11-12，张宝林、宋士美采；大余内乡，1♂，1985.VIII.23；大余，8♂，1975.VII.15-VIII.18，宋士美采，2♂，1985.VIII.16，王子清采。四川峨眉山，710m，4♂，1979.VI.12-21，高平采，2♂，1974.VI.16，王子清采；峨眉山清音阁，800-1000m，24♂，1957.VI.19-30，朱复兴、黄克仁等采；荥经酒坪，1100m，2♂，1984.VI.24，陈一心采；泸定磨西，1600m，1♂，1983.VI.17，柴怀成采。重庆，1♂，1974.VI.22，韩寅恒采；缙云山，800m，1♂，1994.VI.14，李文柱采；重庆城口县岚天乡岚溪村，1368m，1♂，31.917°N，108.920°E，2017.VII.25，陈斌等采；城口县高观镇青龙峡，935m，1♂，31.828°N，108.993°E，2017.VI.27，陈斌等采；城口县高楠乡黄河村，1041m，1♂，32.127°N，108.551°E，2017.VII.8，陈斌等采。云南沧源班老，1100m，1♂，1980.V.18，高平采；沧源陆宝电站，750m，2♂，1980.V.19，高平采；沧源，790m，1♂，1980.V.20，尚进文采，3♂，1980.V.15-21，李鸿兴、宋士美采；芒市，900-1200m，1♂，1979.VII.13，邹惠祥采，1♂，1980.V.5，尚进文采；河口小南溪，200m，1♂，1956.VI.8，黄克仁采；漾濞跃进村，1500m，1♂，1980.VI.8；西双版纳小勐养，850m，1♂，1958.VIII.20，张毅然采，6♂，1957.VI.28-VIII.23，王书永、

臧令超采；西双版纳大勐龙，650m，2♂，1962.V.24，宋士美采；景洪，4♂，1958.VI.21-27，郑乐怡等采，5♂，1979.VIII；西双版纳补蚌，700m，1♂，1993.IX.14，杨龙龙采；西双版纳勐仑，580m，2♂，1993.IX.6，杨龙龙采；勐海，1200m，1♂，1958.VII.25，蒲富基采，4♂，1982.VII.18-25，罗亨文采；昌宁，1700m，1♂，1979.VI.16。广西桐木，1♂，1979.VII.26，宋士美采；南宁，3♂，1973.VII.5；苗儿山，1100m，1♂，1985.VII.13，方承莱采；金秀林海山庄，1100m，3♂，2000.VII.2，李文柱、姚建采；那坡德孚，1350m，1♂，2000.VI.18，陈军采；龙州大青山，360m，1♂，1963.IV.22，王春光采。海南屯昌，1♂，1973.VII.4；保亭，1♂，1974.VIII.5，3♂，1973.V.23-27，蔡荣权采；通什，6♂，1973.V.27-VI.2，蔡荣权采；尖峰岭，4♂，1973.V.26-VI.12，蔡荣权采；尖峰岭天池，900m，7♂，1980.IV.12-18，张宝林、蔡荣权采；尖峰岭热林站，5♂，1973.VI.2-VII.5；万宁，60m，29♂，1963.V.15-VIII.20，张宝林采；海南，2♂，1973.V.27；Fanyang，1♂，1936.VIII。福建武夷山三港，740m，32♂，1960.VI.12-VIII.2，张毅然采，1♂，1979.VIII.3，宋士美采，1♂，1982.VI.29，齐石成采，2♂，1983.VI.1-21，张宝林、王林瑶采；建阳坳头，1♂，1976.VI.29，齐石成采；南靖天奎，1♂，1973.VII.27，陈一心采。越南 Tonkin，Hoa-Binh，2♂，1940.VIII，A de Cooman 采。

分布：甘肃、江苏、上海、安徽、浙江、湖北、江西、湖南、福建、台湾、海南、广西、重庆、四川、贵州、云南；越南。

本种包括 2 亚种，我国均有分布。

(a) 华素刺蛾指名亚种 *Susica sinensis sinensis* Walker, 1856

Susica sinensis Walker, 1856, List Specimens Lepid. Insects Colln Br. Mus., 7: 1759.

Susica pallida (nec Walker): Cai, 1981, Iconographia Heterocerorum Sinicorum, 1: 99, fig. 645.

别名：素刺蛾。

翅展 29-34mm。体型相对较小，颜色较浅。雄性外生殖器的爪形突末端尖，相互分离。

分布：甘肃、江苏、上海、安徽、浙江、湖北、江西、湖南、福建、海南、广西、重庆、四川、贵州、云南；越南。

(b) 华素刺蛾台湾亚种 *Susica sinensis formosana* Wileman, 1911

Susica formosana Wileman, 1911, Entomol., 44: 151.

Susica fusca Matsumura, 1911, Tokyo. Suppl., 3: 80, pl. 36, fig. 8.

Susica sinensis formosana: Holloway, 1982, In: Barlow, An Introduction to the Moths of South East Asia: 186.

翅展 30-40mm。体型较大，颜色较暗。雄性外生殖器的爪形突末端较钝，相互靠近。

分布：台湾。

(176) 喜马素刺蛾 *Susica himalayana* Holloway, 1982（图 209；图版 VI：165）

Susica himalayana Holloway, 1982, In: Barlow, An Introduction to the Moths of South East Asia: 186.
Type locality: Sikkim (BMNH).

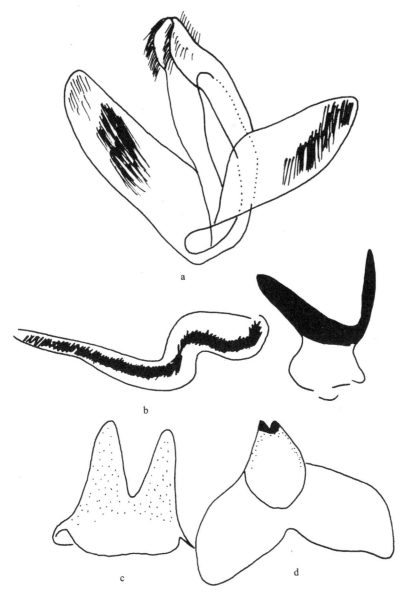

图 209　喜马素刺蛾 *Susica himalayana* Holloway

a. 雄性外生殖器；b. 阳茎；c. 第 8 背板；d. 第 8 腹板

翅展♂ 15-19mm，♀ 22-23mm。头和胸背黄白带褐色；腹部黄褐色。前翅黄褐色具丝质光泽，有 2 条非常模糊的暗褐色横线：外线从前缘约 3/4 向内斜伸至后缘基部 1/3，在 R_5 脉稍外曲；亚端线模糊，从前缘近翅顶向后伸至 M_3 脉时通常消失，其中在 R_3 脉与

R_4 脉间向内呈齿形曲；横脉纹松散暗褐色；外线外侧 M_2-M_3 脉间基部有 1 黑点，外线以内的 A 脉上有 1 模糊的银白色纵纹。后翅暗褐色。

雄性外生殖器：第 8 背板端部呈长二叉状；第 8 腹板飞机状，端部双齿状突出；背兜中部稍加宽；爪形突宽大，具密毛，端部微呈二分叉；颚形突退化；抱器瓣狭长，中部具浓密的长鬃毛，端部较窄，末端稍尖；阳茎端基环骨化较弱；阳茎短粗，端部二分叉，内有浓密的针状突。

观察标本：西藏墨脱背崩，850m，9♂，1983.V.25-VI.25，韩寅恒采。

分布：西藏；印度，不丹，尼泊尔。

(177) 织素刺蛾 *Susica hyphorma* Hering, 1931（图 210；图版 VI：166）

Susica hyphorma Hering, 1931, In: Seitz, Macrolepid. World, 10: 707, fig. 88f. Type locality: Guangdong, China.

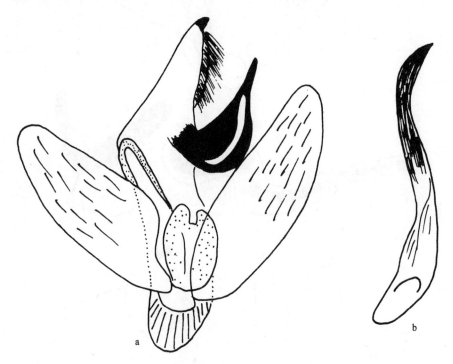

图 210　织素刺蛾 *Susica hyphorma* Hering
a. 雄性外生殖器；b. 阳茎

翅展 29-34mm。头和胸背黄白带褐色；腹部黄褐色。前翅黄褐色具丝质光泽，有 2 条暗褐色横线：外线从前缘近翅顶向内斜伸至后缘基部 1/3，在 M_3 脉稍外曲；亚端线在前缘几乎与外线同一点伸出，向后几乎呈直线伸至后缘；横脉纹松散暗褐色，不明显；外线外侧无黑点，外线以内的 A 脉上无银白色纵纹。后翅暗褐色。

雄性外生殖器：背兜宽，侧缘具毛；爪形突端部尖齿状；颚形突中部明显向两侧呈扇形扩大，末端尖；抱器瓣狭长，端部较窄，末端圆；阳茎端基环骨化较弱；阳茎细，明显长过抱器瓣，较骨化，稍弯曲，基部较粗，逐渐向端部变细，末端尖。

　　观察标本：云南蒙自新县，1200m，1♂，1979.V.24，汤福州采；屏边大围山，1500m，1♂，1956.VI.18，黄克仁采；西双版纳勐腊，620m，1♂，1959.V.30，张发财采；西双版纳补蚌，700m，1♂，1993.IX.14，杨龙龙采；沧源，2♂，1980.VI.8-9。

　　分布：广东、云南。

　　说明：模式标本5-6月采自广东Gao-fung，存德国柏林国家博物馆。

41. 扁刺蛾属 *Thosea* Walker, 1855

Thosea Walker, 1855, List Specimens Lepid. Insects Colln Br. Mus., 5: 979, 1068. **Type species**: *Thosea unifascia* Walker, 1855, by monotypy.

Autocopa Meyrick, 1889, Trans. Ent. Soc. Lond.: 457. **Type species**: *Autocopa monoloncha* Meyrick, 1889, by monotypy.

Anzabe Walker, 1855, List Specimens Lepid. Insects Colln Br. Mus., 5: 1093. **Type species**: *Anzabe sinensis* Walker, 1855.

Dasycomota Lower, 1902, Trans. Proc. R. Soc. Aust., 26: 220. **Type species**: *Dasycomota pyrrhoea* Lower, 1902, by monotypy.

Quasithosea Holloway, Cock *et* Desmier, 1987, In: Cock *et al.*, Slug and Nettle Caterpillars: 66. **Type species**: *Thosea sythoffi* Snellen, 1900, by original designation.

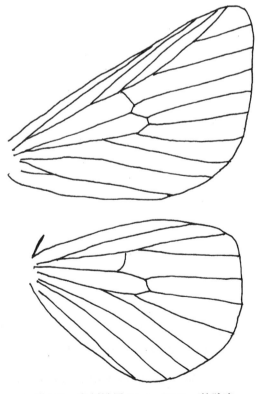

图 211　扁刺蛾属 *Thosea* Walker 的脉序

雄蛾触角短双栉齿状分支几乎到端部。下唇须前伸。前翅 R_2 脉独立，几乎出自中室上角；R_{3-5} 脉共柄；2+3A 脉基部分叉。后翅 M_1 脉与 Rs 脉共柄；$Sc+R_1$ 脉在中部之前与中室前缘相并接；中室下角明显超过上角（图 211）。

本属由 Holloway（1986）进行了重新限定，仅包括那些褐色及灰色的种类，其前翅有 1 枚暗色的中室端斑（点状）及 1 条多少有些斜直的暗色外线，有时中部和亚外缘有暗色影带。许多种类前足胫节末端有 1 枚银白色点斑。雄性外生殖器的爪形突末端的尖突是爪形突本身的延伸，而不是从腹面伸出的突起，抱器瓣基部有 1 枚十分狭长的突起。雌性外生殖器的囊导管呈螺旋状，囊突新月形。

本属已知 30 余种，分布在东洋界及澳大利亚，本志记载 12 种，包括作者已发表的 6 个新记录种。

种 检 索 表

(178) 中国扁刺蛾 *Thosea sinensis* (Walker, 1855)（图 212；图版 VI：167，图版 XII：259）

Anzabe sinensis Walker, 1855, List Specimens Lepid. Insects Colln Br. Mus., 5: 1093.

Thosea sinensis (Walker): Kirby, 1892, A Synonymic Catalogue of Lepidoptera Heterocera, I: 531.

Thosea sinensis coreana Okano *et* Park, 1964, Annual Report of the College of Liberal Art, University of Iwate, 22: 6.

Susica taiwana Shiraki, 1913, Taiw. Noji-Shik. Tokub.-Hok., 8: 401.

Rhamnosa bifurcivalva Wu *et* Fang, 2009f, Oriental Insects, 43: 255 (♂).

别名：扁刺蛾。

成虫：体长♀ 16.5-17.5mm，♂ 14-16mm。翅展♀ 30-38mm，♂ 26-34mm。头部灰褐色，复眼黑褐色；触角褐色。前足胫节端部有白点。胸部灰褐色。前翅褐灰色到浅灰色，内半部和外线以外带黄褐色并稍具黑色雾点；外线暗褐色，从前缘近翅顶直向后斜伸到后缘中央前方；横脉纹为 1 黑色圆点。后翅暗灰色到黄褐色。南方种群的体型大于北方种群，中室端的黑点较北方种群明显。

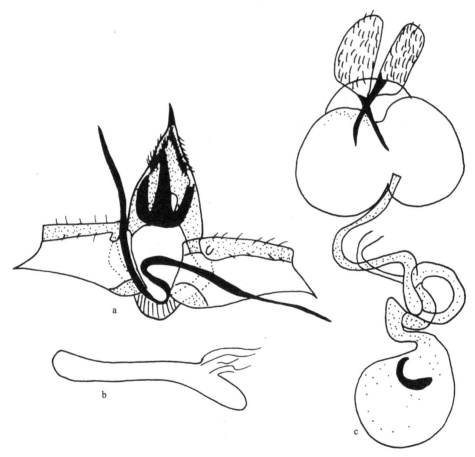

图 212　中国扁刺蛾 *Thosea sinensis* (Walker)
a. 雄性外生殖器；b. 阳茎；c. 雌性外生殖器

雄性外生殖器：爪形突细长，末端尖；颚形突细长，末端尖；抱器瓣略呈长方形，腹缘尖削状突出，超过背缘，背缘纵条状反卷折叠，抱器瓣基突狭长（明显长于抱器瓣）；

囊形突不明显；阳茎细，稍弯曲，无角状器。

雌性外生殖器：第 8 腹板扩大，后缘和前缘中央深凹；前表皮突不明显；囊导管十分狭长，端部螺旋状；交配囊相对小，卵形；囊突较大，马蹄形。

卵：扁长椭圆形，长径 1.2-1.4mm，短径 0.9-1.2mm，初产时黄绿色，后变灰褐色。

幼虫：初孵时体长 1.1-1.2mm，色淡，可见中胸到腹部第 9 节上的枝刺。老熟幼虫扁平长圆形，体长 22-26mm，体宽 12-13mm；虫体翠绿色。背部有白色线条贯穿头尾；背侧各节枝刺不发达，上着生多数刺毛；中、后胸枝刺明显较腹部枝刺短，腹部各节背侧和腹侧间有 1 条白色斜线，基部各有红色斑点 1 对。幼虫共 8 龄。

蛹：近纺锤形，长 11.5-15.0mm，宽 7.5-8.5mm。初化蛹时为乳白色，将羽化时呈黄褐色。茧近圆球形，长 11.5-14.0mm，宽 9-11mm，黑褐色。

生物学习性：在长江以南一年发生 2-3 代，以老熟幼虫结茧越冬。在浙江越冬幼虫 5 月初开始化蛹。5 月下旬成虫开始羽化，6 月中旬为羽化产卵盛期。6 月中、下旬第 1 代幼虫孵化，7 月下旬至 8 月上旬结茧化蛹，8 月间第 1 代成虫羽化产卵。1 周后，出现第 2 代幼虫，9 月底 10 月初老熟幼虫陆续结茧越冬。在江西部分第 2 代老熟幼虫于 9 月下旬结茧化蛹，9 月底羽化为第 2 代成虫，产卵后经 1 周孵化为幼虫，10 月下旬后陆续结茧越冬。

卵散产于叶片上，且多产于叶面。卵期为 6-8 天。初孵幼虫不取食，2 龄幼虫啃食卵壳和叶肉，4 龄以后逐渐咬穿表皮，6 龄后自叶缘蚕食叶片。老熟幼虫早晚沿树干爬下，于树冠附近的浅土层、杂草丛及石缝中结茧。幼虫落地时间集中在 20:00 至次日晨 6:00。结茧入土深度一般在 3cm 以内（90%以上），但在砂质壤土中可深达 13cm 左右。成虫羽化多在 18:00-20:00，羽化后稍停息后即可飞翔和交尾，次日晚产卵。成虫有强趋光性。

寄主植物：油茶、茶、核桃、柿、枣、苹果、梨、乌桕、枫香、枫杨、杨、大叶黄杨、柳、桂花、苦楝、香樟、泡桐、油桐、梧桐、喜树、银杏、桑、栎、板栗等 59 种林木和果树。

观察标本：北京，2♀12♂，1952.VI.23-VII.10，3♀，1956.VI.20-VII.20；三堡，10♂，1964.VII.20-VIII.18，廖素柏采，1♀4♂，1972.VII.21-25，张宝林采；西郊公园，2♂，1952.VII.11-16；中关村，1♂，1972.VI.28；昌平，11♂，1959.VII.14-VIII；门头沟，1♀，1950.VII.22，王林瑶采；八达岭，700m，1♂，1962.VI.29，王春光采；肖庄林业大学，1♀1♂，1974.VI.23；上房山，1♂，1982.V.10，张宝林采；平谷，1♀7♂，1975.V.10-VI.21，李铁生采。河北昌黎，1♀2♂，1972.VII.4；唐海县，1♂，1989.VI.22，廖素柏采。陕西紫阳，1♂，1976.VI.21，马文珍采。江苏南京，1♀，1956.VIII.6。甘肃成县飞龙峡，1020m，1♂，1999.VII.4，姚建采。辽宁新金，1♂，1954.VII.21，欧炳荣采。湖南永顺杉木河林场，600m，1♂，1988.VIII.3，陈一心采；桑植天平山，1300m，2♂，1988.VIII.11，李维、陈一心采；衡山，3♂，1979.VIII.21-29，张宝林采；长沙，1♂，1974.V.23，张宝林采。湖北秭归九岭头，100m，1♂，1993.VI.13，姚建采；利川星斗山，800m，2♂，1989.VII.21-23，李维采；荆州，2♀，1980.VII；兴山龙门河，1350m，1♂，1993.VI.12，姚建采。云南玉溪易门，1700m，1♂，1978.VI.12，常文林采（外生殖器玻片号 L06209）；景洪，2♂，1978.IV.20（外生殖器玻片号 L06232，L06234）；西双版纳大勐龙，1♂，1980.V.6，高平

采；勐腊，1♀，1982.IV.21；沧源，1♂，1980.V.19，宋士美采；景东，1170m，5♂，1956.VI.3-27，扎古良也夫采（外生殖器玻片号 L062250）；金平猛喇，370m，1♂，1956.V.24，黄克仁采（外生殖器玻片号 L06226）。重庆彭水太原，750m，1♂，1989.VII.9，买国庆采；武隆火炉，700m，1♂，1989.VII.5，李维采；长寿楠木园，450m，1♂，1994.VI.9，李文柱采；万州龙驹，400m，1♂，1994.V.26，李文柱采；云阳江上，110m，1♂，1994.V.25，李文柱采；丰都，200m，2♂，1994.VI.1，李文柱采。四川峨眉山清音阁，800-1000m，1♂，1957.VII.17，黄克仁采；峨眉山报国寺，3♂，1979.V.17-20，刘友樵采（外生殖器玻片号 L06214）；峨眉山，1♀，1976.VIII；南充，2♂，1973.VII.6。贵州江口梵净山，500m，1♀，1988.VII.11，李维采；石阡金星，1♂，1988.VII.22。浙江杭州，4♂，1972.VIII.5-15，1♀7♂，1973.VII.28-VIII.1，张宝林采；杭州植物园，1♂，1976.VI.8，陈瑞瑾采；天目山，4♂，1936.V；宁波，1♀，1941.VI。上海，1♂，1940.VI.20。江西新建县，1♂，1959.V.11；井冈山，1♂，1975.VII.5，张宝林采（外生殖器玻片号 L06230）；弋阳，3♂，1975.VIII.12，宋士美采（外生殖器玻片号 L06216）；莲塘，1♀1♂，1957.VII.20，王林瑶采；宜丰院前，1♀，1957.VII；大余内良，2♀2♂，1985.VIII.23。福建厦门，1♂，1973.VI.25，陈一心采；建阳黄坑，1♂，1979.VIII.15，宋士美采，1♂，1980.VII.3，齐石成采；武夷山三港，1♂，1979.VII.20，宋士美采（外生殖器玻片号 L06217）。广西桂林，3♂，1980.VI.8，2♂，1981.V.2，黄进孙采；龙胜天平山，740m，1♂，1963.VI.16，王春光采；龙胜红滩，900m，1♂，1963.VI.14，王春光采；龙胜白岩，1150m，1♂，1963.VI.21，王春光采；龙胜，6♂，1980.VI.11-15，王林瑶、宋士美采；凭祥，230m，4♂，1976.VI.8-11，张宝林采；钦州，2♀1♂，1980.IV.15，蔡荣权采；桐木，1♂，1979.VII.26，蔡荣权采；金秀罗香，400m，1♂，1999.V.15，刘大军采；金秀圣堂山，900m，1♂，1999.V.17-18，李文柱采（外生殖器玻片号 L06174）；博白三滩，200m，1♂，1983.X.9，王辑建采；大青山，1♂，1980.VII.27；柳州，1♂，1981.VIII.27；高峰林场，1♀，1981.VII.5，梁东球采；南宁区林科所，1♂，1981.VII.5，罗永义采；南宁，1♀10♂，1973.VII.3-9，梁静莲采。广东广州，6♂，1958.IV.30-VII.4，韩运发采；广州石牌，8♂，1958.VII.7-IX.7，张宝林、王林瑶采。海南保亭，1♂，1974.VIII.5；吊罗山，3♂，1973.VI.18，蔡荣权采；万宁，60m，1♀2♂，1963.IV.29-VII.24，张宝林采（外生殖器玻片号 L06222）；尖峰岭，6♂，1973.VI.7-16，蔡荣权采，5♀20♂，1978.IV.13-24，张宝林采（外生殖器玻片号 L06220，L06221），2♂，1980.III.26，蔡荣权采，2♀1♂，1982.IV.1-9，陈芝卿、陈佩珍采。河南桐柏水帘洞，300m，1♂，2000.V.24，申效诚等采；黄柏山大庙，700m，1♂，1999.VII.12，申效诚等采。

分布：辽宁、北京、河北、河南、陕西、甘肃、江苏、上海、浙江、湖北、江西、湖南、福建、台湾、广东、海南、香港、广西、重庆、四川、贵州、云南；韩国，越南。

(179) 玛扁刺蛾 *Thosea magna* Hering, 1931（图 213；图版 VI：168）

Thosea magna Hering, 1931, In: Seitz, Macrolepid. World, 10: 711; Holloway, Cock *et* Desmier, 1987, In: Cock *et al.*, Slug and Nettle Caterpillars: 50; Wei *et* Wu, 2008, Acta Zootaxonomica Sinica, 33(2): 387.

　　翅展 40-50mm。身体灰色到灰褐色，前足胫节端部有白点。与中国扁刺蛾 *Th. sinensis* 很相似，但体型较大，前翅中室端的黑点较大而明显；外线较细；外线外的端部通常颜色较暗。后翅灰色。

　　雄性外生殖器：爪形突相对细长；颚形突细长，末端较尖；抱器瓣狭长，由基部向端部逐渐变窄，末端宽而圆，抱器瓣基突狭长（明显长于抱器瓣）；囊形突不明显；阳茎细，稍弯曲，无角状器。

　　雌性外生殖器：第 8 腹板扩大，两端缘中央"V"形凹；前表皮突骨化程度弱，但很明显，相对短小；囊导管十分狭长，端部螺旋状；交配囊相对小，卵形；囊突大，马蹄形。

　　寄主植物：茶。

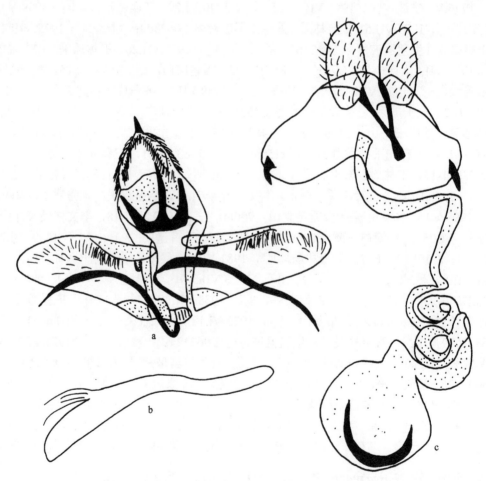

图 213　玛扁刺蛾 *Thosea magna* Hering
a. 雄性外生殖器；b. 阳茎；c. 雌性外生殖器

　　观察标本：云南西双版纳小勐养，850m，5♂，1957.VIII.20-23，王书永等采；勐海，1200m，1♂，1958.VII.21，王书永采，2♂，1980.IX.16，罗亨文采，2♀2♂，1983.VIII.5，

罗亨文采（外生殖器玻片号 L06203 ♂，L06204 ♀）；小勐仑，5♂，1980.V.6，宋士美、高平采；勐仑，1♂，1962.V.24，宋士美采；陇川，1000m，1♂，1979.VI.19，张金良采（外生殖器玻片号 L06223）；建水东山，1♀，1979.V.20，刘永介采（外生殖器玻片号 L06224）；潞西，900-1400m，1♀，1980.V.6，宋士美采，1♂，1983.V.31，杜肇怡采；潞西小街，1150m，1♂，1979.VII.13；畹町，820m，1♂，1979.VI.3，张应秋采（外生殖器玻片号 L06227）；畹町柚木林场，850m，1♀，1982.IV.22（外生殖器玻片号 L06228）；芒市，900m，1♀，1980.V.31，宋士美采。

分布：云南；印度，尼泊尔。

(180) 祺扁刺蛾 *Thosea cheesmanae* Holloway, 1987（图 214；图版 VII：169）

Thosea cheesmanae Holloway, 1987, In: Cock *et al*., Slug and Nettle Caterpillars: 63. Type locality: Kokoda, Papua; Kumusi, New Guinea (BMNH); Wei *et* Wu, 2008, Acta Zootaxonomica Sinica, 33(2): 387.

翅展 35-40mm。身体灰褐色，前足胫节末端有银白点。前翅赭灰色到灰褐色；中室端点大而明显；中部有 1 条较宽的暗色影带；外线细，常模糊，不衬浅色边；外缘较暗。后翅比前翅颜色稍浅。

雄性外生殖器：爪形突细长；颚形突粗长，末端较钝；抱器瓣略呈三角形，亚基部中央有 1 块膜质的垫状突起，具毛，抱器瓣末端尖，抱器瓣基突狭长（明显长于抱器瓣）；囊形突不明显；阳茎粗长，稍弯曲，无角状器。

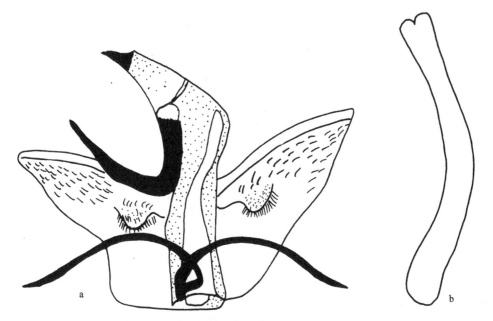

图 214　祺扁刺蛾 *Thosea cheesmanae* Holloway

a. 雄性外生殖器；b. 阳茎

观察标本：广西苗儿山，800m，1♂，1985.VII.2（外生殖器玻片号 L06218）。江西长古岭，1♂，1975.VII.3，张宝林采（外生殖器玻片号 L06215）；宜丰院前，1♂，1959.VI.13（外生殖器玻片号 L06229）。

分布：江西、广西；巴布亚新几内亚。

(181) 泰扁刺蛾 *Thosea siamica* Holloway, 1987（图 215；图版 VII：170）

Thosea siamica Holloway, 1987, In: Cock *et al*., Slug and Nettle Caterpillars: 48. Type locality: Chumporn, Thailand (BMNH); Wei *et* Wu, 2008, Acta Zootaxonomica Sinica, 33(2): 387.

成虫：翅展♂ 30mm 左右。身体暗黄褐色，前足胫节末端有银白点。前翅暗褐色；中室端斑较小，清晰；中部有模糊的暗色影带；外线较粗，其内侧不衬浅色边；外缘较暗。后翅比前翅颜色稍暗。

雄性外生殖器：爪形突细长；颚形突粗长，末端尖；抱器瓣略呈长方形，末端中部内凹，抱器背缘突出长于腹缘；抱器瓣基突狭长而弯曲（明显长于抱器瓣）；囊形突不明显；阳茎细长，稍弯曲，无角状器。

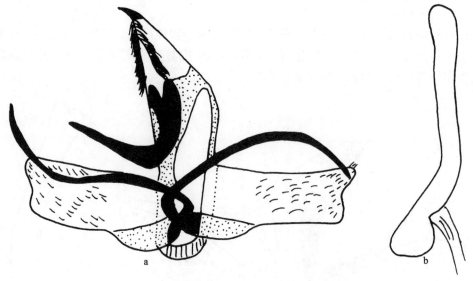

图 215　泰扁刺蛾 *Thosea siamica* Holloway
a. 雄性外生殖器；b. 阳茎

卵：成小块产在叶子背面，卵大小为（2.2-2.3）mm ×（3.3-3.5）mm。

幼虫：所有侧枝刺末端带粉红色；背线没有暗蓝色的边缘，在 A5 节稍加宽并衬橙红色边；在各亚背枝刺下有 1 红斑，形成 1 列。

茧：暗褐色，主要由小叶组成，♂ 13mm×14mm，♀ 14mm×27mm。

天敌：大腿小蜂 *Brachymeria* sp.、赤眼蜂 *Trichogramma* sp.、犀猎蝽 *Sycanus* sp.。

寄主植物：椰子、油棕。

观察标本：云南西双版纳勐仑，1♂，1964.VI.5，张宝林采（外生殖器玻片号 L06231）。

分布：云南；泰国。

(182) 稀扁刺蛾 *Thosea rara* Swinhoe, 1889（图 216；图版 VII：171）

Thosea rara Swinhoe, 1889, Proc. Zool. Soc. Lond.: 408, pl. 43, fig. 9.

Angabe rara (Swinhoe): Kirby, 1892, A Synonymic Catalogue of Lepidoptera Heterocera, I: 531.

翅展♂ 30-33mm。前足胫节端部有白斑。外形与中国扁刺蛾很近似，但体型较小。前翅褐灰色，暗色外线较阔，其内侧有明显的浅色带；中室端点不明显；外形两侧的翅脉颜色比底色浅。后翅灰褐色。

图 216　稀扁刺蛾 *Thosea rara* Swinhoe
a. 雄性外生殖器；b. 阳茎

雄性外生殖器：爪形突细长；颚形突缺；抱器瓣略呈三角形，末端钝而腹缘呈角状突出，抱器瓣基突狭长而弯曲（明显长于抱器瓣）；囊形突细长，柄状；阳茎细，直，无角状器。

寄主植物：落花生属、刺桐属、番樱桃属、芭蕉属。

观察标本：云南西双版纳小勐仑，1♂，1980.V.7，王林瑶采（外生殖器玻片号 L06164）；景洪，500m，1♂，1982.V.22（外生殖器玻片号 L06169）；勐腊，620-650m，1♂，1964.VIII.9，张宝林采（外生殖器玻片号 L06233）。

分布：云南；缅甸。

(183) 叉瓣扁刺蛾 *Thosea styx* Holloway, 1987（图 217；图版 VII：172）

Thosea styx Holloway, 1987, In: Cock *et al.*, Slug and Nettle Caterpillars: 55. Type locality: Khasis, India (BMNH); Wei *et* Wu, 2008, Acta Zootaxonomica Sinica, 33(2): 387.

翅展 30-40mm。身体暗褐色，前足胫节末端有银白点。前翅暗灰褐色到暗褐色；中室端点模糊；外线细，其内侧衬稍浅的窄边；外缘较暗。后翅比前翅颜色稍浅。

雄性外生殖器：爪形突细长；颚形突粗长，末端尖；抱器瓣狭长，中部有纵褶，从基部直达末端，抱器瓣末端二分叉，上叶宽下叶窄，抱器瓣基突狭长（明显长于抱器瓣）；囊形突不明显；阳茎细，直，无角状器。

雌性外生殖器：第 8 腹板扩大，两端缘中央内凹；前表皮突很小；囊导管十分狭长，端部螺旋状；交配囊相对小，卵形；囊突大，马蹄形。

寄主植物：茶。

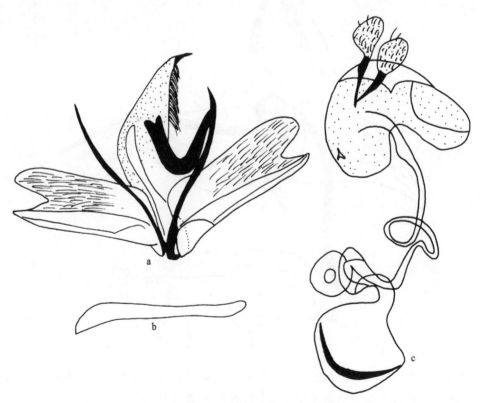

图 217　叉瓣扁刺蛾 *Thosea styx* Holloway
a. 雄性外生殖器；b. 阳茎；c. 雌性外生殖器

观察标本：云南永胜六德，2230m，1♂，1984.VII.8，刘大军采（外生殖器玻片号 L06189）；大理华营果场，2150m，1♂，1980.VI.28；昆明关渡区板桥，2100m，1♂，1980.VI.22；富宁金坝，1830m，1♂，1979.V.9，周永谋采；路南（石林），1700m，1♂，

1956.VII.2,扎古良也夫采（外生殖器玻片号 L06190）；维西县城，2320m，1♂，1979.VI.20，
白如茜采（外生殖器玻片号 L06188）；昌宁，1720-1760m，2♂，1979.VI.12-15（外生殖
器玻片号 L06162）；西双版纳勐海，1200m，4♀2♂，1982.VI.26-27，1983.VIII.9，罗亨
文采（外生殖器玻片号 L06200，L06199）；永平金河大队，1840m，1♂，1980.VI.9（外
生殖器玻片号 L06198）；漾濞跃进砖房，1700m，1♂，1980.VIII.5（外生殖器玻片号
L06168）；禄丰，1850m，1♂，1982.VI.22（外生殖器玻片号 L06170）；临沧博尚，
1750-1770m,3♂,1980.VII.1-4,李乔生、宋炳群采；腾冲洞山关坡,1740m,1♂,1979.VI.16；
云龙阶梯坝，1100m，1♂，1980.VII.29；高黎贡山白花岭，1♂，2006.VIII.7，高兴荣采。
海南尖峰岭，1♂，1981.VIII.28，顾茂彬采（外生殖器玻片号 L06161）。

分布：海南、云南；印度。

(184) 斜扁刺蛾 _Thosea obliquistriga_ Hering, 1931（图 218；图版 VII：173）

Thosea obliquistriga Hering, 1931, In: Seitz, Macrolepid. World, 10: 713.

Thosea curvistriga Hering, 1931, In: Seitz, Macrolepid. World, 10: 713, fig. 89c.

Quasithosea obliquistriga (Hering): Holloway, Cock _et_ Desmier, 1987, In: Cock _et al._, Slug and Nettle
　　Caterpillars: 68.

Thosea loesa (nec Moore): Cai, 1981, Iconographia Heterocerorum Sinicorum, 1: 103, fig. 682.

别名：暗扁刺蛾。

成虫：翅展 26-29mm。前足胫节端部有白斑。外形与中国扁刺蛾很近似，但身体和
前翅暗褐色，前翅的暗色外线较斜和较靠近横脉上的黑点，向后伸至后缘中央，外线内
衬窄的亮边。后翅暗褐色稍带红色。

雄性外生殖器：爪形突相对短；颚形突粗长，末端尖；抱器瓣略呈三角形，末端钝，
抱器瓣基突狭长而弯曲（明显长于抱器瓣）；囊形突不明显，阳茎细，弯曲，无角状器。

雌性外生殖器：第 8 腹板窄，后缘中央"V"形凹；囊导管十分狭长，端部螺旋状；
交配囊相对小，卵形；囊突大，马蹄形。

幼虫：与本属其他种类很相似，但其背线窄而完整，浅蓝色，衬暗绿色的边，始于
胸部第 2 节（此处为 1 暗蓝色点，因而显得比别处更明显）。

寄主植物：散尾葵属、栀子属。

观察标本：广东广州华南农业大学校园，5♂，1983.VIII.7，谢振伦采。海南大丰，1♂，
1978.V.10，张宝林采；尖峰岭，3♂，1973.V.26-VI.9，蔡荣权采，1♂，1983.V.6，王春采，
1♂，1983.IV.27，顾茂彬采。广西桂林雁山，200m，1♂，1963.V.16，史永善采（外生殖
器玻片号 L06160）；防城扶隆，250m，1♂，1998.III.20，乔格侠采；金秀罗香，200m，
1♂，1999.V.15，韩红香采；南宁，1♀，1982.IV.15（外生殖器玻片号 L06159）；南宁动
物园，2♂，1981.VIII.14，罗永义采（外生殖器玻片号 WU0212）；苗儿山九牛场，1100m，
2♂，1985.VII.6-7，王子清、方承莱采。江西大余，1♂，1977.VI.17，刘友樵采。四川都
江堰，2♂，1965.VII.20。重庆江津区中山镇常乐村，214m，1♂，28.885°N，106.335°E，
2017.VIII.27，付文博等采。甘肃舟曲沙滩林场，2350m，1♂，1998.VII.5，王书永采；

文县，1000m，1♂，1999.VII.20，朱朝东采（外生殖器玻片号 L06236）；康县阳坝林场，1000m，1♂，1999.VII.10，朱朝东采。陕西佛坪，900m，1♂，1999.VI.27，章有为采。福建武夷山三港，1♂，1982.VI.29，江凡采；武夷山挂墩，1♂，1981.VI.17，罗礼智采；建阳黄坑，1♂，1980.VI.19，江凡采；建阳黄坑坳头，720-950m，1♂，1963.VI.30，章有为采；南平上群，1♂，1963.VI.18，章有为采。湖南炎陵，1♂，1981.VI.1（外生殖器玻片号 WU0210）；衡阳，1♂，1981.V.6（外生殖器玻片号 WU0211），1♂，1981.VI.22。

　　分布：陕西、甘肃、江西、湖南、福建、广东、海南、香港、广西、重庆、四川；越南。

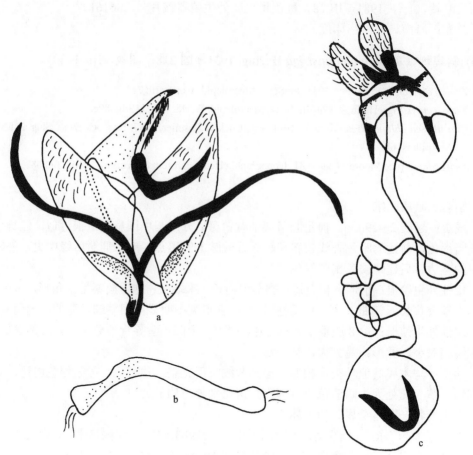

图 218　斜扁刺蛾 *Thosea obliquistriga* Hering

a. 雄性外生殖器；b. 阳茎；c. 雌性外生殖器

(185) 明脉扁刺蛾 *Thosea sythoffi* Snellen, 1900（图 219；图版 VII：174）

Thosea sythoffi Snellen, 1900, Tijdschr. Ent., 43: 70; Wei *et* Wu, 2008, Acta Zootaxonomica Sinica, 33(2): 388.

Thosea pseudocurvistriga Hering, 1933b, Stylops, 2: 110.

Quasithosea sythoffi (Snellen): Holloway, Cock *et* Desmier, 1987, In: Cock *et al*., Slug and Nettle

Caterpillars: 66.

Thosea asigna (nec Eecke): Cai, 1981, Iconographia Heterocerorum Sinicorum, 1: 104, fig. 684.

成虫：翅展 32mm。前足胫节端部无白点。身体褐色。前翅赭褐色稍带红色，外线为 1 明亮带，从前缘近翅顶向后直斜伸至后缘中央，外衬暗褐色松散带；外线以外的外缘区稍暗，翅脉明亮；横脉上的黑点不明显。后翅暗褐色。

雄性外生殖器：爪形突粗；颚形突相对短，末端十分尖；抱器瓣略呈椭圆形，末端宽圆，抱器瓣基突狭长而弯曲（明显长于抱器瓣）；囊形突不明显；阳茎细长，直，末端锯齿状。

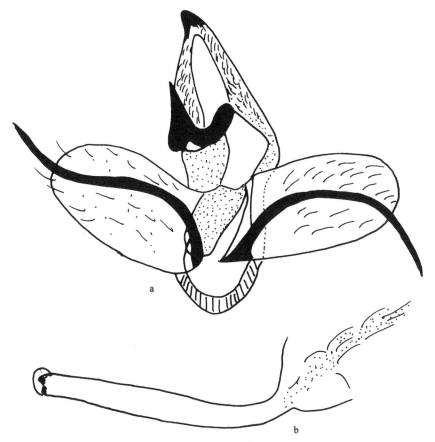

图 219　明脉扁刺蛾 *Thosea sythoffi* Snellen
a. 雄性外生殖器；b. 阳茎

幼虫：老熟幼虫体长 16mm，宽 6mm。中胸和后胸（T2、T3）节及第 1、第 5、第 8（A1、A5、A8）节有发达的亚背枝刺。体色鲜绿色；T1 节半透明，散布有浅色毛。背线紫红色，1mm 宽；暗紫红色的边缘外方有稍宽的黄色边缘，两者共宽 1.75mm；背线整体上是间断的，在末端、T3 节的亚背枝刺之间（0.75mm 的间隙）及 A1 节的亚背枝刺之间（1.25mm 的间隙）有完整的边缘，在 T3 节和 A1 节的亚背枝刺之间形成 1 个独立的紫红色斑（其边缘为暗紫色和黄色），在 A5 节的亚背枝刺之间紫红色缩减为 0.3mm，且黄色边缘消失；背线终止于 A8 节的亚背枝刺之前，其后缘暗紫红色而没有黄色。侧面的斑纹：在 T3 节到 A8 节的亚背枝刺和侧枝刺之间有 1 列 9 个斑；这些斑位于亚背枝刺之下，其背缘圆，向腹缘变窄，终止于相应节与前一节的侧枝刺之间；这些斑绿色，有黄绿色的边缘。足黄色。气门褐色，不明显。亚背枝刺：在 T2 节长 1.5mm，几乎直向前伸，橘黄色，基部颜色较浅；基部的刺颜色浅但其末端暗，端部的刺橘黄色有暗色的末端，顶部的刺暗色。T3、A1、A5、A8 节的枝刺长 2.5mm，向外（30°）上（45°）方伸，橘黄色，基部绿色；基部的刺橘黄色但末端暗色，端部的刺基部 1/2 橘黄色，端部 1/2 暗色，顶端的刺黑色。A2-A4、A6、A7 节的枝刺非常退化，有 4-5 个短刺，浅色有暗色的顶端，着生在稍突起的瘤上。侧枝刺：T2 节的枝刺 1mm 长，水平状向外伸（与身体轴呈 30°），浅绿色，基部的刺色浅而有暗色的末端，端部的刺基半部褐色、端半部浅色、末梢暗色，顶部的刺基半部浅褐色、端半部暗色，两者间有 1 窄的浅色带相隔。T3 节的枝刺长 2mm，水平状向外伸（与身体轴呈 75°），绿色，刺颜色浅而有绿色的基部和暗色的末端。A2-A9 的枝刺长 1.5-2.0mm，A2 节和 A4 节的枝刺稍短于其他节的枝刺；A3-A7 节的枝刺稍向背方伸，A8 节的枝刺与身体轴呈 135°，A9 节呈 150°；刺浅色有暗色的末端。

茧：在地表下结茧。

寄主植物：棕榈、甘蔗。

观察标本：云南西双版纳勐阿，1050-1080m，1♂，1958.VI.8，蒲富基采（外生殖器玻片号 L06173）；耿马红卫，1100m，1♂，1980.VI.7，李宋德采；泸水中元大队，1550m，1♂，1979.VII.9。

分布：云南；印度，缅甸，泰国，马来西亚，印度尼西亚。

(186) 两点扁刺蛾 *Thosea vetusta* (Walker, 1862)（图 220；图版 VII：175）

Nyssia vetusta Walker, 1862, J. Proc. Linn. Soc. Lond., 6: 144.

Nyssia biguttata Walker, 1862, J. Proc. Linn. Soc. Lond., 6: 145.

Parasa biguttata (Walker): Kirby, 1892, A Synonymic Catalogue of Lepidoptera Heterocera, I: 546.

Thosea vetusta (Walker): Hering, 1931, In: Seitz, Macrolepid. World, 10: 713, fig. 89c; Holloway, Cock et Desmier, 1987, In: Cock *et al.*, Slug and Nettle Caterpillars: 55.

Thosea biguttata (Walker): Hering, 1931, In: Seitz, Macrolepid. World, 10: 713, fig. 89c; Cai, 1988, Insects of Mt Namjagbarwa Region of Xizang: 396.

成虫：翅展♂ 35mm。头和胸部背面灰褐色。腹部暗灰紫色。前翅暗灰紫色，中室外有 1 条松散的暗褐色横带，从前缘近翅顶向后伸达后缘中央外侧，带内侧衬灰白色带；横脉纹黑点状。后翅暗灰紫色。雌蛾前翅的中室端点较雄蛾更明显。

雄性外生殖器：爪形突相对短；颚形突粗长，末端尖；抱器瓣狭长，基部 1/4 很宽，其余部分轻微地逐渐向端部收缩，末端中央稍内凹，抱器瓣基突狭长而弯曲（明显长于抱器瓣）；囊形突不明显；阳茎细，直，无角状器。

幼虫：背面条纹明显，但有一定的变异。体长 25mm，宽 10mm，枝刺长 18mm。头部绿色，单眼与口器暗。身体底色暗绿色，与油棕叶片背面的颜色非常相似。背线黄色，1mm 宽，从 T2 节的亚背枝刺间伸到 A8 节的亚背枝刺间，在 A3-A8 节背线镶有间断的暗蓝色细边纹，其外侧有 1 条连续的浅蓝色纹；极少数标本在 A3 节和 A5 节的背面条纹会形成分离的钻石形。气门浅褐色。亚背枝刺：在 T2 节短，0.75mm，其背面和侧面的刚毛基部绿色，其余黑色，腹面的刚毛绿色，但末端的刚毛颜色较浅；在 T3 节和 A1-A8 节非常短而不明显，刺基部绿色，端部颜色暗。侧枝刺：在 T2 节，与本节的亚背枝刺类似；在 T3 节，长 1.75mm，其余与 T2 节的侧枝刺类似；A1 节，在 T3 节侧枝刺后侧、气门正前方有 1 个很短的绿色小刺丛；A2-A8 节，扁弧线的基部有放射状的刚毛，枝刺绿色，在暗色末端前有浅色带。

寄主植物：菖蒲属、香蕉、油棕、茶。

观察标本：西藏墨脱背崩，850m，1♂，1983.VI.24，韩寅恒采（外生殖器玻片号 L06184）。

分布：西藏；马来西亚，印度尼西亚。

图 220　两点扁刺蛾 *Thosea vetusta* (Walker)

a. 雄性外生殖器；b. 阳茎

(187) 棕扁刺蛾 *Thosea vetusinua* Holloway, 1986（图 221；图版 VII：176）

Thosea vetusinua Holloway, 1986, Malayan Nature Journal, 40(1-2): 109, figs. 182, 185. Type locality: W. Pahang, Malaysia (BMNH); Wei *et* Wu, 2008, Acta Zootaxonomica Sinica, 33(2): 389.

翅展♂ 30mm 左右。头和胸部背面灰黄褐色。腹部暗灰紫色。前翅暗灰紫色，中室外有 1 条明显的暗褐色横带，从前缘近翅顶向后伸达后缘中央外侧，带内侧衬灰黄色宽带；横脉纹不明显。后翅暗灰紫色。

雄性外生殖器：第 8 腹板端部中央有 1 枚狭长的突起，端半部二分叉；爪形突相对短，末端尖；颚形突粗长，末端尖；抱器瓣狭长，基部 1/4 很宽，其余部分几乎等宽，末端两侧尖角状突出，抱器瓣基突较短，明显短于抱器瓣的长度；囊形突不明显；阳茎粗长，稍弯曲，无角状器。

观察标本：云南西双版纳勐仑林管所，550m，1♂，1982.V.4，李钢采（外生殖器玻片号 L06260）。

分布：云南；马来西亚。

图 221 棕扁刺蛾 *Thosea vetusinua* Holloway
a. 雄性外生殖器；b. 阳茎；c. 第 8 腹板端部

(188) 丰扁刺蛾 *Thosea plethoneura* Hering, 1933

Thosea plethoneura Hering, 1933a, In: Seitz, Macrolepid. World, Suppl. 2: 204, fig. 15h. Type locality: Kiao-Chui, Northwest China (ZMHB).

Avatara plethoneura (Hering): Solovyev *et* Witt, 2009, Entomofauna, Suppl. 16: 157.

翅展 28mm。胸部褐色，腹部灰黑色。前翅褐色，带轻微的红色色调；基部斜线以内暗褐色；中室端有暗褐色点；后缘中部有 1 块模糊的三角形暗斑，其顶角伸达中室的下缘；亚端线色浅，在中部向内曲，内侧衬暗影带；边缘区颜色较暗。后翅灰色。

观察标本：作者未见标本。模式标本采自中国西北 Kiao-Chui，存德国柏林国家博物馆。描述译自 Hering（1933a）的记述。

分布：西北。

说明：因没有解剖外生殖器，该种的属级分类地位待定，我们只能根据原作者（Hering，1933a）的处理，暂时放在本属中。Solovyev 和 Witt（2009）将本种归入他们建立的新属 *Avatara* 中，但没有给出该种的外生殖器图。

(189) 双色扁刺蛾 *Thosea bicolor* Shiraki, 1913

Thosea bicolor Shiraki, 1913, Taiw. Noji-Shik. Tokub.-Hok., 8: 405. Type locality: Taiwan, China.

前翅斜线从近翅顶伸达后缘中央，其内的整个翅基半部暗褐色；端半部颜色较浅；中室端点不明显；亚端线粗，几乎直。后翅颜色较浅。

观察标本：作者未见标本，描述译自 Hering（1931）的记述。

分布：台湾。

说明：因没有解剖外生殖器，该种的属级分类地位待定，我们只能根据原作者的处理，暂时放在本属中。

42. 奇刺蛾属 *Matsumurides* Hering, 1931

Matsumurides Hering, 1931, In: Seitz, Macrolepid. World, 10: 723. **Type species**: *Hyphormoides okinawanus* Matsumura, 1931, by monotypy.

Hyphormoides Matsumura, 1931b, Ins. Matsum., 5: 104. **Type species**: *Hyphormoides okinawanus* Matsumura, 1931, by monotypy.

Allothosea Hering, 1938, Mitt. Dt. Ent. Ges., 8: 63. **Type species**: *Thosea bisuroides* Hering, 1931, by original designation.

雄蛾触角长双栉齿状分支超过中部，然后逐渐变窄。前足胫节端部无白点。前足翅 R_2 脉独立，几乎出自中室上角；R_{3-5} 脉共柄；2+3A 脉基部分叉。后翅 M_1 脉与 Rs 脉共柄；$Sc+R_1$ 脉在中部之前与中室前缘相并接；中室下角明显超过上角。

本属包括一些小型种类，红褐色的前翅外缘区有 2 条与外缘平行的浅色横带，雌蛾较大，外缘较圆，横带较模糊。雄性外生殖器具有刺蛾科的典型结构，但阳茎内有角状器，端部 1 枚大，其余的较小。雌性外生殖器的囊导管较短，呈轻微的螺旋状；交配囊大，囊突 1 枚，长片状。

本属已知 6 种，分布在东南亚地区，我国已记载 2 种。

种 检 索 表

前翅后缘基部浅色斑不明显；阳茎端部分叉小，有 8 枚左右的粗针状刺突 ……………………

…………………………………………………………………………… 双奇刺蛾 *M. bisuroides*

前翅后缘基部浅色斑明显；阳茎端部分叉大，有 10 枚以上的细针状刺突 ………**叶奇刺蛾** *M. lola*

(190) 双奇刺蛾 *Matsumurides bisuroides* (Hering, 1931)（图 222；图版 VII：177）

Thosea bisuroides Hering, 1931, In: Seitz, Macrolepid. World, 10: 713, fig. 89c. Type locality: Guangdong, China.

Allothosea bisuroides (Hering): Holloway, 1986, Malayan Nature Journal, 40(1-2): 120.

Matsumurides bisuroides (Hering): Solovyev *et* Witt, 2009, Entomofauna, Suppl. 16: 170.

翅展 18-22mm。雄蛾触角一侧的分支很短，另一侧长。前翅暗褐色，基部 2/3 多少带有黑色，仅后缘颜色较浅；亚端线黑色较弯曲，其两侧各衬有 1 条浅色带，与外缘平行。后翅浅褐色。

雄性外生殖器：爪形突相对短，末端尖；颚形突粗长，末端稍尖；抱器瓣狭长，基部较宽，逐渐向端部收缩，末端宽圆；囊形突不明显；阳茎粗长，稍弯曲，端半部有 1 列 8 枚左右的粗针状刺突。

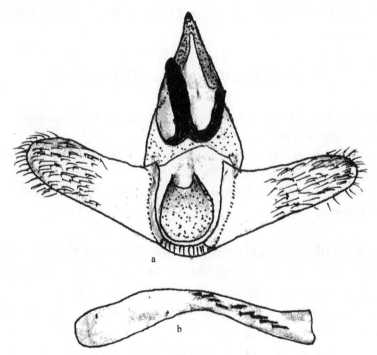

图 222　双奇刺蛾 *Matsumurides bisuroides* (Hering)

a. 雄性外生殖器；b. 阳茎

观察标本：云南勐海，1200m，1♂，1981.V.21，罗亨文采（外生殖器玻片号 W10078）。江西大余，1♂，1975.VII.15，宋士美采（外生殖器玻片号 W10077）。贵州绥阳宽阔水香树湾，854m，2♂，2010.VI.2，陈付强采（外生殖器玻片号 W10119）。海南五指山，1♂，2008.IV.1，武春生采（外生殖器玻片号 W10150）。

分布：江西、广东、海南、贵州、云南。

(191) 叶奇刺蛾 *Matsumurides lola* (Swinhoe, 1904)（图 223；图版 Ⅶ：178）

Contheyla lola Swinhoe, 1904, Trans. Ent. Soc. Lond., 1904: 153.

Matsumurides lola (Swinhoe): Solovyev *et* Witt, 2009, Entomofauna, Suppl. 16: 170; Wu, 2011, Acta Zootaxonomica Sinica, 36(2): 253.

Thosea plumbea Hering, 1931, In: Seitz, Macrolepid. World, 10: 715, fig. 89f.

Miresa orgyioides van Eecke, 1929, Zool. Meded. Leiden, 12: 131.

翅展 16-18mm。雄蛾触角一侧的分支很短，另一侧长。前翅红褐色，基部 2/3 多少带有黑色，仅后缘颜色较浅，在基部形成 1 个明显的浅色斑；亚端线黑色较直，其两侧各衬有 1 条浅色带，与外缘平行。后翅浅褐色。

雄性外生殖器：爪形突相对短，末端尖；颚形突粗长，末端较尖；抱器瓣狭长，基部较宽，逐渐向端部收缩，末端宽圆；囊形突不明显；阳茎粗长，稍弯曲，其中有 10 枚以上的细针状刺突，阳茎末端向外二分叉，一长一短。

图 223　叶奇刺蛾 *Matsumurides lola* (Swinhoe)
a. 雄性外生殖器；b. 阳茎

观察标本：浙江杭州，1♂，1975.Ⅷ.21，严衡元采（外生殖器玻片号 W10082）。湖北兴山，1300m，1♂，1980.Ⅶ.29，虞佩玉采（外生殖器玻片号 W10076）。四川峨眉山，1♂，1979.Ⅴ.19（外生殖器玻片号 W10054）。陕西宁陕，1♂，1979.Ⅶ.31，韩寅恒采（外生殖器玻片号 W10120）；宁陕火地塘，1550m，1♂，2008.VII.9，崔俊芝采（外生殖器玻片号 WU0065）。

分布：陕西、浙江、湖北、四川；马来西亚，印度尼西亚。

43. 裔刺蛾属 *Hindothosea* Holloway, 1987

Hindothosea Holloway, 1987, In: Cock *et al*., Slug and Nettle Caterpillars: 68; Wu, 2011, Acta Zootaxonomica Sinica, 36(2): 254. **Type species**: *Thosea cervina* Moore, 1877, by original designation.

雄蛾触角短双栉齿状分支到末端。下唇须前伸。前足胫节端部有白点。前翅 R_2 脉独立，几乎出自中室上角；R_{3-5} 脉共柄；2+3A 脉基部分叉。后翅 M_1 脉与 Rs 脉共柄；Sc+R_1 脉在中部之前与中室前缘相并接；中室下角明显超过上角（图 224）。

前翅的斜线靠近翅端部，浅色边衬于斜线的外侧而不是内侧。雄性外生殖器具有刺蛾科的典型结构，抱器瓣简单，爪形突末端腹面有 1 枚小刺突。雌性外生殖器的囊导管窄，基部骨化；囊突新月形。

本属目前仅包括模式种，分布在南亚，我国系首次记录。

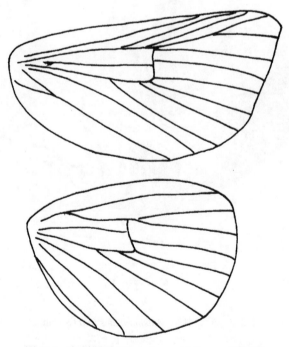

图 224　裔刺蛾属 *Hindothosea* Holloway 的脉序

(192) 裔刺蛾 *Hindothosea cervina* (Moore, 1877)（图 225；图版 VII：179）

Thosea cervina Moore, 1877, Ann. Mag. Nat. Hist., (4)20: 348.

Thosea duplexa Moore, 1883, Lepidoptera of Ceylon, 2: 130.

Hindothosea cervina (Moore): Holloway, Cock *et* Desmier, 1987, In: Cock *et al*., Slug and Nettle
Caterpillars: 68; Wu, 2011, Acta Zootaxonomica Sinica, 36(2): 254.

翅展 28-36mm。触角基部有小白点。各足胫节端部均具银白斑。前翅暗红褐色，基
半部更暗；中室端点相当模糊；1 条斜线从前缘近顶角伸达臀角，其外侧衬浅色边，该
线在雄蛾中稍内曲，在雌蛾中非常直。本种外形与扁刺蛾属 *Thosea* 的种类相似，但本种
前翅的外斜线没有那么斜，浅色边在斜线的外侧而不是内侧。后翅暗褐色。

雄性外生殖器：爪形突腹面中央有 1 枚粗齿突；颚形突粗长，末端钝；抱器瓣狭长，
几乎等宽，末端宽圆，阳茎端基环盾形，两端中央内凹；囊形突短宽；阳茎粗长，拱形，
末端两侧尖齿状突出，内无角状器。

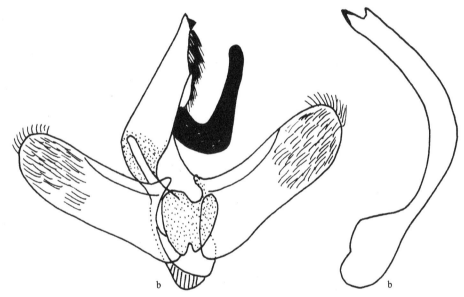

图 225　裔刺蛾 *Hindothosea cervina* (Moore)
a. 雄性外生殖器；b. 阳茎

寄主植物：合欢。

观察标本：云南芒市，900m，3♂，1955.V.16-17，波波夫、杨星池采（外生殖器玻
片号 L06163）；云县客运站，1050m，1♂，1980.VII.30，杨天寿采；临沧平村，1110m，
1♂，1980.VI.23，邱怀宽采。

分布：云南；印度，孟加拉国，缅甸，斯里兰卡。

44. 润刺蛾属 *Aphendala* Walker, 1865

Aphendala Walker, 1865, List Specimens Lepid. Insects Colln Br. Mus., 32: 494. **Type species**:
Aphendala transversata Walker, 1865, by monotypy.

雄蛾触角长双栉齿状分支超过中部，然后逐渐变窄。前足胫节端部通常有白点。前翅 R_2 脉独立，几乎出自中室上角；R_{3-5} 脉共柄；2+3A 脉基部分叉。后翅 M_1 脉与 Rs 脉共柄；Sc+R_1 脉在中部之前与中室前缘相并接；中室下角长度明显超过上角（图 226）。

本属曾长期被作为扁刺蛾属 *Thosea* 的同物异名，Holloway（1986，1987）重新界定了 *Thosea* 的属征，建立了一些新属，并恢复了 *Aphendala* 的属级地位，将不能归在新界定的 *Thosea* 及新属中的种类都包括在 *Aphendala* 中，因此本属包括了一些形态差异明显的种类，所以本属界定尚需进一步研究。

本属目前已记载不足 20 种，主要分布在东洋界，我国已知 12 种，包括 1 未定种。

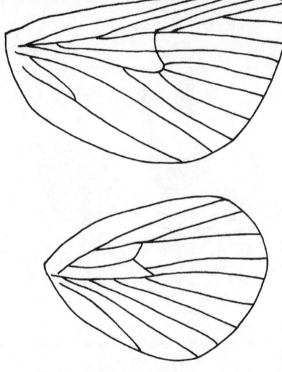

图 226 润刺蛾属 *Aphendala* Walker 的脉序

种 检 索 表

(193)　野润刺蛾 *Aphendala aperiens* (Walker, 1865)（图 227；图版 VII：180）

Miresa? aperiens Walker, 1865, List Specimens Lepid. Insects Colln Br. Mus., 32: 476.

Aphendala aperiens (Walker): Wu *et* Fang, 2008e, Acta Zootaxonomica Sinica, 33(4): 691.

Thosea aperiens (Walker): Hampson, 1892, The Fauna of British India, I: 378.

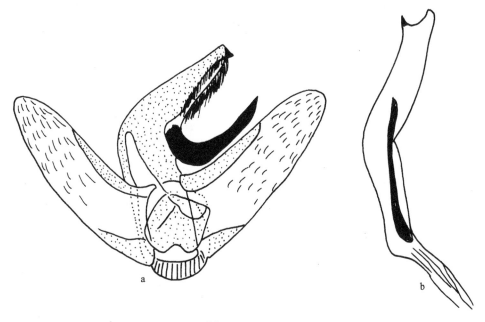

图 227　野润刺蛾 *Aphendala aperiens* (Walker)

a. 雄性外生殖器；b. 阳茎

翅展 26-30mm。身体暗褐色。触角基部及前足胫节末端无明显的白点。前翅暗褐色，基半部更暗，由斜线形成分界线；中室端点不明显；亚端线较直而模糊。后翅暗红褐色。

雄性外生殖器：爪形突腹面中央有小刺突；颚形突粗长，末端尖；抱器瓣略狭长，由基部向端部轻微地逐渐收缩，末端稍尖，阳茎端基环长桶状，端部几乎膜质；囊形突短宽；阳茎粗长，中部稍曲，内有 1 条杆状弱骨化物，末端较尖，一侧有 1 枚小尖刺突。

观察标本：广西龙胜红毛冲，900m，2♂，1963.VI.10，王春光采（雄性外生殖器玻片号 L06175，L06175a）；广西龙胜红滩，900m，1♂，1963.VI.14，王春光采（外生殖器玻片号 W10017）。

分布：广西；印度，斯里兰卡。

(194) 拟灰润刺蛾 *Aphendala pseudocana* Wu et Fang, 2008（图 228；图版 VII：181）

Aphendala pseudocana Wu et Fang, 2008e, Acta Zootaxonomica Sinica, 33(4): 691. Type locality: Yunnan, China (IZCAS).

Avatara pseudocana (Wu et Fang): Solovyev et Witt, 2009, Entomofauna, Suppl. 16: 157.

翅展♂ 20-22mm。身体暗褐色。前足胫节末端有白点。前翅黄灰褐色，基部 1/3 处有 1 条斜线，斜线以内的基部区域颜色暗黄褐色，斜线外侧颜色稍浅；中室端点小而明显；亚端线较模糊，几乎直，从顶角前伸达臀角；亚端线以外的区域颜色较暗。后翅褐色。

雄性外生殖器：爪形突短，腹面中央有 1 枚小齿突；颚形突相对短粗，末端很尖；抱器瓣狭长，由基部向端部逐渐收缩，末端较圆；阳茎端基环宽大；囊形突不明显；阳茎细长，拱形弯曲，末端骨化而尖削，内无角状器。

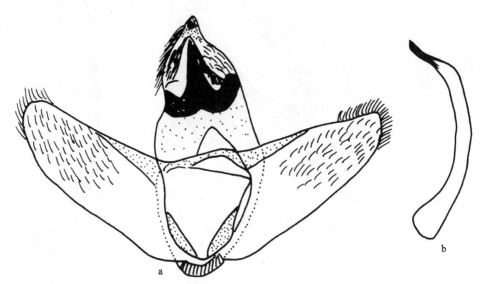

图 228　拟灰润刺蛾 *Aphendala pseudocana* Wu et Fang
a. 雄性外生殖器；b. 阳茎

观察标本：云南云龙志奔山，2♂，1981.VI.21，张学忠采（外生殖器玻片号 L06179）（正模和副模）。

分布：云南。

说明：本种外形与灰润刺蛾 *A. cana* (Walker) 相似，但前翅斜线外侧没有明显的亮边，亚端线较模糊。两者的雄性外生殖器则完全不同，本种的爪形突小，腹面中央有 1 枚小刺突，抱器瓣简单，而灰润刺蛾的爪形突宽大而末端二分叉，抱器瓣分裂为上下 2 叶。本种与野润刺蛾 *A. aperiens* (Walker) 近缘，但本种前翅中室端点明显，颚形突较短，阳茎末端尖而弯。

(195) 闽润刺蛾 *Aphendala mina* Wu, 2020（图 229；图版 VII：182）

Aphendala mina Wu, 2020, Zoological Systematics, 45(4): 317. Type locality: Fujian, China (IZCAS).

翅展 22mm。下唇须短，黄褐色。触角赭褐色。头、胸、腹灰褐色，翅基片暗褐色。前翅褐色，从前缘端部 2/3 到后缘基部 1/3 有 1 条暗色斜带，该横带以内的整个翅基部黑褐色，横带外侧衬宽的白色带，白带向外逐渐减弱；中室端有 1 小黑点；亚端线暗褐色，直，外侧衬灰白色线；缘毛赭褐色。后翅赭褐色。

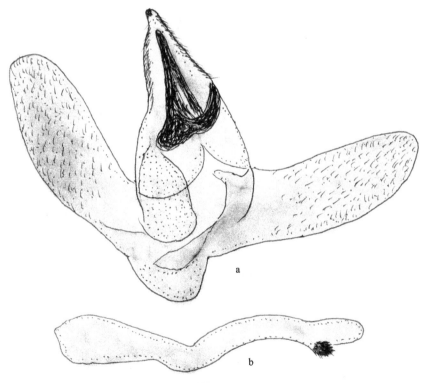

图 229 闽润刺蛾 *Aphendala mina* Wu

a. 雄性外生殖器；b. 阳茎

雄性外生殖器：爪形突较长，腹面中央的齿突小；颚形突宽大，末端较尖；抱器瓣狭长，中部比两端都宽；阳茎端基环长，弹壳状；阳茎细长，比抱器瓣稍长，波状弯，亚端侧面有 1 丛小刺突。

观察标本：福建武夷山三港，1♂，1979.VIII.10，宋士美采（外生殖器玻片号 L06185，正模），1♂，1982.VI.29，江凡采（副模）。

分布：福建。

(196) 锈润刺蛾 *Aphendala rufa* (Wileman, 1915)（图 230；图版 VII：183）

Thosea rufa Wileman, 1915, Entomol., 48: 19. Type locality: Kanshirei, Taiwan. Lectotype: ♂ (BMNH).
Aphendala rufa (Wileman): Wu *et* Fang, 2008e, Acta Zootaxonomica Sinica, 33(4): 692.

别名：锈扁刺蛾。

翅展 21-24mm。触角基部及前足胫节末端有明显的白点。身体和前翅红褐色。前翅有 1 清晰的灰白色外线，内衬暗褐色边，从前缘 1/4 直向后斜伸至后缘 2/3；亚端线暗褐色，在前缘几乎与外线同一点发出，稍向内曲伸至 Cu_2 脉末端；亚端线以外的外缘区蒙有 1 层灰白色；横脉纹为 1 黑色小点。后翅暗灰褐色。

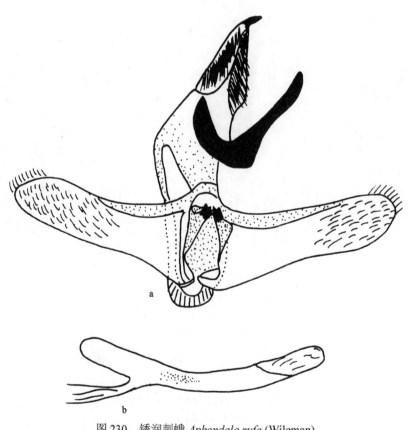

图 230 锈润刺蛾 *Aphendala rufa* (Wileman)
a. 雄性外生殖器；b. 阳茎

雄性外生殖器：爪形突细长；颚形突粗长，末端尖；抱器瓣狭长，基部稍宽，末端钝圆；阳茎端基环骨化程度强，长方形，末端两侧各有 1 簇粗刺突；囊形突不明显；阳茎细长，无角状器。

观察标本：广西桂林雁山，200m，1♂，1963.VII.13，王春光采。福建武夷山挂墩，900m，1♂，1963.VII.5，章有为采（外生殖器玻片号 L06180）；沙县，1♂，1978.V.4，黄邦侃采。湖南衡山，1♂，1974.V.24，张宝林采，1♂，1981.VII.18。

分布：湖南、福建、台湾、广西。

(197) 大润刺蛾 *Aphendala grandis* (Hering, 1931)（图 231；图版 VII：184）

Thosea grandis Hering, 1931, In: Seitz, Macrolepid. World, 10: 714, fig. 89d.
Aphendala grandis (Hering): Wu *et* Fang, 2008e, Acta Zootaxonomica Sinica, 33(4): 692.

别名：大扁刺蛾。

翅展♂ 36-37mm。触角基部及前足胫节末端有明显的白点。头和胸背红褐色，胸背中央稍带黄褐色；腹部暗褐色，末节和臀毛簇红褐色。前翅红褐色具黑色雾点；中室端斑不明显；外线紫黑色，外衬紫灰色边，从前缘外侧 1/4 直向后斜伸至后缘近中央；亚端线暗褐色，从前缘近翅顶伸至 Cu_1 脉，波形内拱；亚端线以外的外缘区褐灰色。后翅暗褐色。

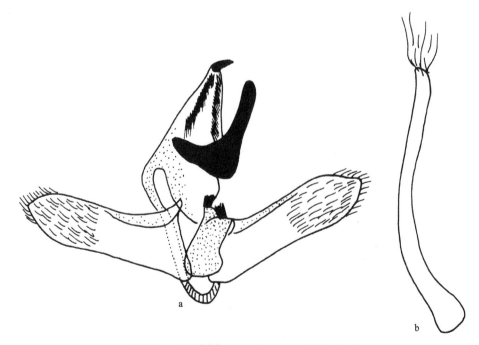

图 231　大润刺蛾 *Aphendala grandis* (Hering)
a. 雄性外生殖器；b. 阳茎

雄性外生殖器：爪形突细长；颚形突粗长，末端钝圆；抱器瓣狭长，基部稍宽，末端稍尖；阳茎端基环骨化程度强，长方形，末端两侧各有1簇粗刺突；囊形突不明显；阳茎细，十分长，无角状器。

寄主植物：茶。

观察标本：云南昌宁新厂河边，1300m，1♂，1979.VI.15；潞西，1980m，1♂，1979.VI.19；勐海，1200m，3♂，1982.V.26，罗亨文采；金平河头寨，1700m，4♂，1956.V.11-16，黄克仁采（外生殖器玻片号 L06172）；临沧马义堆，1180m，1♂，1980.VII.16，柳云川采；临沧平村，1100m，1♂，1980.VI.23，邱怀宽采（外生殖器玻片号 W10018）。广西苗儿山，800-1150m，2♂，1985.VII.2-7，方承莱采；金秀圣堂山，900m，1♂，1999.V.19，韩红香采。

分布：广西、云南；印度。

说明：本种与锈润刺蛾 *A. rufa* Wileman 无论外形还是雄性外生殖器都十分相似，但本种体型明显大于后者，前翅外缘区较暗，阳茎较长，颚形突和抱器瓣末端稍有差异。Solovyev 和 Witt（2009）将本种作为锈润刺蛾 *A. rufa* Wileman 的同物异名处理，但本志仍将其作为独立种。

(198) 黄润刺蛾 *Aphendala* sp.（图 232；图版 VII：185）

Aphendala sp. Wu *et* Fang, 2008e, Acta Zootaxonomica Sinica, 33(4): 692.

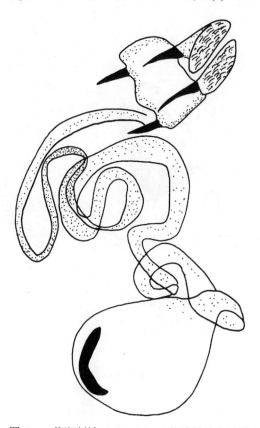

图 232 黄润刺蛾 *Aphendala* sp. 的雌性外生殖器

翅展♀ 42-48mm。触角基部及前足胫节末端无明显的白点。头和胸背黄褐色，胸背中央稍带黄灰色；腹部暗黄褐色，末节和臀毛簇黑褐色。前翅黄褐色带红褐色调，翅面散布黑色雾点；中室端斑圆，很明显；外线棕黑色，从前缘外侧 1/4 直向后斜伸至后缘近中央；亚端线暗褐色，从前缘近翅顶伸至臀角，稍呈弧形内拱。后翅黄褐色。

雌性外生殖器：前表皮突比后表皮突略短 1/3。囊导管十分狭长，基部 1/3 较细，端部 2/3 较粗而呈螺旋状；交配囊较大，卵形；囊突狭长，新月形。

寄主植物：茶。

观察标本：云南西双版纳勐海，1200m，3♀，1982.VII.29-30，罗亨文采（外生殖器玻片号 L06261）。

分布：云南。

说明：本种目前仅有雌性，大润刺蛾 A. grandis (Hering) 只知道雄性，两者都取食茶，且在勐海同地发生，因此有可能是同一种，但因两者的发生时间相差 2 个月，且形态差异又很明显，故不好将它们配对，暂按未定种处理，待有更多材料时再确定。

(199) 东南润刺蛾 *Aphendala notoseusa* Wu, 2020（图 233；图版 VII：186）

Aphendala notoseusa Wu, 2020, Zoological Systematics, 45(4): 317. Type locality: Fujian, China (IZCAS).

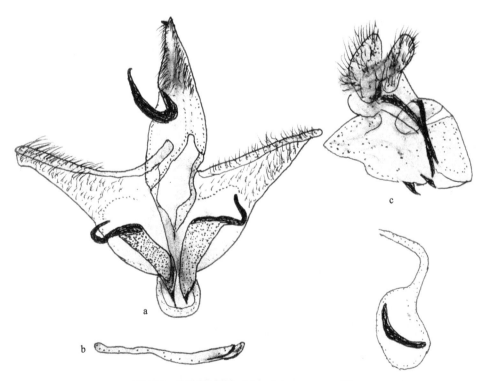

图 233　东南润刺蛾 *Aphendala notoseusa* Wu

a. 雄性外生殖器；b. 阳茎；c. 雌性外生殖器

翅展约 20mm。雄蛾触角基部 1/3 双栉齿状，与属征稍有差异。身体暗褐色。前翅褐色，内线以内的整个基部黑褐色；中室端斑为 1 小黑点；亚端线较粗而模糊，暗褐色。后翅褐色，中域灰白色。

雄性外生殖器：爪形突长，末端腹面中央有 1 枚小齿突；颚形突狭长，末端尖；抱器瓣长三角形，抱器腹短宽，末端呈弯钩状突出；阳茎细长，长度与抱器背相当，端部有 1 枚粗刺突。

雌性外生殖器：后表皮突粗长，前表皮突很短；囊导管简单；交配囊小，囊突大，新月形。

观察标本：福建莆田，1♀1♂，1978.VI.29，齐石成、黄邦侃采（外生殖器玻片号 W10066，W10067）（正模和副模）。

分布：福建。

(200) 灰润刺蛾 *Aphendala cana* (Walker, 1865)（图 234）

Parasa cana Walker, 1865, List Specimens Lepid. Insects Colln Br. Mus., 32: 484.

Aphendala cana (Walker): Wu *et* Fang, 2008e, Acta Zootaxonomica Sinica, 33(4): 692.

Thosea cana (Walker): Hampson, 1892, The Fauna of British India, I: 378, fig. 258.

Aphendala transversata Walker, 1865, List Specimens Lepid. Insects Colln Br. Mus., 32: 495.

Natada basifusca Kawada, 1930, J. Imp. Agr. Exp. Stn., 1: 238.

翅展 25-30mm。身体烟灰色。前翅烟灰色，基部 1/3 处有 1 条斜线，斜线以内的基部区域颜色较暗，斜线外侧衬亮边；亚端线几乎直，从顶角前伸达臀角；亚端线以外的区域颜色较暗。后翅灰色。

图 234　灰润刺蛾 *Aphendala cana* (Walker)（仿 Yoshimoto，1994）

a. 雄性外生殖器；b. 阳茎

雄性外生殖器：爪形突宽大，末端两侧尖，中部弧形凹；颚形突细长，末端尖；抱器瓣分为上下2叶，上叶长角状，下叶宽叶状，上有1枚长刺突；囊形突不明显；阳茎细长，直，中部较细，内无角状器。

寄主植物：决明属等。

观察标本：作者未见标本，描述译自 Yoshimoto（1994）的记述。

分布：台湾；印度，尼泊尔，斯里兰卡。

(201) 点润刺蛾 *Aphendala conspersa* Butler, 1880

Aphendala conspersa Butler, 1880b, Proc. Zool. Soc. Lond.: 673. Type locality: Taiwan, China.

Thosea conspersa (Butler): Kirby, 1892, A Synonymic Catalogue of Lepidoptera Heterocera, I: 531.

翅展 15mm。身体褐色偏白。前翅褐色偏白，散布有细小的暗褐色雾点；中室内有1枚暗褐色点斑，中室端有1枚较大暗褐色点斑；亚端线由并接的黑点组成，弯曲；顶角边缘淡黑色。后翅灰褐色。

观察标本：作者未见标本，描述译自 Hering（1931）的记述。

分布：台湾。

(202) 栗润刺蛾 *Aphendala castanea* (Wileman, 1911)（图235；图版 VII：187）

Thosea castenea Wileman, 1911, Entomol., 44: 204.

Aphendala castanea (Wileman): Wu *et* Fang, 2008e, Acta Zootaxonomica Sinica, 33(4): 692.

Thosea taiwana Wileman, 1916, Entomol., 49: 98. Type locality: Kanshirei (1000 ft). Holotype: ♂ (BMNH).

Iragoides melli Hering, 1931, In: Seitz, Macrolepid. World, 10: 710. Type locality: Kwang-tung, Mahn-tsi-shan. Lectotype: ♂ (ZMHB).

Vanlangia castenea (Wileman): Solovyev *et* Witt, 2009, Entomofauna, Suppl. 16: 172.

翅展 23-25mm。前足胫节基部有银白色大斑。身体红褐色。前翅红褐色，向基部颜色偏暗；中室内无黑点，中室端黑点模糊；1条松散的暗色横线从前缘翅顶前伸至 Cu_1 脉，稍弯曲。后翅红褐色。

雄性外生殖器：爪形突腹面中央有小刺突；颚形突粗长，末端尖；抱器瓣狭长，由基部向端部轻微地逐渐收缩，末端宽圆；阳茎端基环盾状，端部中央有密集的微刺突；囊形突短宽；阳茎粗长，中部稍曲，内有1条杆状弱骨化物，末端较尖，一侧有1枚小尖刺突。

观察标本：广西金秀林海山庄，1100m，3♂，2000.VII.2，李文柱、姚建采（外生殖器玻片号 L06178，L06178a）。

分布：江西、台湾、香港、广东、广西。

说明：本种尽管外形上与野润刺蛾 *A. aperiens* (Walker) 明显不同（前翅斑纹不明显，前足胫节基部有白斑），但雄性外生殖器却非常相似，仅阳茎端基环端部有密集的微刺突及阳茎较长，末端刺的形态也有差异。

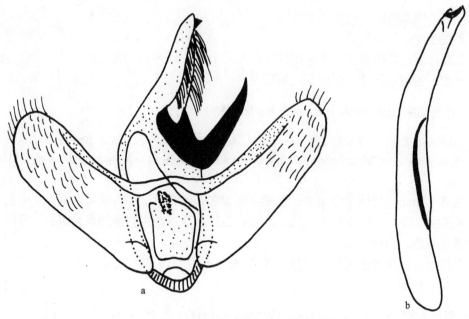

图 235　栗润刺蛾 *Aphendala castanea* (Wileman)

a. 雄性外生殖器；b. 阳茎

(203) 单线润刺蛾 *Aphendala monogramma* (Hering, 1933)（图 236；图版 VII：188）

Praesetora monogramma Hering, 1933a, In: Seitz, Macrolepid. World, Suppl. 2: 204, fig. 15h.

Aphendala monogramma (Hering): Wu *et* Fang, 2008e, Acta Zootaxonomica Sinica, 33(4): 692.

翅展 32-35mm。身体褐色。前足胫节基部有银白色大斑。前翅暗黄褐色，散布有少量黑色鳞片，1 条相当直的黑色横线从前缘 2/3 伸到臀角；中室端斑不明显。后翅暗灰色。前翅反面颜色比正面更暗一些。

雄性外生殖器：爪形突腹面中央有小刺突；颚形突粗长，末端尖；抱器瓣狭长，由基部向端部轻微地逐渐收缩，末端圆；阳茎端基环长桶状，端部几乎膜质；囊形突短宽；阳茎粗长，约为抱器瓣长度的 1.5 倍，弧形拱曲，末端尖刺状。

观察标本：湖北兴山龙门河，1350m，1♂，1993.VI.17，李文柱采（外生殖器玻片号 L06262）。广西金秀银杉站，1100m，2♂，1999.V.10，刘大军采（外生殖器玻片号 L06263）；金秀永和，550m，1♂，1999.V.12，刘大军采。云南普洱，1♂，2009.VII.15-19，韩辉林等采。

分布：湖北、广西、四川、云南。

说明：本种的正模（♀），采自四川打箭炉，存德国柏林国家博物馆。

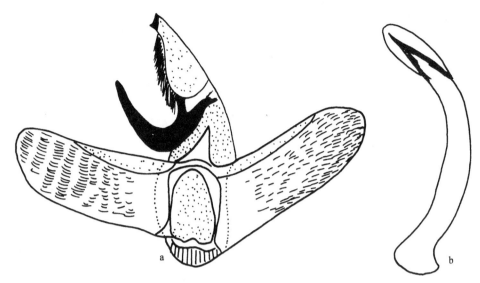

图 236　单线润刺蛾 *Aphendala monogramma* (Hering)

a. 雄性外生殖器；b. 阳茎

(204) 叉茎润刺蛾 *Aphendala furcillata* Wu *et* Fang, 2008（图 237；图版 VII：189-190）

Aphendala furcillata Wu *et* Fang, 2008e, Acta Zootaxonomica Sinica, 33(4): 693. Type locality:
　Sichuan, Yunnan, China (IZCAS).

Pretas furcillata (Wu *et* Fang): Solovyev *et* Witt, 2009, Entomofauna, Suppl. 16: 167.

翅展 32-36mm。身体褐色。前足胫节基部有银白色小斑。前翅褐色，散布有少量黑色鳞片，1 条相当直的黑色横线从前缘 2/3 伸到臀角；中室端斑很明显。后翅暗灰色。雌蛾前翅的斜线比雄蛾宽。前翅反面颜色比正面更暗一些。

雄性外生殖器：爪形突腹面中央有小刺突；颚形突粗长，末端尖；抱器瓣狭长，由基部向端部轻微地逐渐收缩，末端圆；阳茎端基环长桶状，端部几乎膜质，且密生短绒毛；囊形突短宽；阳茎很长（约为抱器瓣长度的 2 倍），中部稍曲，内有 1 条杆状弱骨化物，末端二分叉。

雌性外生殖器：前表皮突几乎与后表皮突等长（稍短一点）；第 8 腹板两侧有 1 对膜质的指状突，中央有 1 块新月形的骨化区，上密布小刻点；囊导管很长，基部漏斗形，膜质，随后的一段较宽，大部分骨化，中部一段较细，端部一段又加粗，螺旋状；交配囊圆形；囊突狭长，新月形。

寄主植物：茶、油桐。

观察标本：四川攀枝花平地，5♂，1981.VI.12-22，张宝林采（外生殖器玻片号 L06264）（正模和副模）。云南景东，1170m，1♂，1956.VI.25，扎古良也夫采；昆明官渡区小河公社林场，2160m，1♂，1980.VI.4，官渡组采；官渡区板桥公社，2300m，1♂，1980.VII.1，官渡组采；龙陵云山，1400m，1♂，1979.VI.4，龙陵组采；马龙马鸣，2100m，1♂，1979.VI.7，李金莲采；马龙，2200m，1♂，1979.VI.16，赵庆生采；邱北关花，1300m，1♀，1979.VI.28，

常云英采；曲靖海寨，2000m，1♂，1979.VI.6，陈明坤采；勐海，1200m，4♀，1982.VII.17-18，
罗亨文采，3♂，1980.VII.10，罗亨文采，1♀5♂，1978.VIII.2-4，罗亨文采（外生殖器玻
片号 L06265，L06266），1♂，1958.VII.21，王书永采；勐海水库，1100m，1♂，1982.VII.16，
赵琼舞采；潞西，980m，1♂，1979.VI.19，黄生华采；潞西，1400m，1♀，1983.VII.15，
杜肇怡采；临沧平村，1100m，1♂，1980.VI.28，邱怀寨采（外生殖器玻片号 L06273）；
蒙自前卫，1600m，1♂，1979.VI.6，刘家福采；巍山，2600m，1♂，1980.VII.17；屏边
大围山，1500m，1♂，1956.VI.18，黄克仁采；宜良小草坝林场，1840m，1♂，1982.VI.24，
罗正全采；武定，1800m，1♂，1982.VI.24；云龙天池，2500m，1♂，1982.VIII.9，杜汗
采。重庆南川金佛山，664m，2010.VI.13，陈付强采。

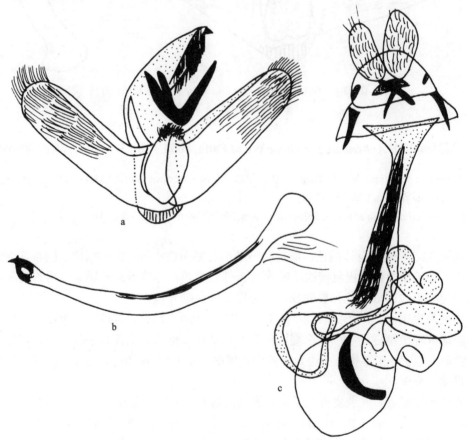

图 237　叉茎润刺蛾 *Aphendala furcillata* Wu et Fang
a. 雄性外生殖器；b. 阳茎；c. 雌性外生殖器

　　分布：重庆、四川、云南；越南，泰国。
　　说明：本种与单线润刺蛾 *A. monogramma* (Hering) 很相似，但本种前翅颜色稍暗，
有明显的中室端斑，雄性外生殖器的阳茎很长（约为抱器瓣长度的 2 倍），端部二分叉；
而后者的前翅中室端斑不明显，雄性外生殖器的阳茎长度约为抱器瓣长度的 1.5 倍，端部
不分叉。

45. 纷刺蛾属 *Griseothosea* Holloway, 1986

Griseothosea Holloway, 1986, Malayan Nature Journal, 40(1-2): 123. **Type species**: *Thosea cruda* Walker, 1826.

雄蛾触角双栉齿状分支到 1/3-3/4。多数种类前足胫节末端有白点。前翅 R_2 脉独立，几乎出自中室上角；R_{3-5} 脉共柄；2+3A 脉基部分叉。后翅 M_1 脉与 Rs 脉共柄；$Sc+R_1$ 脉在中部之前与中室前缘相并接；中室下角明显超过上角（图 238）。

前翅灰色，中室端点黑色，有 3 条暗绿褐色的模糊横线：亚端线完整，在中部稍弯曲；中线从中室端点伸达后缘；内线完整，常较模糊或有暗的基带。雄性外生殖器通常有马蹄形的阳茎端基环，其末端有 1 组刺突。雌性外生殖器的囊导管螺旋状，通常有新月形的囊突。

本属包括 7 种，分布在东南亚，我国已记载 4 种。

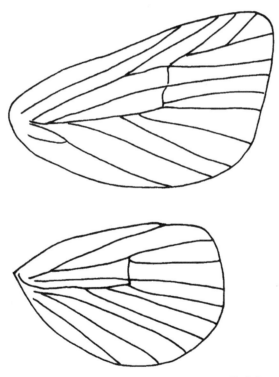

图 238 纷刺蛾属 *Griseothosea* Holloway 的脉序

种 检 索 表

翅灰褐色；阳茎端基环端部无刺丛 ⋯⋯⋯⋯⋯⋯⋯⋯⋯⋯⋯⋯⋯⋯ **杂纷刺蛾 G. mixta**

3. 前翅棕褐色，中室端斑大；前足胫节端部银白色斑大 ⋯⋯⋯⋯⋯ **杉纷刺蛾 G. jianningana**

前翅淡灰黄褐色，中室端斑小；前足胫节端部银白色斑小 ⋯⋯⋯⋯ **茶纷刺蛾 G. fasciata**

(205) 纷刺蛾 *Griseothosea cruda* (Walker, 1862)（图 239；图版 VII：191）

Nyssia cruda Walker, 1862, J. Proc. Linn. Soc. (Zool.), 6: 144.

Thosea cruda (Walker): Hering, 1931, In: Seitz, Macrolepid. World, 10: 714.

Griseothosea cruda (Walker): Holloway, 1986, Malayan Nature Journal, 40(1-2): 124; Wu, 2011, Acta Zootaxonomica Sinica, 36(2): 254.

翅展 26mm。全体灰褐色，翅基片和腹末较暗。前足胫节末端有小白点。前翅蓝灰色有丝绸光泽；内线暗褐色，几乎垂直后缘，内线以内基部褐色较浓；横脉纹为 1 黑色团点；其后方有 1 影状斜带伸至后缘；亚端线暗褐色，从前缘近翅顶伸至 Cu$_2$ 脉末端。后翅颜色不比前翅浅。

雄性外生殖器：爪形突末端腹面中央有 1 枚很小的齿突；颚形突粗长，末端尖；抱器瓣狭长，基部宽，逐渐向端部收缩，末端稍宽圆，亚基部有 1 横褶；阳茎端基环骨化程度强，环状，末端有 1 簇粗长的刺突；囊形突粗长；阳茎细，内无角状器，端部具微刻点区。

观察标本：云南景东，1170m，1♂，1956.IV.27，扎古良也夫采（外生殖器玻片号 L06177）；普洱，1♂，2009.VII.15-19，韩辉林等采。

分布：云南；马来西亚，印度尼西亚。

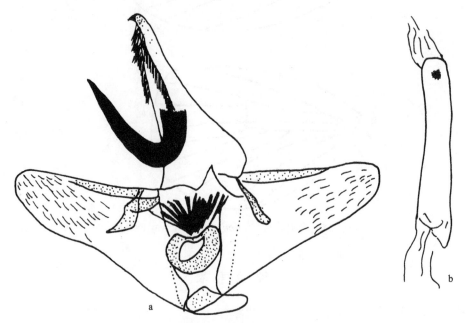

图 239 纷刺蛾 *Griseothosea cruda* (Walker)

a. 雄性外生殖器；b. 阳茎

(206) 杂纷刺蛾 *Griseothosea mixta* (Snellen, 1900)（图 240；图版 VII：192）

Thosea mixta Snellen, 1900, Tijdschr. Ent., 43: 71.
Griseothosea mixta (Snellen): Holloway, 1986, Malayan Nature Journal, 40(1-2): 123.

别名：杂纹扁刺蛾。

翅展 22-25mm。全体灰褐色，翅基片和腹末较暗。前足胫节末端有小白点。前翅灰褐色，布有许多黑点；内线暗褐色，几乎垂直后缘，通常后半段较可见，雌蛾内线以内基部褐色较浓；横脉纹为 1 黑色圆点，其后方有 1 影状斜带伸至后缘；亚端线暗褐色，从前缘近翅顶伸至 Cu$_2$ 脉末端，其中在中室下角的相对位置上稍内曲（雌蛾较直）。后翅灰褐色到褐色。

雄性外生殖器：爪形突末端腹缘中央有 1 枚短齿突；颚形突粗长，末端钝圆；抱器瓣狭长，基部宽，逐渐向端部收缩，末端圆；阳茎端基环骨化程度强，盾形；囊形突不明显；阳茎细长，稍曲，末端背缘刺状骨化。

观察标本：四川峨眉山九老洞，1800-1900m，8♂，1957.VII.6，1957.IX.17，朱复兴采（外生殖器玻片号 L06176）；峨眉山清音阁，800-1000m，5♂，1957.VI.7，王宗元采（外生殖器玻片号 L06176a）。贵州江口梵净山，600m，1♂，2002.VI.2，武春生采（外生殖器玻片号 W10075）。

分布：四川、贵州；马来西亚，印度尼西亚。

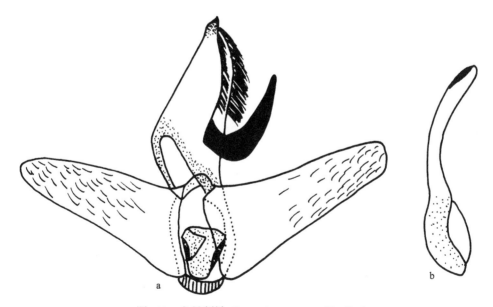

图 240　杂纷刺蛾 *Griseothosea mixta* (Snellen)
a. 雄性外生殖器；b. 阳茎

(207) 茶纷刺蛾 *Griseothosea fasciata* (Moore, 1888)（图 241；图版 Ⅵ：158，图版 Ⅺ：258）

Aphendala fasciata Moore, 1888, Proc. Zool. Soc. Lond., 1888: 403.

Thosea fasciata (Moore): Hampson, 1892, The Fauna of British India, 1: 379.

Iragoides fasciata (Moore): Hering, 1931, In: Seitz, Macrolepid. World, 10: 709; Cai, 1981, Iconographia Heterocerorum Sinicorum, 1: 100.

Griseothosea fasciata (Moore): Holloway, 1986, Malayan Nature Journal, 40(1-2): 124.

Phlossa fasciata (Moore): Yoshimoto, 1993b, Tinea, 13(Suppl. 3): 34; Wu *et* Fang, 2008b, Acta Entomol. Sinica, 51(7): 755.

别名：茶奕刺蛾、茶刺蛾。

成虫：翅展♂ 22-30mm，♀ 32-36mm。头、胸淡灰黄色，腹部淡灰黄色。前足胫节端部有 1 枚银白色小斑。前翅淡灰黄褐色，具雾状黑点；基部 1/3 红褐色较深；中线、外横线呈模糊影带，中线两侧及外缘衬有浅蓝灰色；中室端有黑色小点；外缘区灰色。后翅灰褐色。

雄性外生殖器：爪形突较钝，末端腹面中央有 1 枚小刺突；颚形突端部大钩状，末端尖；抱器瓣狭长，端部稍窄，末端圆；阳茎端基环弱骨化，端部中央内陷，具密集的微刺突；阳茎细长，稍弯曲，末端二分叉。

雌性外生殖器：前表皮突略超过后表皮突的一半长；囊导管基部较宽，稍骨化，逐渐向下收缩，中部一段较细，略卷曲，端部粗长，呈密集的螺旋状；交配囊略呈卵圆形；囊突狭长，马蹄形，上缘具细齿。

卵：圆形，黄白色，1.2mm 左右。

幼虫：老熟幼虫体长 20-25mm，中线宽 10mm，扁椭圆形，气门 8 对、红色、点状，后胸背脊上长有紫红色向前伸出的瘤突。身体具刺 15 对，其中体侧刺 11 对，背中刺 4 对，刺毛环羽状。

蛹：黄白色。茧灰褐色，茧体似蛋壳，表面光滑，椭圆球形，长约 14mm，宽约 8mm 不等。

生物学习性：一年发生 2 代，以预蛹在林下枯枝落叶层中或浅松表土中越冬，翌年 4 月中旬化蛹，5 月上中旬羽化为成虫。成虫自茧体咬破椭圆形茧一端，孔径 4-6mm，自土中或枯枝落叶层爬出，待身上的液体干后，飞于油茶树枝叶上静伏。成虫羽化后 2-3 天交配，6-8 天产卵，产卵后 3 天内死亡。成虫期 12 天左右。成虫交配于上午 9:00-11:00 为最多，每个雌成虫产卵量为 88 粒左右。成虫不善飞翔，卵散产于叶背，卵期 8-10 天。幼虫在叶背啃食，怕高温和暴雨。1-2 龄幼虫在叶背啃食叶片背面的叶肉，留下表皮，呈不规则透明状，3-4 龄幼虫啃食叶片成缺刻状，5 龄以上幼虫啃食整片叶片。幼虫体上刺毛有毒，触及人体皮肤即发红、发肿、发痛、发痒。老熟幼虫沿树干往下爬到树干周围冠幅范围内的枯枝落叶层或表层松土中，吐丝结 1 个卵形的茧。第 1 代幼虫 6 月底到 7 月初入土化蛹，以预蛹越夏，到 8 月下旬化蛹，9 月上中旬羽化为成虫，9 月下旬出现第 2 代幼虫，11 月上旬幼虫入土，以预蛹越冬。茶纷刺蛾分布在海拔 500m 以下、植被稀少、土壤疏松的油茶林中。多在靠路边、垦复过后的林中为害，以第 2 代危害严重，可能是垦复后土壤疏松，适于其入土中化蛹，有利于减少死亡率。

寄主植物：茶。

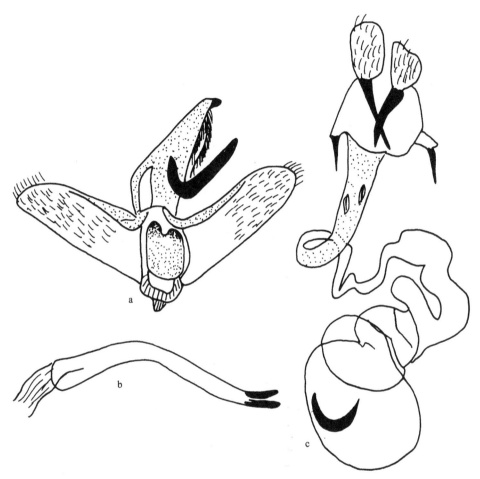

图 241　茶纷刺蛾 *Griseothosea fasciata* (Moore)

a. 雄性外生殖器；b. 阳茎；c. 雌性外生殖器

天敌：茶纷刺蛾的天敌较多，捕食性天敌有大刀螳螂、小刀螳螂、中华螳螂、七星瓢虫、大红瓢虫、异色瓢虫、蜘蛛、黑蚂蚁、黄蚂蚁等，以及画眉、伯劳、杜鹃、大山雀等多种鸟类。寄生性天敌有瘦姬蜂、日本追寄蝇、满点黑瘤姬蜂、爪哇刺蛾寄绳、蓑瘤姬蜂、绒茧蜂、缘姬蜂等。真菌性天敌有白僵菌，主要在蛹期寄生。

综合防治方法（刘三林，2001）如下。①营林措施：营造混交林，修枝，伐除病虫枝，更新老龄树，提高油茶林抵御病虫害的能力。垦复油茶林宜采用带垦、穴垦，不宜全垦，保留一定植被。带垦方式采用带宽 2m，带距 5m，带走向以横带为好（可保持水土），垦复带宜采取梅花式交错排列。穴垦方式采取以树蔸为中心，1-1.5m 的半径范围内，除去杂草。②化学防治：防治时间以 6 月上中旬或 10 月上旬为宜，喷洒 25%的溴

氰菊酯 2000 倍液，或 50%甲胺磷 800 倍液喷雾，或 40%的氧化乐果 800 倍液喷雾，80%
的敌敌畏 800 倍液喷雾，防治效果都在 95%以上。③生物防治：BT 乳剂 800 倍液、灭
幼脲 III 号 800 倍液喷雾杀灭茶纷刺蛾幼虫，不影响天敌，防治效果很好。此外，生物毒
素、生物信息素、植物源农药等当前行之有效的生物防治方法，具有致病力强、田间防效
高、不破坏生态环境、活性成分的作用方式特异等特点，应用于茶园生物防治前景广阔。

观察标本：河南龙峪湾，1000m，1♂，1997.VIII.18。浙江杭州，1♂，1976.VI.24，
蔡荣权采，1♀3♂，1972.VII.20-VIII.16，王子清采，3♂，1973.VII.27-VIII.2，张宝林采。
福建福州金山，2♂，1982.IX.3，张可池采；建宁，1♂，1976.V.13，齐石成采。广西龙
州大青山，360m，1♂，1963.IV.23，史永善采；凭祥，230m，1♂，1976.VI.10，张宝林
采。江西南昌莲塘，1♂，1976.VIII.5。海南尖峰岭天池，760m，1♂，1980.VII.18，蔡荣
权采。广东广州 Lao-tien，1♂，1931.VII；车八岭，1♂，2008.VII.23，陈付强采（外生
殖器玻片号 WU0066）。陕西太白黄柏塬，1350m，1♂，1980.VII.15，张宝林采；佛坪，
1256m，1♂，2008.VII.3，崔俊芝采（外生殖器玻片号 WU0067）；周至楼观台，564m，
1♂，2007.V.23，张丽杰采（外生殖器玻片号 WU0068）。云南勐海，1200m，1♀3♂，
1979.VIII.3-25，罗亨文采，2♀，1980.IV.20，罗亨文采；西双版纳勐仑，650m，1♂，1964.V.2，
张宝林采；潞西城关，950m，1♀，1982.IV.20；景东无量山，1300-1350m，2♂，1982.IV.24-V.7，
马汝兴等采。四川峨眉山九老洞，1800m，1♂，1957.VI.7，王宗元采；西昌泸山，1700m，
1♀，1980.VIII.7，张宝林采；攀枝花，6♂，1981.VI.12-VIII.22，张宝林采。湖北咸宁温
泉，1♂，1984.VI.15（存湖北农业科学院植保土肥研究所）。贵州茶叶所，4♂，1977.VI.20。

分布：河南、陕西、浙江、湖北、江西、湖南、福建、台湾、广东、海南、广西、
四川、贵州、云南；印度，尼泊尔。

(208) 杉纷刺蛾 *Griseothosea jianningana* (Yang *et* Jiang, 1992) comb. nov. （图 242）

Phlossa jianningana Yang *et* Jiang, 1992, J. Fujian Coll. Forestry, 12(1): 26. Type locality: Fujian, China
(CAU).

别名：建宁杉奕刺蛾。

体长♂ 11mm，♀ 12-13mm。翅展♂ 25-27mm，♀ 32-34mm。下唇须扁宽，端节极短
小而下垂。触角长达前翅之半，栉齿向端部逐渐变短但直达末端。雄蛾前足胫节端有银
白色大斑块，雌蛾则无此银白色大斑；后足颜色较淡。前翅棕褐色，疏散黑鳞；中室端
具大黑点，缘毛与翅色相同。后翅灰褐色，前缘较淡，中室端具大黑点，但不如前翅的
显著。翅反面：后翅疏生黑褐色的雀斑，前翅则无。脉序：前翅 R_2 脉出自中室上角，
R_3 脉与 R_4 脉共长柄，R_{3+4} 脉再与 R_5 脉共短柄，三者共同的柄与 R_2 脉接近；中室内具单
一的 M 脉干，M_3 脉出自中室下角，M_2 脉与 M_3 脉接近，Cu_1 脉与 Cu_2 脉均略弧弯，1A
脉中部上拱，2A+3A 脉具长叉。后翅 $Sc+R_1$ 脉在基部与中室前缘紧靠并有一小段密接，
Rs 脉与 M_1 脉共短柄，M_3 脉出自中室下角，中室内 M 脉干单一，Cu_1 脉与 Cu_2 脉均直伸；
A 脉 3 条。

雄性外生殖器：背兜基部 "V" 形深凹；爪形突呈楔形，末端下突呈黑色喙状尖；

颚形突长而基半弯折；抱器瓣狭长而简单，背脊明显；基腹弧呈带状；囊形突2次弯折；阳茎细长，背中至端部有骨化带，末端分叉而尖突，内刺长针状。

雌性外生殖器：产卵瓣宽大且平展，后内骨与产卵瓣呈垂直着生；交配孔宽大，呈漏斗状；导精管位于交配囊管近基部处；其后的囊导管极细长，端半渐扁且呈螺旋状盘曲；交配囊亦盘折皱缩；囊突位于其顶端，为1大型纵凹的新月状褐色骨片，缘生细齿。

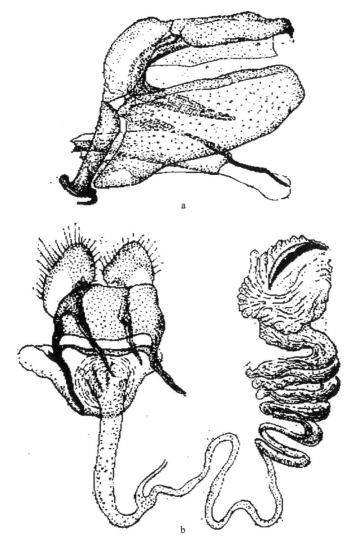

图242　杉纷刺蛾 *Griseothosea jianningana* (Yang *et* Jiang)（仿 Yang and Jiang，1992）

a. 雄性外生殖器；b. 雌性外生殖器

卵：长 1.4-1.5mm，宽 0.8-0.9mm。初产浅黄色，扁平，椭圆形，一端略尖；卵壳极薄，质软；半透明，其上布满龟纹状刻纹。卵块上覆盖一层透明胶状物。

幼虫：1龄幼虫体灰白色。中、后胸及第1、5、8、9腹节，每节亚背线上着生长枝刺1对，共6对；第2、3、4、6、7各腹节亚背线上生刺瘤1对；后胸侧面到第8腹节，每节气门下线上生长枝刺 1 对，共 9 对，其中第 3、5、7 对较短小。2 龄幼虫体浅黄色。3 龄幼虫体浅绿色，浅黄色的背线隐见。中、后胸背板各有 1 个浅蓝色眼状斑（下称眼状斑），腹部第 2、3 节间的背板上呈现 1 枚浅红色菱形斑（下称菱形斑）。4 龄幼虫体浅绿色，黄色背线明显。菱形斑红色。5 龄幼虫体绿色，眼状斑蓝色，菱形斑外围出现青蓝色环纹。6 龄幼虫菱形斑转暗红色，其外围之环纹有紫色金属光泽。7 龄幼虫似 6 龄，体色翠绿，前胸背板前缘散生短小褐色毛。

蛹：长 9.5-11.5mm，宽 0.70-0.85mm。椭圆形，粗肥，初化时黄白色，至羽化前为黄褐色。两复眼之间有 1 横阔峰状突起，峰缘棕褐色，上有众多坚硬细齿，称为破茧器。翅芽脉纹隐见，后足跗节伸过翅芽，抵达第 5 腹节。雌蛹腹部肥大，腹末圆钝，雄蛹腹部瘦小，腹末尖削。

茧：广椭圆形，茶色，革质坚硬。长径 10.5-13.5mm，短径 0.85-10.0mm。

生物学习性：杉纷刺蛾是我国南方杉木的重要食叶害虫，一年发生 1 代，以老熟幼虫在茧内，集中于树根下 10-40mm 的浅土层中越冬。翌年 5 月上旬开始化蛹，盛期在 5 月下旬。蛹期 18-30 天。羽化盛期在 6 月中旬。成虫羽化历期约 1.5 个月。一般在 17:00-22:00 羽化，一天中羽化多集中在 18:00-20:00。羽化前，蛹体借腹末的定向运动而在茧内回转，带动破茧器在茧体一端之内壁磨刻出圆形沟痕，继而圆形茧门脱落，成虫出茧，展翅、排泄白色粪便，静伏约 10min 开始飞翔。成虫白天静伏叶背，夜间追逐交尾。交尾集中于 20:00-22:00，历时 16-18h，未见重复交尾现象。每雌产卵 103-220 粒，平均 172.4 粒；怀卵 289-350 粒，平均 306 粒，寿命 89 天。有趋光性，白炽灯可诱到 50m 外的成虫。卵产在针叶背面主脉两侧。每块卵 3-9 粒，首尾衔接成片状。树冠中、下、上部的着卵量分别占 75.3%、17.4%和 7.3%。孵化时刻多在 14:00-17:00。平均孵化率为 78.5%。同一块卵在一天内孵化。幼虫 7 龄，幼虫期 46-49 天。初孵幼虫食尽卵壳后取食叶片的下表皮及叶肉，残留上表皮。3 龄以上幼虫取食全叶，一叶食尽就转移。幼虫蜕皮前停食 1 天，蜕皮后约 1h 恢复取食，并食虫蜕。1-4 龄幼虫食量甚小，仅占幼虫期取食量的 15.1%，5-7 龄则占 84.9%。幼虫期每头幼虫平均食 123.7 片针叶。山谷及低海拔纯林受害重，混交林受害轻（蒋捷等，1995）。

寄主植物：杉木。

天敌：幼虫期有绒茧蜂 *Apanteles* sp.，幼虫至蛹期有刺蛾紫姬蜂 *Chlorocyptus purpuratus*，寄生率 8.5%；蛹期有真菌 *Beauveria bassiana*，寄生率 17%。

观察标本：作者未见标本，描述摘自杨集昆和蒋捷（Yang and Jiang, 1992）的原记。

分布：江西、福建。

说明：本种在两性外生殖器结构上几乎与茶纷刺蛾 *G. fasciata* (Moore) 完全相同，唯外形上稍有差异：本种前翅除中室端具黑点（较大）外，几乎无明显斑纹，雄蛾的前足胫节端部具银白色大斑块，而茶纷刺蛾前翅有模糊的横带（中室端黑点小），前足胫节的银白色斑小。本种很可能与茶纷刺蛾是同种，但在寄主植物改变后，其外形和生活习性也相应发生了一些变化。由于其外形、幼虫形态及生物学习性上的差异，仍将本种按独立种处理。

模式标本采自福建建宁，2♂2♀，1990.VI.10，蒋捷采，存中国农业大学昆虫标本室。

46. 新扁刺蛾属 *Neothosea* Okano *et* Pak, 1964

Neothosea Okano *et* Pak, 1964, Annual Report of the College of Liberal Art, University of Iwate, 22: 6.

　　Type species: *Thosea suigensis* Matsumura, 1931.

Birthosea (nec Holloway): Wu *et* Fang, 2008a, Acta Zootaxonomica Sinica, 33(3): 502.

　　下唇须前伸。雄蛾触角端双栉齿状。后足胫节只有端距。前翅 R_{2-5} 脉共柄，R_1 脉直。后翅 M_1 脉与 Rs 脉共柄；$Sc+R_1$ 脉在中部之前与中室前缘相并接；中室下角长度明显超过上角（图 243）。

　　本属与扁刺蛾属 *Thosea* 近缘，但后足胫节只有 1 对距。雄性外生殖器与环刺蛾属 *Birthosea* 相似，但第 8 腹节没有 1 对毛束。

　　本属分布在我国和韩国，已知 2 种。

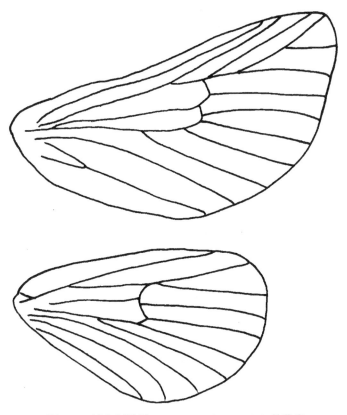

图 243　新扁刺蛾属 *Neothosea* Okano *et* Pak 的脉序

种 检 索 表

前翅的浅色横线较宽；阳茎端基环侧突基部肘状曲 ························· **三纹新扁刺蛾 *N. trigramma***

前翅的浅色横线较细；阳茎端基环侧突基部直 ······························· **新扁刺蛾 *N. suigensis***

(209) 三纹新扁刺蛾 *Neothosea trigramma* (Wu *et* Fang, 2008) comb. nov.（图 244；图版 VII：193）

> *Birthosea trigramma* Wu *et* Fang, 2008a, Acta Zootaxonomica Sinica, 33(3): 502. Type locality: Yunnan, China (IZCAS).

别名：三纹环刺蛾。

翅展 22-26mm。身体黄褐色到暗黄褐色，臀毛簇末端黑色。前翅黄褐色到暗黄褐色，内线和中线浅黄灰色，较宽，从前缘顶角之前分别前斜伸到后缘基部的 1/3 和 1/2 处；中室端点不明显；亚端线直，浅灰黄色从前缘顶角前伸到臀角处；外缘颜色暗。后翅颜色与前翅相同。

雄性外生殖器：爪形突末端腹面中央有 1 枚小齿突；颚形突粗长，末端钝圆；抱器瓣基部宽，急剧收缩到中部，端半部几乎等宽（约为基部宽度的 1/3），末端圆；阳茎端基环骨化程度强，分为左右 2 瓣（肾形），每一瓣全部密生小刺突，内侧缘中部有 1 枚耳郭形的粗长刺；囊形突不明显；阳茎细长、直，无角状器。

雌性外生殖器：产卵瓣之间有 1 小附瓣；前表皮突很短。

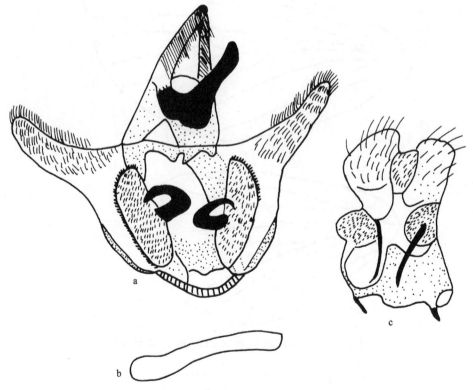

图 244　三纹新扁刺蛾 *Neothosea trigramma* (Wu *et* Fang)

a. 雄性外生殖器；b. 阳茎；c. 雌性外生殖器端部

观察标本：云南丽江玉龙山，2950m，1♀5♂，1962.VI.28-VII.10，宋士美采（外生殖器玻片号 L06191，L06192）（正模和副模）；丽江，4♂，1980.V.22，高平采（外生殖器玻片号L06166）；丽江实验林场，1♂，1982.VII.14；东川新田，1900m，1♂，1980.VII.5，程镇采；宜良小草坝林场，1840m，1♂，1981.VI.25，罗正全采；维西攀天阁，2500m，1♂，1981.VII.23，廖素柏采；泸水，2500m，1♂，1981.VI.19，王书永采；云龙志奔山，2430m，2♂，1981.VI.20，廖素柏、王书永采；永胜六德，2400m，5♂，1984.VII.8，刘大军采；法海林场，2500m，1♂，1980.V.15，金石林采（副模）。

分布：云南。

(210) 新扁刺蛾 *Neothosea suigensis* (Matsumura, 1931)（图 245；图版 VII：194）

Thosea suigensis Matsumura, 1931b, Ins. Matsum., 5: 107, pl. 2, fig. 14.

Neothosea suigensis (Matsumura): Okano *et* Pak, 1964, Annual Report of the College of Liberal Art, University of Iwate, 22: 6.

Birthosea trigrammoidea Wu *et* Fang, 2008a, Acta Zootaxonomica Sinica, 33(3): 504.

别名：拟三纹环刺蛾。

翅展 20-25mm。身体黄褐色到暗黄褐色，臀毛簇末端色较暗。前翅黄褐色到暗黄褐色，内线和中线浅灰黄色，细，两者平行（两者间形成暗色宽带），从前缘顶角之前分别斜伸到后缘基部的 1/3 和 1/2 处；中室端点稍显；亚端线直，浅灰黄色，从前缘顶角前伸到臀角处；外缘颜色暗。后翅颜色与前翅相同。

雄性外生殖器：爪形突末端腹面中央有 1 枚小齿突；颚形突粗长，末端勺形加宽；抱器瓣基部宽，急剧收缩到中部，端半部几乎等宽（约为基部宽度的 1/3），末端较圆；阳茎端基环骨化程度强，分为左右 2 瓣（肾形），每一瓣全部密生微刺突，侧缘中部有 1 枚豆芽形的粗长刺，该刺近端部侧缘又有 1-2 枚小刺突；囊形突不明显；阳茎细长，直，无角状器。

雌性外生殖器：产卵瓣之间有 1 小附瓣；前表皮突较长；囊导管细长，呈轻微的螺旋状；交配囊较小，卵形；囊突狭长，马蹄形。

寄主植物：柞木。

观察标本：山东鲁山林场，1♂，1981.V.25（外生殖器玻片号 L06193）；东庄林场，1♂，1981.IV.29；泰山，1♀，1981.VII.7（外生殖器玻片号 L06194）。辽宁凤城，4♀1♂，1964.VII（外生殖器玻片号 L06195，L06196）。陕西佛坪，900m，1♂，1999.VI.27，章有为采（外生殖器玻片号 L06197）。浙江天目山，1♀2♂，1973.VII.24，张宝林采（外生殖器玻片号 L06205，L06206）。北京百花山，1♀4♂，1973.VII.9-18，张宝林、刘友樵采（外生殖器玻片号 L06207，L06208）。河南罗山灵山，300m，1♂1♀，2000.V.21，申效诚等采；济源黄楝树，600m，1♂，2000.VI.5，申效诚等采；辉县八里沟，700m，1♂，2002.VII.12，任应党、刘玉霞采；桐柏水帘洞，300m，2♂2♀，2000.V.24，申效诚、任应党采（存郑州大学）。湖北兴山龙门河，1350m，1♂，1993.VII.14，宋士美采（外生殖器玻片号 W10081）。

分布：辽宁、北京、山东、河南、陕西、浙江、湖北；韩国。

说明：本种与三纹新扁刺蛾 *N. trigramma* (Wu *et* Fang) 相似，但本种前翅的 3 条横线较细而明显；雄性外生殖器的颚形突末端勺状膨大，阳茎端基环侧面刺突的基部直而不呈肘状弯曲，刺突近端部侧缘另有 1-2 枚小刺突。雌性外生殖器的前表皮突明显长于三纹新扁刺蛾 *N. trigramma* (Wu *et* Fang)。

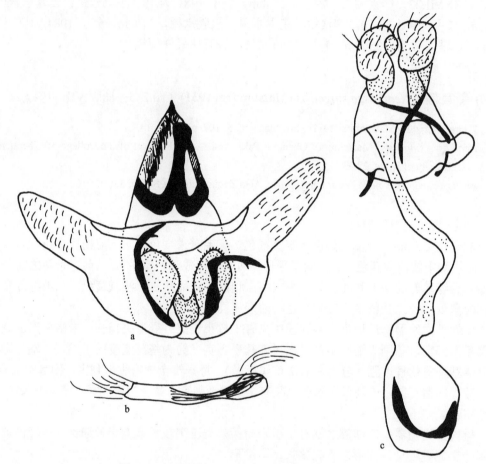

图 245　新扁刺蛾 *Neothosea suigensis* (Matsumura)

a. 雄性外生殖器；b. 阳茎；c. 雌性外生殖器

47. 褐刺蛾属 *Setora* Walker, 1855

Setora Walker, 1855, List Specimens Lepid. Insects Colln Br. Mus., 5: 978, 1069. **Type species**: *Setora nitens* Walker, 1855.

触角基部长双栉齿状。下唇须中等长，前伸。后足胫节有 2 对距。前翅 R_2 脉出自中室上角，与 R_{3-5} 脉的共柄同出一点或与其共柄；R_1 脉直；2+3A 脉基部分叉。后翅 M_1 脉与 Rs 脉共柄；Sc+R_1 脉在近基部与中室前缘相并接；中室下角稍超过上角（图 246）。

褐色种类，前翅有铜金属光泽或铜色斑纹，有 1 条斜而弯曲的外线和 1 条松散或模糊的亚端线；一些种类前缘亚端有 1 条浅褐色的三角形带；大多数种类前足胫节有 1 枚白斑。

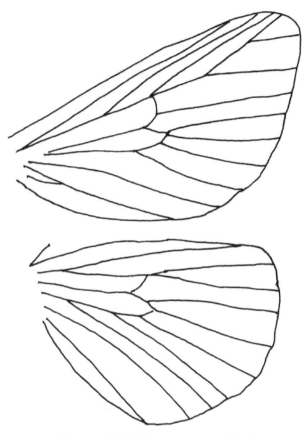

图 246　褐刺蛾属 *Setora* Walker 的脉序

雄性外生殖器的抱器瓣狭长，基部有粗长的刺突（与阳茎端基环融为一体）；阳茎亚端常有 1 组微小的刺突。雌性外生殖器的囊导管细长，螺旋状，囊突新月形；第 8 背板端部常有刻点。

Holloway（1987）根据外生殖器特征将本属划分为 3 个种组：①*nitens* Group，雄性外生殖器的颚形突末端水平扁，阳茎末端有小刺突；雌性外生殖器的囊导管基部骨化，第 8 背板上的刻点分离为 2 部分。包括 5 种。②*baibarana* Group，雄性外生殖器的颚形突末端垂直扁，阳茎相对短，末端无小刺突；雌性外生殖器的囊导管弯曲骨化，第 8 背板上的刻点连为一体。包括 5 种。③*sinensis* Group，前翅亚端臀角处有 1 块近圆形的暗影斑，雄性外生殖器特征同 *baibarana* Group，雌性外生殖器第 8 背板的刻点连续，但第 8 背板前缘缺角突，第 7 背板后缘有变异构造。仅包括 1 种。

本属包括 11 种，分布于南亚和东南亚，我国已记载 3 种，分别代表 3 个种组。

种 检 索 表

(211) 铜斑褐刺蛾 *Setora fletcheri* Holloway, 1987（图 247；图版 VII：195，图版 XII：260）

Setora fletcheri Holloway, 1987, In: Cock *et al*., Slug and Nettle Caterpillars: 82. Type locality: Rangoon, Burma (BMNH).

Setora nitens (nec Walker): Cai, 1981, Iconographia Heterocerorum Sinicorum, 1: 104, fig. 687.

成虫：翅展 32-33mm。身体黄褐色。前足腿节末端有白斑。前翅红褐色带紫色，散布着许多雾状黑点；中线以内的前缘和外缘较灰色；中线和外线暗褐色，前者从前缘 2/3 向内斜伸至后缘基部 1/3 处，稍外曲，外衬亮边，后者从前缘几乎与中线同一点伸出，直向外斜伸至臀角，外衬较宽的铜色带，该带几乎等宽，其外侧仅在中部稍内凹；从翅顶到外线间的前缘有 1 近三角形灰色斑。后翅褐黄色。

雄性外生殖器：爪形突末端较尖；颚形突粗长，末端钝；抱器瓣狭长，亚基部较窄，末端宽圆，抱器瓣基部的突起相对短，宽于窄斑褐刺蛾与桑褐刺蛾；阳茎端基环桶状，末端圆；囊形突宽；阳茎很长，基部有弱骨化长条，末端有 1 组小刺突。

雌性外生殖器：第 8 腹板端部有 1 对宽垫状突起，上密生微刺突；囊导管基部骨化，明显宽于端部（约为后者的 2 倍），端部十分狭长，螺旋状；交配囊大，卵圆形；囊突狭长，马蹄形。

幼虫：老熟幼虫体长 27-33mm。长方形，体色有各种变异，从绿黄色到红褐色（包括黄绿色、黄色及红棕色 3 个色型）。体背有 4 列枝刺，背侧 2 列以及中胸和腹末 2 对特长，前后胸及第 4 腹节上的短小，其余各节上的呈刺堆状，刺毛也少。侧缘 2 列枝刺等长，约 1mm。红棕色型与黄绿色型的背线天蓝色，黄色型的背线红棕色，各节两侧有 1 肾形鲜黄色点纹，体两侧 2 列枝刺之间各节有天蓝色或红棕色斜纹，边具 1 黄点。

蛹：近圆形，棕色，大小约 15mm×13mm，土中结茧。

生物学习性：在云南西双版纳一年发生 1 代，以老熟幼虫在茧内越冬。危害期在 5-10 月。

寄主植物：茶。

观察标本：云南勐海，1200m，1♀5♂，1980.II.5，罗亨文采（外生殖器玻片号 L06238）；勐仑，2♂，1964.IV.22-V.8，张宝林采；小勐养，850m，1♂，1980.V.6，王林瑶采（外生

殖器玻片号 L06235）；小勐养，850m，1♂，1982.IV.25；芒市，1200m，1♂，1980.V.4，李鸿兴采；普洱，1♂，2009.VII.15-19，韩辉林等采。广西龙州大青山，360m，1♂，1963.IV.23，史永善采；防城扶隆，500m，1♂，1999.V.25，袁德成采；桂林，1♂，1980.V.18；金秀银杉站，1100m，1♂，1999.V.10，李文柱采；金秀罗香，400m，2♂，1999.V.15，韩红香采。

分布：广西、四川、云南；印度，孟加拉国，缅甸，泰国。

图 247　铜斑褐刺蛾 *Setora fletcheri* Holloway
a. 雄性外生殖器；b. 阳茎；c. 雌性外生殖器

(212) 桑褐刺蛾 *Setora sinensis* Moore, 1877（图 248；图版 VII：196，图版 VIII：197，198，图版 XII：261）

Setora sinensis Moore, 1877, Ann. Mag. Nat. Hist., (4)20: 93.

Thosea postornata Hampson, 1900, Journ. Bomb. Nat. Hist. Soc., 13: 231.

Setora postornata (Hampson): Hering, 1931, In: Seitz, Macrolepid. World, 10: 710, fig. 88i; Cai, 1981, Iconographia Heterocerorum Sinicorum, 1: 104, fig. 688.

别名：褐刺蛾。

成虫：体长♀17.5-19.5mm，♂17-18mm。翅展♀38-41mm，♂30-36mm。体褐色至深褐色，雌虫体色较浅，雄虫体色较深。前足腿节末端有白斑。复眼黑色。前翅灰褐色到粉褐色；中线从前缘离翅基2/3处斜伸到后缘1/3处，内侧衬浅色影带；外线较垂直，内侧衬浅色影带，外侧衬铜斑不清晰，仅在臀角呈梯形；外线外侧到翅顶的前缘无灰色斑。

雄性外生殖器：爪形突末端相对粗长，较尖；颚形突粗长，末端侧面加宽（侧面观内缘有1缺刻）；抱器瓣狭长，亚基部较窄，末端宽圆，抱器瓣基部的突起狭长，长于其他2种；阳茎端基环盾状，末端圆；囊形突宽；阳茎很长，末端无小刺突。

雌性外生殖器：第8腹板端部呈屋脊状突起，上密生微刺突；第7背板呈弧状哑铃形骨化；囊导管基部不骨化，十分狭长，螺旋状；交配囊大，卵圆形；囊突狭长，马蹄形。

卵：扁长椭圆形，长径1.4-1.8mm，短径0.9-1.1mm。卵壳极薄，初产时为黄色，半透明，后渐变深。

幼虫：初孵幼虫体长2.0-2.5mm，宽0.8-1.0mm，体色淡黄，除体背与体侧各具微红色线外，余无明显斑纹。背侧与腹侧各有2列枝刺，其上着生浅色刺毛。老熟幼虫体长23.3-35.1mm，宽6.5-11.0mm。体色黄绿，背线蓝色，每节上有黑点4个，排列成近菱形。亚背线分黄色型和红色型2类：黄色型枝刺黄色；红色型枝刺紫红色。红色型幼虫背线与亚背线间镶以黄色线条，侧线黄色，每节以黑斑构成近菱形黑框，内为蓝色。中胸至第9腹节，每节于亚背线上着生枝刺1对：中胸、后胸及第1、5、8和9腹节上的枝刺特别长；第2、3、4、6和7腹节上的枝刺较短。从后胸至第8腹节，每节在气门上线上着生枝刺1对，长短均匀，每根枝刺上着生带褐色呈散射状的刺毛。

蛹：卵圆形。长14-15.5mm，宽8-10mm。初为黄色，后渐转褐色。翅芽长达第6腹节。茧呈广椭圆形，长14-16.5mm，宽12-13.5mm；灰白色或灰褐色，表面有灰褐色的点纹。

生物学习性：在江苏、浙江一般一年发生2代，以老熟幼虫在茧内越冬。在杭州，越冬幼虫于5月上旬开始化蛹，5月底6月初开始羽化产卵，6月10日前后达羽化产卵盛期。6月中旬开始出现第1代幼虫，至7月下旬老熟幼虫结茧化蛹。8月上旬成虫羽化，8月中旬为羽化产卵盛期。8月下旬出现幼虫，大部分幼虫于9月底10月初老熟并结茧越冬，10月中、下旬还可见个别幼虫活动。但如夏天气温过高，气候过于干燥，则有部分第1代老熟幼虫在茧内滞育，到翌年6月再羽化，出现一年1代的现象。

卵期：第1代6-10天，平均7.7天；第2代5-8天，平均6.5天。幼虫期：第1代35-39天，平均36.1天；第2代危害期36-45天，平均42.5天，在茧中越冬期达7个月。蛹期：第1代7-10天，越冬代约20天。成虫寿命：雌虫，第1代9小时至9天7小时，平均4天18小时；第2代4天2小时至7天19小时，平均4天18小时。雄虫，第1代为1天20小时至7天22小时，平均4天21小时；第2代3天2小时至9天19小时，平均5天17小时。卵常散产于叶片上，很少分布于近中脉处，当密度大时，可2-3粒叠产。孵化率：第1代15.4%-100%，平均57.3%；第2代10%-70.8%，平均33.98%。

初孵幼虫能取食卵壳，每龄幼虫均能啃食其蜕。4 龄以前幼虫取食叶肉留下透明的表皮，以后可咬穿叶片形成孔洞或缺刻。4 龄以后多沿叶缘蚕食叶片，仅残留主脉；老熟后沿树干爬下或直接坠下，然后寻找适宜的场所结茧化蛹或越冬。下树时间多为0:00-16:00，此时下树的虫数约占总下树虫数的 86%。幼虫喜结茧于疏松的表土层中、草丛间、树叶垃圾堆中和石砾缝中。入土深度在 2cm 以内的占总数的 95%，入土最深可达3.5cm。

成虫羽化开始于 16:00 左右，18:00-21:00 为羽化交尾高峰。越冬代成虫的羽化率仅8.25%；第 1 代成虫羽化率为 62.08%。雌、雄性比：越冬代为 1∶1.3；第 1 代为 1.3∶1。

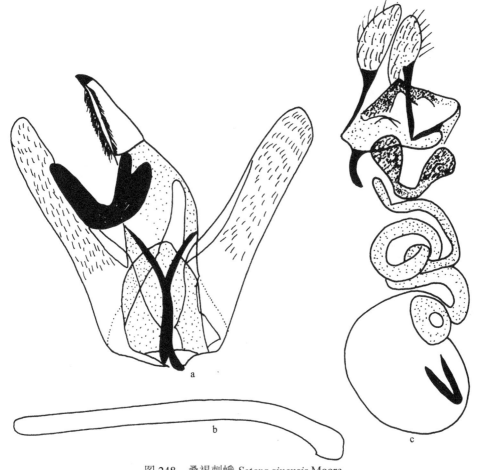

图 248　桑褐刺蛾 Setora sinensis Moore
a. 雄性外生殖器；b. 阳茎；c. 雌性外生殖器

成虫羽化后，一般 50min 后开始飞翔、交尾，最长 86min 才开始飞翔、交尾。成虫具强趋光性。傍晚开始扑灯，以 20:00 前扑灯最盛，以后逐渐减少。对紫外光和白炽光有明显的趋性，但对红、绿、紫各色灯光反应较差。曾有 91 对越冬代成虫均集中于19:40-22:00 交尾，其中于 19:40-20:20 交尾的占 94.55%；交尾历时可达数小时。经交尾的雌虫第 2 天即开始产卵。卵绝大多数集中在 19:00-21:00 产下。成虫白天在树荫、草丛中停息。产卵量越冬代 49-347 粒，平均 109 粒；第 1 代 4-396 粒，平均 158 粒。成虫没有交配也可产卵，但卵形不正常，互相粘连，且不能正常孵化，或能孵化，但至 1-2 龄即死亡。

防治措施：方志刚等（2001）研究认为，将杀虫效果、药剂种类和原用药量综合考虑，可得一个较佳的药剂及其用药量序列，依次为：每 10mm 主枝直径用 2ml 的 50%甲胺磷乳油、40%氧化乐果乳油和 50%久效磷水剂。研究发现不同施药量杀虫效果与树体主枝直径大小有密切关系。同一施药量随树体主枝直径的增大而防治效果降低。主枝直径小于 300mm，主枝直径每增大 10mm 需增加用药量 15ml；主枝直径大于 300mm 时，则主枝直径每增大 10mm 需增加用药量 25ml。因悬铃木树干粗大，平均主枝直径在 400mm 以上，且树冠较大，注药时既要保证充足的药量，以杀灭害虫，又不能因增加孔深而损伤树干的髓部。主枝直径为 400-600mm 的树孔深度一般在 60-80mm 为宜。对于害虫中心地和重灾区，为尽快降低虫口，进行第 2 次巩固防治会得到更好的效果。采用树干主枝打孔注药方式防治桑褐刺蛾，具有不污染环境、保护天敌、实施容易、操作简便、经济有效、防治时不受气候等自然因素影响的优点，不失为在旅游风景区防治该类害虫的一种行之有效的方法。

寄主植物：香樟、苦楝、木荷、麻栎、杜仲、七叶树、乌桕、喜树、悬铃木、杨、柿、核桃、桃、垂柳、重阳木、无患子、枫杨、银杏、枣、板栗、柑橘、苹果、樱桃、李、梅、冬青等树木，以及蜡梅、海棠、紫薇、玉兰、樱花、葡萄、红叶李、月季等花卉。

分布：北京、山东、河南、陕西、甘肃、江苏、上海、浙江、湖北、江西、湖南、福建、台湾、广东、海南、广西、重庆、四川、云南；印度，尼泊尔。

本种包括 2 个亚种和 1 个黑色型，我国均有分布。

(a) 桑褐刺蛾指名亚种 *Setora sinensis sinensis* Moore, 1877（图版 VII：196，图版 XII：261）

Setora sinensis Moore, 1877, Ann. Mag. Nat. Hist., (4)20: 93.

前翅臀角附近的三角形斑呈棕色，较模糊。

观察标本：北京，1♂，1957.VI.12，虞佩玉采。江苏无锡，3♂，1951；扬州，1♂，1974.VI.16；南京，23♀11♂，1957.V.28-VI.10，虞佩玉采；华东农研所，3♀3♂，1955，虞佩玉采。上海，5♀2♂，1932.VII.16-VIII.23，O. Piel 采，5♂，1933.VI.17-VIII.18，1♂，1923.VIII，1♂，1943.V，7♂，1940.VI.14-VIII.30。浙江临安，2♀1♂，1977.VI；杭州植物园，2♂，1976.VI.9，蔡荣权采；杭州，1♀9♂，1973.VI.24-VII.29，张宝林采，4♀10♂，1972.VIII.15-16。江西牯岭，1♀1♂，1935.VII.27-30，O. Piel 采；九连山，1♀，1975.VI.12，宋士美采；大余，1♂，1975.VI.17，刘友樵采；庐山植物园，1♂，1975.VII.5，刘友樵采。湖南慈利，1♀，1988.VIII.30，宋士美采。广东鼎湖山，1♀，1965.IV.17；广州，2♂，1978.IV.20，白九维采。海南，1♂，1973.VI.16，蔡荣权采；尖峰岭，1♂，1982.V.21，顾茂彬采，1♂，1978.IV.15，张宝林采；万宁，60m，1♀5♂，1963.V.21-VI.12，VIII.3-IX.6，张宝林采。

河南登封少室山，800m，1♂，2000.VI.9，申效诚等采。

分布：北京、山东、河南、江苏、上海、浙江、江西、湖南、台湾、广东、海南。

(b)　桑褐刺蛾红褐亚种 *Setora sinensis hampsoni* (Strand, 1922)（图版 VIII：197）

　　Thosea postornata ab. *hampsoni* Strand, 1922, Arch. Naturg., 82A(3): 89.

　　Setora sinensis hampsoni (Strand): Holloway, Cock *et* Desmier, 1987, In: Cock *et al*., Slug and Nettle
　　　　Caterpillars: 87.

前翅臀角附近的三角形斑呈黑褐色，很明显。

寄主植物：桑、银杏、臭椿等 46 科 125 种植物。

观察标本：云南勐海，1200m，1♀6♂，1981.V.8，罗亨文采（外生殖器玻片号 L06244，L06245）；砚山平元，1500m，1♀，1979VI.3，张文兴采；砚山八嘎，1300m，1♂，1975.V.28，万洪光采；景谷，930m，1♂，1955.IV.23，克雷让诺夫斯基采；梁河松香厂，1400m，1♂，1982.V.18；新平砖瓦厂，1♂，1980.VIII.27，张香湘采。广西龙胜，260m，1♂，1984.VI.20，蒙田采，3♂，1980.VI.10-11，王林瑶采；定马林场，1♂，1981.V.9，覃明杰采；那坡德孚，1350m，1♂，2000.VI.18，陈军采；防城扶隆，500m，1♀，1999.V.25，刘大军采；金秀罗香，200m，2♂，1999.V.15，韩红香、张学忠采。海南大丰，1♂，1978.V.10，张宝林采；吊罗山，2♂，1973.VI.16，蔡荣权采。福建将乐龙栖山，600-700m，2♂，1991.VIII.7-18，宋士美采；武夷山三港，800m，1♀，1960.VI.28，左永采。陕西佛坪，900-950m，1♀1♂，1999.VI.27-VII.23，章有为、姚建采；留坝庙台子，1350m，1♂，1998.VII.21，姚建采；留坝县城，1020m，1♂，1998.VII.18，袁德成采。甘肃宕昌，1800m，1♂，1998.VII.7，姚建采；康县阳坝林场，1000m，1♂，1999.VII.11，朱朝东采。重庆云阳江上，110m，5♂，1994.V.5-25，李文柱、姚建采；万州龙驹，400m，8♂，1994.V.25，李文柱采；丰都世坪，610m，8♂，1994.VI.2-3，李文柱采；丰都，200m，1♀1♂，1994.VI.1，李文柱采；南山，1♂，1966.V.10，刘友樵采；重庆，1♀，1974.VI.22，韩寅恒采；彭水太原，750m，1♂，1989.VII.9，买国庆采；武隆车盘洞，1000m，1♂，1989.VII.2，李维采；城口县高楠镇岭南村，1061m，1♂，32.137°N，108.570°E，2017.VIII.4，陈斌等采。四川峨眉山清音阁，800-1000m，1♀5♂，1957.VI.13-VII.18，黄克仁、朱复兴采；峨眉山，710m，1♂，1979.VI.21，高平采，1♀，1974.VI.13，王子清采。湖北神农架松柏，1♂，1980.VII.18，2♂，1984.VI.13-24，1♂，1985.VI.24（存湖北农业科学院植保土肥研究所）。

分布：陕西、甘肃、湖北、福建、海南、广西、重庆、四川、云南；印度（锡金）、尼泊尔。

(c)　桑褐刺蛾黑色型 *Setora sinensis* Moore, 1877 (black form)（图版 VIII：198）

全体黑色，前翅中部的浅色斜线宽而明显，外线不明显，外线外侧有模糊的棕色窄带。

观察标本：浙江杭州植物园，1♀1♂，1980.VIII.17（外生殖器玻片号 L06171♂，L06171♀）。重庆城口县高观镇青龙峡，935m，1♀，31.828°N，108.993°E，2017.VI.27，陈斌等

采：城口县北屏乡苍坪村，1573m，1♂，32.003°N，108.809°E，2017.VII.4，陈斌等采。

分布：浙江（杭州）、重庆。

(213) 窄斑褐刺蛾 *Setora baibarana* (Matsumura, 1931)（图249；图版 VIII：199）

Thosea baibarana Matsumura, 1931a, 6000 Illust. Insects Japan-Empire: 1007, fig. 1824.

Setora baibarana (Matsumura): Hering, 1931, In: Seitz, Macrolepid. World, 10: 711.

Setora suberecta Hering, 1931, In: Seitz, Macrolepid. World, 10: 710, figs. 90f-g.

Setora suberceta kwangtungensis Hering, 1931, In: Seitz, Macrolepid. World, 10: 710.

Setora mongolica Hering, 1933a, In: Seitz, Macrolepid. World, Suppl. 2: 205, fig. 15h.

翅展 36-41mm。前足腿节末端有白斑。外形与铜斑褐刺蛾很近似，但个体较大，全体较暗褐色，紫色不显。前翅中线较斜，在前缘与外线较分开；外线几乎垂直于臀角，外衬铜色带较窄而清晰，从 R_4 脉开始向后渐宽，近楔形（有时仅臀角部分明显）；外线以外的翅脉暗褐色，翅顶到外线的前缘无灰斑。后翅暗褐色。

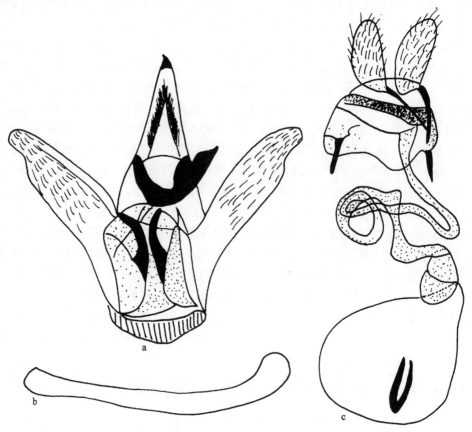

图 249　窄斑褐刺蛾 *Setora baibarana* (Matsumura)

a. 雄性外生殖器；b. 阳茎；c. 雌性外生殖器

雄性外生殖器：爪形突末端相对短小，较尖；颚形突粗长，末端钝尖；抱器瓣狭长，亚基部和端部较窄，末端圆，抱器瓣基部的突起相对短，细；阳茎端基环盾状，末端圆；囊形突宽；阳茎很长，末端无小刺突。

雌性外生殖器：第 8 腹板端部密生微刺突，呈带状；囊导管基部不骨化，稍宽，端部十分狭长，螺旋状，与交配囊连接一段较其他部分粗；交配囊大，卵圆形；囊突狭长，马蹄形。

寄主植物：茶。

观察标本：四川峨眉山九老洞，1800-1900m，2♂，1957.VI.6，王宗元、朱复兴采（外生殖器玻片号 L06240）；峨眉山报国寺，550m，1♀，1957.V.10，朱复兴采（外生殖器玻片号 L06241）；峨眉山伏虎，1♂，1979.V.24，白九维采；峨眉山，1♂，1974.VI.16，王子清采。重庆万州王二包，1200m，2♂，1993.VII.11-14，李文柱、宋士美采。湖北兴山龙门河，1260-1300m，2♂，1993.VI.18-21，黄润质、姚建采（外生殖器玻片号 L06242）。陕西太白黄柏塬，1♂，1980.VII.11，张宝林采（外生殖器玻片号 L06243）。福建武夷山三港，1♂，1983.VI.9，张宝林采（外生殖器玻片号 L06239）。云南景东无量山，1300m，1♂，1982.V.24，杜汗采（外生殖器玻片号 L06237）。河南嵩县白云山，1300m，1♂，2001.VI.1，申效诚采。

分布：河南、陕西、湖北、福建、台湾、重庆、四川、云南；印度，尼泊尔，缅甸。

48. 伯刺蛾属 *Praesetora* Hering, 1931

Praesetora Hering, 1931, In: Seitz, Macrolepid. World, 10: 672, 711. **Type species**: *Setora divergens* Moore, 1879.

雄蛾触角基半部长双栉齿状，然后突然变短。下唇须中等长，前伸。后足胫节有 2 对距。前翅 R_2 脉与 R_{3-5} 脉的共柄分离；R_1 脉直；中室上角稍突出；2+3A 脉基部分叉。后翅 M_1 脉与 Rs 脉共柄；$Sc+R_1$ 脉在近基部与中室前缘相并接；中室下角长度稍超过上角（图 250）。

该属的种类中等大小，红褐色到黄褐色。前翅有一斜一直 2 条横线。前足胫节和腿节各有 1 枚白色端斑。雄性外生殖器的爪形突末端骨化，稍向腹面弯曲；抱器瓣基部有 1 突起，突起的末端有 1 组长刺突或短刺突。雌性外生殖器的囊导管细长，螺旋状，囊突新月形。

本属已知 5 种，分布东洋界，我国记载 3 种。

种 检 索 表

1. 体翅红褐色；抱器瓣基突末端有很长的刺突·······························伯刺蛾 *P. divergens*
   体翅黄褐色；抱器瓣基突末端有很短的刺突·······························2
2. 前翅 2 条横线在前缘靠近，外侧衬白边·······················白边伯刺蛾 *P. albitermina*
   前翅横线在前缘远离，外侧不衬白边·······················广东伯刺蛾 *P. kwangtungensis*

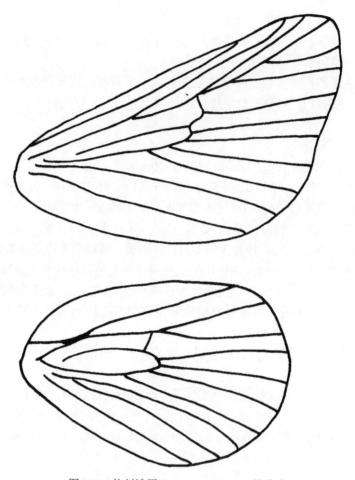

图 250 伯刺蛾属 *Praesetora* Hering 的脉序

(214) 伯刺蛾 *Praesetora divergens* (Moore, 1879)（图 251；图版 VIII：200）

Setora divergens Moore, 1879, Lep. Atkins.: 75, pl. 3, fig. 23.

Thosea divergens (Moore): Hampson, 1892, The Fauna of British India, I: 380.

Praesetora divergens (Moore): Hering, 1931, In: Seitz, Macrolepid. World, 10: 711.

别名：伯褐刺蛾。

翅展 32-38mm。身体红褐色，下唇须末端黑褐色。前翅红褐色，横线暗褐色，2 条斜线在前缘相交，出自前缘端部 3/4 处，内侧 1 条斜伸达后缘基部 1/3 处，外侧 1 条直，伸达臀角之前；外缘暗褐色。后翅红褐色。

雄性外生殖器：爪形突短粗，末端尖；颚形突短粗，末端较钝；抱器瓣狭长，几乎等宽，末端宽圆，抱器瓣基突末端有 1 束很长的刺突；阳茎粗长，稍弯，无角状器。

观察标本：云南西双版纳补蚌，700m，9♂，1993.IX.14-15，杨龙龙等采（外生殖器玻片号 L06254）；景东，1170m，6♂，1956.VI.2-12，扎古良也夫采（外生殖器玻片号

L06255）。

　　分布：云南；印度北部，尼泊尔，越南。

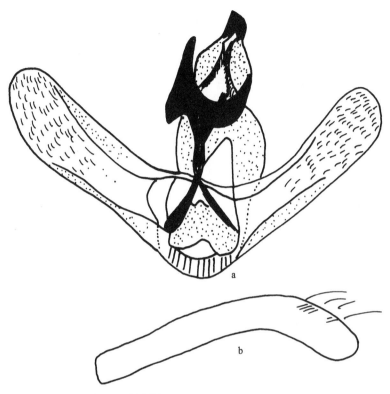

图251　伯刺蛾 *Praesetora divergens* (Moore)
a. 雄性外生殖器；b. 阳茎

(215) 广东伯刺蛾 *Praesetora kwangtungensis* Hering, 1931（图252；图版 VIII：201）

Praesetora divergens kwangtungensis Hering, 1931, In: Seitz, Macrolepid. World, 10: 711. Type
　　locality: Guangdong, China.
Praesetora kwangtungensis Hering: Solovyev *et* Witt, 2009, Entomofauna, Suppl. 16: 165.

　　翅展23-36mm。身体黄褐色，下唇须末端暗褐色。前翅黄褐色，有较多的暗色鳞片；
横线暗褐色，2条斜线在前缘相距较远，内侧1条出自前缘端部2/3处，斜伸达后缘基
部1/3处，外侧1条直，出自前缘端部4/5处，伸达臀角处；外缘暗褐色。后翅黄褐色。
　　雄性外生殖器：爪形突短粗，末端尖；颚形突短粗，末端较钝；抱器瓣狭长，亚基
部较窄，末端宽圆，抱器瓣基突末端渐尖，外侧有1列小齿突；阳茎粗长，稍弯，无角
状器。
　　雌性外生殖器：前表皮突只比后表皮突稍短；第7背板骨化，方形，其前缘有1角
状骨化脊；囊导管基部宽，随后一段狭长，端部一段较粗而呈螺旋状；交配囊大；囊突
狭长，新月形。

观察标本：福建南平夏道，1♀9♂，1963.V.25-VII.25，章有为采（外生殖器玻片号 L06250，L06251）；将乐龙栖山，500m，1♂，1991.V.24，史永善采；大安，1♀1♂，1981.VI.19，齐石成采。浙江庆元，1♂，1980.VI.11。湖南永顺杉木河林场，600m，1♂，1999.VIII.3，陈一心采；桑植天平山，1300m，2♂，1988.VIII.11，李维采（外生殖器玻片号 L06252）。贵州湄潭，1♂，1980.VI.30，夏怀恩采。江西大余，1♀8♂，1975.VII.15-17，宋士美采，1♂，1977.VI.14，刘友樵采；九连山，2♂，1975.VI.11，宋士美采。广西苗儿山，820m，1♂，1985.VII.2，王子清采；金秀圣堂山，900m，11♂，1999.V.17-19，刘大军等采；那坡北斗，550m，2♂，2000.VI.22，姚建、李文柱采；大青山，1♂，1981.IV.28；龙州大青山，360m，1♂，1963.IV.22，王春光采。海南尖峰岭天池，760m，2♂，1980.IV.16-18，张宝林采；尖峰岭，1♂，1973.VI.12，蔡荣权采，1♂，1982.VIII.10，陈芝卿采；尖峰岭热林站，1♂，1973.V.26（外生殖器玻片号 L06253）。

分布：浙江、江西、湖南、福建、广东、海南、香港、广西、贵州；越南。

说明：本种作为伯刺蛾 P. divergens (Moore) 的 1 个亚种发表，但无论其外形还是外生殖器都与后者明显不同：本种黄褐色，前翅的 2 条横线在前缘远离；雄性外生殖器的抱器瓣基突末端仅有小齿突，而伯刺蛾为红褐色，前翅的 2 条横线在前缘相交；雄性外生殖器的抱器瓣基突末端有很长的刺突，故将其提升为独立种。

图 252　广东伯刺蛾 Praesetora kwangtungensis Hering
a. 雄性外生殖器；b. 阳茎；c. 雌性外生殖器

(216) 白边伯刺蛾 *Praesetora albitermina* Hering, 1931（图 253；图版 VIII：202）

Praesetora divergens albitermina Hering, 1931, In: Seitz, Macrolepid. World, 10: 711, fig. 88i.

Praesetora albitermina Hering: Holloway, 1986, Malayan Nature Journal, 40(1-2): 111.

成虫：翅展 28-34mm。身体黄褐色，稍带红褐色调，下唇须末端黑褐色。前翅黄褐色，稍带红褐色调，翅面有丰富的暗褐色鳞片；横线暗褐色，外侧衬淡白色窄边，2 条斜线在前缘几乎相交，出自前缘端部 3/4 处，内侧 1 条斜伸达后缘基部 1/3 处，外侧 1 条直，伸达臀角；外缘暗褐色。后翅暗褐色。

雄性外生殖器：爪形突粗长，末端尖；颚形突粗长，末端较尖；抱器瓣狭长，几乎等宽，末端宽圆，抱器瓣基突末端宽而有 1 束短刺突；阳茎粗长，稍弯，末端两侧稍尖，内有微刻点。

幼虫：呈美丽而柔和的绿色，幼龄时在前、后端背面各有 1 个橘红色的斑，老熟幼虫背面有 1 黄色条纹，其中有 3 个混有红色的淡白色斑；化蛹前的幼虫呈红色，背面的条纹浅红色，刺和疣突呈浅黄色。

寄主植物：杧果、榄仁树属 *Terminalia*（使君子科 Combretaceae）、番樱桃属 *Eugenia*（桃金娘科 Myrtacea）、茶。

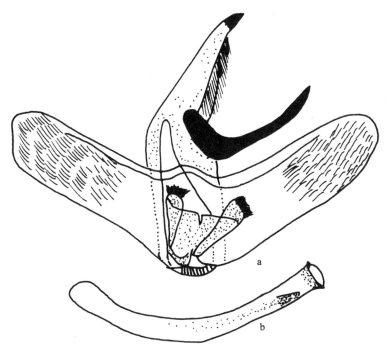

图 253　白边伯刺蛾 *Praesetora albitermina* Hering
a. 雄性外生殖器；b. 阳茎

观察标本：云南勐海，1200m，5♂，1982.VII.26-31，罗亨文采（外生殖器玻片号 L06248），1♂，1978.VI.26；勐仑林果所，1200m，1♂，1979.VI.28；保山，1500m，1♂，

1979.VII.13（外生殖器玻片号 L06249）；梁河林场，1100m，1♂，1982.V.15；芒市，900m，2♂，1955.V.17，波波夫采。

分布：云南；印度北部，尼泊尔，印度尼西亚。

说明：本种作为伯刺蛾 *P. divergens* (Moore) 的 1 个亚种发表，但无论其外形还是外生殖器都与后者明显不同，故 Holloway（1986）将其提升为独立种。

49. 织刺蛾属 *Macroplectra* Hampson, [1893]

Macroplectra Hampson, [1893] 1892, Fauna Br. India, 1: 372, 376. **Type species**: *Cania minutissima* Swinhoe, 1890.

Microplectra Grunberg, 1912, Arch. Naturgesch., 77(4): 168. Missp.

雄蛾触角长双栉齿状分支到末端。下唇须长，前伸。后足胫节有 2 对长距。前翅 R_1 脉直，R_{2-4} 脉共柄，R_5 脉独立；2+3A 脉基部分叉。后翅 M_1 脉与 Rs 脉同出一点或共柄（图 254）。

本属包括 10 余种，主要分布在印度，我国已记载 3 种。

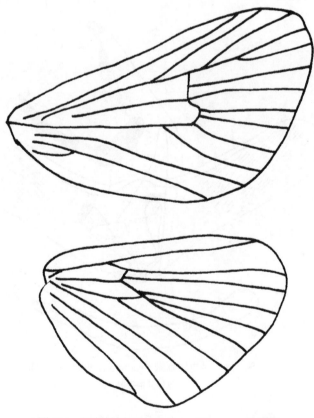

图 254　织刺蛾属 *Macroplectra* Hampson 的脉序

种 检 索 表

(217) 钩织刺蛾 *Macroplectra hamata* Hering, 1931（图 255；图版 VIII：203）

Macroplectra hamata Hering, 1931, In: Seitz, Macrolepid. World, 10: 716, fig. 89g. Type locality: Lung-tao-shan, Guangdong, China (ZMHB).

翅展 16-18mm。身体暗褐色，腹部偏灰色。前翅褐赭色，但密布褐色雾点；中室端有 1 粗短的黑色条纹；亚端有 1 条模糊的褐色线，几乎与外缘平行；缘毛基部形成明显的基线。后翅黑灰色；缘毛有浅色的基线。前翅反面褐赭色。

雄性外生殖器：爪形突长，二分叉，末端扩大而密生齿突；颚形突基部宽，端部分为 3 支，1 支朝上伸，2 支朝下伸，均细长而尖；抱器瓣基部宽，端部明显窄于基部（约为后者的 1/3 强），基部密生粗长的鬃毛，端部有稀疏的鬃毛；抱器瓣基部有 1 枚长突起，突起的末端呈足状弯曲；阳茎细长，端部有 1 组粗刺突和 1 块小骨片。

观察标本：四川峨眉山清音阁，800-1000m，5♂，1957.IV.30-V.12，王宗元、朱复兴采（外生殖器玻片号 L06256）。湖北神农架木鱼坪林场，1260m，1♂，1981.VI.29，韩寅恒采。陕西周至厚畛子，3120m，1♂，1999.VI.21，姚建采（外生殖器玻片号 L06257）。

图 255　钩织刺蛾 *Macroplectra hamata* Hering

a. 雄性外生殖器；b. 阳茎

分布：陕西、湖北、广东、四川。

说明：正模（♂）于 9 月采自广东 Lung-tao-shan，翅展仅 12mm，存德国柏林国家博物馆。

(218) 巨织刺蛾 *Macroplectra gigantea* Hering, 1931（图 256；图版 VIII：204）

Macroplectra gigantea Hering, 1931, In: Seitz, Macrolepid. World, 10: 716, fig. 89f. Type locality: Lung-tao-shan, Guangdong, China (ZMHB).

翅展♂22mm，♀28mm。身体暗褐色，腹部偏灰色。前翅褐赭色，但密布褐色雾点；有 1 条暗色斜线从近顶角处伸达后缘近 2/3 处；中室下角及其斜下方各有 1 个模糊的暗点。后翅黑灰色。前翅反面褐赭色。

雄性外生殖器：爪形突长，二分叉，末端扩大而密生齿突；颚形突基部宽，端部分为 3 支，1 支朝上伸，2 支朝下伸，均细长而尖；抱器瓣基部稍宽，端部明显窄于基部（不足后者的 1/3），基部密生粗长的鬃毛，端部有稀疏的鬃毛；抱器瓣基部有 1 枚长突起，突起的末端呈足状弯曲；阳茎细长，端部有 1 组粗刺突和 1 块小骨片。

观察标本：四川灌县（都江堰），700-1000m，1♂，1979.VI.4，尚进文采（外生殖器玻片号 W10039）。

分布：广东、四川。

说明：正模（♀）于 5 月采自广东 Lung-tao-shan，存德国柏林国家博物馆。

本种雄性外生殖器与钩织刺蛾非常相似，仅抱器瓣端部明显较钩织刺蛾窄，抱器瓣基部突起的末端弯曲部分也较细长。

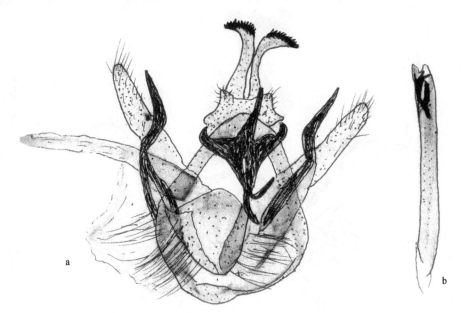

图 256 巨织刺蛾 *Macroplectra gigantea* Hering
a. 雄性外生殖器；b. 阳茎

(219) 分织刺蛾 *Macroplectra divisa* (Leech, 1890) comb. nov. （图 257；图版 VIII：205）

Setora divisa Leech, 1890, Entoml., 23: 83. Type locality: Changyang, Hubei, China.

　　雌蛾前翅褐色，暗色的亚缘线几乎与外缘平行，终止于后缘臀角；外线更暗、更粗，弧形，外侧衬浅色线；中室端斑小，不明显；外线以内的区域颜色较外线以外的端部暗。后翅黑色，缘毛黑色。缘毛同色。

　　雌性外生殖器：后表皮突长，伸过第 8 腹板；前表皮突约为后表皮突长度的一半长；囊导管很长，螺旋状；交配囊大，卵形；囊突小，椭圆形，周缘具小齿突。

　　观察标本：云南勐海，1♀，1983.V.8，罗亨文采（外生殖器玻片号 W10043）。

　　分布：湖北、云南。

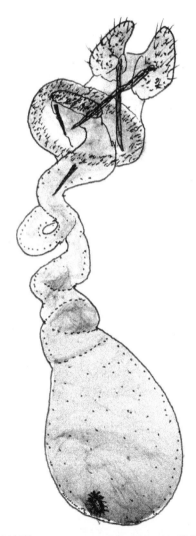

图 257　分织刺蛾 *Macroplectra divisa* (Leech) 的雌性外生殖器

50. 斜纹刺蛾属 *Oxyplax* Hampson, [1893]

Oxyplax Hampson, [1893] 1892, Fauna Br. India, 1: 372, 376. **Type species**: *Aphendala ochracea* Moore, [1883] 1882-3.

雄蛾触角长双栉齿状分支到末端。下唇须前伸。前翅的 M$_2$ 脉和 M$_3$ 脉总是远离。后翅 Sc+R$_1$ 脉在 1/3 处与中室前缘相连接（图 258）。

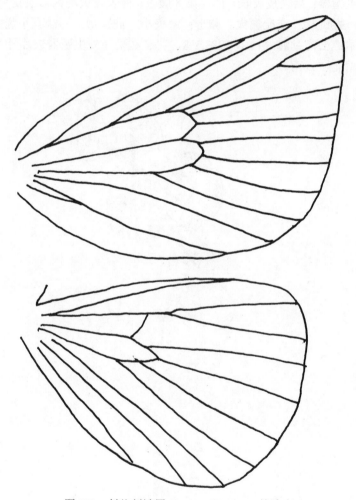

图 258　斜纹刺蛾属 *Oxyplax* Hampson 的脉序

Holloway（1986）将本属作为达刺蛾属 *Darna* 的 1 个亚属。由于其特殊的雄性外生殖器结构（爪形突二分叉，末端密生刺突）及前翅有 1 条从后缘 1/2 处伸到顶角的斜纹，本志仍将其作独立属处理。

本属世界已知 7 种，分布在东洋界，我国已记载 4 种。

种 检 索 表

（据雄性外生殖器）

(220) 灰斜纹刺蛾 *Oxyplax pallivitta* (Moore, 1877)（图 259；图版 VIII：206）

Miresa pallivitta Moore, 1877, Ann. Mag. Nat. Hist., (4)20: 93.

Darna (*Oxyplax*) *pallivitta* (Moore): Holloway, 1986, Malayan Nature Journal, 40(1-2): 145; Inoue, 1992, In: Heppner *et* Inoue, Lepid. Taiwan Volume 1 Part 2: Checklist: 102.

Oxyplax ochracea (nec Moore): Cai, 1981, Iconographia Heterocerorum Sinicorum, 1: 100, fig. 656; Hampson, 1892, The fauna of British India, 1: 372; Eecke, 1925, In: Strand, Lep. Cat., 5(32): 9.

别名：斜纹刺蛾。

成虫：翅展 18-24mm。头和腹背灰褐色，胸背赭红色。前翅赭红色带褐色，中室以上的前缘部分较暗，从翅顶到后缘中央有 1 条灰白色斜线，两侧具暗边，尤以外侧扩展至外缘。后翅灰褐色。

雄性外生殖器：爪形突 2 叶，末端钝，长椭圆形，其上密布短刺；颚形突弯钩形，端部宽大；背兜宽；抱器瓣基部宽，逐渐向端部变窄，末端较圆；抱器腹短宽；阳茎直，中等粗，约为抱器背长的 2/3，端部稍细；阳茎端基环简单，仅在腹面呈 1 板形。

雌性外生殖器：后表皮突细长；前表皮突较短，长度约为后表皮突的 2/3；囊颈粗；囊导管中等粗，短而直；囊体大，长椭圆形，囊突不明显。

卵：0.9mm×1.1mm，单产于叶的背面。

幼虫：老熟幼虫体长 20mm，浅绿黄色，背面白色，有 2 纵列黑点，第 1 节上具黑斑。臀节仅具 1 黑点，体侧共有 4 列匙形枝刺，最前和最后的较大，背侧 2 列粉红色，侧缘 2 列淡绿黄色。

茧：卵圆形，棕黄色，大小约 11mm×8mm，在枯叶下及叶片间结茧。

生物学习性：在云南西双版纳一年发生 2 代，以老熟幼虫在茧内越冬，危害期在 3-12 月。在江西一年发生 2 代，以 5-6 龄幼虫在茭白、杂草等寄主叶背越冬。各虫态历期：卵期第 1 代 6-9 天，第 2 代 5-7 天。幼虫期：第 1 代 29-43 天，第 2 代 8-9 个月，共 8 龄。茧期第 1 代 15-22 天，第 2 代 23-34 天。成虫寿命 5-11 天。

成虫多在傍晚羽化，具有较强的趋光性，以 12:00 至次日凌晨 3:00 扑灯，尤以 21:00-23:00 为盛，占 71.4%。产卵于叶背，聚生成块，呈鱼鳞状排列。低龄幼虫常 5-10 条群集为害，4 龄后分散。第 2 代幼虫于 11 月中旬后，陆续停食过冬，翌年 3 月上中旬恢复活动，取食和发育。在刺蛾科中，仅知此种以中龄幼虫越冬。老熟幼虫多在树干、枝条或叶柄上结茧，少数在卷叶内。

寄主植物：下田菊属、黑面神属、槟榔属、油棕、榕树属、柑橘、茶、茭白、杂草、玉米等。

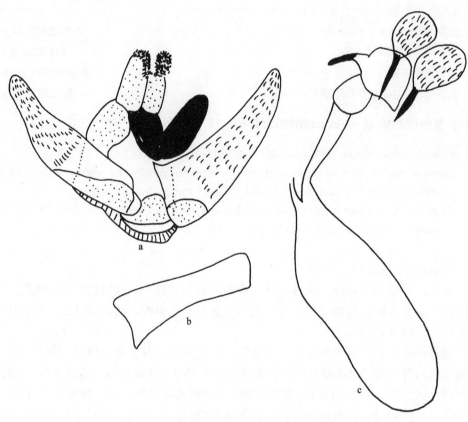

图 259　灰斜纹刺蛾 *Oxyplax pallivitta* (Moore)

a. 雄性外生殖器；b. 阳茎；c. 雌性外生殖器

观察标本：上海，1♂，1930.VI.21，O. Piel 采（外生殖器玻片号 L37-1 ♂），1♂，1934.VI.11，O. Piel 采。江苏泰州，1♂，1935.V.31（外生殖器玻片号 L37-2 ♂）。浙江杭州，1♀，1972.VIII.15（外生殖器玻片号 L37-3 ♀），1♂，1975.VIII.22，严衡元采。山东昆嵛山，1♂，1980.IX。海南 Fanta，1♂，1936.IV.2，G. Ros 采；尖峰岭，1♂，1973.V.26，蔡荣权采（外生殖器玻片号 L06186），1♂，1978.V.8。广东广州石牌，1♂，1958.VIII.24，张宝林采（外生殖器玻片号 L37-5 ♂）；连平，2♂，1973.V.13，张宝林采。安徽劳动大学森保站，1♂，1979.VI.7。广西龙州大青山，360m，1♂，1963.IV.22，王春光采（外生殖器玻片号 L37-4 ♂）。四川峨眉山，710m，1♂，1979.VI.21（外生殖器玻片号 L06187）；峨眉山，1♀，1974.VI.16，王子清采（外生殖器玻片号 L37-6 ♀）。福建沙县，1♂，1981.V.31，陈藕英采；福州，1♀，1982.V.20，齐石成采。河南桐柏水帘洞，300m，1♂，2000.V.24，申效诚等采。湖北鹤峰，2♂，1963.VIII.30（存湖北农业科学院植保土肥研究所）。湖南

衡阳，1♂，1981.V.19（外生殖器玻片号 WU0207）。江西永修，1♀，1980.V.31（外生殖器玻片号 WU0208）。

分布：山东、河南、江苏、上海、安徽、浙江、湖北、江西、湖南、福建、台湾、广东、海南、广西、四川；日本（冲绳岛），泰国，马来西亚，印度尼西亚。

(221) 滇斜纹刺蛾 *Oxyplax yunnanensis* Cai, 1984（图 260；图版 VIII：207）

Oxyplax yunnanensis Cai, 1984a, Entomotaxonomia, 6(2-3): 171, figs. 1, 4, 7. Type locality: Yunnan, China (IZCAS).

翅展♂ 24-25mm，♀ 26mm。头和颈板灰褐色。胸背红褐色。腹部暗灰褐色。前翅翅顶较尖；底色红褐色，前缘灰褐色，中室以上和外缘区蒙有 1 层暗灰褐色；外线灰白色具暗边，从翅顶斜伸至后缘中央，微微外曲；端线灰黄色；毛两端暗灰褐色，中央灰白色。后翅暗灰褐色；端线灰黄色；缘毛与前翅的相似。

雄性外生殖器：爪形突 2 叶，末端钝，长椭圆形，其上密布短刺；颚形突弯钩形，端部狭长；背兜宽；抱器瓣中等宽，抱器背呈波浪形曲，端部向内弯，在抱器背基部 1/3 下方有 1 近指形的抱器内突，横伸稍过抱器腹，抱器端有点尖；阳茎直，中等粗，约为抱器背长的 2/3，端部稍细；阳茎端基环简单，仅在腹面呈 1 板形。

图 260　滇斜纹刺蛾 *Oxyplax yunnanensis* Cai

a. 雄性外生殖器；b. 雌性外生殖器

雌性外生殖器：后表皮突细长；前表皮突短，长度只有后表皮突的一半；后阴片大，向后延伸成 1 钝角形板；囊颈粗，几丁质化；囊导管中等粗长，在与囊颈相接处呈直角形曲，稍前方有 1 由几丁质化小点组成的钝三角形斑；囊体大，椭圆形，中央有 2 个近三角形的小囊突。

寄主植物：茶。

观察标本：云南勐海，1200m，1♂1♀，1977.IX.17，罗亨文采；龙陵，1600m，1♂，1955.V.20，克雷让诺夫斯基采；景东董家坟，1250m，1♂，1956.VI.21，扎古良也夫采；腾冲洞山，1750m，1♂，1979.V.26，云南省林业厅森林昆虫普查队腾冲组采；畹町，820m，1♂，1979.VI.5，张应钦采（正模和副模）；金平猛喇，400m，1♂，1956.IV.15，黄克仁采；勐海，4♂，1977.X.11，罗亨文采。

分布：云南。

(222) 斜纹刺蛾 *Oxyplax ochracea* (Moore, 1883)（图 261；图版 VIII：208）

Aphendala ochracea Moore, 1883, Lep. Ceyl., 2: 129, pl. 129, figs. 3, 3a.

Oxyplax weixiensis Cai, 1984a, Entomotaxonomia, 6(2-3): 172.

Oxyplax ochracea (Moore): Solovyev *et* Witt, 2009, Entomofauna, Suppl. 16: 193.

别名：维西斜纹刺蛾。

成虫：翅展♂ 22.5mm。头和颈板暗灰褐色；胸背赭褐色；腹部暗灰褐色。前翅翅顶稍钝；底色红褐色，前缘灰褐色，中室以上和外缘蒙有 1 层暗灰褐色，其中尤以外线内侧较暗；外线灰白色，从翅顶几乎直伸至后缘中央；端线灰黄色；缘毛暗灰褐色。后翅暗灰褐色；端线和缘毛与前翅的相似。

雄性外生殖器：颚形突中等长，弯钩形，端部 3/4 呈箭头形膨大；抱器瓣相对地狭长，抱器背稍微内弯，抱器端钝，抱器内突指形，横伸稍过抱器腹；阳茎直，中等粗，端部稍细，约为抱器背长的 2/3；阳茎端基环仅在腹面呈 1 板形。

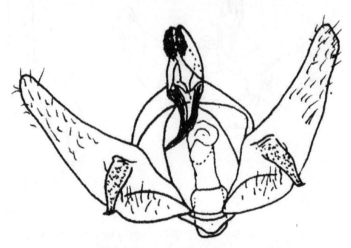

图 261　斜纹刺蛾 *Oxyplax ochracea* (Moore) 的雄性外生殖器

幼虫：海蛞形。老熟幼虫绿色，背面浅白色，具 2 条由黑斑点组成的背线，第 2 节有 1 黑色的背斑，臀节只有 1 个斑。亚背枝刺比背枝刺长。

茧：圆形，淡褐色。蛹期 26-27 天。

寄主植物：茶属、刺桐、苹果。

观察标本：云南维西白济汛，1780m，1♂，1981.VII.11，廖素柏采（维西斜纹刺蛾的正模，L105-1 ♂）。

分布：云南；印度，越南，老挝，泰国。

(223) 暗斜纹刺蛾 *Oxyplax furva* Cai, 1984（图 262；图版 VIII：209）

Oxyplax furva Cai, 1984a, Entomotaxonomia, 6(2-3): 172, figs. 3, 6. Type locality: Yunnan, China (IZCAS).

Darna (*Oxyplax*) *caii* Holloway, 1986, Malayan Nature Journal, 40(1-2): 162 (replaced for *O. furva* Cai).

翅展♂ 23.5mm。头部灰褐色；颈板暗褐色；胸背暗红褐色；腹背暗褐色。前翅暗红褐色，其中中室下方的后缘区较浅而呈红褐色，前缘灰褐色；外线灰白色，较宽，略呈松散带形，两侧不特别具暗边，从前缘近翅顶直向后斜伸至后缘的 2/3 处；端线细，灰黄色；缘毛暗灰褐色。后翅暗灰褐色；端线和缘毛与前翅的相似。

雄性外生殖器：爪形突相对大，端面密生短刺和毛；颚形突相对宽大，弯曲，端部 1/3 扁平舌形；抱器瓣稍宽，端部逐渐尖削，抱器瓣基部背缘下方的内突指形，稍长，约有 1/5 横伸过抱器腹；阳茎中等粗直，约为抱器背长的 2/3；阳茎端基环仅在腹面呈 1 板形。

图 262 暗斜纹刺蛾 *Oxyplax furva* Cai 的雄性外生殖器

观察标本：云南祥云米甸，1900m，1♂，1980.VII.21，云南省林业厅森林昆虫普查队祥云组采（正模，外生殖器玻片号 L106-1 ♂）。

分布：云南。

说明：本种与斜纹刺蛾 *O. ochracea* (Moore) 近似，但本种前翅底色明显地暗，外线较宽，略呈松散带形，仅伸达后缘 2/3 处而不是中央，以及雄性外生殖器的爪形突、颚形突和抱器瓣等明显不同而易于区别。

Holloway（1986）将斜纹刺蛾属 *Oxyplax* 作为达刺蛾属 *Darna* 的亚属，致使 *D. furva* (Cai) 成为 *D. furva* Wileman 的次同名，所以另取 *D. (Oxyplax) caii* 作为替代名。因目前 *Oxyplax* 仍为独立属，故恢复使用 *Oxyplax furva* Cai 作为本种的有效名。

51. 副纹刺蛾属 *Paroxyplax* Cai, 1984

Paroxyplax Cai, 1984b, Acta Entomol. Sinica, 27(2): 211, 213. **Type species**: *Paroxyplax menghaiensis* Cai, 1984.

下唇须中等大小，稍向上弯伸不过额。雄蛾触角长双栉齿形，触角干末端 1/4 生有 1 簇长的鳞毛，乍看似变粗大。雌蛾触角丝形。胸腹部粗壮，被毛浓厚。翅基片基部有 1 竖起成角形的毛簇；后胸背中央和腹背基部中央具毛簇。足被浓密的长毛，后足胫节有 2 对距。前翅前缘内半部直，外半部微拱；翅顶尖；外缘与后缘分界处不明显，呈弧形曲。脉序与斜纹刺蛾属 *Oxyplax* Hampson 近似：Cu_2-M_2 脉出发点彼此分离；M_1 脉位于中室横脉上方；R_5 脉靠近中室上角伸出；R_4+R_3 脉共柄长，从中室上角伸出；R_2 脉从中室上缘近顶角伸出。后翅 Cu_2-M_2 脉出发点彼此分离；M_1 脉与 Rs 脉在中室上角同一点伸出；Sc+R 脉与中室上缘中央有 1 短横脉相连（图 263）。

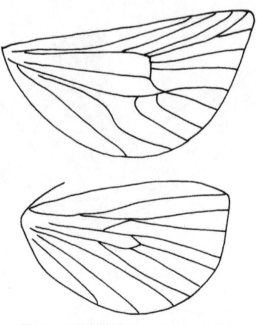

图 263　副纹刺蛾属 *Paroxyplax* Cai 的脉序

雄性外生殖器：爪形突很短；颚形突相对小，端部分上下颚形突2部分；背兜狭长；抱器瓣狭长；抱器背基部生有1大弯角形突起；抱器背基突发达，于两瓣中央连成1个大的片状的膜质板；阳茎中等粗、直，末端常分裂；阳茎端基环发达。

雌性外生殖器：肛瓣大；后表皮突细长；前皮表突短；后阴片大，但无板形突起；囊导管短、直，交配囊长大，无囊突。

本属与斜纹刺蛾属 Oxyplax 接近。但后者雄蛾触角干端部无鳞毛簇，翅基片基部无竖立的角形毛簇，以及两性外生殖器明显不同而容易区别。

种 检 索 表

前翅灰红褐色到暗褐色，斜线粗而离外缘较远 ……………………………… 副纹刺蛾 *P. menghaiensis*
前翅暗灰褐色稍带紫色，斜线细而离外缘较近 ……………………………… 线副纹刺蛾 *P. lineata*

(224) 副纹刺蛾 *Paroxyplax menghaiensis* Cai, 1984（图264；图版 VIII：210，211，图版 XII：262）

Paroxyplax menghaiensis Cai, 1984b, Acta Entomol. Sinica, 27(2): 212, 214, figs. 1-3. Type locality: Yunnan, China (IZCAS).

成虫：翅展♂25.0-26.5mm，♀27-30mm。雄蛾触角褐色，端部较暗，近黑褐色，末端白色。头和胸部灰红褐色；腹部暗灰褐色。前翅灰红褐色，具丝质光泽，前缘偏灰色；中室和外缘较暗，尤其越接近翅顶越暗；中室以下的后缘区较偏红褐色；外线为1灰白色的宽带，从前缘近翅顶几乎直斜向后伸至后缘约2/3处，带的两侧不衬暗边；端线细，模糊灰白色；缘毛基部灰褐色，端部灰白色。后翅黑褐色，端线和缘毛与前翅的相似。

雄性外生殖器：爪形突很短，呈2个小隆起；上颚形突小，分为2叶，呈钝角形，端缘具微齿，基部两侧有长毛；下颚形突单一，尖钩形；抱器背基部的突起长大，约为抱器瓣长的3/5，弯角形，末端鼓槌形；阳茎直，中等粗，端部渐细，末端一侧具纵行裂口；阳茎端基环大三叉形。

雌性外生殖器：后阴片端缘具大弧形缺刻，在近交配囊孔有2个小隆起；囊导管具弱几丁化；囊体大，椭圆形，无囊突。

幼虫：老熟幼虫体长19mm左右，长方形，有2种色型：①黄色型，体为橙黄色，体背有4列枝刺，前端4对及腹末2对较长，端部黑色，其余短小而全部为橙黄色；背线系为由白色细线组成的格形花纹。体两侧2列枝刺之间则为白线组成的网状花纹。②红褐型，多出现在低温季节及温度较低的地区，其底色仍为橙黄色，但在背面有1块前后端宽大、中间细窄的红褐色大斑，该区域上的枝刺也为红褐色，其余同黄色型。此型幼虫极似黄刺蛾幼虫，但体型较小。

茧：卵圆形，棕黄色，外附黄色丝，大小约11mm×9mm，在地面枯叶下及表土中结茧。

生物学习性：在云南西双版纳一年发生2-3代，以幼龄幼虫在叶上越冬，危害期分别在11月至翌年3月、5-6月及8-9月。

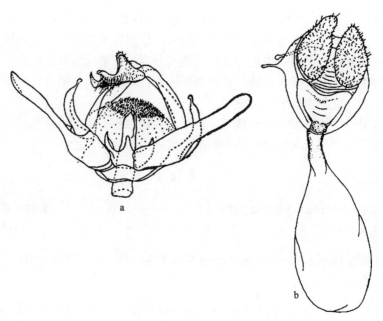

图 264　副纹刺蛾 *Paroxyplax menghaiensis* Cai
a. 雄性外生殖器；b. 雌性外生殖器

寄主植物：茶。

观察标本：云南勐海，1200m，9♂10♀，1980.V.10，1982.V.12，罗亨文采（正模和副模，外生殖器玻片号 L107-1 ♂，L107-2 ♂，L107-3 ♂，L107-4 ♀）；勐海，3♀3♂，1983.III.15-20，罗亨文采。贵州江口梵净山，600m，3♂，2002.VI.2，武春生采（外生殖器玻片号 L06084）。

分布：云南、贵州。

说明：贵州梵净山的标本颜色整体较暗，呈暗褐色。雄性外生殖器的阳茎端基环末端中部的突起不明显。

(225) 线副纹刺蛾 *Paroxyplax lineata* Cai, 1984（图265；图版 VIII：212）

Paroxyplax lineata Cai, 1984b, Acta Entomol. Sinica, 27(2): 212-214, figs. 4-5. Type locality: Yunnan, Sichuan, China (IZCAS).

翅展♂ 23.5-26.0mm。触角基部 2/3 黄褐色，端部暗褐色至黑褐色，末端灰白色。头和身体灰褐色，腹部稍暗。前翅相对较狭，暗灰褐色稍带紫色，稍具丝质光泽；前缘较偏灰色；外缘与翅顶之间的夹角较暗，似呈 1 黑斑；外线纤细，灰白色，两侧不衬黑边，中段微向外曲，从前缘近翅顶向后斜伸至后缘 2/3 处；端线细，灰白色；缘毛灰褐色。后翅较前翅稍暗，端线和缘毛与前翅的相似。

雄性外生殖器：爪形突很短、圆；颚形突整个较细长，其中上颚形突不分叶，腹面有小横裂口，背面端部呈钝喙形，中央有 1 列纵行的微齿，下颚形突端部钝，呈倒梨形；

抱器背基部的突起大，弯角形，末端稍扁平；阳茎较粗，中段稍曲，末端开口斜，一侧具纵行裂口；阳茎端基环稍小，呈"山"字形。

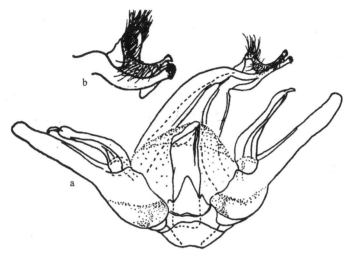

图 265　线副纹刺蛾 *Paroxyplax lineata* Cai
a. 雄性外生殖器；b. 爪形突

观察标本：四川西昌泸山，1700m，2♂，1980.VIII.4，张宝林采；攀枝花平地，2♂，1981.VI.12-16，张宝林采；攀枝花，1♂，1980.VIII.22，张宝林采。云南洱源平头山，800m，1♂，1980.VIII.24，云南省林业厅森林昆虫普查队洱源组采；云南丽江，1680m，1♂，1979.V.12（正模和副模，L108-1 ♂，L108-2 ♂，L108-3 ♂）。

分布：四川、云南。

说明：本种与副纹刺蛾接近，但前翅较狭，底色较暗，外线纤细，翅顶有 1 小黑斑，以及雄性外生殖器中的上下颚形突、阳茎和阳茎端基环等明显不同而易区别。

52. 希刺蛾属 *Heterogenea* Knoch, 1783

Heterogenea Knoch, 1783, Beitrage zur Insektengeschichte, 3: 60. **Type species**: *Phalaene cruciata* Knoch, 1783.
Heterogynea Meissner, 1907, Societas Ent., 22: 41. Missp.

雄蛾触角简单，外形似卷蛾。前翅通常较尖，端部较阔，缘毛较长，中室较短。后翅 M_1 脉与 Rs 脉分离。个体较稀少。

本属已知 3 种，2 种分布在古北界，1 种分布在北美。我国已知 1 种。

(226) 斜纹希刺蛾 *Heterogenea obliqua* Leech, 1890

Heterogenea obliqua Leech, 1890, Entomol., 23: 83. Type locality: Changyang, Hubei, China (BMNH).
Barabashka cf. *obliqua* (Leech): Solovyev *et* Witt, 2009, Entomofauna, Suppl. 16: 71.

翅展 30mm。头部和胸部暗黄褐色，腹部更暗。前翅暗黄褐色，散布有褐色鳞片；有 1 条直的暗褐色斜线从翅顶伸到后缘基部；有 1 条更细的暗褐色亚端线。后翅暗灰色，具丝绸光泽。

观察标本：作者未见标本。描述译自 Hering（1931）的记述。

分布：湖北；越南。

53. 铃刺蛾属 *Kitanola* Matsumura, 1925

Kitanola Matsumura, 1925, J. Coll. Agri. Hokkaido Imp. Univ., 15: 116. **Type species**: *Kitanola sachalinensis* Matsumura, 1925.

Microcampa Kawada, 1930, J. Imp. Agr. Exp. Stn., 1: 256. **Type species**: *Heterogena uncula* Staudinger, 1887.

Mediocampa Inoue, 1982, In: Inoue, Sugi, Kuroko, Moriuti *et* Kawabe, Moths of Japan, 2: 220. **Type species**: *Kitanola speciosa* Inoue, 1956.

下唇须上举，稀达头顶。雄蛾触角简单。中足胫节有 1 对距，后足胫节有 2 对距。前翅 R_{3-5} 脉共柄，R_2 脉与之有短共柄或独立，M_2 脉与 M_3 脉分离。后翅 Rs 脉与 M_1 脉分离（图 266）。

雄性外生殖器的爪形突典型或稍加宽，颚形突末端尖或加宽，抱器背通常有长突起。雌性外生殖器的囊导管细长，基部常骨化，端部螺旋状，囊突如有，则为 1 组小齿突。

本属已知 10 种，分布在东亚，我国已记载 8 种。

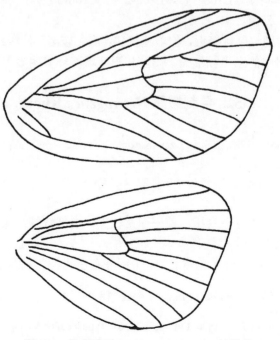

图 266　铃刺蛾属 *Kitanola* Matsumura 的脉序

种检索表

（据雄性外生殖器）

(227) 环铃刺蛾 *Kitanola uncula* (Staudinger, 1887)（图 267；图版 VIII：213）

Heterogena uncula Staudinger, 1887, Mem. Lep., 3: 197, pl. 11, fig. 9.

Kitanola uncula (Staudinger): Inoue, 1955, Check List Lepid. Japan, 2: 211; Wu *et* Fang, 2008c, Acta Entomol. Sinica, 51(8): 862.

Microcampa uncula (Staudinger): Kawada, 1930, J. Imp. Agr. Exp. Stn., 1: 256.

Microcampa suzukii Matsumura, 1931b, Ins. Matsum., 5: 108.

Microcampa corana Matsumura, 1931b, Ins. Matsum., 5: 108.

翅展 17-20mm。身体赭黄色，腹部末端暗黄褐色。前翅黄白色，斑纹变异较大，但中部暗黄褐色的宽带总是存在，其两侧有白色的窄边；中室端及其下方常各有 1 黑点；亚端常有黄褐色带。后翅灰褐色到褐色。

雄性外生殖器：爪形突末端有明显的小齿突；颚形突细长，末端尖；抱器瓣基部很宽，逐渐向端部收缩，末端宽圆；抱器腹基部有 1 细长的突起；阳茎细长，末端有 1 枚大刺突。

雌性外生殖器：囊导管基部宽大，弱骨化，端部细长，螺旋状；交配囊卵形，囊突不明显。

寄主植物：栲木属。

观察标本：黑龙江东村，3♀，1979.VII.30-VIII.1（外生殖器解剖号 sp. 24-1 ♀，sp. 24-2 ♀）。

分布：黑龙江；俄罗斯，朝鲜，日本。

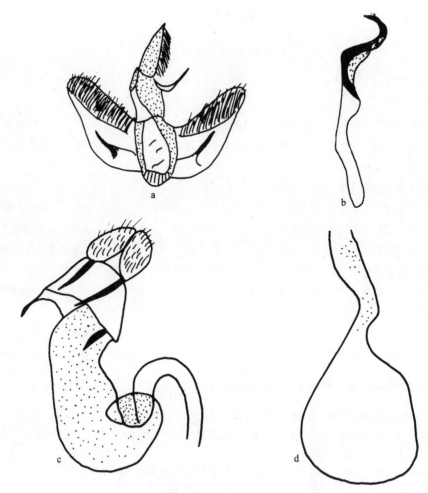

图 267 环铃刺蛾 *Kitanola uncula* (Staudinger)

a. 雄性外生殖器 (仿 Sasaki, 1998); b. 阳茎; c, d. 雌性外生殖器端部与尾部

(228) 灰白铃刺蛾 *Kitanola albigrisea* Wu et Fang, 2008 (图 268; 图版 VIII: 214-215)

Kitanola albigrisea Wu et Fang, 2008c, Acta Entomol. Sinica, 51(8): 863. Type locality: Shaanxi, Gansu, Henan, China (IZCAS).

翅展 21-24mm。身体灰白色,腹部末端暗黄褐色。前翅白色,散布褐色鳞片;外带赭褐色,其两侧缘多少呈细锯齿状,衬白色的窄边;中室端常有 1 小黑点,其下方常有 1 较大的暗斑;外缘顶角下有 2 个小黑点。后翅白色,缘毛褐色。

雄性外生殖器:爪形突末端有明显的小齿突;颚形突细长,末端钝;抱器瓣狭长,几乎等宽,末端宽圆;抱器腹基部有 1 粗长的突起,其边缘具细齿;阳茎细长,末端有 1-2 枚大刺突。

雌性外生殖器:第 8 腹板前后缘的中部内凹;囊导管基部漏斗形,弱骨化,其后一段膜质，但之后的一段则明显骨化到导精管分出处，端部细长，螺旋状；交配囊卵形，囊突由 1 组小齿突组成。

观察标本：陕西宁陕火地塘，1580-1620m，1♀1♂，1979.VII.27-VIII.7，韩寅恒采（外生殖器玻片号 L06276，L06304），1♂，1998.VII.26，姚建采。甘肃文县邱家坝，2350m，1♀，1999.VII.21，朱朝东采（外生殖器玻片号 L06295）；舟曲沙滩林场，2400m，1♂，1999.VII.14，姚建采（外生殖器玻片号 L06300）。河南嵩县白云山，1510m，1♂，2004.VIII.14，武春生采（以上为正模和副模）。

分布：河南、陕西、甘肃。

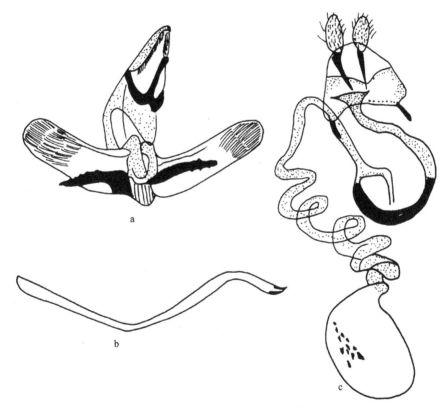

图 268　灰白铃刺蛾 *Kitanola albigrisea* Wu *et* Fang
a. 雄性外生殖器；b. 阳茎；c. 雌性外生殖器

(229) 针铃刺蛾 *Kitanola spina* **Wu *et* Fang, 2008**（图 269；图版 VIII：216）

Kitanola spina Wu *et* Fang, 2008c, Acta Entomol. Sinica, 51(8): 865. Type locality: Hubei, Guizhou, Sichuan, Shaanxi, China (IZCAS).

翅展 18-22mm。身体灰白色，腹部端半部黑褐色。前翅黄白色，散布较浓的褐色鳞片；中部有黑褐色的宽带，其中嵌有网络状的白色细线；中室端有 1 小黑点；外缘顶角下有 1 个较大的黑斑；缘毛灰白色，顶角处也有 1 个小黑点。后翅灰白色，密布褐色雾点；外缘褐色；缘毛灰白色。

雄性外生殖器：爪形突末端的小齿突很小；颚形突细长，末端尖；抱器瓣狭长，基部较窄，末端宽，稍尖；抱器腹狭长，明显骨化，末端呈齿状；抱器背基突宽大，侧端长角状突出；阳茎细长，末端有 1 圈大刺突。

雌性外生殖器：第 8 腹板前缘带状骨化；囊导管基部长漏斗形，弱骨化，端部细长，螺旋状；交配囊卵形，囊突由 1 组小齿突组成。

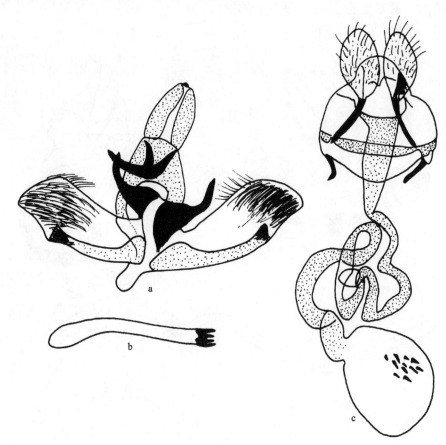

图 269　针铃刺蛾 *Kitanola spina* Wu *et* Fang
a. 雄性外生殖器；b. 阳茎；c. 雌性外生殖器

观察标本：陕西宁陕火地塘，1620m，1♀9♂，1979.VII.27-VIII.5，韩寅恒采（外生殖器玻片号 L06298，L05077）。湖北神农架酒壶，1800m，2♂，1981.VIII.1，韩寅恒采（外生殖器玻片号 L05049），1♀，1980.VII.24（外生殖器玻片号 L06307）；神农架松柏，1♂，1985.V.28（外生殖器玻片号 L06306）。贵州道真大沙河，900-1400m，1♂，2004.VIII.18，陈付强采（外生殖器玻片号 L06301）。四川峨眉山清音阁，800-1000m，1♂，1957.VI.25，朱复兴采（外生殖器玻片号 sp. 25-1 ♂），1♀，1957.IX.15，卢佑才采；峨眉山，600m，1♂，1979.VI.20，尚进文采；雅安碧峰峡，1100m，1♂，2004.VI.17，魏忠民采（以上为正模和副模）；都江堰青城山，1000m，1♂，1979.V.20，高平采；青城山，3♂1♀，

1990.VIII.12-15，葛晓松采（外生殖器玻片号 W10124）。

分布：陕西、湖北、四川、贵州。

(230) **小针铃刺蛾** ***Kitanola spinula*** **Wu *et* Fang, 2008**（图 270；图版 VIII：217）

Kitanola spinula Wu *et* Fang, 2008c, Acta Entomol. Sinica, 51(8): 865. Type locality: Zhejiang, Anhui, Jiangxi, Hunan, China (IZCAS).

翅展 16-20mm。身体灰白色，腹部端半部暗褐色。前翅黄白色，散布较浓的褐色鳞片；中部有黄褐色的宽带，其中嵌有少量网络状的白色细线；中室端有 1 小黑点；外缘顶角下有 1 个较大的黑斑；缘毛灰白色。后翅灰白色，密布褐色雾点；外缘褐色；缘毛灰白色。

雄性外生殖器：爪形突末端的小齿突很小；颚形突细长，末端尖；抱器瓣狭长，基部较窄，末端宽圆；抱器腹狭长，不明显骨化；抱器背基突宽大，后缘锯齿状，侧端有一长一短 2 枚突起；阳茎细长，末端有 1 列细刺突。

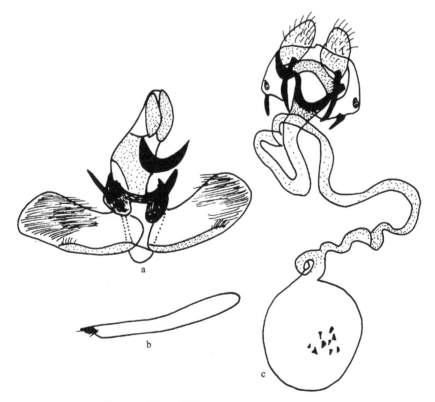

图 270　小针铃刺蛾 *Kitanola spinula* Wu *et* Fang
a. 雄性外生殖器；b. 阳茎；c. 雌性外生殖器

雌性外生殖器：第 8 腹板在生殖孔周围明显骨化，侧前端有 1 膜质的指状突起；囊导管基部漏斗形，弱骨化，端部细长，螺旋状；交配囊卵形，囊突由 1 组小齿突组成。

观察标本：浙江莫干山，1♀，1980.VI.30，陈其湖采（外生殖器玻片号 L06299）；天目山，1♀，1972.VII.28（外生殖器玻片号 L06305）；杭州植物园，1♂，1980.VIII.7；杭州，1♂，1972.VII.20（外生殖器玻片号 sp. 23-1 ♂），1♂，1973.VII.16，张宝林采（外生殖器玻片号 sp. 23-2 ♂）。安徽九华山聚龙寺，1♂，1979.VII.24，王思政采（外生殖器玻片号 sp. 23-3 ♂）。湖南衡山，5♂，1979.VIII.24-IX.5，张宝林采（外生殖器玻片号 L126-1 ♂）。江西庐山植物园，1♂1♀，1975.VII.28，刘友樵采（外生殖器玻片号 L126-2 ♂，L126-3 ♀），1♂，1975.VII.3，徐建华采，1♂，1982.VIII.30（外生殖器玻片号 L05069）（以上为正模和副模）。

分布：安徽、浙江、江西、湖南。

(231) 线铃刺蛾 *Kitanola linea* **Wu** *et* **Fang, 2008**（图 271；图版 VIII：218）

Kitanola linea Wu *et* Fang, 2008c, Acta Entomol. Sinica, 51(8): 865. Type locality: Hubei, Guangxi, China (IZCAS).

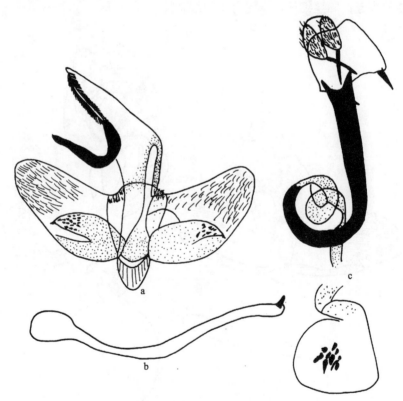

图 271　线铃刺蛾 *Kitanola linea* Wu *et* Fang
a. 雄性外生殖器；b. 阳茎；c. 雌性外生殖器

翅展 16-19mm。身体灰白色，腹部末端暗黄褐色。前翅白色，散布赭色鳞片；外线赭褐色，细，弧形外曲；中室端有 1 小黑点，其下方后缘区有 1 较大的暗斑；外缘顶角下有 1 个小黑点。后翅白色，缘毛褐色。

雄性外生殖器：爪形突末端有明显的小齿突；颚形突粗长，末端钝；抱器瓣基半部宽，端半部逐渐收缩，末端宽圆；抱器腹基部有 1 宽大的突起，其端部具小齿突；阳茎细长，末端有 1 枚大刺突。

雌性外生殖器：第 8 腹板宽；囊导管基部较宽，强骨化，骨化段的端部弧形弯，端部细长，螺旋状；交配囊卵形，囊突由 1 组小齿突组成。

观察标本：广西龙胜红滩，900m，1♂，1963.VI.11，王春光采（外生殖器玻片号 L05053，正模）。湖北神农架松柏，1♀，1980.VII.18（外生殖器玻片号 L05054，副模）。

分布：湖北、广西。

(232) 蔡氏铃刺蛾 *Kitanola caii* Wu *et* Fang, 2008（图 272；图版 VIII：219）

Kitanola caii Wu *et* Fang, 2008c, Acta Entomol. Sinica, 51(8): 866. Type locality: Gansu, Henan, Anhui, China (IZCAS).

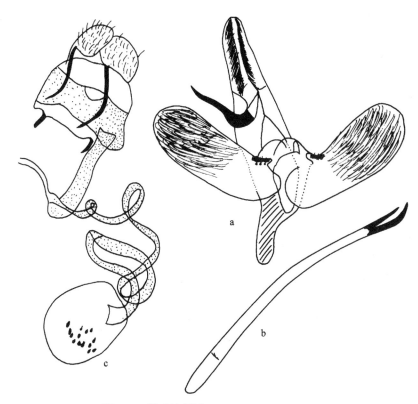

图 272　蔡氏铃刺蛾 *Kitanola caii* Wu *et* Fang
a. 雄性外生殖器；b. 阳茎；c. 雌性外生殖器

翅展 18-20mm。身体灰白色，腹部末端暗黄褐色。前翅白色到黄白色，散布褐色鳞片；斑纹变异较大，中部有时有完整的宽带，有时仅在后缘保留 1 暗斑；有时有赭褐色弧形外线；中室端常有 1 小黑点；外缘顶角下有时有 1-2 个小黑点。后翅通常白色，有时浅褐色；缘毛褐色。

雄性外生殖器：爪形突末端有明显的小齿突；颚形突细长，末端尖；抱器瓣狭长，几乎等宽（有时基部稍窄），末端宽圆；抱器腹基部无突起或突起不明显；阳茎细长，超过抱器瓣长度的2倍，末端有1-2枚长刺突。

雌性外生殖器：第8腹板前后缘的中部内凹；囊导管基部较宽，弱骨化，直，在导精管分出处稍弯曲，端部细长，螺旋状；交配囊卵形，囊突由1组小齿突组成。

观察标本：甘肃舟曲沙滩林场，2350m，1♂，1998.VII.14，张学忠采（外生殖器玻片号L05061，正模）。河南伏牛山，1♂，1993.VIII.7-9，王治国采（外生殖器玻片号L06296）；栾川龙峪湾，100m，1♀，2004.VII.19，武春生采（外生殖器玻片号L06275）。安徽黄山云谷寺，1♂，1978.V.15，王思政采（外生殖器玻片号L06296）（副模）。

分布：河南、甘肃、安徽。

说明：本种与日本产的 K. masayukii Sasaki 相似，但本种前翅颜色偏白，雄性外生殖器在阳茎端基环末端无密集的微刺突，抱器瓣形状也稍有差异。

(233) 短颚铃刺蛾 *Kitanola brachygnatha* Wu *et* Fang, 2008（图273；图版 VIII：220）

Kitanola brachygnatha Wu *et* Fang, 2008c, Acta Entomol. Sinica, 51(8): 866. Type locality: Yunnan, China (IZCAS).

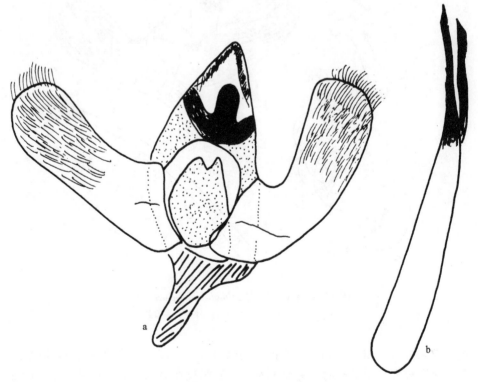

图 273　短颚铃刺蛾 *Kitanola brachygnatha* Wu *et* Fang
a. 雄性外生殖器；b. 阳茎

　　翅展♂ 15mm，体淡黄白色。触角丝状，赭黄色。前翅白色，散布赭黄色鳞片；内线赭褐色；外线赭褐色；中室端有 1 枚黑点；外缘脉端有 1 列黑褐色小点；缘毛较长，淡黄色。后翅灰白色。

　　雄性外生殖器：背兜相对短宽，侧缘密布长毛；爪形突末端中部有 1 枚很小的齿突；颚形突短宽，末端圆；抱器瓣狭长，末端宽圆；阳茎端基环中等骨化，末端无突起。囊形突狭长；阳茎粗，比抱器瓣长，端部二分叉，末端呈尖刺状。

　　观察标本：云南西双版纳大勐龙，650m，1♂，1962.V.22，宋士美采（外生殖器玻片号 L05067，正模）。

　　分布：云南。

　　说明：本种颚形突端部短宽，囊形突狭长，可与其他种相区别。

(234) 宽颚铃刺蛾 *Kitanola eurygnatha* Wu et Fang, 2008（图 274；图版 VIII：221，图版 X：244）

Kitanola eurygnatha Wu et Fang, 2008c, Acta Entomol. Sinica, 51(8): 866. Type locality: Guangdong, Hunan, Zhejiang, China (IZCAS).

　　成虫：翅展♂ 15-18mm，体淡赭黄色。触角丝状，赭黄色。前翅白色，密布赭黄色鳞片；内线赭褐色，中部较宽；外线赭褐色，从前缘端部 1/3 斜伸到臀角；中室端有 1 枚黑点；外缘脉端有 1 列黑褐色小点；缘毛较长，淡黄色。后翅灰赭色。

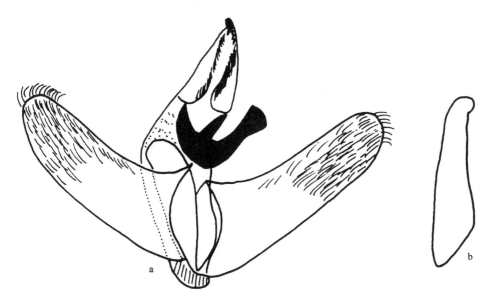

图 274　宽颚铃刺蛾 *Kitanola eurygnatha* Wu et Fang
a. 雄性外生殖器；b. 阳茎

　　雄性外生殖器：背兜狭长，侧缘密布长毛；爪形突末端中部有 1 枚小齿突；颚形突大钩状，末端加宽；抱器瓣狭长，末端宽圆；阳茎端基环中等骨化，末端无突起。阳茎粗，比抱器瓣短，无角状器。无明显的囊形突。

雌性外生殖器：第 8 腹板前后缘的中部内凹；囊导管几乎等宽，膜质，直，较本属其他已知种短，长度仅为交配囊长度的 2 倍左右；交配囊卵形，囊突由一长一短 2 列小齿突组成。

幼虫：老熟幼虫体长 11-14mm。身体呈纺锤形，光滑而无毛和刺。头、前胸缩入体内，口器黑色。中胸部位较宽，前方呈半圆形，腹部从体 2/3 处渐变细，尾部尖。体深青色，背面有 7 条浅绿色的纵线，气门线绿色，气门白色，腹面鞋底形。前胸橙红色，头粉红色。

蛹：椭圆形，长径 8-9mm、短径 5-6mm，浅褐色，与一般刺蛾蛹的形状、质地几乎一样。

寄主植物：毛竹 *Phyllostachys pubescens*。

生物学习性：在浙江安吉毛竹上大发生，被害竹林达 1500 亩，竹叶被吃光，幼虫沿竹秆下移。幼虫染病率 90% 以上。一年 1 代和两年 1 代混合发生，7 月底一批成虫和繁殖的后代为两年 1 代。在竹上缀 2-3 片竹叶结茧，或在落地竹叶、杂草叶片中结茧化蛹（徐天森研究员提供）。

观察标本：广东广州，1♂，1981.VIII.11，董祖林采（外生殖器玻片号 L05028，正模）。湖南衡山，2♂，1974.VI.1，张宝林采（外生殖器玻片号 L02028，L05029）。浙江杭州，1♂，1981.VI.（副模）；安吉，2♂1♀，2012.VII.28-VIII.8（外生殖器玻片号 WU0047a，b）。

分布：浙江、湖南、广东。

说明：本种与短颚铃刺蛾 *K. brachygnatha* 相似，但本种颚形突较长，囊形突不明显，阳茎比抱器瓣短。

本种的雌性外生殖器特征系首次描述。

54. 匙刺蛾属 *Spatulifimbria* Hampson, [1893]

Spatulifimbria Hampson, [1893] 1892, Fauna Br. India, 1: 372, 391. **Type species**: *Spatulifimbria castaneiceps* Hampson, [1893] 1892.

Spatulicraspeda Hampson, [1893] 1892, Fauna Br. India, 1: 372, 391. **Type species**: *Spatulifimbria castaneiceps* Hampson, [1893] 1892.

雄蛾触角双栉齿状，末端简单。下唇须非常短，前伸。后足胫节有 2 对距。前翅 R_{3-5} 脉共柄，R_2 脉与之分离，R_1 脉稍弯曲。后翅 Rs 脉与 M_1 脉共柄，Sc+R 脉只在中室中点后方与中室前缘并接（由 1 横脉相连）（图 275）。

本属只包括 1 种，但分为 3 亚种，分别分布在斯里兰卡、印度和中国。

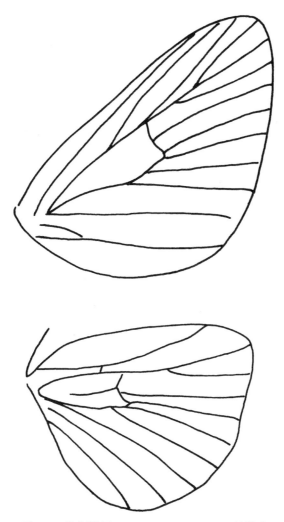

图 275　匙刺蛾属 *Spatulifimbria* Hampson 的脉序

(235) 栗色匙刺蛾 *Spatulifimbria castaneiceps* Hampson, [1893]（图 276，图版 VIII：
222-223）

Spatulifimbria castaneiceps Hampson, [1893] 1892, Fauna Br. India, 1: 391.

雌雄异型。雄蛾身体紫黑色，前端褐赭色。前翅有 1 条暗色的外线（穿过中室横脉）
和 1 条亚缘线。后翅黑色，缘毛黄色。雌蛾黄灰色，前翅有暗色的中室端斑，横线同雄
蛾。后翅暗灰色，缘毛淡黄色。

雄性外生殖器：爪形突腹面中央有小刺突；颚形突粗长，末端尖；抱器瓣略狭长，
中部稍窄，末端宽圆；阳茎端基环短宽，中部有 1 对十分狭长的突起；囊形突不明显；
阳茎短小，无角状器。

雌性外生殖器：后表皮突粗长，前表皮突细短；囊导管基部细，强烈骨化，随后膜

质宽大，交配囊很小，无囊突。

分布：中国南部；印度，斯里兰卡。

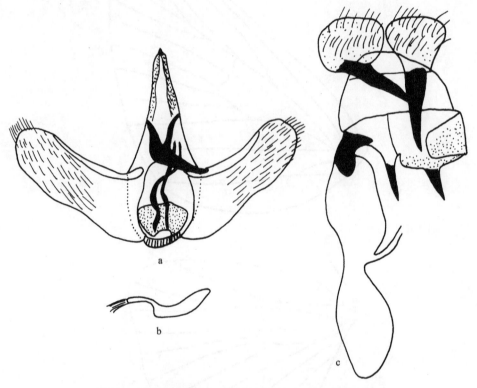

图 276 栗色匙刺蛾 *Spatulifimbria castaneiceps* Hampson
a. 雄性外生殖器；b. 阳茎；c. 雌性外生殖器

(a) 栗色匙刺蛾中国亚种 *Spatulifimbria castaneiceps opprimata* Hering, 1931

Spatulifimbria castaneiceps opprimata Hering, 1931, In: Seitz, Macrolepid. World, 10: 719.

雄蛾前翅暗色的亚缘线与外缘平行，终止于后缘臀角之前；后翅黑色，缘毛黑色。雌蛾红赭褐色，亚缘线同样与外缘平行；后翅黑灰色，缘毛同色。

观察标本：福建沙县，1♀，1976.IX.29，齐石成采，1♂，1975.VIII.25，齐石成采；莆田，3♂，1978.VI.29-VII.6，齐石成、余春仁采；安溪，1♂，1975.VI.6，齐石成采；来舟，1♂，1981.IV.12，林玉兰采。广东广州华南农业大学，4♂，1981.X.19，谢振伦采，2♀1♂，1983.VII，谢振伦采。江西大余，1♂，1976.VII.31。广西南宁，3♀3♂，1982.V.21，茹奕崇采（外生殖器玻片号 L06258，L06259）；阳朔，1♀，1964.VII.20。

分布：江西、福建、台湾、广东、广西。

说明：模式标本采自广东广州，存德国柏林国家博物馆。

55. 绒刺蛾属 *Phocoderma* Butler, 1886

Phocoderma Butler, 1886, Illust. typical specimens Lepid.-Heterocera colln Br. Mus., 6: 4. **Type species**: *Gastropacha velutina* Kollar, [1844] 1848.

雄蛾触角基部 2/5 双栉齿状。下唇须粗大，第 2 节有 1 前伸的毛簇。后足胫节有 2 对距。前翅 R_{3-5} 脉共柄，R_2 脉与之分离，R_1 脉稍弯曲。后翅 Rs 脉与 M_1 脉共柄，Sc+R 脉在基部由 1 横脉与中室前缘连接（图 277）。

雄性外生殖器具有刺蛾科的典型结构，但阳茎相对较长。雌性外生殖器的囊导管十分狭长，基部骨化；囊突 2 枚，由小刻点组成。

本属已知 3 种，分布在我国及东南亚地区。本属已知的 3 种翅面斑纹几乎没有区别，过去被作为 1 种，后被厘定为 3 种。

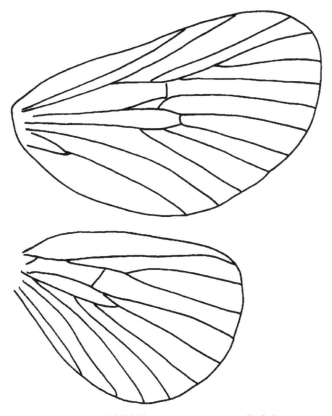

图 277　绒刺蛾属 *Phocoderma* Butler 的脉序

种 检 索 表

1.　下唇须第 3 节短；阳茎基部侧面有 1 枚长刺突和 1 小齿突 ⋯⋯⋯⋯⋯⋯⋯⋯⋯ **绒刺蛾 *Ph. velutina***

　　下唇须第 3 节长；阳茎基部侧面有 1 枚粗齿突或 2 枚小片突 ⋯⋯⋯⋯⋯⋯⋯⋯⋯⋯⋯⋯⋯2

2. 阳茎基部侧面有 1 枚粗齿突 ………………………………………………………… **维绒刺蛾 *Ph. witti***

  阳茎侧面有 2 枚小片突 …………………………………………………………………… **贝绒刺蛾 *Ph. betis***

(236) 绒刺蛾 *Phocoderma velutina* (Kollar, [1844]) （图 278）

Gastropache velutina Kollar, [1844] 1848, In: Hugel, Kaschmir und Reich Siek, 4: 473. Type locality: North India, Holotype: ♀ (NMW).

Phocoderma velutina (Kollar): Butler, 1886, Illust. typical specimens Lepid.-Heterocera colln Br. Mus., 6: 4; Leech, 1899, Trans. Ent. Soc. Lond.: 103; van Eecke, 1925, In: Strand, Lep. Cat., 5(32): 27; Hering, 1931, In: Seitz, Macrolepid. World, 10: 720; Cai, 1981, Iconographia Heterocerorum Sinicorum, 1: 102, fig. 671; Holloway, 1982, In: Barlow, An Introduction to the Moths of South East Asia: 40, pl. 2, fig. 24; Holloway, 1986, Malayan Nature Journal, 40(1-2): 100, pl. 7, figs. 163-164, 168; Holloway, 1990, Heterocera Sumatrana, 6: 49, pl. 2, fig. 25; Yoshimoto, 1994, Tinea, 14 (Suppl. 1): 86.

Natada rugosa Walker, 1855, List Specimens Lepid. Insects Colln Br. Mus., 5: 1109.

翅展 45-60mm。下唇须第 3 节短，大部分隐藏在第 2 节的鳞毛中。身体暗紫褐色，胸背和腹背中央较暗。前翅暗紫褐色，具光泽，中央有 1 条外衬亮边的暗色斜线，从前缘外侧约 3/4 处伸至后缘内侧的 1/3 处，其中在 R_4 脉呈直角形曲，斜线以内较暗，似呈 1 长方形的大斑；亚缘线清晰而呈暗褐色，与外缘平行。后翅颜色较前翅稍淡，近基部稍带黄色。

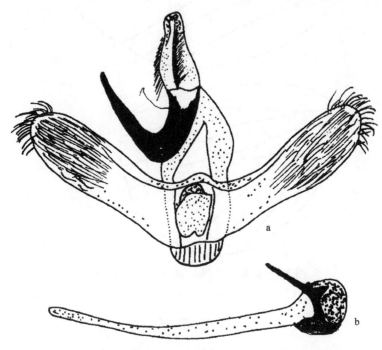

图 278 绒刺蛾 *Phocoderma velutina* (Kollar)

a. 雄性外生殖器；b. 阳茎

雄性外生殖器：爪形突宽，腹面中央有 1 枚很小的刺突；颚形突粗长，末端尖；抱器瓣狭长，亚基部较窄，末端圆；阳茎端基环盾状；囊形突短宽；阳茎细长，基部球状，侧面有 1 长刺突和 1 小齿突，无角状器。

雌性外生殖器：第 8 腹板侧面有 1 对膜质的长指状突起；表皮突细长；囊导管基部 1/3 较粗而弱骨化，直，端部细而呈螺旋状；交配囊卵形，囊突由微刻点组成。

寄主植物：厚皮树属、杧果属、乌桕属、榄仁树属、木棉属、石栗属、紫矿、韶子、茶。

观察标本：云南景洪，4♀2♂，1980.V.30-VI.5（外生殖器玻片号 L08001）。广西金秀林海山庄，1100m，1♀1♂，2000.VII.2，李文柱采。

分布：广西、云南；印度，尼泊尔，缅甸，泰国，马来西亚，印度尼西亚。

(237) 贝绒刺蛾 *Phocoderma betis* Druce, 1896（图 279；图版 VIII：224）

Phocoderma betis Druce, 1896, Ann. Mag. Nat. Hist., (6)18: 236. Type locality: Hunan, China. Holotype: ♀ (BMNH).

成虫：翅展 36-58mm。下唇须第 3 节很长，在已知的 3 种中最长（容易折断）。身体暗紫褐色，胸背和腹背中央较暗。前翅暗紫褐色，具光泽，中央有 1 条外衬亮边的暗色斜线，从前缘外侧约 3/4 处伸至后缘内侧的 1/3 处，其中在 R_4 脉呈直角形曲，斜线以内较暗，似呈 1 长方形的大斑；亚缘线清晰暗褐色，与外缘平行。后翅颜色较前翅稍淡，近基部稍带黄色。

雄性外生殖器：爪形突宽，腹面中央有 1 枚很小的刺突；颚形突粗长，末端尖；抱器瓣狭长，亚基部较窄，末端圆；阳茎端基环盾状；囊形突短宽；阳茎细长，基部球状，侧面有 2 个小片突，无角状器。

雌性外生殖器：第 8 腹板侧面有 1 对膜质的长指状突起；表皮突细长；囊导管基部 1/3 较粗而弱骨化，直，端部细而呈螺旋状；交配囊卵形，囊突由微刻点组成。

幼虫：成熟幼虫绿色，前后两端各有 4 个大型的刺突，其顶端生黑褐色的刺毛；背部有 8 个姜黄色的斑块。

生物学习性：贝绒刺蛾在贵州麻江一年发生 1 代，以老熟幼虫在茧内越冬。翌年 3 月中旬开始羽化，羽化率为 30.50%，3 月下旬羽化率为 50.70%。3 月中下旬至 4 月上旬产卵，卵产于叶背面，经 5-8 天孵化出幼虫，开始取食为害。幼虫期共 8 龄。7 月底或 8 月初，8 龄老熟幼虫停止取食 2-3 天后，沿树干爬下在树脚隐蔽处或疏松的表土内作茧越冬。8 月中下旬幼虫少见。贝绒刺蛾的危害与油桐展叶生长密切相关。大部分产区在 3 月中旬油桐第 1-2 片叶生长到 20-40mm 长时，越冬幼虫开始羽化，3 月下旬至 4 月上旬叶片长到 40-50mm 长，有 2-3 片叶时，成虫开始产卵。卵产于叶背面或树干背风面。4 月上中旬，叶片长到 50-80mm，有 3-4 片叶时，1 龄幼虫出现，经 2-3 天蜕皮到 2 龄时开始取食幼叶，4 月下旬至 6 月下旬，第 1-2 片叶长到 90-130mm 长时，幼虫蜕皮生长为 4-6 龄，食量增大，为取食盛期。随着幼叶的不断萌发生长，6 月上旬幼虫到 7-8 龄时，可将老熟叶片的叶脉、叶柄幼芽尖全部食尽，造成桐籽减产。

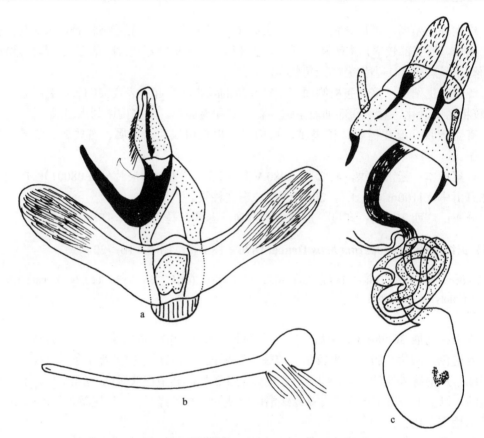

图 279 贝绒刺蛾 *Phocoderma betis* Druce

a. 雄性外生殖器；b. 阳茎；c. 雌性外生殖器

寄主植物：油桐、茶。

观察标本：云南西双版纳勐仑，580m，5♂，1964.V.21-VI.5，张宝林采，1♂，1958.VIII.20，孟绪武采，2♂，1993.IX.3-6，杨龙龙、成新跃采；勐腊冷库，1♂，1980.VI.9；景东，1170m，1♀9♂，1956.VI.2-29，扎古良也夫采；景东董家坟，1250m，1♂，1956.VI.20，扎古良也夫采；元阳南沙，1100m，2♂，1979.V.26，罗克忠采；凤庆三岔河，1400m，1♂，1980.VII.24，张付采。湖南东安，2♂，1955.V.27（外生殖器玻片号 L08002，L08003）。湖北神农架，950m，23♂，1980.VII.17-18，虞佩玉采；利川星斗山，800m，1♂，1989.VII.23，李维采；兴山龙门河，1350m，1♂，1993.VII.22，宋士美采。四川峨眉山清音阁，800m，1♂，1957.VI.29，朱复兴采。重庆城口县厚坪乡红光村，1079m，1♂，31.713°N，108.869°E，2017.VII.22，陈斌等采。甘肃文县范坝，800m，2♂，1998.VI.26，袁德成、张学忠采（外生殖器玻片号 L08004）；文县邱家坝，2350m，1♂，1999.VII.21，朱朝东采；宕昌，1800m，1♂，1998.VII.7，姚建采；康县阳坝，1000m，1999.VII.10，朱朝东采。陕西佛坪，950m，2♂，1998.VII.23，姚建采；洋县，1♂，1964.VII.13，陶令仁采。吉林苇沙河（黑龙江尚志市），2♂，1939.VII。广西龙胜飘里公社，1♂，1980.VIII.10；龙胜，2♂，1980.VI.10，王林瑶采。海南尖峰岭，3♀3♂，1973.IX.2（外生殖器玻片号 L06267，L06268）；尖峰

岭热林站，4♀，1973.VI.7。河南西峡黄石庵，1♂，1998.VII.18。

分布：黑龙江、河南、陕西、甘肃、湖北、湖南、海南、广西、重庆、四川、贵州、云南；越南，泰国。

(238) 维绒刺蛾 *Phocoderma witti* Solovyev, 2008（图 280）

Phocoderma witti Solovyev, 2008a, Nota Lepid., 31(1): 59. Type locality: Myanmar (Burma), India (MWM); Wu, 2011, Acta Zootaxonomica Sinica, 36(2): 254.

翅展 45-58mm。下唇须第 3 节较长，其长度介于绒刺蛾和贝绒刺蛾之间。身体暗紫褐色，胸背和腹背中央较暗。前翅暗紫褐色，具光泽，中央有 1 条外衬亮边的暗色斜线，从前缘外侧约 3/4 处伸至后缘内侧的 1/3 处，其中在 R_4 脉呈直角形曲，斜线以内较暗，似呈 1 长方形的大斑；亚缘线清晰暗褐色，与外缘平行。后翅颜色较前翅稍淡，近基部稍带黄色。

雄性外生殖器：爪形突宽，腹面中央有 1 枚很小的刺突；颚形突粗长，末端尖；抱器瓣狭长，亚基部较窄，末端圆；阳茎端基环盾状；囊形突短宽；阳茎细长，基部球状，侧面有 1 粗齿突，无角状器。

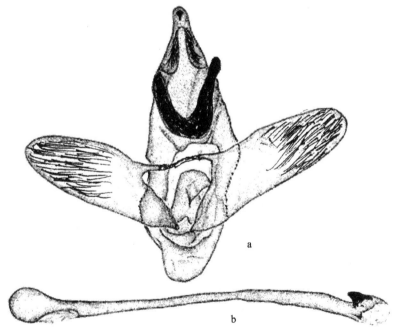

图 280　维绒刺蛾 *Phocoderma witti* Solovyev
a. 雄性外生殖器；b. 阳茎

雌性外生殖器：第 8 腹板侧面有 1 对膜质的长指状突起；表皮突细长；囊导管基部 1/3 较粗而弱骨化，直，端部细而呈螺旋状；交配囊卵形，囊突由微刻点组成。

观察标本：西藏墨脱背崩，850m，2♂，1983.V.30-VI.15，韩寅恒采（外生殖器玻片号 L08005）。

分布：西藏；印度，缅甸。

56. 泳刺蛾属 *Natada* Walker, 1855

Natada Walker, 1855, List Specimens Lepid. Insects Colln Br. Mus., 5: 1103, 1108. **Type species**:
　　Natada rufescens Walker, 1855.

Bombycocera Felder, 1874, In: Felder *et* Rogenhofer, Reise ost. Fregatte novara (Zool.), 2: pl. 83, fig.
　　13. **Type species**: *Bombycocera senilis* Felder, 1874.

Rhinaxina Berg, 1882, An. Soc. Cient. Argent., 13: 259. **Type species**: *Rhinaxina quadrata* (Berg,
　　1863).

雄蛾触角短双栉齿状，其分支由基部向端部逐渐缩短，直到末端。下唇须前伸。后
足胫节有 2 对距。前翅 R_2 脉与 R_5 脉独立；R_{3-4} 脉共柄；2+3A 脉基部分叉。后翅 M_1 脉
与 Rs 脉共柄；$Sc+R_1$ 脉在中部之前与中室前缘相并接；中室下角明显超过上角。

本属过去包括的种类约 10 种，其中许多已被移到其他属种，分布在东洋界、古北界
及新北界，我国已记载 1 种。

(239) 阿里泳刺蛾 *Natada arizana* (Wileman, 1916)（图 281）

Thosea arizana Wileman, 1916, Entomol., 49: 98. Type locality: Taiwan, China; Hering, 1931, In: Seitz,
　　Macrolepid. World, 10: 715.

Natada arizana (Wileman): Inoue, 1986, Tinea, 12(8): 73; Inoue, 1992, In: Heppner *et* Inoue, Lepid.
　　Taiwan Volume 1 Part 2: Checklist: 102.

Hampsonella arizana (Wileman): Solovyev *et* Witt, 2009, Entomofauna, Suppl. 16: 88.

翅展 33-36mm。身体暗褐色。前翅浅褐色，端区稍带灰白色；基部前缘暗褐色，有
1 条暗褐色的纵纹穿过翅中央几乎到达外缘；内线黑色，波状，从中部斜伸到后缘，其
内侧衬浅边，外侧有 1 黑点；外线黑色，由小点组成；亚端线浅色，达臀角上方，两线
之间褐色，拱形，前缘顶角之前有 1 褐色点，在褐色线分出处有 1 黑色点；缘毛被白色
分割。后翅黑灰色。雌蛾与雄蛾相似，但端区的前缘部分较暗，内嵌 1 浅色斑；外线以
外的 M_3-Cu_2 脉黑色。后翅颜色较浅。

雄性外生殖器：爪形突宽，腹面中央有 1 枚很小的刺突；颚形突狭长，末端钝；抱
器瓣狭长，基部窄，末端宽圆；阳茎端基环盾状；囊形突短宽；阳茎粗长，端部有小角
状器。

观察标本：作者未见标本。描述根据 Hering（1931）和 Inoue（1986）整理而成。

分布：台湾。

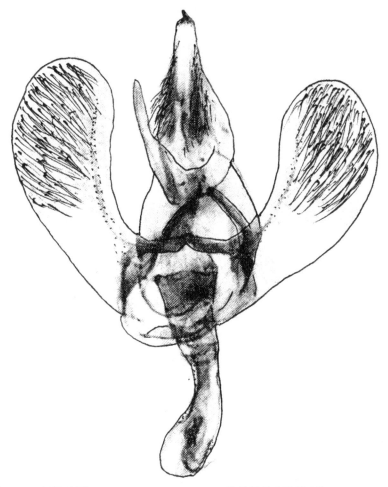

图 281　阿里泳刺蛾 *Natada arizana* (Wileman) 的雄性外生殖器（仿 Inoue，1986）

57. 达刺蛾属 *Darna* Walker, 1862

Darna Walker, 1862, J. Proc. Linn. Soc. (Zool.), 6: 174. **Type species**: *Darna plana* Walker, 1862.

　　Holloway（1986）对本属进行了重新界定，扩大了其内涵，将几个相关属合并在该属内。雄蛾触角长双栉齿状分支到末端。下唇须前伸。前翅 $R_{2\text{-}3}$ 脉共柄，M_1 脉和 M_2 脉总是远离，M_2 脉与 M_3 脉共柄或同出一点。后翅 M_1 脉与 Rs 脉共柄；$Sc+R_1$ 脉基部 1/3 与中室前缘相联合（图 282）。

　　雄性外生殖器的爪形突二分叉，其腹面生有成列的暗色鳞片，抱器瓣基部有突起。

　　根据雄性外生殖器特征，Holloway（1986）将本属分为 4 个亚属。我国的种类占 2 个亚属，其中 *Oxyplax* Hampson 本志做独立属处理，这里仅包括 1 个亚属。

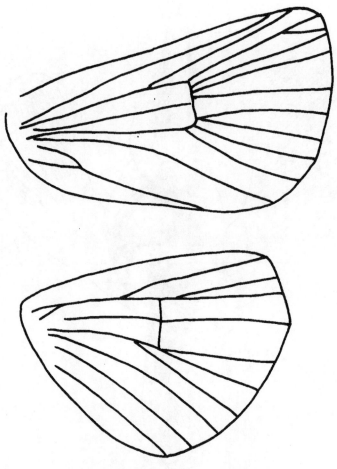

图 282 达刺蛾属 *Darna* Walker 的脉序

1) 直达刺蛾亚属 *Orthocraspeda* Hampson, [1893]

Orthocraspeda Hampson, [1893] 1892, Fauna Br. India, 1: 393. **Type species**: *Parasa trima* Moore, [1860] 1858-1859.

Thoseoides Shiraki, 1913, Taiw. Noji-Shik. Tokub.-Hok., 8: 391. **Type species**: *Thoseoides fasciata* Shiraki, 1913.

　　雄性外生殖器的爪形突分叉不扩大，腹面没有成列的鳞片，抱器瓣基部的突起起源于抱器背基部而不是端部。雌性外生殖器在生殖孔侧面有 1 对骨化片；囊突可变，但如果存在，肯定是由小齿突或隆脊组成的。

　　本亚属包括 9 种，分布在东南亚，我国已记载 1 种。Solovyev 和 Witt（2009）已将此亚属做独立属处理。

(240) 窃达刺蛾 *Darna (Orthocraspeda) furva* (Wileman, 1911) （图 283；图版 IX：225，图版 XII：263）

Natada furva Wileman, 1911, Entomol., 44: 205; Hering, 1931, In: Seitz, Macrolepid. World, 10: 715.

Darna (Orthocraspeda) furva (Wileman): Inoue, 1992, In: Heppner *et* Inoue, Lepid. Taiwan Volume 1 Part 2: Checklist: 102.

Orthocraspeda furva (Wileman): Solovyev *et* Witt, 2009, Entomofauna, Suppl. 16: 192.

Thoseoides fasciata Shiraki, 1913, Taiw. Noji-Shik. Tokub.-Hok., 8: 391.

Darna trima (nec Moore): Cai *et* Luo, 1987, In: Huang, Forest Insects of Yunnan: 885; Xiao, 1992, Forest Insects of China: 781.

别名：米老排刺蛾、油棕刺蛾、茶刺蛾。

成虫：体长♀ 8-10mm，♂ 7-9mm。翅展♀ 18-22mm，♂ 16-22mm。触角♂羽毛状，♀丝状。头部灰色，复眼大，黑色；胸部背面有几束灰黑色的长毛，腹部被有细长毛。前翅灰褐色，有 5 条明显的黑色横纹，近基部 3 条稍衬灰褐色边，均从亚前缘脉向外伸，亚基线和内线伸达后缘，外线仅达 Cu$_2$ 脉，亚端线从前缘近顶角处伸达臀角，在其前后端的内外侧各衬 1 灰褐色点；端线较松散。后翅暗灰褐色。

雄性外生殖器：爪形突分裂为 1 对狭长的突起；颚形突狭长，末端二分叉（基部愈合，仅能见到 1 条分界缝）；抱器瓣狭长，抱器瓣基部有 1 大突起，其端部分裂为一长一短 2 支；抱器腹短宽，具长鬃；阳茎端基环盾状；阳茎短小，直，无角状器。

雌性外生殖器：后表皮突粗短，前表皮突不明显；第 8 腹板端部强度骨化，并有脊状隆起；囊导管很短，基部漏斗形，端部直；交配囊大，卵形，有 1 小的附囊；囊突较大，不规则形。

卵：淡黄色，质软，椭圆形，长径 1.2-1.3mm，短径 0.8-0.9mm。

幼虫：身体扁平，胸部最宽，腹部往后逐渐变细。刚孵化的幼虫白色，体长 1.2-1.6mm。老熟幼虫体长 15-18mm，胸部最宽处 5mm。头小，黑褐色，体背褐色或深黄色，上有 1 个近"工"字形的黑褐色斑纹；在背面 4-9 枝刺间，枝刺的前后各有 2 个黑色斑点，腹末也有 2 个；腹面白色；在背线两旁及体侧各有 10 个枝刺，背上枝刺着生黄色刺毛，有的刺毛末端呈黑色；体侧枝刺的颜色，第 1-2 为黄色，第 3 和 8 为黑，其余为白色。

蛹：黄绿色，除翅外，其余附肢白色。茧坚硬，褐色，长 8-9mm，宽 6mm，蛹壳上有黄色的毒毛。

生物学习性：在广西南部和福建一年发生 3 代，以幼虫在叶背面越冬。第 1 代发生在 5-8 月，第 2 代为 8-10 月，越冬代为 11 月至翌年 5 月。在海南一年发生 5 代。

成虫白天喜栖息在阴凉的灌木丛中，晚上活跃，有趋光性。羽化和交尾以 19:00-21:00 为多。羽化后第 2 天傍晚开始交尾，交尾历时 20-30min。交尾后次日开始产卵，产卵量为 50-150 粒。成虫寿命 4-7 天。刚孵化的幼虫只取食叶表皮，把叶咬成透明的小洞，随着虫龄的增长，最后把叶片吃光，再向其他地方转移。化蛹前一天停止取食，爬到树根上方及附近的枯枝落叶层中化蛹。化蛹时，虫体逐渐变红，其中背面变成紫红色，腹面变成桃红色，身体逐步蜷缩，并吐棕黄色的丝和分泌黏液，黏结成茧。蛹期：越冬代 30-32

天，第 1 代 16-18 天，第 2 代 13-18 天。成虫羽化前，蛹活动剧烈，羽化后成虫将茧咬开 1 个圆盖钻出。越冬幼虫以南坡及西南坡为多。

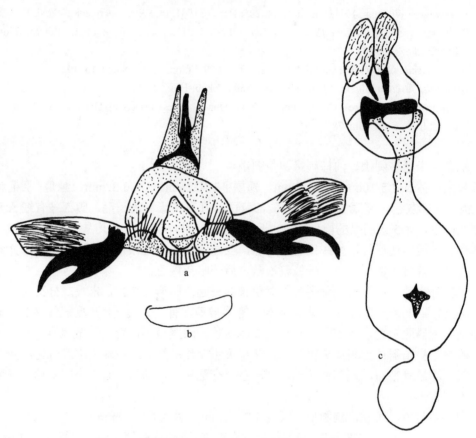

图 283 窃达刺蛾 *Darna* (*Orthocraspeda*) *furva* (Wileman)

a. 雄性外生殖器；b. 阳茎；c. 雌性外生殖器

寄主植物：石梓、重阳木、盆架树、山苍子、楠木、乌桕、大管（白木）、山黄麻、油茶、茶、桂花、核桃、柿、柑橘、壳菜果（米老排）、石楠、醉香含笑（火力楠）、木荷、山桑、樟树、枫香等多种阔叶树。幼虫取食叶片，严重发生时会把叶子全部吃光，不仅影响林木生长，甚至使树木死亡。

天敌：林间调查发现捕食性天敌有日月猎蝽 *Pirates arcuatus*、中黄猎蝽 *Sycanus croceovittatus*、中华大刀螳螂 *Tenodera aridifolia sinensis* 和蜘蛛；寄生性天敌有刺蛾紫姬蜂 *Chlorocryptus purpuratus* 等。

防治方法：①幼龄幼虫群集取食，可及时摘除被害叶片，消灭幼虫。②该虫抗药力差，在幼虫 3 龄前选用 50%辛硫磷、40%氧化乐果或 80%敌敌畏乳剂均 1000 倍液喷雾，效果良好。

观察标本：云南西双版纳勐海，1200m，2♀5♂，1974.IX.18，罗亨文采（外生殖器玻片号 L06281，L06282）。海南尖峰岭天池，760m，1♂，1980.III.26，蔡荣权采（外生

殖器玻片号 L06284）。江西宜丰院前，1♂，1959.VIII.22。浙江杭州茶叶所，1♀4♂，1976
（外生殖器玻片号 L06283）。广东广州，2♀，1983.V.4，陈庆雄采；广东韶关，1♂，2012.VII。
广西凭祥大青山白云林场，6♀9♂，1981.VII.27，杨民胜采（外生殖器玻片号 L06285，
L06286）；玉林六万林场，380m，1♂，1981.X.20，王华元采，1♀，1982.IV.6，罗松标
采；南宁区林科所，1♂，1981.VII.17。福建福州新店，1♂，1983.VII.24，林玉兰采（外
生殖器玻片号 L06289）；武夷山，1♀，1982.VII.5，齐石成采。贵州湄潭，2♀1♂，1982.VIII.5，
夏怀恩采（外生殖器玻片号 L06287，L06288）。

分布：浙江、江西、湖南、福建、台湾、广东、海南、广西、贵州、云南；尼泊尔、
泰国。

58. 汉刺蛾属 *Hampsonella* Dyar, 1898

Hampsonella Dyar, 1898, Psyche, Camb., 8: 274. **Type species**: *Parasa dentata* Hampson, [1893] 1892.

雄蛾触角简单（线形）。下唇须短，前伸。后足胫节有 2 对距。前翅 R_2 脉独立；R_{3-5}
脉共柄；2A+3A 脉基部分叉。后翅 M_1 脉与 Rs 脉共柄；Sc+R_1 脉由 1 横脉在基部与中室
前缘相连接；中室下角稍突出（图 284）。

本属已知 3 种，分布在喜马拉雅地区。我国已记载 2 种，包括作者发表的 1 新种。

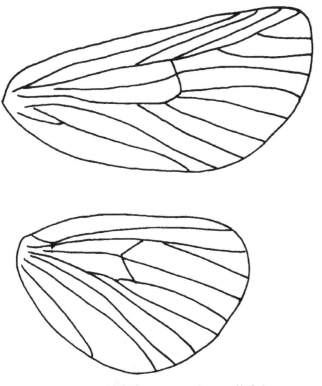

图 284　汉刺蛾属 *Hampsonella* Dyar 的脉序

种 检 索 表

(241) 汉刺蛾 *Hampsonella dentata* (Hampson, [1893])（图 285；图版 IX：226，图版 XII：264）

Parasa dentata Hampson, [1893] 1892, Fauna Br. India, 1: 391.

Hampsonella dentata (Hampson): Dyar, 1898, Psyche, Camb., 8: 274; Hering, 1931, In: Seitz, Macrolepid. World, 10: 720.

成虫：翅展♂ 26-32mm，♀ 36-45mm。身体暗红褐色到暗褐色。前翅红褐色，内线和中线黑褐色，多少有些呈锯齿状，两者之间充满黑紫色，中线外侧有 1 枚浅红褐色的大斑，其中央为浅黄褐色，该黄褐色的外缘呈明显的锯齿状；外缘线黑褐色；缘毛浅黄褐色，末端色暗。后翅暗褐色，通常有明显的外缘线。

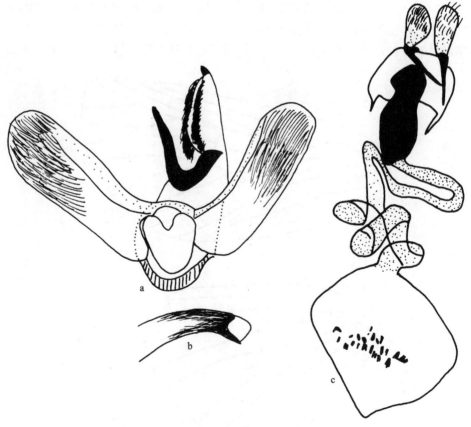

图 285 汉刺蛾 *Hampsonella dentata* (Hampson)

a. 雄性外生殖器；b. 阳茎；c. 雌性外生殖器

雄性外生殖器：爪形突末端有 1 小齿突；颚形突长，末端较细；抱器瓣狭长，几乎等宽，末端宽圆；阳茎端基环盾状，末端中央内凹；阳茎末端的一侧呈刺状骨化。

雌性外生殖器：第 8 腹板长；囊导管基部宽，葫芦形，强度骨化，其余部分较细，螺旋状；交配囊大，卵形；囊突由 1 组小齿突组成。

卵：乳白色，半透明状，表面光滑，卵圆形，扁平，长轴直径 1-2mm。

幼虫：绿色，扁平，椭圆形，两头尖刺状突出；初龄幼虫身体边缘有枝刺，老熟幼虫身体无枝刺，2 条背侧线白色到粉红色，粗，中部有 1 红点，两端在刺状突起末端合并。

茧：卵形，黑褐色，长 10-12mm，宽 8-9mm。埋在土表层。

寄主植物：板栗、柞木、核桃。

生物学习性：汉刺蛾在河北邢台地区一年 1 代，每年 7 月上中旬越冬蛹开始羽化为成虫，羽化盛期在 7 月下旬至 8 月上旬，7 月底 8 月上旬开始发现幼虫，危害盛期在 8 月下旬至 9 月下旬，一般 9 月中旬老熟幼虫开始下树化蛹，9 月底至 10 月上旬为下树化蛹高峰期，蛹期长达 280-300 天。以蛹在石块或根部附近 5cm 以内的疏松土层内越冬，翌年 7 月上中旬越冬蛹开始羽化为成虫。成虫多在傍晚羽化，高峰期集中在夜间 18:00-22:00。当天或第二天开始交配。交配后数小时即有雌蛾开始产卵。卵多产在叶片背面，卵散生，每头雌蛾一般产卵 60-150 粒，卵期 6-8 天。幼虫共 10 龄。幼虫在树上危害期达 40-50 天，幼虫 7 龄前为浅绿色，8 龄后逐渐变为橘黄色，橘红色成为老熟幼虫，开始下树寻找合适越冬场所。下树后 7-10 天作茧化蛹。蛹期长达 280-300 天（曹维林，2013）。

观察标本：陕西宁陕火地塘，1580m，1♂，1998.VII.26，袁德成采；宁陕，2♀6♂，1979.VII.25-VIII.7，韩寅恒采（外生殖器玻片号 L06291）；留坝庙台子，1350m，1♂，1998.VII.21，姚建采（外生殖器玻片号 L06290）。广西武鸣大明山，1200m，1♀，1984.VIII.22，蒋金培采。甘肃正宁中湾，1♀，1979.VII.7，王孝华采。湖南岳地，1♂，1981.IX.8，王刘采。湖北神农架，1640m，1♂，1980.VII.24，虞佩玉采。四川峨眉山九老洞，1800m，1♂，1957.VII.31；攀枝花，1♂，1980.VIII.22，张宝林采。重庆城口县东安镇兴田村，1840m，2♂，31.717°N，109.165°E，2017.VIII.7，陈斌等采；城口县高楠镇岭南村，1061m，1♂，32.137°N，108.570°E，2017.VIII.4，陈斌等采。河南伏牛山，1♀1♂，1993.VIII.7-9，王治国采；西峡黄石庵，1♂1♀，1998.VII.18，申效诚等采；内乡宝天曼，1200m，1♂，2003.VIII.17；信阳鸡公山，1♀，1998.VIII.8。河北邢台，2♂2♀，2010.VIII.6（外生殖器玻片号 W10117）。

分布：河北、河南、陕西、甘肃、湖北、湖南、广西、重庆、四川；印度。

(242) 微白汉刺蛾 *Hampsonella albidula* Wu et Fang, 2009（图286；图版 IX：227）

Hampsonella albidula Wu et Fang, 2009a, Acta Zootaxonomica Sinica, 34(1): 49. Type locality: Zhejiang, Jiangxi, Yunnan, China (IZCAS).

Hampsonella membra Solovyev et Witt, 2009, Entomofauna, Suppl. 16: 89. Type locality: Mai-chau, Urwald, Vietnam (MWM). Syn. n.

翅展♂ 26-28mm。身体暗褐色。前翅暗赭褐色，内线和中线黑褐色，多少有些呈锯齿状，两者之间充满黑紫色，中线外侧有 1 枚浅黑褐色大斑，其中央为浅灰白色，该灰白色的外缘呈明显的锯齿状；外缘线黑褐色，由 1 列小点组成；缘毛浅黄褐色，末端色暗。后翅暗褐色，通常有明显的外缘线。

雄性外生殖器：爪形突末端有 1 很小的齿突；颚形突长，末端钝；抱器瓣狭长，基部明显窄于端部，末端宽圆；阳茎端基环盾状，末端中央拱凸，侧缘中部有 1 枚膜质的指状突起；囊形突短宽；阳茎粗短，末端一侧指状骨化，上有许多微脊突。

观察标本：浙江富阳，1♂，1984.X.15（外生殖器玻片号 L06292）。江西石城，1♂，1980.X.16。云南洱源平头山，1800m，1♂，1980.VII.24（L06293）（正模和副模）；思茅，1♂，2008.IX.11。

分布：浙江、江西、云南；越南。

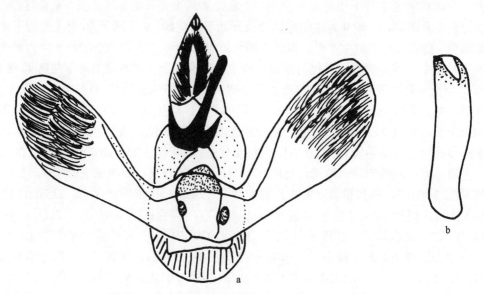

图 286 微白汉刺蛾 *Hampsonella albidula* Wu *et* Fang
a. 雄性外生殖器；b. 阳茎

说明：本种外形与模式种汉刺蛾 *H. dentata* (Hampson) 相似，但本种前翅中线外的大斑色暗，而其中央的浅色斑较小而呈灰白色；雄性外生殖器的爪形突末端只有很小的齿突，抱器瓣基部明显窄于端部，阳茎端基环侧面有指状突起可与模式种相区别。

59. 拉刺蛾属 *Nagodopsis* Matsumura, 1931

Nagodopsis Matsumura, 1931b, Ins. Matsum., 5: 103. **Type species**: *Nagodopsis shirakiana* Matsumura, 1931.

雄蛾触角线状。下唇须上举到头顶。后翅外缘较直。雄蛾后翅中部透明。前翅 R_2 脉出自中室顶角；R_{3-5} 脉共柄；其余各脉彼此分离。后翅各脉彼此分离（图 287）。后足胫节有 2 对长距。雄性外生殖器的颚形突宽大，末端较膜质，上有许多小刻点。

本属已知 4 种，分布在中国、越南及印度尼西亚，我国已记载 1 种。

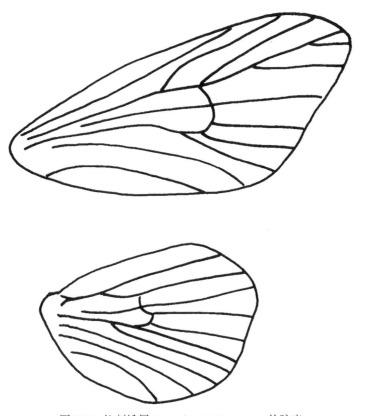

图 287　拉刺蛾属 *Nagodopsis* Matsumura 的脉序

(243) 拉刺蛾 *Nagodopsis shirakiana* Matsumura, 1931（图 288；图版 IX：228-229）

Nagodopsis shirakiana Matsumura, 1931b, Ins. Matsum., 5: 103. Type locality: Taiwan, China.

成虫：体长 7-11mm，翅展 17-27mm。雌雄异型。雄蛾较小，黑褐色。前翅中室中部下缘下方有 1 枚白点；中线波状，较明显，淡白色，在中室端黑色；外线波状淡白色。后翅三角形，中部透明，边缘黑色。雌蛾较大，赭黄色。前翅基部有 1 黑点；近中部在中室下有 1 枚白点；中室端褐色；外线波状，淡白色有暗边；顶角有 1 块银白色大斑；外缘线黑褐色。后翅赭黄色，外缘线暗褐色。

雄性外生殖器：爪形突末端粗尖；颚形突宽大，末端有 1 椭圆形的垫状突，上密生小刺突；抱器瓣宽，三角形，末端较钝圆；阳茎端基环长；囊形突短宽；阳茎细长，直，端部一侧有 1 细小的骨化脊。

雌性外生殖器：第 8 腹板短宽，中部最窄；后表皮突粗长，前表皮突细，约为后表皮突的 1/2；囊导管粗短，直，交配囊卵形，囊颈处有小刻点。

幼虫：老熟幼虫体长 13-16mm。身体呈长椭圆形，两端较窄，中部宽而拱，呈"凸"

字形。体光滑无刺，灰白色，有时带淡红色，腹中部到末端有 1 块不规则形的褐绿色大斑。虫体整体极像一坨雀粪。

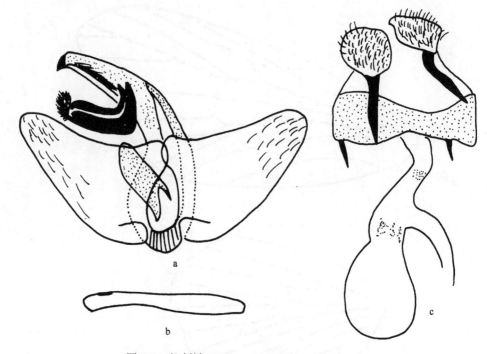

图 288 拉刺蛾 *Nagodopsis shirakiana* Matsumura

a. 雄性外生殖器；b. 阳茎；c. 雌性外生殖器

茧：卵圆形，白色，高宽约为 7mm×8mm。在叶片间结茧。

生物学习性：在云南西双版纳一年发生 2 代，以幼虫在叶上越冬。严重危害期在 1-3 月及 7-10 月。

寄主植物：茶。

观察标本：云南西双版纳勐海，1200m，3♀3♂，1979.X.11，罗亨文采，2♀2♂，1982.V.25-26，罗亨文采。

分布：台湾、云南。

60. 指刺蛾属 *Dactylorhynchides* Strand, 1920

Dactylorhynchides Strand, 1920, Arch. Naturg., 84A(12): 185. **Type species**: *Dactylorhynchides limacodiformis* Strand, 1920.

雄蛾触角线状。下唇须上举，几乎达头顶。后足胫节有 2 对距。前翅 R_{2-4} 脉共柄，R_5 脉与此柄分离。后翅 M_1 脉与 Rs 脉分离，$Sc+R_1$ 脉在基部 1/3 处有 1 横脉与中室前缘相连；M_3 脉与 Cu_1 脉同出一点（图 289）。

本属已知 2 种，分布在印度、尼泊尔及中国。我国已知 1 种。

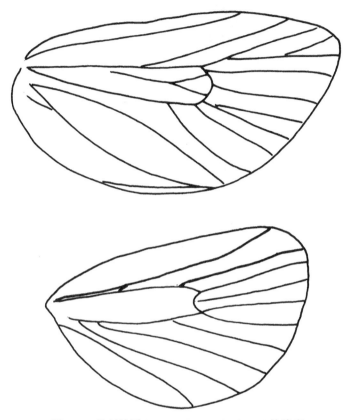

图 289　指刺蛾属 *Dactylorhynchides* Strand 的脉序

(244) 红褐指刺蛾 *Dactylorhynchides limacodiformis* Strand, 1920（图 290；图版 IX：230）

Dactylorhynchides limacodiformis Strand, 1920, Arch. Naturg., 84A(12): 185. Type locality: Taiwan.

Dactylorhynchides rufibasale limacodiformis Strand: Inoue, 1992, In: Heppner *et* Inoue, Lepid. Taiwan Volume 1 Part 2: Checklist: 102.

Dactylorhynchides rufibasale (nec Hampson): Wang *et* Kishida, 2011, Moths of Guangdong Nanling National Nature Reserve: 47.

翅展 20mm。头部赭黄色，胸部和腹部浅红褐色。前翅基半部浅红褐色，端半部褐色，边缘颜色较浅，两种颜色间由 1 条银白色线相分割。后翅褐色，有黄色的光泽。

雄性外生殖器：爪形突末端钝圆，腹面中央没有小刺突；颚形突"W"状；抱器瓣狭长，足状上曲，末端圆；抱器腹短宽，骨化，背缘有 1 枚长角突；囊形突短宽；阳茎细长，边缘有小齿突。

观察标本：浙江杭州植物园，1♂，1980.VI（外生殖器玻片号 L06270）。

分布：浙江、台湾、广东。

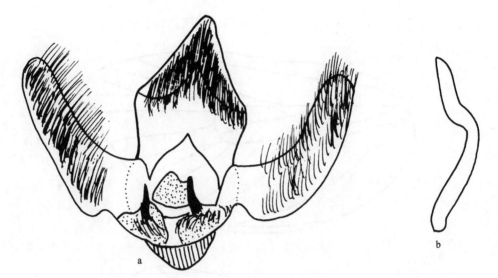

图 290 红褐指刺蛾 *Dactylorhynchides limacodiformis* Strand
a. 雄性外生殖器；b. 阳茎

61. 奈刺蛾属 *Naryciodes* Matsumura, 1931

Naryciodes Matsumura, 1931a, 6000 Illust. Insects Japan-Empire: 1107. **Type species**: *Naryciodes posticalis* Matsumura, 1931.

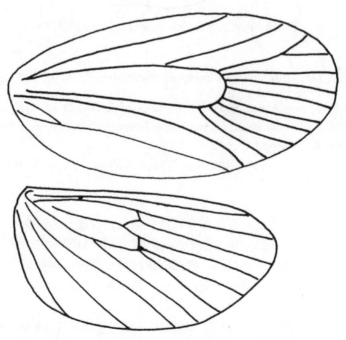

图 291 奈刺蛾属 *Naryciodes* Matsumura 的脉序

雄蛾触角线状。下唇须上举，几乎达头顶。后足胫节有 2 对距。前翅 R_2 脉与 R_3 脉共柄，其余各脉相互分离。后翅 M_1 脉与 Rs 脉分离，$Sc+R_1$ 在基部 1/3 处有 1 横脉与中室前缘相连；M_3 脉与 Cu_1 脉同出一点（图 291）。

本属仅知模式种，分布在日本和我国东北。

(245) 槭奈刺蛾 *Naryciodes posticalis* Matsumura, 1931（图 292；图版 IX：231）

Naryciodes posticalis Matsumura, 1931a, 6000 Illust. Insects Japan-Empire: 1107, fig. 2314.

别名：槭刺蛾。

成虫：体长♀ 11mm，♂ 10mm。翅展♀ 24mm，♂ 21mm。体银灰色，被灰黑色短鳞毛。头灰褐色，复眼黑褐色，下唇须向前平伸并上举，触角丝状，短。胸部灰褐色。腹部银灰色或黑灰色，尾毛丛呈短刷状。前翅灰褐色，从基部向前缘脉中部伸展着 1 块三角形的大黑斑；翅的外缘色较深，各脉分支间有小的黑色长方形斑和白色三角形斑；缘毛长，灰褐色。后翅浅黑灰色，脉明显。

雌性外生殖器：表皮突细，前表皮突比后表皮突略短；囊导管相对短，基部宽，逐渐变窄到中部，端半部几乎等宽，不呈螺旋状；交配囊圆形；囊突狭长，中部内凹。

卵：卵圆形，大小为 0.55mm×0.45mm，黄色，小米粒状，散产。

幼虫：初孵化幼虫为白色或黄白色，有光泽，体呈纺锤状；背部隆起，上有 8 列小的突起。头黑色且突出。上颚淡褐色，垂直向下。胸背部有 1 个较大的黑色斑，尾略尖细，1 龄幼虫大小为 0.9mm×0.3mm。老熟幼虫（8 龄幼虫）为 7.8mm×4.7mm，体色也由黄白色变为黄绿色，并在胸部背面出现桃红色斑；化蛹前体色变为淡桃红色，斑也变浅，体大小为 6.9mm×4.5mm。

茧蛹：幼虫老熟后爬至叶缘或叶尖处，吐丝缀折叶缘或叶尖并在其中结茧（也有个别爬到树下，在枯枝落叶中结茧）。茧长椭圆形，略扁，黑色或黑灰色，外被膜状茧衣。茧大小为 70mm×4.0mm。初蛹白色，其后逐渐变为淡黄褐色、褐色。羽化前为黑褐色。雄蛹大小为 5.5mm×35mm，雌蛹为 6.0mm×38mm。

生物学习性：①生活史：在辽宁东部地区一年 1 代，9 月下旬以 5 龄幼虫在槭树下的枯枝落叶层及杂草丛中越冬。越冬幼虫于翌年 4 月下旬爬上槭树取食危害。再经过 3 个龄期于 7 月中旬老熟，开始结茧，随后化蛹。蛹期 10-11 天，8 月上旬羽化并交配产卵。卵期 10 天，8 月中旬陆续孵化出幼虫。②成虫羽化与交配：成虫在茧内蜕掉蛹皮后，顶开茧的盖状部羽化出茧。羽化时间在 17:00-19:00，17:00 的羽化率为 26%，18:00 为 56%，19:00 为 18%。成虫羽化后爬至叶缘或小枝上静止 5-6h，然后开始飞翔和交配。交配多在 21:00-24:00 进行，直到次日 3:00-5:00 交配完毕，并开始产卵。雌雄比为 2.2：1。③成虫的寿命与产卵：雄蛾寿命 3.7-6.7 天，平均 5.6 天；雌蛾寿命 5.9-7.8 天，平均 6.9 天。雌蛾产卵量 75-179 粒，平均 117 粒。卵多数单粒产在槭树叶的背面（占 85.6%），有时 2-5 粒产在一片叶上。雌蛾交配后第一夜产卵最活跃，约产出 95%，第二夜 5%。④幼虫的发育：随着胚胎的发育，卵色逐渐由白变灰，孵化前变为灰黑色。刚孵化的幼虫白色或黄白色，尾部略尖，体上有成排的小突起，背部隆起并有 1 大斑，体长 0.8-0.9mm，在叶背面啃食叶肉留下叶脉，故被害处呈网状。2 龄幼虫仍为黄白色，体略扁，体长 1.6-1.7mm，仍啃食叶肉。3 龄幼虫为暗土色，体背大斑为紫灰色，体长 2.1-2.2mm，可在叶正、反面取食叶片。4 龄幼虫背部隆起明显，大斑块粉红色，体长 2.7-2.8mm，龄末色变暗，呈土褐色并略缩小（2.5-2.6mm），爬至树下杂草或落叶中越冬。越冬幼虫翌年 4 月下旬爬上树取食嫩叶，体色由土褐色变为黄绿色，背斑桃红色。5-8 龄幼虫体形体色变化不大，只是体长逐龄增大。老熟幼虫体变黄橙色，背斑褪色为橙红色，体缩短，吐丝结茧。幼虫蜕皮后在其附近停留 3-4h 后取食旧皮，直至全部食尽。

图 292　槭奈刺蛾 *Naryciodes posticalis* Matsumura 的雌性外生殖器

寄主植物：槭树（三角枫和五角枫）。大发生年份可把枝条上部叶片食光。
观察标本：辽宁凤城，2♀，1980.VIII.4（外生殖器玻片号 L06269，L06296a）。
分布：辽宁；日本。

62. 安琪刺蛾属 *Angelus* Hering, 1933

Angelus Hering, 1933a, In: Seitz, Macrolepid. World, Suppl. 2: 205. **Type species**: *Angelus obscura*
Hering, 1933.

　　雄蛾触角长双栉齿状到末端，但端部的分支较短。下唇须直，前伸，长度约等于复眼的直径。后足胫节有 1 对长的端距。前翅 R_{3-5} 脉共柄，R_2 脉与此柄同出一点（少量个体共柄）；R_1 脉与 Cu_2 脉的分出点相对应。后翅 M_1 脉与 Rs 脉共柄，Sc+R_1 脉在基部有 1 横脉与中室前缘并接（图 293）。

　　该属仅包括模式种，分布在我国西南。

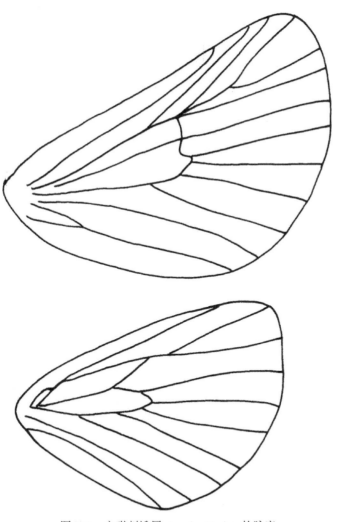

图 293　安琪刺蛾属 *Angelus* Hering 的脉序

(246) 安琪刺蛾 *Angelus obscura* Hering, 1933（图 294；图版 IX：232）

Angelus obscura Hering, 1933a, In: Seitz, Macrolepid. World, Suppl. 2: 205. Type locality: Yunnan, China.

翅展 24-26mm。身体浅黄褐色到暗黄褐色，腹面较暗，臀毛簇末端色较暗。前翅丝绸样的赭黄色；中室端有暗色斑，其外侧有 1 条褐色斜线，稍向内凹。后翅灰色。两翅的缘毛暗灰色，有淡黄色的基线及白色的末端。

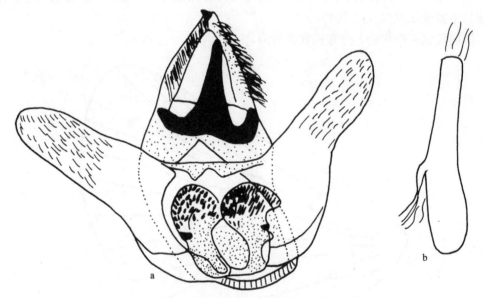

图 294　安琪刺蛾 *Angelus obscura* Hering
a. 雄性外生殖器；b. 阳茎

雄性外生殖器：爪形突末端腹面中央有 1 枚小齿突；颚形突粗长，末端钝圆；抱器瓣基部宽，逐渐收缩到中部，端半部几乎等宽（约为基部宽度的 1/2），末端圆；阳茎端基环骨化程度强，分为左右 2 瓣（蘑菇形），每一瓣的端半部密生刺突，侧缘中部有 1 枚小齿突；囊形突不明显；阳茎细长，直，无角状器。

观察标本：四川会理力马河矿区，1♂，1974.VII.22（外生殖器玻片号 L05134）；攀枝花平地，2♂，1981.VI.15-22，张宝林采（外生殖器玻片号 L06167，L06280）。云南马龙，2300m，1♂，1979.VI.16，李会童采；昆明黑龙潭，1♂，1980.VI.16；迪庆上和果园，2050m，1♂，1980.VI.27；陆良，1800m，1♂，1979.VI.15，张旺采；宁蒗，2100m，1♂，1980.VI.14；丽江玉龙山，2950m，2♂，1962.VI.28-VII.4，宋士美采。

分布：四川、云南。

说明：模式标本采自云南德钦 Tze-ku，保存在德国柏林国家博物馆。

63. 白刺蛾属 *Pseudaltha* Hering, 1931

Pseudaltha Hering, 1931, In: Seitz, Macrolepid. World, 10: 681; Wu, 2011, Acta Zootaxonomica Sinica, 36(2): 254. **Type species**: *Pseudaltha atramentifera* Hering, 1931.

雄蛾触角短双栉齿状到末端。下唇须中等长，紧贴头部。后足胫节有 2 对距。前翅 R_{2-5} 脉共柄；R_1 脉强烈弯向 Sc 脉。后翅 M_1 脉与 Rs 脉分离，$Sc+R_1$ 脉在近基部有 1 横脉与中室前缘并接（图 295）。

雄性外生殖器的抱器瓣和阳茎端基环强烈特化；爪形突生有 1 枚端距；抱器瓣基部很宽，端部窄，无抱器腹突，具有从臀角伸出的新月形骨化横带；阳茎端基环分成 2 个钩形大突起；颚形突长，末端扁；阳茎小，管状。

本属外形与丽刺蛾属 *Altha* Walker 和优刺蛾属 *Althonarosa* Kawada 相似，但可以通过以下特征加以区别：本属前翅顶角有 1 条明显的暗色条纹，雄蛾触角双栉齿状几乎到末端；雄性外生殖器的抱器瓣明显区分为背腹两部分，阳茎端基环有 1 对钩形的大突起。

该属过去仅包括模式种，分布在印度，后在越南和泰国又发现 2 新种，共 3 种。我国目前只记载 1 种。

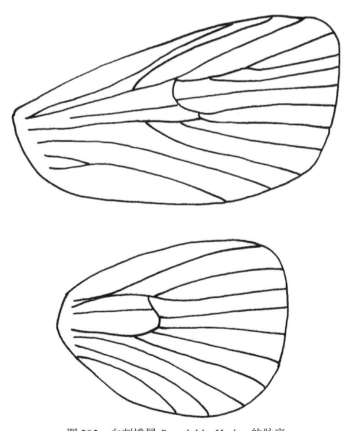

图 295　白刺蛾属 *Pseudaltha* Hering 的脉序

(247) 沙坝白刺蛾 *Pseudaltha sapa* Solovyev, 2009（图 296；图版 IX：233）

Pseudaltha sapa Solovyev, 2009a, Tijdschrift voor Entomologie, 152: 171. Type locality: Mt. Fansi-Pan,
　　Vietnam; Nan, Thailand (MWM); Wu, 2011, Acta Zootaxonomica Sinica, 36(2): 254.

翅展♂ 26-28mm。身体白色，多少有一些褐色的雾点。前翅白色，有浅黄褐色的横纹及黑褐色的条斑；内线锯齿状，黑褐色，其内侧是浅黄褐色纹；中域有 2 个黑褐色纵条斑；顶角下有 1 枚黑褐色的长纵斑，从外线伸达外缘。后翅白色，后缘区及亚前缘区暗褐色。

雄性外生殖器：爪形突狭长，末端钝；颚形突相对短，末端钝；抱器瓣短宽，可区分为背腹两部分，抱器背骨化程度弱，末端圆，抱器瓣的中腹部骨化强，末端尖齿状；抱器瓣基部有 1 长钩状刺突；囊形突不明显；阳茎细长，无角状器。

观察标本：云南西双版纳勐海，1200m，1♂，1980.VII.4，罗亨文采（外生殖器玻片号 L06271）。

分布：云南；越南，泰国。

图 296　沙坝白刺蛾 *Pseudaltha sapa* Solovyev
a. 雄性外生殖器；b. 阳茎

说明：本属已知的 3 种在外形上很相似，其中模式种的黑斑纹最发达，本种最退化，但主要区别特征还是雄性外生殖器：本种抱器瓣的下外缘有尖齿状突出；阳茎端基环的侧突比其他两种更粗壮而弯曲，更宽阔。

64. 温刺蛾属 *Prapata* Holloway, 1990

Prapata Holloway, 1990, Heterocera Sumatrana, 6: 40; Wu, 2011, Acta Zootaxonomica Sinica, 36(2):
　　253. **Type species**: *Prapata bisinuosa* Holloway, 1990.

　　雄蛾触角长栉齿状分支超过基部 1/3，雌触角线状。下唇须前伸，超过头部，端节
短。所有足的胫节和跗节都被有浓密的长鳞毛。模式种的前翅 R_5 脉从近基部分出，R_{2-4}
脉在近端部分出。黑温刺蛾 *P. scotopepla* (Hampson) 的前翅 R_2 脉则从近基部分出，R_{3-5}
脉在近端部分出（图 297）。前翅暗黑褐色，翅脉间有松散的鳞片，特别是中室端脉，使
其显得更暗。后翅鳞片细而均匀。雄性外生殖器的阳茎端基环强骨化，有 1 对侧突。雌
性外生殖器的囊突 1 枚，新月形。

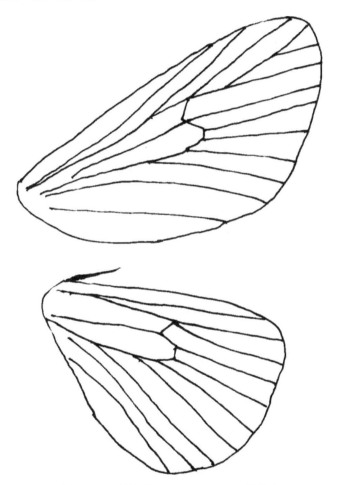

图 297　温刺蛾属 *Prapata* Holloway 的脉序

　　本属世界已知 3 种，模式种分布在印度尼西亚，另一种分布在印度的锡金和尼泊尔，
第 3 种分布在越南，我国在 2011 年首次发现，有 2 种。

种 检 索 表

雄翅展 30mm 以上，爪形突末端二分叉 ………………………………………**黑温刺蛾 *P. scotopepla***
雄翅展 27mm 以下，爪形突末端不分叉 …………………………………………**温刺蛾 *P. bisinuosa***

(248) 温刺蛾 *Prapata bisinuosa* Holloway, 1990（图 298；图版 IX：234）

Prapata bisinuosa Holloway, 1990, Heterocera Sumatrana, 6: 40. Type locality: Sumatra, Prapat
　　(BMNH); Wu, 2011, Acta Zootaxonomica Sinica, 36(3): 253.

　　前翅长 11-12mm，翅展 23-27mm。身体黑褐色，散布有银色鳞片。前翅黑褐色，具丝绸光泽，散布有银色鳞片；中室后缘及 Cu 脉基半部土红色；中室端纹黑色；边缘区域颜色稍偏褐色。后翅浅黑灰色，边缘区域的颜色偏褐色。

　　雄性外生殖器：爪形突狭长，具毛，末端腹面有角状突；颚形突基部和端部二分叉，中部合并后生 1 枚十分狭长的突起；阳茎端基环呈 2 条卷曲的细杆，上面密生细毛，特别是端部；抱器瓣骨化程度较弱，基部呈三角形，端部狭长，臂状，具长鬃毛；阳茎细，比抱器瓣短，几乎直，无角状器。

　　雌性外生殖器：后表皮突长，伸过第 8 腹板前缘；第 8 腹板后缘中央深凹，第 7 腹板大多膜质，前部有 1 对椭圆形的骨片；囊导管细长，不呈螺旋状；交配囊较大，梨形；囊突 1 枚，新月形。

　　观察标本：云南勐海，1200m，2♂1♀，1981.VI.9，1982.IV.22，罗亨文采（外生殖器玻片号 W10044，W10045）；景东无量山，1300m，1♂，1982.IV.24（外生殖器玻片号 W10046）；普洱，1♂，2009.VII.15-19，韩辉林等采。四川青城山，1000m，1♂，1979.VI.4，尚进文采（外生殖器玻片号 W10047），1♂，1979.V.21，高平采；峨眉山，600m，1♀，1979.VI.12，高平采（外生殖器玻片号 W10048）。重庆万县王二包，1200m，2♂，1994.V.28，李文柱采（外生殖器玻片号 W10049）。

　　分布：重庆、四川、云南；印度尼西亚。

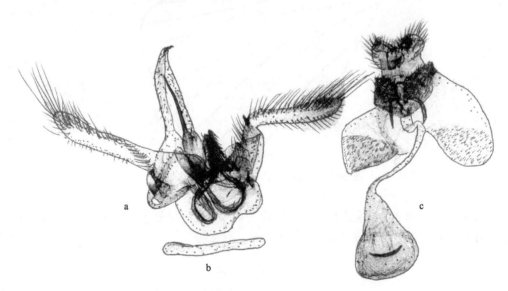

图 298　温刺蛾 *Prapata bisinuosa* Holloway

a. 雄性外生殖器；b. 阳茎；c. 雌性外生殖器

(249) 黑温刺蛾 *Prapata scotopepla* (Hampson, 1900)（图 299；图版 IX：235）

Miresa scotopepla Hampson, 1900, Journ. Bomb. Nat. Hist. Soc., 13: 231.

Prapata scotopepla (Hampson): Holloway, 1990, Heterocera Sumatrana, 6: 40; Wu, 2011, Acta Zootaxonomica Sinica, 36(2): 254.

翅展 30mm 以上。身体黑褐色，散布有银色鳞片。前翅黑褐色，具丝绸光泽，散布有银色鳞片；中室后缘及 Cu 脉基半部土红色；中室端纹黑色；边缘区域颜色稍偏褐色。后翅浅黑灰色，边缘区域的颜色偏褐色。

雄性外生殖器：爪形突末端二分叉，其腹面有 1 枚小刺突；颚形突骨化不明显；抱器瓣狭长，由基部向端部逐渐变窄，末端较圆；阳茎端基环侧面有 1 对很长的刺突；囊形突骨化弱，指状；阳茎细长，直，无明显的角状器。

观察标本：西藏墨脱扎墨公路，2110m，1♂，2006.VIII.24，陈付强采。

分布：西藏；印度，尼泊尔。

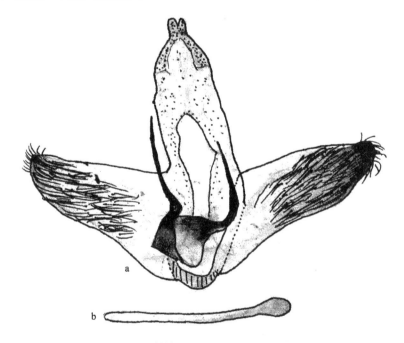

图 299　黑温刺蛾 *Prapata scotopepla* (Hampson)

a. 雄性外生殖器；b. 阳茎

65. 藏刺蛾属 *Shangrilla* Zolotuhin *et* Solovyev, 2008

Shangrilla Zolotuhin *et* Solovyev, 2008, Tinea, 20(2): 98. **Type species**: *Bombyx*? *flavomarginata* Poujade, 1886.

中等大小的蛾子，翅展 27-33mm，身体粗壮。无单眼和毛隆，喙退化。触角雄双栉齿状，雌线状。脉序为典型的刺蛾科模式。前翅 R_3+R_4 脉与 R_5 脉共柄；中室内 M 脉干发达，但基部消失；A_1+A_2 脉基部 1/4 二分叉。后翅前缘区阔，M 脉干基部退化，A_3 脉存在（图 300）。前后翅没有大多数刺蛾具有的斑带，无性二型现象。雌蛾第 5 跗分节有浓密的感觉毛簇。雌性外生殖器的肛乳突盘状，扁；前、后表皮突发达，后表皮突约与肛乳突等长，为前表皮突长度的 2 倍；无骨化的阴片；囊导管无骨化部分，细长，螺旋状；交配囊圆形，有 1 对片状囊突。

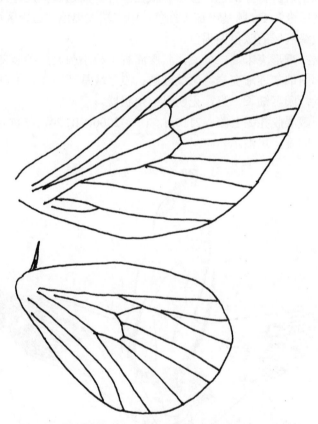

图 300 藏刺蛾属 *Shangrilla* Zolotuhin *et* Solovyev 的脉序

本属的颜色与斑纹很独特，外形有些接近宝刺蛾 *Barisania lampra* (West)。宝刺蛾属 *Barisania* Holloway 是 Holloway（1990）根据翅脉建立的新属，目前还没有发现雄蛾。2 属的脉序差异很明显：宝刺蛾 *B. lampra* 前翅中室 M 脉干基部发达而端部分叉。另外，宝刺蛾前翅外缘的黄色带基部较窄，端部却很宽，占据前翅的 1/3；后翅的外缘黄色区要宽很多，占后翅面积的 1/3。根据翅脉和雌性外生殖器特征，藏刺蛾属 *Shangrilla* Zolotuhin *et* Solovyev 与银纹刺蛾属 *Miresa* Walker、长须刺蛾属 *Hyphorma* Walker、枯刺蛾属 *Mahanta* Moore、绒刺蛾属 *Phocoderma* Butler、球须刺蛾属 *Scopelodes* Westwood 及素刺蛾属 *Susica* Walker 近缘。但该属的系统位置还需找到雄蛾后才能确定。

Poujade（1886）记述了我国西藏（Moupin，现为四川宝兴）1 新种 *Bombyx*? *flavomarginata*，但没有归入任何一科。Kirby（1892）将其移到枯叶蛾科 Lasiocampidae

的幕枯叶蛾属 *Malacosoma* Hübner（过去称"天幕毛虫属"），Zolotuhin 和 Solovyev（2008）又将其移到刺蛾科，并建立了本属。因他们认为模式产地 Moupin 属于西藏，故取名藏刺蛾属。

目前该属仅有模式种，分布在我国西南地区。

(250) 黄缘藏刺蛾 *Shangrilla flavomarginata* (Poujade, 1886)（图 301）

Bombyx? *flavomarginata* Poujade, 1886, Ann. Soc. Ent. Fr. Ser. 6, Bull., 6: 92. Type locality: Sichuan (MNHN, BMNH).

Shangrilla flavomarginata (Poujade): Zolotuhin *et* Solovyev, 2008, Tinea, 20(2): 99.

翅展♂27mm，♀30-33mm，前翅长14mm。前翅浅黄色具浓密的暗褐色鳞片，后翅浅褐色具浓密的暗褐色鳞片，但两翅的顶端部和外缘区黄色。身体粗壮，胸部黄色，腹部褐色，尾端黄色。

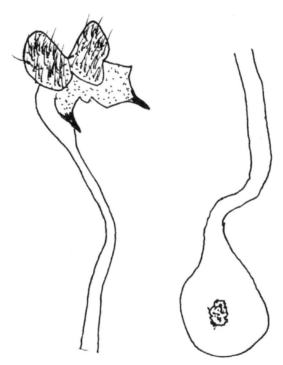

图 301　黄缘藏刺蛾 *Shangrilla flavomarginata* (Poujade) 的雌性外生殖器
（仿 Zolotuhin and Solovyev，2008）

雌性外生殖器：肛乳突扁四边形；前、后表皮突较粗长，后表皮突约与肛乳突等长，为前表皮突长度的 2 倍；无骨化的阴片；囊导管无骨化部分，细长，螺旋状；交配囊圆形；囊突较大，片状，上密布小齿突。

观察标本：作者未见标本。描述译自 Zolotuhin 和 Solovyev（2008）的记述。

分布：四川。

66. 佳刺蛾属 *Euphlyctinides* Hering, 1931

Euphlyctinides Hering, 1931, In: Seitz, Macrolepid. World, 10: 704; Wu, 2011, Acta Zootaxonomica
Sinica, 36(2): 253. **Type species**: *Euphlyctinides rava* Hering, 1931, by original designation.

小型蛾类，前翅长 10-11mm。雄蛾触角线状。底色黄褐色。下唇须前伸，第 3 节是
第 2 节长度的 1/3。前翅狭长，覆盖松散的暗色鳞片，具有 2 条暗色横线；R_{3-5} 脉共柄，
出自中室上角，R_5 脉从 R_3 脉和 R_4 脉之柄的中部分出，其余翅脉独立。后足胫节有 2 对
距。雄性外生殖器的爪形突生有 1 枚亚端突；颚形突窄；抱器瓣狭长，没有抱器突；阳
茎端基环非常窄，强烈骨化，其末端二分叉；阳茎细长，几乎直。

本属外形上类似客刺蛾属 *Ceratonema* Hampson，但前翅只有 2 条而不是 3 条暗色横
带（常不连续）。因本属的雄蛾触角线状，前翅 R_5 脉在 R_3 脉与 R_4 脉分叉之前分出，故
与客刺蛾属 *Ceratonema* Hampson、小刺蛾属 *Trichogyia* Hampson 和凯刺蛾属 *Caissa*
Hering 等近缘。

本属包括 4 种，分布在印度、泰国和越南，我国系 2011 年首次发现。

(251) 铜翅佳刺蛾 *Euphlyctinides aeneola* Solovyev, 2009（图 302；图版 IX：236）

Euphlyctinides aeneola Solovyev, 2009a, Tijdschrift voor Entomologie, 152: 175, figs. 13, 42. Type
locality: Chiang Mai, Thailand (MWM); Wu, 2011, Acta Zootaxonomica Sinica, 36(2): 253.

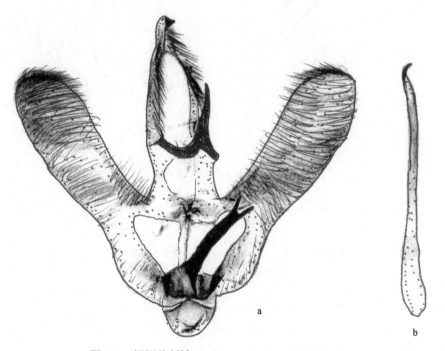

图 302　铜翅佳刺蛾 *Euphlyctinides aeneola* Solovyev

a. 雄性外生殖器；b. 阳茎

前翅长 10-11mm，翅展 20-22mm。头、胸、腹褐色。前翅灰褐色，前缘区很暗，中室具暗褐色鳞片；外线由分散的脉上条斑组成；内线暗褐色，不连续，在前缘、中部和后缘处的内线较宽而形成明显的斑纹。后翅灰褐色。

雄性外生殖器：爪形突窄，三角形，腹面具 1 枚亚端突；颚形突中部宽，端部很窄；抱器瓣狭长，有发达的抱器腹；阳茎端基环非常长，强烈骨化，末端二分叉；阳茎细长，直，与抱器瓣长度相当，末端尖而半螺旋状弯曲，无角状器。

观察标本：云南勐海，2♂，1982.VII.24，罗亨文采（外生殖器玻片号 W10096），1♂，1958.VIII.21，王书永采（外生殖器玻片号 W10103）；屏边大围山，1500m，2♂，1956.VI.21-23，黄克仁等采（外生殖器玻片号 W10098）。

分布：云南；泰国。

67. 拟焰刺蛾属 *Pseudiragoides* Solovyev *et* Witt, 2009

Pseudiragoides Solovyev *et* Witt, 2009, Entomofauna, Suppl. 16: 178; Wu, 2011, Acta Zootaxonomica Sinica, 36(2): 253. **Type species**: *Pseudiragoides spadix* Solovyev *et* Witt, 2009.

体型中等大小，颜色变幅不大，底色浅红褐色。雄蛾触角双栉齿状，触角长度为前翅前缘的 2/3。前翅狭长，前缘稍凹，有中室端斑；R_5 脉与 R_3+R_4 脉的柄共柄，中室内 M 脉干发达，端部不分叉。雄性外生殖器的爪形突小而简单，腹面有较大的端突；颚形突发达，逐渐向端部变细；抱器瓣狭长；抱器腹狭长，末端有明显的齿突；阳茎端基环扁；阳茎细长，末端有 2 枚刺突。

本属外形上类似焰刺蛾属 *Iragoides* Hering，但抱器腹比后者更窄短，末端有较大的刺突可与后者相区别。

本属目前包括 3 种，分布在越南与中国。我国 3 种均有记载，它们在外形上没有明显的区别，雄性外生殖器特征也很相似，仅阳茎末端的分叉不同。

种 检 索 表

（据雄性外生殖器）

1. 阳茎末端的分叉对称，细长 ··· 妃拟焰刺蛾 *P. florianii*
   阳茎末端的分叉不对称 ··· 2
2. 阳茎末端长的 1 支伸向后方 ··· 终拟焰刺蛾 *P. itsova*
   阳茎末端长的 1 支伸向前方 ··· 拟焰刺蛾 *P. spadix*

(252) 拟焰刺蛾 *Pseudiragoides spadix* Solovyev *et* Witt, 2009（图 303）

Pseudiragoides spadix Solovyev *et* Witt, 2009, Entomofauna, Suppl. 16: 178. Type locality: N. Vietnam (MWM); Wu, 2011, Acta Zootaxonomica Sinica, 36(3): 252.

翅展♂ 32-34mm，前翅长 15-16mm。触角栉齿较长，从中部向端部逐渐变短直至消失。身体黄褐色，有红褐色调。前翅有界线不明显的中室端斑，翅外缘区颜色较暗。后翅颜色较深。

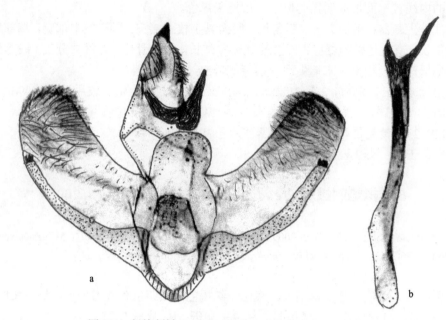

图 303　拟焰刺蛾 *Pseudiragoides spadix* Solovyev *et* Witt
a. 雄性外生殖器；b. 阳茎

　　雄性外生殖器：爪形突小，腹面的端突较大；颚形突发达，端部逐渐变得细而尖；抱器瓣狭长，背缘凹，末端圆；抱器腹突末端有 6 枚左右的齿突；阳茎端基环小而扁；阳茎细长，约为抱器瓣长度的 1.3 倍，侧面观稍曲，末端不对称的二分叉较短，长枝向前伸。

　　观察标本：云南宾川鸡足山，2400m，1♂，1980.V.13，宾祥组采（外生殖器玻片号W10140）。四川渡口（攀枝花）平地，2♂，1981.VI.10-13，张宝林采（外生殖器玻片号W10138，W10141）。

　　分布：四川、云南；越南。

(253) 终拟焰刺蛾 *Pseudiragoides itsova* Solovyev *et* Witt, 2011（图 304；图版 IX：237）

Pseudiragoides itsova Solovyev *et* Witt, 2011, Entomologische Zeitschrift. Stuttgart., 121(1): 36. Type locality: Guangxi, Fujian, Hunan, Zhejiang, China (MWM).

　　翅展♂32-34mm，前翅长 15-16mm。触角栉齿较长，从中部向端部逐渐变短直至消失。身体红褐色到黄褐色。前翅有界线不明显的中室端斑，翅外缘区颜色较暗。后翅颜色较深。

　　雄性外生殖器：爪形突小，腹面的端突较大；颚形突发达，端部逐渐变得细而尖；抱器瓣狭长，背缘凹，末端圆；抱器腹突末端有 6 枚左右的齿突；阳茎端基环小而扁；

阳茎细长，约为抱器瓣长度的 1.3 倍，侧面观稍曲，末端不对称的二分叉较长，其中长枝伸向后方。

观察标本：福建武夷山，3♂，1982.IV.20，张宝林采（外生殖器玻片号 L05229，W10139）。云南彝良，2♂，1982.V.7，余得宽采（外生殖器玻片号 W10136）。贵州江口梵净山，600m，1♂，2002.VI.2，武春生采（外生殖器玻片号 W10137）。

分布：浙江、湖南、福建、广西、贵州、云南。

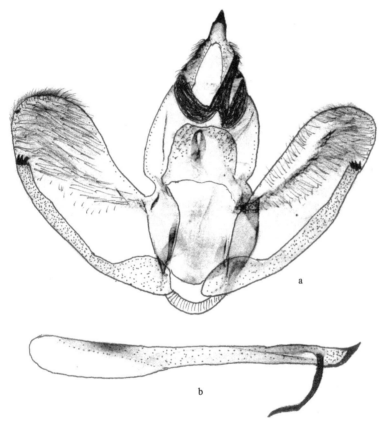

图 304　终拟焰刺蛾 *Pseudiragoides itsova* Solovyev *et* Witt

a. 雄性外生殖器；b. 阳茎

(254) 妃拟焰刺蛾 *Pseudiragoides florianii* Solovyev *et* Witt, 2011（图 305）

Pseudiragoides florianii Solovyev *et* Witt, 2011, Entomologische Zeitschrift. Stuttgart., 121(1): 38. Type
　　locality: Shaanxi, Sichuan, China (MWM).

翅展♂ 32-34mm，前翅长 15-16mm。触角栉齿较长，从中部向端部逐渐变短直至消失。身体黄褐色。前翅有界线不明显的中室端斑，翅外缘区颜色较暗。后翅颜色较深。

雄性外生殖器：爪形突小，腹面的端突较大；颚形突发达，端部逐渐变得细而尖；抱器瓣狭长，背缘凹，末端圆；抱器腹突末端有 6 枚左右的齿突；阳茎端基环小而扁；

阳茎细长，约为抱器瓣长度的 1.3 倍，侧面观稍曲，末端二分叉，两叉细长而几乎等长。

观察标本：湖北鹤峰，1240m，3♂，1989.VII.29，李维采（外生殖器玻片号 L05230）；巴东，1500m，1♂，1989.V.21，李维采（外生殖器玻片号 W10134）。

分布：陕西、湖北、四川。

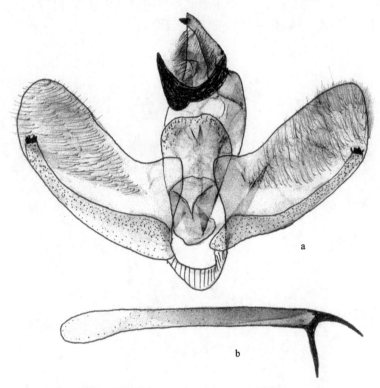

图 305 妃拟焰刺蛾 *Pseudiragoides florianii* Solovyev *et* Witt
a. 雄性外生殖器；b. 阳茎

68. 条刺蛾属 *Striogyia* Holloway, 1986

Striogyia Holloway, 1986, Malayan Nature Journal, 40(1-2): 136; Wu, 2011, Acta Zootaxonomica Sinica, 36(2): 250. **Type species**: *Striogyia snelleni* Holloway, 1986.

雄蛾触角线状。后足胫节有 2 对距。前翅有 1 条斜线，R_3 脉与 R_4 脉共柄，R_2 脉基部与之靠近，其余各脉分离。雄性外生殖器的抱器瓣分为 2 叶。雌雄外生殖器的囊导管螺旋状，囊突 1 枚。

该属已知 3 种，分布在马来西亚和印度尼西亚，我国于 2011 年首次记载该属，并先后发表 2 新种。

种 检 索 表

（据雄性外生殖器）

阳茎端基环末端宽而平截，阳茎末端不弯 ……………………………………… 黑条刺蛾 *S. obatera*

阳茎端基环末端尖，阳茎末端弯曲 …………………………………………………… 尖条刺蛾 *S. acuta*

(255) 黑条刺蛾 *Striogyia obatera* Wu, 2011（图 306；图版 IX：238）

Striogyia obatera Wu, 2011, Acta Zootaxonomica Sinica, 36(2): 250. Type locality: Guizhou, Zhejiang, China (IZCAS).

翅展 19-23mm。下唇须长，末端尖，前伸。身体褐色。前翅褐色，有不规则分布的黑色条纹；亚端线浅灰色，直，从前缘近顶角处向后斜伸至后缘端部 3/4 处。后翅暗褐色。

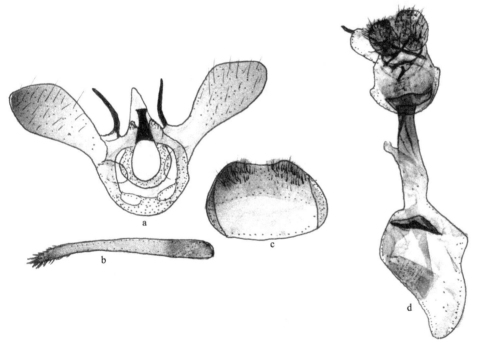

图 306　黑条刺蛾 *Striogyia obatera* Wu
a. 雄性外生殖器；b. 阳茎；c. 第 8 腹板；d. 雌性外生殖器

雄性外生殖器：第 8 腹板端缘中央弧形内凹，端部密生短刺毛；背兜骨化程度弱，爪形突和颚形突消失；抱器瓣亚基部窄，端部略呈椭圆形，抱器背基突左右相连，各有一长一短 2 枚突起，长者超过抱器瓣长度的一半，末端尖；阳茎端基环环形，端部有 1 枚梯形的长突；阳茎细长，超过抱器瓣的长度，端部密布小刺突。

雌性外生殖器：后表皮突长，前表皮突短，约为后表皮突长度的 1/3；第 8 腹板后缘中央唇状突出；导管端片短宽，新月形；囊导管相对粗长，直，大部分骨化；交配囊大；囊突单个，大，双层似蚌壳，整体形状呈新月形。

观察标本：贵州江口梵净山，500m，1♂，1988.VII.11，李维采（外生殖器玻片号 W10022，正模）；湄潭，2♀，1982.VI.15，夏怀恩采（外生殖器玻片号 W10132，副模）。浙江杭州，1♂，1978.VI.7，严衡元采，1♂，无采集日期（外生殖器玻片号 W10093，副模）。上海浦东新区张江高新科技园，1♀5♂，2019.IX.3（外生殖器玻片号 WU0699，WU0700）。

分布：上海、浙江、贵州。

(256) 尖条刺蛾 *Striogyia acuta* Wu, 2020（图 307；图版 IX：239）

Striogyia acuta Wu, 2020, Zoological Systematics, 45(4): 319. Type locality: Shaanxi, China (IZCAS).

翅展约 20mm。下唇须长，末端尖，前伸。身体浅褐色。前翅浅黄褐色，中室端斑条状；亚端线浅灰色，直，几乎与外缘平行。后翅浅褐色。

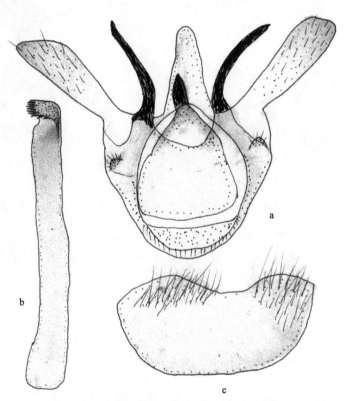

图 307　尖条刺蛾 *Striogyia acuta* Wu
a. 雄性外生殖器；b. 阳茎；c. 第 8 腹板

雄性外生殖器：第 8 腹板端缘中央弧形内凹，端部密生短刺毛；背兜骨化程度弱，爪形突和颚形突消失；抱器瓣亚基部窄，端部略呈臂状，抱器背基突左右相连，各有 1 枚长突起，其长度超过抱器瓣长度的一半，末端尖；阳茎端基环环形，端部有 1 枚角状突起，末端尖；阳茎细长，超过抱器瓣的长度，端部骨片直角状弯曲，上密布小刺突。

　　观察标本：陕西太白黄柏塬，1350m，1♂，1980.VII.13，张宝林采（外生殖器玻片号 W10038，正模）。

　　分布：陕西。

69. 阿刺蛾属（未定属）

　　雄蛾触角线状。后足有胫节距 2 对。前翅 R_5 脉与 R_3 脉和 R_4 脉的柄共柄，M_2 脉基部与 M_3 脉的距离比离 M_1 脉的距离近。

　　本属只包括模式种，分布在我国西南部。

(257) 阿刺蛾（未定属种）（图 308；图版 IX：240）

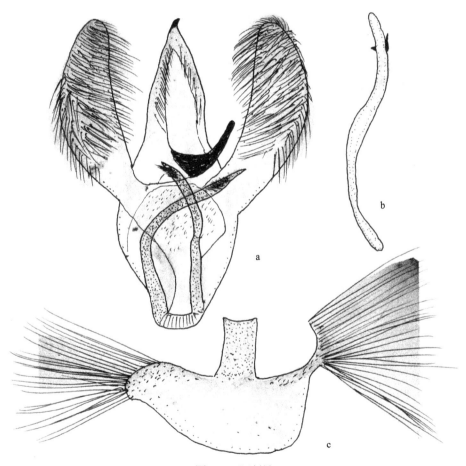

图 308　阿刺蛾

a. 雄性外生殖器；b. 阳茎；c. 第 8 腹板

翅展 23mm。下唇须、触角及身体黄褐色。前翅浅黄褐色，不规则地散布一些暗褐色的云状斑，内线和外线为断续的锯齿状。后翅暗褐色。

雄性外生殖器：第 8 腹板末端两侧有长鬃毛，中央有 1 长方形的突起，末端稍内凹；爪形突短钩状，腹面中央无齿突；颚形突发达，钩状，末端较钝；抱器瓣狭长，基部较窄，亚端部最宽，抱器瓣大部分密布长鬃毛；阳茎端基环大部分膜质，基部两侧各有 1 枚细长的突起，其亚端密布 1 束小刺突；阳茎细长，弯曲，亚端两侧各有 1 枚齿突，一大一小。

观察标本：陕西宁陕，1♂，1979.VII.29（外生殖器玻片号 W10099）。

分布：陕西、云南。

说明：本种内容来源于与 Solovyev 的私人通讯，为新属新种，将发表在他编著的 *The Limacodidae of Palaearctica*（待发表）一书中，命名为 *Arabessina picta*。

70. 偶刺蛾属 *Olona* Snellen, 1900

Olona Snellen, 1900, In: Piepers *et* Snellen, Tijdschrift voor Entomologie, 43: 101. **Type species**: *Olona albistrigella* Snellen, 1900.

小型，暗灰褐色。下唇须前伸，端部向上弯曲，与复眼的直径长度相当。后足胫节有 2 对距。脉序属于达刺蛾属 *Darna* 类型。前翅 R_{2-4} 脉共柄，M_1 脉和 M_2 脉总是远离。后翅 M_3 脉与 Cu_1 共柄；$Sc+R_1$ 脉基部 1/3 与中室前缘相联合（图 309）。前翅有 1 条不规则的白色细中线。雄蛾触角线形。本属已知种在外形上不易区分，但雄性外生殖器特征明显，是很好的种类鉴别性状。本属的颚形突为 2 个独立分支，每一分支的端部明显膨大并生有鬃，形成 1 个梳状结构；抱器瓣有 1 根细长的突起。雌性外生殖器无囊突或有 1 枚囊突。

幼虫体表具有鲜黄色的胶质枝刺，这些枝刺很容易被软毛刷刷掉。因本属幼虫的枝刺是胶质的，与亮蛾科 Dalceridae 一致，故其特征在斑蛾总科系统发育研究中具有重要意义。

按照 Holloway（1986）和 Holloway 等（1987）的观点，本属与达刺蛾属 *Darna* Walker、佩刺蛾属 *Ploneta* Snellen、直刺蛾属 *Orthocraspeda* Hampson、斜纹刺蛾属 *Oxyplax* Hampson、副纹刺蛾属 *Paroxyplax* Cai、德刺蛾属 *Devaz* Solovyev *et* Witt 及小刺蛾属 *Trichogyia* Hampson 归于同一个属群。该属群的主要共同特征是前翅的脉序，也就是达刺蛾属 *Darna* 型，其 R_5 脉独立，不与 R_3+R_4 脉共柄。本属的种类在外形上与小刺蛾属 *Trichogyia* Hampson 相似，原有的 2 种也是从后者移到本属的。这 2 属的种类确实很相似，它们的体型小，暗褐色，雄蛾触角线状，前翅被 1 条白色横线分割，具有达刺蛾属 *Darna* 型的脉序。小刺蛾属 *Trichogyia* Hampson 的雄性外生殖器具有"W"形的颚形突（不像偶刺蛾属 *Olona* Snellen 那样分为 2 叶），但因其末端覆盖黑色鬃毛也形成梳状结构。这些特征说明两者具有很近的亲缘关系。

本属包括 3 种，分布在东南亚。我国已知 1 种。

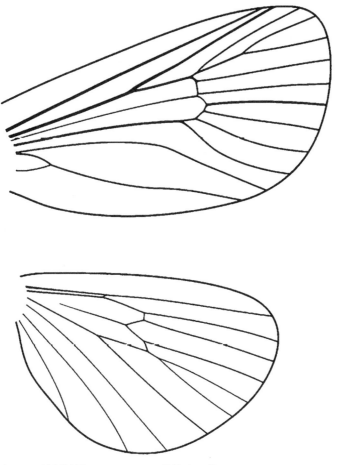

图 309　偶刺蛾属 *Olona* Snellen 的脉序（仿 Solovyev *et al.*，2012）

(258) 佐氏偶刺蛾 *Olona zolotuhini* Solovyev, Galsworthy *et* Kendrick, 2012（图 310）

Olona zolotuhini Solovyev, Galsworthy *et* Kendrick, 2012, Lepidoptera Science, 63(2): 71. Type locality: Vietnam (MWM, CAS); Hong Kong, China (BMNH).

成虫：前翅长♂ 6.0-6.5mm，♀ 8.5mm。底色暗灰褐色。下唇须前伸，端部向上弯曲，第 2 节长，端节非常短。前翅有 1 条模糊而不规则的白色中横线；R_1 脉几乎直，R_3 脉与 R_4 脉共柄，R_5 脉独立。后翅 Sc+R_1 脉与 Rs 脉在基部 1/3 处有 1 明显的横脉相连，M_3 脉与 Cu_1 脉共柄。胫节距为 0-2-4。

雄性外生殖器：爪形突骨化程度弱，侧面有鬃毛；颚形突分为 2 叶，每叶都很细长，端部明显膨大，鱼尾状，上覆盖鬃毛，形成 1 个梳状结构；抱器瓣狭长，具有明显的抱器端和抱器腹；抱器腹有 1 个细长突起，该突起基部直，端部呈镰刀形；抱器腹中部还有 1 个非常弱小的镰刀形突起（端部略圆）；抱器背基突中部断裂；阳茎端基环小，深裂成渐细的侧叶；囊形突短，卵形；阳茎细长，几乎直，端部有 1 块不明显的骨片。

雌性外生殖器：肛乳突卵形，扁平；前表皮突细而短；后表皮突细长，为前表皮突长度的 2.5 倍；第 8 腹板的侧叶退化，很小，膜质，乳头状；阴片发达，强度骨化，环绕交配孔，具有向前延伸的侧叶；囊导管细长，稍呈螺旋状，约为交配囊直径的 2.3 倍；交配囊圆形；囊突 1 枚，长条状，长度约为交配囊直径的 1/3，由密集的小齿突组成。

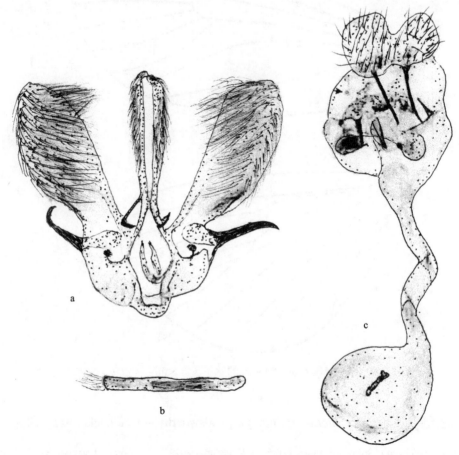

图 310　佐氏偶刺蛾 *Olona zolotuhini* Solovyev, Galsworthy *et* Kendrick（仿 Solovyev *et al.*，2012）

a. 雄性外生殖器；b. 阳茎；c. 雌性外生殖器

幼虫：中龄幼虫体长约 5.5mm，老熟幼虫体长约 7mm，预蛹体长约 6mm。本种幼虫与典型的刺蛾幼虫不同。体色鲜黄色，背面的枝刺有时具有红色的斑纹。头部内缩。上唇的前侧缘覆盖有大量的鬃毛。单眼 1-4 相互靠近，单眼 6 远离其他单眼，单眼 5 稍偏离单眼 4。中龄幼虫的吐丝器端部膨大，老熟幼虫和预蛹则向末端收缩。胸足退化，腹足缺，臀足退化。身体腹面有 6 个吸盘，趾钩缺。L1 和 L2 毛位于气门之下，这与其他刺蛾一致；前胸有 1 对侧毛（L1 和 L2），位于气门的腹前方。观察到的各龄幼虫都有背列和亚背列枝刺。枝刺半透明，没有刺痛功能，在化蛹前变得暗而污浊。这些枝刺很容易被碰掉，但对虫体没有伤害，也许这种变异的枝刺有利于摆脱捕食者的攻击；背枝刺比亚背枝刺更容易被碰脱落。这种特性在本属的其他种类及冠刺蛾 *Phrixolepia sericea*

Butler 中也已经发现，在亮蛾科 Dalceridae 中则很普遍。背枝刺大，分成上下 2 列；上列枝刺的基部通常分为 2 个角状的部分，下列枝刺的基部也如此分为 2 部分；上列枝刺小于下列枝刺；2 列背枝刺端部都生有长刚毛和几个大距。亚背枝刺单一，比背枝刺小，各生有 1 根长刚毛和几个大距。所有亚背枝刺在形态上几乎完全相同。第 9 腹节上的亚背枝刺发育不良，没有与身体区分开来，但仍有触毛。第 9 腹节的背枝刺只有 1 个。中胸有 2 对背枝刺和 1 对亚背枝刺。气门通常位于亚背枝刺下方，但 A1 节的气门位于亚背枝刺的后方，该节的亚背枝刺也比邻近节的稍小。

茧：球形，褐色，具有不规则形的褐色大斑。

蛹：体长约 5.0mm，宽约 3.5mm。蛹粗壮，与典型的刺蛾蛹一致。复眼沿侧缘扩展到触角。侧面观时，能看见 A1 节的气门，A2 节的气门靠近后翅的末端，能从背侧面看见。A3-A7 节背面有由小刺组成的宽横带。臀棘包含 5 对钩刺：1 对腹钩刺，4 对背钩刺几乎排成 1 列。

寄主植物：棕榈。

生物学习性：成虫出现在 8 月和 1 月下旬。6 月初和 11 月中旬可采到幼虫，6 月中旬和 11 月底结茧，蛹期约 2 个月。幼虫取食棕榈，总是在叶子的正面找到幼虫，且只在老叶上发现幼虫。茧结在叶子正面靠近基部处。

观察标本：作者未见标本。描述译自 Solovyev 等（2012）的原记。

分布：香港；越南。

说明：本属世界已知 3 种：*Olona albistrigella* Snellen, 1900 (= *Trichogyia dilutata* Hering, 1938) 分布在爪哇，*O. gateri* (West, 1937) 分布在马来半岛和苏门答腊，*O. zolotuhini* Solovyev, Galsworthy *et* Kendrick 分布在中国香港与越南北部。本种的抱器腹突很长，几乎直，占抱器腹长度的 2/3-3/5，*O. gateri* 的抱器腹突明显较短，爪形，只占抱器腹长度的 1/3。本种的颚形突窄，末端膨大部分较小。本种抱器背的刚毛区较 *O. albistrigella* 小。抱器瓣镰刀形的中突，这在其他种内没有发现。阳茎十分狭长，端部有 1 块骨片而不是钩状突起。本种雌性外生殖器有 1 枚囊突，其他 2 种则缺囊突。

71. 伪汉刺蛾属 *Pseudohampsonella* Solovyev *et* Saldaitis, 2014

Pseudohampsonella Solovyev *et* Saldaitis, 2014, J. Ins. Sci., 14(46): 3. **Type species**: *Pseudohampsonella erlanga* Solovyev *et* Saldaitis, 2014.

雄蛾触角细锯齿状，雌性线状。前胸褐色，中后胸灰白色混有松散的暗褐色鳞片。前翅赭褐色，有斑纹。腹部赭褐色。后足胫节有 2 对距。前翅 R_1 脉弯曲，R_{3-5} 脉共柄，Cu_2 脉弯曲。后翅 $Sc+R_1$ 脉与 Rs 脉基部合并，Rs 脉和 M_1 脉的共柄很长（图 311）。

雄性外生殖器：爪形突长，分为 2 叶，角状；颚形突退化成弱小的骨垫；肛管腹面骨化；阳茎端基环小，三角形；抱器瓣基部宽，端部十分细，角状；囊形突短；阳茎几乎直，逐渐弯曲，在端部 1/3-2/3 的侧面有纵缺刻。

雌性外生殖器：肛乳突扁平，稍长；第 8 腹节具有长指状的膜质侧叶；阴片具小刺；

导管端片宽，发达，强烈骨化；囊导管稍呈螺旋状，中部有 2 条细长的骨化纵带；交配囊圆形，囊突由小齿突组成。

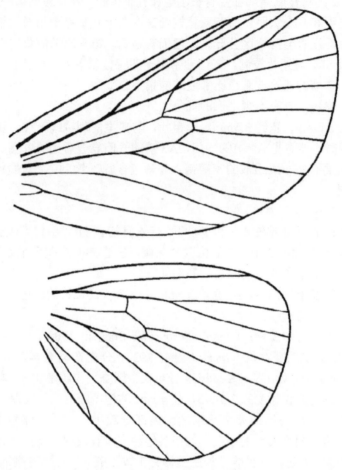

图 311 伪汉刺蛾属 *Pseudohampsonella* Solovyev *et* Saldaitis 的脉序（仿 Solovyev and Saldaitis，2014）

本属以特有的斑纹区别于刺蛾科已知的其他属，外形仅有点类似凯刺蛾属 *Caissa* 和伪凯刺蛾属 *Pseudocaissa* 的部分种类，但本属的内线明显不同，总是呈不规则的锯齿形，在其下部有 1 枚明显的大齿突（凯刺蛾属 *Caissa* 和伪凯刺蛾属 *Pseudocaissa* 的内线直）。本属前翅中室端总有明显的浅色斑，而凯刺蛾属 *Caissa* 和伪凯刺蛾属 *Pseudocaissa* 后翅臀角附近特有的暗色小斑在本属中则没有。汉刺蛾属 *Hampsonella* 中的一些种类外形上（斑纹及锯齿状的内线）与本属相似，但本属的斑纹是多斑点的，内线下部有明显的大齿突。本属的雄性外生殖器极端特化，与刺蛾科的其他已知属明显不同。爪形突分成 2 个长角突，颚形突退化成 1 个小垫突，肛管腹面骨化，抱器瓣基部宽而端部呈长角状，没有抱器腹突。雌性外生殖器的囊导管中有 2 条细长的骨带明显不同于凯刺蛾属 *Caissa* 和伪凯刺蛾属 *Hampsonella*。

本属发表时包括 3 种，分布在我国云南和四川。后来又在西藏发现 2 新种，共计 5 种。

种 检 索 表

（据外形）

（据雄性外生殖器）

(259) 二郎伪汉刺蛾 *Pseudohampsonella erlanga* Solovyev *et* Saldaitis, 2014（图 312）

Pseudohampsonella erlanga Solovyev *et* Saldaitis, 2014, J. Ins. Sci., 14(46): 4. Type locality: Sichuan, China (MWM).

　　前翅长♂ 10.0-13.0mm，♀ 14mm。胸部白色，散布暗褐色鳞片，前胸暗褐色。前翅赭褐色，内线锯齿状，其外缘衬松散的白色鳞片；外线有白色圆形斑和白色的中室端斑；端区浅白色，其基部边缘几乎从前缘的 3/4 处伸达臀角；前缘有暗褐色的条纹；缘毛褐色，有稀疏的白色鳞片簇。后翅赭褐色，缘毛淡黄色，仅在臀角处有模糊的褐色条纹。腹部赭褐色。

　　雄性外生殖器：爪形突 2 叶，比抱器瓣长，每一叶都很细长，角状，弯曲；颚形突退化为连接爪形突 2 叶基部的骨化带；抱器瓣基部加宽，呈卵形，端部十分细长，末端稍呈爪状；阳茎端基环三角形，中部深内切；囊形突短；阳茎稍弯，略比抱器瓣长，管状，侧面从基部 1/3 到末端有 1 纵内切，无角状器。

　　雌性外生殖器：肛乳突扁平，卵形；后表皮突细长；前表皮突短，三角形；阴片具小刺；导管端片短，强烈骨化；囊导管稍呈螺旋状，中部有 2 条细长的骨化纵带；交配囊卵形，囊突由小齿突组成。

观察标本：作者未见标本。描述译自 Solovyev 和 Saldaitis（2014）的原记。

分布：四川。

说明：本种与银纹伪汉刺蛾 *P. argenta* 的区别在于前翅无银色的鳞片及有明显的内线，与侯氏伪汉刺蛾 *P. hoenei* 的区别在于外线有圆形的白斑。本种的雄性外生殖器与侯氏伪汉刺蛾 *P. hoenei* 相似，但本种的爪形突叶的长度超过抱器瓣的长度，抱器瓣的基部更接近卵形而不是方形。雌性外生殖器与银纹伪汉刺蛾 *P. argenta* 的区别在于囊导管更长，囊突区较小，导管端片更短。

图 312　二郎伪汉刺蛾 *Pseudohampsonella erlanga* Solovyev *et* Saldaitis（仿 Solovyev and Saldaitis，2014）

a. 雄性外生殖器；b. 阳茎

(260) 侯氏伪汉刺蛾 *Pseudohampsonella hoenei* Solovyev *et* Saldaitis, 2014（图 313）

Pseudohampsonella hoenei Solovyev *et* Saldaitis, 2014, J. Ins. Sci., 14(46): 6. Type locality: Yunnan, China (ZFMK).

前翅长 10.0-12.5mm；触角线状，稍扁。胸部淡黄色到浅灰色，散布暗褐色鳞片。

翅基片端部暗褐色。前翅的内线暗褐色，其外侧衬灰白色边；外线锯齿状，没有明显的圆形斑；端区色浅，其基部边缘从前缘 3/4 伸达臀角；前缘有暗褐色条纹；缘毛褐色，具有松散的白色鳞片簇。后翅赭褐色，缘毛淡黄色，近臀角处有模糊的褐色条纹。腹部褐色。

雄性外生殖器：爪形突分 2 叶，角状，长度与抱器瓣长度相当，每叶十分细长而不规则弯曲，比抱器瓣端部细；颚形突退化成连接 2 个爪形突叶的骨化带；阳茎端基环三角形，具有深的中切刻；抱器瓣基部方形，端部细长，镰刀形；囊形突短；阳茎稍弯曲，侧面从基部 1/3 到末端有 1 纵内切。

观察标本：作者未见标本。描述译自 Solovyev 和 Saldaitis（2014）的原记。

分布：云南。

说明：本种前翅锯齿形的外线没有圆形白斑可与二郎伪汉刺蛾 *P. erlanga* 相区别，前翅缺银色鳞片而有暗褐色的内线可与银纹伪汉刺蛾 *P. argenta* 相区别。雄性外生殖器与二郎伪汉刺蛾 *P. erlanga* 相似，但本种的抱器瓣基部呈方形，爪形突的分叶长度与抱器瓣长度相等。

图 313　侯氏伪汉刺蛾 *Pseudohampsonella hoenei* Solovyev *et* Saldaitis（仿 Solovyev and Saldaitis，2014）
a. 雄性外生殖器；b. 阳茎

(261) 银纹伪汉刺蛾 *Pseudohampsonella argenta* Solovyev *et* Saldaitis, 2014（图 314）

Pseudohampsonella argenta Solovyev *et* Saldaitis, 2014, J. Ins. Sci., 14(46): 7. Type locality: Yunnan, China (MWM).

前翅长♂9.5-10.5mm，♀13.0mm。雄蛾触角细锯齿状，稍扁；雌蛾线状。胸部浅黄灰色，散布暗褐色鳞片。前翅内线不发达，锯齿状，暗褐色，具有松散的银色鳞片；外线由1列赭色的圆形斑组成；中室端斑圆形，黄灰色；端区灰色，基部边缘从前缘的3/4伸达臀角（靠近 Cu_1 脉）；前缘有暗褐色的条纹；端线区有银色斑；缘毛褐色，有稀疏的白色鳞片簇。后翅赭褐色，缘毛黄褐色。腹部赭褐色。

雄性外生殖器：爪形突基部宽，端部分为2叶，每一叶呈角状，粗壮而强度骨化，爪形突分叶基部的宽度与阳茎的宽度相当；颚形突退化成弱的骨化垫；肛管腹面骨化；抱器瓣弱骨化，基半部宽圆，端半部强度骨化，十分狭长，爪形；阳茎端基环小，有深的中切刻；阳茎管状，稍弯曲，侧面从基部2/3到末端有1纵内切。

雌性外生殖器：肛乳突扁平，卵形；后表皮突细长；前表皮突短，三角形；第8腹节具有长指状的膜质侧叶；阴片具小刺；导管端片宽，发达，强烈骨化；囊导管稍呈螺旋状，中部有2条细长的骨化纵带；交配囊卵圆形，囊突由小齿突组成。

观察标本：作者未见标本。描述译自 Solovyev 和 Saldaitis（2014）的原记。

分布：云南。

说明：本种前翅的内线和端线有银色鳞片可与本属其他已知种相区别。本种的雄性外生殖器也与其他2种明显不同，爪形突宽大，其分叶粗壮，抱器瓣基部圆，端部强烈骨化，爪状。

图 314　银纹伪汉刺蛾 *Pseudohampsonella argenta* Solovyev *et* Saldaitis（仿 Solovyev and Saldaitis，2014）

a. 雄性外生殖器；b. 阳茎；c. 雌性外生殖器

(262) 八一伪汉刺蛾 *Pseudohampsonella bayizhena* Wu *et* Pan, 2015（图 315）

Pseudohampsonella bayizhena Wu *et* Pan, 2015, In: Pan *et* Wu, Zootaxa, 3999(3): 394. Type locality: Xizang (IZCAS).

前翅长 11.0-12.0mm。胸部白色，散布暗褐色鳞片，前胸暗褐色。前翅黑褐色，内线不清晰；外线由白色圆形斑和白色的中室端斑组成；端区灰白色，其基部边缘几乎从前缘的 3/4 处伸达臀角，其前缘有暗褐色的条纹；缘毛褐色，有稀疏的白色鳞片簇。后翅赭褐色，缘毛淡黄色，仅在臀角处有模糊的褐色条纹。腹部赭褐色。

雄性外生殖器：爪形突分 2 叶，比抱器瓣稍短，每一叶的粗细和长度都与抱器瓣端部相似，稍弯曲；颚形突退化为连接爪形突 2 叶基部的骨化带；抱器瓣基部加宽，中部腹缘明显向外突出，端部细长，末端较尖；阳茎端基环长方形；囊形突短；阳茎几乎直，略比抱器瓣长，管状，侧面从基部 1/3 到末端有 1 纵内切，无角状器。

雌性外生殖器：肛乳突扁平，足形；后表皮突细长；前表皮突短，三角形；阴片大而强度骨化，具密集的小刺；导管端片短，强烈骨化；囊导管稍呈螺旋状，中部有 2 条细长的骨化纵带；交配囊卵形，囊突由 2 个星状的小片突组成。

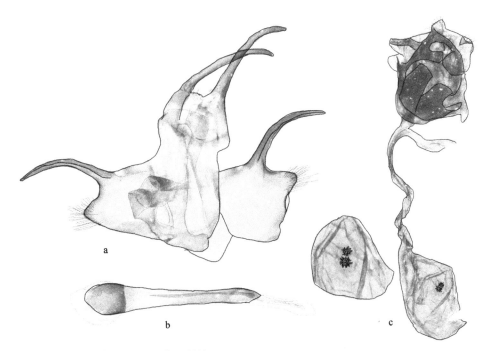

图 315 八一伪汉刺蛾 *Pseudohampsonella bayizhena* Wu *et* Pan
a. 雄性外生殖器；b. 阳茎；c. 雌性外生殖器

观察标本：西藏林芝八一镇，2♂1♀，2014.VII.15，潘朝晖采（外生殖器玻片号 WU0331，WU0330，正模和副模）。

分布：西藏。

　　说明：本种前翅的内线不明显，与银纹伪汉刺蛾 *P. argenta* Solovyev *et* Saldaitis 相似，但前翅没有银色鳞片，翅基部颜色深，而后者的前翅有银色鳞片，翅基部颜色浅。雄性外生殖器与侯氏伪汉刺蛾 *P. hoenei* Solovyev *et* Saldaitis 相似，但本种的爪形突叶比抱器瓣稍短，每一叶的粗细和长度都与抱器瓣端部相似，而后者的爪形突叶比抱器瓣细长，中部弯曲。

(263) 李氏伪汉刺蛾 *Pseudohampsonella lii* Wang *et* Li, 2017（图 316）

Pseudohampsonella lii Wang *et* Li, 2017, Journal of Asia-Pacific Entomology, 20: 855. Type locality: Medog, Xizang (JXAUM).

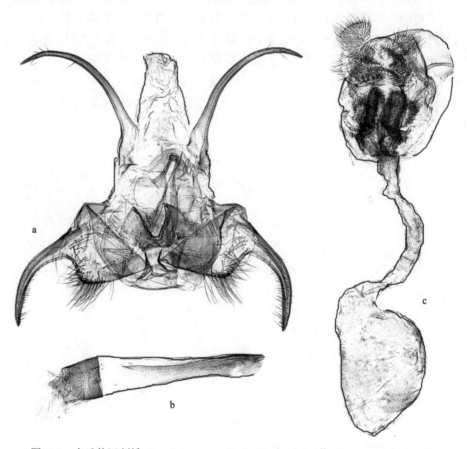

图 316　李氏伪汉刺蛾 *Pseudohampsonella lii* Wang *et* Li（仿 Wang and Li，2017）
a. 雄性外生殖器；b. 阳茎；c. 雌性外生殖器

　　前翅长 10.0-13.0mm。下唇须向上举，外侧褐色，内侧白色。触角柄节覆盖有白色的鳞片，其余部分褐色；雄性鞭节为锯齿状，雌性鞭节为线形。胸部白色，散布稀疏的黑褐色鳞片。前翅赭褐色；内线黑褐色，在靠前缘 1/3 处向外凸，在靠近后缘 1/3 向内凹，形成三角形斑；中室端斑卵圆形，黄白色；外线由 6 个黄白色的卵圆形斑组成，稍向外呈弧形排列；端区颜色浅，其基部边缘几乎从前缘的 3/4 处伸达臀角；缘毛褐色。

后翅赭褐色，散布有褐色的鳞片；缘毛淡黄色，靠近臀角处有 1 条褐色的线纹。足黄色，混有白色。腹部赭褐色。

雄性外生殖器：爪形突分 2 叶，角状，每一叶细长，几乎与抱器瓣等长，向外弯曲；颚形突退化为连接爪形突 2 叶基部的骨化带；抱器瓣基部略呈方形，外缘的中部具有发达的突起，弯钩状向末端变尖；阳茎端基环呈"V"形；阳茎稍弯，略比抱器瓣长，管状，侧面从基部 1/3 到末端有 1 纵内切，无角状器。

雌性外生殖器：肛乳突扁平，卵圆形；后表皮突细长，约为前表皮突的 2 倍长；前表皮突短，三角形；阴片大而强度骨化，具密集的小刺；导管端片短，强烈骨化；囊导管稍呈螺旋状；交配囊卵形，无囊突。

观察标本：作者未见标本。描述译自 Wang 和 Li（2017）的原记。

分布：西藏。

72. 伪凯刺蛾属 *Pseudocaissa* Solovyev *et* Witt, 2009

Pseudocaissa Solovyev *et* Witt, 2009, Entomofauna, Suppl. 16: 87. **Type species:** *Pseudocaissa apiata* Solovyev *et* Witt, 2009.

本属属于中型蛾类，翅展 30-34mm，底色灰色。雄蛾触角线状。前翅三角形，暗色，具有成列的白色斑纹。雄性外生殖器的爪形突长形，颚形突退化，抱器瓣长形，有强烈骨化的细长抱器腹突，阳茎端基环扁，阳茎管状、短、弯曲，阳茎内有 1 枚粗壮的角状器。

本属外形上很难与凯刺蛾属 *Caissa* Hering 相区别，仅可以通过前翅密集的白色斑纹来识别。但是，雄性外生殖器的颚形突退化是本属区别于凯刺蛾属的主要特征。

本属已知 2 种，分布在尼泊尔和越南，我国系 2015 年首次发现该属昆虫。

(264) 玛伪凯刺蛾 *Pseudocaissa marvelosa* (Yoshimoto, 1994)（图 317）

Hampsoniella [sic!] *marvelosa* Yoshimoto, 1994, Tinea, 14(Suppl. 1): 88. Type locality: Jiri, Nepal.

Pseudocaissa marvelosa (Yoshimoto): Solovyev *et* Witt, 2009, Entomofauna, Suppl. 16: 87; Pan *et* Wu, 2015, Zootaxa, 3999(3): 396.

翅展 30-31mm。头部乳白色。胸部黑色，有乳白色的斑纹。腹部浅黑色。前翅黑色，密布乳白色的斑纹，最典型的斑有：顶角斑、顶角斑下方的半圆形大斑、臀角附近 4 个斑形成的凹线、外线区的 4 个大斑、前翅基部 1/3 处中室中柄附近的斑、靠近后缘的亚基大斑（经常分为 2 个）及小的基斑。后翅浅黄褐色，前缘区和后缘区颜色较淡，臀角附近有 1 个小暗斑。

雄性外生殖器：爪形突末端钝；颚形突退化；抱器瓣宽，抱器腹末端有 1 枚粗大的突起；阳茎端基环基部宽圆，端部边缘密集小刺突；阳茎弯曲，内有 1 条长骨片，末端有微刺突。

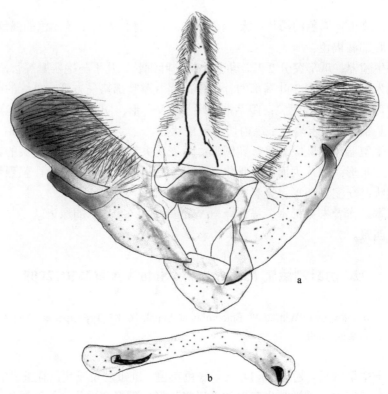

图 317 玛伪凯刺蛾 *Pseudocaissa marvelosa* (Yoshimoto)
a. 雄性外生殖器；b. 阳茎

观察标本：西藏汗密，2♂，2013.VII.21-23，潘朝晖采（外生殖器玻片号 L007，L012）。
分布：西藏；尼泊尔。

参 考 文 献

Alpheraky S. 1895. Lepidopteres nouveaux. *D. Ent. Zts. Iris*, 3: 180-202.

Barlow H S. 1982. *An introduction to the moths of south east Asia.* The Malayan Nature Society, Kuala Lumpur & E.W. Classey, Faringdon, Oxon U.K. 1-305.

Becker V O and Epstein M E. 1995. Limacodidae. In: Hepper. *Atlas of Neotropical Lepidoptera, Checklist*: *Part* 2. Scientific Publishers, Gainesville, Washington. 128-133.

Becker V O and Miller S E. 1988. The identity of *Sphinx brunnus* Cramer and the taxonomic position of *Acharia* Huebner (Lepidoptera: Limacodidae). *Journal of Research on the Lepidoptera*, 26(1-4): 219-224.

Bethune-Baker G T. 1908. New Heterocera from British New Guinea. *Novit. Zool.*, 15: 175-243.

Brock J P. 1971. A contribution towards an understanding of the morphology and phylogeny of the Ditrysian Lepidoptera. *J. Nat. Hist.*, 5: 29-102.

Bryk F. 1948. Zur Kenntnis der Grossschmetterlinge von Korea. Pars II. Macrofrenatae II (finis). *Ark. Zool.*, 41(A): 1-225.

Butler A G. 1877. Descriptions of new species of Heterocera from Japan. *Ann. Mag. Nat. Hist.*, (4)20: 276.

Butler A G. 1878. Title unknown. *Trans. Ent. Soc. Lond.*, 1878: 74.

Butler A G. 1880a. Descriptions of new species of Asiatic Lepidoptera Heterocera. *Ann. Mag. Nat. Hist.*, (5)6: 63-64.

Butler A G. 1880b. On a second collection of Lepidoptera made in Formosa by H. E. Hobson. *Proc. Zool. Soc. Lond.*: 673.

Butler A G. 1885a. Descriptions of moths new to Japan, collected by Messrs, Lewis and Pryer. *Cistula Ent.*, 3: 120-121.

Butler A G. 1885b. Title unknown. *Ann. Mag. Nat. Hist.*, (5)6: 63.

Butler A G. 1886. *Illustrations of typical specimens of Lepidoptera-Heterocera in the collection of the British Museum.* London. 6: 1-89, pls. 101-120.

Cai R. 2001. Electrocardiogram express of allergic disease caused by Limacodidae. *J. Jinzhou Med. College*, 22(3): 38-39. [蔡茹, 2001. 刺蛾变应性疾病的心电图表现. 锦州医学院学报, 22(3): 38-39.]

Cai R-Q. 1973. Eucleidae. In: Chu H-F et al. *Atlas of Chinese Moths*. Science Press, Beijing. 44-47. [蔡荣权, 1973. 刺蛾科. 见: 朱弘复, 等. 蛾类图册. 北京: 科学出版社. 44-47.]

Cai R-Q. 1981. Limacodidae. In: Institute of Zoology, Chinese Academy of Sciences. *Iconographia Heterocerorum Sinicorum 1*. Science Press, Beijing. 97-104. [蔡荣权, 1981. 刺蛾科. 见: 中国科学院动物研究所. 中国蛾类图鉴 I. 北京: 科学出版社. 97-104.]

Cai R-Q. 1982. Lepidoptera: Notodontidae, Limacodidae. In: The Scientific Expedition team of Chinese Academy of Sciences to the Qinghai-Xizang Plateau. *Insects of Xizang. Vol. 2*. Science Press, Beijing. 23-33. [蔡荣权, 1982. 鳞翅目: 舟蛾科、刺蛾科. 见: 中国科学院青藏高原综合科学考察队. 西藏昆虫. 第二册. 北京: 科学出版社. 23-33.]

Cai R-Q. 1983. A study on the Chinese *Latoia* Guerin-Meneville with descriptions of new species (Lepidoptera: Limacodidae). *Acta Entomologica Sinica*, 26(4): 437-451. [蔡荣权, 1983. 我国绿刺蛾属的研究及新种记述 (鳞翅目: 刺蛾科). 昆虫学报, 26(4): 437-451.]

Cai R-Q. 1984a. New species of the genus *Oxyplax* from Yunnan, China (Lepidoptera: Limacodidae). *Entomotaxonomia*, 6(2-3): 171-174. [蔡荣权, 1984a. 云南斜纹刺蛾属新种记述 (鳞翅目: 刺蛾科). 昆虫分类学报, 6(2-3): 171-174.]

Cai R-Q. 1984b. A new genus and two new species of Limacodidae from southwest China (Lepidoptera). *Acta Entomologica Sinica*, 27(2): 211-214. [蔡荣权, 1984b. 我国西南地区刺蛾科一新属二新种. 昆虫学报, 27(2): 211-214.]

Cai R-Q. 1986. Notes on the Chinese new species of the genus *Phrixolepia* Butler (Lepidoptera: Limacodidae). *Sinozoologia*, 4: 183-186. [蔡荣权, 1986. 冠刺蛾属新种记述 (鳞翅目: 刺蛾科). 动物学集刊, 4: 183-186.]

Cai R-Q. 1988. Lepidoptera: Notodontidae, Limacodidae. In: The Mountaineering and Scientific Expedition, Academia Sinica. *Insects of Mt. Namjagbarwa Region of Xizang*. Science Press, Beijing. 393-397. [蔡荣权, 1988. 鳞翅目: 舟蛾科、刺蛾科. 见: 中国科学院登山科学考察队, 西藏南迦巴瓦峰地区昆虫. 北京: 科学出版社. 393-397.]

Cai R-Q. 1993. Lepidoptera: Limacodidae, Notodontidae, Thaumatopeidae. In: The Scientific Expedition team of Chinese Academy of Sciences to the Qinghai-Xizang Plateau. *Insects of the Hengduan Mountains Region. Vol. 2*. Science Press, Beijing. 916-925. [蔡荣权, 1993. 鳞翅目: 刺蛾科、舟蛾科和异舟蛾科. 见: 中国科学院青藏高原综合科学考察队. 横断山区昆虫 第二册. 北京: 科学出版社. 916-925.]

Cai R-Q and Luo C-F. 1987. Limacodidae. In: Forestry Department of Yunnan Province and Institute of Zoology, Chinese Academy of Sciences. *Forest insects of Yunnan*. Yunnan Science and Technology Press, Kunming. 882-893. [蔡荣权, 罗从富, 1987. 刺蛾科. 见: 云南省林业厅, 中国科学院动物研究所. 云南森林昆虫. 昆明: 云南科技出版社. 882-893.]

Cao W-L. 2013. A preliminary study on the morphology, bionomics and damage situation of *Hampsonella dentata* (Hampson). *China Plant Protection*, 33(9): 54-55. [曹维林, 2013. 汉刺蛾的形态特征及生活规律观察与发生为害情况调查研究初报. 中国植保导刊, 33(9): 54-55.]

Chang B-S. 1989. *Illustrated moths of Taiwan*. Vol. 2. Taiwan Museum, Taibei. 1-310.

Chatterjee P B. 1982. Parasites of the rice slug caterpillar. *International Rice Research Newsletter*, 7(4): 15.

Chen D-L. 1998. Study on *Darna trima* (Moore), a new pest of *Cinnamomum camphora* Nees. *et* Eberm. *Entomological Journal of East China*, 7(2): 45-47. [陈德兰, 1998. 樟树新害虫——窃达刺蛾的研究. 华东昆虫学报, 7(2): 45-47.]

Chou I. 1988. *History of Chinese Entomology*. Tianze Publishing House, Yangling. [周尧, 1988. 中国昆虫学史. 杨凌: 天则出版社.]

Chou L-Y. 1999. New records of six braconids (Hymenoptera: Braconidae) from Taiwan. *Journal of Agricultural Research of China*, 48(1): 64-66.

Chu H-F and Wang L-Y. 1982. A cocoon-cutter of *Cnidocampa flavescencens* [*flavescens*] (Walker) (Lepidoptera: Limacodidae). *Acta Entomologica Sinica*, 25(3): 294-295. [朱弘复, 王林瑶, 1982. 刺蛾的破茧器. 昆虫学报, 25(3): 294-295.]

Cock M J W, Godfray H C J and Holloway J D. 1985. *An Illustrated Guide to the Coconut Feeding*

Limacodidae. Commonwealth Institute of Biological Control, Ascot, Berks. & Philippine Coconut Authority, Manila. i-vi, 1-50.

Cock M J W, Godfray H C J and Holloway J D. 1987. *Slug and Nettle Caterpillars*: *the Biology, Taxonomy and Control of the Limacodidae of Economic Importance on Palms in South-east Asia*. CAB International, Wallingford.

Common I F B. 1975. Evolution and classification of the Lepidoptera. *Ann. Rev. Ent.*, 20: 183-203.

Cramer P. 1779. *Papilions Exotiques des trois parties du monde L'Asie, L'Afrique et L'Amerique*. Baalde and Utrecht, Wild, Amsterdam. 2: 50-51, pl. 130.

de Joannis J. 1901. Note sur les variations du *Monema flavescens* Walker. *Bull. Soc. Ent. Fr.*, 6(14): 251-253.

de Joannis J. 1930. Lepidopteres heteroceres du Tonkin. 3e partie. *Ann. Soc. Ent. Fr.*, 98: 559-574.

Druce H H. 1881-1900. Limacodidae. *Biol. Centr. Amer.*, I: 209.

Druce H H. 1896. Descriptions of some new species of Heterocera from Hunan, central China. *Ann. Mag. Nat. Hist.*, (6)18: 235-236.

Dudgeon G C. 1895. *Monema coralina* sp. nov. In: Hampson G F. Descriptions of new Heterocera from India. *Trans. Ent. Soc. Lond.*, 1895: 277-315.

Duponchel P A J. 1844-1846 [1845]. Limacodidae. *Cat. Meth. Lep. d'Eur.*: 84.

Dyar H G. 1898. Title unknown. *Psyche, Camb.*, 8: 274.

Dyar H G. 1905. A descriptive list of a collection of early stages of Japanese Lepidoptera. *Proc. U.S. Natn. Mus.*, 28: 937-956.

Dyar H G and Morton E L. 1895. The life-histories of the New York slug caterpillars. I. *Journal of the New York Entomological Society*, 3: 145-157.

Edwards E D. 1996. Limacodidae. *Monographs on Australian Lepidoptera*, 4: 145-147, 351-352.

Entwistle P F. 1987. Virus diseases of Limacodidae. In: Cock M J W, Godfray H C J and Holloway J D. *Slug and Nettle Caterpillars*: *the Biology, Taxonomy and Control of the Limacodidae of Economic Importance on Palms in South-east Asia*. CAB International, Wallingford. 213-221.

Epstein M E. 1996a. Revision and phylogeny of the limacodid-group families, with evolutionary studies on slug caterpillars (Lepidoptera: Zygaenoidea). *Smithsonian Contributions to Zoology*, 582: 1-102.

Epstein M E. 1996b. A new species and generic placement for the misidentified type species of *Epiclea* Dyar, 1905 (Lepidoptera: Limacodidae). *Proceedings of the Entomological Society of Washington*, 98(4): 812-817.

Epstein M E. 1997a. Evolution of locomotion in slug caterpillars (Lepidoptera: Zygaenoidea: limacodid group). *Journal of Research on the Lepidoptera*, 34(1-4): 1-13.

Epstein M E. 1997b. *Parasa indetermina* (Boisduval) (Lepidoptera: Limacodidae), a new host for *Systropus macer* Loew (Diptera: Bombyliidae). *Proceedings of the Entomological Society of Washington*, 99(3): 585-586.

Epstein M E, Geertsema H, Naumann C M and Tarmann G M. 1999. The Zygaenoidea. In: Kristensen N P. *Handbook of Zoology*. De Gruyter, Berlin, New York. 159-180.

Epstein M E and Miller S E. 1990. Systematics of the West Indian moth genus *Heuretes* Grote and Robinson (Lepidoptera: Limacodidae). *Proceedings of the Entomological Society of Washington*, 92(4): 705-715.

Evans H C. 1987. Fungal pathogens of Limacodidae. In: Cock M J W, Godfray H C J and Holloway J D. *Slug and Nettle Caterpillars*: *the Biology, Taxonomy and Control of the Limacodidae of Economic Importance on Palms in South-east Asia*. CAB International, Wallingford. 207-211.

Fang C-L. 1992. Lepidoptera: Limacodidae. In: Huang F-S. *Insects of Wuling Mountains Area, Southwestern China*. Science Press, Beijing. 496-500. [方承莱, 1992. 鳞翅目: 刺蛾科. 见: 黄复生. 西南武陵山地区昆虫. 北京: 科学出版社. 496-500.]

Fang C-L. 1993. Lepidoptera: Limacodidae. In: Huang C-M. *Animals of Longqi Mountain*. China Forestry Publishing House, Beijing. 485-490. [方承莱, 1993. 鳞翅目: 刺蛾科. 见: 黄春梅. 龙栖山动物. 北京: 中国林业出版社. 485-490.]

Fang C-L. 1997. Lepidoptera: Limacididae. In: Yang X-K. *Insects of the Three Gorge Reservoir Area of Yangtze River*. Chongqing Publishing House, Chongqing. 1089-1095. [方承莱. 1997. 鳞翅目: 刺蛾科. 见: 杨星科. 长江三峡库区昆虫. 重庆: 重庆出版社. 1089-1095.]

Fang C-L. 2001. Lepidoptera: Limacodidae. In: Wu H and Pan C-W. *Insects of Tianmushan National Nature Reserve*. Science Press, Beijing. 546-549. [方承莱, 2001. 鳞翅目: 刺蛾科. 见: 吴鸿, 潘承文. 天目山昆虫. 北京: 科学出版社. 546-549.]

Fang C-L. 2002. Lepidoptera: Limacodidae. In: Huang F-S. *Forest Insects of Hainan*. Science Press, Beijing. 539-542. [方承莱, 2002. 鳞翅目: 刺蛾科. 见: 黄复生. 海南森林昆虫. 北京: 科学出版社. 539-542.]

Fang Z-G, Wang Y-P, Zhou K and Zhou Z-L. 2001. Biological characteristic of *Setora postornata* and its control. *Journal of Zhejiang Forestry College*, 18(2): 173-176. [方志刚, 王玉平, 周凯, 周忠郎, 2001. 桑褐刺蛾的生物学特性及防治. 浙江林学院学报, 18(2): 173-176.]

Fanger H, Yen S-H and Naumann C M. 1998. External morphology of the last instar larva of *Phauda mimica* Strand, 1915 (Lepidoptera: Zygaenoidea). *Entomologica Scandinavica*, 29(4): 429-450.

Faucheux M J. 2000. The mimosa moth, *Latoia thamia* Rungs, an endemic moroccan limacodid moth: antennal sensory morphology and phylogenetic implication. *Bulletin de la Societe des Sciences Naturelles de l'Ouest de la France*, 21(4): 153-168.

Felder C. 1874. *Letois* gen. nov. In: Felder C and Rogenhofer A F. *Reise ost. Fregatte novara* (*Zool.*), 2. Theil Zweiter Abtheilung, Wien. pls. 75-120.

Fixsen C. 1887. Lepidoptera aus Korea. *Mem. Lep.*, 3: 337-342.

Fletcher D S and Nye I W B. 1982. *The generic names of moths of the world. Volume 4: Bombycoidea, Castnioidea, Cossoidea, Mimallonoidea. Sesioidea, Sphingoidea, Zygaenoidea*. British Museum (Natural History) Publication, No. 848, i-xiv, 1-192.

Godfray H C J, Cock M J W and Holloway J D. 1987. An introduction to the Limacodidae and their bionomics. In: Cock M J W, Godfray H C J and Holloway J D. *Slug and Nettle Caterpillars: the Biology, Taxonomy and Control of the Limacodidae of Economic Importance on Palms in South-east Asia*. CAB International, Wallingford. 1-8.

Graeser L. 1888. Beitrage zur Kenntnis der Lepidopteren-Fauna des Amurlandes. *Berl. Ent. Z.*, 32: 33-153.

Greathead D J. 1987. Bombyliidae. A summary of the recorded bombyliid parasitoids of south-east Asian Limacodidae. In: Cock M J W, Godfray H C J and Holloway J D. *Slug and Nettle Caterpillars: the Biology, Taxonomy and Control of the Limacodidae of Economic Importance on Palms in South-east Asia*. CAB International, Wallingford. 195-196.

Grote A R. 1899. Cochlidionidae. *Canad. Ent.*: 71.

Grunberg K. 1912. Title unknown. *Arch. Naturgesch.*, 77(4): 168.

Hampson G F. [1893] 1892. *The Fauna of British India*. Taylor and Francis, Red Lion Court, Fleet Street, London. 1: 371-402, 484-486.

Hampson G F. 1894. *The Fauna of British India*. Taylor and Francis, Red Lion Court, Fleet Street, London. 2: 1-609.

Hampson G F. 1900. The moths of India. Supplementary paper to the volumes in "The fauna of British India." Series ii, Part I. *Journ. Bomb. Nat. Hist. Soc.*, 13: 223-235.

Hampson G F. 1910. The moths of India. Supplementary paper to the volumes in "The fauna of British India." *Journ. Bomb. Nat. Hist. Soc.*, 20: 206.

Hampson G F. 1920. Heterogeidae. *Nov. Zool.*, 25: 385.

Handlirsch A. 1925. Lepidoptera. In: Schröder C M W. *Handbuch der Entomologie. Vol. 3*. Gustav Fischer, Berlin.

Harris K M. 1987. Tachinidae and Sarcophagidae. A summary of the recorded tachinid and sarcophagid parasitoids of south-east Asian Limocodidae. In: Cock M J W, Godfray H C J and Holloway J D. *Slug and Nettle Caterpillars*: the Biology, Taxonomy and Control of the Limacodidae of Economic Importance on Palms in South-east Asia. CAB International, Wallingford. 187-193.

Heppner J B. 1998. Classification of Lepidoptera. Part 1. Introduction. *Holarctic Lepidoptera*, 5 (Suppl. 1): 1-148.

Hering M. 1931. Limacodidae (Cochliopodidae). In: Seitz. *Macrolepid. World*, 10. Alfred Kernen Verlag, Stuttgart. 667-782.

Hering M. 1933a. Limacodidae (Cochliopodidae). In: Seitz. *Macrolepid. World*, Suppl. 2. Alfred Kernen Verlag, Stuttgart. 201-209.

Hering M. 1933b. Neue Limacodiden (Lep.). *Stylops*, 2: 109-110.

Hering M. 1938. *Allothosea* gen. nov. *Mitt. Dt. Ent. Ges.*, 8: 63.

Hering M. 1955. Synopsis der Afrikanischen gattungen de Cochlidiidae (Lepidoptera). *Trans. R. Ent. Soc. Lond.*, 107: 209-225.

Hering M and Hopp W. 1927. Limacodidae (Cochliopodidae). In: Bang-Haas O H. *Macrolepidopt Dresden*, 1: 82.

Herrich-Schaffer G A W. 1843-1856. *Systematische Bearbeitung der Schmetterlinge von Europa*. 1-6 Vols. G. J. Manz, Regensburg.

Herrich-Schaffer G A W. 1848. Sammlung neuer oder wening bekannter. *Aussereur. Schm.*, I: 1-84 pls.

Herrich-Schaffer G A W. [1854] 1850-1858. Title unknown. *Samml. Aussereurop. Schmett.*, 1(1): wrapper, pl. 37, figs. 176, 177.

Holloway J D. 1982. Taxonomic Appendix. In: Barlow H. *An introduction to the moths of south east Asia*. The Malayan Nature Society, Kuala Lumpur & E.W. Classey, Faringdon, Oxon U.K. 178-253.

Holloway J D. 1986. The moths of Borneo: key to families; families Cossidae, Metarbelidae, Ratardidae, Dudgeoneidae, Epipyropidae and Limacodidae. *Malayan Nature Journal*, 40(1-2): 1-165.

Holloway J D. 1987. Limacodid pests of tropical Australasia. In: Cock M J W, Godfray H C J and Holloway J D. *Slug and Nettle Caterpillars*: the Biology, Taxonomy and Control of the Limacodidae of Economic Importance on Palms in South-east Asia. CAB International, Wallingford. 119-121.

Holloway J D. 1990. The Limacodidae of Sumatra. *Heterocera Sumatrana*, 6: 9-77.

Holloway J D, Cock M J W and de Desmier C R. 1987. Systematic account of south-east Asian pest

Limacodidae. In: Cock M J W, Godfray H C J and Holloway J D. *Slug and Nettle Caterpillars*: *the Biology*, *Taxonomy and Control of the Limacodidae of Economic Importance on Palms in South-east Asia*. CAB International, Wallingford. 15-117.

Ichikawa A. 1998. On the flesh flies (Sarcophagidae) which emerged from a dried specimen of *Parasa lepida* Cramer (Lepidoptera, Heterogeneidae). *Hana. Abu.*, 5: 21.

Imms A D. 1934. *A general textbook of Entomology*. Oxford University Press, Oxford.

Inokuchi T, Kanazawa J and Tomizawa C. 1984. Studies on the cocoon of the Oriental moth, *Monema* (*Cnidocampa*) *flavescens* (Lepidoptera: Limacodidae). 3. Structure and composition of the cocoon in relation to hardness. *Japanese Journal of Applied Entomology and Zoology*, 28(4): 269-273.

Inoue H. 1955. *Check list of the Lepidoptera of Japan*. Tokyo. 2: 113-217.

Inoue H. 1970. Limacodidae of Eastern Nepal based on the collection of the Lepidopterological research expedition to Nepal Himalaya by the Lepidopterological Society of Japan in 1963. *Spec. Bull. Lepid. Soc. Jap.*, 4: 189-201.

Inoue H. 1976. Some new and unrecorded moths belonging to the families of Bombyces and Sphinges from Japan (Lepidoptera). *Bull. Fac. Domestic Sci.*, *Otsuma Woman's Univ.*, 12: 153-196.

Inoue H. 1982. Limacodidae. 2. In: Inoue H, Sugi S, Kuroko H, Moriuti S and Kawabe A. *Moths of Japan*. Kodansha, Tokyo. 219-221.

Inoue H. 1986. Two new species and some synonymic notes on the Limacodidae from Japan and Taiwan. *Tinea*, 12(8): 73-79.

Inoue H. 1992. Limacodidae. In: Heppner J B and Inoue H. *Lepid. Taiwan Volume 1 Part 2*: *Checklist*. Scientific Publishers, Gainesville, Washington. Hamburg. Lima. Taipei, Tokyo. 101-102.

Inoue H, Sugi S, Kuroko H, Moriuti S and Kawabe A. 1982. *Moths of Japan*. Kodansha, Tokyo. Vol. 1: 1-966, Vol. 2: Plates 1-391, 1-552.

Ishii S. 1984a. Studies on the cocoon of the Oriental moth, *Monema* (*Cnidocampa*) *flavescens* (Lepidoptera: Limacodidae) 1. Emergence of the moth from the cocoon. *Japanese Journal of Applied Entomology and Zoology*, 28(1): 5-8.

Ishii S. 1984b. Studies on the cocoon of the Oriental moth, *Monema* (*Cnidocampa*) *flavescens* (Lepidoptera: Limacodidae). 2. Construction of the cocoon and appearance of dark brown stripes. *Japanese Journal of Applied Entomology and Zoology*, 28(3): 167-173.

Janse A J T. 1964. *The Moths of South Africa*. Vol. 7. Limacodidae Pretoria Transvaal Mus.

Ji S-Q, Huang S-Y, Ma L-J and Wang M. 2018. Two new species of the genus *Chibiraga* Matsumura, 1931 (Lepidoptera: Limacodidae) from China. *Zootaxa*, 4429(1): 165-172.

Jiang J, Huang G-P, Liu J-H, Wu Q-S and Mao H-P. 1995. Studies on the bionomics and control methods of *Phlossa jianningana* Yang *et* Jiang. *Scientia Silvae Sinicae*, 31(6): 513-519. [蒋捷, 黄刚平, 刘久煌, 巫秋善, 毛厚平, 1995. 建宁杉奕刺蛾的生物学特性研究及其防治方法. 林业科学, 31(6): 513-519.]

Jiang J, Liang G-H, Huang B and Lin Y-R. 2000. A study on the spatial distribution pattern for pupae of *Phlossa jianningana* Yang *et* Jiang and its application. *Wuyi Science Journal*, 16: 110-113. [蒋捷, 梁光红, 黄斌, 林玉蕊, 2000. 建宁杉奕刺蛾蛹空间分布型及其应用的初步研究. 武夷科学, 16: 110-113.]

Kapoor K N, Deobhakta S R and Dhamdhere S V. 1985. Bionomics of the slug caterpillar, *Latoia lepida* (Cramer) (Lepidoptera: Lemacodidae [Limacodidae]) on mango. *Journal of Entomological Research*

(*New Delhi*), 9(2): 235-236.

Kawada A. 1930. A list of Cochlidionid moths in Japan, with descriptions of two new genera and six new species. *J. Imp. Agric. Exp. Stn.*, 1: 231-262.

Kawazoe A and Ogata M. 1962. A list of the moths from the Amami Islands (I). *Tyo To Ga*, 8: 13-27.

Kirby W F. 1892. *A synonymic catalogue of Lepidoptera Heterocera. Vol. I.* Gumey & Jackson, London. 525-558.

Knoch A W. 1783. *Beitrage zur Insektengeschichte.* Vol. 3. Schwickert, Leipzig. 60.

Kollar V. [1844] 1848. Lepidoptera. In: Hügel C F. *Kaschmir und das Reich der Siek, vol. 4, part 2, Aufzählung und Beschreibung der von Freiherrn Carl v. Hügel auf seiner Reise durch Kaschmir und das Himaleyagebirge gesammelten Insecten.* Stuttgart. 397-496.

Kumar S, Prasad L and Khan H R. 1991. Note on the biology of slug caterpillar, *Miresa albipuncta* Her.-Shaeffer. (Lepidoptera: Limacodidae) on tendu (*Diospyros melanoxylon*). *Annals of Entomology* (Dehra Dun), 9(1): 75-76.

Leech J H. [1889] 1888. On the Lepidoptera of Japan and Corea. *Proc. Zool. Soc. Lond.*: 609.

Leech J H. 1890. New species of Lepidoptera from China. *Entomol.*, 23: 81-83.

Leech J H. 1899. Lepidoptera Heterocera from China, Japan and Corea. *Trans. Ent. Soc. Lond.*: 9-161.

Lemée A. 1950. *Contribution a l'etude des Lepidopteres du Haut-Tonkin (Nord-Vietnam) et de Saigon avec le concours pours diverses families d'Heteroceres de W. H. T. Tams.* Paris; London: Brest. 1-82.

Li C-P and Qin Z-H. 1998. An epidemiological survey of eucleid caterpillar derm atitis in Anhui Provice. *Acta Parasitol. Med. Entomol. Sin.*, 5(3): 179-183. [李朝品, 秦志辉, 1998. 安徽省刺蛾幼虫皮炎的流行病学调查. 寄生虫与医学昆虫学报, 5(3): 179-183.]

Li C-P. 2000a. Allergic asthma caused by Eucleidae. *Chin. Vector Bio. & Control*, 11(3): 225. [李朝品, 2000a. 刺蛾与变应性哮喘关系的研究. 中国媒介生物学及控制杂志, 11(3): 225.]

Li C-P. 2000b. Electrocardiogram change of allergic cardiourticaria caused by Eucleidae. *Chinese Journal of Parasitology and Parasitic Disease*, 18(1): 62. [李朝品, 2000b. 刺蛾过敏性荨麻疹的心电图改变. 中国寄生虫学与寄生虫病杂志, 18(1): 62.]

Li C-P. 2001. Allergic Cardiourticaria caused by Eucleidae with 89 cases. *Chinese Journal of Parasitic Disease Control*, 14(2): 147-149. [李朝品, 2001. 刺蛾致变应性心脏荨麻疹(附 89 例报告). 中国寄生虫病防治杂志, 14(2): 147-149.]

Li C-P, Liu Q-H and Qin Z-H. 1999. Experimental observation on the pathogenicity of toxigenic spine of eucleid caterpillar. *Chin. Vector Bio. & Control*, 10(3): 213-216. [李朝品, 刘群红, 秦志辉, 1999. 刺蛾幼虫毒刺毛毒力的实验观察. 中国媒介生物学及控制杂志, 10(3): 213-216.]

Lin Y-C, Braby M-F and Hsu Y-F. 2020. A new genus and species of slug caterpillar (Lepidoptera: Limacodidae) from Taiwan. *Zootaxa*, 4809(2): 374-382.

Liu L-R. 1984. Observations on the biology of *Latoia ostia* (Swinhoe). *Entomological Knowledge*, 21(6): 255-257. [刘联仁, 1984. 漫绿刺蛾生物学观察. 昆虫知识, 21(6): 255-257.]

Liu Q-H. 1999. A preliminary experimental study on the composition of pathogenic substance of eucleid caterpillar. *Occup. Med.*, 26(2): 65. [刘群红, 1999. 刺蛾幼虫致病性物质成分的初步实验研究. 职业医学, 26(2): 65.]

Liu S-L. 2001. Study on the bionomics and control of *Phossa fasciata* Moore. *Hunan Frorstry Science and Technology*, 28(1): 26-28. [刘三林, 2001. 茶奕刺蛾生物学特性及防治技术研究. 湖南林业科技,

28(1): 26-28.]

Liu Y-F. 1995. Insect fauna at Jianfengling forest area, Hainan Island: Limacodidae. *Forest Research*, 8(2): 188-192. [刘元福, 1995. 海南岛尖峰岭林区昆虫区系——刺蛾科. 林业科学研究, 8(2): 188-192.]

Liu Y-Q, Shen G-P. 1992. Limacodidae. In: Peng J-W and Liu Y-Q. Iconography of Forest Insects in Hunan China. Hunan Science and Technology Press, Changsha. 741-753. [刘友樵, 沈光谱, 1992. 刺蛾科. 见: 彭建文, 刘友樵. 湖南森林昆虫图鉴. 长沙: 湖南科学技术出版社. 741-753.]

Lower C. 1902. Title unknown. *Trans. Proc. R. Soc. Aust.*, 26: 220.

Luh C-J. 1946. A list of recorded species of Cochlidionidae (Lepidoptera) of China. *J. W. China Border Res. Soc.*, 16(B): 68-82.

Matsumura S. 1911. Thousand Insects of Japan. *Tokyo. Suppl.*, 3: 75-80.

Matsumura S. 1925. An enumeration of the butterflies and moths from Saghalien, with descriptions of new species and subspecies. *J. Coll. Agri. Hokkaido Imp. Univ.*, 15: 83-196.

Matsumura S. 1927. New species and subspecies of moths from the Japan Empire. *J. Coll. Agr. Hokkaido Imp. Univ.*, 19: 1-91.

Matsumura S. 1931a. *6000 illustrated Insects of the Japan-Empire*. Tokyo.

Matsumura S. 1931b. Descriptions of some new genera and species from Japan, with a list of species of the family Cochilidionidae. *Ins. Matsum.*, 5: 101-116.

Meissner E. 1907. Title unknown. *Societas Ent.*, 22: 41.

Meyrick E. 1889. Title unknown. *Trans. Ent. Soc. Lond.*: 457.

Miao K-C and Hu C. 1989. Observation on the chromosome numbers of *Setora postornata* and *Thosea sinensis*. *Entomological Knowledge*, 26(6): 340-342.

Minet J. 1986. Ebauche d'une classification modern de l'order des Lepidopteres. *Alexanor*, 14: 291-313.

Minet J. 1991. Tentative reconstruction of the ditrysian phylogeny (Lepidoptera: Glossata). *Ent. Scand.*, 22: 69-95.

Minet J. 1994. The Bombycoidea: phylogeny and higher classification (Lepidoptera: Glossata). *Entomologica Scandinavica (Denmark)*, 25(1): 63-88.

Mohanty P K and Nayak B. 1981. Chromosome studies in two species of *Parasa* (Lepidoptera: Limacodidae). *Journal of Advanced Zoology*, 2(1): 13-15.

Moore F. 1859. Limacodidae. In: Horsfield T and Moore F. *Cat. Lep. Mus. E. I. C.* 2. Allan & Co., London. 414-418.

Moore F. 1865. On the Lepidopterous insects of Bengal. *Proc. Zool. Soc. Lond.*, 33(1): 755-823.

Moore F. 1877. New species of Heterocerous Lepidoptera of the Tribe Bombyces, collected by W. B. Pryer chiefly in the District of Shanghai. *Ann. Mag. Nat. Hist.*, (4)20: 83-94, 348.

Moore F. 1879. *Descriptions of New Indian Lepidopterous Insects from the Collection of the Late Mr. W. S. Atkinson*. Calcutta.

Moore F. 1883. *Lepidoptera of Ceylon. Vol. 2*. Reeve, London.

Moore F. 1888. Descriptions of new genera and species of Lepidoptera Heterocera, collected by Rev. J. H. Hocking, chiefly in the Kangra district, N.W. Himalaya. *Proc. Zool. Soc. Lond.*, 56(1): 390-412.

Murphy S M, Leahy S M, Williams L S and Lill J T. 2009. Stinging spines protect slug caterpillars (Limacodidae) from multiple generalist predators. *Behavioral Ecology*, 21: 153-160.

Nakatomi K. 1987. Limacodidae. In: Sugi S. *Larvae of Larger Moths in Japan*. Kodansha Co. Ltd., Tokyo.

16-19.

Nie F and Li S-Q. 1994. Bionomics distributional pattern in forest and control of *Phocoderma velutina* Kollar. *Guizhou Forestry Science & Technology*, 22(3): 18-20. [聂飞, 李顺琴, 1994. 绒刺蛾种群发生规律林间分布型及防治. 贵州林业科技, 22(3): 18-20.]

Niehuis O, Yen S-H, Naumann C M and Misof B. 2006. Higher phylogeny of zygaenid moths (Insecta: Lepidoptera) inferred from nuclear and mitochondrial sequence data and the evolution of larval cuticular cavities for chemical defense. *Molecular Phylogenetics and Evolution*, 39: 812-829.

Oberthür C. 1880. Faunes Entomologiques. Descriptions d'insectes nouveaux ou peu connus. *Etudes d'Entomologie*, 5: 41-42.

Oberthür C. [1910] 1909. *Etudes de Lepidopterologie compare*. 3. Imprimerie Oberthur, Rennes.

Ohbayashi T and Takeuchi K. 2000. On the larva of *Belippa boninensis* (Matsumura) (Limacodidae). *Japan Heterocerists' Journal*, 208: 141-142.

Okano M and Park S W. 1964. A revision of the Korean species of the family Heterogeneidae (Lepidoptera). *Annual Report of the College of Liberal Art, University of Iwate*, 22: 1-10.

Orhant G E R J. 2000. New species of Limacodidae from Myanmar and Thailand (Lepidoptera, Limacodidae). *Lambillionea*, 100(3) (Tome 2): 471-474.

Owada M and Hara H. 2002. Immature stages of *Pseudopsyche* and *Austrapoda* (Lepidoptera, Limacodidae). *Tinea*, 17(1): 1-9.

Packard A S. 1864. Synopsis of the Bombycidae of United States. *Proc. Ent. Soc. Philad.*, 3: 331-396.

Packard A S. 1893. The life history of certain moths of the family Cochliopodidae with notes on their spines and tubercles. *Proc. Amer. Philos. Soc.*, 31: 83-107.

Pai A-F, He X-Y, Zeng L-Q, Huang Y-P, Cai S-P and Chen W. 2017. Six slug moths (Limacodidae, Lepidoptera) on *Liquidamba formosana* in China. *Fujian Forestry*, (2): 22-26. [潘爱芳, 何学友, 曾丽琼, 黄以平, 蔡守平, 陈伟, 2017. 危害枫香的6种刺蛾(鳞翅目刺蛾科)记述. 福建林业, (2): 22-26.]

Pan Z-H, Zhu C-D and Wu C-S. 2013. A review of the genus *Monema* Walker in China (Lepidoptera, Limacodidae). *ZooKeys*, 306: 23-36.

Pan Z-H and Wu C-S. 2015. New and little known Limacodidae (Lepidoptera) from Xizang, China. *Zootaxa*, 3999(3): 393-400.

Piepers N C and Snellen P C T. 1900. Enumeration des Lepidopteres Heteroceres recueillus a Java. *Tijdschrift voor Entomologie*, 43: 45-108.

Poujade M G A. 1886. New Lepidoptera from Tibet. *Ann. Soc. ent. Fr. Ser. 6, Bull.*, 6: 92.

Qin Z-H, Li C-P and Han Y-M. 1998. Investigation on morphology of pathogenic Eucleidae larva and toxigenic spine. *Chinese Journal of Parasitic Disease Control*, 11(3): 217-219. [秦志辉, 李朝品, 韩玉敏, 1998. 致病性刺蛾幼虫及其毒刺的形态观察. 中国寄生虫病防治杂志, 11(3): 217-219.]

Richards O W and Davies R G. 1957. *A General Textbook of Entomology, including the Anatomy, Physiology, Development and Classification of insects*. London, Methuen and Co., Ltd. 1-698.

Rose H S. 2005. Studies on the male genitalia of family Limacodidae (Lepidoptera) from North-West India. In: Kumar A. *Biodiversity and Conservation*. A.P.H. Publishing Corporation, New Delhi. 261-279.

Saalmuller A. 1884. Cochliopodae. *Lep. Madagaskar*. 200.

Sandhu G S and Sohi A S. 1980. New host records of *Parasa lepida* Cramer (Limacodidae: Lepidoptera). *Science and Culture*, 46(2): 49-50.

Sasaerila Y, Gries G, Gries R and Boo T C. 2000. Specificity of communication channels in four limacodid moths: *Darna bradleyi*, *Darna trima*, *Setothosea asigna*, and *Setora nitens* (Lepidoptera: Limacodidae). *Chemoecology*, 10(4): 193-199.

Sasaerila Y, Gries R, Gries G, Khaskin G and Hardi G. 2000. Sex pheromone components of nettle caterpillar, *Setora nitens*. *Journal of Chemical Ecology*, 26(8): 1983-1990.

Sasaerila Y, Gries R, Gries G, Khaskin G, King S and Boo T C. 2000. Decadienoates: sex pheromone components of nettle caterpillars *Darna trima* and *D. bradleyi*. *Journal of Chemical Ecology*, 26(8): 1969-1981.

Sasaki A. 1998. Revision of the genus *Kitanola* Matsumura (Limacodidae) in Japan, with descriptions of two new species. *Japan Heterocerists' Journal*, 200: 417-423.

Sasaki A, Tanahara I and Tanahara M. 2001. Redescription of *Narosoideus ochridorsalis* Inoue, new status (Limacodidae) and notes on its larva. *Japan Heterocerists' Journal*, 214: 264-266.

Scoble M J. 1992. *The Lepidoptera: Form, Function and Diversity*. Oxford University Press, Oxford. 1-404.

Seitz A. 1913. Limacodidae (Cochliopodidae). *Macrolepid. World*, 2: 339-347.

Shiraki T. 1913. Ippan Gaityu ni kansuru Tyosa. *Taiw. Noji-Shik. Tokub.-Hok.*, 8: 388-406.

Snellen P C T. 1895. Verzeichnis der Lepidoptera Heterocera von Dr. B. Hagen gesammelt in Deli (Ost-Sumatra). *Dt. Ent. Z. Iris*, 8: 121-151.

Snellen P C T. 1900. In: Piepers M C and Snellen P C T. Enumeration des Lepidopteres Heteroceres recueillis a Java. *Tijdschr. Ent.*, 43: 45-108.

Solovyev A V. 2005. Brief review of the genus *Mahanta* Moore, 1879 (Lepidoptera, Limacodidae). *Tinea*, 18(4): 261-269.

Solovyev A V. 2008a. Review of the genus *Phocoderma* Butler, 1886 (Zygaenoidea: Limacodidae). *Nota Lepid.*, 31(1): 53-63.

Solovyev A V. 2008b. The limacodid moths (Lepidoptera: Limacodidae) of Russia. *Eversmannia*, No. 15-16: 17-43 (In Russian).

Solovyev A V. 2009a. Notes on South-East Asian Limacodidae (Lepidoptera, Zygaenoidea) with one new genus and eleven new species. *Tijdschrift voor Entomologie*, 152: 167-183.

Solovyev A V. 2009b. A taxonomic review of the genus *Phrixolepia* (Lepidoptera, Limacodidae). *Entomological Review*, 89(6): 730-744.

Solovyev A V. 2010a. Review of the genus *Flavinarosa* Holloway (Zygaenoidea: Limacodidae) with description of four new species. *Nota Lepid.*, 33(1): 115-126.

Solovyev A V. 2010b. A review of the genus *Aphendala* Walker, 1865 with notes to confusing genera (Lepidoptera, Limacodidae). *Atalanta*, 41(3/4): 349-360.

Solovyev A V. 2010c. New species of the genus *Parasa* (Lepidoptera, Limacodidae) in South-East Asia. *Zoologicheskii Zhurnal*, 89(11): 1354-1360 (In Russian).

Solovyev A V. 2011. New species of the genus *Parasa* (Lepidoptera, Limacodidae) from Southeastern Asia. *Entomological Review*, 91(1): 96-102. (English translation of Solovyev, 2010c).

Solovyev A V. 2014a. A taxonomic and Morphological Review of the genus *Cania* Walker, 1855 (Lepidoptera, Limacodidae). *Entomological Review*, 94(5): 228-241.

Solovyev A V. 2014b. *Parasa* Moore Auct: phylogenetic review of the complex from the Palaearctic and Indomalayan regions (Lepidoptera, Limacodidae). *Proceedings of the Museum Witt Munich*, Vol. 1:

1-240.

Solovyev A V. 2017. Limacodid moths (Lepidoptera, Limacodidae) of Taiwan, with descriptions of six new species. *Entomological Review*, 97(8): 1140-1148.

Solovyev A V. The Limacodidae of Palaearctica. (in press)

Solovyev A V and Saldaitis A. 2013. A new species of *Caissa* Hering, 1931 (Lepidoptera, Limacodidae) from China. *Zootaxa*, 3693(1): 97-100.

Solovyev A V and Saldaitis A. 2014. *Pseudohampsonella*–a new genus of Limacodidae (Lepidoptera: Zygaenoidea) from China, and three new species. *J. Ins. Sci.*, 14(46): 1-14.

Solovyev A V and Witt T J. 2009. The Limacodidae of Vietnam. *Entomofauna*, Suppl. 16: 33-229, 294-321.

Solovyev A V and Witt T J. 2011. Two new species of *Pseudiragoides* Solovyev & Witt, 2009 from China (Lepidoptera: Limacodidae). *Entomologische Zeitschrift Stuttgart*, 121(1): 36-38.

Solovyev A V, Galsworthy A and Kendrick R. 2012. A new species of the genus *Olona* Snellen (Lepidoptera: Limacodidae) with notes on immature stages. *Lepidoptera Science*, 63(2): 70-78.

Staudinger O. 1887. Neue Arten und Varietaten von Lepidopteren aus dem Amur-Gebiet. *Mem. Lep.*, 3: 195-200.

Staudinger O and Rebel H. 1901. Cochlidiidae. *Cat. Lep. Pal. Faun.*,1: 392.

Staudinger O. 1892. Die Macrolepidopteren des Amurgebietes, 1. Theil. Rhopalocera, Sphinges, Bombyces, Noctuae. In: Romanoff N M. Mem. Lepid., 6: 83-658.

Stephens J F. 1850. Limacodidi. *Cat. Br. Lep.*: 57.

Strand E H. 1915. H. Sauter's Formosa-Ausbeute: Limacodidae, Lasiocampidae und Psychidae (Lep.). *Suppl. Ent.*, 4: 4-13.

Strand E H. 1916. H. Sauter's Formosa-Ausbeute. *Arch. F. Naturg.*, 81(3): 141.

Strand E H. 1917-1922. Sauter's Formosa-Ausbeute: Lithosiinae, Nolinae-Noctuidae (p.p.), Ratardidac, Chalcosiinac, sowic Naehtrage zu den Familien Drepanidae, Limacodidae, Gelechiidae, Oecophoridae und Heliodinidae. *Arch. Naturg.*, 82A(3): 89, 112-152.

Strand E H. 1920a. Title unknown. *Int. Ent. Z.*, 14: 174.

Strand E H. 1920b. Sauter's Formosa-Ausbeute: Noctuidae II nebst Nachtragen zu den Familien Arctiidae, Lymantriidae, Notodontidae, Geometridae, Thyrididae, Pyralididae, Tortricidae, Gelechiidae und Oecophoridae. *Arch. Naturg.*, 84A(12): 102-197.

Swinhoe C. 1889 [1890]. On new Indian Lepidoptera, chiefly Heterocera. *Proc. Zool. Soc. Lond.*, 1889(4): 396-432.

Swinhoe C. 1892. *Catalogue of Eastern and Australian Lepidoptera Heterocera in the Collection of the Oxford University Museum. Vol. 1*. Claredon Press, Oxford.

Swinhoe C. 1895. A list of the Lepidoptera of the Khasia Hills. *Trans. Ent. Soc. Lond.*, 1895: 5-7.

Swinhoe C. 1902. New or little known species of Eastern and Australian moths. *Ann. Mag. Nat. Hist.*, (7)10: 47-51.

Swinhoe C. 1904. New species of Eastern, Australian, and African Heterocera in the national collection. *Trans. Ent. Soc. Lond.*, 1904: 139-158.

Swinhoe C. 1906. Eastern and African Heterocera. *Ann. Mag. Nat. Hist.*, (7)17: 540-556.

Tams W H T. 1924. List of the moths collected in Siam by E. J. Godfrey, B.Sc, F.E.S. *J. Nat. Hist. Soc. Siam*, 6: 229-289.

Tillyard R J. 1924. *Origin of the Australian and New Zealand insect faunas*. Government Printer, South Africa.

Togashi I and Ishikawa T. 1994. Parasites reared from cocoons of *Monema flavescens* Walker and *Latoia sinica* (Moore) (Lepidoptera: Limacodidae) In: Ishikawa P. *Transactions of the Shikoku Entomological Society*, 20(3-4): 321-325.

Tshistjakov Yu A. 1995. A review of the Limacodidae (Lepidoptera) of the Russian Far East. *Far Eastern Entomologist*, 7: 1-12.

Turner A J. 1926. *Chalcoscelis* gen. nov. *Proc. Linn. Soc. N.S.W.*, 51: 418, 427.

van Eecke R. 1925. Cochlidionidae (Limacodidae). In: Strand. *Lep. Cat.* W. Junk, Berlin.

van Eecke R. 1929. De Heterocera van Sumatra-VII. *Zool. Meded. Leiden*, 12: 117-175.

van Nieukerken E J, Kaila L, Kitching I J, Kristensen N P, Lees D C, Minet J, Mitter C, Mutanen M, Regier J C, Simonsen T J, Wahlberg N, Yen S-H, Zahiri R, Adamski D, Baixeras J, Bartsch D, Bengtsson B Å, Brown J W, Bucheli S R, Davis D R, de Prins J, de Prins W, Epstein M E, Gentili-Poole P, Gielis C, Hättenschwiler P, Hausmann A, Holloway J D, Kallies A, Karsholt O, Kawahara A Y, Koster S, Kozlov M V, Lafontaine J D, Lamas G, Landry J F, Lee S, Nuss M, Park K T, Penz C, Rota J, Schintlmeister A, Schmidt B C, Sohn J C, Solis M A, Tarmann G M, Warren A D, Weller S, Yakovlev R V, Zolotuhin V V and Zwick A. 2011. Order Lepidoptera Linnaeus, 1758. In: Zhang Z-Q. Animal biodiversity: an outline of higher-level classification and survey of taxonomic richness. *Zootaxa*, 3148: 212-221.

Vari L. 1984. A replacement name for a genus group name in the Limacodidae (Lepidoptera). *Entomologische Berichten*, 44(1): 12.

Walker F. 1862. Catalogue of the Heterocerous Lepidopterous insect collected at Sarawak, in Borneo, by Mr. R. Wallace, with descriptions of new species. *J. Proc. Linn. Soc. (Zool.)*, 6: 82-145, 171-198, 207.

Walker F. 1855-1865. *List of the Specimens of Lepidopterous Insects in the Collection of the British Museum*. Br. Mus, London. 3: 583-775 (1855), 4: 777-976 (1855), 5: 977-1257(1855), 7: 1509-1808 (1856), 15: 1522-1888 (1858), 32: 323-706 (1865), 33: 707-1120 (1865).

Wang D and Li W-C. 2017. A new species of *Pseudohampsonella* (Lepidoptera: Limacodidae) from Tibet of China. *Journal of Asia-Pacific Entomology*, 20: 854-858.

Wang F-W, Niu Y-Z, Zhang H-Y, Gao C-Q, Lian J-L and Chen S-G. 1993. Study on the natural enemy complex of oriental moth. *Forest Research*, 6(4): 466-469.

Wang M and Huang G-H. 2003. A new species of the genus *Mahanta* Moore from China. *Trans. Lepid. Soc. Japan*, 54: 237-239.

Wang M and Kishida Y. 2011. *Moths of Guangdong Nanling National Nature Reserve*. Groecke & Evers, Keltern. [王敏, 岸田泰则, 2011. 广东南岭国家级自然保护区蛾类. Groecke & Evers, Keltern.]

Wei C-G. 1985. A preliminary observation on the bionomics of *Miresina banghaasi*. *Entomological Knowledge*, 22(2): 76-78. [魏成贵, 1985. 迷刺蛾生物学观察. 昆虫知识, 22(2): 76-78.]

Wei Z-M and Wu C-S. 2008. A taxonomic study on the genus *Thosea* Walker from China (Lepidoptera, Limacodidae). *Acta Zootaxonomica Sinica*, 33(2): 385-390. [魏忠民, 武春生, 2008. 中国扁刺蛾属分类研究 (鳞翅目, 刺蛾科). 动物分类学报, 33(2): 385-390.]

West R J. 1932. Further descriptions of new species of Japanese, Formosan and Philippine Heterocera. *Novit. Zool.*, 37: 207-228.

West R J. 1937. Descriptions of new species of Limacodidae. *Annals & Magazine of Natural History Series*,

10(20): 77-87.

Westwood J O. 1841. *The naturalist' s library conducted by Sir William Jardine*. William Jardine, London. 222.

Wileman A E. 1910. Some new Lepidoptera-Heterocera from Formosa. *Entomolgist*, 43: 192-193.

Wileman A E. 1911. New Lepidoptera-Heterocera from Formosa. *Entomologist*, 44: 151-206.

Wileman A E. 1915. New species of Heterocera from Formosa. *Entomolgist*, 48: 18-19.

Wileman A E. 1916. New species of Lepidoptera from Formosa. *Entomolgist*, 49: 98-99.

Witt T. 1985. Bombyces und Sphinges aus Korea, 3. (Lepidoptera: Notodontidae, Thyatiridae, Limacodidae, Sesiidae, Cossidae). *Folia Entomologica Hungarica*, 46(2): 195-210.

Wu C-S. 1999. Insecta: Lepidoptera. In: Zheng L-Y and Gui H. *Insect Classification. Part. 2*. Nanjing Normal University Publishing House, Nanjing. 805-881. [武春生, 1999. 昆虫纲: 鳞翅目. 见: 郑乐怡, 归鸿. 昆虫分类 (下). 南京: 南京师范大学出版社. 805-881.]

Wu C-S. 2004. Lepidoptera: Limacodidae. In: Yang X-K. *Insects from Mt. Shiwandashan Area of Guangxi*. China Forestry Publishing House, Beijing. 441-444. [武春生, 2004. 鳞翅目: 刺蛾科. 见: 杨星科. 广西十万大山地区昆虫. 北京: 中国林业出版社. 441-444.]

Wu C-S. 2005. Lepidoptera: Limacodidae. In: Yang X-K. *Insect Fauna of Middle-West Qinling Range and South Mountains of Gansu Province*. Science Press, Beijing. 558-564. [武春生, 2005. 鳞翅目: 刺蛾科. 见: 杨星科. 秦岭西段及甘南地区昆虫. 北京: 科学出版社. 558-564.]

Wu C-S. 2008. A new species of the genus *Rhamnosa* Fixsen from Henan Province (Lepidoptera: Limacodidae). In: Shen X-C and Lu C-T. *The Fauna and Taxonomy of Insects in Henan, Vol. 6: Insects of Baotianman National Nature Reserve*. China Agricultural Science and Technology Press, Beijing. 7-8. [武春生, 2008. 河南齿刺蛾属一新种(鳞翅目: 刺蛾科). 见: 申效诚, 鲁传涛. 河南昆虫分类区系研究第6卷: 宝天曼自然保护区昆虫. 北京: 中国农业科学技术出版社. 7-8.]

Wu C-S. 2010. Analysis on the host plant diversity of slug caterpillar moths in China. *Forest Pest and Disease*, 29(2): 1-4. [武春生. 2010. 中国刺蛾科(鳞翅目)幼虫的寄主植物多样性分析. 中国森林病虫, 29(2): 1-4.]

Wu C-S. 2011. Six new species and twelve newly recorded species of Limacodidae from China (Lepidoptera, Zygaenoidea). *Acta Zootaxonomica Sinica*, 36(2): 249-256. [武春生, 2011. 中国刺蛾科六新种和十二新纪录种(鳞翅目, 斑蛾总科). 动物分类学报, 36(2): 249-256.]

Wu C-S. 2012. Limacodidae. In: Li H-H. *Microlepidoptera of Qingling Mountains (Insecta: Lepidoptera)*. Science Press, Beijing. 729-795. [武春生, 2012. 刺蛾科. 见: 李后魂, 等, 秦岭小蛾类(昆虫纲: 鳞翅目). 北京: 科学出版社. 729-795.]

Wu C-S. 2020. Four new species of Limacodidae from China (Lepidoptera, Zygaenoidea). *Zoological Systematics*, 45(4): 316-320.

Wu C-S and Fang C-L. 2008a. Discovery of the genus *Birthosea* Holloway from China with descriptions of two new species (Lepidoptera, Limacodidae). *Acta Zootaxonomica Sinica*, 33(3): 502-504. [武春生, 方承莱, 2008a. 环刺蛾属 *Birthosea* Holloway 在中国的首次发现及二新种记述(鳞翅目, 刺蛾科). 动物分类学报, 33(3): 502-504.]

Wu C-S and Fang C-L. 2008b. A review of the genera *Phlossa* Walker and *Iragoides* Hering in China (Lepidoptera: Limacodidae). *Acta Entomologica Sinica*, 51(7): 753-760. [武春生, 方承莱, 2008b. 中国奕刺蛾属 *Phlossa* Walker 与焰刺蛾属 *Iragoides* Hering 分类研究(鳞翅目, 刺蛾科). 昆虫学报, 51(7):

753-760.]

Wu C-S and Fang C-L. 2008c. Discovery of the genus *Kitanola* Matsumura from China, with descriptions of seven new species (Lepidoptera, Limacodidae). *Acta Entomologica Sinica*, 51(8): 861-867. [武春生, 方承莱, 2008c. 铃刺蛾属 *Kitanola* Matsumura 在中国的首次发现及七新种记述(鳞翅目, 刺蛾科). 昆虫学报, 51(8): 861-867.]

Wu C-S and Fang C-L. 2008d. A review of the genus *Caissa* Hering in China (Lepidoptera: Limacodidae). *Zootaxa*, 1830: 63-68.

Wu C-S and Fang C-L. 2008e. A review of the genus *Aphendala* Walker in China (Lepidoptera, Limacodidae). *Acta Zootaxonomica Sinica*, 33(4): 691-695. [武春生, 方承莱, 2008e. 中国润刺蛾属系统分类研究(鳞翅目, 刺蛾科). 动物分类学报, 33(4): 691-695.]

Wu C-S and Fang C-L. 2009a. A taxonomic study of the genus *Hampsonella* Dyar in China (Lepidoptera, Limacodidae). *Acta Zootaxonomica Sinica*, 34(1): 49-50. [武春生, 方承莱, 2009a. 中国汉刺蛾属分类研究(鳞翅目, 刺蛾科). 动物分类学报, 34(1): 49-50.]

Wu C-S and Fang C-L. 2009b. A review of the genus *Squamosa* Bethune-Baker in China (Lepidoptera, Limacodidae). *Acta Zootaxonomica Sinica*, 34(2): 237-240. [武春生, 方承莱, 2009b. 中国鳞刺蛾属订正(鳞翅目, 刺蛾科). 动物分类学报, 34(2): 237-240.]

Wu C-S and Fang C-L. 2009c. A review of the genus *Narosa* Walker in China (Lepidoptera, Limacodidae). *Acta Entomologica Sinica*, 52(5): 561-566. [武春生, 方承莱, 2009c. 中国眉刺蛾属分类研究(鳞翅目, 刺蛾科). 昆虫学报, 52(5): 561-566.]

Wu C-S and Fang C-L. 2009d. A review of the genus *Scopelodes* Westwood in China (Lepidoptera, Limacodidae). *Acta Entomologica Sinica*, 52(6): 684-690. [武春生, 方承莱, 2009d. 中国球须刺蛾属分类研究(鳞翅目, 刺蛾科). 昆虫学报, 52(6): 684-690.]

Wu C-S and Fang C-L. 2009e. Review of *Cania* (Lepidoptera, Limacodidae) from China. *Oriental Insects*, 43: 261-269.

Wu C-S and Fang C-L. 2009f. A review of *Ramnosa* from China (Lepidoptera, Limacodidae). *Oriental Insects*, 43: 253-259.

Wu C-S and Fang C-L. 2009g. New species and new record species of the genus *Parasa* Moore from China (Lepidoptera, Limacodidae). *Acta Zootaxonomica Sinica*, 34(4): 917-921. [武春生, 方承莱, 2009g. 中国绿刺蛾属的新种和新纪录种(鳞翅目, 刺蛾科). 动物分类学报, 34(4): 917-921.]

Wu C-S and Fang C-L. 2010. *Insect Fauna of Henan, Lepidoptera: Limacodidae, Lasiocampidae, Notodontidae, Arctiidae, Lymantriidae and Amatidae*. Science Press, Beijing. [武春生, 方承莱, 2010. 河南昆虫志 鳞翅目: 刺蛾科 枯叶蛾科 舟蛾科 灯蛾科 毒蛾科 鹿蛾科. 北京: 科学出版社.]

Wu C-S and Shen X-C. 2008. Lepidoptera: Limacodidae. In: Shen X-C and Lu C-T. *The Fauna and Taxonomy of Insects in Henan, Vol. 6: Insects of Baotianman National Nature Reserve*. China Agricultural Science and Technology Press, Beijing. 115-122. [武春生, 申效诚, 2008. 鳞翅目: 刺蛾科. 见: 申效诚, 鲁传涛. 河南昆虫分类区系研究第 6 卷: 宝天曼自然保护区昆虫. 北京: 中国农业科学技术出版社. 115-122.]

Wu C-S and Solovyev A V. 2011. A review of the genus *Miresa* Walker in China (Lepidoptera: Limacodidae). *J. Ins. Sci*, 11(34): 1-16.

Wu D-L and Zhao F-X. 1995. Investigation of the influence of tree species upon the diversity of slug caterpillar moths. *Jiangxi Forestry Science & Technology*, 6: 32-34. [吴德龙, 赵凤霞, 1995. 不同树种

和果树对刺蛾种群影响的调查. 江西林业科技, 6: 32-34.]

Wu J-F and Huang Z-H. 1983. A preliminary study of the eucleid *Latoia lepida* (Cramer). *Acta Entomologica Sinica*, 26(1): 36-41. [伍建芬, 黄增和, 1983. 丽绿刺蛾初步研究. 昆虫学报, 26(1): 36-41.]

Wu P-Y and Wei C-G. 1996. A study on *Naryciodes posticalis* Matsumura. *Entomological Knowledge*, 33(1): 30-31. [吴佩玉, 魏成贵, 1996. 槭刺蛾的研究. 昆虫知识, 33(1): 30-31.]

Wu S and Chang W. 2013. Review of the *Parasa undulata* (Cai, 1983) species group with the first conifer-feeding larva for Limacodidae and descriptions of two new species from China and Taiwan (Lepidoptera, Limacodidae). *ZooKeys*, 345: 29-46.

Wu Z-C and Zhong J-M. 1991. Larval descriptions of 13 species in Limacodidae. *Plant Protection*, 17(3): 37-38. [吴振才, 钟觉民, 1991. 13 种刺蛾幼虫外部形态记述. 植物保护, 17(3): 37-38.]

Xiao G-R. 1992. *Forest Insects of China*. 2nd edition. China Forestry Publishing House, Beijing. 1-1362. [萧刚柔, 1992. 中国森林昆虫. 第 2 版. 北京: 中国林业出版社. 1-1362.]

Yan Z, Chen D, Sun T and Zhang H. 1985. Preliminary study of the nuclear polyhedrosis virus of *Parasa consocia* (Lep.: Cochlidii). *Natural Enemies of Insects*, 7(2): 113-116.

Yang J-K and Lee F-S. 1977. *Atlas of Moths Collected by Light Traps from North China*. Huabei Agricult. Univ. Press, Beijing. [杨集昆, 李法圣, 1977. 华北灯下蛾类图志(上). 北京: 华北农业大学出版社.]

Yang J-K and Jiang J. 1992. *Phlossa jianningana* sp. nov. injuring Chinese Fir Recorded. *Jour. Fujian Coll. For.*, 12(1): 26-28. [杨集昆, 蒋捷, 1992. 建宁杉奕刺蛾新种记述. 福建林学院学报, 12(1): 26-28.]

Yang Z-H. 1986. A preliminary study on the life cycle and habits of *Latoia oryzae* Cai. *Entomological Knowledge*, 23(2): 56-57.

Yoshimoto H. 1993a. Description of a Taiwanese *Phrixolepia* (Lepidoptera, Limacodidae). *Tyo To Ga*, 44(1): 23-24.

Yoshimoto H. 1993b. Limacodidae. In: Haruta. Moths of Nepal, part 2. *Tinea*, 13(Suppl. 3): 31-35.

Yoshimoto H. 1994. Limacodidae. In: Haruta. Moths of Nepal, part 3. *Tinea*, 14(Suppl. 1): 85-89.

Yoshimoto H. 1995. Description of a new species of the genus *Mahanta* Moore (Lepidoptera, Limacodidae) from Taiwan. *Tinea*, 14(2): 120-122.

Yoshimoto H. 1997. *Darna pallivitta* (Moore) from Okinawa I., a limacodid moth new to Japan. *Japan Heterocerists' Journal*, 192: 273-274.

Yoshimoto H. 1998. Limacodidae. In: Haruta. Moths of Nepal, part 4. *Tinea*, 15 (Suppl. 1): 43.

Zagulyaev A K, Kuznetsov V I, Stekolonikov A A, Sukhareva I L and Falkovich M I. 1978. A guide to the insects of the European part of the USSR. Volume 4. Lepidoptera. Part 1. *Opredeliteli po Faune SSSR*, 117: 5-686.

Zhang H and Li C-P. 1995. Elementary observation about the appearance and pathogenicity of 4 species of Eucleidae larvae in Huainan district. *Journal of Qijihar Medicine College*, 16(4): 247-248. [张浩, 李朝品, 1995. 淮南地区 4 种刺蛾幼虫形态及其致病性的初步研究. 齐齐哈尔医学院学报, 16(4): 247-248.]

Zhang F-W, Li G-L and Sun S-M. 1981. Observations on life history of *Iragoides conjuncta* (Walker) (Lepidoptera: Limacodidae). *Entomological Knowledge*, 18(3): 113-114. [张凤舞, 李桂良, 孙淑梅, 1981. 枣刺蛾生活习性的观察. 昆虫知识, 18(3): 113-114.]

Zhang S-M and Hu M-C. 1986. Notes on the biology of Limacodidae (Lepidoptera). *Acta Agriculturae Universitis Jiangxiensis*, 3: 58-72. [章士美, 胡梅操, 1986. 刺蛾科的生物学特性(鳞翅目). 江西农业

大学学报, 3: 58-72.]

Zhao B-G and Chen J-J. 1992. Genetic variations among five common species of Limacodidae in Nanjing area. *Acta Entomologica Sinica*, 35(3): 312-316. [赵博光, 陈军杰, 1992. 南京地区五种常见刺蛾的遗传变异. 昆虫学报, 35(3): 312-316.]

Zhao S-W. 2014. Morphology and biology of *Phrixolepia sericea* Butler. *Liaoning Agricultural Sciences*, 1: 72-73. [赵世文, 2014. 茶锈刺蛾形态特征及生物学特性观察. 辽宁农业科学, 1: 72-73.]

Zheng H-J, Zhu L-J, Li X-J and Teng Z-E. 2001. An example of the eyes injured by the hair of slug caterpillar. *Journal of Ocular Trauma and Occupational Eye Disease*, 23(2): 198. [郑慧娟, 朱连娟, 厉宣骏, 滕兆娥, 2001. 刺蛾幼虫毛致异物伤一例. 眼外伤职业眼病杂志, 23(2): 198.]

Zolotuhin V V and Solovyev A V. 2008. *Bombyx flavomarginata* Poujade, 1886, a limacodid species misplaced in the Lasiocampidae (Lepidoptera: Limacodidae). *Tinea*, 20(2): 98-101.

Zou J-M, He M-Y and Zhou P-C. 2010. The genus *Bornethosea* Holloway (Lepidoptera: Limacodidae) from China with the descriptions of a new species. *Journal of Hunan Agricultural University* (*Natural Sciences*), 36(2): 185-187. [邹剑明, 何明远, 周芃成, 2010. 中国刺蛾科(Limacodidae)一新记录属及一新种. 湖南农业大学学报(自然科学版), 36(2): 185-187.]

英 文 摘 要

Abstract

The slug caterpillar moths (family Limacodidae) belong to the superfamily Zygaenoidea. This present work deals with the fauna of slug caterpillar moths in China. It comprises two parts, the General Account and Systematic Account.

I. General Account

1. Historical notes of Limacodidae

2. Position of Limacodidae in Zygaenoidea (including a key to the families of Zygaenoidea)

3. Morphology (adult, egg, larva and pupa)

4. The economic importance of Limacodidae

5. Biological characteristics

6. Geographical distribution

II. Systematic Account

In the present monograph 264 species in total of the slug caterpillar moths of China are described, which are grouped into 72 genera. Besides the adult morphological descriptions of every species, the morphological descriptions of larvae and pupae are included as possible as known. The keys to the genera of Limacodidae, and to the species of each genus are provided. The geographical distribution, and if available, the biology, food plants and habits have been listed in the text. The original description and if have had, the synonyms and the nominal transitions of each taxon have been cited. The male and female genitalia of most species have been illustrated. The colour photos of most adults and some larvae and cocoons are given in the colour plates.

The specimens included in this volume are mostly in the collections of the Institute of Zoology, Chinese Academy of Sciences, Beijing, and part from other scientific institutions of China.

Key to the families of Zygaenoidea

1. Hindwing with Sc + R_1 fused to Rs beyond middle of cell ··························2

   Hindwing with Sc + R_1 free from Rs or fused to Rs at base of cell ··················4

2. Frenulum and chaetosemata absent (Africa) ··························**Chrysopolomidae**

   Frenulum and chaetosemata present ·····································3

3. Forewing with R_5 free ··**Zygaenidae**

Forewing with R_5 and R_4 stalked (America and Africa) ·· **Megalopygidae**

4. Forewing with areole absent ··· 5

Forewing with areole present ··· 6

5. Forewing with R_3, R_4 and R_5 stalked; male and female pterygote ························· **Limacodidae**

Forewing with R_3 free; male pterygote, female apterous ····························· **Heterogynidae**

6. Antennae thickened and born a pectin in scape; wings much narrower; early larvae parasite Homoptera ··

·· **Cyclotornidae**

Antennae not born a pectin in scape; wings wide ·· 7

7. Forewing with R unstalked; larvae parasite Homoptera ······························· **Epipyropidae**

Forewing with R stalked in various combinations (Neotropical region) ···················· **Dalceridae**

Key to genera of Limacodidae

1. Labial palpus very long, more than 3 times of eye's diameter ··· 2

Labial palpus short or moderate, less than 3 times of eye's diameter ································· 5

2. Labial palpus with a tuft of hair in 2nd or 3rd segments ·· 3

Labial palpus without a tuft of hair in apical part ··· 4

3. Labial palpus with a tuft of hair in end of 3rd segment ································· **Scopelodes**

Labial palpus with a tuft of hair in 2nd segment ·· **Phocoderma**

4. Labial palpus with 2nd segment longer than 3rd segment ································ **Monema**

Labial palpus with 2nd segment shorter than 3rd segment ····························· **Hyphorma**

5. Antenna longer than forewing-length in male, as long as forewing in female ·········· **Limacocera**

Antenna shorter than forewing-length ··· 6

6. Antenna bipectinate at base or all length in male ··· 7

Antenna unipectinate, serrated, ciliated or filiform in male ·· 43

7. Antenna ♂ bipectinated to over 3/4 length ··· 8

Antenna ♂ bipectinated less than 3/4 length ··· 25

8. Forewing with a dent of scales at inner margin ······································· **Rhamnosa**

Forewing without a dent of scales at inner margin ··· 9

9. Posterior tibia with 1 pair of spurs ·· 10

Posterior tibia with 2 pairs of spurs ··· 13

10. Labial palpus upcurved, 2nd segment with long scales ······························· **Tetraphleba**

Labial palpus porrect, 2nd segment with appressed scales ·· 11

11. Forewing with R_2 free ··· **Narosoideus**

Forewing with R_2 stalked or connate with stem of R_{3-5} ··································· 12

12 Forewing with R_2 and stem of R_{3-5} connate or stalked shortly ····················· **Angelus**

Forewing with R_2 and stem of R_{3-5} stalked long ··································· **Neothosea**

13. Forewing with R_5 stalked with R_{3+4} ·· 14

Forewing with R_5 not stalked with R_{3+4} ·· 20

33. Forewing with M_2 from midway of cell; hindwing with lower angle strongly projecting ············ **Magos**

　　Forewing with M_2 from near lower angle of cell ·· 34

34. Forewing with M_2 and M_3 close at lower angle of cell ·· **Chibiraga**

　　Forewing with M_2 and M_3 not so close at lower angle of cell ······························· 35

35. Wing green or with green patch··· **Parasa**

　　Wing not green ··· **Shangrilla**

36. Male antenna pectinated to apical 2/3 ·· 37

　　Male antenna pectinated to 1/2 length ··· 38

37. Forewing with R_5 and stem of $R_3 + R_4$ stalked··· **Cania**

　　Forewing with R_5 and stem of $R_3 + R_4$ not stalked ·· **Birthama**

38. Hindwing with M_1 and Rs stalked or connate·· 39

　　Hindwing with M_1 and Rs separate ·· 42

39. Forewing with R_5 and stem of R_{3-5} separate ·· 40

　　Forewing with R_2 and stem of R_{3-5} stalked or connate ······································· 41

40. Labial palpus moderate; forewing with R_1 straight ·· **Praesetora**

　　Labial palpus very short; forewing with R_1 curved slightly································ **Spatulifimbria**

41. Forewing with R_2 arises far basad to R_5 ···································· **Setora**

　　Forewing with R_5 arises far basad to R_2 ····································· **Birthamoides**

42. Forewing with R_2 and stem of R_{3-5} stalked or connate ····································· **Altha**

　　Forewing with R_2 and stem of R_{3-5} separate ·· **Demonarosa**

43. Male antenna unipectinated to end ·· 44

　　Male antenna serrated or filiform ··· 49

44. Posterior tibia with 1 pair of spurs··· **Mahanta**

　　Posterior tibia with 2 pairs of spurs ··· 45

45. Thorax without erect hair-tufts in dorsum ··· 46

　　Thorax with erect hair-tufts in dorsum ·· 48

46. Corpus bursae with a crescent signum ·· **Phlossa**

　　Corpus bursae with 2 signa ·· 47

47. Sacculus without process ·· **Iragoides**

　　Sacculus ending in a process ··· **Pseudiragoides**

48. Tibiae and tarsi without long hair; both wings with black spot at apex ··· **Belippa**

　　Tibiae and tarsi with long hairs; both wings without dark spot at apex ························· **Althonarosa**

49. Male antenna serrated ··· 50

　　Male antenna filiform ··· 51

50. Male antenna serrate-ciliated··· **Iraga**

　　Male antenna serrated ·· **Phrixolepia**

51. Forewing with R_5 and R_{3+4} stalked··· 52

　　Forewing with R_5 and R_{3+4} separate or connate ··· 61

71. Forewing with a dark median fascia; gnathos present in male genitalia ································ *Caissa*

    Forewing with a lot of white spots; gnathos absent in male genitalia ···························· *Pseudocaissa*

1. *Cheromettia* Moore, [1883]

Key to species

Male forewing mostly black in outer margin; female forewing with apical spot large ········· *Ch. alaceria*

Male forewing mostly yellowish brown in outer margin; female forewing with apical spot small ··········

·· *Ch. apicta*

2. *Belippa* Walker, 1865

Key to species

Based on external characters

1. Forewing with white patch between M_1 and R_5 in outer margin ·································· *B. horrida*

    Forewing without pale patch in outer margin ··· 2

2. Wings blackish brown ·· *B. thoracica*

    Wings yellowish brown ··· *B. ochreata*

Based on male genitalia

1. Aedeagus roughly as long as valva-length, with a short lateral process at base ················· *B. horrida*

    Aedeagus longer than valva-length, without a lateral process at base ························· 2

2. Aedeagus about 2 times of valva-length, uncus strongly sclerotized ··························· *B. thoracica*

    Aedeagus less than 1.5 times of valva-length, uncus slightly sclerotized ······················ *B. ochreata*

3. *Narosa* Walker, 1855

Key to species

1. Hindwing with M_1 and Rs separate ·· *N. nitobei*

    Hindwing with M_1 and Rs connate or stalked ··· 2

2. Wings yellow ·· 3

    Wings white to yellowish brown ··· 8

3. Forewing with a white apical spot ··· 4

    Forewing without a white apical spot ·· 5

4. Forewing with streak at base ·· *N. pseudopropolia*

    Forewing without streak at base ··· *N. propolia*

5. Wing expanse 13-17mm; forewing without a dark large spot beyond cell ······················ *N. ochracea*

    Wing expanse 18-22mm; forewing with a dark large spot beyond cell ······················· 6

6. Juxta with 2 pairs of processes apically ·· *N. fulgens*

Juxta with a pair of processes apically ···7

7.   Process of sacculus longer ·· *N. corusca corusca*

Process of sacculus shorter ·· *N. corusca amamiana*

8.   Forewing ochreous, hindwing greyish yellow ·· *N. edoensis*

Forewing white···9

9.   Aedeagus shorter than valva-length, juxta forked apically·································· *N. sp.*

Aedeagus longer than valva-length, juxta not forked apically ························· *N. nigrisigna*

4. *Atosia* Snellen, 1900

A. himalayana: Wing expanse 18-22mm. It is externally similar to *A. doenia* Moore but the white zone within the forewing hook is slightly larger. The aedeagus lacks dorsal lobes and terminates in a single or slightly double acute spine without any scobination (Henan, Gansu, Hubei, Hunan, Hainan, Guangxi, Sichuan, Yunnan; India, Nepal, Myanmar, Vietnam).

5. *Flavinarosa* Holloway, 1986

Key to species

Based on male genitalia

1.   Lateral parts of juxta pointed apically; vesica basally with single tuft of large cornuti and separate spines ·· *F. acantha*

Lateral lobes of juxta of different shapes but not narrowed distally ··································2

2.   Lateral parts of juxta prominent, wide and triangular; the width of juxta greater than its height············· ·· *F. obscura*

Lateral parts of juxta not prominent; the width of juxta is less than its height ···············3

3.   Lateral lobes of juxta with apical spur, vesica with 2 large apical cornuti······················ *F. luna*

Lateral lobes of juxta without any spur on inner margin ·· *F. ptaha*

6. *Althonarosa* Kawada, 1930

A. horisyaensis: Wing expanse 24mm in male, 31mm in female. The aedeagus has 2 slender spines at apex (Jiangxi, Hubei, Guangxi, Hainan, Chongqing, Yunnan, Gansu, Taiwan; Nepal, Indonesia, Malaysia).

7. *Limacocera* Hering, 1931

L. hel: Wing expanse 13mm. Forewing lustrous white in basal half, brown in apical half, border-line between them somewhat crenulate. There is a whitish postmedian line in the apical half. Hindwing light grey (Guangdong, Hainan; Vietnam).

8. *Demonarosa* Matsumura, 1931

　　D. rufotessellata: Wing expanse 22-27mm. Forewing brownish red, with yellowish fasciae more or less broken up into spots. Hindwing orange red to reddish brown (Beijing, Zhejiang, Anhui, Fujian, Jiangxi, Shandong, Henan, Hunan, Guangdong, Guangxi, Hainan, Chongqing, Sichuan, Yunnan, Taiwan; Japan, India, Myanmar).

9. *Narosoideus* Matsumura, 1911

Key to species

1. Wing expanse usually 35-40mm; forewing mostly brownish red, with a silvery band inside of outer fascia
  ⋯⋯⋯⋯⋯⋯⋯⋯⋯⋯⋯⋯⋯⋯⋯⋯⋯⋯⋯⋯⋯⋯⋯⋯⋯⋯⋯⋯⋯⋯⋯⋯⋯⋯⋯⋯⋯⋯ *N. vulpinus*
  Wing expanse less than 35mm; forewing ochreous ⋯⋯⋯⋯⋯⋯⋯⋯⋯⋯⋯⋯⋯⋯⋯⋯⋯⋯⋯ 2
2. Forewing ochreous in large or all part, outer fascia not lined silvery inside ⋯⋯⋯⋯⋯⋯⋯ *N. fuscicostalis*
  Forewing mixed with brown, reddish brown and blackish brown, outer fascia lined silvery inside ⋯⋯⋯⋯
  ⋯⋯⋯⋯⋯⋯⋯⋯⋯⋯⋯⋯⋯⋯⋯⋯⋯⋯⋯⋯⋯⋯⋯⋯⋯⋯⋯⋯⋯⋯⋯⋯⋯⋯⋯⋯ *N. flavidorsalis*

10. *Cania* Walker, 1855

Key to species

1. Sexes dimorphous, male forewing without 2 fasciae in middle ⋯⋯⋯⋯⋯⋯⋯⋯⋯⋯⋯⋯⋯⋯⋯ 2
  Sexes not dimorphous, male forewing with 2 fasciae in middle ⋯⋯⋯⋯⋯⋯⋯⋯⋯⋯⋯⋯⋯⋯ 3
2. Male forewing blackish brown except basal 1/5 milky white ⋯⋯⋯⋯⋯⋯⋯⋯⋯ *C. bandura acutivalva*
  Male forewing pale brown entirely ⋯⋯⋯⋯⋯⋯⋯⋯⋯⋯⋯⋯⋯⋯⋯⋯⋯⋯⋯⋯⋯ *C. siamensis*
3. Ductus bursae not or partly sclerotized, not spiral ⋯⋯⋯⋯⋯⋯⋯⋯⋯⋯⋯⋯⋯⋯⋯⋯⋯⋯⋯ 4
  Ductus bursae sclerotized, spiral ⋯⋯⋯⋯⋯⋯⋯⋯⋯⋯⋯⋯⋯⋯⋯⋯⋯⋯⋯⋯⋯⋯⋯⋯⋯⋯ 7
4. Ductus bursae not sclerotized, widening spherically in middle ⋯⋯⋯⋯⋯⋯⋯⋯⋯⋯⋯⋯⋯⋯ 5
  Ductus bursae mostly sclerotized, widening somewhat in middle ⋯⋯⋯⋯⋯⋯⋯⋯⋯⋯⋯⋯⋯ 6
5. Ductus bursae narrow; lower lobe of valva short, gnathos forked apically ⋯⋯⋯⋯⋯⋯⋯⋯ *C. javana*
  Ductus bursae wide; lower lobe of valva long, gnathos not forked apically ⋯⋯⋯⋯⋯⋯ *C. pseudorobusta*
6. Ductus bursae wide; flap posterior to ostium and signum small ⋯⋯⋯⋯⋯⋯⋯⋯⋯⋯ *C. xizangensis*
  Ductus bursae narrow and long; flap posterior to ostium and signum large ⋯⋯⋯⋯⋯⋯ *C. pseudobilinea*
7. Lower lobe of valva short; gnathos forked apically; ductus bursae formed 2.5 circles ⋯⋯⋯⋯ *C. polyhelixa*
  Lower lobe of valva long; gnathos not forked apically ⋯⋯⋯⋯⋯⋯⋯⋯⋯⋯⋯⋯⋯⋯⋯⋯⋯ 8
8. Ductus bursae formed 3 circles (Taiwan Island) ⋯⋯⋯⋯⋯⋯⋯⋯⋯⋯⋯⋯⋯⋯⋯⋯⋯⋯ *C. heppneri*
  Ductus bursae formed 1.5 circle (Chinese Mainland) ⋯⋯⋯⋯⋯⋯⋯⋯⋯⋯⋯⋯⋯⋯⋯⋯ *C. robusta*

11. *Rhamnosa* Fixsen, 1887

Key to species

1. Body and wings pale reddish brown ⋯⋯⋯⋯⋯⋯⋯⋯⋯⋯⋯⋯⋯⋯⋯⋯⋯ *Rh. kwangtungensis*
   Body and wings grayish brown-yellow to grayish brown ⋯⋯⋯⋯⋯⋯⋯⋯⋯⋯⋯⋯⋯⋯ 2
2. Forewing with 1 fascia ⋯⋯⋯⋯⋯⋯⋯⋯⋯⋯⋯⋯⋯⋯⋯⋯⋯⋯⋯⋯⋯⋯⋯⋯⋯⋯⋯ 3
   Forewing with 2 fasciae ⋯⋯⋯⋯⋯⋯⋯⋯⋯⋯⋯⋯⋯⋯⋯⋯⋯⋯⋯⋯⋯⋯⋯⋯⋯⋯⋯ 5
3. Forewing with outer fascia composed of real line ⋯⋯⋯⋯⋯⋯⋯⋯⋯⋯⋯⋯⋯ *Rh. arizanella*
   Forewing with outer fascia composed of brown dots ⋯⋯⋯⋯⋯⋯⋯⋯⋯⋯⋯⋯⋯⋯⋯ 4
4. Apex of transtilla with long spines; lateral process of juxta narrow and long, without small spine ⋯⋯⋯⋯
   ⋯⋯⋯⋯⋯⋯⋯⋯⋯⋯⋯⋯⋯⋯⋯⋯⋯⋯⋯⋯⋯⋯⋯⋯⋯⋯⋯⋯⋯⋯⋯ *Rh. uniformis*
   Apex of transtilla without long spine; lateral process of juxta large, with small spines ⋯ *Rh. uniformoides*
5. Forewing with 2 fasciae almost parallel from inner margin to costal margin ⋯⋯⋯⋯⋯ *Rh. dentifera*
   Forewing with 2 fasciae approaching from inner margin to costal margin ⋯⋯⋯⋯⋯⋯⋯⋯ 6
6. Body larger; forewing with 2 fasciae separate at costal margin ⋯⋯⋯⋯⋯⋯⋯⋯ *Rh. convergens*
   Body smaller; forewing with 2 fasciae touching at costal margin ⋯⋯⋯⋯⋯⋯⋯⋯ *Rh. henanensis*

12. *Altha* Walker, 1862

Key to species

Forewing with bluish brown spot ⋯⋯⋯⋯⋯⋯⋯⋯⋯⋯⋯⋯⋯⋯⋯⋯⋯⋯⋯⋯ *A. melanopsis*
Forewing with reddish brown spot ⋯⋯⋯⋯⋯⋯⋯⋯⋯⋯⋯⋯⋯⋯⋯⋯⋯⋯⋯⋯ *A. adala*

13. *Miresa* Walker, 1855

Key to species

1. Forewing with a trigonal silvery spot at inside of post-median fascia ⋯⋯⋯⋯⋯⋯⋯⋯⋯⋯⋯ 2
   Forewing without a trigonal silvery spot at inside of post-median fascia ⋯⋯⋯⋯⋯⋯⋯⋯⋯ 5
2. Forewing with a trigonal silvery spot in cell ⋯⋯⋯⋯⋯⋯⋯⋯⋯⋯⋯⋯⋯⋯⋯⋯⋯⋯⋯ 3
   Forewing without a trigonal silvery spot in cell ⋯⋯⋯⋯⋯⋯⋯⋯⋯⋯⋯⋯⋯⋯⋯⋯⋯ 4
3. Forewing with a smaller medial silver spot with width about 1/5 of forewing width divided proximally ⋯
   ⋯⋯⋯⋯⋯⋯⋯⋯⋯⋯⋯⋯⋯⋯⋯⋯⋯⋯⋯⋯⋯⋯⋯⋯⋯⋯⋯⋯⋯⋯⋯⋯ *M. fulgida*
   Forewing with a larger medial silver spot with width about 1/3 of forewing width not divided proximally
   ⋯⋯⋯⋯⋯⋯⋯⋯⋯⋯⋯⋯⋯⋯⋯⋯⋯⋯⋯⋯⋯⋯⋯⋯⋯⋯⋯⋯⋯⋯⋯ *M. demangei*
4. Forewing with a waved post-median fascia, terminal fascia entire ⋯⋯⋯⋯⋯⋯⋯⋯ *M. bracteata*
   Forewing with an arched post-median fascia, terminal fascia incomplete ⋯⋯⋯⋯⋯⋯⋯ *M. burmensis*
5. Forewing with silvery line indistinctive, partly visible ⋯⋯⋯⋯⋯⋯⋯⋯⋯⋯ *M. kwangtungensis*
   Forewing with silvery line distinctive ⋯⋯⋯⋯⋯⋯⋯⋯⋯⋯⋯⋯⋯⋯⋯⋯⋯⋯⋯⋯⋯ 6

6. Forewing with post-median fascia close to apex at costal margin, almost straight ·················· ***M. urga***

　　Forewing with post-median fascia far from apex at costal margin, curved ································· 7

7. Forewing with silvery veins before entire post-median fascia ································ ***M. polargenta***

　　Forewing with veins not silvery before broken post-median fascia ······································· 8

8. Wing dark; gnathos with pointed apex ·· ***M. fangae***

　　Wing pale; gnathos with forked apex ··· ***M. dicrognatha***

14. *Birthama* Walker, 1862

B. rubicunda: Wing expanse 28mm in male, 36mm in female. Forewing red, veins darker; oblique medial bar broad, diffuse, indistinct. Hindwing slightly paler. In female, forewing veins not darkened as in male, medial bar prominent though still diffuse. Aedeagus has 2 hook-like spines at apex (Hainan; Singapore, Malaysia, Indonesia).

15. *Iraga* Matsumura, 1927

I. rugosa: Wing expanse 30mm. Forewing dark violet grey, with 3 rusty brown spots. Hindwing blackish (Zhejiang, Jiangxi, Fujian, Henan, Hubei, Hunan, Guangdong, Hainan, Chongqing, Sichuan, Guizhou, Yunnan, Shaanxi, Gansu, Taiwan).

16. *Chalcocelis* Hampson, [1893]

Key to species

Based on male genitalia

Birdhead part of valva narrow and long ·· ***Ch. dydima***

Birdhead part of valva more massive ·· ***Ch. albor***

17. *Chalcoscelides* Hering, 1931

Ch. castaneipars: Forewing yellowish white, base with a large jujube red spot (Henan, Shaanxi, Hubei, Jiangxi, Hunan, Taiwan, Guangdong, Guangxi, Sichuan, Yunnan, Xizang; India, Nepal, Myanmar, Indonesia).

18. *Neiraga* Matsumura, 1931

N. baibarana: Male wing expanse 18mm. Forewing dark brown, a broad area below cell and a broad stripe before margin brownish ochreous, mixed with some dark scales. Hindwing pale black (Taiwan).

19. *Mahanta* Moore, 1879

Key to species

1. Tegula with narrow white stripe ···2
   Tegula with broad white spot···4
2. White stripe of tegula thicker; juxta rectangle-shaped with minute spines ·····················*M. fraterna*
   White stripe of tegula thin; juxta of another shape ·······································3
3. Juxta with two broad, long processes ···*M. kawadai*
   Juxta with two ventral finger-shaped processes of different sizes,near middle ················*M. tanyae*
4. Juxta with very narrow and long "S"-shaped process···*M. yoshimotoi*
   Juxta with broad and long straight process ···5
5. Juxta with long broad process, widened distally···*M. zolotuhini*
   Juxta with a large long acute process···*M. svetlanae*

20. *Scopelodes* Westwood, 1841

Key to species

1. Hindwing with veins obvious in apical half···2
   Hindwing with veins not or slightly obvious··3
2. Labial palpus with apical hair-tuft white or pale brown ·······························*S. kwangtungensis*
   Labial palpus with apical hair-tuft white at base, black at apex ·······················*S. venosa*
3. Forewing with a longitudinal band in cell ···4
   Forewing without obvious longitudinal greyish yellow or blackish brown band in cell ·············6
4. Longitudinal band in cell grayish yellow···*S. sericea*
   Longitudinal band in cell blackish brown ···5
5. Black markings continuous in dorsal segments of abdomen·····························*S. contracta*
   Black markings small and free in each dorsal segment of abdomen ·····················*S. ursina*
6. Labial palpus with apical hair-tuft dark orange red ·······································*S. unicolor*
   Labial palpus with apical hair-tuft black at apex ···7
7. Forewing with an indistinct longitudinal band in cell; abdomen with a row of black dots in each side ·····
   ···*S. bicolor*
   Forewing without an indistinct longitudinal band in cell; abdomen without a row of black dots in each
   side ···*S. testacea*

21. *Chibiraga* Matsumura, 1931

Key to species

Based on male genitalia

1. Uncus with double lobes, extending into two branches in distal end; base of dorsal valvae with a finger-shaped process ·· *C. banghaasi*
   Uncus mushroom-shaped; base of dorsal valvae without finger-shaped process ·························· 2
2. Ventral part of the valvae lacks a concave notch on the tip ······································· *C. houshuaii*
   Ventral part of the valvae with a concave notch on the tip ··· *C. yukei*

22. *Hyphorma* Walker, 1865

Key to species

1. Forewing with outer fascia indistinct ··· *H. flaviceps*
   Forewing with outer fascia obvious ··· 2
2. Forewing with a terminal fascia close to outer margin, not curved inward ····················· *H. sericea*
   Forewing with a terminal fascia far from outer margin, curved inward at near costal margin ····· *H. minax*

23. *Microleon* Butler, 1885

M. longipalpis: Wing expanse 14-16mm in male, 20-23mm in female. Forewing yellowish brown at base, apex and center of inner margin, otherwise shaded with violet-grey. Hindwing grey (Shandong, Anhui, Zhejiang, Jiangxi, Hunan, Taiwan; Russia, Korea, Japan).

24. *Phrixolepia* Butler, 1877

Key to species

1. Forewing with a large falcate greyish white spot from 2/3 costal margin to apex ··························· 2
   Forewing without falcate greyish white spot··· 3
2. Gnathos with large apical bundle of hairs; median process of basal valva finger-shaped, setaceous ········
   ·· *Ph. nigra*
   Gnathos without apical bundle of hairs; median process of basal valva absent ····················· *Ph. luoi*
3. Median process of basal valva absent; saccular processes short ································· *Ph. sericea*
   Median process of basal valva developed ··· 4
4. Length of saccular process of valva markedly exceeding half length of valva············· *Ph. zhejiangensis*
   Length of saccular process of valva less than half of valva ··· 5
5. Median process of basal valva trapeziform, markedly narrowed apically ····················· *Ph. majuscula*
   Median process of basal valva evenly narrowed in distal half··· 6

6. Saccular processes of valva nearly straight·· ***Ph. pudovkini***

　　Saccular processes of valva distinctly curved downwards ································· ***Ph. inouei***

25. *Monema* Walker, 1855

Key to species

1. Wings mostly pale black, brown or pale reddish ···2

　　Wings mostly yellow or yellowish brown ···3

2. Wings mostly pale reddish·· ***M. coralina***

　　Wings mostly brown to pale black··················· ***M. flavescens flavescens*** (black form)

3. Frons red ·· ***M. flavescens rubriceps***

　　Frons yellow ··4

4. Saccus short and wide, aedeagus S-shaped······································· ***M. meyi***

　　Saccus long, aedeagus straight ··5

5. Gnathos narrow and long; juxta long, ending in a tuft of long spines each side ··········· ***M. tanaognatha***

　　Gnathos short; juxta short, ending in 1-3 long spines each side ················· ***M. flavescens flavescens***

26. *Tetraphleba* Strand, 1920

T. brevilinea: Wing expanse 30-40mm. Forewing dark reddish brown, coarsely dusted with purple, with a dark curved line from 1/4 of inner margin to end of cell. Hindwing pale yellowish brown (Xizang; India, Nepal).

27. *Parasa* Moore, [1860]

Key to species

1. Forewing dark brown, with green markings ···2

　　Forewing green, with brown to black markings ···13

2. Forewing transparent in middle ···3

　　Forewing not transparent in middle ···4

3. Hindwing not transparent in middle··································· ***P. melli***

　　Hindwing transparent in middle ································· ***P. hyalodesa***

4. Forewing with a green longitudinal band·····························5

　　Forewing with a green transversal band ·······························10

5. Forewing blackish brown, green longitudinal band crescent ································· ***P. darma***

　　Forewing yellowish brown, green longitudinal band elongate ································6

6. Forewing green patch wide, covering more than half of wing-length ·····························7

　　Forewing green patch narrow, covering less than half of wing-length; a pale ochreous stripe arising

Terminal fascia purple brown, lined silvery white inside; basal spot small relatively, not extended to inner margin of forewing ················ 25

25. Forewing with basal spot knife-like ·············· *P. repanda*

Forewing with basal spot else shape, nicked at vein Sc ·············· 26

26. Hindwing dark reddish brown·············· *P. pseudorepanda*

Hindwing pale yellow, with a dark terminal fascia·············· *P. kalawensis*

27. Forewing with basal spot large, about 1/4 portion of wing-size·············· 28

Forewing with basal spot small ·············· 30

28. Forewing without a silvery dot at tornus ·············· *P. punica*

Forewing with a silvery dot at tornus ·············· 29

29. Hindwing dark brown ·············· *P. xueshana*

Hindwing greenish yellow ·············· *P. xizangensis*

30. Forewing with basal spot not expanded to costal margin; apical costa with dentation·············· *P. prasina*

Forewing with basal spot expanded to costal margin; apical costa without dentation ·············· 31

31. Juxta densely with short spines in male genitalia·············· *P. ostia*

Juxta densely without short spine in male genitalia ·············· 32

32. Aedeagus widening, funnelform at apical part·············· *P. pseudostia*

Aedeagus pointed apically ·············· *P. shaanxiensis*

33. Forewing with a silvery oblique band from near apex to middle of vein Cu_2 ·············· 34

Forewing without above silvery oblique band ·············· 35

34. Silvery band narrow, not fused with silvery dot of inner margin on forewing ·············· *P. mutifascia*

Silvery band wide, more or less fused with silvery dot of inner margin on forewing ·············· *P. argentifascia*

35. Forewing with terminal fascia wide ·············· 36

Forewing with terminal fascia very narrow or line-shaped ·············· 37

36. Terminal fascia lined silvery inside on forewing ·············· *P. argentilinea*

Terminal fascia not lined silvery inside on forewing·············· *P. solovyevi*

37. Terminal fascia embed silvery dot at middle on forewing·············· 38

Terminal fascia not embed silvery dot at middle on forewing ·············· 39

38. Forewing with a large trigonal spot at outer margin between veins Cu_1-R_5 ·············· *P. zhudiana*

Forewing with a small spot at end of vein M_3 ·············· *P. liangdiana*

39. Forewing with a large trigonal spot at outer margin between veins Cu_1-M_2·············· *P. albipuncta*

Forewing with a small spot at end of vein M_3 ·············· 40

40. Hindwing dark brown ·············· *P. parapuncta*

Hindwing grayish white·············· 41

41. Juxta with lateral process thick; valva narrow and long ·············· *P. zhenxiongica*

Juxta with lateral process thin and long; valva short·············· *P. eupuncta*

42. Forewing with terminal fascia·············· 43

Forewing without terminal fascia ·············· 45

43. Wing expanse about 14mm; terminal fascia composed of a real line ·········· *P. dulcis*

Wing expanse 30-34mm; terminal fascia composed of series dots ·········· 44

44. Juxta with apical process oblong, only apical 1/4 length forked ·········· *P. mina*

Juxta with apical process short, total of length forked ·········· *P. flavabdomena*

45. Process of cucullus with dentation at inside ·········· 46

Process of cucullus without dentation at inside ·········· 48

46. Process of cucullus with 2 dents at inside ·········· *P. hainana*

Process of cucullus with 1 dent at inside ·········· 47

47. Juxta with apical process as long as 4/5 times of valva-length ·········· *P. jiana*

Juxta with apical process as long as 1/2 times of valva-length ·········· *P. bicolor*

48. Juxta with apical process long, more than 1/2 valva-length, separate at base ·········· *P. oryzae*

Juxta with apical process short, less than 1/2 valva-length, fused at basal 1/2-3/4 ·········· 49

49. Juxta with apical process fused at basal 1/2 ·········· *P. yana*

Juxta with apical process fused at basal 3/4 ·········· *P. feina*

28. *Limacolasia* Hering, 1931

L. dubiosa: Wing expanse 20-30mm. Abdomen with brownish violet hairs at end. Forewing reddish brown, veins darker. A indistinct transverse band across the cell end to the tornus (Zhejiang, Hunan, Fujian, Guangdong, Guangxi, Yunnan and Guizhou).

29. *Ceratonema* Hampson, [1893]

Key to species

1. Forewing black in basal half, brown in apical half ·········· 2

Forewing ochreous to yellowish white ·········· 3

2. Forewing with basal spot divided into 2 parts ·········· *C. imitatrix*

Forewing with basal spot not divided ·········· *C. nigribasale*

3. Forewing with 3 fasciae ·········· 4

Forewing with 2 fasciae ·········· 5

4. Hindwing with a ochreous streak near to tornus ·········· *C. retractatum*

Hindwing without ochreous streak near to tornus ·········· *C. christophi*

5. Forewing with outer fascia to vein M_2 ·········· *C. wilemani*

Forewing with outer fascia to inner margin ·········· *C. bilineatum*

30. *Magos* Fletcher, 1982

M. xanthopus: Wing hyaline, only costa and marginal fringes black, inner margin black.

Legs with pale sulphur yellow hair. Anal tuft ochreous (Sichuan).

31. *Caissa* Hering, 1931

Key to species

1. Forewing with a pale fascia embedded in medial band ···2
    Forewing without a pale fascia in medial band ···3
2. Medial band almost equal in width in forewing, outside of medial band with 2 black spot near inner
    margin of forewing ···*C. gambita*
    Medial band wider at costal margin than at inner margin in forewing, outside of medial band with black
    fine line at less···*C. longisaccula*
3. Forewing with same colour in middle and apical portion ·······································*C. staurognatha*
    Forewing with paler colour in apical portion ···4
4. Forewing with medial band embedded a black dot in cell ·································*C. parenti*
    Forewing with medial band embedded a white dot in cell ··5
5. Apical forewing pale; gnathos with a forked apex in male genitalia ·······························*C. caii*
    Apical forewing dark; gnathos absent in male genitalia ··*C. kangdinga*

32. *Epsteinius* Lin, Braby *et* Hsu, 2020

Key to species

Basal process of valva slightly longer than distal process of juxta·····························*E. translucidus*
Basal process of valva 3 times as long as distal process of juxta···*E. luoi*

33. *Trichogyia* Hampson, 1894

Key to species

1. Forewing with discal spot indistinct··*T. brunnescens*
    Forewing with discal spot present ···2
2. Forewing with a black discal spot ···*T. sp.*
    Forewing with a large grayish green spot beyond discal vein ······································*T. circulifera*

34. *Birthamoides* Hering, 1931

B. junctura: Wing expanse 40-51mm. Forewing blackish red at base, with 3 indistinct
fasciae (Yunnan; India, Myanmar, Cambodia, Borneo).

35. *Pseudidonauton* Hering, 1931

P. chihpyh: Wing expanse 14-16mm. Forewing brown with a small apical spot and larger basal zone of dark reddish brown (Jiangxi, Taiwan, Yunnan).

36. *Squamosa* Bethune-Baker, 1908

Key to species

1. Forewing with discal spot indistinct; branch of uncus long ·· *S. chalcites*

   Forewing with discal spot obvious; branch of uncus short ·· 2

2. Forewing with a black dot at middle of 1A vague or absent; juxta only with a single lateral process ·······
   ·· *S. monosa*

   Forewing with a black dot at middle of 1A obvious; juxta only with a pair of lateral processes ············ 3

3. Left process of juxta long ·· *S. brevisunca*

   Left process of juxta short ··· *S. yunnanensis*

37. *Austrapoda* Inoue, 1982

Key to species

Forewing with a white dot at centre of base ·· *A. seres*

Forewing without a white dot at centre of base ··· *A. beijingensis*

38. *Phlossa* Walker, 1858

Key to species

Forewing with 2 connected rhombus large spots near termen ······································· *Ph. conjuncta*

Forewing without large spot near termen ·· *Ph. thaumasta*

39. *Iragoides* Hering, 1931

Key to species

1. Forewing without an oblique fascia ·· *I. elongata*

   Forewing with an oblique fascia from near apex to middle of inner margin ······························ 2

2. Tibia of foreleg with silvery white spot present ·· *I. crispa*

   Tibia of foreleg with silvery white spot absent ·· 3

3. Forewing yellowish brown with subterminal line obvious ··· *I. lineofusca*

   Forewing reddish brown with subterminal line indistinct ·· *I. uniformis*

40. *Susica* Walker, 1855

Key to species

1. Forewing with fascia indistinct ⋯⋯⋯⋯⋯⋯⋯⋯⋯⋯⋯⋯⋯⋯⋯⋯⋯⋯ *S. himalayana*
   Forewing with fascia obvious ⋯⋯⋯⋯⋯⋯⋯⋯⋯⋯⋯⋯⋯⋯⋯⋯⋯⋯⋯⋯⋯2
2. Forewing with subterminal fascia complete, not curved inward ⋯⋯⋯⋯⋯⋯⋯ *S. hyphorma*
   Forewing with subterminal fascia curved in ward between veins R_3 and R_4, usually disappearing after M_3
   ⋯⋯⋯⋯⋯⋯⋯⋯⋯⋯⋯⋯⋯⋯⋯⋯⋯⋯⋯⋯⋯⋯⋯⋯⋯⋯⋯⋯⋯⋯⋯⋯⋯⋯⋯⋯3
3. Wing expanse 29-34mm; ends of uncus pointed and separate⋯⋯⋯⋯⋯⋯⋯*S. sinensis sinensis*
   Wing expanse 30-40mm; ends of uncus obtuse and close each other ⋯⋯⋯⋯⋯ *S. sinensis formosana*

41. *Thosea* Walker, 1855

Key to species

1. Forewing with basal area obliquely defined paler than apical area ⋯⋯⋯⋯⋯⋯⋯⋯⋯⋯2
   Forewing with basal area obliquely defined not paler than apical area⋯⋯⋯⋯⋯⋯⋯⋯⋯4
2. Forewing with a dark trigonal patch above center of inner margin ⋯⋯⋯⋯⋯⋯ *Th. plethoneura*
   Forewing without above dark patch ⋯⋯⋯⋯⋯⋯⋯⋯⋯⋯⋯⋯⋯⋯⋯⋯⋯⋯⋯3
3. Forewing with broad pale band at inside of oblique line ⋯⋯⋯⋯⋯⋯⋯⋯⋯⋯ *Th. vetusinua*
   Forewing without broad pale band at inside of oblique line ⋯⋯⋯⋯⋯⋯⋯⋯⋯*Th. bicolor*
4. Wings gray to grayish brown, forewing with discal spot usually obvious, if it indistinct, forewing very
   pale⋯⋯⋯⋯⋯⋯⋯⋯⋯⋯⋯⋯⋯⋯⋯⋯⋯⋯⋯⋯⋯⋯⋯⋯⋯⋯⋯⋯⋯⋯⋯⋯⋯5
   Wings brown to blackish brown, forewing with discal spot indistinct ⋯⋯⋯⋯⋯⋯⋯⋯8
5. Valva almost oblong, apically protruding in dorsal and ventral margins⋯⋯⋯⋯⋯⋯⋯⋯6
   Valva apically tapering to a pointed or rounded apex⋯⋯⋯⋯⋯⋯⋯⋯⋯⋯⋯⋯⋯7
6. Valva with apical process in dorsal margin longer than that in ventral margin⋯⋯⋯⋯⋯*Th. siamica*
   Valva with apical process in dorsal margin shorter than that in ventral margin ⋯⋯⋯⋯⋯ *Th. sinensis*
7. Valva with apex pointed⋯⋯⋯⋯⋯⋯⋯⋯⋯⋯⋯⋯⋯⋯⋯⋯⋯⋯⋯⋯ *Th. cheesmanae*
   Valva with apex rounded ⋯⋯⋯⋯⋯⋯⋯⋯⋯⋯⋯⋯⋯⋯⋯⋯⋯⋯⋯⋯⋯ *Th. magna*
8. Forewing with oblique fascia indistinct, not lined with pale at inside⋯⋯⋯⋯⋯⋯⋯⋯⋯9
   Forewing with oblique fascia obvious, lined with pale at inside ⋯⋯⋯⋯⋯⋯⋯⋯⋯ 10
9. Forewing with median area paler than other part, discal spot obvious relatively ⋯⋯⋯⋯⋯*Th. vetusta*
   Forewing with median area not paler than other part, discal spot indistinct ⋯⋯⋯⋯⋯⋯ *Th. styx*
10. Forewing with ground colour pale, both dark and pale oblique fasciae broad ⋯⋯⋯⋯⋯*Th. sythoffi*
    Forewing with ground colour dark relatively, both dark and pale oblique fasciae thin ⋯⋯⋯⋯⋯11
11. Forewing brownish grey; male genitalia with gnathos absent ⋯⋯⋯⋯⋯⋯⋯⋯⋯ *Th. rara*
    Forewing dark brown; male genitalia with gnathos present⋯⋯⋯⋯⋯⋯⋯⋯⋯*Th. obliquistriga*

42. *Matsumurides* Hering, 1931

Key to species

Pale basal spot of forewing indistinct; forked portion of aedeagus smaller, with about 8 larger cornute ···· ·· *M. bisuroides*

Pale basal spot of forewing distinct; forked portion of aedeagus larger, more than 10 smaller cornute ····· ··· *M. lola*

43. *Hindothosea* Holloway, 1987

H. cervina: Wing expanse 28-36mm. It resembles members of the genus *Thosea* in facies but forewing has postmedian fascia less oblique, edged paler on exterior rather than on interior (Yunnan; Sri Lank, India, Bangladesh, Myanmar).

44. *Aphendala* Walker, 1865

Key to species

1. Forewing without an oblique fascia to middle of inner margin ······································· 2
   Forewing with an oblique fascia to middle of inner margin ··· 6
2. Forewing with subterminal fascia thick and obvious, from apical 2/3 of costal margin to tornus ·········· 3
   Forewing with subterminal fascia thin and indistinct, from costal margin near apex to tornus ··········· 4
3. Forewing with discal spot indistinct; aedeagus with single spine at apex················ *A. monogramma*
   Forewing with discal spot obvious; aedeagus with forked spines at apex ···················· *A. furcillata*
4. Forewing without a black dot in cell ·· *A. castanea*
   Forewing with a black dot in cell ·· 5
5. Forewing without inner line ·· *A. conspersa*
   Forewing with inner line ·· *A. notoseusa*
6. Forewing with the oblique fascia at basal 1/3·· 7
   Forewing with the oblique fascia at basal 2/3 ··· 10
7. Forewing smoky gray, the oblique fascia lined with pale colour at outside ······················· 8
   Forewing dark brown, the oblique fascia not lined with pale colour at outside ····················· 9
8. Oblique fascia lined with narrow pale colour ··· *A. cana*
   Oblique fascia lined with wider pale colour··· *A. mina*
9. Forewing with discal spot obvious ·· *A. pseudocana*
   Forewing with discal spot indistinct··· *A. aperiens*
10. Wing expanse less than 25mm ··· *A. rufa*
    Wing expanse more than 35mm ·· 11
11. Forewing dark reddish brown, discal spot indistinct·· *A. grandis*

Forewing yellowish brown tinted reddish brown, discal spot obvious ·······················*A*. sp.

45. *Griseothosea* Holloway, 1986

Key to species

1. Discal spot on forewing obscure ···2
    Discal spot on forewing obvious ···3
2. Wing bluish gray; juxta with spine-tuft at apex ······················· *G. cruda*
    Wing grayish brown; juxta without spine-tuft at apex ·················· *G. mixta*
3. Discal spot on brown forewing and silvery spot on fore tibia big··············· *G. jianningana*
    Discal spot on pale greyish yellow brown forewing and silvery spot on fore tibia small········ *G. fasciata*

46. *Neothosea* Okano *et* Pak, 1964

Key to species

Forewing with pale lines wider; juxta with lateral process geniculate at base················ *N. trigramma*
Forewing with pale lines thin; juxta with lateral process straight at base ····················· *N. suigensis*

47. *Setora* Walker, 1855

Key to species

1. Forewing with a copper-colored band at outside of outer fascia ························2
    Forewing with a copper-colored or dark patch at tornus ····························3
2. Forewing with the copper-colored band almost equal in width, subapex with a gray spot ·······*S. fletcheri*
    Forewing with the copper-colored band widest in inner margin, subapex without a gray spot ··············
    ··· *S. baibarana*
3. Body black ··· *S. sinensis* (black form)
    Body brown to dark brown ··4
4. Triangular spot at tornus brown and indistinct··································*S. sinensis sinensis*
    Triangular spot at tornus black and obvious·································· *S. sinensis hampsoni*

48. *Praesetora* Hering, 1931

Key to species

1. Body and wing reddish brown; basal process of valva with quite long spines at apex ········· *P. divergens*
    Body and wing yellowish brown; basal process of valva with very short spines at apex ····················2
2. Forewing with 2 fasciae close at costal margin, lined white outside··············· *P. albitermina*
    Forewing with 2 fasciae far away at costal margin, not lined white outside··············· *P. kwangtungensis*

49. *Macroplectra* Hampson, [1893]

Key to species

1. Forewing with an oblique fascia ··· *M. gigantea*
   Forewing without an oblique fascia ··· 2
2. Forewing with outer line indistinct ··· *M. hamata*
   Forewing with outer line distinct ··· *M. divisa*

50. *Oxyplax* Hampson, [1893]

Key to species

Based on male genitalia

1. Gnathos with apex widely rounded ··· 2
   Gnathos with apex pointed ··· 3
2. Valva without process at basal dorsal margin ··· *O. pallivitta*
   Valva with process at basal dorsal margin ··· *O. furva*
3. Gnathos with apical part narrow and long ··· *O. yunnanensis*
   Gnathos with apical 3/4 arrow-headed ··· *O. ochracea*

51. *Paroxyplax* Cai, 1984

Key to species

Forewing grayish red-brown to dark brown, oblique fascia thick, far away outer margin ···················
··· *P. menghaiensis*
Forewing dark grayish brown tinted pale purple, oblique fascia thin, close to outer margin ······· *P. lineata*

52. *Heterogenea* Knoch, 1783

H. oblique: Wing expanse 30mm. Forewing dark yellowish brown, scattered with brown scales; a straight dark brown line from apex to near base of inner margin; a more narrow dark brown subterminal line present. Hindwing dark grey with silky gloss (Hubei; Vietnam).

53. *Kitanola* Matsumura, 1925

Key to species

Based on male genitalia

1. Basal process of costa present ··· 2
   Basal process of costa absent ··· 3

2. Basal process of costa not forked apically; aedeagus with a ring of spines at end···················· ***K. spina***

    Basal process of costa forked apically; aedeagus with a row of minute spines ···················***K. spinula***

3. Valva with base wider than apical part···4

    Valva with base almost as wide as apical part ···5

4. Sacculus with a broad process bearing spines ·· ***K. linea***

    Sacculus with a narrow and long process not bearing spines ·································· ***K. uncula***

5. Process of sacculus present, long ···***K. albigrisea***

    Process of sacculus absent or vague··6

6. Gnathos long and narrow, aedeagus more than 2 time of valva-length····························· ***K. caii***

    Gnathos short and wide ···7

7. Saccus long; aedeagus forked apically···***K. brachygnatha***

    Saccus vague; aedeagus not forked apically ···***K. eurygnatha***

54. *Spatulifimbria* Hampson, [1893]

S. castaneiceps opprimata: Male forewing with dark subterminal line parallel to termen, ending at inner margin before tornus. Hindwing black. Female forewing reddish ochreous, subterminal line same as male; hindwing blackish grey (Jiangxi, Fujian, Taiwan, Guangdong, Guangxi).

55. *Phocoderma* Butler, 1886

Key to species

1. Labial palpus with 3rd segment short; aedeagus with a long lateral process and 1 small dent at base·······

    ·· ***Ph. velutina***

    Labial palpus with 3rd segment long; aedeagus with 1 short lateral processes or 2 small lobes at base····2

2. Aedeagus with a stout lateral process at base ···***Ph. witti***

    Aedeagus with 2 small lateral processes at base··***Ph. betis***

56. *Natada* Walker, 1855

N. arizana: Wing expanse 33-36mm. Body dark brown (Taiwan).

57. *Darna* Walker, 1862

D. furva: Wing expanse 18-22mm. Forewing pale greyish brown, with 5 black transversal stripes (Zhejiang, Jiangxi, Hunan, Fujian, Taiwan, Guangdong, Hainan, Guangxi, Guizhou, Yunnan; Nepal, Thailand).

58. *Hampsonella* Dyar, 1898

Key to species

Based on male genitalia

Juxta without process laterally ·· *H. dentata*

Juxta with process laterally ·· *H. albidula*

59. *Nagodopsis* Matsumura, 1931

N. shirakiana: Wing expanse 17-27mm. Male smaller in size, blackish brown. Hindwing trigonal, transparent except black margins. Female larger, ochreous yellow (Yunnan, Taiwan).

60. *Dactylorhynchides* Strand, 1920

D. limacodiformis: Wing expanse 20mm. Forewing with basal half lightly brownish red and distal half brown, both separated by a silvery white line (Zhejiang, Guangdong, Taiwan).

61. *Naryciodes* Matsumura, 1931

N. posticalis: Wing expanse 21-24mm. Forewing grayish brown with a large trigonal patch (Liaoning; Japan).

62. *Angelus* Hering, 1933

A. obscura: Wing expanse 24-26mm. Forewing silky ochreous yellow; discal spot dark; a brown oblique fascia concave inwardly (Sichuan, Yunnan).

63. *Pseudaltha* Hering, 1931

P. sapa: Wing expanse 26-28mm. Forewing white with light yellowish brown fasciae and blackish brown streaks (Yunnan; Vietnam, Thailand).

64. *Prapata* Holloway, 1990

Key to species

Wing expanse more than 30mm; uncus forked apically ······································ *P. scotopepla*

Wing expanse less than 27mm; uncus not forked apically ······························· *P. bisinuosa*

65. *Shangrilla* Zolotuhin *et* Solovyev, 2008

Sh. flavomarginata: Wing expanse 27mm in males and 30-33mm in females. Forewing pale yellow and hindwing light brown, both wings with dark brown scales except for yellow apical and outer marginal areas. Female genitalia: posterior apophysis two times as long as anterior apophysis and almost as long as length of papillae anales; vaginal plates absent, antrum and ductus without visible sclerotization; ductus slender, long, spiral-shaped; bursa rounded, with paired signa (Sichuan).

66. *Euphlyctinides* Hering, 1931

E. aeneola: Wing expanse 20-22mm. Forewing with very dark costal area, the strongly interrupted antemedial fascia with dark costal, medial and lower marginal spots. The male genitalia have an apically divided juxta (Yunnan; Thailand).

67. *Pseudiragoides* Solovyev *et* Witt, 2009

Key to species

Based on male genitalia

1. Aedeagus with a pair of symmetrical apical processes ·· *P. florianii*
   Aedeagus with a pair of asymmetrical apical processes ··· 2
2. The longer apical process of aedeagus curved backwards ·· *P. itsova*
   The longer apical process of aedeagus extended forward ··· *P. spadix*

68. *Striogyia* Holloway, 1986

Key to species

Apex of juxta wide and truncated; apical portion not curved ·· *S. obatera*
Apex of juxta pointed; apical portion curved ·· *S. acuta*

69. Genus undetermined

Gen. et sp. undetermined: Wing expanse 23mm. Forewing pale yellowish brown, irregularly scattered with some dark brown spots. Hindwing dark brown (Yunnan, Shaanxi).

Remarks: This species will be named as *Arabessina picta* gen. *et* sp. in Soloveyev's book "The Limacodidae of Palaearctica (in press)."

70. *Olona* Snellen, 1900

O. zolotuhini: The adult of the species cannot be distinguished externally from the congeners. The male and female genitalia however clearly distinguish it. The male genitalia are characterized by long saccular processes, which occupy approximately 2/3-3/5 of the length of the sacculus. The valva has a highly diagnostic medial semicircular process; such processes are not found in the related species. The aedeagus in this species is much narrower, and has an apical plate, rather than a hook-like projection, as in its congeners. In the female genitalia the corpus bursae contains a signum, which is absent in other members of *Olona* (Hong Kong; Vietnam).

71. *Pseudohampsonella* Solovyev *et* Saldaitis, 2014

Key to species

Based on external characters

1. Forewing with antemedial fascia not well expressed ··2
   Forewing with antemedial fascia well expressed, silver scales absent ································3
2. Base of forewing pale, presence of silver scales·· *P. argenta*
   Base of forewing dark, absence of silver scales ·· *P. bayizhena*
3. Forewing with a wide antemedial fascia·· *P. lii*
   Forewing with a narrow antemedial fascia ··4
4. Postmedial fascia with rounded whitish spots ·· *P. erlanga*
   Postmedial fascia without rounded whitish spots·· *P. hoenei*

Based on male genitalia

1. Process of valva originated from middle of outer margin ··2
   Process of valva originated from outside of costal margin··3
2. Uncus curved to outside ·· *P. lii*
   Uncus curved to inside ·· *P. argenta*
3. Length of the lobes of uncus longer than valva, base of valva ovoid································ *P. erlanga*
   Length of the lobes of uncus less or as long as valva, base of valva square-shaped································3
4. Lobes of the uncus longer, base of valva with a right tornal corner ································ *P. hoenei*
   Lobes of the uncus shorter, base of valva with an acute tornal corner ································ *P. bayizhena*

72. *Pseudocaissa* Solovyev *et* Witt, 2009

P. marvelosa: Wing expanse 30-31mm. Forewing black densely with milky white spots. In male genitalia, the elongate valva with a large saccular process is diagnostic (Xizang; Nepal).

中 名 索 引

（按汉语拼音排序）

学 名 索 引

《中国动物志》已出版书目

《中国动物志》

昆虫纲 第二十卷 膜翅目 准蜂科 蜜蜂科 吴燕如 2000, 442 页, 218 图, 9 图版。

昆虫纲 第二十一卷 鞘翅目 天牛科 花天牛亚科 蒋书楠、陈力 2001, 296 页, 17 图, 18 图版。

昆虫纲 第二十二卷 同翅目 蚧总科 粉蚧科 绒蚧科 蜡蚧科 链蚧科 盘蚧科 壶蚧科 仁蚧科 王子清 2001, 611 页, 188 图。

昆虫纲 第二十三卷 双翅目 寄蝇科(一) 赵建铭、梁恩义、史永善、周士秀 2001, 305 页, 183 图, 11 图版。

昆虫纲 第二十四卷 半翅目 毛唇花蝽科 细角花蝽科 花蝽科 卜文俊、郑乐怡 2001, 267 页, 362 图。

昆虫纲 第二十五卷 鳞翅目 凤蝶科 凤蝶亚科 锯凤蝶亚科 绢蝶亚科 武春生 2001, 367 页, 163 图, 8 图版。

昆虫纲 第二十六卷 双翅目 蝇科(二) 棘蝇亚科(一) 马忠余、薛万琦、冯炎 2002, 421 页, 614 图。

昆虫纲 第二十七卷 鳞翅目 卷蛾科 刘友樵、李广武 2002, 601 页, 16 图, 136+2 图版。

昆虫纲 第二十八卷 同翅目 角蝉总科 犁胸蝉科 角蝉科 袁锋、周尧 2002, 590 页, 295 图, 4 图版。

昆虫纲 第二十九卷 膜翅目 螯蜂科 何俊华、许再福 2002, 464 页, 397 图。

昆虫纲 第三十卷 鳞翅目 毒蛾科 赵仲苓 2003, 484 页, 270 图, 10 图版。

昆虫纲 第三十一卷 鳞翅目 舟蛾科 武春生、方承莱 2003, 952 页, 530 图, 8 图版。

昆虫纲 第三十二卷 直翅目 蝗总科 槌角蝗科 剑角蝗科 印象初、夏凯龄 2003, 280 页, 144 图。

昆虫纲 第三十三卷 半翅目 盲蝽科 盲蝽亚科 郑乐怡、吕楠、刘国卿、许兵红 2004, 797 页, 228 图, 8 图版。

昆虫纲 第三十四卷 双翅目 舞虻总科 舞虻科 螳舞虻亚科 驼舞虻亚科 杨定、杨集昆 2004, 334 页, 474 图, 1 图版。

昆虫纲 第三十五卷 革翅目 陈一心、马文珍 2004, 420 页, 199 图, 8 图版。

昆虫纲 第三十六卷 鳞翅目 波纹蛾科 赵仲苓 2004, 291 页, 153 图, 5 图版。

昆虫纲 第三十七卷 膜翅目 茧蜂科(二) 陈学新、何俊华、马云 2004, 581 页, 1183 图, 103 图版。

昆虫纲 第三十八卷 鳞翅目 蝙蝠蛾科 蛱蛾科 朱弘复、王林瑶、韩红香 2004, 291 页, 179 图, 8 图版。

昆虫纲 第三十九卷 脉翅目 草蛉科 杨星科、杨集昆、李文柱 2005, 398 页, 240 图, 4 图版。

昆虫纲 第四十卷 鞘翅目 肖叶甲科 肖叶甲亚科 谭娟杰、王书永、周红章 2005, 415 页, 95 图, 8 图版。

昆虫纲 第四十一卷 同翅目 斑蚜科 乔格侠、张广学、钟铁森 2005, 476 页, 226 图, 8 图版。

昆虫纲 第四十二卷 膜翅目 金小蜂科 黄大卫、肖晖 2005, 388 页, 432 图, 5 图版。

昆虫纲 第四十三卷 直翅目 蝗总科 斑腿蝗科 李鸿昌、夏凯龄 2006, 736 页, 325 图。

昆虫纲 第四十四卷 膜翅目 切叶蜂科 吴燕如 2006, 474 页, 180 图, 4 图版。

昆虫纲 第七十二卷 半翅目 叶蝉科（四） 李子忠、李玉建、邢济春 2020，547 页，303 图，14 图版。

昆虫纲 第七十三卷 半翅目 盲蝽科 (三) 单室盲蝽亚科 细爪盲蝽亚科 齿爪盲蝽亚科 树盲蝽亚科 撒盲蝽亚科 刘国卿、穆怡然、许静杨、刘琳 2022，606 页，217 图，17 图版。

昆虫纲 第七十四卷 膜翅目 赤眼蜂科 林乃铨、胡红英、田洪霞、林硕 2022，602 页，195 图。

昆虫纲 第七十五卷 鞘翅目 阎甲总科 扁圆甲科 长阎甲科 阎甲科 周红章、罗天宏、张叶军 2022，702 页，252 图，3 图版。

昆虫纲 第七十六卷 鳞翅目 刺蛾科 武春生、方承莱 2023，508 页，317 图，12 图版。

无脊椎动物 第一卷 甲壳纲 淡水枝角类 蒋燮治、堵南山 1979，297 页，192 图。

无脊椎动物 第二卷 甲壳纲 淡水桡足类 沈嘉瑞等 1979，450 页，255 图。

无脊椎动物 第三卷 吸虫纲 复殖目(一) 陈心陶等 1985，697 页，469 图，10 图版。

无脊椎动物 第四卷 头足纲 董正之 1988，201 页，124 图，4 图版。

无脊椎动物 第五卷 蛭纲 杨潼 1996，259 页，141 图。

无脊椎动物 第六卷 海参纲 廖玉麟 1997，334 页，170 图，2 图版。

无脊椎动物 第七卷 腹足纲 中腹足目 宝贝总科 马绣同 1997，283 页，96 图，12 图版。

无脊椎动物 第八卷 蛛形纲 蜘蛛目 蟹蛛科 逍遥蛛科 宋大祥、朱明生 1997，259 页，154 图。

无脊椎动物 第九卷 多毛纲(一) 叶须虫目 吴宝铃、吴启泉、丘建文、陆华 1997，323 页，180 图。

无脊椎动物 第十卷 蛛形纲 蜘蛛目 园蛛科 尹长民等 1997，460 页，292 图。

无脊椎动物 第十一卷 腹足纲 后鳃亚纲 头楯目 林光宇 1997，246 页，35 图，24 图版。

无脊椎动物 第十二卷 双壳纲 贻贝目 王祯瑞 1997，268 页，126 图，4 图版。

无脊椎动物 第十三卷 蛛形纲 蜘蛛目 球蛛科 朱明生 1998，436 页，233 图，1 图版。

无脊椎动物 第十四卷 肉足虫纲 等辐骨虫目 泡沫虫目 谭智源 1998，315 页，273 图，25 图版。

无脊椎动物 第十五卷 粘孢子纲 陈启鎏、马成伦 1998，805 页，30 图，180 图版。

无脊椎动物 第十六卷 珊瑚虫纲 海葵目 角海葵目 群体海葵目 裴祖南 1998，286 页，149 图，20 图版。

无脊椎动物 第十七卷 甲壳动物亚门 十足目 束腹蟹科 溪蟹科 戴爱云 1999，501 页，238 图，31 图版。

无脊椎动物 第十八卷 原尾纲 尹文英 1999，510 页，275 图，8 图版。

无脊椎动物 第十九卷 腹足纲 柄眼目 烟管螺科 陈德牛、张国庆 1999，210 页，128 图，5 图版。

无脊椎动物 第二十卷 双壳纲 原鳃亚纲 异韧带亚纲 徐凤山 1999，244 页，156 图。

无脊椎动物 第二十一卷 甲壳动物亚门 糠虾目 刘瑞玉、王绍武 2000，326 页，110 图。

无脊椎动物 第二十二卷 单殖吸虫纲 吴宝华、郎所、王伟俊等 2000，756 页，598 图，2 图版。

无脊椎动物 第二十三卷 珊瑚虫纲 石珊瑚目 造礁石珊瑚 邹仁林 2001，289 页，9 图，55 图版。

无脊椎动物 第二十四卷 双壳纲 帘蛤科 庄启谦 2001，278 页，145 图。

无脊椎动物 第二十五卷 线虫纲 杆形目 圆线亚目(一) 吴淑卿等 2001，489 页，201 图。

无脊椎动物　第五十一卷　线虫纲　杆形目　圆线亚目(二)　张路平、孔繁瑶　2014，316 页，97 图，19 图版。

无脊椎动物　第五十二卷　扁形动物门　吸虫纲　复殖目（三）　邱兆祉等　2018，746 页，401 图。

无脊椎动物　第五十三卷　蛛形纲　蜘蛛目　跳蛛科　彭贤锦　2020，612 页，392 图。

无脊椎动物　第五十四卷　环节动物门　多毛纲(三)　缨鳃虫目　孙瑞平、杨德渐　2014，493 页，239 图，2 图版。

无脊椎动物　第五十五卷　软体动物门　腹足纲　芋螺科　李凤兰、林民玉　2016，288 页，168 图，4 图版。

无脊椎动物　第五十六卷　软体动物门　腹足纲　凤螺总科、玉螺总科　张素萍　2016，318 页，138 图，10 图版。

无脊椎动物　第五十七卷　软体动物门　双壳纲　樱蛤科　双带蛤科　徐凤山、张均龙　2017，236 页，50 图，15 图版。

无脊椎动物　第五十八卷　软体动物门　腹足纲　艾纳螺总科　吴岷　2018，300 页，63 图，6 图版。

无脊椎动物　第五十九卷　蛛形纲　蜘蛛目　漏斗蛛科　暗蛛科　朱明生、王新平、张志升　2017，727 页，384 图，5 图版。

无脊椎动物　第六十二卷　软体动物门　腹足纲　骨螺科　张素萍　2022，428 页，250 图。

《中国经济动物志》

兽类　寿振黄等　1962，554 页，153 图，72 图版。

鸟类　郑作新等　1963，694 页，10 图，64 图版。

鸟类(第二版)　郑作新等　1993，619 页，64 图版。

海产鱼类　成庆泰等　1962，174 页，25 图，32 图版。

淡水鱼类　伍献文等　1963，159 页，122 图，30 图版。

淡水鱼类寄生甲壳动物　匡溥人、钱金会　1991，203 页，110 图。

环节(多毛纲)　棘皮　原索动物　吴宝铃等　1963，141 页，65 图，16 图版。

海产软体动物　张玺、齐钟彦　1962，246 页，148 图。

淡水软体动物　刘月英等　1979，134 页，110 图。

陆生软体动物　陈德牛、高家祥　1987，186 页，224 图。

寄生蠕虫　吴淑卿、尹文真、沈守训　1960，368 页，158 图。

《中国经济昆虫志》

第一册　鞘翅目　天牛科　陈世骧等　1959，120 页，21 图，40 图版。

第二册　半翅目　蝽科　杨惟义　1962，138 页，11 图，10 图版。

第三册　鳞翅目　夜蛾科(一)　朱弘复、陈一心　1963，172 页，22 图，10 图版。

第四册　鞘翅目　拟步行虫科　赵养昌　1963，63 页，27 图，7 图版。

第五册　鞘翅目　瓢虫科　刘崇乐　1963，101 页，27 图，11 图版。

第六册　鳞翅目　夜蛾科(二)　朱弘复等　1964，183 页，11 图版。

Serial Faunal Monographs Already Published

FAUNA SINICA

Mammalia vol. 6 Rodentia III: Cricetidae. Luo Zexun *et al.*, 2000. 514 pp., 140 figs., 4 pls.

Mammalia vol. 8 Carnivora. Gao Yaoting *et al.*, 1987. 377 pp., 44 figs., 10 pls.

Mammalia vol. 9 Cetacea, Carnivora: Phocoidea, Sirenia. Zhou Kaiya, 2004. 326 pp., 117 figs., 8 pls.

Aves vol. 1 part 1. Introductory Account of the Class Aves in China; part 2. Account of Orders listed in this Volume. Zheng Zuoxin (Cheng Tsohsin) *et al.*, 1997. 199 pp., 39 figs., 4 pls.

Aves vol. 2 Anseriformes. Zheng Zuoxin (Cheng Tsohsin) *et al.*, 1979. 143 pp., 65 figs., 10 pls.

Aves vol. 4 Galliformes. Zheng Zuoxin (Cheng Tsohsin) *et al.*, 1978. 203 pp., 53 figs., 10 pls.

Aves vol. 5 Gruiformes, Charadriiformes, Lariformes. Wang Qishan, Ma Ming and Gao Yuren, 2006. 644 pp., 263 figs., 4 pls.

Aves vol. 6 Columbiformes, Psittaciformes, Cuculiformes, Strigiformes. Zheng Zuoxin (Cheng Tsohsin), Xian Yaohua and Guan Guanxun, 1991. 240 pp., 64 figs., 5 pls.

Aves vol. 7 Caprimulgiformes, Apodiformes, Trogoniformes, Coraciiformes, Piciformes. Tan Yaokuang and Guan Guanxun, 2003. 241 pp., 36 figs., 4 pls.

Aves vol. 8 Passeriformes: Eurylaimidae-Irenidae. Zheng Baolai *et al.*, 1985. 333 pp., 103 figs., 8 pls.

Aves vol. 9 Passeriformes: Bombycillidae, Prunellidae. Chen Fuguan *et al.*, 1998. 284 pp., 143 figs., 4 pls.

Aves vol. 10 Passeriformes: Muscicapidae I: Turdinae. Zheng Zuoxin (Cheng Tsohsin), Long Zeyu and Lu Taichun, 1995. 239 pp., 67 figs., 4 pls.

Aves vol. 11 Passeriformes: Muscicapidae II: Timaliinae. Zheng Zuoxin (Cheng Tsohsin), Long Zeyu and Zheng Baolai, 1987. 307 pp., 110 figs., 8 pls.

Aves vol. 12 Passeriformes: Muscicapidae III: Sylviinae, Muscicapinae. Zheng Zuoxin, Lu Taichun, Yang Lan and Lei Fumin *et al.*, 2010. 439 pp., 121 figs., 4 pls.

Aves vol. 13 Passeriformes: Paridae, Zosteropidae. Li Guiyuan, Zheng Baolai and Liu Guangzuo, 1982. 170 pp., 68 figs., 4 pls.

Aves vol. 14 Passeriformes: Ploceidae, Fringillidae. Fu Tongsheng, Song Yujun and Gao Wei *et al.*, 1998. 322 pp., 115 figs., 8 pls.

Reptilia vol. 1 General Accounts of Reptilia. Testudoformes and Crocodiliformes. Zhang Mengwen *et al.*, 1998. 208 pp., 44 figs., 4 pls.

Reptilia vol. 2 Squamata: Lacertilia. Zhao Ermi, Zhao Kentang and Zhou Kaiya *et al.*, 1999. 394 pp., 54 figs., 8 pls.

Reptilia vol. 3 Squamata: Serpentes. Zhao Ermi *et al.*, 1998. 522 pp., 100 figs., 12 pls.

Amphibia vol. 1 General accounts of Amphibia, Gymnophiona, Urodela. Fei Liang, Hu Shuqin, Ye Changyuan and Huang Yongzhao *et al.*, 2006. 471 pp., 120 figs., 16 pls.

Amphibia vol. 2 Anura. Fei Liang, Hu Shuqin, Ye Changyuan and Huang Yongzhao *et al.*, 2009. 957 pp., 549 figs., 16 pls.

Amphibia vol. 3 Anura: Ranidae. Fei Liang, Hu Shuqin, Ye Changyuan and Huang Yongzhao *et al.*, 2009. 888 pp., 337 figs., 16 pls.

Osteichthyes: Pleuronectiformes. Li Sizhong and Wang Huimin, 1995. 433 pp., 170 figs.

Osteichthyes: Siluriformes. Chu Xinluo, Zheng Baoshan and Dai Dingyuan *et al.*, 1999. 230 pp., 124 figs.

Osteichthyes: Cypriniformes II. Chen Yiyu *et al.*, 1998. 531 pp., 257 figs.

Osteichthyes: Cypriniformes III. Yue Peiqi *et al.*, 2000. 661 pp., 340 figs.

Osteichthyes: Acipenseriformes, Elopiformes, Clupeiformes, Gonorhynchiformes. Zhang Shiyi, 2001. 209 pp., 88 figs.

Osteichthyes: Myctophiformes, Cetomimiformes, Osteoglossiformes. Chen Suzhi, 2002. 349 pp., 135 figs.

Osteichthyes: Tetraodontiformes, Pegasiformes, Gobiesociformes, Lophiiformes. Su Jinxiang and Li Chunsheng, 2002. 495 pp., 194 figs.

Ostichthyes: Scorpaeniformes. Jin Xinbo, 2006. 739 pp., 287 figs.

Ostichthyes: Perciformes IV. Liu Jing *et al.*, 2016. 312 pp., 143 figs., 15 pls.

Ostichthyes: Perciformes V: Gobioidei. Wu Hanlin and Zhong Junsheng *et al.*, 2008. 951 pp., 575 figs., 32 pls.

Ostichthyes: Anguilliformes Notacanthiformes. Zhang Chunguang *et al.*, 2010. 453 pp., 225 figs., 3 pls.

Ostichthyes: Atheriniformes, Cyprinodontiformes, Beloniformes, Ophidiiformes, Gadiformes. Li Sizhong and Zhang Chunguang *et al.*, 2011. 946 pp., 345 figs.

Cyclostomata and Chondrichthyes. Zhu Yuanding and Meng Qingwen *et al.*, 2001. 552 pp., 247 figs.

Insecta vol. 1 Siphonaptera. Liu Zhiying *et al.*, 1986. 1334 pp., 1948 figs.

Insecta vol. 2 Coleoptera: Hispidae. Chen Sicien *et al.*, 1986. 653 pp., 327 figs., 15 pls.

Insecta vol. 3 Lepidoptera: Cyclidiidae, Drepanidae. Chu Hungfu and Wang Linyao, 1991. 269 pp., 204 figs., 10 pls.

Insecta vol. 4 Orthoptera: Acrioidea: Pamphagidae, Chrotogonidae, Pyrgomorphidae. Xia Kailing *et al.*, 1994. 340 pp., 168 figs.

Insecta vol. 5 Lepidoptera: Bombycidae, Saturniidae, Thyrididae. Zhu Hongfu and Wang Linyao, 1996. 302 pp., 234 figs., 18 pls.

Insecta vol. 6 Diptera: Calliphoridae. Fan Zide *et al.*, 1997. 707 pp., 229 figs.

Insecta vol. 7 Lepidoptera: Lecithoceridae. Wu Chunsheng, 1997. 306 pp., 74 figs., 38 pls.

Insecta vol. 8 Diptera: Culicidae I. Lu Baolin *et al.*, 1997. 593 pp., 285 pls.

Insecta vol. 9 Diptera: Culicidae II. Lu Baolin *et al.*, 1997. 126 pp., 57 pls.

Insecta vol. 10 Orthoptera: Oedipodidae, Arcypteridae III. Zheng Zhemin and Xia Kailing, 1998. 610 pp.,

323 figs.

Insecta vol. 11 Lepidoptera: Sphingidae. Zhu Hongfu and Wang Linyao, 1997. 410 pp., 325 figs., 8 pls.

Insecta vol. 12 Orthoptera: Tetrigoidea. Liang Geqiu and Zheng Zhemin, 1998. 278 pp., 166 figs.

Insecta vol. 13 Hemiptera: Nabidae. Ren Shuzhi, 1998. 251 pp., 508 figs., 12 pls.

Insecta vol. 14 Homoptera: Mindaridae, Pemphigidae. Zhang Guangxue, Qiao Gexia, Zhong Tiesen and Zhang Wanfang, 1999. 380 pp., 121 figs., 17+8 pls.

Insecta vol. 15 Lepidoptera: Geometridae: Larentiinae. Xue Dayong and Zhu Hongfu (Chu Hungfu), 1999. 1090 pp., 1197 figs., 25 pls.

Insecta vol. 16 Lepidoptera: Noctuidae. Chen Yixin, 1999. 1596 pp., 701 figs., 68 pls.

Insecta vol. 17 Isoptera. Huang Fusheng et al., 2000. 961 pp., 564 figs.

Insecta vol. 18 Hymenoptera: Braconidae I. He Junhua, Chen Xuexin and Ma Yun, 2000. 757 pp., 1783 figs.

Insecta vol. 19 Lepidoptera: Arctiidae. Fang Chenglai, 2000. 589 pp., 338 figs., 20 pls.

Insecta vol. 20 Hymenoptera: Melittidae, Apidae. Wu Yanru, 2000. 442 pp., 218 figs., 9 pls.

Insecta vol. 21 Coleoptera: Cerambycidae: Lepturinae. Jiang Shunan and Chen Li, 2001. 296 pp., 17 figs., 18 pls.

Insecta vol. 22 Homoptera: Coccoidea: Pseudococcidae, Eriococcidae, Asterolecaniidae, Coccidae, Lecanodiaspididae, Cerococcidae, Aclerdidae. Wang Tzeching, 2001. 611 pp., 188 figs.

Insecta vol. 23 Diptera: Tachinidae I. Chao Cheiming, Liang Enyi, Shi Yongshan and Zhou Shixiu, 2001. 305 pp., 183 figs., 11 pls.

Insecta vol. 24 Hemiptera: Lasiochilidae, Lyctocoridae, Anthocoridae. Bu Wenjun and Zheng Leyi (Cheng Loyi), 2001. 267 pp., 362 figs.

Insecta vol. 25 Lepidoptera: Papilionidae: Papilioninae, Zerynthiinae, Parnassiinae. Wu Chunsheng, 2001. 367 pp., 163 figs., 8 pls.

Insecta vol. 26 Diptera: Muscidae II: Phaoniinae I. Ma Zhongyu, Xue Wanqi and Feng Yan, 2002. 421 pp., 614 figs.

Insecta vol. 27 Lepidoptera: Tortricidae. Liu Youqiao and Li Guangwu, 2002. 601 pp., 16 figs., 2+136 pls.

Insecta vol. 28 Homoptera: Membracoidea: Aetalionidae, Membracidae. Yuan Feng and Chou Io, 2002. 590 pp., 295 figs., 4 pls.

Insecta vol. 29 Hymenoptera: Dryinidae. He Junhua and Xu Zaifu, 2002. 464 pp., 397 figs.

Insecta vol. 30 Lepidoptera: Lymantriidae. Zhao Zhongling (Chao Chungling), 2003. 484 pp., 270 figs., 10 pls.

Insecta vol. 31 Lepidoptera: Notodontidae. Wu Chunsheng and Fang Chenglai, 2003. 952 pp., 530 figs., 8 pls.

Insecta vol. 32 Orthoptera: Acridoidea: Gomphoceridae, Acrididae. Yin Xiangchu, Xia Kailing et al., 2003. 280 pp., 144 figs.

Insecta vol. 33 Hemiptera: Miridae, Mirinae. Zheng Leyi, Lü Nan, Liu Guoqing and Xu Binghong, 2004. 797 pp., 228 figs., 8 pls.

Insecta vol. 34 Diptera: Empididae: Hemerodromiinae and Hybotinae. Yang Ding and Yang Chikun, 2004.

334 pp., 474 figs., 1 pls.

Insecta vol. 35 Dermaptera. Chen Yixin and Ma Wenzhen, 2004. 420 pp., 199 figs., 8 pls.

Insecta vol. 36 Lepidoptera: Thyatiridae. Zhao Zhongling, 2004. 291 pp., 153 figs., 5 pls.

Insecta vol. 37 Hymenoptera: Braconidae II. Chen Xuexin, He Junhua and Ma Yun, 2004. 518 pp., 1183 figs., 103 pls.

Insecta vol. 38 Lepidoptera: Hepialidae, Epiplemidae. Zhu Hongfu, Wang Linyao and Han Hongxiang, 2004. 291 pp., 179 figs., 8 pls.

Insecta vol. 39 Neuroptera: Chrysopidae. Yang Xingke, Yang Jikun and Li Wenzhu, 2005. 398 pp., 240 figs., 4 pls.

Insecta vol. 40 Coleoptera: Eumolpidae: Eumolpinae. Tan Juanjie, Wang Shuyong and Zhou Hongzhang, 2005. 415 pp., 95 figs., 8 pls.

Insecta vol. 41 Diptera: Muscidae I. Fan Zide *et al.*, 2005. 476 pp., 226 figs., 8 pls.

Insecta vol. 42 Hymenoptera: Pteromalidae. Huang Dawei and Xiao Hui, 2005. 388 pp., 432 figs., 5 pls.

Insecta vol. 43 Orthoptera: Acridoidea: Catantopidae. Li Hongchang and Xia Kailing, 2006. 736pp., 325 figs.

Insecta vol. 44 Hymenoptera: Megachilidae. Wu Yanru, 2006. 474 pp., 180 figs., 4 pls.

Insecta vol. 45 Diptera: Homoptera: Delphacidae. Ding Jinhua, 2006. 776 pp., 351 figs., 20 pls.

Insecta vol. 46 Hymenoptera: Braconidae: Agathidinae. Chen Jiahua and Yang Jianquan, 2006. 301 pp., 81 figs., 32 pls.

Insecta vol. 47 Lepidoptera: Lasiocampidae. Liu Youqiao and Wu Chunsheng, 2006. 385 pp., 248 figs., 8 pls.

Insecta Saiphonaptera(2 volumes). Wu Houyong *et al.*, 2007. 2174 pp., 2475 figs.

Insecta vol. 49 Diptera: Muscidae. Fan Zide *et al.*, 2008. 1186 pp., 276 figs., 4 pls.

Insecta vol. 50 Diptera: Syrphidae. Huang Chunmei and Cheng Xinyue, 2012. 852 pp., 418 figs., 8 pls.

Insecta vol. 51 Megaloptera. Yang Ding and Liu Xingyue, 2010. 457 pp., 176 figs., 14 pls.

Insecta vol. 52 Lepidoptera: Pieridae. Wu Chunsheng, 2010. 416 pp., 174 figs., 16 pls.

Insecta vol. 53 Diptera Dolichopodidae(2 volumes). Yang Ding *et al.*, 2011. 1912 pp., 1017 figs., 7 pls.

Insecta vol. 54 Lepidoptera: Geometridae: Geometrinae. Han Hongxiang and Xue Dayong, 2011. 787 pp., 929 figs., 20 pls.

Insecta vol. 55 Lepidoptera: Hesperiidae. Yuan Feng, Yuan Xiangqun and Xue Guoxi, 2015. 754 pp., 280 figs., 15 pls.

Insecta vol. 56 Hymenoptera: Proctotrupoidea(I). He Junhua and Xu Zaifu, 2015. 1078 pp., 485 figs.

Insecta vol. 57 Orthoptera: Tettigoniidae: Phaneropterinae. Kang Le *et al.*, 2013. 574 pp., 291 figs., 31 pls.

Insecta vol. 58 Plecoptera: Nemouroides. Yang Ding, Li Weihai and Zhu Fang, 2014. 518 pp., 294 figs., 12 pls.

Insecta vol. 59 Diptera: Tabanidae. Xu Rongman and Sun Yi, 2013. 870 pp., 495 figs., 17 pls.

Insecta vol. 60 Hemiptera: Hormaphididae, Phloeomyzidae. Qiao Gexia, Jiang Liyun, Chen Jing, Zhang Guangxue and Zhong Tiesen, 2017. 414 pp., 137 figs., 8 pls.

Insecta vol. 61 Coleoptera: Chrysomelidae: Chrysomelinae. Yang Xingke, Ge Siqin, Wang Shuyong, Li Wenzhu and Cui Junzhi, 2014. 641 pp., 378 figs., 8 pls.

Insecta vol. 62 Hemiptera: Miridae(II): Orthotylinae. Liu Guoqing and Zheng Leyi, 2014. 297 pp., 134 figs., 13 pls.

Insecta vol. 63 Coleoptera: Tenebrionidae(I). Ren Guodong *et al.*, 2016. 534 pp., 248 figs., 49 pls.

Insecta vol. 64 Chalcidoidea : Pteromalidae(II): Pteromalinae. Xiao Hui *et al.*, 2019. 495 pp., 186 figs., 12 pls.

Insecta vol. 65 Diptera: Rhagionidae, Athericidae. Yang Ding, Dong Hui and Zhang Kuiyan. 2016. 476 pp., 222 figs., 7 pls.

Insecta vol. 67 Hemiptera: Cicadellidae (II): Cicadellinae. Yang Maofa, Meng Zehong and Li Zizhong. 2017. 637pp., 312 figs., 27 pls.

Insecta vol. 68 Neuroptera: Myrmeleontoidea. Wang Xinli, Zhan Qingbin and Wang Aiqin. 2018. 285 pp., 2 figs., 38 pls.

Insecta vol. 69 Thysanoptera (2 volumes). Feng Jinian *et al.,* 2021. 984 pp., 420 figs.

Insecta vol. 70 Hemiptera: Caliscelidae, Issidae. Zhang Yalin, Che Yanli, Meng Rui and Wang Yinglun. 2020. 655 pp., 224 figs., 43 pls.

Insecta vol. 71 Hemiptera: Cicadellidae (III): Hylicinae, Stegelytrinae and Selenocephalinae.Zhang Yalin, Wei Cong, Shen Lin and Shang Suqin. 2022. 309pp., 147 figs., 7 pls.

Insecta vol. 72 Hemiptera: Cicadellidae (IV): Evacanthinae. Li Zizhong, Li Yujian and Xing Jichun. 2020. 547 pp., 303 figs., 14 pls.

Insecta vol. 73 Hemiptera: Miridae (III): Bryocorinae, Cylapinae, Deraeocorinae, Isometopinae and Psallopinae. Liu Guoqing, Mu Yiran, Xu Jingyang and Liu Lin. 2022. 606pp., 217 figs., 17 pls.

Insecta vol. 74 Hymenoptera: Trichogrammatidae. Lin Naiquan, Hu Hongying, Tian Hongxia and Lin Shuo. 2022. 602 pp., 195 figs.

Insecta vol. 75 Coleoptera: Histeroidea: Sphaeritidae, Synteliidae and Histeridae. Zhou Hongzhang, Luo Tianhong and Zhang Yejun. 2022. 702pp., 252 figs., 3 pls.

Insecta vol. 76 Lepidoptera: Limacodidae. Wu Chunsheng and Fang Chenglai. 2023. 508pp., 317 figs., 12 pls.

Invertebrata vol. 1 Crustacea: Freshwater Cladocera. Chiang Siehchih and Du Nanshang, 1979. 297 pp.,192 figs.

Invertebrata vol. 2 Crustacea: Freshwater Copepoda. Shen Jiarui *et al.*, 1979. 450 pp., 255 figs.

Invertebrata vol. 3 Trematoda: Digenea I. Chen Xintao *et al.*, 1985. 697 pp., 469 figs., 12 pls.

Invertebrata vol. 4 Cephalopode. Dong Zhengzhi, 1988. 201 pp., 124 figs., 4 pls.

Invertebrata vol. 5 Hirudinea: Euhirudinea and Branchiobdellidea. Yang Tong, 1996. 259 pp., 141 figs.

Invertebrata vol. 6 Holothuroidea. Liao Yulin, 1997. 334 pp., 170 figs., 2 pls.

Invertebrata vol. 7 Gastropoda: Mesogastropoda: Cypraeacea. Ma Xiutong, 1997. 283 pp., 96 figs., 12 pls.

Invertebrata vol. 8 Arachnida: Araneae: Thomisidae and Philodromidae. Song Daxiang and Zhu Mingsheng,

1997. 259 pp., 154 figs.

Invertebrata vol. 9 Polychaeta: Phyllodocimorpha. Wu Baoling, Wu Qiquan, Qiu Jianwen and Lu Hua, 1997. 323pp., 180 figs.

Invertebrata vol. 10 Arachnida: Araneae: Araneidae. Yin Changmin *et al.*, 1997. 460 pp., 292 figs.

Invertebrata vol. 11 Gastropoda: Opisthobranchia: Cephalaspidea. Lin Guangyu, 1997. 246 pp., 35 figs., 28 pls.

Invertebrata vol. 12 Bivalvia: Mytiloida. Wang Zhenrui, 1997. 268 pp., 126 figs., 4 pls.

Invertebrata vol. 13 Arachnida: Araneae: Theridiidae. Zhu Mingsheng, 1998. 436 pp., 233 figs., 1 pl.

Invertebrata vol. 14 Sacodina: Acantharia and Spumellaria. Tan Zhiyuan, 1998. 315 pp., 273 figs., 25 pls.

Invertebrata vol. 15 Myxosporea. Chen Chihleu and Ma Chenglun, 1998. 805 pp., 30 figs., 180 pls.

Invertebrata vol. 16 Anthozoa: Actiniaria, Ceriantharis and Zoanthidea. Pei Zunan, 1998. 286 pp., 149 figs., 22 pls.

Invertebrata vol. 17 Crustacea: Decapoda: Parathelphusidae and Potamidae. Dai Aiyun, 1999. 501 pp., 238 figs., 31 pls.

Invertebrata vol. 18 Protura. Yin Wenying, 1999. 510 pp., 275 figs., 8 pls.

Invertebrata vol. 19 Gastropoda: Pulmonata: Stylommatophora: Clausiliidae. Chen Deniu and Zhang Guoqing, 1999. 210 pp., 128 figs., 5 pls.

Invertebrata vol. 20 Bivalvia: Protobranchia and Anomalodesmata. Xu Fengshan, 1999. 244 pp., 156 figs.

Invertebrata vol. 21 Crustacea: Mysidacea. Liu Ruiyu (J. Y. Liu) and Wang Shaowu, 2000. 326 pp., 110 figs.

Invertebrata vol. 22 Monogenea. Wu Baohua, Lang Suo and Wang Weijun, 2000. 756 pp., 598 figs., 2 pls.

Invertebrata vol. 23 Anthozoa: Scleractinia: Hermatypic coral. Zou Renlin, 2001. 289 pp., 9 figs., 47+8 pls.

Invertebrata vol. 24 Bivalvia: Veneridae. Zhuang Qiqian, 2001. 278 pp., 145 figs.

Invertebrata vol. 25 Nematoda: Rhabditida: Strongylata I. Wu Shuqing *et al.*, 2001. 489 pp., 201 figs.

Invertebrata vol. 26 Foraminiferea: Agglutinated Foraminifera. Zheng Shouyi and Fu Zhaoxian, 2001. 788 pp., 130 figs., 122 pls.

Invertebrata vol. 27 Hydrozoa and Scyphomedusae. Gao Shangwu, Hong Hueshin and Zhang Shimei, 2002. 275 pp., 136 figs.

Invertebrata vol. 28 Crustacea: Amphipoda: Hyperiidae. Chen Qingchao and Shi Changtai, 2002. 249 pp., 178 figs.

Invertebrata vol. 29 Gastropoda: Archaeogastropoda: Trochacea. Dong Zhengzhi, 2002. 210 pp., 176 figs., 2 pls.

Invertebrata vol. 30 Crustacea: Brachyura: Marine primitive crabs. Chen Huilian and Sun Haibao, 2002. 597 pp., 237 figs., 16 pls.

Invertebrata vol. 31 Bivalvia: Pteriina. Wang Zhenrui, 2002. 374 pp., 152 figs., 7 pls.

Invertebrata vol. 32 Polycystinea: Nasellaria; Phaeodarea: Phaeodaria. Tan Zhiyuan and Su Xinghui, 2003. 295 pp., 193 figs., 25 pls.

Invertebrata vol. 33 Annelida: Polychaeta II Nereidida. Sun Ruiping and Yang Derjian, 2004. 520 pp.,

267 figs., 193 pls.

Invertebrata vol. 34 Mollusca: Gastropoda Tonnacea. Zhang Suping and Ma Xiutong, 2004. 243 pp., 123 figs., 1 pl.

Invertebrata vol. 35 Arachnida: Araneae: Tetragnathidae. Zhu Mingsheng, Song Daxiang and Zhang Junxia, 2003. 402 pp., 174 figs., 5+11 pls.

Invertebrata vol. 36 Crustacea: Decapoda: Atyidae. Liang Xiangqiu, 2004. 375 pp., 156 figs.

Invertebrata vol. 37 Mollusca: Gastropoda: Stylommatophora: Bradybaenidae. Chen Deniu and Zhang Guoqing, 2004. 482 pp., 409 figs., 8 pls.

Invertebrata vol. 38 Chaetognatha: Sagittoidea. Xiao Yichang, 2004. 201 pp., 89 figs.

Invertebrata vol. 39 Arachnida: Araneae: Gnaphosidae. Song Daxiang, Zhu Mingsheng and Zhang Feng, 2004. 362 pp., 175 figs.

Invertebrata vol. 40 Echinodermata: Ophiuroidea. Liao Yulin, 2004. 505 pp., 244 figs., 6 pls.

Invertebrata vol. 41 Crustacea: Amphipoda: Gammaridea I. Ren Xianqiu, 2006. 588 pp., 194 figs.

Invertebrata vol. 42 Crustacea: Cirripedia: Thoracica. Liu Ruiyu and Ren Xianqiu, 2007. 632 pp., 239 figs.

Invertebrata vol. 43 Crustacea: Amphipoda: Gammaridea II. Ren Xianqiu, 2012. 651 pp., 197 figs.

Invertebrata vol. 44 Crustacea: Decapoda: Palaemonoidea. Li Xinzheng, Liu Ruiyu, Liang Xingqiu and Chen Guoxiao, 2007. 381 pp., 157 figs.

Invertebrata vol. 45 Ciliophora: Oligohymenophorea: Peritrichida. Shen Yunfen and Gu Manru, 2016. 502 pp., 164 figs., 2 pls.

Invertebrata vol. 46 Sipuncula, Echiura. Zhou Hong, Li Fenglu and Wang Wei, 2007. 206 pp., 95 figs.

Invertebrata vol. 47 Arachnida: Acari: Phytoseiidae. Wu weinan, Ou Jianfeng and Huang Jingling. 2009. 511 pp., 287 figs., 9 pls.

Invertebrata vol. 48 Mollusca: Bivalvia: Lucinacea, Carditacea, Crassatellacea and Cardiacea. Xu Fengshan. 2012. 239 pp., 133 figs.

Invertebrata vol. 49 Crustacea: Decapoda: Portunidae. Yang Siliang, Chen Huilian and Dai Aiyun. 2012. 417 pp., 138 figs., 14 pls.

Invertebrata vol. 50 Tardigrada. Yang Tong. 2015. 279 pp., 131 figs., 5 pls.

Invertebrata vol. 51 Nematoda: Rhabditida: Strongylata (II). Zhang Luping and Kong Fanyao. 2014. 316 pp., 97 figs., 19 pls.

Invertebrata vol. 52 Platyhelminthes: Trematoda: Dgenea (III). Qiu Zhaozhi *et al.*. 2018. 746 pp., 401 figs.

Invertebrata vol. 53 Arachnida: Araneae: Salticidae. Peng Xianjin.2020. 612pp., 392 figs.

Invertebrata vol. 54 Annelida: Polychaeta (III): Sabellida. Sun Ruiping and Yang Dejian. 2014. 493 pp., 239 figs., 2 pls.

Invertebrata vol. 55 Mollusca: Gastropoda: Conidae. Li Fenglan and Lin Minyu. 2016. 288 pp., 168 figs., 4 pls.

Invertebrata vol. 56 Mollusca: Gastropoda: Strombacea and Naticacea. Zhang Suping. 2016. 318 pp., 138 figs., 10 pls.

Invertebrata vol. 57 Mollusca: Bivalvia: Tellinidae and Semelidae. Xu Fengshan and Zhang Junlong. 2017.

236 pp., 50 figs., 15 pls.

Invertebrata vol. 58 Mollusca: Gastropoda: Enoidea. Wu Min. 2018. 300 pp., 63 figs., 6 pls.

Invertebrata vol. 59 Arachnida: Araneae: Agelenidae and Amaurobiidae. Zhu Mingsheng, Wang Xinping and Zhang Zhisheng. 2017. 727 pp., 384 figs., 5 pls.

Invertebrata vol. 62 Mollusca: Gastropoda: Muricidae. Zhang Suping. 2022. 428 pp., 250 figs.

ECONOMIC FAUNA OF CHINA

Mammals. Shou Zhenhuang *et al.*, 1962. 554 pp., 153 figs., 72 pls.

Aves. Cheng Tsohsin *et al.*, 1963. 694 pp., 10 figs., 64 pls.

Marine fishes. Chen Qingtai *et al.*, 1962. 174 pp., 25 figs., 32 pls.

Freshwater fishes. Wu Xianwen *et al.*, 1963. 159 pp., 122 figs., 30 pls.

Parasitic Crustacea of Freshwater Fishes. Kuang Puren and Qian Jinhui, 1991. 203 pp., 110 figs.

Annelida. Echinodermata. Prorochordata. Wu Baoling *et al.*, 1963. 141 pp., 65 figs., 16 pls.

Marine mollusca. Zhang Xi and Qi Zhougyan, 1962. 246 pp., 148 figs.

Freshwater molluscs. Liu Yueyin *et al.*, 1979.134 pp., 110 figs.

Terrestrial molluscs. Chen Deniu and Gao Jiaxiang, 1987. 186 pp., 224 figs.

Parasitic worms. Wu Shuqing, Yin Wenzhen and Shen Shouxun, 1960. 368 pp., 158 figs.

Economic birds of China (Second edition). Cheng Tsohsin, 1993. 619 pp., 64 pls.

ECONOMIC INSECT FAUNA OF CHINA

Fasc. 1 Coleoptera: Cerambycidae. Chen Sicien *et al.*, 1959. 120 pp., 21 figs., 40 pls.

Fasc. 2 Hemiptera: Pentatomidae. Yang Weiyi, 1962. 138 pp., 11 figs., 10 pls.

Fasc. 3 Lepidoptera: Noctuidae I. Chu Hongfu and Chen Yixin, 1963. 172 pp., 22 figs., 10 pls.

Fasc. 4 Coleoptera: Tenebrionidae. Zhao Yangchang, 1963. 63 pp., 27 figs., 7 pls.

Fasc. 5 Coleoptera: Coccinellidae. Liu Chongle, 1963. 101 pp., 27 figs., 11pls.

Fasc. 6 Lepidoptera: Noctuidae II. Chu Hongfu *et al.*, 1964. 183 pp., 11 pls.

Fasc. 7 Lepidoptera: Noctuidae III. Chu Hongfu, Fang Chenglai and Wang Lingyao, 1963. 120 pp., 28 figs., 31 pls.

Fasc. 8 Isoptera: Termitidae. Cai Bonghua and Chen Ningsheng, 1964. 141 pp., 79 figs., 8 pls.

Fasc. 9 Hymenoptera: Apoidea. Wu Yanru, 1965. 83 pp., 40 figs., 7 pls.

Fasc. 10 Homoptera: Cicadellidae. Ge Zhongling, 1966. 170 pp., 150 figs.

Fasc. 11 Lepidoptera: Tortricidae I. Liu Youqiao and Bai Jiuwei, 1977. 93 pp., 23 figs., 24 pls.

Fasc. 12 Lepidoptera: Lymantriidae I. Chao Chungling, 1978. 121 pp., 45 figs., 18 pls.

Fasc. 13 Diptera: Ceratopogonidae. Li Tiesheng, 1978. 124 pp., 104 figs.

Fasc. 14 Coleoptera: Coccinellidae II. Pang Xiongfei and Mao Jinlong, 1979. 170 pp., 164 figs., 16 pls.

Fasc. 15 Acarina: Lxodoidea. Teng Kuofan, 1978. 174 pp., 707 figs.

Fasc. 16 Lepidoptera: Notodontidae. Cai Rongquan, 1979. 166 pp., 126 figs., 19 pls.

Fasc. 17 Acarina: Camasina. Pan Zungwen and Teng Kuofan, 1980. 155 pp., 168 figs.

Fasc. 18 Coleoptera: Chrysomeloidea I. Tang Juanjie *et al.*, 1980. 213 pp., 194 figs., 18 pls.

Fasc. 19 Coleoptera: Cerambycidae II. Pu Fuji, 1980. 146 pp., 42 figs., 12 pls.

Fasc. 20 Coleoptera: Curculionidae I. Chao Yungchang and Chen Yuanqing, 1980. 184 pp., 73 figs., 14 pls.

Fasc. 21 Lepidoptera: Pyralidae. Wang Pingyuan, 1980. 229 pp., 40 figs., 32 pls.

Fasc. 22 Lepidoptera: Sphingidae. Zhu Hongfu and Wang Lingyao, 1980. 84 pp., 17 figs., 34 pls.

Fasc. 23 Acariformes: Tetranychoidea. Wang Huifu, 1981. 150 pp., 121 figs., 4 pls.

Fasc. 24 Homoptera: Pseudococcidae. Wang Tzeching, 1982. 119 pp., 75 figs.

Fasc. 25 Homoptera: Aphidinea I. Zhang Guangxue and Zhong Tiesen, 1983. 387 pp., 207 figs., 32 pls.

Fasc. 26 Diptera: Tabanidae. Wang Zunming, 1983. 128 pp., 243 figs., 8 pls.

Fasc. 27 Homoptera: Delphacidae. Kuoh Changlin *et al.*, 1983. 166 pp., 132 figs., 13 pls.

Fasc. 28 Coleoptera: Larvae of Scarabaeoidae. Zhang Zhili, 1984. 107 pp., 17. figs., 21 pls.

Fasc. 29 Coleoptera: Scolytidae. Yin Huifen, Huang Fusheng and Li Zhaoling, 1984. 205 pp., 132 figs., 19 pls.

Fasc. 30 Hymenoptera: Vespoidea. Li Tiesheng, 1985. 159pp., 21 figs., 12pls.

Fasc. 31 Hemiptera I. Zhang Shimei, 1985. 242 pp., 196 figs., 59 pls.

Fasc. 32 Lepidoptera: Noctuidae IV. Chen Yixin, 1985. 167 pp., 61 figs., 15 pls.

Fasc. 33 Lepidoptera: Arctiidae. Fang Chenglai, 1985. 100 pp., 69 figs., 10 pls.

Fasc. 34 Hymenoptera: Chalcidoidea I. Liao Dingxi *et al.*, 1987. 241 pp., 113 figs., 24 pls.

Fasc. 35 Coleoptera: Cerambycidae III. Chiang Shunan. Pu Fuji and Hua Lizhong, 1985. 189 pp., 2 figs., 13 pls.

Fasc. 36 Homoptera: Fulgoroidea. Chou Io *et al.*, 1985. 152 pp., 125 figs., 2 pls.

Fasc. 37 Diptera: Anthomyiidae. Fan Zide *et al.*, 1988. 396 pp., 1215 figs., 10 pls.

Fasc. 38 Diptera: Ceratopogonidae II. Lee Tiesheng, 1988. 127 pp., 107 figs.

Fasc. 39 Acari: Ixodidae. Teng Kuofan and Jiang Zaijie, 1991. 359 pp., 354 figs.

Fasc. 40 Acari: Dermanyssoideae. Teng Kuofan *et al.*, 1993. 391 pp., 318 figs.

Fasc. 41 Hymenoptera: Pteromalidae I. Huang Dawei, 1993. 196 pp., 252 figs.

Fasc. 42 Lepidoptera: Lymantriidae II. Chao Chungling, 1994. 165 pp., 103 figs., 10 pls.

Fasc. 43 Homoptera: Coccidea. Wang Tzeching, 1994. 302 pp., 107 figs.

Fasc. 44 Acari: Eriophyoidea I. Kuang Haiyuan, 1995. 198 pp., 163 figs., 7 pls.

Fasc. 45 Diptera: Tabanidae II. Wang Zunming, 1994. 196 pp., 182 figs., 8 pls.

Fasc. 46 Coleoptera: Cetoniidae, Trichiidae, Valgidae. Ma Wenzhen, 1995. 210 pp., 171 figs., 5 pls.

Fasc. 47 Hymenoptera: Formicidae I. Tang Jub, 1995. 134 pp., 135 figs.

Fasc. 48 Ephemeroptera. You Dashou *et al.*, 1995. 152 pp., 154 figs.

Fasc. 49 Trichoptera I: Hydroptilidae, Stenopsychidae, Hydropsychidae, Leptoceridae. Tian Lixin *et al.*, 1996. 195 pp., 271 figs., 2 pls.

Fasc. 50 Hemiptera II. Zhang Shimei *et al.*, 1995. 169 pp., 46 figs., 24 pls.

Fasc. 51 Hymenoptera: Ichneumonidae. He Junhua, Chen Xuexin and Ma Yun, 1996. 697 pp., 434 figs.

Fasc. 52 Hymenoptera: Sphecidae. Wu Yanru and Zhou Qin, 1996. 197 pp., 167 figs., 14 pls.

Fasc. 53 Acari: Phytoseiidae. Wu Weinan *et al.*, 1997. 223 pp., 169 figs., 3 pls.

Fasc. 54 Coleoptera: Chrysomeloidea II. Yu Peiyu *et al.*, 1996. 324 pp., 203 figs., 12 pls.

Fasc. 55 Thysanoptera. Han Yunfa, 1997. 513 pp., 220 figs., 4 pls.

1, 2. 休彻刺蛾 Cheromettia alaceria (♂, ♀); 3. 顶彻刺蛾 Ch. apicta; 4. 背刺蛾 Belippa horrida; 5. 雪背刺蛾 B. thoracica; 6. 赭背刺蛾 B. ochreata; 7. 波眉刺蛾浅色亚种 Narosa corusca amamiana; 8. 波眉刺蛾指名亚种 N. corusca corusca; 9. 光眉刺蛾 N. fulgens; 10. 黑眉刺蛾 N. nigrisigna; 11. 云眉刺蛾 Narosa sp.; 12. 白眉刺蛾 N. edoensis; 13. 赭眉刺蛾 N. ochracea; 14. 齐眉刺蛾 N. propolia; 15. 黄眉刺蛾 N. pseudopropolia; 16. 喜马钩纹刺蛾 Atosia himalayana; 17. 川瑰刺蛾 Flavinarosa ptaha; 18. 优刺蛾 Althonarosa horisyaensis; 19. 阳蛞刺蛾 Limacocera hel; 20. 艳刺蛾 Demonarosa rufotessellata; 21, 22. 梨娜刺蛾 Narosoideus flavidorsalis; 23. 黄娜刺蛾 N. fuscicostalis; 24. 狡娜刺蛾 N. vulpinus; 25. 灰双线刺蛾 Cania robusta; 26. 拟灰线刺蛾 C. pseudorobusta; 27. 伪双线刺蛾 C. pseudobilinea; 28. 西藏线刺蛾 C. xizangensis

图版 II

29. 爪哇线刺蛾 *Cania javana*；30. 多旋线刺蛾 *C. polyhelixa*；31. 泰线刺蛾 *C. siamensis*；32. 巴线刺蛾尖瓣亚种 *C. bandura acutivalva*；33. 角齿刺蛾 *Rhamnosa kwangtungensis*；34. 灰齿刺蛾 *Rh. uniformis*；35. 伪灰齿刺蛾 *Rh. uniformoides*；36. 敛纹齿刺蛾 *Rh. convergens*；37. 锯齿刺蛾 *Rh. dentifera*；38. 河南齿刺蛾 *Rh. henanensis*；39. 四痣丽刺蛾 *Altha adala*；40. 暗斑丽刺蛾 *A. melanopsis*；41. 叶银纹刺蛾 *Miresa bracteata*；42. 缅银纹刺蛾 *M. burmensis*；43. 闪银纹刺蛾 *M. fulgida*；44. 越银纹刺蛾 *M. demangei*；45. 迹银纹刺蛾 *M. kwangtungensis*；46. 线银纹刺蛾 *M. urga*；47. 方氏银纹刺蛾 *M. fangae*；48. 叉颚银纹刺蛾 *M. dicrognatha*；49. 多银纹刺蛾 *M. polargenta*；50-51. 紫纹刺蛾 *Birthama rubicunda* (♂, ♀)；52. 漪刺蛾 *Iraga rugosa*；53, 54. 白痣姹刺蛾 *Chalcocelis dydima* (♂, ♀)；55. 仿姹刺蛾 *Chalcoscelides castaneipars*；56. 吉本枯刺蛾 *Mahanta yoshimotoi*

57. 祖娅枯刺蛾 *Mahanta tanyae*；58. 角斑枯刺蛾 *M. svetlanae*；59. 灰褐球须刺蛾 *Scopelodes sericea*；60. 显脉球须刺蛾 *S. kwangtungensis*；61. 喜马球须刺蛾 *S. venosa*；62, 63. 双带球须刺蛾 *S. bicolor* (♂, ♀)；64. 黄褐球须刺蛾 *S. testacea*；65. 单色球须刺蛾 *S. unicolor*；66. 纵带球须刺蛾 *S. contracta*；67. 小黑球须刺蛾 *S. ursina*；68. 迷刺蛾 *Chibiraga banghaasi*；69. 长须刺蛾 *Hyphorma minax*；70. 丝长须刺蛾 *H. sericea*；71. 纤刺蛾 *Microleon longipalpis*；72. 浙冠刺蛾 *Phrixolepia zhejiangensis*；73. 罗氏冠刺蛾 *Ph. luoi*；74. 伯冠刺蛾 *Ph. majuscula*；75. 冠刺蛾 *Ph. sericea*；76, 77. 黄刺蛾 *Monema flavescens*（77. 黑色型）；78. 梅氏黄刺蛾 *M. meyi*；79. 粉黄刺蛾 *M. coralina*；80. 长颚黄刺蛾 *M. tanaognatha*；81. 暗长须刺蛾 *Hyphorma flaviceps*；82. 四脉刺蛾 *Tetraphleba brevilinea*；83. 银带绿刺蛾 *Parasa argentifascia*；84. 断带绿刺蛾 *P. mutifascia*

85. 著点绿刺蛾 *Parasa zhudiana*；86. 银点绿刺蛾 *Parasa albipuncta*；87. 两点绿刺蛾 *Parasa liangdiana*；88, 89. 厢点绿刺蛾 *Parasa parapuncta*；90. 美点绿刺蛾 *Parasa eupuncta*；91. 镇雄绿刺蛾 *Parasa zhenxiongica*；92-94. 斑绿刺蛾 *Parasa bana*；95. 宽边绿刺蛾 *Parasa canangae*；96. 索洛绿刺蛾 *Parasa solovyevi*；97. 窄带绿刺蛾 *Parasa* sp.；98. 襟绿刺蛾 *Parasa jina*；99. 波带绿刺蛾 *Parasa undulata*；100. 胆绿刺蛾 *Parasa darma*；101. 雪山绿刺蛾 *Parasa xueshana*；102. 西藏绿刺蛾 *Parasa xizangensis*；103. 迹斑绿刺蛾 *Parasa pastoralis*；104. 漫绿刺蛾 *Parasa ostia*；105. 肖漫绿刺蛾 *Parasa pseudostia*；106. 陕绿刺蛾 *Parasa shaanxiensis*；107. 闽绿刺蛾 *Parasa mina*；108, 109. 黄腹绿刺蛾 *Parasa flavabdomena* (♂, ♀)；110. 稻绿刺蛾 *Parasa oryzae*；111. 妃绿刺蛾 *Parasa feina*；112. 妍绿刺蛾 *Parasa yana*

113. 嘉绿刺蛾 *Parasa jiana*；114. 琼绿刺蛾 *P. hainana*；115. 两色绿刺蛾 *P. bicolor*；116, 117. 窄缘绿刺蛾 *P. consocia*；118. 宽缘绿刺蛾 *P. tessellata*；119. 中国绿刺蛾 *P. sinica*；120. 青绿刺蛾 *P. hilarula*；121. 丽绿刺蛾 *P. lepida*；122. 卵斑绿刺蛾 *P. convexa*；123. 银线绿刺蛾 *P. argentilinea*；124. 媚绿刺蛾 *P. repanda*；125. 肖媚绿刺蛾 *P. pseudorepanda*；126. 缅媚绿刺蛾 *P. kalawensis*；127, 128. 大绿刺蛾 *P. grandis*；129. 台绿刺蛾 *P. shirakii*；130. 葱绿刺蛾 *P. prasina*；131. 甜绿刺蛾 *P. dulcis*；132. 榴绿刺蛾 *P. punica*；133. 泥刺蛾 *Limacolasia dubiosa*；134. 透翅绿刺蛾 *P. hyalodesa*；135. 客刺蛾 *Ceratonema retractatum*；136. 双线客刺蛾 *C. bilineatum*；137. 仿客刺蛾 *C. imitatrix*；138. 基黑客刺蛾 *C. nigribasale*；139. 玛刺蛾 *Magos xanthopus*；140. 中线凯刺蛾 *Caissa gambita*

141. 帕氏凯刺蛾 *Caissa parenti*；142. 长腹凯刺蛾 *C. longisaccula*；143. 蔡氏凯刺蛾 *C. caii*；144. 岔颚凯刺蛾 *C. staurognatha*；145. 罗氏爱刺蛾 *Epsteinius luoi*；146. 褐小刺蛾 *T. brunnescens*；147. 环纹小刺蛾 *T. circulifera*；148. 端点小刺蛾 *T.* sp.；149. 肖帛刺蛾 *Birthamoides junctura*；150. 细刺蛾 *Pseudidonauton chihpyh*；151. 姹鳞刺蛾 *Squamosa chalcites*；152. 短爪鳞刺蛾 *S. brevisunca*；153. 云南鳞刺蛾 *S. yunnanensis*；154. 锯纹岐刺蛾 *Austrapoda seres*；155. 北京岐刺蛾 *A. beijingensis*；156. 枣奕刺蛾 *Phlossa conjuncta*；157. 奇奕刺蛾 *Ph. thaumasta*；158. 茶纷刺蛾 *Griseothosea fasciata*；159, 160. 皱焰刺蛾 *Iragoides crispa*；161. 蜜焰刺蛾 *I. uniformis*；162. 别焰刺蛾 *I. elongata*；163. 线焰刺蛾 *I. lineofusca*；164. 华素刺蛾 *Susica sinensis*；165. 喜马素刺蛾 *S. himalayana*；166. 织素刺蛾 *S. hyphorma*；167. 中国扁刺蛾 *Thosea sinensis*；168. 玛扁刺蛾 *Th. magna*

169. 祺扁刺蛾 Thosea cheesmanae；170. 泰扁刺蛾 Th. siamica；171. 稀扁刺蛾 Th. rara；172. 叉瓣扁刺蛾 Th. styx；173. 斜扁刺蛾 Th. obliquistriga；174. 明脉扁刺蛾 Th. sythoffi；175. 两点扁刺蛾 Th. vetusta；176. 棕扁刺蛾 Th. vetusinua；177. 双奇刺蛾 Matsumurides bisuroides；178. 叶奇刺蛾 M. lola；179. 裔刺蛾 Hindothosea cervina；180. 野润刺蛾 Aphendala aperiens；181. 拟灰润刺蛾 A. pseudocana；182. 闽润刺蛾 A. mina；183. 锈润刺蛾 A. rufa；184. 大润刺蛾 A. grandis；185. 黄润刺蛾 A. sp.；186. 东南润刺蛾 A. notoseusa；187. 栗润刺蛾 A. castanea；188. 单线润刺蛾 A. monogramma；189, 190. 叉茎润刺蛾 A. furcillata；191. 纷刺蛾 Griseothosea cruda；192. 杂纷刺蛾 G. mixta；193. 三纹新扁刺蛾 Neothosea trigramma；194. 新扁刺蛾 N. suigensis；195. 铜斑褐刺蛾 Setora fletcheri；196. 桑褐刺蛾指名亚种 S. sinensis sinensis

197. 桑褐刺蛾红褐亚种 *Setora sinensis hampsoni*；198. 桑褐刺蛾黑色型 *S. sinensis* (black form)；199. 窄斑褐刺蛾 *S. baibarana*；200. 伯刺蛾 *Praesetora divergens*；201. 广东伯刺蛾 *P. kwangtungensis*；202. 白边伯刺蛾 *P. albitermina*；203. 钩织刺蛾 *Macroplectra hamata*；204. 巨织刺蛾 *M. gigantea*；205. 分织刺蛾 *M. divisa*；206. 灰斜纹刺蛾 *Oxyplax pallivitta*；207. 滇斜纹刺蛾 *O. yunnanensis*；208. 斜纹刺蛾 *O. ochracea*；209. 暗斜纹刺蛾 *O. furva*；210, 211. 副纹刺蛾 *Paroxyplax menghaiensis*；212. 线副纹刺蛾 *P. lineata*；213. 环铃刺蛾 *Kitanola uncula*；214, 215. 灰白铃刺蛾 *K. albigrisea* (♂, ♀)；216. 针铃刺蛾 *K. spina*；217. 小针铃刺蛾 *K. spinula*；218. 线铃刺蛾 *K. linea*；219. 蔡氏铃刺蛾 *K. caii*；220. 短颚铃刺蛾 *K. brachygnatha*；221. 宽颚铃刺蛾 *K. eurygnatha*；222, 223. 栗色匙刺蛾 *Spatulifimbria castaneiceps*；224. 贝绒刺蛾 *Phocoderma betis*

225. 窃达刺蛾 *Darna furva*；226. 汉刺蛾 *Hampsonella dentata*；227. 微白汉刺蛾 *H. albidula*；228, 229. 拉刺蛾 *Nagodopsis shirakiana* (♂, ♀)；230. 红褐指刺蛾 *Dactylorhynchides limacodiformis*；231. 槭奈刺蛾 *Naryciodes posticalis*；232. 安琪刺蛾 *Angelus obscura*；233. 沙坝白刺蛾 *Pseudaltha sapa*；234. 温刺蛾 *Prapata bisinuosa*；235. 黑温刺蛾 *P. scotopepla*；236. 铜翅佳刺蛾 *Euphlyctinides aeneola*；237. 终拟焰刺蛾 *Pseudiragoides itsova*；238. 黑条刺蛾 *Striogyia obatera*；239. 尖条刺蛾 *Striogyia acuta*；240. 阿刺蛾 (未定属种)；241. 狡娜刺蛾 *Narosoideus vulpinus*；242. 云南鳞刺蛾 *Squamosa yunnanensis*

图版 X

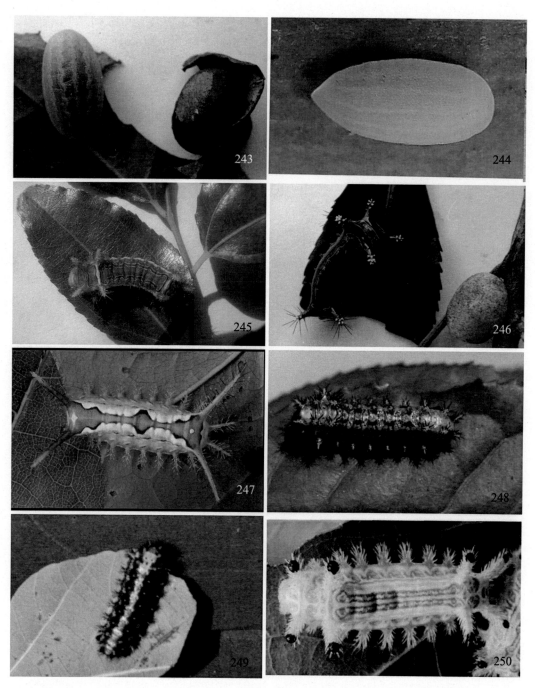

243. 背刺蛾 *Belippa horrida*；244. 宽颚铃刺蛾 *Kitanola eurygnatha*；245. 梨娜刺蛾 *Narosoideus flavidorsalis*；246. 闪银纹刺蛾 *Miresa fulgida*；247. 蜜焰刺蛾 *Iragoides uniformis*；248. 显脉球须刺蛾 *S. kwangtungensis*；249. 小黑球须刺蛾 *Scopelodes ursina*；250. 长须刺蛾 *Hyphorma minax*

251. 黄刺蛾 Monema flavescens;252. 锯纹岐刺蛾 Austrapoda seres;253. 漫绿刺蛾 P. ostia;254. 两色绿刺蛾 P. bicolor;255. 窄缘绿刺蛾 P. consocia;256. 青绿刺蛾 P. hilarula;257. 丽绿刺蛾 P. lepida;258. 茶纷刺蛾 Griseothosea fasciata

259. 中国扁刺蛾 *Thosea sinensis*；260. 铜斑褐刺蛾 *Setora fletcheri*；261. 桑褐刺蛾 *S. sinensis*；262. 副纹刺蛾 *Paroxyplax menghaiensis*；263. 窃达刺蛾 *Darna furva*；264. 汉刺蛾 *Hampsonella dentata*；265. 黑眉刺蛾 *Narosa nigrisigna*；266. 艳刺蛾 *Demonarosa rufotessellata*

(Q-5004.31)

ISBN 978-7-03-074634-4

9 787030 746344 >

定价：498.00 元